大学物理实验

主编
倪 晨 方 恺
副主编
马 艳 金 佳 关 佳

DAXUE WULI SHIYAN

中国教育出版传媒集团
高等教育出版社·北京

内容提要

本书是根据教育部高等学校大学物理课程教学指导委员会编制的《理工科类大学物理实验课程教学基本要求》(2023 年版),在同济大学物理实验系列课程教学研究和实践的基础上编写而成的。本书内容包括大学物理实验课程的物理实验简介、实验基础知识、基础性实验与研究性实验,实验项目涵盖力学、热学、电磁学、声学、光学和近代物理等领域。

本书以培养学生实验实践的能力、理论联系实际和创新研究的能力为目标,支持线上线下相结合的混合式教学模式,通过优化课程体系和内容,并将物理实验学习与科技前沿相结合,突出学生科学精神和实验素质的培养。

本书可作为高等学校理工科各专业大学物理实验课程的教材,也可作为相关专业技术人员的参考书。

图书在版编目(CIP)数据

大学物理实验/倪晨,方恺主编;马艳,金佳,关佳副主编. -- 北京:高等教育出版社,2023.7(2024.5重印)
ISBN 978-7-04-059639-7

Ⅰ.①大… Ⅱ.①倪… ②方… ③马… ④金… ⑤关… Ⅲ.①物理学-实验-高等学校-教材 Ⅳ.①O4-33

中国国家版本馆 CIP 数据核字(2023)第 011109 号

DAXUE WULI SHIYAN

策划编辑 高聚平　责任编辑 高聚平　封面设计 李小璐　版式设计 童 丹
责任绘图 杨伟露　责任校对 张 薇　责任印制 沈心怡

出版发行 高等教育出版社
社　　址 北京市西城区德外大街 4 号
邮政编码 100120
印　　刷 涿州市星河印刷有限公司
开　　本 787mm×1092mm 1/16
印　　张 30
字　　数 570 千字
购书热线 010-58581118
咨询电话 400-810-0598
网　　址 http://www.hep.edu.cn
　　　　 http://www.hep.com.cn
网上订购 http://www.hepmall.com.cn
　　　　 http://www.hepmall.com
　　　　 http://www.hepmall.cn
版　　次 2023 年 7 月第 1 版
印　　次 2024 年 5 月第 3 次印刷
定　　价 59.00 元

物 料 号 59639-00

前言

物理学是一门研究物质的基本结构、物质之间的相互作用及其最基本、最普遍的运动规律的学科。物理实验是推进物理学发展的根本基石,也是培养学生物理学科素养的重要途径和方法。

在大学物理实验课程教学中,基于常用的科学仪器设备,学生在沉浸式的教学环境里学习现代实验方法和测量技术,揭示物理实验中的科学本质,培养理论联系实际和实事求是的科学作风、认真严谨的科学态度、积极主动的探索精神、正确的科学思想和创新思维,提高科学研究能力和物理学科素养。

本书是根据教育部高等学校大学物理课程教学指导委员会编制的《理工科类大学物理实验课程教学基本要求》(2023 年版)编写而成的。本书内容基于原有自编教材,并结合同济大学物理实验课程教学情况,引入与虚拟实验和虚实结合等信息技术相关的混合式教学内容。在编写过程中,编者获得了许多实验任课教师的意见和建议,还汲取了近年来出版的优秀物理实验教材的优点。

本书的第一篇物理实验简介与实验基础知识,主要介绍了物理实验的教学目标、学习内容和学习方法,以及误差理论和数据处理方法等。第二篇基础性实验与研究性实验,分力学实验、热学实验、电磁学实验、声学实验、光学实验和近代物理实验六个部分,每部分的概述讲解相关实验的发展历程和特点等。本书包含四十余个实验项目,基于实验教学的全过程,实验项目以引言作为简介,进而分别介绍了实验目的、实验原理、实验仪器、实验内容、注意事项、数据记录和处理等。实验内容包含了实验方法、基本物理量测量方法及实验拓展等,融入虚拟实验和虚实结合等实验教学内容,支持线上线下相结合的混合式教学模式,适用于模块化和分层次教学。

本书由同济大学物理实验中心多位教师和实验室工作人员集体编撰。本书的编写分工为:绪论、误差理论与数据处理方法、力学实验由方恺编写;热学实验由关佳编写;电磁学实验由倪晨编写;声学实验由金佳编写;光学实验由马艳编写;近代物理实验由马艳、倪晨、关佳和方恺共同编写。全书由倪晨、方恺主编并统稿。

本书的编写工作获得了同济大学本科教材出版基金资助。

高等教育出版社的编辑为本书的出版作出了巨大贡献,谨致谢忱。

由于编者水平有限,书中难免存在不完善和不妥当之处,恳请广大读者批评指正。

编　者
2022 年 12 月

目录

第一篇　物理实验简介与实验基础知识

第二篇　基础性实验与研究性实验

第一篇 物理实验简介与实验基础知识

第一章 绪论

1 物理实验课程

1.1 物理实验的重要性

数字资源

物理学是研究物质的基本结构、物质之间的相互作用及其最基本、最普遍的运动规律的自然科学。物理学的基本原理与自然科学的各个领域紧密融合,并应用于工程技术的各个方面,因而物理学成为其他自然科学和工程技术的基础。

物理学涵盖了理论研究与实验科学。物理学实验是推进物理学发展的基石,其基本理论、经典实验和发展历程都蕴含着唯物辩证法原理。物理学的理论具有高度概括性和普遍性,同时也需要接受实验的检验。对于物理学史上的许多重要发现和问题突破,实验起到了关键作用,物理学的研究成果往往是理论与实验密切结合的。每当现有理论与新的实验结果不一致时,就会启发物理学家构建新的理论体系,创新实验方法。理论和实验的相互促进成为物理学发展的动力,推动了物理学的进程。

NOTE

在物理实验课程中,我们在学习现代实验方法和测量技术的同时,也通过回溯物理学史中的具有里程碑意义的重要实验,从实验方面追寻物理学前进的足迹,体验物理学家在科学研究之路上的探索历程,学习科学实验设计思想、科学发现的逻辑和物理学实验方法的演进,从中获得新的启迪。

1.2 科学实验研究方法

古希腊的亚里士多德指出,求知是人的本性。人们最早应用的科学研究的方法是观察法,通过对体验和观察加以归纳,得出物理学理论。人们通过对物质世界中的现象的观察、记录和分析,发现其中的规律。观察法在中国有悠久的历史。《周易》中记载了对观察法的描述:“仰则观象于天,俯则观法于地。”

意大利的达·芬奇认为,真正的科学是从观察开始的,如果再用上数学推理,其可靠性会更高。对于错误的科学假说,最好的批驳方法是证明从该假说中演绎出的所谓“事实”并不存在,用科学的检验即实验方法来批驳,用科学的实验来检验真理。因此,随着科学的发展,人们更多运用实验,而非依赖直觉对科学问题进行判断,寻找解决科学问题的方法。

随着科学的发展,人们研究的问题日益复杂深入,需要对物理量进行精密测量,于是推动了科学仪器的发明。17 世纪,相继发明的设计精巧的科学仪器有显微镜、望远镜、温度计、气压计和空气泵等。在可控制的实验条件下,人们将科学实验中观测到的结果有机联系起来,找出其中的规律性,用概括的、统一性原理的形式将其表达出来,以基本概念和抽象原理解释实验结果,成为物理学实验研究的开端。

科学研究是以主动和系统的方式,发现、解释、判断和验证现象、规律或理论,

NOTE

揭示其科学本质，给出科学的概念、定义和命题，基于对基本关系的判断，形成原理、定理和定律等，构建结构化的理论体系，进而获得科学预测和实际应用。科学研究方法是科学认识和科学研究的主观手段。

物理学是以实验为本的科学，实验研究法是其主要的科学研究方法之一。

1.3　物理实验课程的教学发展

实验室工作成为学校科学教育的一个组成部分的历史起源于19世纪。长期以来，科学教育中的实验室一直用于让学生参与具体的实践和体验。1910年起的实践教育运动对科学教学，特别是对其中实验工作的作用产生了重大影响。实践教育的倡导者，美国教育家约翰·杜威提倡教育方法是“做中学”。因此，在实践教育改革中，教科书和实验室手册的编写更加注重其实用性。

20世纪60年代，教育界提出的“新”科学课程，强调科学过程并强调在发展更高认知技能的新课程中，实验室发挥了核心作用，它不仅是一个展示和确认的场所，而且是科学学习过程的核心。实验室让学生欣赏科学的精神和方法，提升分析问题、解决问题和概括能力，让学生了解科学的本质。

近年来，基于实操实验和虚拟实验等相结合的混合式实验教学模式是大学物理实验教学创新的新趋势。融入“互联网+”和“智能+”理念的大学物理实验课程，采用开放共享的混合式教学模式，引入虚拟实验项目，建设线上线下混合式课程是以信息化的技术手段、理念方法、运行模式来推进实验教学改革的整体解决方案，突破传统实验教学资源的时空隔阂，重构实验教学资源，从而满足拓展性、开放性、动态性、可量化和关联性的需求。

2　物理实验课程的学习目标

物理实验课程与各科学课程的学习目标一致，即培养学生物理学科素养，树立科学的世界观和方法论，深入理解实践是检验真理的唯一标准原则，培养学生科学精神、探索精神、独立思考、格物穷理和明辨是非的能力，厚植爱国主义情怀，增强学生综合素质，让学生成为德才兼备、全面发展的卓越人才，实现立德树人的培养目标。

物理实验是高等学校理工科大学生进行科学实验训练的一门公共基础课程，是后续专业实验课程的基础，也是大学生从事科学实验工作的入门向导。课程教学内容结合大学物理课程，涵盖力学、热学、光学、电磁学和近代物理学等领域的验证性、综合性、设计性和研究性的物理实验项目。实验内容涉及误差理论、基本物理仪器使用、基本实验技能训练以及科学素养的养成等。

本课程的具体任务包括：

（1）培养学生的基本科学实验技能，提高学生的科学实验基本素质，使学生初步掌握科学实验的思想和方法，观察实验现象、记录实验数据和分析实验结果的实践能力。

NOTE

(2) 培养学生的科学思维(如提出命题与假设等),理解科学理论和模型,使学生掌握实验研究的基本方法,提高学生的理解能力、分析能力、创新能力和创新意识。

(3) 提高学生的科学素养,激发并保持对科学的兴趣、开放性态度、满足感和好奇心,培养学生理论联系实际和实事求是的科学作风、认真严谨的科学态度、积极主动的探索精神以及遵守纪律、团结协作、爱护公共财产的优良品德。

3　物理实验课程的学习内容

《理工科类大学物理实验课程教学基本要求》(2023 年版)指出:大学物理实验应包括普通物理实验(力学、热学、电磁学、光学实验)和近代物理实验。具体的教学内容基本要求如下:

(1) 掌握测量误差的基本知识,具有正确处理实验数据的基本能力。

① 掌握测量误差与不确定度的基本概念,能逐步学会用不确定度对直接测量和间接测量的结果进行评估。

② 处理实验数据的一些常用方法,包括列表法、作图法和最小二乘法等以及用计算机通用软件处理实验数据的基本方法等。

(2) 掌握基本物理量的测量方法。

物理实验中测量的常用物理量及物性参数包括:长度、质量、时间、热量、温度、湿度、压强、压力、电流、电压、电阻、磁感应强度、发光强度、折射率、元电荷、普朗克常量和里德伯常量等,注意测量技术和计算机技术在物理实验教学中的应用。

(3) 了解常用的物理实验方法,并逐步学会使用。

例如:比较法、转换法、放大法、模拟法、补偿法、平衡法和干涉、衍射法以及在近代科学研究和工程技术中广泛应用的其他方法。

(4) 掌握实验室常用仪器的性能,并能够正确使用。

例如:长度测量仪器、计时仪器、测温仪器、变阻器、电表、交/直流电桥、通用示波器、低频信号发生器、分光仪、光谱仪、常用电源和光源等常用仪器以及在当代科学研究与工程技术中广泛应用的现代物理技术。

(5) 掌握常用的实验操作技术。

例如:零位调整、水平/竖直调整、光路的共轴调整、消视差调整、逐次逼近调整、根据给定的电路图正确接线、简单的电路故障检查与排除以及在近代科学研究与工程技术中广泛应用的仪器的正确调节。

(6) 了解物理实验发展历史和物理实验在现代科学技术中的应用。

4　物理实验课程的学习方法

物理实验课程教学环节包括实验理论课、实验实操课、在线教学视频学习、测试答题和虚拟实验学习等。在实验实操课中,为了保证每位同学都有充分的实验测量和实践操作的机会,每一位同学使用一套实验设备(或是两位同学为一组使用一套实验设备),物理实验课程采用分组分阶段循环的方式来安排实验项目。

每个实验的学习环节包括:课前预习、实验测量和撰写报告三个阶段。

1. 课前预习

(1) 阅读实验教材和讲义:通过阅读,对实验的目的、物理原理、主要的实验测量方法、主要的仪器设备和数据处理方法等有个初步的了解,还可以查找相关的学习资料,如阅读查阅介绍相关物理原理的书籍,登录物理实验中心网站观看视频等。

(2) 实验理论课:在实验测量之前,实验中心一般会安排一次实验理论讲解课程。教师会介绍下一阶段的实验项目的相关知识,包括物理原理、实验方法、仪器设备、数据处理方法和注意事项等,并进行答疑解惑。

(3) 实验操作预习:操作预习的时间安排介于实验理论课和实验测量课之间,有助于同学增进对实验的感性认识。教师将在实验室内进行实验操作演示,同时对照仪器对实验内容作进一步的讲解。

(4) 完成"课前预习自测题",了解对实验基础知识的掌握程度。教师将在实验测量课上检查"课前预习自测题"的完成情况,并将其作为实验预习成绩的一部分。

2. 实验测量

(1) 实验测量准备

① 阅读实验桌上放置的操作指南;

② 熟悉使用的仪器,填写仪器型号等信息;

③ 预热电学仪器设备;

④ 教师检查实验预习情况。

(2) 实验测量

搭配组合或连接实验设备,观察现象,记录实验条件和数据(写在数据记录栏内),并进行初步数据计算与处理。

(3) 实验结果检查

实验测量数据等记录应交由实验指导教师检查、评分并签字,对不合理或误差较大的实验结果,经分析原因后,应重新测量。

(4) 实验设备整理

请同学们完成实验测量后,应整理好实验设备,并做好清洁工作。

需要说明的是,在部分实验项目学习中,需由两名或两名以上同学组成一个小组共同完成实验测量。在小组协作中,请同学们做到:

① 每位同学都进行实验预习;

② 在实验室,保证每位同学有充分的动手实践机会,协同完成实验操作与测量;

③ 每位同学独立完成实验报告,包括数据处理、实验结果计算、作图、分析和

NOTE

回答思考题等。

3. 撰写报告

请同学们基于实验现象和实验数据,依据有效数字运算规则等数据处理规范计算和分析实验结果,并参考实验报告模板,撰写实验报告。

在物理实验教学网站、虚拟实验教学平台和微信公众号移动学习平台上有课程教学资料和微课程视频,这些资源有助于同学们更好地掌握实验原理及操作技能等。

关于物理实验课程的教学情况,请同学们通过物理实验网站、"同济物理实验中心"微信公众号和实验室邮箱与教师们交流。

5　实验报告写作规范与要求

实验报告是对实验的全面总结与分析,要求为:内容完备、文理通顺、实验结果和误差分析计算正确、列表与作图格式规范,并完成实验思考题等。

实验报告的参考格式模板如下:

实 验 名 称

姓名:______　学号:______　时间(分组):________　合作者:____________

一、实验目的

1.

2.

……

二、实验原理

包括主要的原理、公式、原理图等。

三、实验内容(实验步骤)

1.

2.

……

四、实验仪器

主要实验仪器名称	规格型号	仪器误差 $\Delta_{仪}$

五、实验现象观察与数据记录

记录观察到的实验现象,列表记录测量到的实验数据。

六、实验数据处理

根据所测量的实验数据,计算实验结果,绘制实验曲线,并进行误差计算与分析。

NOTE

七、实验分析与讨论

请同学们根据自己的实验情况,独立思考,分析实验结果。

实验分析与讨论的内容可以包括:对实验原理、实验方法、仪器设备和实验结果等的讨论;误差来源与类别分析;提高实验测量精度的方法;新的实验设想;意见与建议等。

八、思考题

九、参考文献

实验报告中,若引用参考文献和书籍等相关内容,请在报告中注明。

6 物理实验规则和安全教育

教育部高等学校大学物理课程教学指导委员会制定的《理工科类大学物理实验课程教学基本要求》(2023 年版)指出,应在教学中提高学生的科学素养,培养学生理论联系实际和实事求是的科学作风,认真严谨的科学态度,积极主动的探索精神,遵守纪律、团结协作、爱护公共财产的优良品德。

1. 同学们必须按照课程安排表和分组完成实验课程学习。

2. 同学们在每次实验前对排定要做的实验应进行预习,并在预习的基础上,完成预习自测;进入实验室后,将预习报告交由教师检查,并回答教师的提问,经过教师检查认为合格后,才可进行实验。

3. 实验时,同学们应携带必要的物品,如文具、计算器以及绘图用的尺和铅笔等。

4. 同学们进入实验室后,根据仪器清单核对自己使用的仪器有否缺少或损坏;若发现有损坏的仪器,向教师提出申请更换,实验完毕及时归还。

5. 同学们在实验前应细心观察仪器构造,操作时应谨慎细心,严格遵守各类仪器仪表的操作规则及注意事项。例如在电学实验中,线路接好后,先自查,再经教师或实验室工作人员检查,获许可后才可接通电源,以免发生意外。实验过程中,请同学们注意保持实验室整洁、安静。

6. 实验完毕,同学们应将实验数据交给指导教师检查,教师予以签字确认实验合格;离开实验室时,应将仪器、桌椅恢复原状,放置整齐。

7. 请同学们认真书写实验报告,并完成误差分析及实验总结,在规定时间内交给教师批改审核。

8. 若违反实验室规章制度和实验操作规程造成事故和损失,实验室将根据其情节对责任人按规章处理。

思维导图 1.1

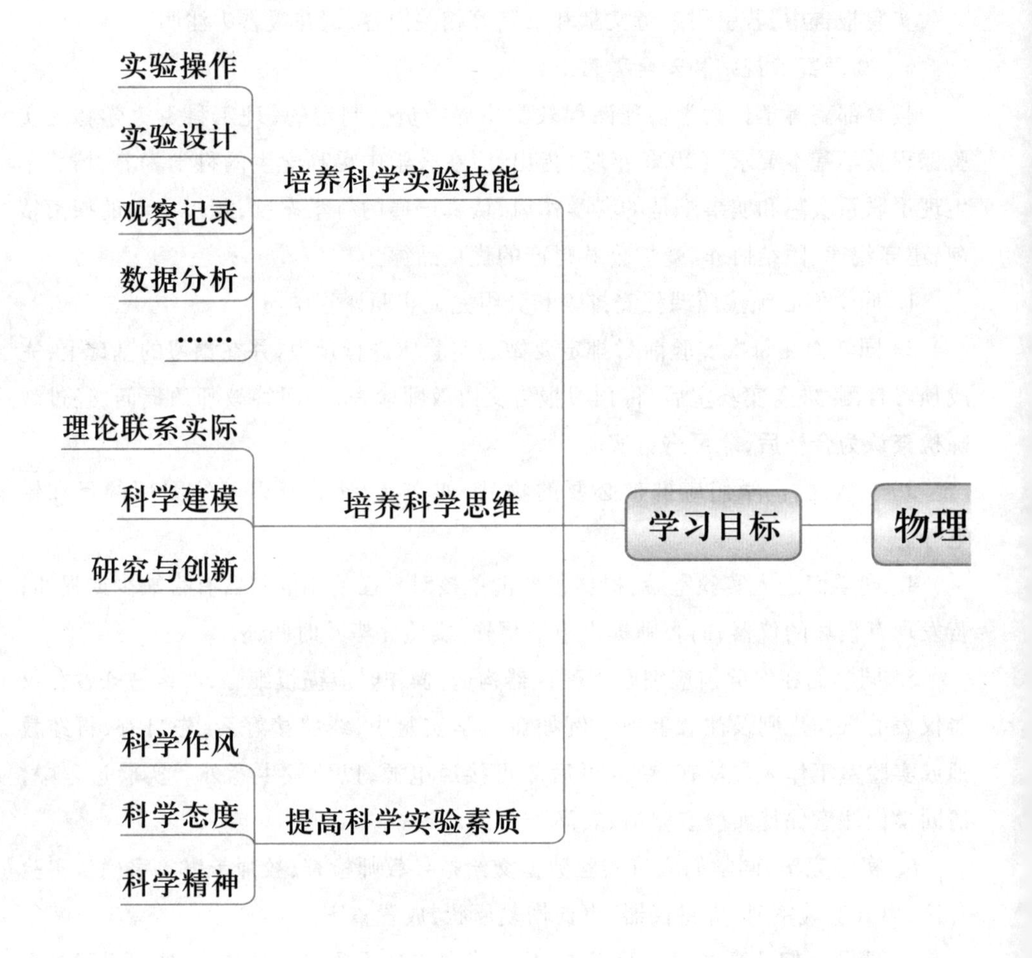
实验操作
实验设计
观察记录
数据分析
……
培养科学实验技能
理论联系实际
科学建模
研究与创新
培养科学思维
科学作风
科学态度
科学精神
提高科学实验素质
学习目标
物理

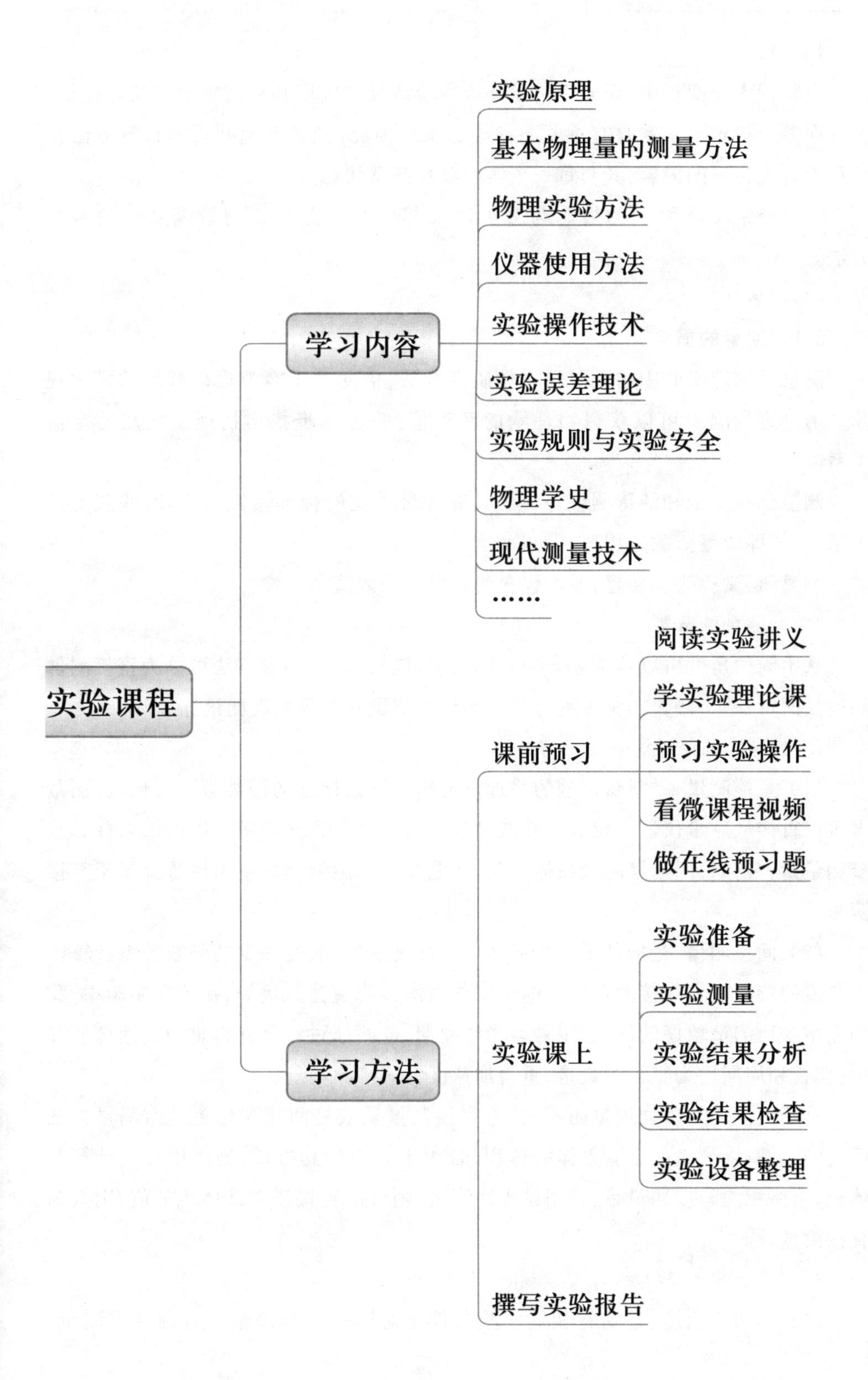
实验课程
学习内容
实验原理
基本物理量的测量方法
物理实验方法
仪器使用方法
实验操作技术
实验误差理论
实验规则与实验安全
物理学史
现代测量技术
……
学习方法
课前预习
阅读实验讲义
学实验理论课
预习实验操作
看微课程视频
做在线预习题
实验课上
实验准备
实验测量
实验结果分析
实验结果检查
实验设备整理
撰写实验报告

第二章　误差理论与数据处理方法

数字资源

1　引言

在物理实验课程中，误差理论是评价实验结果准确度和精密度的方法和依据，实验误差分析对科学实验有重要的指导意义。因此，误差理论和误差计算方法是课程中首先学习的内容，其与每一个实验项目都密切相关。

本章介绍实验测量的概念与分类以及相应的误差分析与数据处理的基本方法。

2　测量

2.1　测量的概念

测量是物理实验中的重要的科学研究方法，借此发现客观现象背后的科学规律。通过定量测量可以获得物理量的客观值，并进一步找出物理量之间的定量关系。

测量就是将未知的待测量与一个具有计量单位的标准量进行比较，并获得其定量关系，即测量值的过程。

NOTE

测量值，又称为**测量量**，通常包含测量得到的数值和单位。

2.2　测量的分类

从不同的角度可以将测量分为不同类型，包括：基于测量方法可分为直接测量和间接测量；基于测量的精确度可分为等精度测量和非等精度测量等。

1. 直接测量和间接测量

(1) **直接测量**，是指将待测的物理量与作为计量标准的同类量进行比较，测量者可以直接从测量仪器或仪表上读取测量值的测量。直接测量所得的结果称为**直接测量量**。例如，用米尺测量物体长度，从温度计上测量读取室温值等都属于直接测量。

(2) **间接测量**，是指基于一个或多个直接测量量，通过一定的函数关系计算得到其值的待测量。间接测量所得的结果称为**间接测量量**。例如，在单摆实验中，我们先用米尺测量单摆的摆长，用秒表测量周期，进而通过计算获得重力加速度。其中，摆长和周期均为直接测量量，重力加速度为间接测量量。

对于具体的某一物理量而言，其为直接测量量或是间接测量量是由测量方法而定的。例如，测量一个立方体的体积，若用米尺测量其边长，进而用公式计算其体积，则体积为间接测量量；若用排水法测量，则可以直接读取其体积的值，则其为直接测量量。

2. 等精度测量和非等精度测量

(1) **等精度测量**，是指在相同实验条件下对同一个物理量进行的多次测量。

NOTE

绝对的等精度测量是不存在的，当某些变化因素对测量结果影响在可以忽略范围内时，可视其为等精度测量。在物理实验中，常见的多次重复测量一般指等精度测量。

（2）**非等精度测量**，是指在测量过程中由于实验仪器精度、实验方法或测量条件等的不同以及测量者的原因而造成测量结果的差异。

3　误差

3.1　误差的概念

3.1.1　真值

在理解误差概念之前，我们首先要了解真值的概念。

物理量在一定条件下的客观值，称为该物理量的**真值**，记为 T_x。真值是一个理想化的概念。在实际测量中，由于实验仪器精度有限，测量对象的不均匀性或不稳定性，实验中的不可控随机因素等原因，真值是无法测量得到的。例如，测量一根钢丝的直径时，由于钢丝本身粗细不均，因而在不同位置或方向上进行多次测量，得到的一系列直径值往往略有差异，且受到仪器测量精度所限，测量值并不等于真值。

通过提高实验仪器精度或改进实验方法，只能使测量结果更为接近真值。

在等精度测量中，常以多次重复测量结果的算术平均值作为真值的最佳估计值，以此来代替真值，亦可称为**约定真值**。

3.1.2　误差

误差的定义为被测量的测量值 x 与真值 T_x 之差，记为 δ，即

$$\delta=x-T_x \tag{2.1}$$

在实际测量中，由于实验原理、测量装置、实验条件等客观条件的不完善，或实验者人为因素等局限性，造成测量结果中的误差是无法避免的。因此，实验结果应该包含测量值与误差两个部分。

实验结果的误差分析对科学实验有重要的指导意义：一是通过分析误差来源、性质和量值，对实验结果进行科学评估；二是通过误差来源分析，找到改进实验方法、选择测量仪器、优化实验条件和数据处理方法。

误差按其产生原因与性质主要分为系统误差、随机误差和过失误差三个大类，需分别采用不同方法进行误差分析。

3.2　误差的分类

3.2.1　系统误差

1. 系统误差的定义

系统误差的特点是具有一定的规律性，即在同样实验条件下，多次重复测量某一被测量，其误差的规律保持不变，如：其使得测量值始终趋于大于真值，或小于真

NOTE

值;或者当实验条件发生改变时,误差也以一定规律相应发生变化。

2. 系统误差的来源

系统误差的来源主要有以下几个方面:

(1) **理论误差**。由于实验原理或公式近似而带来的误差,如用单摆法测量重力加速度时,由于小角度近似而产生的误差。

(2) **仪器误差**。由于仪器本身功能不完善、仪器精度不够高、测量前未经校准或仪器安装调整不符合要求等原因而产生的误差,如仪器的零值误差、水平调节误差、砝码校准误差和天平不等臂而带来的误差等。

(3) **人为误差**。由于测量人员主观因素或操作技术不佳等原因而引入的误差,在实验中一般应尽量避免。

3. 修正系统误差的方法

既然系统误差是存在一定规律的,则可溯源其产生的原因,并对实验结果加以一定修正。以螺旋测微器为例,螺旋测微器在使用过一段时间以后,往往会出现零刻度线不对齐的情况,即存在零位误差,属于系统误差一类。实验中,我们可以先读取零位误差值作为初读数,进而在测量物体长度而得的末读数中减去初读数,即可从测量值中消除零位误差的影响。

3.2.2　随机误差

1. 随机误差的定义

在同样实验条件下进行多次重复测量,测量值仍然有不可预知且无法控制的变化,其误差的绝对值和符号的变化均具有随机性,称为**随机误差**。

2. 随机误差的来源

随机误差的主要来源是实验者感官能力的局限性、实验条件中偶然因素的干扰、实验者本人在判断和估计读数上存在的不确定性。造成随机误差的偶然因素包括:环境温度和湿度浮动、气流造成的压强变化、电源输出值不恒定、环境中电磁场干扰和实验台震动等。

3. 随机误差的特征

对于单次测量而言,随机误差的值是杂乱无章且无法估算的,但是在等精度的多次重复测量实验中,当测量次数 n 足够大时,随机误差遵循统计分布规律,因而可以用统计学的方法估算随机误差。在不同的实验条件下,随机误差的概率服从的分布规律,包括高斯分布(正态分布)、t 分布和均匀分布等。本课程中主要介绍随机误差的高斯分布(图 2.1)。

随机误差的高斯分布曲线如图 2.1(a)所示,其中横坐标为随机误差 δ,纵坐标为随机误差的高斯分布函数:

NOTE

$$f(\delta)=\frac{1}{\sqrt{2\pi}\,\sigma}e^{-\frac{\delta^2}{2\sigma^2}} \tag{2.2}$$

(2.2)式中的 σ 为标准误差，其取值与实验条件有关，高斯分布曲线因之而不同[图 2.1(b)]。在等精度的实验条件下，测量次数为 n，随机误差的影响相应的各次测量误差分别为 $\delta_1,\delta_2,\delta_3,\cdots,\delta_n$，则

$$\sigma=\lim_{n\to\infty}\sqrt{\frac{\sum_{i=1}^{n}\delta_i^2}{n}} \tag{2.3}$$

其中，$i=1,2,3,\cdots,n$。标准误差又称为均方根误差。

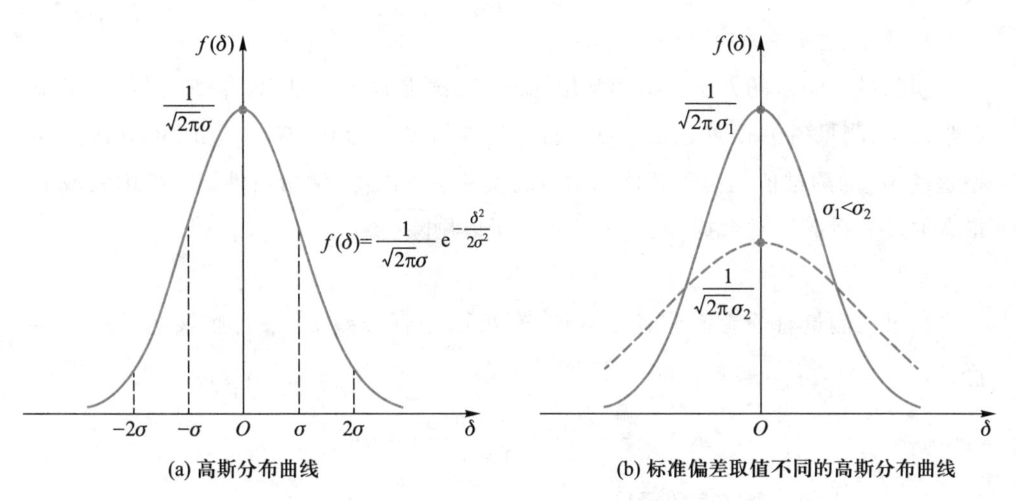

图 2.1　随机误差的高斯分布曲线

测量值误差出现在区间$(-\sigma,\sigma)$范围内的概率为

$$P(-\sigma<\delta<\sigma)=\int_{-\sigma}^{\sigma}f(\delta)\,d\delta=\int_{-\sigma}^{\sigma}\frac{1}{\sqrt{2\pi}\,\sigma}e^{-\frac{\delta^2}{2\sigma^2}}d\delta\approx 68.3\%$$

测量值误差出现在区间$(-2\sigma,2\sigma)$范围内的概率为

$$P(-2\sigma<\delta<2\sigma)=\int_{-2\sigma}^{2\sigma}f(\delta)\,d\delta=\int_{-2\sigma}^{2\sigma}\frac{1}{\sqrt{2\pi}\,\sigma}e^{-\frac{\delta^2}{2\sigma^2}}d\delta\approx 95.4\%$$

由此可知，等精度重复性测量中的任意一次测量值的误差出现在$(-\sigma,\sigma)$范围的概率为 68.3%，而其出现在$(-2\sigma,2\sigma)$范围内的概率为 95.4%。同理，此误差值出现在$(-3\sigma,3\sigma)$范围内的概率为 99.7%。

由图 2.1 可见，服从高斯分布的随机误差具有以下四个特征：

(1) 单峰性，绝对值小的误差出现的概率大，而绝对值大的误差出现的概率小。

(2) 对称性，绝对值大小相等的正负误差出现的概率相同，其分布对称。

NOTE

(3) 有界性,绝对值非常大的误差出现的概率趋向于零,即误差取值在一定范围内。

(4) 抵偿性,由于对称性,当测量次数 n 足够多时,误差的代数和趋向于零。

3.2.3　过失误差

1. 过失误差的定义和来源

测量中,还可能出现错误而造成过失误差(又称为极限误差),其产生的主要原因包括操作错误、读数错误、记录错误和计算错误等。我们可以通过采用多种测量方法,分析比较实验结果,发现过失误差,亦可用剔除异常数据等方法避免过失误差。

2. 剔除过失误差的方法

剔除过失误差的方法依据的常用标准有 3σ 准则等。以 3σ 准则为例,基于统计学理论,测量值的误差超出 $(-3\sigma,3\sigma)$ 范围的概率为 0.3%。因此,可以认为误差超过 3σ 的测量值是由于其他因素,如:实验装置故障、测量条件不可控因素或测量者的过失造成异常数据,此测量结果可予以剔除。

3.3　百分差

如果待测量有理论值或者公认值 x',可以用百分差 E_0 来对测量结果进行评价,即

$$E_0=\frac{|\text{测量值}\ x-\text{公认值}\ x'|}{|\text{公认值}\ x'|}\times 100\% \tag{2.4}$$

3.4　准确度、精密度和精确度

对测量结果加以评价的术语包括准确度、精密度和精确度等。

(1) 测量结果的准确度,是指测量值与真值的接近程度。正确度高,则说明测量值接近于真值,即系统误差小。

(2) 测量结果的精密度,是指多次重复测量所得到的一系列测量值互相接近的程度。精密度高,说明实验的重复性好,各个测量误差的分布密集即离散度小,反映随机误差小。

(3) 测量结果的精确度,是指综合评定测量结果的准确度与精密度,综合反映了系统误差和随机误差的情况。

实验仪器的精密度与仪器的最小分度值一致,最小分度值越小,所测物理量的位数就越多,精密度越高。计算仪器误差的方法因仪器种类不同而各异。以常用的电工仪表为例,准确度等级分为七级,准确度等级包括 0.1、0.2、0.5、1.0、1.5、2.5 和 5.0 级,相应的基本误差为 ±0.1%、±0.2%、±0.5%、±1.0%、±1.5%、±2.5% 和 ±5.0%。电工仪表上的示值 x 的仪器误差为

$$\Delta_{\text{仪}}=\text{量程}\times\text{准确度等级}\% \tag{2.5}$$

NOTE

4　测量结果与误差计算

4.1　算术平均值——近真值

由于物理量的真值是无法测量得到的，在实验中能够获得的最接近于真值 T_x 的实验结果，即最佳实验结果，称为近真值。

在等精度的实验条件下，对一个物理量进行多次重复测量（测量次数为 n），测量值分别为 $x_1, x_2, x_3, \cdots, x_n$，在修正系统误差和剔除过失误差之后，由于随机误差的影响，相应的各次测量误差分别为 $\delta_1, \delta_2, \delta_3, \cdots, \delta_n$，即

$$\delta_1 = x_1 - T_x$$

$$\delta_2 = x_2 - T_x$$

$$\cdots$$

$$\delta_n = x_n - T_x$$

将以上各式相加，并除以 n，可得

$$\frac{1}{n}\sum_{i=1}^{n}\delta_i = \frac{1}{n}\sum_{i=1}^{n}x_i - T_x \tag{2.6}$$

测量值的算术平均值用 $\bar{x}$ 表示，则

$$\bar{x} = \frac{1}{n}\sum_{i=1}^{n}x_i \tag{2.7}$$

将(2.7)式代入(2.6)式，可得

$$\frac{1}{n}\sum_{i=1}^{n}\delta_i = \bar{x} - T_x \tag{2.8}$$

由于随机误差具有抵偿性的特征，在测量次数 n 足够多的情况下，正负误差值相抵消，误差之和趋向于0，即

$$\lim_{n\to\infty}\sum_{i=1}^{n}\delta_i = 0$$

由此可知，在测量次数 n 足够多的情况下，测量值的算术平均值 $\bar{x}$ 接近于真值 T_x，可以作为真值的最佳估计值，即近真值。

测量值 x_i 与算术平均值 $\bar{x}$ 之差，称为偏差，记为 $\Delta x_i(i=1,2,3,\cdots,n)$，即

$$\Delta x_i = x_i - \bar{x} \tag{2.9}$$

4.2　随机误差分布规律与估算方法

4.2.1　任意一次测量值的标准偏差

在等精度实验重复测量中，我们需要根据测量值 $x_1, x_2, x_3, \cdots, x_n$，估算随机误差的高斯公式(2.2)中的标准误差 σ 的值。

在测量次数 n 足够多的情况下，测量值的算术平均值 $\bar{x}$ 可以作为真值的最佳估计值，测量值 x_i 与算术平均值 $\bar{x}$ 之差，即偏差 $\Delta x_i(i=1,2,3,\cdots,n)$，用偏差可以估算实验结果的标准误差 σ_x，计算公式为

NOTE

$$\sigma_x=\sqrt{\frac{\sum_{i=1}^{n}(\Delta x)^2}{n-1}}=\sqrt{\frac{\sum_{i=1}^{n}(x_i-\bar{x})^2}{n-1}} \tag{2.10}$$

其中,σ_x 为多次重复测量中任意一次测量值的标准偏差,可作为标准误差 σ 的估计值。

4.2.2　平均值的标准偏差

在等精度实验重复测量中,测量值的算术平均值 $\bar{x}$ 的标准偏差为

$$\sigma_{\bar{x}}=\frac{\sigma_x}{\sqrt{n}}=\sqrt{\frac{\sum_{i=1}^{n}(\Delta x)^2}{n(n-1)}}=\sqrt{\frac{\sum_{i=1}^{n}(x_i-\bar{x})^2}{n(n-1)}} \tag{2.11}$$

在等精度实验重复测量中,测量值的算术平均值的标准偏差 $\sigma_{\bar{x}}$ 为任意一次测量值的标准偏差 σ_x 的$\frac{1}{\sqrt{n}}$倍。由于多次重复测量中 $n>1$,算术平均值的标准偏差 $\sigma_{\bar{x}}$ 小于任意一次测量值的标准偏差 σ_x。算术平均值是真值的最佳估计值,其相应的标准偏差 $\sigma_{\bar{x}}$ 较 σ_x 更小。$\sigma_{\bar{x}}$ 的物理意义是在多次测量的随机误差遵从高斯分布的条件下,真值出现在 $\bar{x}\pm\sigma_{\bar{x}}$ 区间的概率为 68.3%。

实验中,分别计算任意一次测量值的标准偏差和平均值的标准偏差的意义在于:由于测量对象的不均匀性和不稳定性会引入测量结果的随机误差,多次测量得到的一系列测量值略有差异,通过计算其算术平均值可以获得真值的最佳估计值。计算其算术平均值的标准偏差 $\sigma_{\bar{x}}$ 不能减小测量值的不均匀性,而计算任意一次测量值的标准偏差 σ_x 可以反映出测量值的不均匀程度。

4.3　间接测量量误差的估算方法——误差传递公式

由直接测量量根据一定的函数关系计算可以得到间接测量量,间接测量量中也必然包含误差。估算间接测量量的误差的公式,称为误差传递公式。

设待测物理量 N 是包含 n 个独立的直接测量量 $A,B,C,\cdots,H$ 的函数,即

$$N=f(A,B,C,\cdots,H)$$

若各个独立的直接测量量的绝对误差分别为标准偏差 $\sigma_A,\sigma_B,\sigma_C,\cdots,\sigma_H$ 等,则间接测量量 N 的误差估算为

$$\sigma_N=\sqrt{\left(\frac{\partial f}{\partial A}\sigma_A\right)^2+\left(\frac{\partial f}{\partial B}\sigma_B\right)^2+\left(\frac{\partial f}{\partial C}\sigma_C\right)^2+\cdots+\left(\frac{\partial f}{\partial H}\sigma_H\right)^2} \tag{2.12}$$

相对误差为

$$E=\frac{\sigma_N}{N}=\frac{1}{f(A,B,C,\cdots,H)}\cdot\sqrt{\left(\frac{\partial f}{\partial A}\sigma_A\right)^2+\left(\frac{\partial f}{\partial B}\sigma_B\right)^2+\left(\frac{\partial f}{\partial C}\sigma_C\right)^2+\cdots+\left(\frac{\partial f}{\partial H}\sigma_H\right)^2}$$

NOTE

$$=\frac{1}{f(A,B,C,\cdots,H)}\cdot\sqrt{\left(\frac{\partial f}{\partial A}\right)^2\cdot\sigma_A^2+\left(\frac{\partial f}{\partial B}\right)^2\cdot\sigma_B^2+\left(\frac{\partial f}{\partial C}\right)^2\cdot\sigma_C^2+\cdots+\left(\frac{\partial f}{\partial H}\right)^2\cdot\sigma_H^2}\tag{2.13}$$

(2.12)式和(2.13)式为标准误差的传递公式,又称为误差的方和根合成公式。以直接测量量 A 为例,$\frac{\partial f}{\partial A}$是指对于函数 f 的直接测量量 A 的偏微分,根号中的 $\left(\frac{\partial f}{\partial A}\sigma_A\right)^2$ 的值可以显示出直接测量量 A 的标准误差对间接测量量 N 的实验结果的影响程度。其余几项以此类推。通过比较可知哪些直接测量量的误差对实验结果的影响更大,由此可以为实验方案优化指明方向,进而有针对性地改进实验方法或选用精度更高的实验仪器。

表 2.1 中列出了几种常用函数关系的标准误差传递公式,可用于简化偏微分的公式推导。

表 2.1　几种常用函数关系的标准误差传递公式

函数关系	标准误差传递公式
$N=A+B$ 或 $N=A-B$	$\sigma_N=\sqrt{\sigma_A^2+\sigma_B^2}$
$N=A\cdot B$ 或 $N=\frac{A}{B}$	$\frac{\sigma_N}{N}=\sqrt{\left(\frac{\sigma_A}{A}\right)^2+\left(\frac{\sigma_B}{B}\right)^2}$
$N=k\cdot A$	$\sigma_N=k\cdot\sigma_A$
$N=\frac{A^p\cdot B^q}{C^r}$	$\frac{\sigma_N}{N}=\sqrt{\left(\frac{p\sigma_A}{A}\right)^2+\left(\frac{q\sigma_B}{B}\right)^2+\left(\frac{r\sigma_C}{C}\right)^2}$
$N=\sqrt[p]{A}$	$\frac{\sigma_N}{N}=\frac{1}{p}\cdot\frac{\sigma_A}{A}$
$N=\sin A$	$\sigma_N=\lvert\cos A\rvert\cdot\sigma_A$
$N=\ln A$	$\sigma_N=\frac{1}{A}\cdot\sigma_A$
$N=\mathrm{e}^A$	$\sigma_N=\mathrm{e}^A\cdot\sigma_A$

在估算实验结果误差时,应先估算直接测量量的标准误差,进而应用误差传递公式估算间接测量量的标准误差。

多次重复测量实验中,应先计算直接测量量 $A,B,C,\cdots,H$ 的算术平均值,而后将其代入(2.14)式计算间接测量量的平均值 $\overline{N}$:

$$\overline{N}=f(\overline{A},\overline{B},\overline{C},\cdots,\overline{H})\tag{2.14}$$

NOTE

5　测量结果的不确定度评定

5.1　不确定度

为了综合评估实验结果的系统误差和随机误差等，更准确地描述实验结果的可靠程度，这里引入不确定度的概念和规定。

不确定度（Uncertainty）指可疑、不能确定或测不准的意思，记为 U，作为测量结果的参数之一，表征测量值的准确度、精密度和精确度。

不确定度是国际通用的评估实验结果的科学方法。1980 年，国际计量局制定了《国际计量局实验不确定度的规定建议书 INC-1（1980）》，概述了不确定度的表述，以此作为各国计算不确定度的共同依据。在此基础上，1993 年，国际标准化组织（ISO）联合了国际法制计量组织（OIML）、国际电工委员会（IEC）和国际计量局，共同制定了更为详细实用的指导性文件《测量不确定度表达指南》；国际纯粹与应用物理联合会（IUPAP）、国际纯粹与应用化学联合会（IUPAC）等一些国际组织相继也批准实行该指南，作为必须遵循的标准文件。因此，《测量不确定度表达指南》成为国际范围的各行业和专业表述不确定度最具权威性的依据文件。

1986 年，我国计量科学研究院发布采用不确定度作为误差数字指标名称的通知。1992 年 10 月 1 日，我国开始执行国家计量技术规范 JJG 1027-91《测量误差及数据处理（试行）》，规定测量结果的最终表示形式用总不确定度和相对不确定度表达。

2012 年和 2017 年，我国分别颁布了 JJF 1059.1—2012《测量不确定度评定与表示》和 GB/T 27418—2017《测量不确定度评定和表示》作为现行规范。

不确定度表达涉及的知识领域很广，其理论和应用范围在不断发展和完善。本书基于物理实验课程的教学要求，在保证科学性的前提下，对不确定度表述进行了一定的简化，主要介绍物理实验课程中相关的内容，包括：不确定度的基本概念以及用不确定度估算误差的方法等。

5.2　直接测量量的不确定度估算

对于直接测量量，根据误差类别的不同，不确定度包括 A 类分量 U_A 和 B 类分量 U_B，先分别估算 U_A 和 U_B 两个分量而后合成。A 类分量 U_A 是指在多次重复测量实验中用统计方法评定的标准误差，反映出实验随机误差的大小；B 类分量 U_B 是指用其他非统计方法评定的分量，主要体现了仪器误差等情况。间接测量量的不确定度则通过误差传递公式计算。

5.2.1　不确定度 A 类分量

等精度多次重复测量结果中，用测量值算术平均值 $\bar{x}$ 表征实验结果，用算术平均值的标准偏差公式计算不确定度 A 类分量 U_A，即

NOTE

$$U_A=\sqrt{\frac{\sum_{i=1}^{n}(x_i-\bar{x})^2}{n(n-1)}} \tag{2.15}$$

当测量次数有限时，随机误差不完全服从正态分布规律，而是要考虑测量次数 n 的影响，即服从 t 分布规律，在(2.15)式的等号右边乘上一个 t 分布相关的修正因子：

$$U_A=t\sqrt{\frac{\sum_{i=1}^{n}(x_i-\bar{x})^2}{n(n-1)}} \tag{2.16}$$

其中，t 为与测量次数 n 和置信概率 P 有关的量，可从表 2.2 中查得。其中，置信概率是衡量统计推断可靠程度的概率，即被估参数包含于某一范围内的概率。

表 2.2　t 因子表

t 因子（置信概率 P）	测量次数 n									
	2	3	4	5	6	7	8	9	10	∞
$t_{0.683}$	1.84	1.32	1.20	1.14	1.11	1.09	1.08	1.07	1.06	1
$t_{0.954}$	12.71	4.30	3.18	2.78	2.57	2.45	2.36	2.31	2.26	1.96
$t_{0.997}$	63.66	9.93	5.58	4.60	4.03	3.71	3.50	3.36	3.25	2.58

由表 2.2 可知，当测量次数越多时，t 因子取值越小。当取置信概率 P 为 68.3% 时，测量次数越多，则 t 因子越接近于 1，因而也可对(2.16)式进行简化而不乘以 t 因子，即 $U_A=\sqrt{\frac{\sum_{i=1}^{n}(x_i-\bar{x})^2}{n(n-1)}}$。

5.2.2　不确定度 B 类分量

不确定度 B 类分量 U_B 不能用统计方法进行估算，而需考虑影响测量准确度的各类因素，通过对实验方法、实验仪器和实验过程的分析，并分析仪器仪表的性能指标和已有的实验记录等，了解误差来源而分类讨论评估。相关误差来源主要包含：仪器误差、估读误差、灵敏度误差以及仪器调节状态不垂直、不水平或不对准等因素而引入的附加误差等。

物理实验中一般主要考虑仪器误差引起的不确定度 B 类分量。仪器误差 $\Delta_{仪}$（或 Δ_{INST}）是指示值误差或最小分度值等，可查阅仪器说明书中关于仪器误差的说明。以电气仪表为例，其仪器误差可根据准确度等级，用公式：$\Delta_{仪}$ = 量程×准确度等级%，计算相应的仪器误差。物理实验常用仪器的量程、分度值和仪器误差如表 2.3 所示。

对于功能复杂的仪器，我们往往需要仔细阅读说明书，了解各项功能和量程的

NOTE

仪器误差,即其精度等级或准确度等级。以数字万用表 F15B 为例,其功能包括测量交流电压、直流电压、交流电流、直流电流、电阻和电容等,选择不同的功能和量程则有相应的精度,如图 2.2 所示。以“直流电压”功能为例,精度 0.5% 表示线性误差,其后+3 表示测量值在线性误差之外,最后一位示数有 3 个字的相对误差。根据所选功能和显示的测量值,可以知道对应的量程,进而用公式 $\Delta_{仪}$ = 量程×准确度等级%,计算仪器误差。

表 2.3　常用仪器的量程、分度值和仪器误差

仪器名称	量程	分度值或准确度等级	仪器误差
米尺	1 000 mm	1 mm 或 0.5 mm	分度值
游标卡尺	300 mm	0.02 mm、0.05 mm 或 0.1 mm	分度值
螺旋测微器	100 mm	0.01 mm	0.004 mm
MTS600 电子天平	600 g	1 g	0.1 g
水银温度计		0.1 ℃(量程为 0 ℃—50 ℃) 0.2 ℃(量程为-30 ℃—50 ℃) 1 ℃(量程为 0 ℃—200 ℃)	分度值
读数显微镜	50 mm	0.01 mm	分度值
M16 指针式多用表		准确度等级包括 0.1、0.2、0.5、1.0、1.5、2.5 和 5.0 级	量程×准确度等级%

仪器误差引起的不确定度 B 类分量的表征值为

$$U_{B} = \Delta_{仪} / C \tag{2.17}$$

其中,C 为一个与误差分布特征有关的大于 1 的系数。物理实验课程中,通常情况下仪器误差的概率密度函数遵循均匀分布规律,取 $C=\sqrt{3}$。

5.2.3　不确定度合成

不确定度的 A 类分量和 B 类分量采用方和根公式合成,得到总的不确定度 U,即

$$U = \sqrt{U_{A}^{2} + U_{B}^{2}} \tag{2.18}$$

若 A 类分量和 B 类分量分别有多个,则不确定度 U 的合成公式为

$$U = \sqrt{\sum_{i=1}^{m} U_{Ai}^{2} + \sum_{j=1}^{n} U_{Bj}^{2}} \tag{2.19}$$

5.2.4　单次测量的不确定度

对于某些物理量的测量精度较高,即其误差对实验结果影响不大,或物理量是瞬时变化的,往往进行单次测量。在单次测量实验中,可依据仪器误差、实验方法和实验条件等综合考虑,合理估计不确定度。通常约定,用仪器误差 $\Delta_{仪}$ 或其倍数

NOTE

作为单次直接测量量的不确定度估计值，即

$$U=C\cdot\Delta_{仪} \tag{2.20}$$

其中，系数 $C\geqslant 1$。

技术规格		
功能	量程	精度
交流电压 (40 Hz 到 500Hz)	4.000 V/40.00 V/400.0 V/1000 V	1.0 % + 3
直流电压	4.000 V/40.00 V/400.0 V/1000 V	0.5 % + 3
交流电压（毫伏）	400.0 mV	3.0 % + 3
直流电压（毫伏）	400.0 mV	1.0 % + 10
二极管测试	2.000 V	10 %
电阻（欧姆）	400.0 Ω 4.000 kΩ 40.00 kΩ 400.0 kΩ 4.000 MΩ 40.00 MΩ	0.5 % + 3 0.5 % + 2 0.5 % + 2 0.5 % + 2 0.5 % + 2 1.5% + 3
电　容	40.00 nF 400.0 nF 4.000 μF 40.00 μF 400.0 μF 1000 μF	2 % + 5 2 % + 5 5 % + 5 5 % + 5 5 % + 5 5 % + 5
交流电流 μA (40 Hz 到 400 Hz)	400.0 μA / 4000 μA	1.5 % + 3
交流电流 mA (40 Hz 到 400 Hz)	40.00 mA / 400.0 mA	1.5 % + 3
交流电流 A (40 Hz 到 400 Hz)	4.000 A / 10.00 A	1.5 % + 3
直流电流 μA	400.0 μA / 4000 μA	1.5 % + 3
直流电流 mA	40.00 mA / 400.0 mA	1.5 % + 3
直流电流 A	4.000 A / 10.00 A	1.5 % + 3

1、所有电流、频率和占空比的范围都是量程的 1 % 到 100 %。未指定低于量程 1 % 的输入值。
2、通常，开路测试电压为 2.0 V，短路电流 <0.6 mA。
3、规格不包括测试引线电容和电容板引起的误差（量程为 40 nF 时，误差最高为 1.5 nF）

图 2.2　数字万用表 F15B 说明书中的量程、分度值和精度表

5.3　间接测量量的不确定度合成

间接测量量的不确定度也是用误差传递公式进行计算，其公式形式与直接测量量的相同，即方和根合成公式，对(2.12)式和(2.13)式进行相应的修改。

设待测物理量 N 是由 n 个独立的直接测量量 $A,B,C,\cdots,H$ 的函数，即

$$N=f(A,B,C,\cdots,H)$$

先根据(2.18)式和(2.19)式计算各个独立的直接测量量的不确定度分别为标准偏差 $U_A,U_B,U_C,\cdots,U_H$ 等，则间接测量量 N 的不确定度 U_N 为

$$U_N=\sqrt{\left(\frac{\partial f}{\partial A}U_A\right)^2+\left(\frac{\partial f}{\partial B}U_B\right)^2+\left(\frac{\partial f}{\partial C}U_C\right)^2+\cdots+\left(\frac{\partial f}{\partial H}U_H\right)^2} \tag{2.21}$$

NOTE

5.4　测量结果的表示

测量值 X 的包含不确定度的测量结果的标准表达式为

$$X=x\pm U(\text{单位}),U_r=\frac{U}{\bar{x}}\times100\% \tag{2.22}$$

其中,x 为测量值,在单次测量中 x 即为单次测量值,在等精度多次重复测量中 x 为算术平均值 $\bar{x}$;U 为不确定度,U_r 为相对不确定度。

例 1　关于直接测量量计算的例题:用螺旋测微器多次重复测量一金属丝的直径,共测量 10 次,测量结果如表 2.4 所示。请分别计算平均值,不确定度的 A 类分量和 B 类分量,总的不确定度以及相对不确定度,并列出不确定度的测量结果的标准表达式。

表 2.4　直径测量结果

n	1	2	3	4	5	6	7	8	9	10
D_i/mm	2.035	2.043	2.057	2.050	2.059	2.046	2.051	2.058	2.069	2.066

解答:

(1) 平均值 $\overline{D}=2.053$ mm,亦可多取一位有效数字,即 $\overline{D}=2.053\ 4$ mm。

(2) 取置信概率 P 为 68.3%,用(2.16)式计算不确定度 A 类分量 U_A。

由表 2.2 可知,当测量次数 $n=10$,且置信概率 P 为 68.3% 时,t 取值为 1.06,则

$$U_A=t\sqrt{\frac{\sum_{i=1}^{n}(D_i-\overline{D})^2}{n(n-1)}}$$

$$=1.06\times\sqrt{\frac{(2.035-2.053\ 4)^2+(2.043-2.053\ 4)^2+\cdots+(2.066-2.053\ 4)^2}{10\times(10-1)}}\ \text{mm}$$

$$\approx3.3\times10^{-3}\ \text{mm}$$

(3) 根据表 2.3 常用仪器的量程、分度值和仪器误差可知,螺旋测微器的仪器误差为 0.004 mm。由(2.17)式,取 $C=\sqrt{3}$,可知不确定度 B 类分量为

$$U_B=\frac{\Delta_{仪}}{C}=\frac{0.004\ \text{mm}}{\sqrt{3}}\approx2.3\times10^{-3}\ \text{mm}$$

(4) 由(2.18)式可合成不确定度的 A 类分量和 B 类分量,可得

$$U=\sqrt{U_A^2+U_B^2}=\sqrt{(3.3\times10^{-3})^2+(2.3\times10^{-3})^2}\ \text{mm}\approx4\times10^{-3}\ \text{mm}$$

(5) 由(2.22)式可计算相对不确定度,即

NOTE

$$U_r=\frac{U}{D}\times100\%\approx0.19\%$$

D 测量结果的标准表达式为

$$\begin{cases}D=(2.053\pm0.004)\text{ mm}\\U_r=0.19\%\end{cases}$$

例 2　关于间接测量量计算的例题：实验测得铅球直径 $d=(4.000\pm0.020)$ cm，质量 $m=(382.34\pm0.05)$ g，求铅球的密度 ρ，并将结果写成标准结果表达式。

解答：

(1) 密度的平均值

$$\bar{\rho}=\frac{\bar{m}}{\bar{V}}=\frac{6\bar{m}}{\pi\bar{d}^3}\approx\frac{6\times382.34}{3.142\times(4.000)^3}\text{ g/cm}^3\approx11.41\text{ g/cm}^3$$

(2) 方法一：用(2.21)式计算间接测量量的不确定度

$$U_\rho=\sqrt{\left(\frac{\partial f}{\partial d}U_d\right)^2+\left(\frac{\partial f}{\partial m}U_m\right)^2}=\sqrt{\left(\frac{18\bar{m}}{\pi\bar{d}^4}U_d\right)^2+\left(\frac{6}{\pi\bar{d}^3}U_m\right)^2}\approx0.17\text{ g/cm}^3$$

$$U_{r\rho}=\frac{U_\rho}{\bar{\rho}}\times100\%=1.5\%$$

方法二：根据表 2.1 几种常用函数关系的标准误差传递公式，由于密度计算公式中有独立变量 d 和 m，且为乘除运算，因此可以先计算相对不确定度。

$$U_{r\rho}=\sqrt{\left(\frac{U_m}{\bar{m}}\right)^2+\left(3\frac{U_d}{\bar{d}}\right)^2}=\sqrt{\left(\frac{0.05}{382.34}\right)^2+\left(\frac{3\times0.020}{4.000}\right)^2}\approx1.5\%$$

$$U_\rho=\bar{\rho}\times U_{r\rho}=0.17\text{g/cm}^3$$

6　有效数字与运算规则

6.1　有效数字的概念

实验测量值包含误差，读取直接测量量时需要考虑估读的问题。对于指针式仪表、温度计和米尺等仪器，当仪器的最小分度值（即每一小格）为 1 时，读数估读到 0.1 位；而仪器的最小分度值不为 1 时，其数值的末位与仪器的最小分度值位数对齐。对于数字式仪表，实验测量值即为示数。

直接测量值最末 1 至 2 位一般为误差位或可疑数字，误差位之前的位数称为可靠数字。可疑数字和可靠数字的总位数，统称为测量结果的有效数字。关于有效数字需要注意的问题包括：

NOTE

（1）测量结果的有效数字最高位不为零，即从最高的非零自然数位开始算有效数字的位数。

（2）对于同一测量对象，仪器精度越高则可靠数字位数越多，即测量结果的有效数字越多。因此，通过比较有效数字位数，可以获知实验测量的准确度。

（3）在记录实验数据时，末位如果是零，不可随意删去或添加，因为其也是有效数字的一部分。若改变测量值的单位，或者用科学计数法表示，则保持其有效数字位数不变。

（4）有效数字的规则仅用于表述实验测量结果，而常数等非实验测量量不需考虑有效数字的问题。例如，计算时可以不用考虑圆周率 π 的有效数字位数，当然为了提高计算结果的准确度可以在代入公式时对其多取几位数值，或按函数计算器中 π 键的默认值。

（5）不确定度通常取 1 至 2 位有效数字。当不确定度第一位非零的自然数为 1、2 或 3 时，取 2 位有效数字，而第一位自然数为 4 至 9 时取 1 位有效数字。

（6）对于需进行计算的测量值（如角度换算）或间接测量量的实验结果表述中，可以先计算出不确定度，进而在写出结果表达式时，测量值和不确定度两者的最末位对齐。

（7）对数字进行取舍时，采用“四舍六入逢五凑偶”法。这是因为考虑到末位为 0 的情况。当需舍去的数字小于等于 4 时，则舍去；当其大于等于 6 时，则进位；若需舍去的数字最高位为 5，其前一位为奇数则进位，为偶数则舍去。由此可以避免用“四舍五入”规则处理数据时因进多舍少而引入计算误差。

（8）当使用计算器或计算软件进行数据处理时，应根据有效数字的规则对数值进行取舍后记录，而不能直接将所有显示结果的数字直接抄写下来。

6.2　有效数字的运算规则

间接测量的计算过程即为有效数字的运算过程，应首先计算出直接测量量的测量值和不确定度，进而根据有效数字运算规则计算间接测量量及其不确定度。有效数字运算的基本规则为：**只有可靠数字与可靠数字的计算结果为可靠数字，其余计算结果为可疑数字。**

1. 加减运算

在几个数值进行加减运算时，和或者差保留到这几个数值共有的数量级位，即计算结果中的可疑数字与各数值中最高可疑数字的数位对齐。

例如：有 $A=(120.66\pm0.05)$ mm，$B=(52.1\pm0.4)$ mm，计算 $M=A+B$。

A 中的可疑数字为最末位百分位上的 6，B 中的可疑数字为最末位十分位上的 1，由此可知和 M 的最末位取到十分位，其数值为 172.8 mm。

由表 2.1 可知，不确定度为

NOTE

$$U_M=\sqrt{U_A^2+U_B^2}=\sqrt{0.05^2+0.4^2}\ \text{mm}\approx 0.4\ \text{mm}$$

相对不确定度为

$$U_{rM}=\frac{U_M}{M}\times 100\%=\frac{0.4}{172.8}\times 100\%\approx 0.23\%$$

结果表达式为

$$M=(172.8\pm 0.4)\ \text{mm}$$

$$U_{rM}=0.23\%$$

2. 乘除运算

在几个数值进行乘除运算时，积或者商的有效数字位数与这几个数值中有效数字位数最少的一致。例如，有 $A=(120.66\pm 0.02)$ mm，$B=(52.1\pm 0.4)$ mm，计算 $N=A\cdot B$。

A 有五位有效数字，B 有三位有效数字，则 N 取三位有效数字，若数值较大则可以用科学计数法表示，即 $6.29\times 10^3\ \text{mm}^2$。

由表 2.1 可知，可先计算相对不确定度

$$U_{rN}=\sqrt{\left(\frac{U_A}{A}\right)^2+\left(\frac{U_B}{B}\right)^2}\approx 0.8\%$$

不确定度为

$$U_N=N\times U_{rN}\approx 0.05\times 10^3\ \text{mm}^2$$

结果表达式为

$$N=(6.29\pm 0.05)\times 10^3\ \text{mm}^2$$

$$U_{rN}=0.8\%$$

3. 乘方、立方、开方运算

运算结果的有效数字位数与底数的有效位数相同。

4. 对数和三角函数运算

对数和三角函数等较为复杂的运算中，可以根据直接测量量的不确定度，用传递公式计算出间接测量量的不确定度，取 1 至 2 位有效数字，进而将直接测量量的单次测量值或多次测量值的平均值代入公式，计算间接测量量，并根据不确定度位数确定其有效数字的位数。

例如：$x=\sin\varphi=\sin 3°21'$，$U_\varphi=1'$，则将 x 换算为弧度，有

$$x=\sin 3°21'\approx 0.058\,435\,22$$

$$U_x=\cos\varphi\cdot U_\varphi=\cos 3°21'\times\frac{\pi}{180°}\times 1'\approx 0.000\,17$$

取 x 值与不确定度的最末位对齐，即 0.058 44。

NOTE

相对不确定度为

$$U_{rx}=\frac{U_x}{x}\times 100\% \approx 0.29\%$$

结果表达式为

$$U_x=0.05844\pm 0.00017$$

$$U_{rx}=0.29\%$$

7　实验数据处理的基本方法

实验中,对测量数据的还需要进一步的加工处理,分析和总结其中的科学规律。基本的实验数据处理方法包括:列表法、作图法、逐差法和最小二乘法等。

7.1　列表法

列表法是常用的数据记录方法,可以清晰、准确、有条理地记录实验数据。在多次重复测量实验和数据量大的实验中,列表法更是必要的记录实验数据的方法。在数据表格设计中,我们要考虑其合理性和规范性,有助于展现物理量的数据规律和相互关系。

列表法的要点包括:

(1) 表格最上一行中列出表格序号和表格名称。

(2) 在表格第一栏(一般为第一行或第一列)注明:物理量名称、符号、单位和数量级等。

(3) 栏目先后顺序可依据实验测量顺序设计,一般先列出直接测量量,而后列出间接测量量。其中,直接测量量的栏目中,先列出自变量,而后列出应变量。

(4) 记录数据时应注意有效数字规定。

(5) 表中测量值应按照由小到大或由大到小的顺序排列。

(6) 若要修改实验数据,可将原有数据上划出删除线,并标注删除,尊重客观测量结果,而不能随意涂改和删除数据。

7.2　作图法

作图法相较于列表法能更为直观地显示物理量的变化趋势和相互关系。尤其在物理量之间的函数关系未知的情况下,作图法是较为简单直观地找到物理量之间变化趋势的方法,进而可以初步判断解析式的类型,列出方程,估算参数,建立经验公式,即回归分析。

在图中,可以求得直线的斜率和截距,找到曲线的极值点和拐点,计算曲线周期,求得区域的面积等。对于测量数据较少的实验结果,可以通过线性插值法,从图上推出未测量的实验结果。

7.2.1　作图要求

用作图法处理数据时要注意的问题包括:

NOTE

(1) 坐标纸的选取

常用的坐标纸有直角坐标纸、单对数坐标纸和双对数坐标纸等，其中最常用的是直角坐标纸。选取和裁剪坐标纸的主要依据是实验数据的取值范围。

当某一个或两个变量的取值范围跨越了几个数量级，相应的坐标轴取对数值，考虑使用单对数坐标纸或双对数坐标纸。当两个变量之间的关系为对数或指数等非线性关系时，为了分析其中的规律，可将变量之间的非线性关系转换为线性关系，则也会用到对数坐标纸。

(2) 坐标轴的比例和标度

根据测量数据的有效数字位数及测量结果的需要来确定，原则上，图中数据点坐标取值的精度应与数据的精度相当，即坐标轴上的最小分度值与数据的精确位一致，以避免因标度而引起的误差。

坐标轴的比例和标度确定后，在坐标纸上标出原点位置，注意原点位置选取时应为坐标轴的数值标度的标记和书写留下空间。坐标轴用直尺画为带有箭头的直线，并标记其单位长度，注明刻度值，在坐标轴的一侧标注坐标轴的名称和单位（一般标于横轴的下方和纵轴的左侧）。

(3) 数据点的描点与连线

常用的实验数据描点符号包括：+、×、■、○、◆、△或＊等，而不用实心小圆点，以防连线时被遮盖。当图上只有一条图线时，用一种符号；当有几条不同的图线画在同一张图上时，分别采用不同的符号和颜色以示区分。

若两个物理量之间为曲线关系，作图描绘的光滑曲线能体现其平均趋势效果，可以减小随机误差对结果分析的影响，有助于揭示变量间的规律。为了让画图线更能真实地反映变量之间的关系，在曲线的峰值、谷值等极值点，或曲线拐点处等斜率变化较大的区间，往往测量点取值更为密集一些（即自变量取值不是等间隔变化的），否则从曲线上读取数据时可能有较大误差。

(4) 图名与图例

完成作图前，还应标注图的名称，并可按需标注实验条件的说明。若有几条不同的图线画在同一张图上时，往往会标注图例加以区分。

(5) 软件作图

用软件作图的要求与坐标纸上手绘作图的要求是一致的。常用的数据处理软件，如：Excel 或 Origin 等，支持将列表的数据生成图。数据处理软件往往有选取数据之后自动生成图的功能，而如此直接生成的图不一定符合作图要求，因此需要进一步处理。

7.2.2 用作图法求直线的斜率

在用作图法求直线的斜率时，用直尺画出一条直线，使数据点尽量均匀分布在

NOTE

直线的两侧（图 2.3）。由于实验中的随机误差的存在，数据点一般不可能都刚好出现在直线上。从画出的直线上，取两个距离相对较远的点［图 2.3 中的 $A(X_1,Y_1)$ 和 $B(X_2,Y_2)$ 两点］，分别在图上标出其坐标值，进而计算直线的斜率值；在求得斜率值之后，就可以很容易地计算截距值了。

当直线方程为 $Y=aX+b$ 时，其斜率 a 和截距 b 分别为

$$a=\frac{Y_2-Y_1}{X_2-X_1} \tag{2.23}$$

$$b=\frac{X_2Y_1-X_1Y_2}{X_2-X_1} \tag{2.24}$$

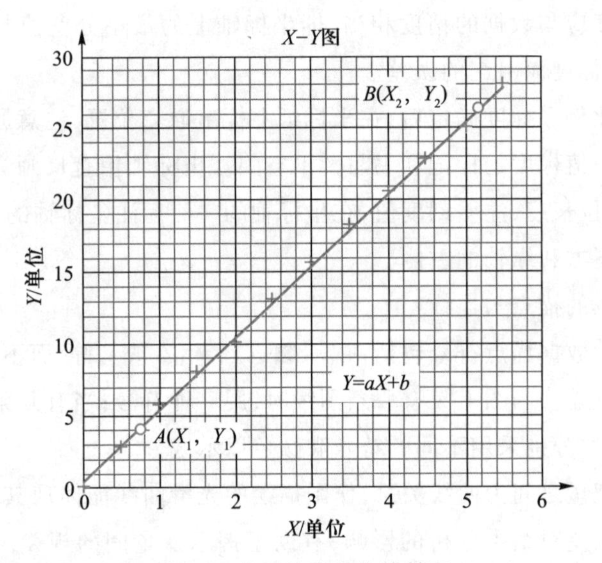

图 2.3　作图法求直线的斜率

7.3　最小二乘法

进行直线拟合的数据处理时，作图法是一种直观而便利、且可以手绘的方法，但绘图过程中往往会由于人为因素等引入了附加误差，即所绘出的直线并非能表示两个变量线性关系的最佳直线。因此，我们引入最小二乘法。

1806 年，法国科学家勒让德发现“最小二乘法”，但没有广泛传播而不为世人所知。1809 年，高斯在其著作《天体运动论》中，记载了使用最小二乘法计算谷神星轨道的方法，并于 1829 年提供了最小二乘法优于其他方法的证明。

最小二乘法是指在等精度测量中，若变量 x 和 y 符合线性关系 $y=ax+b$，存在一条最佳的拟合曲线，使得各测量值数据点与直线上对应点的因变量坐标值之差的平方和取最小值，即实验测量值的偏差的平方和最小。

设 x 为自变量，应变量 y 有随机误差，测量次数为 n，则实验测量数据为（x_i，y_i；

NOTE

$i=1,2,\cdots,n$)。

实验测量值的偏差 ε_i 为

$$\varepsilon_i = y_i - (a+bx_i)$$

根据最小二乘法的原理,偏差的平方和取最小值,即

$$S=\sum_{i=1}^{n}\varepsilon_i^2=\sum_{i=1}^{n}[y_i-(a+bx_i)]^2\rightarrow \min$$

S 取最小值的条件为

$$\frac{\partial S}{\partial a}=0,\frac{\partial S}{\partial b}=0,\frac{\partial^2 S}{\partial a^2}>0,\frac{\partial^2 S}{\partial b^2}>0$$

则

$$\frac{\partial S}{\partial a}=-2\sum_{i=1}^{n}(y_i-a-bx_i)=0$$

$$\frac{\partial S}{\partial b}=-2\sum_{i=1}^{n}(y_i-a-bx_i)x_i=0$$

则

$$a=\frac{\sum_{i=1}^{n}x_i\sum_{i=1}^{n}(x_iy_i)-\sum_{i=1}^{n}x_i^2\sum_{i=1}^{n}y_i}{\left(\sum_{i=1}^{n}x_i\right)^2-n\sum_{i=1}^{n}x_i^2} \tag{2.25}$$

$$b=\frac{\sum_{i=1}^{n}x_i\sum_{i=1}^{n}y_i-n\sum_{i=1}^{n}(x_iy_i)}{\left(\sum_{i=1}^{n}x_i\right)^2-n\sum_{i=1}^{n}x_i^2} \tag{2.26}$$

令

$$\overline{x}=\frac{1}{n}\sum_{i=1}^{n}x_i,\overline{y}=\frac{1}{n}\sum_{i=1}^{n}y_i,\overline{x}^2=\left(\frac{1}{n}\sum_{i=1}^{n}x_i\right)^2,\overline{x^2}=\frac{1}{n}\sum_{i=1}^{n}x_i^2,\overline{xy}=\frac{1}{n}\sum_{i=1}^{n}(x_iy_i),$$

则有

$$a=\overline{y}-b\overline{x} \tag{2.27}$$

$$b=\frac{\overline{x}\cdot\overline{y}-\overline{xy}}{\overline{x}^2-\overline{x^2}} \tag{2.28}$$

根据斜率 b 和截距 a,即可得到线性回归方程 $y=ax+b$。

反映两变量间线性相关关系的统计指标称为**相关系数**,即此测量结果是否符合线性回归方程,相关系数用 r 来表示:

$$r=\frac{\overline{xy}-\overline{x}\cdot\overline{y}}{\sqrt{(\overline{x}^2-\overline{x^2})(\overline{y}^2-\overline{y^2})}} \tag{2.29}$$

其中,$\overline{y}^2=\left(\frac{1}{n}\sum_{i=1}^{n}y_i\right)^2,\overline{y^2}=\frac{1}{n}\sum_{i=1}^{n}y_i^2$。

NOTE

r 描述了两个变量间线性相关强弱的程度，其取值在 -1 与 $+1$ 之间。若 $r>0$，表明两个变量是正相关，即一个变量的值越大，另一个变量的值也随之增大；若 $r<0$，表明两个变量是负相关，即一个变量的值越大，另一个变量的值越小；若 $r=0$，表明两个变量间不存在线性相关。r 的绝对值 $|r|$ 越大，表明相关性越强。

物理实验中，通常在 $|r|\geqslant 0.9$ 时，可以认为两个物理量有较密切的线性关系，以最小二乘法拟合的直线可表示实验结果。

7.4 逐差法

在等精度多次测量的自变量等间隔变化，且测量次数为偶数时，为提高实验数据的利用率，减少随机误差对结果的影响，还有一种常用的数据处理方法，即**逐差法**。逐差法计算中，将因变量分为两组，进行对应项逐项相减，再求差值的平均值。

表 2.5 中自变量 X 与因变量 Y 共有 $2n$ 组数据，分为两组，对应项逐项相减获得 $Y_{i+n}-Y_i$，进而求其平均值 $\overline{Y_{i+n}-Y_i}$。

表 2.5 逐差法数据表示例

X_i	Y_i	$Y_{i+n}-Y_i$
X_1	Y_1	$Y_{n+1}-Y_1$
X_2	Y_2	$Y_{n+2}-Y_2$
…	…	…
X_i	Y_i	$Y_{n+i}-Y_i$
…	…	…
X_n	Y_n	$Y_{2n}-Y_n$
X_{n+1}	Y_{n+1}	
…	…	
X_{2n}	Y_{2n}	
		$\overline{Y_{i+n}-Y_i}$

计算时，若对变量之一取对数，则可用对数逐差法。以用波尔共振仪研究物体受迫振动实验中，求阻尼系数时所用的“振幅衰减规律的对数逐差法计算表”为例。在表 2.6 中，i 为阻尼振动的周期次数，θ_i 为第 i 次振动时的振幅。实验中共测量 10 组数据，将第 1 至 5 组数据编为一组，第 6 至 10 组数据编为另一组，对应的数据相除再取对数可得 5 组 $\ln\dfrac{\theta_i}{\theta_{i+5}}$，$\overline{\ln\dfrac{\theta_i}{\theta_{i+5}}}$ 为其平均值。

8 思考题

（1）在科学发展进程中，测量精度的提高和计量制度的完善标志着科学发展水

NOTE

平的提高。以长度单位为例:中国古书中记载:“十尺为丈,人长八尺”,说明长度与身高的对应关系。英国早期的长度单位码(yard)是以国王的臂长为准。在漫长的历史进程中,世界各地的长度单位种类繁多,换算麻烦。1875 年,“米”成为公认的国际通用长度计量单位。1983 年,国际计量大会定义:“米是光在真空中 1/299 792 458 s 时间间隔内所经路径的长度。”请从误差理论的角度分析计量制度发展的意义。

表 2.6 振幅衰减规律的对数逐差法计算表

次数	振幅 θ_n/(°)	次数	振幅 θ_n/(°)	$\ln\frac{\theta_i}{\theta_{i+5}}$
1		6		
2		7		
3		8		
4		9		
5		10		
				$\overline{\ln\frac{\theta_i}{\theta_{i+5}}}$

(2) 在基于法拉第磁光效应测量旋光材料韦尔代常数实验中,已知直接测量消光偏转角 $\theta=1.20°\pm0.02°$,磁感应强度 $B=(0.202\pm0.010)$ T,而样品厚度 d 的多次测量结果如表 2.7 所示。

表 2.7 样品厚度 d 的测量数据

测量次数 n	1	2	5
d/mm	11.50	11.48	11.46

① 请计算旋光材料韦尔代常数 V,并注意计算时换算为国际单位制。

② 测量样品厚度 d 时,可选的测量工具包括:米尺、游标卡尺和螺旋测微器。请问实验中使用了哪种测量工具?

③ 请分别计算样品厚度 d 和韦尔代常数 V 的不确定度和相对不确定度,要求写出计算过程和标准结果表达式。

④ 请根据实验结果分析,如果要提高韦尔代常数 V 的测量精度,应该首先考虑提高哪个直接测量量的测量精度?

(3) 实验测量得到自变量 X 和应变量 Y 的数据如表 2.8 所示。请用作图法或最小二乘法,计算直线方程 $Y=aX+b$ 中的斜率 a 和截距 b。

表 2.8 X–Y 测量数据表

X	8	4	7	5	9	2
Y	13.08	6.896	11.89	7.94	14.87	3.32

思维导图 2.1

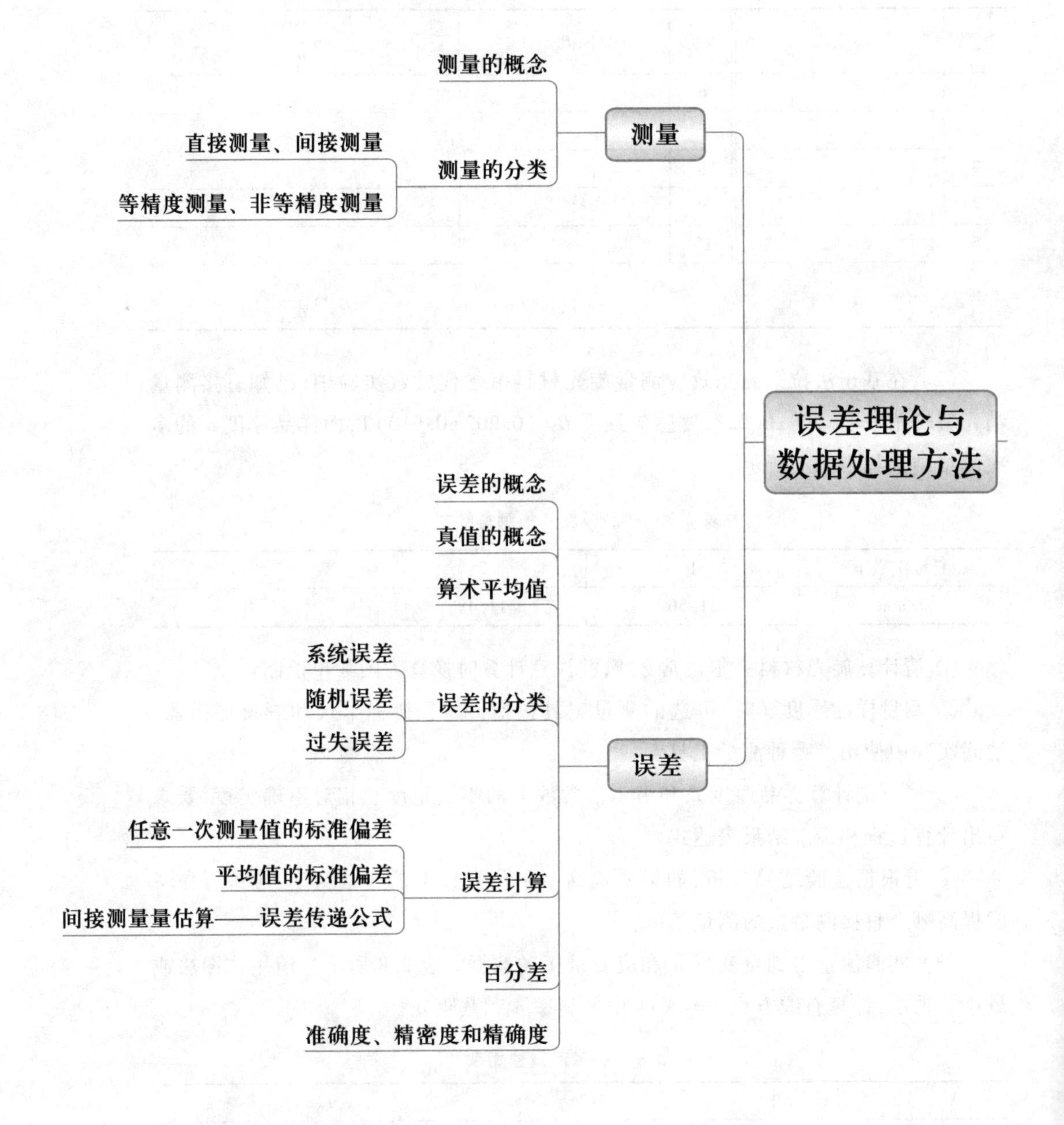
误差理论与
数据处理方法
测量
测量的概念
测量的分类
直接测量、间接测量
等精度测量、非等精度测量
误差
误差的概念
真值的概念
算术平均值
误差的分类
系统误差
随机误差
过失误差
误差计算
任意一次测量值的标准偏差
平均值的标准偏差
间接测量量估算——误差传递公式
百分差
准确度、精密度和精确度

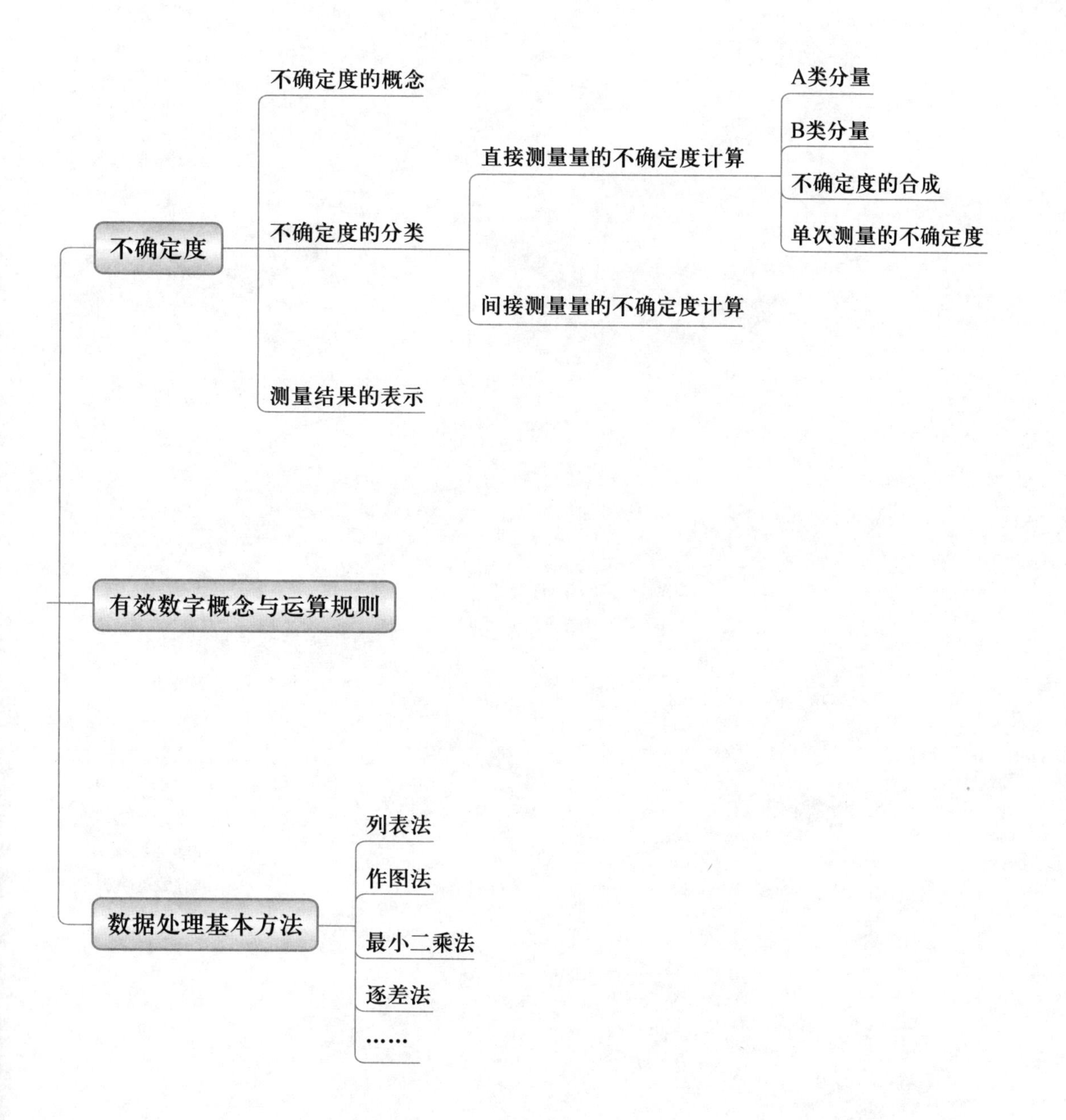
不确定度
不确定度的概念
不确定度的分类
直接测量量的不确定度计算
A类分量
B类分量
不确定度的合成
单次测量的不确定度
间接测量量的不确定度计算
测量结果的表示
有效数字概念与运算规则
数据处理基本方法
列表法
作图法
最小二乘法
逐差法
……

第二篇
基础性实验与研究性实验

第三章　力学实验

3.1　力学实验概述

数字资源

力学是一门研究物体在空间与时间中运动和变化规律的科学，对时间、长度、质量和力等基本力学量的测量是其研究基础。

在中国秦汉时期，统一度量衡改变了先前各地计量标准混乱的问题，定义了基本物理量时间和长度的单位，用以对物体运动进行描述与计量。古人用尺和丈作为基本单位和量具，计量长度、面积和体积。《汉志》中有关于采用十进制进行单位换算的记载，如："十分为一寸，十寸为一尺，十尺为一丈，十丈为一引，而五度审矣"。秦朝建立严格的度量衡器检查制度，由官方每年进行一次度量衡校正，并规定了允许的误差范围。成书于汉代的《九章算术》中记载了面积、体积、匀速和变速运动的例子，说明古人已将力学与生产生活中的应用紧密结合。

16 世纪以后，随着大航海时代的到来和工业技术的进步，力学研究得到了系统性的发展。伽利略（Galileo Galilei，1564—1642）等物理学家对力学开展了理论和实验研究，提出落体定律，并为现代科学研究方法奠定基础。而后，牛顿（Isaac Newton，1643—1727）将天体运动规律与地面上的实验研究相结合，提出了牛顿运动三大定律和万有引力定律。随着力学理论和实验研究的快速发展和日益深入，流体力学、弹性力学和分析力学等领域逐步构成了力学体系。

NOTE

思维导图 3.1

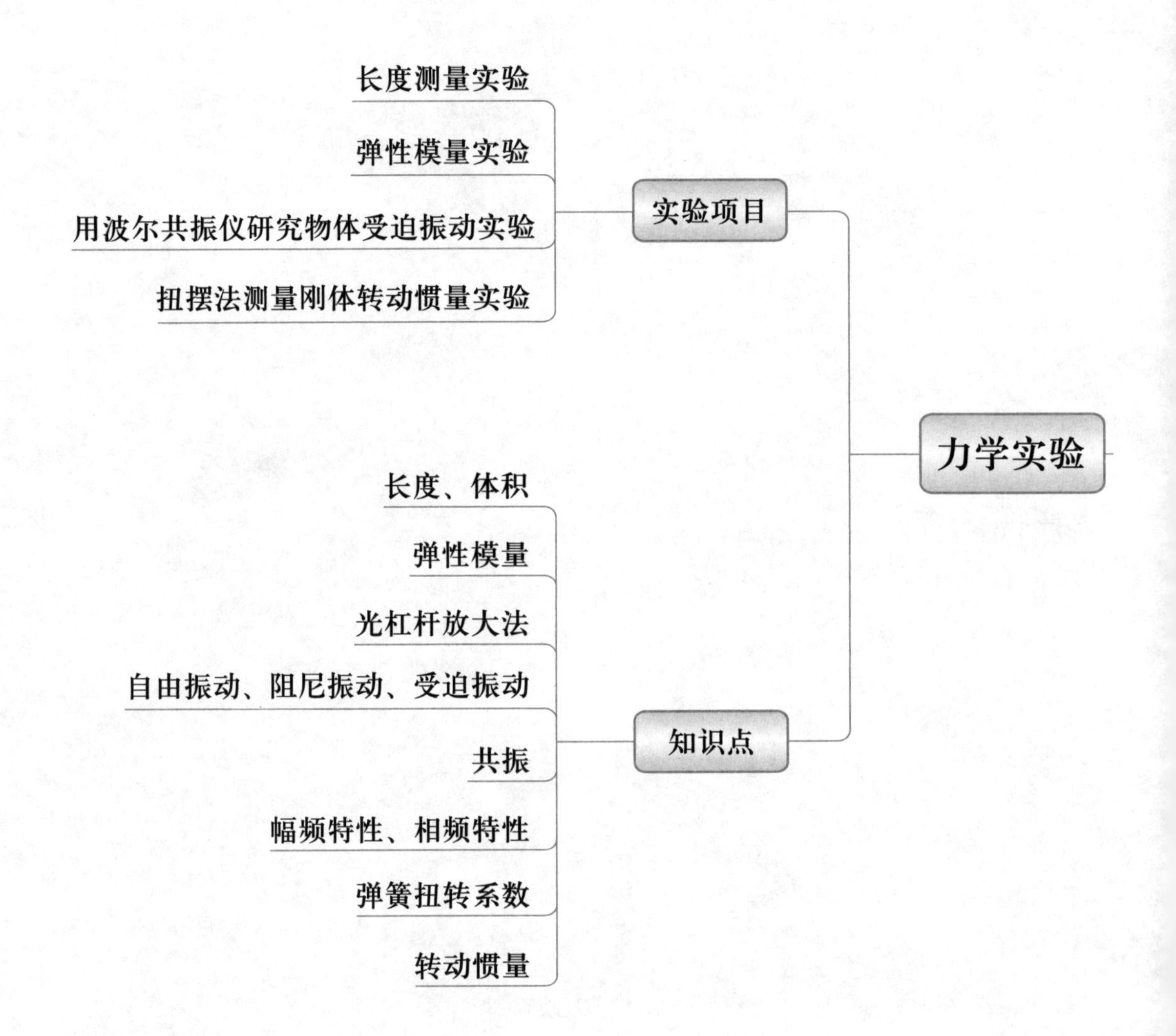
力学实验
实验项目
长度测量实验
弹性模量实验
用波尔共振仪研究物体受迫振动实验
扭摆法测量刚体转动惯量实验
知识点
长度、体积
弹性模量
光杠杆放大法
自由振动、阻尼振动、受迫振动
共振
幅频特性、相频特性
弹簧扭转系数
转动惯量

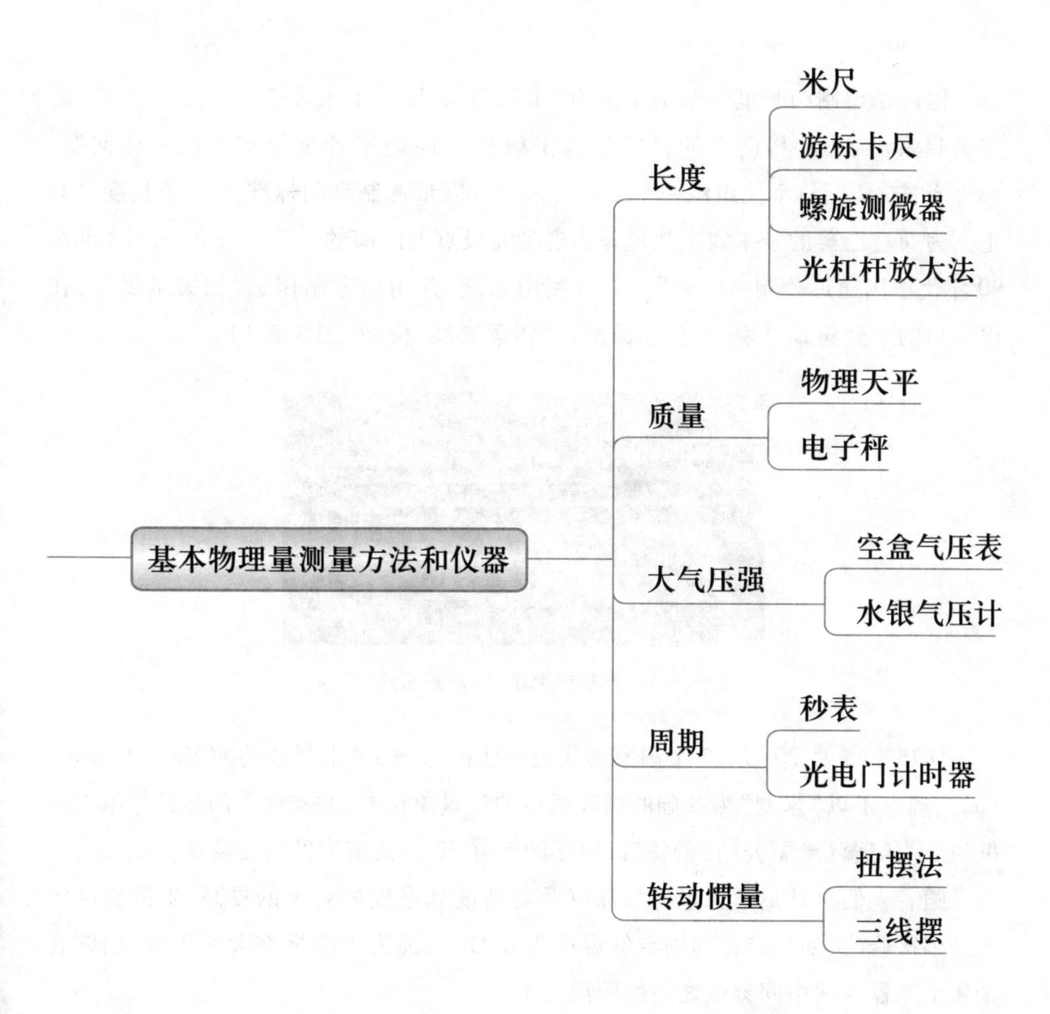
基本物理量测量方法和仪器
长度
米尺
游标卡尺
螺旋测微器
光杠杆放大法
质量
物理天平
电子秤
大气压强
空盒气压表
水银气压计
周期
秒表
光电门计时器
转动惯量
扭摆法
三线摆

NOTE

3.2 长度测量实验

1 引言

国际单位制中长度的基本单位为“米”,符号为 m,1 米等于 10 分米。“米”的定义起源于法国,其创立的目的是为了解决不同国家计量标准不统一的问题。18 世纪末,法国科学院组织一个委员会来制订度量衡制度的标准,1 米的长度最初定义为通过巴黎的子午线上从地球赤道到北极点的距离的一千万分之一。18 世纪 90 年代法国通过公制系统,开始正式使用米制,并用铂金制作了“档案米尺”。在巴黎市的一处建筑外墙上,至今保留着“档案米尺”模型(图 3.2.1)。

图 3.2.1 巴黎市大理石“档案米尺”模型

1875 年 5 月 20 日,17 个国家的代表在法国签署了《米制公约》(Metre Convention),确立了以“米制”为基础的国际通行的计量单位制,并构建了国际计量组织的框架。为纪念《米制公约》的签署,每年的 5 月 20 日被定为世界计量日。

随着人们对计量学认识的加深以及对精度和准度的要求的提高,米的长度定义经多次修改,如规定在周围空气温度为 0 ℃、压强为 1 个标准大气压时,铂铱合金棒米原器两端中间刻线之间的距离为 1 米。

1983 年,国际计量大会(General Conference of Weights & Measures,CGPM)通过了新的米定义:“1 米等于光在真空中 1/299 792 458 s 的时间间隔内所经路径的长度”。该定义隐含了光速值 c=299 792 458 m/s,光速是常量,自此,长度基准由自然基准转变为以基本物理常量定义的基本单位。此定义更为精确,可以精确到纳米量级以上,适应科学技术发展的需要,成为计量科学史上的一个里程碑。

现收藏于扬州博物馆的东汉铜卡尺如图 3.2.2 所示,其结构与现在常用的游标卡尺相似,由主尺(固定尺)、副尺(活动尺)和导销三部分构成。卡尺总长为 13.3 厘米,固定尺卡爪长 5.2 厘米,厚为 0.5 厘米。固定尺上端为鱼形柄,其尾部有小孔,在固定尺中有导槽,内置的导销可沿着导槽移动,通过环形拉手可使活动尺左右移动,用以测量器物的长度和深度等。令人遗憾的是铜卡尺上的计量刻度和纪年铭文如今因锈蚀已难以辨识,其测量精度未可确知。

NOTE

图 3.2.2 收藏于扬州博物馆的东汉铜卡尺

对长度的精确测量,在科学研究和工业制造等领域有着重要的意义。长度测量实验是基础的物理实验项目之一。实验中的量具包括:米尺、游标卡尺和螺旋测微器。为了提高实验测量精度,选用适当量具的标准是,在量程许可的条件下,尽量选用精度高的量具或仪器。

2 实验目的

1. 掌握米尺、游标卡尺和螺旋测微器的测量原理和使用方法。
2. 熟练掌握用不确定度估算误差的方法。
3. 学习实验结果的正确表示方法。

3 实验原理与实验仪器

3.1 米尺

常见的米尺有钢尺、钢卷尺和塑料直尺等各种类型,其量程各一,最小分度值通常为 1 mm 或者 0.5 mm。用米尺测量长度时,一般估读到 0.1 mm 这一位。

因为测量值的表示应符合有效数字的规则,即最后一到两位为误差位,所以即使 0.1 mm 这一数量级上的数字为零,也不可以忽略不写。

3.2 游标卡尺

游标卡尺的设计是基于游标原理,包括主尺和游标尺以及固定用的螺丝。游标尺上的 N 个分度格和主尺上 $N-1$ 个分度格的长度相等,主尺分度值 a 与游标尺分度值 b 的差值称为游标精度值。如图 3.2.3 所示的五十分度的游标卡尺,主尺分度值 a 与游标尺分度值 b 的差值,即游标精度值为 0.02 mm。

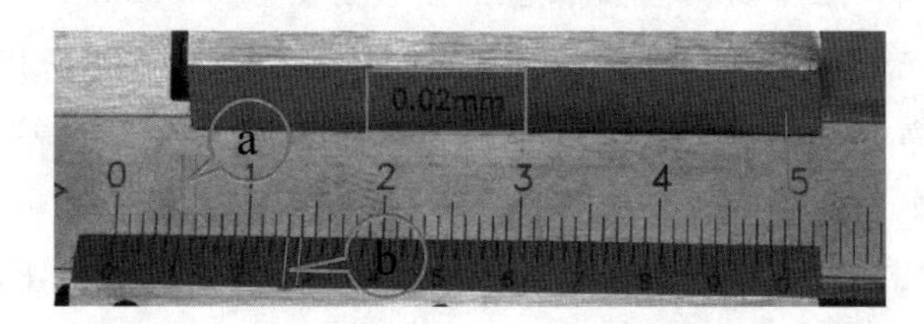

图 3.2.3 五十分度的游标卡尺的游标精度示意图

NOTE

以五十分度的游标卡尺为例(图 3.2.4),读数方法为

(1) 根据游标尺的零线左侧的主尺上的最近刻度,读出以毫米为单位的整数值;

(2) 根据游标尺的刻度与主尺上的刻度对齐的刻线,读取游标尺上的读数,精度为 0.02 mm;

(3) 将以上两读数相加即为测量结果。

图 3.2.4　五十分度的游标卡尺的读数示意图

3.3　螺旋测微器

螺旋测微器,又称为千分尺,其测量精度高于米尺和游标卡尺。常用的螺旋测微器如图 3.2.5 所示,包括:测量砧台 G、测量螺杆 B、螺母套筒 C、微分套筒 D、棘轮 E 和锁紧手柄 F 等,量程为 25 mm。

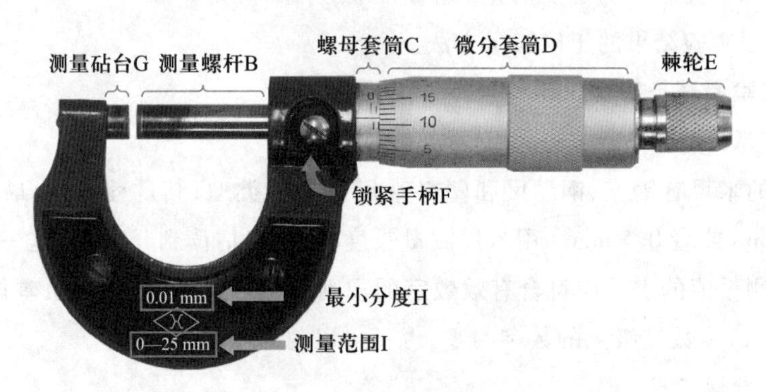

图 3.2.5　螺旋测微器结构图

螺旋测微器的套筒中包含有螺距为 0.5 mm 的螺纹,微分套筒 D 上有 50 个分格。当微分套筒 D 在螺母套筒 C 上转动一圈时,D 的位置移动 0.5 mm,因而 D 上每一格对应 0.01 mm。另须注意,螺母套筒 C 的横线上方每一格为 1 mm,横线下方的每一格为 0.5 mm,因而螺母套筒 C 上的读数精度为 0.5 mm。

测量时,首先松开锁紧手柄 F,将被测量物体置于测量砧台 G 和测量螺杆 B 之间,旋转微分套筒 D,在接近被测量物体时拧棘轮 E,使测量砧台 G、被测量物体和测量螺杆 B 接触,在听到棘轮发出的咔咔声后停止旋转。

读取数据时,首先读取微分套筒 D 边沿所对应的螺母套筒 C 上的数值,精度为 0.5 mm;进而依据螺母套筒 C 上横线所指位置读取微分套筒 D 上的数值,最小分度值为 0.01 mm,需估读一位至 0.001 mm 量级;两个读数之和为测量结果。

NOTE

在用螺旋测微器进行测量时，往往会存在一个零位误差：当测量砧台 G 和测量螺杆 B 端面接触时，螺母套筒 C 上的横线与微分套筒 D 上的零刻度线重合，这就是零位，若达不到上述要求，即出现了零位误差。此零位误差应予以修正，即长度测量值上减去零位误差值。

因此，螺旋测微器的读数方法为

(1) 初读数：先读出测量砧台 G 与测量螺杆 B 接触时的读数，即初读数，可能不为零，亦可正可负。

(2) 末读数：放入待测物体，调节微分套筒 D 和棘轮 E 使测量砧台 G 与待测物体接触时，读取螺母套筒 C 上的读数值，加上微分套筒 D 的左边缘与螺母套筒 C 上基准刻线相对齐的微分套筒 D 的刻度值，注意要估读一位至 0.001 mm。

(3) 测量值为末读数和初读数的差值，即：测量值＝末读数－初读数。

4 实验内容

用游标卡尺和螺旋测微器分别测量铝板的长度、宽度和厚度，各测量三次，计算铝板的体积及其不确定度，并写出测量结果的标准形式。

游标卡尺的读数方法：

1. 根据游标零线以左的主尺上的最近刻度读出整毫米数；

2. 根据游标零线以右与主尺上的刻度对准的游标刻线读数，其数值即为测量值的小数部分；

3. 将上面整数和小数两部分加起来，即为总长度。

在进一步的实验中，测量金属圆筒的内径、外径、高和深度，并计算其体积及其不确定度，设计记录数据的表格，并写出测量结果的标准形式。

5 注意事项

1. 记录螺旋测微器的初读数，以消除零位误差。

2. 测量初读数或末读数之前，应使用棘轮装置，从而减少随机误差对实验结果的影响，并避免损坏测量装置。

6 数据记录和处理

6.1 数据记录

用游标卡尺测量长方体的长度 L 和宽度 B；用螺旋测微器测量其厚度 H。对各物理量重复测量三次，将测量结果填入表 3.2.1，并计算其平均值。平均值的有效数字位数可以取作与测量值相同，亦可比测量值多取一位数。

体积 V 是间接测量量，将直接测量量的平均值代入公式计算其值，注意有效数字位数，可以用科学计数法表示其结果。

6.2 直接测量量的不确定度计算

长方体的长度 L、宽度 D 和厚度 H 均为直接测量量，分别计算其 A 类和 B 类不

NOTE

确定度,再计算合成不确定度和相对不确定度,注意有量纲的物理量以及其不确定度。

表 3.2.1　测量数据

i	L/mm	B/mm	H/mm	$V(=\overline{L}\,\overline{B}\,\overline{H})$/mm^3
1				
2				
3				
平均值				

1. 长度 L 的不确定度计算:

长度 L 的平均值的 A 类不确定度用标准偏差公式计算,即

$$U_{AL}=1.32\cdot\sqrt{\frac{\sum_{i=1}^{n}(L_i-\overline{L})^2}{n(n-1)}}\quad（其中,t\text{ 因子取值为 }1.32）$$

B 类不确定度计算公式为仪器误差除以 $\sqrt{3}$,表示在多次重复测量中,仪器误差的影响符合平均分布的规律。

$$U_{BL}=\Delta_{仪}/\sqrt{3}$$

合成不确定度为

$$U_L=\sqrt{U_{AL}^2+U_{BL}^2}$$

因此,长度的相对不确定度为

$$U_{rL}=\frac{U_L}{\overline{L}}\times100\%$$

进而可以写出长度 L 的测量结果表达式,即

$$\begin{cases}L=\overline{L}\pm U_L= \\ U_{rL}= \qquad \%\end{cases}$$

同理,可计算宽度 D 和厚度 H 的不确定度等。

2. 宽度 D 的不确定度计算:

$$U_{AD}=1.32\cdot\sqrt{\frac{\sum_{i=1}^{n}(D_i-\overline{D})^2}{n(n-1)}}=$$

$$U_{BD}=\Delta_{仪}/\sqrt{3}=$$

合成不确定度为

$$U_D=\sqrt{U_{AD}^2+U_{BD}^2}=$$

NOTE

宽度的相对不确定度为

$$U_{rD}=\frac{U_D}{\overline{D}}\times100\%=\qquad\%$$

3. 厚度 H 的不确定度计算：

$$U_{AH}=1.32\cdot\sqrt{\frac{\sum_{i=1}^{n}(H_i-\overline{H})^2}{n(n-1)}}=$$

$$U_{BH}=\Delta_{仪}/\sqrt{3}=$$

合成不确定度为

$$U_H=\sqrt{U_{AH}^2+U_{BH}^2}=$$

厚度的相对不确定度为

$$U_{rH}=\frac{U_H}{\overline{H}}\times100\%=\qquad\%$$

6.3　间接测量量——体积 V 的不确定度计算

体积 V 为间接测量量，要用误差传递函数计算其不确定度。

可参考误差理论中的公式，即函数关系为 $N=A\cdot B$ 或 $N=\frac{A}{B}$ 时，有

$$\frac{\sigma_N}{N}=\sqrt{\left(\frac{\sigma_A}{A}\right)^2+\left(\frac{\sigma_B}{B}\right)^2}$$

因此，先计算体积 V 的相对不确定度 U_{rV}，即

$$U_{rV}=\sqrt{U_{rL}^2+U_{rD}^2+U_{rH}^2}\times100\%=\qquad\%$$

进而，计算其不确定度：

$$U_V=\overline{V}\cdot U_{rV}=$$

实验结果表达式为

$$\begin{cases}V=\overline{V}\pm U_V=\\U_{rV}=\qquad\%\end{cases}$$

6.4　测量金属圆筒的体积

测量金属圆筒的内径、外径、高和深度，并计算体积及不确定度，设计记录数据的表格，并写出测量结果的标准形式。

7　思考题

1. 本实验中介绍了多种长度测量工具，在实验中应依据何种规则选用适当的实验工具呢？类似的仪器或工具的选择规则是否也适用于对其他物理量进行测量的实验中？

NOTE

2. 请读取图 3.2.4 中的测量结果，并计算其不确定度。

8　附录——实验仪器操作说明

8.1　尺

中国古代测量长度的工具是尺，也以尺作为度量长度的单位。在《墨子》中有记载，通过对长度的测量，还进一步引出了极限的概念。在《墨子·经上》中有“穷，或有前不容于尺也”。《墨子·经说上》中有“穷：或不容尺，有穷；莫不容尺，无穷也”。其含义是说：（经上）穷，是在一个区域再往前也不能容纳一根线了。（经说上）穷，用尺子来丈量，若是量到一处，尺子前面再也不够一尺的长度了，那么它是有穷尽的；否则是没有穷尽的。

作为生活中常用的单位，一尺等于十寸。历史上，西汉时期的一尺长度等于 0.231 米，而今一般以三尺等于 1 米。

8.2　其他长度单位——丝、道、条

在工业领域，传统的机械尺寸计量中，有一个叫“丝”的单位，通常将 1 毫米分为一百份，其中的一份所代表的长度单位称为 1 丝，即 0.01 毫米或 10 微米。有时，0.01 毫米也称为“道”或“条”。丝、道和条都不是规范的长度单位，而是工业领域的常用说法。例如，中国深海载人潜水器“蛟龙”号有十几万个零部件，工艺标准严格，组装起来的最大难度就在于密封性，其精密度要求达到“丝”级。

NOTE

3.3 弹性模量测量实验

1 引言

在物体的弹性限度内,当物体受外力作用时,均会发生弹性形变;发生弹性形变时,物体内部产生恢复原状的内应力。弹性模量是反映材料抵抗形变能力的物理量,在工程上作为选择材料的依据之一。

2 实验目的

1. 用拉伸法测定金属丝的弹性模量。
2. 掌握光杠杆镜尺法测定长度微小变化的原理。
3. 熟练掌握望远镜调节方法。
4. 学习处理数据的两种方法:逐差法、图解法。

3 实验原理

基于胡克定律,固体在外力作用下将发生形变,如果外力撤去之后其上形变消失,这种形变称为弹性形变。如果固体在撤去外力后仍有残余形变,这种形变称为塑性形变。

应力是指单位面积上所受到的力,其单位为 F/S。应变是指在外力作用下的相对形变,或相对伸长,即$\Delta L/L$,反映了物体形变的大小。其中,L 为原长,ΔL 为形变量。

弹性模量 E 是材料弹性性质的一个重要特征量,指在弹性限度范围内,材料所受应力与所产生的应变之比。

弹性模量公式为

$$E=\frac{F}{S}\cdot\frac{L}{\Delta L}=\frac{4FL}{\pi d^2\Delta L} \tag{3.3.1}$$

其中,F 表示材料所受拉(压)力,S 表示材料的截面积,L 表示材料的原长度,ΔL 表示材料的长度延长(缩短)量。

4 实验仪器

弹性模量测定仪如图 3.3.1 所示,包括:拉伸仪、光杠杆、望远镜、标尺和支架等。

1. 金属丝与支架

金属丝长约 0.8 m,上端被一个平台上夹头固定在支架的上梁,下端有另一圆柱形的平台下夹头,可以在支架下梁的圆孔内上下移动。实验中应尽量避免平台下夹头和支架下梁圆孔壁之间的摩擦。

支架底座上有三个可调节的支脚底座螺丝,并有一个水准泡。实验前需调节支脚底座螺丝使底座水平,即支架和其上的金属丝处于垂直状态。

NOTE

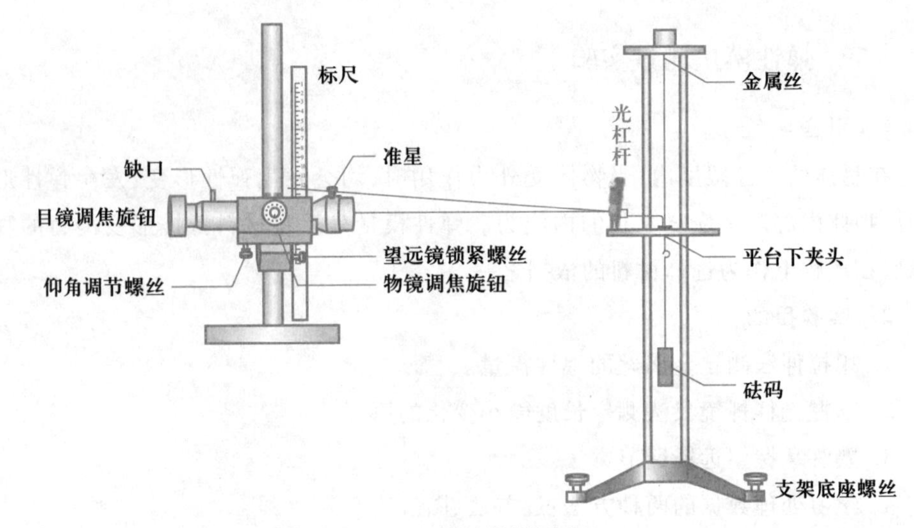

图 3.3.1　弹性模量测定仪

2. 光杠杆

使用时,两前尖脚放在支架的下梁平台三角形凹槽内,后尖脚放在圆柱形的平台下夹头上端平面上。当金属丝受到拉伸时,随着圆柱形的平台下夹头下降,光杠杆的后尖脚也下降,平面镜以两前尖脚为轴旋转。

3. 望远镜与标尺

望远镜由物镜、目镜、十字分划板组成。我们先调节目镜,直到能看清十字分划板,如图 3.3.2 所示;继续调节望远镜的物镜调焦旋钮和仰角调节螺丝等,直至在望远镜中能看清标尺中部读数,如图 3.3.3 所示,则标尺像与分划板处于同一平面,消除读数时的视差。

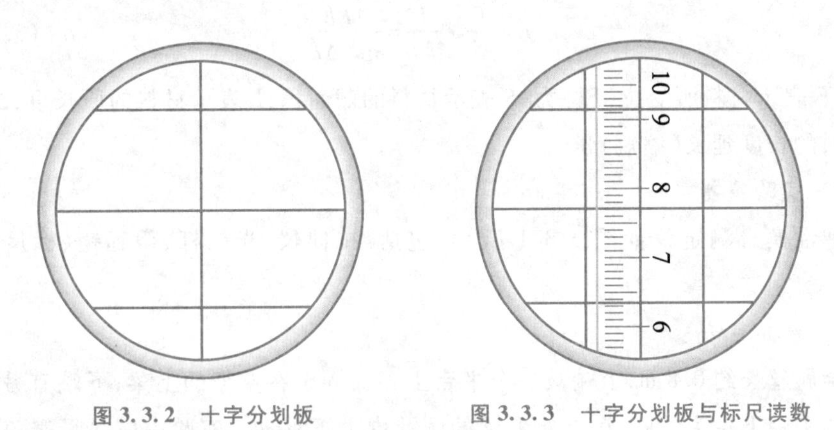

图 3.3.2　十字分划板　　图 3.3.3　十字分划板与标尺读数

5　实验方法——光杠杆镜尺法测量微小长度的变化

在(3.3.1)式中,在外力 F 的拉伸下,钢丝的伸长量ΔL是很小的量,用一般的长度测量仪器无法测量。本实验采用光杠杆镜尺法,原理图如图 3.3.4 所示。

NOTE

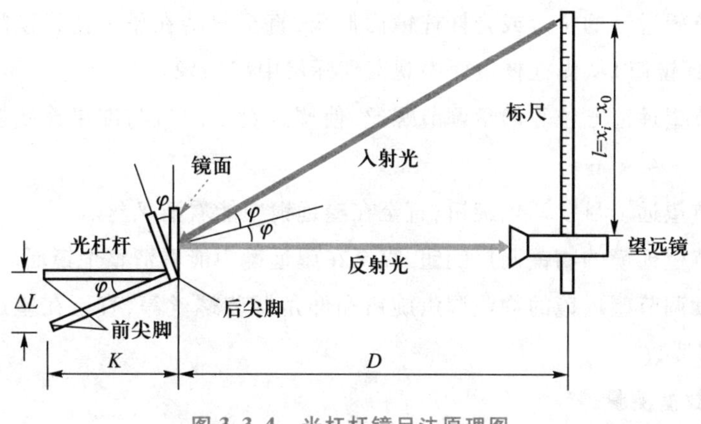

图 3.3.4 光杠杆镜尺法原理图

施加拉力拉伸钢丝之前,请使光杠杆的平面镜处于垂直状态。标尺刻度通过平面镜反射后,在望远镜中成像,则望远镜可以通过平面镜观察到标尺刻度所成的像,即望远镜中十字线的水平线对应的标尺上刻度 x_0。

当在钢丝下的挂盘添加砝码,即施加应力使钢丝伸长ΔL,平台下夹头的位置因而下降ΔL时,平面镜将转动 φ 角。可通过望远镜,观察到标尺刻度的像也发生移动,十字线的水平线对应的标尺刻度为 x_i 处。

由图3.3.4可知,当平面镜转动 φ 角时,入射光与反射光的夹角为2φ。从图中看出望远镜中标尺刻度的变化量为 $l=x_i-x_0$。

因为 φ 角很小,适用于小角度近似条件,则由图3.3.4可知

$$\varphi \approx \tan\varphi=\frac{\Delta L}{K} \tag{3.3.2}$$

$$2\varphi \approx \tan 2\varphi=\frac{l}{D} \tag{3.3.3}$$

则有

$$\Delta L=\frac{K}{2D}l \tag{3.3.4}$$

由(3.3.1)式和(3.3.4)式得

$$E=\frac{mg}{S}\cdot\frac{L}{\Delta L}=\frac{2LDF}{SKl}=\frac{8LDg}{\pi d^2 K}\frac{m}{l} \tag{3.3.5}$$

6 实验内容

6.1 仪器调节

1. 调节测定仪支架底座螺丝,使水平仪气泡居中,并使钢丝垂直。

2. 调节光杠杆的位置:将光杠杆前尖脚置于平台下夹头上,两后尖脚置于平台凹槽上。

3. 调节光杠杆与望远镜、米尺中部在同一高度上。

NOTE

4. 调节望远镜的位置或光杠杆镜面仰角,直至眼睛在望远镜目镜附近能直接(不通过望远镜筒)从光杠杆镜面中观察到标尺中部的像。

5. 调节望远镜方位和仰角调节螺丝,使望远镜上缺口与准星连线粗略对准光杠杆镜面。

6. 调节望远镜目镜调焦旋钮,直至在望远镜中能看清叉丝。

7. 调节望远镜的物镜调焦旋钮,直至在望远镜中能看清整个镜面。

8. 继续调节望远镜的物镜调焦旋钮和仰角调节螺丝等,直至在望远镜中能看清标尺中部读数。

6.2　数据测量

1. 在金属丝下端先挂若干砝码(如 2 kg),使金属丝完全伸直(此砝码不计入所加作用力 mg 之内)。

2. 先进行增加砝码的实验过程,每增加 0.500 kg 砝码,通过望远镜记录 1 组数据,共记录 10 组数据。然后,将砝码逐次减少 0.500 kg,记录相应读数,取对应于同一荷重下两次读数的平均值。

3. 用钢尺测量光杠杆镜面到标尺距离 D;用米尺测量金属丝上下两夹头间金属丝长度 L;用螺旋测微器测量金属丝直径 d,测量 5 次取平均值;用游标卡尺测量光杠杆前尖脚到两后尖脚的连线的垂直长度 K。

7　注意事项

1. 光杠杆与望远镜的目镜和物镜属于光学器件,禁止用手触摸。光杠杆必须放置稳妥,以防掉落,打碎镜子;

2. 调节望远镜时,要注意消除视差,即要求做到眼睛上下移动时,标尺读数相对十字叉丝无相对位移;

3. 在加减砝码时要格外小心,做到轻拿轻放,避免震动而产生较大的实验误差。光杠杆与望远镜调整好之后,实验过程中两者位置不能有任何移动。

8　数据记录和处理

8.1　逐差法

请将实验中测量的数据分别填入表 3.3.1 和表 3.3.2。上海地区重力加速度 $g=9.794\ \mathrm{m/s^2}$。

表 3.3.1　砝码质量与望远镜中标尺读数记录

i	m_i/kg	增荷时 x_i'/cm	减荷时 x_i''/cm	$x_i\left[=\frac{1}{2}(x_i'+x_i'')\right]$ /cm	$l_i(=\lvert x_i-x_0\rvert)$ /cm	$(l_{i+5}-l_i)$ /cm	ν_i^2/cm^2
0							
1							

续表

NOTE

i	m_i/kg	增荷时 x_i'/cm	减荷时 x_i''/cm	$x_i\left[=\frac{1}{2}(x_i'+x_i'')\right]$ /cm	$l_i(=\|x_i-x_0\|)$ /cm	$(l_{i+5}-l_i)$ /cm	ν_i^2/cm^2
2							
3							
4							
5							
6							
7						$\overline{l_{i+5}-l_i}=$	$\sum_{i=1}^{n}\nu_i^2=$
8							
9							

实验所用金属丝(钢丝)的弹性模量参考值:$E'=1.85\times10^{11}\ \text{N}\cdot\text{m}^{-2}$

$L=(\qquad\pm U_L)$ cm;　$U_{rL}=\qquad\%$

$D=(\qquad\pm U_D)$ cm;　$U_{rD}=\qquad\%$

$K=(\qquad\pm U_K)$ cm;　$U_{rK}=\qquad\%$

表 3.3.2　金属丝(钢丝)直径 d 的测量

i	初读数 d_i'/mm	末读数 d_i''/mm	$d_i(=d_i''-d_i')$/mm	$\nu_i^2[=(d_i-\bar{d})^2]/10^{-6}$mm^2
1				
2				
3				
4				
5				
	平均值 $\bar{d}=$			$\sum_{i=1}^{n}\nu_i^2=$

$$U_{Ad}=1.14\cdot\sqrt{\frac{\sum_{i=1}^{n}\nu_i^2}{n(n-1)}}=$$

$$U_{Bd}=\frac{\Delta_{仪}}{\sqrt{3}}=$$

$$U_d=\sqrt{U_{Ad}^2+U_{Bd}^2}=$$

$$U_{rd}=\frac{U_d}{d}\times100\%=$$

NOTE

$$U_{Al}=1.14\sqrt{\frac{\sum_{i=1}^{n}\nu_i^2}{n(n-1)}}=$$

$$U_{Bl}=\frac{\Delta_{仪}}{\sqrt{3}}=$$

$$U_l=\sqrt{U_{Al}^2+U_{Bl}^2}=$$

$$U_{rl}=\frac{U_l}{\overline{l_{i+5}-l_i}}\times 100\%=$$

8.2　图解法

在毫米方格纸内绘制 $m-l$ 关系曲线，用图解法求出比值 m/l。

注意作图要求，求斜率的两点要以不同描点符号在直线上标出，其坐标值也要在图中标出。

由图解法得：$\frac{m}{l}=$

求得金属丝（钢丝）的弹性模量：$E_1=\frac{8LDg}{\pi d^2K}\cdot\frac{m}{l}=$

百分差：$E_0=\frac{|E_1-E'|}{E'}\times 100\%=$

用逐差法处理实验数据：

$$\frac{m}{l}=\frac{5\times 0.500}{\overline{l_{i+5}-l_i}}=$$

$$E_2=\frac{8LDg}{\pi d^2K}\cdot\frac{m}{l}=$$

百分差：$E_0=\frac{|E_2-E'|}{E'}\times 100\%=$

不确定度估算：

$$U_{rE_2}=\frac{U_{E_2}}{E_2}=\sqrt{U_{rL}^2+U_{rD}^2+U_{rK}^2+4U_{rd}^2+U_{rl}^2}=$$

$$U_{E_2}=U_{rE_2}\cdot E_2=$$

结果表示为

$$E_2\pm U_{E_2}=$$

$$U_{rE_2}=$$

NOTE

3.4 用波尔共振仪研究物体受迫振动

1 引言

振动是普遍存在的现象,如钟锤的摆动和琴弦的振动等。人们对自然现象中的机械振动现象进行观察,建立数学模型对其进行描述和分析,从而发现普适性的动力学规律。意大利物理学家和天文学家伽利略(Galileo Galilei)在研究摆的振动周期过程中,通过现象观察和实验分析,发现了摆的等时性运动规律,并基于此发明了"脉搏计"装置,用于测定脉搏跳动的情况。伽利略在16世纪末完成了现代动力学的第一篇论文,其对单摆和弦的振动的研究奠定了振动理论的基础。

机械振动是指具有振荡特性的机械运动,即系统在某一位置(通常是静平衡位置,简称平衡位置)附近的有限范围内作的往复运动。在工程技术领域,振动的特性也被广泛研究和应用。其中,实验室环境的振动可能造成实验测量精度的下降,而核磁共振等又被应用于现代医学诊断。振动力学作为动力学的分支,主要研究振动的原理和各个类型振动的特性。

共振是受迫振动的特殊情况。早在中国的战国时期,《庄子》的杂篇中记录中国古人对乐器——瑟的共振现象的观察和研究:"于是为之调瑟,废一于堂,废一于室,鼓宫宫动,鼓角角动,音律同矣。夫或改调一弦,于五音无当也,鼓之,二十五弦皆动,未始异于声而音之君已。"瑟有二十五根弦,不同弦长对应于不同音阶。当人们对瑟进行调音时发现,弹奏一根弦的宫音,其余宫音弦也随之振动,这是由于其固有频率相同,产生共振。若改调某一根弦,使它发出的音和宫、商、角、徵、羽这五音均不相同,则弹这根弦时会使瑟上二十五根弦都发生振动。其原因是这根弦的很多泛音中总有一些音与瑟的二十五根弦的音相当或成简单比例,即基频和倍频的信号,产生基音和泛音的共振现象。关于共振的现象,在《周易》的上经中也有"同声相应"的记载,即同样的声音互相应和。这些著述记载了中国古代在振动力学和声学领域的成就。

共振现象的应用范围很广,在物理学等各工程技术领域中都会见到,许多仪器和装置都是利用共振原理设计制作的。例如,电磁共振是无线电技术的基础,机械共振产生声响,物质对电磁场的特征吸收和耗散吸收可用共振现象来描述,利用核磁共振和顺磁共振研究物质结构等。我们在利用共振现象的同时,也要防止共振现象引起的破坏,如共振引起建筑物的垮塌、电器元件的烧毁等。因此,对受迫振动的研究具有重大意义。

波尔共振仪装置最初由德国实验物理学家罗伯特·维查德·波尔(Robert Wichard Pohl, 1884—1976)发明,称为波尔摆(Pohl's Pendulum)。本实验采用改进的波尔共振仪来定量研究物体在周期外力作用下作受迫振动的幅频特性和相频特性,

NOTE

用光电门等测量周期和振幅,并采用频闪法来测定动态变化的物理量——相位差。

2　实验目的

1. 研究波尔共振仪中摆轮作受迫振动的幅频特性和相频特性,观察共振现象。

2. 学习测量周期、振幅和相位差等常见物理量的方法,包括:用频闪法测定运动物体的相位差,用光电门测量周期和振幅等;分析系统误差产生的原因及其修正方法。

3. 测量阻尼系数,研究不同阻尼力矩对受迫振动的振幅的影响。

4. 学习对数逐差法等数据处理方法。

3　实验原理

3.1　自由振动与阻尼振动

单自由度振动系统通常包括一个定向振动的物体、连接振动物体的弹性元件(如弹簧)以及运动中的阻尼这三个基本要素。实际的机械振动系统往往是复杂的,分析和计算中应抓住主要因素,省略次要因素,从而将实际系统简化和抽象为动力学模型,研究系统的动态特征和外部激励等。

单自由度无阻尼自由振动是指物体受到初始激励作用之后,不再受到外界的力或力矩激励作用的振动。自由振动一般指弹性系统偏离平衡状态后,在没有外界激励作用下发生的周期性振动,实验中简称为**自由振动**。

如果考虑物体振动过程中,有黏性阻尼的存在,则为单自由度有黏性阻尼的自由振动,实验中简称为**阻尼振动**。

本实验中,由铜质圆形摆轮在蜗卷弹簧提供的回复力矩的作用下,可绕转轴往复摆动。在摆动过程中,摆轮如果只受到与角位移 θ 成正比、方向指向平衡位置的弹性回复力矩的作用,则为自由振动。

根据转动规律,摆轮作自由振动的运动方程为

$$J\frac{\mathrm{d}^2\theta}{\mathrm{d}t^2}=-k\theta \tag{3.4.1}$$

式中,J 为摆轮的转动惯量,$-k\theta$ 为弹性力矩,k 为弹性力矩系数。

在实际的实验过程中,存在与角速度 $\mathrm{d}\theta/\mathrm{d}t$ 成正比、方向与摆轮运动方向相反的空气阻尼力矩的作用。由于空气阻尼力矩较小,相应的阻尼系数值比后续电磁阻尼振动的阻尼系数值要低一个数量级,摆轮振幅衰减缓慢。因而,实验中可近似地将此小阻尼振动视为自由振动。

在摆轮的下方左右两侧放置有两个带铁芯的线圈,当线圈中通有励磁电流时,线圈之间及附近空间中形成磁场,摆轮往复摆动时受到电磁阻尼力矩的作用,即为阻尼振动。通过调节励磁电流值,可以使阻尼力矩和阻尼系数相应变化。

设 b 为电磁阻尼力矩系数,则摆轮作阻尼振动的运动方程为

$$J\frac{\mathrm{d}^2\theta}{\mathrm{d}t^2}=-k\theta-b\frac{\mathrm{d}\theta}{\mathrm{d}t} \tag{3.4.2}$$

NOTE

令 $\omega_0^2=\dfrac{k}{J}$，$2\beta=\dfrac{b}{J}$，则(3.4.2)式为

$$\frac{\mathrm{d}^2\theta}{\mathrm{d}t^2}+2\beta\frac{\mathrm{d}\theta}{\mathrm{d}t}+\omega_0^2\theta=0 \tag{3.4.3}$$

实验中，可以采用对数逐差法计算阻尼系数 β。

3.2 受迫振动

单自由度有黏性阻尼的受迫振动，实验中简称为**受迫振动**，是指物体在周期外力的持续作用下发生的振动，这种周期性的外力称为**强迫力**。如果外力是按简谐振动规律变化，那么稳定状态时的受迫振动也是简谐振动，其振动频率与外力频率相同。此时，振幅保持恒定，振幅的大小与强迫力的频率，原振动系统小阻尼时的固有振动频率以及阻尼系数有关。

在受迫振动状态下，系统除了受到强迫力的作用外，同时还受到回复力和阻尼力的作用。所以在稳定状态时物体的位移、速度变化与强迫力变化不是同相位的，存在相位差。当强迫力频率与系统的固有频率相同时，共振产生，此时振幅最大，相位差为 90°。

本实验中，由铜质圆形摆轮在蜗卷弹簧提供的回复力矩的作用下，可绕转轴往复摆动。摆轮在摆动过程中受到与角位移 θ 成正比、方向指向平衡位置的弹性回复力矩的作用；与角速度 $\mathrm{d}\theta/\mathrm{d}t$ 成正比、方向与摆轮运动方向相反的阻尼力矩的作用；以及按简谐规律变化的外力矩 $M_0\cos\omega t$ 的作用。根据转动规律，可列出摆轮的运动方程

$$J\frac{\mathrm{d}^2\theta}{\mathrm{d}t^2}=-k\theta-b\frac{\mathrm{d}\theta}{\mathrm{d}t}+M_0\cos\omega t \tag{3.4.4}$$

式中，J 为摆轮的转动惯量，$-k\theta$ 为弹性力矩，k 为弹性力矩系数，b 为电磁阻尼力矩系数，M_0 为强迫力矩的幅值，ω 为强迫力的圆频率。

令 $\omega_0^2=\dfrac{k}{J}$，$2\beta=\dfrac{b}{J}$，$m=\dfrac{M_0}{J}$，则(3.4.4)式变为

$$\frac{\mathrm{d}^2\theta}{\mathrm{d}t^2}+2\beta\frac{\mathrm{d}\theta}{\mathrm{d}t}+\omega_0^2\theta=m\cos\omega t \tag{3.4.5}$$

当强迫力为零，即(3.4.5)式等号右边为零时，(3.4.5)式就变为了二阶常系数线性齐次微分方程，根据微分方程的相关理论，当 ω_0 远大于 β 时，其解为

$$\theta=\theta_1\mathrm{e}^{-\beta t}\cos(\omega_1t+\alpha) \tag{3.4.6}$$

此时摆轮作阻尼振动，振幅 $\theta_1\mathrm{e}^{-\beta t}$ 随时间 t 衰减，振动频率为

$$\omega_1=\sqrt{\omega_0^2-\beta^2}$$

式中，ω_0 称为系统的固有频率，β 为阻尼系数。当 β 也为零时，摆轮以频率 ω_0 作简谐振动。

NOTE

当强迫力不为零时，方程(3.4.5)为二阶常系数线性非齐次微分方程，其解为

$$\theta=\theta_1 e^{-\beta t}\cos(\omega_1 t+\alpha)+\theta_2\cos(\omega t+\varphi) \tag{3.4.7}$$

式中，第一项表示阻尼振动，经过一段时间后衰减消失；第二项为稳态解。由(3.4.7)式可知振动系统在强迫力作用下，经过一段时间后即可达到稳定的振动状态。如果外力是按简谐振动规律变化，那么物体在稳定状态时的运动也是与强迫力同频率的简谐振动，具有稳定的振幅 θ_2，并与强迫力之间有一个确定的相位差 φ。

将 $\theta=\theta_2\cos(\omega t+\varphi)$ 代入方程(3.4.5)，要使方程在任何时间 t 恒成立，θ_2 与 φ 需满足一定的条件，由此解得稳定受迫振动的幅频特性及相频特性表达式为

$$\theta_2=\frac{m}{\sqrt{(\omega_0^2-\omega^2)^2+4\beta^2\omega^2}} \tag{3.4.8}$$

$$\varphi=\arctan\left(\frac{-2\beta\omega}{\omega_0^2-\omega^2}\right)=\arctan\left[\frac{-\beta T_0^2 T}{\pi(T^2-T_0^2)}\right] \tag{3.4.9}$$

由(3.4.8)式和(3.4.9)式可以看出，在稳定状态时振幅和相位差保持恒定，振幅 θ_2 与相位差 φ 的数值取决于 β、ω_0、m 和 ω，也取决于 J、b、k、M_0 和 ω，而与振动的起始状态无关。当强迫力的频率 ω 与系统的固有频率 ω_0 相同时，相位差为$-90°$。

由于受到阻尼力的作用，受迫振动的相位总是滞后于强迫力的相位，即(3.4.9)式中的 φ 应为负值，而反正切函数的取值范围为$(-90°, 90°)$，当由(3.4.9)式计算得出的角度数值为正时，应减去180°将其换算成负值。

图3.4.1和图3.4.2分别表示了在取不同的阻尼系数 β 时，达到稳定状态的受迫振动的幅频特性曲线和相频特性曲线。

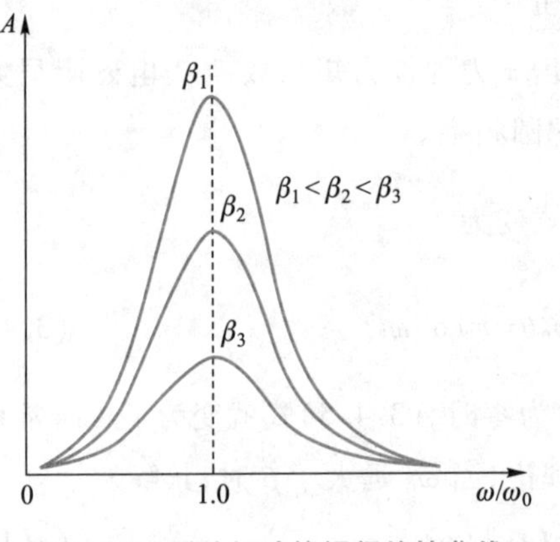

图3.4.1　受迫振动的幅频特性曲线

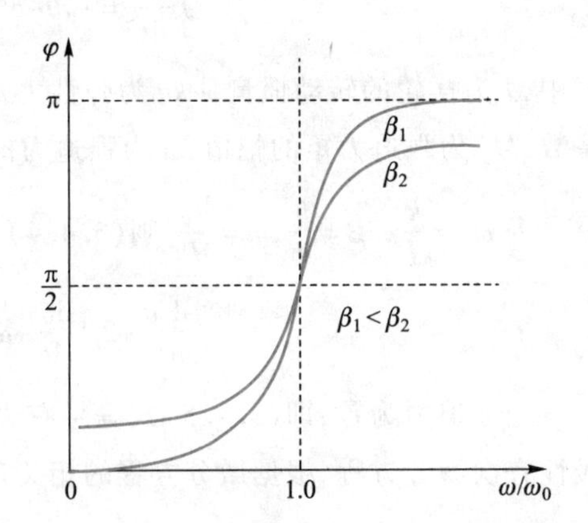

图3.4.2　受迫振动的相频特性曲线

由(3.4.8)式，将 θ_2 对 ω 求极值可得出：当强迫力的圆频率 $\omega=\sqrt{\omega_0^2-2\beta^2}$ 时，θ_2 有极大值，产生共振。若共振时圆频率和振幅分别用 ω_r、θ_r 表示，则有

$$\omega_r=\sqrt{\omega_0^2-2\beta^2} \tag{3.4.10}$$

NOTE

$$\theta_r=\frac{m}{2\beta\sqrt{\omega_0^2-\beta^2}} \tag{3.4.11}$$

将(3.4.10)式代入(3.4.9)式,得到共振时的相位差为

$$\varphi_r=\arctan\left(\frac{-\sqrt{\omega_0^2-2\beta^2}}{\beta}\right) \tag{3.4.12}$$

(3.4.10)式、(3.4.11)式、(3.4.12)式表明,阻尼系数 β 越小,共振时的圆频率 ω_r 越接近系统的固有频率 ω_0,振幅 θ_r 越大,共振时的相位差越接近-90°。

由图 3.4.1 可见,β 越小,θ_r 越大,θ_2 随 ω 偏离 ω_0 而衰减得越快,幅频特性曲线越陡峭。在峰值附近,$\omega\approx\omega_0$,$\omega_0^2-\omega^2\approx2\omega_0(\omega_0-\omega)$,而(3.4.8)式可近似表达为

$$\theta_2\approx\frac{m}{2\omega_0\sqrt{(\omega_0-\omega)^2+\beta^2}} \tag{3.4.13}$$

由(3.4.13)式可见,当 $|\omega_0-\omega|=\beta$ 时,振幅降为峰值的 $\frac{1}{\sqrt{2}}$,根据幅频特性曲线的相应点可确定 β 的值,即为作图法求得阻尼系数 β。对于由作图法和对数逐差法这两种方法得到的阻尼系数 β 的值,可以进行比较和分析。

4　实验仪器

4.1　仪器结构

波尔共振仪由振动仪与电器控制箱两部分组成。

振动仪的仪器结构如图 3.4.3 所示,铜质圆形摆轮 A 安装在机架转轴上,可绕转轴转动。蜗卷弹簧 B 的一端与摆轮相连接,另一端与摇杆相连接。自由振动时,摇杆静止不动,蜗卷弹簧对摆轮施加与角位移成正比的弹性回复力矩。

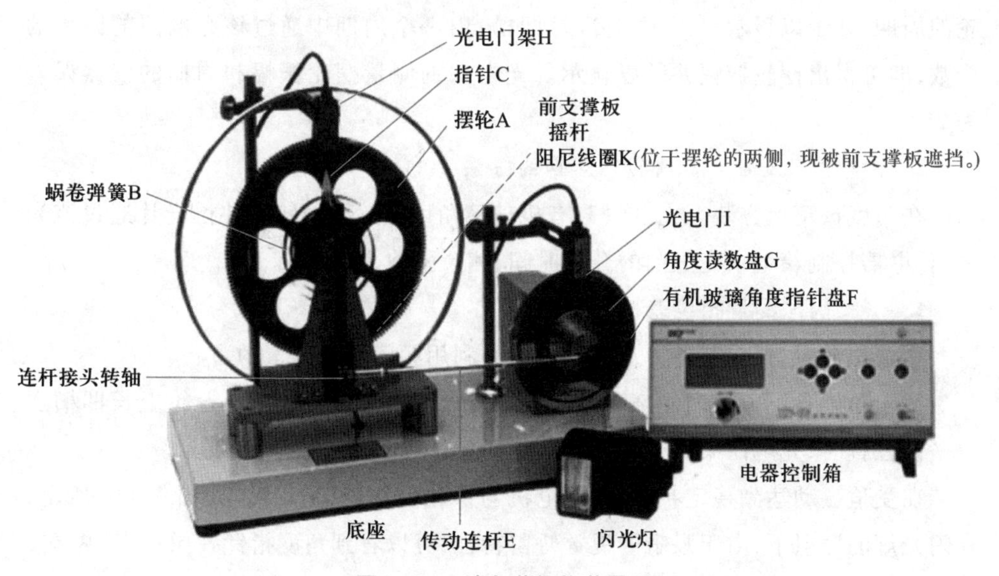

图 3.4.3　波尔共振仪装置图

NOTE

在摆轮下方装有阻尼线圈 K，电流通过线圈会产生磁场，铜质摆轮在磁场中运动，会在摆轮中形成局部的涡电流，涡电流磁场与线圈磁场相互作用，形成与运动速度成正比的电磁阻尼力矩。受迫振动时，电机带动偏心轮及传动连杆 E 使摇杆摆动，通过蜗卷弹簧传递给摆轮，产生强迫力矩，强迫摆轮作受迫振动。

电动机轴上装有固定的角度读数盘 G 和随电机一起转动的有机玻璃角度指针盘 F，角度指针上方有挡光片。调节控制箱上的十圈电位器的电机转速调节旋钮，可以精确改变加于电机上的电压，使电机的转速在实验范围(30～45 转/分)内可调。强迫力周期旋钮通过调节电机转速，从而改变强迫力矩的周期。由于电路中采用特殊稳速装置、电机采用惯性很小的带有测速发电机的特种电机，所以电机转速稳定。

实验通过软件控制阻尼线圈内直流电流的大小，达到改变摆轮系统的阻尼系数的目的。阻尼挡位的选择通过软件控制，共分 3 挡，分别为“阻尼 1”“阻尼 2”“阻尼 3”。阻尼电流由恒流源提供，实验时根据不同情况进行选择(可先选择在“阻尼 2”处，若共振时振幅太小则可改用“阻尼 1”)，振幅在 150°左右。

电器控制箱与闪光灯和波尔共振仪之间通过各种专业电缆相连接。“电源输出”为振动仪内部电路提供电源；“传感器输入”是振动仪的摆轮周期和振幅信号以及强迫力零点信号输入接口；“控制输出”是振动仪电机和摆盘阻尼的控制接口。

4.2 光电门与计时器

1. 用光电门测量摆轮振幅和周期的方法

在摆轮的圆周上每隔 2°开有凹槽，其中一个凹槽(用白漆线标志)比其他凹槽长很多。摆轮正上方的光电门架 H 上装有两个光电门：一个对准长凹槽，在一个振动周期中长凹槽两次通过该光电门，电器控制箱由该光电门的开关时间来测量摆轮的周期，并予以显示；另一个对准短凹槽，由一个周期中通过该光电门的凹槽的个数，即可得出摆轮振幅并予以显示。光电门的测量摆轮振幅和周期的仪器误差为 2°。

2. 用光电门测量电机的转动周期的方法

在角度盘正上方装有光电门 I，有机玻璃角度指针盘的转动使挡光片通过该光电门，电器控制箱记录光电门的开关时间，测量强迫力的周期。

4.3 频闪法测量相位差

受迫振动时，摆轮与外力矩的相位差是利用频闪法来测量的。

置于角度盘下方的闪光灯受摆轮长凹槽光电门的控制，每当摆轮上长凹槽通过平衡位置时，光电门架 H 接收光，引起闪光，这一现象称为**频闪现象**。

在受迫振动达到稳定状态时，即电机与摆轮的相位差不变。如图 3.4.4 所示，在闪光灯的照射下，由于眼睛的视觉暂留特性，可以看到角度指针好像一直“停在”某一刻度处(实际上，角度指针一直在匀速转动)。所以，从角度盘上直接读出摇杆相位超前于摆轮相位的数值，其负值为相位差 φ。

NOTE

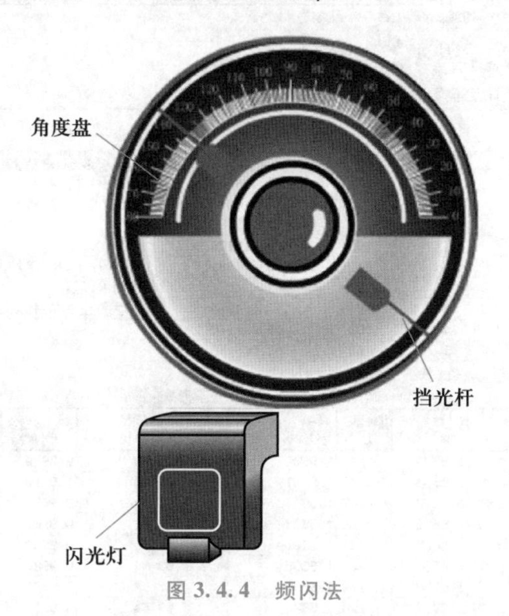

图 3.4.4 频闪法

通过闪光灯电路开关来控制闪光与否：在测量相位差时，长按闪光灯电路开关按钮，每当摆轮长缺口通过平衡位置时，光电门产生触发信号点亮闪光灯。为使闪光灯管不易损坏，采用按钮开关，仅测量相位差时才按下按钮。

4.4 教学管理系统

实验室采用教学管理软件等方式加强实验教学全过程的管理（图 3.4.5），客观地进行学习成绩形成性评价。

5 实验内容

5.1 自由振动——测量摆轮振幅 θ 与自由振动周期 T 的对应关系

自由振动（自由振荡）实验的目的，是测量摆轮的振幅 θ 与自由振动周期 T 的关系。

用手转动摆轮 160°左右，放开手后将仪器测量状态由“关”变为“开”，电器控制箱开始记录实验数据，振幅的有效数值范围为：50°～160°（振幅小于 160°时测量开，小于 50°时测量自动关闭）。测量显示“关”时，此时数据已保存并发送主机。进而可以通过“回查”功能查询数据记录，可得到振幅 θ 与周期 T 的对应表，该对应表将在稍后的“幅频特性和相频特性”数据处理过程中使用。由于此时阻尼很小，测出的周期非常接近摆轮的固有周期 T_0。

因电器控制箱只记录每次摆轮周期变化时所对应的振幅值，因此有时转盘转过光电门几次，测量才记录一次（其间能看到振幅变化）。当回查数据时，有的振幅数值被自动剔除了（当摆轮周期的第 5 位有效数字发生变化时，控制箱记录对应的振幅值。控制箱上只显示 4 位有效数字，故学生无法看到第 5 位有效数字的变化情况）。

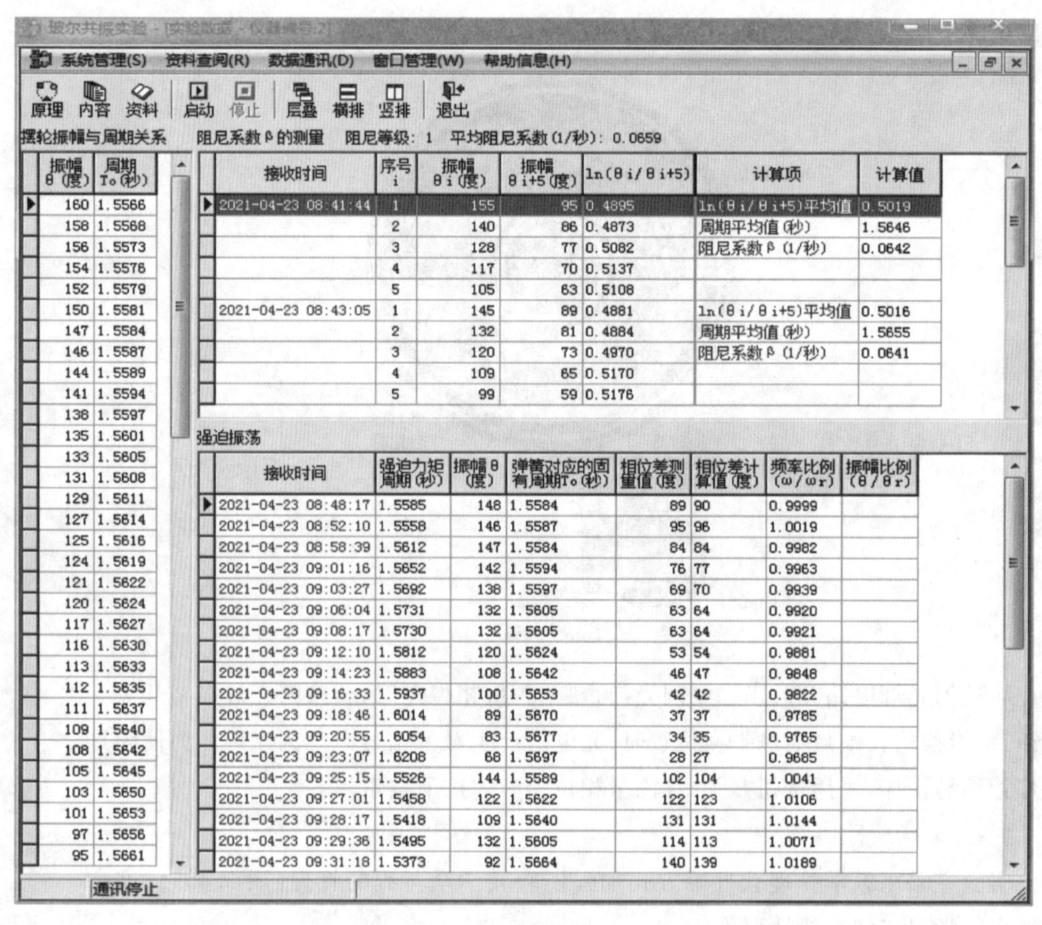

图 3.4.5　“用波尔共振仪研究受迫振动实验”教学管理软件

NOTE

5.2　阻尼振动——测定阻尼系数 β

选择阻尼电流的挡位，三个挡位中“阻尼 1”最小，根据实验要求选择阻尼挡。

首先将角度盘指针 F 放在 0°位置，用手转动摆轮 160°左右，选取 θ_0 在 150°左右，将测量由“关”变为“开”并记录数据，仪器记录 10 组数据后，测量自动关闭。此时，显示屏上的振幅值还在实时变化，但仪器已经停止记数。

阻尼振动（阻尼振荡）的回查方法同自由振动类似，请参照上面操作。若改变阻尼挡测量，重复“阻尼 1”的操作步骤即可。

回查并读出摆轮作阻尼振动时的振幅数值 θ_1、θ_2、θ_3、…、θ_n 以及 $10T$，利用(3.4.14)式

$$\ln\frac{\theta_i}{\theta_{i+n}}=\ln\frac{\theta_1 \mathrm{e}^{-\beta t}}{\theta_1 \mathrm{e}^{-\beta(t+nT)}}=n\beta\overline{T} \tag{3.4.14}$$

可以求出 β 值，式中 n 为阻尼振动的周期次数，θ_n 为第 n 次振动时的振幅，$\overline{T}$ 为阻尼振动周期的平均值。此值可以测出 10 个摆轮振动周期值，然后取其平均值。

NOTE

由于测量中随着振幅取值范围的不同,阻尼系数值略有差异,一般建议测量2～3组数据,再求阻尼系数的平均值。

5.3　受迫振动——测定受迫振动的幅度特性和相频特性曲线

阻尼电流挡不变。打开电机,就是将仪器选择在强迫振荡(受迫振动)工作状态。调节"强迫力周期"旋钮约在4到6,将闪光灯放在电机转盘下方。等待受迫振动稳定:可通过观察摆轮振幅是否不变以及摆轮周期与电机周期是否基本一致。然后打开闪光灯开关,在电机转盘上观察转动的挡光杆被闪光灯照亮的位置就是受迫振动与强迫力之间的相位差φ。每一个稳定的受迫振动应测量其振幅θ、10个周期$10T$、相位差φ三个物理量。最好第一个测量的稳定受迫振动相位差出现在30°或者150°左右。这样可以在测完第一个稳定的受迫振动后,让"强迫力周期"旋钮朝一个方向有序并逐个调节,测量完整的受迫振动曲线。实验时,应缓慢改变电机的转速,即改变强迫力周期,每调节改变强迫力周期后,都需等受迫振动稳定,才能测量受迫振动的振幅、周期与相应的相位差。在共振点(相位差约在90°)附近,调节更应缓慢,尽可能测到共振时振幅最大值位置。

要求实验测量的相位差取值范围一般在30°～150°,测量数据应在15组以上。

6　注意事项

1. 在作受迫振动实验时,须待电机与摆轮的周期相同(差值一般不大于0.003 s),即系统稳定后,方可记录实验数据。每当改变了强迫力矩的周期值时,都需要等待系统重新稳定后,再进行数据测量。

2. 因为闪光灯的电流脉冲及强光会干扰光电门采集数据,因此须待一次测量完成,显示测量状态为"关"后,才可使用闪光灯读取相位差。

7　数据记录和处理

请将数据记入表3.4.1、表3.4.2、表3.4.3中。

7.1　摆轮振幅θ与近似自由振动周期T关系(存在空气阻尼力矩的影响)

表3.4.1　近似自由振动的振幅θ与周期T的关系

振幅θ											
周期T/s											

注意:

(1) 实验中,由于空气阻尼力矩的作用,致使摆轮振幅值缓慢衰减,测量范围为振幅160°衰减至50°,将此小阻尼振动近似为自由振动,振动周期T近似于固有周期T_0。可依据此表格中的数据,计算空气阻尼力矩的阻尼系数,并与电磁阻尼力矩的实验结果相比较。

(2) 在理想条件下,假定自由振动中回复力矩与角位移成正比,即振动周期

NOTE

(频率)与振幅无关,且蜗卷弹簧的弹性力矩系数在弹性限度范围内为常数。实际由于各种因素的影响,蜗卷弹簧的弹性力矩系数 k 随角度不同而有微小变化,导致不同振幅取值状态下相应的周期值略有变化(相对误差在3%以内)。

7.2　阻尼系数 β 的计算

表 3.4.2　振幅衰减规律的对数逐差法计算表　阻尼挡位________

次数	振幅 $\theta_n/(^\circ)$	次数	振幅 $\theta_n/(^\circ)$	$\ln\dfrac{\theta_i}{\theta_{i+5}}$
1		6		
2		7		
3		8		
4		9		
5		10		
		$\overline{\ln\dfrac{\theta_i}{\theta_{i+5}}}$		

$10T=$________ s　　　　$\overline{T}=$________ s

表 3.4.2 中,i 为阻尼振动的周期次数,θ_i 为第 i 次振动时的振幅。

利用(3.4.14)式对所测数据(表 3.4.2)按逐差法处理,求出 β 值。

$$\beta=\frac{1}{5\overline{T}}\overline{\ln\frac{\theta_i}{\theta_{i+5}}} \tag{3.4.15}$$

7.3　幅频特性和相频特性测量

(1) 实验数据记录

表 3.4.3　幅频特性和相频特性测量数据记录表　阻尼挡位________

强迫力矩周期 $10T$/s	相位差 $\varphi/(^\circ)$	摆轮振幅 $\theta/(^\circ)$	$\dfrac{\omega}{\omega_0}=\dfrac{T_0}{T}$	$\left(\dfrac{\theta}{\theta_r}\right)^2$	$\varphi_m=\arctan\dfrac{-\beta T_0^2T}{\pi(T^2-T_0^2)}$

注:θ_r 共振时测得的振幅值。

(2) 绘制幅频特性曲线与相频特性曲线

以 ω/ω_0 为横轴,$(\theta/\theta_r)^2$(或 θ)为纵轴,作幅频特性曲线;以 ω/ω_0 为横轴,相位差 φ 为纵轴,作相频特性曲线。

(3) 作图法求阻尼系数

在阻尼系数较小(满足 $\beta^2\ll\omega_0^2$)和共振位置附近($\omega=\omega_0$),由于 $\omega_0+\omega=2\omega_0$,从(3.4.8)式和(3.4.11)式可得出

NOTE

$$\left(\frac{\theta}{\theta_r}\right)^2=\frac{4\beta^2\omega_0^2}{4\omega_0^2(\omega-\omega_0)^2+4\beta^2\omega_0^2}=\frac{\beta^2}{(\omega-\omega_0)^2+\beta^2}$$

据此可由幅频特性曲线求 β 值：

当 $\theta=\frac{1}{\sqrt{2}}\theta_r$，即 $\left(\frac{\theta}{\theta_r}\right)^2=\frac{1}{2}$ 时，由上式可得

$$\omega-\omega_0=\pm\beta$$

此 ω 对应于曲线中 $\left(\frac{\theta}{\theta_r}\right)^2=\frac{1}{2}$ 处两个值 ω_1,ω_2，由此得出

$$\beta=\frac{\omega_2-\omega_1}{2}$$

将此法与对数逐差法求得到的 β 值作比较并讨论。

8 系统误差分析

因为本仪器中采用石英晶体作为计时部件，所以测量周期（圆频率）的误差可以忽略不计，误差主要来自阻尼系数 β 的测定和无阻尼振动时系统的固有振动频率 ω_0 的确定。且后者对实验结果影响较大。

在前面的原理部分中，我们认为蜗卷弹簧的弹性力矩系数 k 为常数，它与扭转的角度无关。实际上由于制造工艺及材料性能的影响，k 值随着角度的改变而略有微小的变化（3%左右），因而造成在不同振幅时系统的固有频率 ω_0 有变化。如果取 ω_0 的平均值，则将使在共振点附近相位差的理论值与实验值相差很大。为此可测出振幅与固有频率 ω_0 的对应数值，在公式 $\phi=\arctan\frac{-\beta T_0^2 T}{\pi(T^2-T_0^2)}$ 中 T_0 采用对应于某个振幅的数值代入（可查看自由振动实验中作出 θ 与 T_0 的对应表，找出该振幅在自由振动实验时对应的摆轮固有周期。若此 θ 值在表中查不到，则可根据对应表中摆轮的运动趋势，用内插法，估计一个 T_0 值），这样可使系统误差明显减小。振幅与共振频率 ω_0 相对应值可按照“实验内容与步骤”2 的方法来确定。

9 思考题

1. 摆轮上方的光电门为什么能同时测出摆轮转动的振幅与周期？

2. 如实验中阻尼电流值不稳定，对实验结果会有什么影响？

3. 实验中的幅频曲线要作 $\left(\frac{\theta}{\theta_r}\right)^2-\frac{\omega}{\omega_0}$ 图，与 $\theta-\omega$ 图的区别是什么？

4. 频闪法测相位差的原理是什么？两次频闪时所指的角度值如稍有差异，可能是什么原因？

10 实验拓展

10.1 用 Labview 软件分析受迫振动中的混沌现象

通过在波尔共振仪摆轮上安装一个轻质的金属配重锤，构建了一个重心偏移

NOTE

的偏心摆轮。用角度传感器可以读取和分析摆轮的振幅和相位，通过软件分析绘图可以观察到偏心摆轮振动的混沌现象。此实验中可以发现，波尔共振仪中偏心摆轮振动的运动状态会受到初始状态的影响。经过较长时间的测量，可获得摆轮的角度与角速度的关系，即偏心摆轮的相图，如图3.4.6所示。

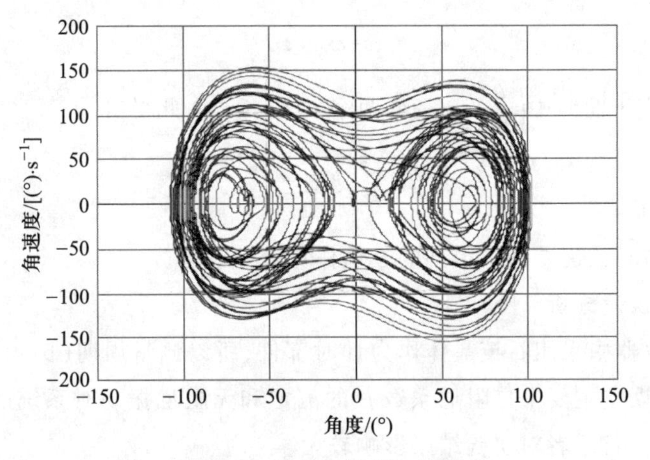

图3.4.6　偏心摆轮的相图

10.2　应用转动传感器测量摆轮实时运动状态

学生可以运用PASCO科学实验室系统和转动传感器记录波尔共振实验仪摆轮的实时运动状态，得出阻尼系数β值以及幅频特性和相频特性曲线，并观测受迫振动中的耦合过程。

此外，学生可以用光电门测量相位差，并采用单片机实现数据的读取和处理。

10.3　波尔共振仪虚拟仿真实验

虚拟仿真实验作为一种信息化教育、教学手段已经在世界范围内得到了广泛的应用。图3.4.7是物理实验课程的虚拟仿真实验平台与“波尔共振仪”虚拟仿真实验操作界面。

“波尔共振仪”虚拟仿真实验的教学内容包括：实验原理、实验内容、在线演示视频和实验指导书等教学资料，学生可以打开实验系统和操作界面进行实验系统搭建、参数调节、现象观察和数据测量等实验步骤。学生可在这个环境中模拟真实的实验过程，不受时间和空间的限制。通过学习实验指导书和在线演示视频，学生带着问题去进行虚拟仿真实验操作，这个过程可以培养自主学习的能力；同时更好地理解知识难点，学习实验方法的设计思路，剖析实验技术精髓，明白实验现象背后的物理实质，加深对波尔共振仪实验的理解。虚拟仿真实验系统基于学生的实验操作和测量结果等给予客观的评分。由此，学生可以获得自己实验学习情况和成绩等信息的即时反馈，进一步培养学生实事求是的科学态度。教师也可以通过后台数据得到学生在实验过程中的难点问题,在线下实验课堂讲授环节突出重点指导,提高实验教学质量和效率。

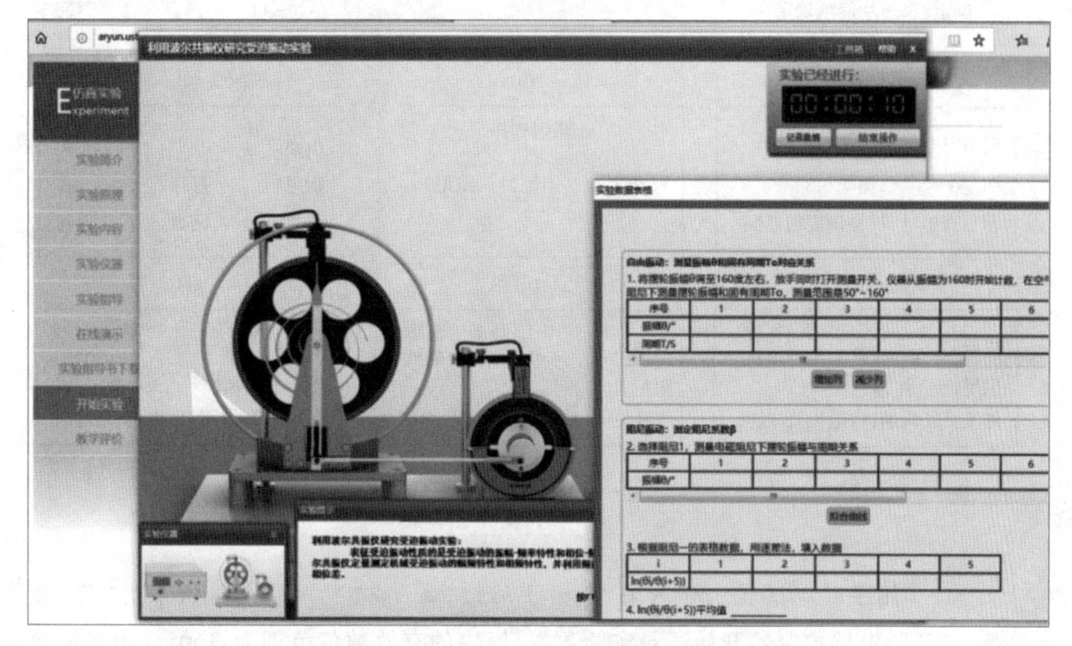

图 3.4.7　“波尔共振仪”虚拟仿真实验操作界面

NOTE

11　附录

11.1　波尔共振实验仪器操作说明

(1) 实验准备

如图 3.4.8 所示,接通电源后,屏幕上出现欢迎界面,其中 NO.0000X 为电器控制箱与电脑主机相连的编号。过几秒钟后屏幕上显示如图 3.4.8(a)“按键说明”字样。符号“◀”为向左移动;“▶”为向右移动;“▲”为向上移动;“▼”为向下移动。下文中的符号不再重新介绍。

注意:为保证使用安全,三芯电源线须可靠接地。

(2) 选择实验方式

根据是否连接电脑选择联网模式或单机模式,这两种方式下的实验操作完全相同,故不再重复介绍。

(3) 自由振荡——测量摆轮振幅 θ 与自由振动周期 T 的对应关系

自由振荡实验的目的,是为了测量摆轮的振幅 θ 与自由振动周期 T 的关系。

在图 3.4.8(a)状态按确定键,显示图 3.4.8(b)所示的实验类型,默认选中项为自由振荡,字体反白为选中;再按确定键显示如图 3.4.8(c)所示。

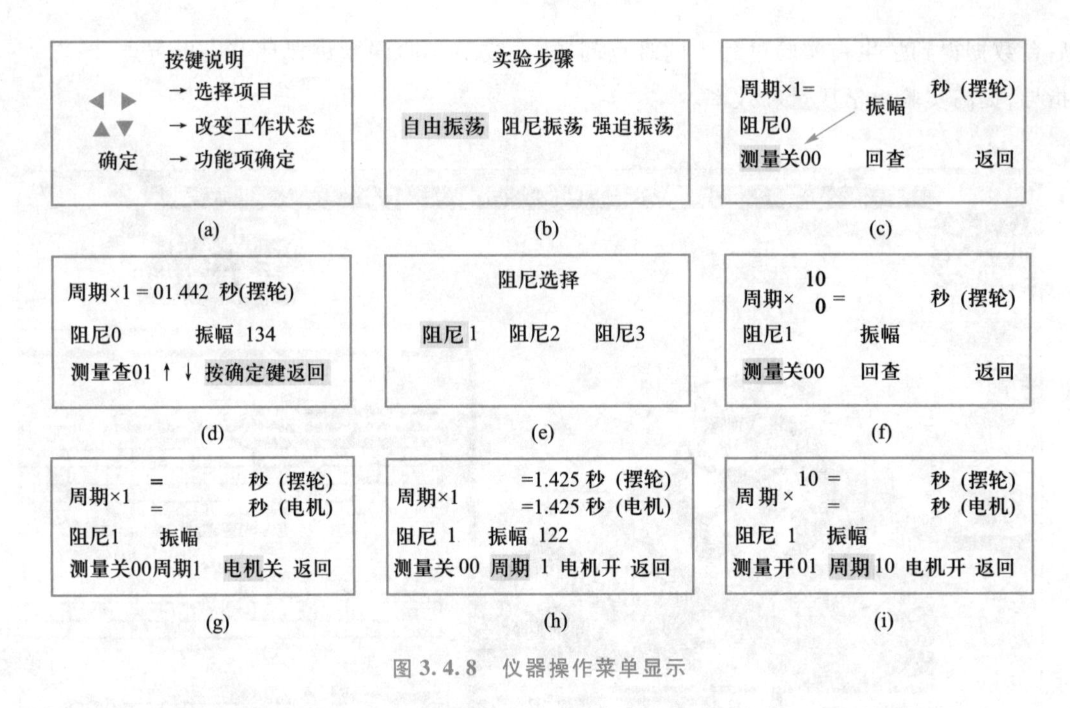

图 3.4.8　仪器操作菜单显示

NOTE

用手转动摆轮 160°左右，放开手后按“▲”或“▼”键，测量状态由“关”变为“开”，电器控制箱开始记录实验数据，振幅的有效数值范围为：160°～50°（振幅小于 160°测量开，小于 50°测量自动关闭）。测量显示“关”时，数据已保存并发送主机。

查询实验数据，可按“◀”或“▶”键，选中回查，再按确定键如图 3.4.8(d)所示，表示第一次记录的振幅 $\theta_0=134°$，对应的周期 $T=1.442$ s，然后按“▲”或“▼”键查看所有记录的数据，该数据为每次测量振幅相对应的周期数值，回查完毕，按确定键，返回到图 3.4.8(c)状态。此法可得到振幅 θ 与周期 T 的对应表，该对应表将在稍后的“幅频特性和相频特性”数据处理过程中使用。由于此时阻尼很小，测出的周期非常接近摆轮的固有周期 T_0。

若进行多次测量可重复操作，自由振荡完成后，选中返回，按确定键回到前面图 3.4.8(b)进行其他实验。

因电器控制箱只记录每次摆轮周期变化时所对应的振幅值，因此有时转盘转过光电门几次，测量才记录一次（其间能看到振幅变化）。当回查数据时，有的振幅数值被自动剔除了（当摆轮周期的第 5 位有效数字发生变化时，电器控制箱记录对应的振幅值。电器控制箱上只显示 4 位有效数字，故学生无法看到第 5 位有效数字的变化情况）。

（4）测定阻尼系数 β

在图 3.4.8(b)状态下，根据实验要求，按“▶”键，选中阻尼振荡，按确定键显

NOTE

示阻尼:如图 3.4.8(e)所示。阻尼分三个挡次,“阻尼 1”挡最小,根据实验要求选择阻尼挡,例如选择“阻尼 2”挡,按确定键显示如图 3.4.8(f)所示。

首先将角度盘指针放在0°位置,用手转动摆轮160°左右,选取 θ_0 在150°左右,按“▲”或“▼”键,测量由“关”变为“开”并记录数据,仪器记录10组数据后,测量自动关闭,此时振幅大小还在变化,但仪器已经停止记数。

阻尼振荡的回查同自由振荡类似,请参照上面操作。若改变阻尼挡测量,重复“阻尼 1”的操作步骤即可。

从液晶显示窗口读出摆轮作阻尼振动时的振幅数值 θ_1、θ_2、θ_3、…、θ_n,利用(3.4.14)式求出 β 值,式中 n 为阻尼振动的周期次数,θ_n 为第 n 次振动时的振幅,$\overline{T}$ 为阻尼振动周期的平均值。此值可以测出10个摆轮振动周期值,然后取其平均值。一般阻尼系数需测量2~3次。

(5) 测定受迫振动的幅度特性和相频特性曲线

在进行受迫振动前必须先作阻尼振荡,否则无法实验。

仪器在图 3.4.8(b)状态下,选中强迫振荡,按确定键显示:如图 3.4.8(g)默认状态选中电机。

按“▲”或“▼”键,让电机启动。此时保持周期为1,待摆轮和电机的周期相同,特别是振幅已稳定,变化不大于1,表明两者已经稳定了[图 3.4.8(h)],方可开始测量。

测量前应先选中周期,按“▲”或“▼”键把周期由1[图 3.4.8(h)]改为10[图 3.4.8(i)],目的是为了减少误差,若不改周期,测量无法打开。再选中测量,按下“▲”或“▼”键,测量打开并记录数据[图 3.4.8(i)]。

一次测量完成,显示测量关后,读取摆轮的振幅值,并利用闪光灯测定受迫振动位移与强迫力间的相位差。

调节强迫力矩周期旋钮(十圈电位器),改变电机的转速,即改变强迫力矩频率 ω,从而改变电机转动周期。电机转速的改变可按照 $\Delta\varphi$ 控制在10°左右来定,可进行多次这样的测量。

每次改变了强迫力矩的周期,都需要等待系统稳定,约需两分钟,即返回到图 3.4.8(h)状态,等待摆轮和电机的周期相同,然后再进行测量。

共振点附近由于曲线变化较大,因此测量数据相对密集些,此时电机转速极小变化会引起 $\Delta\varphi$ 很大改变。

测量相位时应把闪光灯放在电动机转盘前下方,按下闪光灯按钮,根据频闪现象来测量,仔细观察相位位置。

由相频特性曲线可知,相位差与周期为单调关系,实验中可以据此规律补测遗漏的数据点。

NOTE

受迫振荡测量完毕，按“◀”或“▶”键选中返回，按确定键，重新回到图 3.4.8(b)状态。

11.2　光电门

光电开关由光发射器、光接收器和转换电路组成。光电开关一般采用功率较大的红外发光二极管(红外 LED)作为红外光发射器(通常是波长为 0.78 ~ 3 μm 的近红外光)；用感光器件作为接收器，对于接收到的变化的入射光，进行光电转换，进而对电信号进行放大、处理和输出，其电路图如图 3.4.9(a)所示。

常见的光电开关分为透射式和反射式两类。实验中所用的是透射式光电开关[又称为光电门，如图 3.4.9(b)所示]，以砷化镓红外发光二极管作为光发射器，硅光敏三极管为光接收器，安装与中间带槽的支架上，对应的位置分别留有缺口。其检测工作状态分为两种情况：

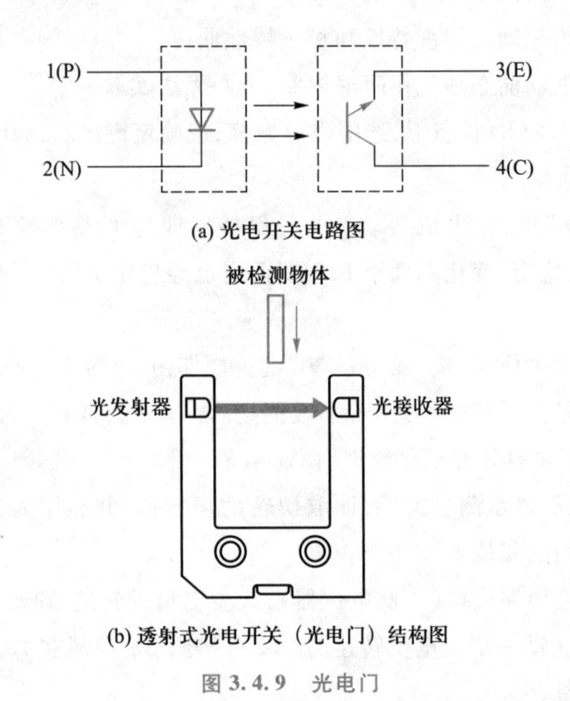

图 3.4.9　光电门

(1) 透光：当槽内无挡光物体时，硅光敏三极管可以直接接收到砷化镓红外发光二极管发出的光，产生电流输出，即输出一个开关控制信号。

(2) 挡光：当有不透明的物体经过槽内时，光敏三极管无电流输出。

由于光电开关可用于非接触式测量，对被检测物体及其特性没有影响，常用于测量光强，亦可用于测量非电学量，如位移、表面粗糙度、振动状态和工件尺寸等。光电开关还具有结构简单、响应速度快、分辨率高和检测距离较长等优点，在工业测量领域应用广泛。

NOTE

3.5 用扭摆法测量物体转动惯量

1 引言

亚里士多德(Aristotle)在《物理学》一书中提出:根据物体运动轨迹的不同,可将机械运动分为直线运动、圆周运动和两者的混合运动。达·芬奇(Leonardo da Vinci)在其笔记中分析了简单运动有两种基本类型:一种是物体绕轴转动而位置不变,就像轮子和石磨及其类似的运动;另一种是物体的位置移动而没有发生自身的转动;复杂运动是物体除了自身位置改变之外,还发生绕轴转动,就像马车轮子的运动或其他类似的运动。

刚体定轴转动时,其特征首先是轴上各点始终静止不动,其次是轴外刚体上的各个质点,尽管到轴的距离(即转动半径)不同,相同的时间内转过的线位移也不同,但转过的角位移却相同,因此只要在刚体上任意选定一点,可研究该点绕定轴的转动,并描述刚体的定轴转动。

转动惯量是刚体转动时惯量大小的度量,是表明刚体特性的一个物理量。刚体转动惯量除了与物体的质量有关外,还与转轴的位置和质量分布(即形状、大小和密度分布)有关。如果刚体形状简单,且质量分布均匀,可以直接计算出它绕特定转轴的转动惯量。对于形状复杂,质量分布不均匀的刚体,计算将极为复杂,通常采用实验方法来测定。测定刚体转动惯量的常用方法有:扭摆法、三线摆法、复摆法等。

2 实验目的

1. 观察刚体定轴转动实验现象,理解转动定律的物理意义。

2. 用扭摆测定弹簧的扭转常量和几种不同形状物体的转动惯量和弹簧的弹性系数,并与理论值进行比较。

3. 验证转动惯量的平行轴定理。

3 实验原理

扭摆的构造如图 3.5.1 所示,在其垂直轴 2 上装有一根薄片状的螺旋弹簧 3,用以产生回复力矩。在轴上方的载物圆盘 1 可以装各种待测物体。垂直轴与支座间装有轴承,使摩擦力矩尽可能降低。

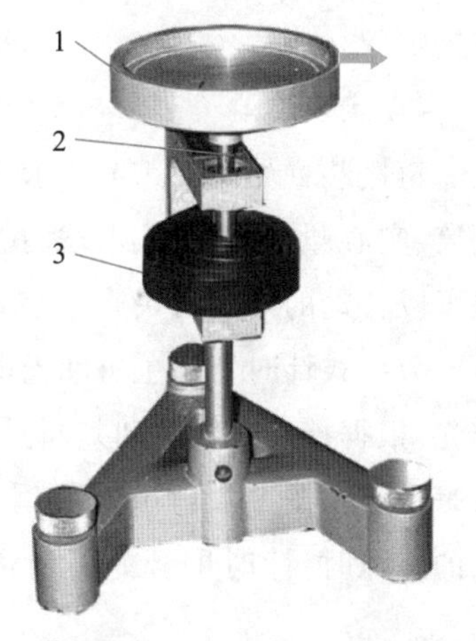

1. 载物圆盘;2. 垂直轴;3. 螺旋弹簧

图 3.5.1 扭摆装置图

将物体在水平面内转过一角度 θ 后,在弹簧的回复力矩作用下,物体就开始绕垂直轴作往返扭转运动。根据胡克定律,弹簧受扭转而产生的回复力矩 M 与所转过的角度成正比,即

NOTE

$$M=-K\theta \tag{3.5.1}$$

式中，K 为弹簧的扭转常量。根据转动定律

$$M=I\alpha \tag{3.5.2}$$

式中，I 为物体绕转轴的转动惯量，α 为角加速度，由上式得

$$\alpha=\frac{M}{I} \tag{3.5.3}$$

令 $\omega^2=\frac{K}{I}$，且忽略轴承的摩擦阻力矩，由(3.5.1)式与(3.5.3)式得

$$\alpha=\frac{\mathrm{d}^2\theta}{\mathrm{d}t^2}=-\frac{K}{I}\theta=-\omega^2\theta$$

上述方程表示扭摆运动具有角简谐振动的特性，即角加速度与角位移成正比，且方向相反。此方程的解为

$$\theta=A\cos(\omega t+\varphi)$$

式中，A 为简谐振动的角振幅，φ 为初相位角，ω 为角速度。此简谐振动的周期为

$$T=\frac{2\pi}{\omega}=2\pi\sqrt{\frac{I}{K}} \tag{3.5.4}$$

利用(3.5.4)式测得扭摆的摆动周期后，在 I 和 K 中任意一个量已知时即可计算出另一个量。

本实验用一个几何形状有规则的物体，它的转动惯量可以根据它的质量和几何尺寸用理论公式直接计算得到。根据此可算出本仪器弹簧的 K 值。若要测定其他形状物体的转动惯量，只需将待测物体安放在本仪器顶部的各种夹具上，测定其摆动周期，由(3.5.4)式即可算出该物体绕转动轴的转动惯量。

理论分析证明，若质量为 m 的物体绕通过质心轴的转动惯量为 I_0 时，转轴平行移动距离为 x，则此物体对新轴线的转动惯量变为 I_0+mx^2。这称为**转动惯量的平行轴定理**。

4　实验仪器

扭摆装置如图 3.5.1 所示，包含几种有规则的待测转动惯量的物体(空心金属圆筒、实心塑料圆柱体、木球、验证转动惯量和平行轴定理用的金属细杆，杆上有两块可以移动的金属滑块)，数字式计时器以及数字式电子秤。

数字式计时器由主机和光电探头两部分组成。用光电探头来检测挡光杆是否挡光，根据挡光次数自动判断是否已达到所设定的周期数。周期数可由预置数开关来设定。按下“复位”按钮时，显示值为“0000”秒，当挡光杆第一次通过光电探头的间隙时，计时即开始。当达到预定周期数后，便自动停止计数，并显示测量结果。

光电探头采用红外发射管和红外线接收管，人眼无法直接观察仪器工作是否

NOTE

正常。但可用纸片遮挡光电探头间隙部位，检查计时器是否开始计时和达到预定周期数时是否停止计数以及按下“复位”钮时是否显示为“0000”。为防止过强光线对光电探头的影响，光电探头不能放置在强光下。实验时采用窗帘遮光，确保计时的准确。

数字式电子秤是利用数字电路和压力传感器组成的一种电子秤。本实验所用的电子秤，最大称量为 1.999 kg，分度值为 0.1 g，(仪器误差为 0.1 g)。使用前应检查零读数是否为“0”。若显示值在空载时不是“0”值，可以调节电子秤右侧方的手轮，使显示值为“0”。

5 实验内容

1. 熟悉扭摆构造和使用方法，掌握计时器的正确使用方法。

2. 用数字式电子秤、游标卡尺测量待测物体的质量和相关的几何尺寸。例如：圆筒的内径和外径、圆柱体的外径、木球的直径等。

3. 测定扭摆的扭转常量 K。

在转轴上装上对此轴的转动惯量为 I_0 的金属载物圆盘。测量 10 个摆动周期所需要的时间 $10T_0$；再在载物圆盘上放置转动惯量为 I_1 的实心塑料圆柱体（转动惯量 I_1 数值可由圆柱体的质量 m_1 和外径 D_1 算出，即 $I_1'=\frac{1}{8}m_1D_1^2$，则总的转动惯量为 $I_1'+I_0$，测量 $10T_1$ 所需时间）。

由(3.5.4)式可得出

$$\frac{T_0}{T_1}=\frac{\sqrt{I_0}}{\sqrt{I_0+I_1'}}\text{或}\frac{I_0}{I_1'}=\frac{T_0^2}{T_1^2-T_0^2}$$

弹簧的扭转常量

$$K=4\pi^2\frac{I_1'}{T_1^2-T_0^2} \tag{3.5.5}$$

在国际单位制中 K 的单位为 kg · m^2 · s^{-2}（或 N · m）

4. 测定实心塑料圆柱体、空心金属圆筒、木球和金属细杆的转动惯量，并和理论值比较，计算百分差。

将空心金属圆筒放在载物盘上(图 3.5.2)，测出摆动 10 次所需时间 $10T_2$。

取下载物圆盘，将木球用夹具装在转轴上端，并在木球上粘贴一条硬纸片（作挡光杆用），测量摆动 10 次所需时间 $10T_3$。

图 3.5.2 用扭摆测量空心金属圆筒的转动惯量

NOTE

取下木球，将金属细杆装在转轴上，使细杆中心与转轴重合，测量摆动10次所需时间$10T_4$。

5. 验证转动惯量平行轴定理。

如图3.5.3所示的水平金属细杆3，其质心置于竖直转轴上，两块金属滑块4可在金属细杆上滑动，并且可以固定在金属细杆上已刻好的槽口内，每个槽口间的距离为5.00 cm。

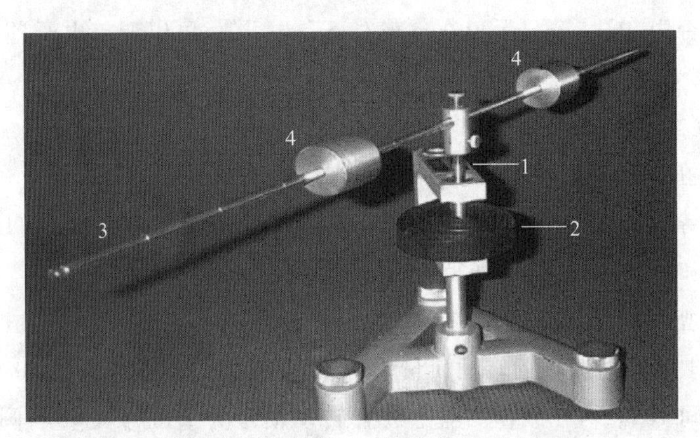

1. 垂直轴；2. 螺旋弹簧；3. 金属细杆；4. 金属滑块

图3.5.3　验证平行轴定理实验装置图

先将滑块从细杆上取下，将细杆与夹具安装在转动轴上（注意：细杆中心必须与转轴重合）。测出它摆动5或10个周期所需时间；然后将滑块对称地放在细杆上；使滑块质心与转轴的距离x分别为5.00 cm，10.00 cm，15.00 cm，20.00 cm，25.00 cm，测出对应于不同距离时的摆动周期。根据(3.5.4)式算出其相应的转动惯量，并和理论值作比较，以验证转动惯量的平行轴定理。

由于夹具的转动惯量与金属细杆的转动惯量相比甚小，因此在计算中可以忽略不计。

6　注意事项

1. 挡光杆（细杆或纸片）必须通过光电探头间隙内的两个小孔。光电探头应放置在挡光杆的平衡位置处。

2. 在称木球和金属细杆的质量时，必须将木球和金属细杆的夹具取下。

3. 转轴必须按正确位置插入载物圆盘，并将螺丝旋紧，使它与弹簧组成牢固的体系。如果发现转动数次之后便停下的现象，原因在于螺丝未旋紧，应重新固定。

4. 弹簧有一定的使用寿命和强度，千万不可随意玩弄弹簧，实验时摆动角度不要过大（通常在±60°内即可）。

5. 实心圆柱体和空心金属圆筒放在载物圆盘上时，必须放正到位，不能倾斜，并旋紧挡光杆。

NOTE

6. 在转轴上装上对此轴的转动惯量为 I_0 的金属载物圆盘。测量 20 个摆动周期所需要的时间 $20T_0$，重复测量 3 次。(注意 3 次重复测量 $20T_0$ 结果应大致相等，否则应重测)

7. 关于网络型刚体转动惯量实验仪在操作中要注意的问题：若测量周期时出现操作失误，应退至仪器主目录下清除此步骤的数据，即去掉菜单上显示的“√”。注意：若清除测量圆盘转动周期的数据，则可删除这一步骤相关数据，并重新测量。实验数据的测量和输入需按照菜单操作提示进行。每个数据输入后，请按“确认”键。测量每个周期值时，一般先让物体开始摆动，经过三到五个周期待摆动状态稳定后，再按“取消”键，清除原数据后开始计时测量。

7　数据记录和处理

1. 弹簧扭转常量和转动惯量的测定，数据记录见表 3.5.1。

表 3.5.1　转动惯量测量实验数据记录表

物体名称	质量 m/kg	几何尺寸 /(10^{-2}m)		周期 /s		转动惯量理论值 /(kg·m²)	转动惯量实验值 /(kg·m²)	百分差 E_0 /(%)
金属载物圆盘				T_0			$I_0=I_0'\frac{\bar{T}_0^2}{\bar{T}_1^2-\bar{T}_0^2}$	
				$\bar{T}_0$				
实心塑料圆柱体		D_1		T_1		$I_1'=\frac{1}{8}m_1D_1^2$	$I_1=\frac{K}{4\pi^2}\bar{T}_1^2-I_0$	
		平均值		$\bar{T}_1$				
空心金属圆筒		$D_外$		T_2		$I_2'=\frac{1}{8}m(D_外^2+D_内^2)$	$I_2=\frac{K}{4\pi^2}\bar{T}_2^2-I_0$	
		平均值						
		$D_内$		$\bar{T}_2$				
		平均值						
木球		$D_球$		T_3		$I_3'=\frac{1}{10}mD_球^2$	$I_3=\frac{K}{4\pi^2}\bar{T}_3^2$	
		平均值		$\bar{T}_3$				

NOTE

续表

物体名称	质量 m/kg	几何尺寸 /(10^{-2}m)		周期 /s		转动惯量理论值 /(kg·m²)	转动惯量实验值 /(kg·m²)	百分差 E_0 /(%)
金属细杆		l		T_4		$I'_4=\frac{1}{12}ml^2$	$I_4=\frac{K}{4\pi^2}\overline{T}_4^2$	
		平均值		$\overline{T}_4$				

计算弹簧扭转常量：

$$K=4\pi^2\frac{I'_1}{\overline{T}_1^2-\overline{T}_0^2}=$$

2. 转动惯量平行轴定理的验证，数据记录见表 3.5.2。滑块质量 $m_{滑}=$

表中 I_5 为两个滑块绕通过滑块质心转轴的转动惯量

$$I_5=\frac{1}{8}m_{滑}(D_{内1}^2+D_{外1}^2)+\frac{1}{6}m_{滑}\ l_1^2$$

式中，$m_{滑}$ 为滑块质量；$D_{内1}$，$D_{外1}$ 为滑块的内径和外径；l_1 为其长度。

本实验中取

$$I_5=0.87\times10^{-4}\ \text{kg}\cdot\text{m}^2$$

表 3.5.2　验证平行轴定理实验数据记录表

x/(10^{-2}m)	5.00	10.00	15.00	20.00
T/s				
$\overline{T}$/s				
实验值/(kg·m²) $I=\frac{K}{4\pi^2}\overline{T}^2$				
理论值/(kg·m²) $I'=I_4+2mx^2+I_5$				
百分差 $E_0=\frac{\lvert I'-I\rvert}{I'}\times100\%$				

8　思考题

1. 实验中，为什么在称衡木球和金属细杆的质量时必须将安装夹具取下？为什么它们的转动惯量在计算中又未考虑？

NOTE

2. 数字式计时器的仪器误差为0.01 s，实验中为什么要测量10T？

3. 如何用本装置来测定任意形状物体绕特定轴的转动惯量？

4. 当光电门及数字式计时器均工作正常时，而实验中发现数字式计时器忽然停不下来或不计数，试分析一下可能是什么原因？

5. 在弹簧的回复力矩范围内，若物体在水平面内转过的角度大小不同，则请问实验测得的扭摆摆动周期是否相同？

第四章　热学实验

4.1　热学实验概述

数字资源

热学是研究物质热现象、热运动规律以及热运动同其他运动形式之间转化规律的一门学科。它起源于人类对冷热现象的探索，在季节交替、气候变幻的自然界中，人们时时处处都在感受热和温度的变化带来的影响。人们在对山西省芮城县西侯度村的旧石器时代遗址的考古研究中，发现大约180万年前人类已经开始使用火。中国古代的燧人氏钻木取火传说与古希腊神话中普罗米修斯盗天火的传说也遥相对应。

现象观察和经验积累启发了古人对火和热现象本质的思考。战国时代的邹衍将水、火、木、金、土称为五行，认为这是构成宇宙万物的基本元素。古希腊时期，赫拉克利特提出的火、水、土、气是自然界的四种独立元素，也认为火是自然界中不可或缺的要素。在古代，人们往往把火和热等同起来。墨家则认为，火是包含在木里面的，“火”元素离开木，木便燃烧起来。此外，也有人用运动的观点来解释冷热，如唐代柳宗元在《天对》中曾提到“吁炎吹冷”的观点，认为元气缓慢地吹动时，便造成炎热的天气；元气迅疾地吹动时，则造成寒冷的天气；把冷、热和元气运动的快慢联系起来。

NOTE

中国古代关于热学的相关技术应用层出不穷。早在西周时期，人们就会在冬天储藏冰块，到春、夏天来保存食物和避暑降温。战国初期还出现了专门用于冷冻保鲜的特制容器——青铜冰鉴。西汉早期的《淮南万毕术》中就有“艾火令鸡子飞”的记载，这可称之为最早的“热气球”。相传五代时期，人们利用热空气上升原理制成信号灯——“松脂灯”。北宋时期，人们利用燃灯产生的热气流推动灯转动制作“走马灯”玩具。唐末宋初时期，人们还将火药用到武器制造上。北宋的曾公亮等编著的《武经总要》中，不仅描述了各种火药武器，还记下了世界上最早的3种火药配方。火箭技术是我国古代的一项十分重要的技术发明，它利用了北宋时期以娱乐为目的的烟花、爆竹等的燃火爆炸、燃火升空特性，经过不断的探索和改进才研制成功。在明代，我国的火箭技术得到迅速提高，出现了多种形式的侧杆火箭，并出现了最初的二级火箭。随着火箭的发射和热能的进一步利用，出现了雏形的喷气装置。14世纪末，明朝的万户坐在装有47个火箭的椅子上，双手各持一个大风筝，试图借助火箭的推力和风筝的升力实现飞行的梦想。虽然尝试未果，但万户被誉为利用火箭飞行的第一人，人们以其命名了月球上的一座环形山作为纪念。

到17、18世纪，热学领域出现了测温学和量热学等，热现象的本质也开始逐步被人们所认识，热学才逐渐发展为精密的科学。目前，人们普遍认为热学的发展史

NOTE

就是热力学与统计物理学的发展史,可划分为四个时期。

第一个时期,也就是热学的早期史,开始于17世纪末直到19世纪中叶,这个时期积累了大量的实验和观察事实。人们关于热的本性展开了研究和争论,为热力学理论的建立做了准备。在19世纪早期出现的热机理论和热功相当原理已经包含了热力学的基本思想。

第二个时期从19世纪中叶到19世纪70年代末,唯象热力学和气体动理论获得了发展,其理论与热功相当原理有关。热功相当原理奠定了热力学第一定律的基础,其与卡诺理论结合,导致了热力学第二定律的形成。热功相当原理跟微粒说(唯动说)结合为气体动理论奠定了基础。而在这段时期,唯象热力学和气体动理论的发展还是相对独立的。

在19世纪70年代末玻耳兹曼的经典工作至20世纪初的第三个时期,唯象热力学的概念和气体动理论的概念结合,导致了统计热力学的产生,吉布斯在统计力学方面做了基础工作。

从20世纪30年代起,热力学和统计物理学进入了第四个时期,这个时期出现的量子统计物理学和非平衡态理论,是现代理论物理学的重要分支。20世纪50年代以后,非平衡态热力学和统计物理学得到迅速发展。

当今,随着热学相关研究的进步和发展,人们对热学的认识也逐渐科学化、合理化,其应用领域已遍及能源动力、化工制药、材料冶金、机械制造、电气电信、建筑工程、交通运输、航空航天、纺织印染、农业林业、生物工程、环境保护和气象预报等。

思维导图 4.1

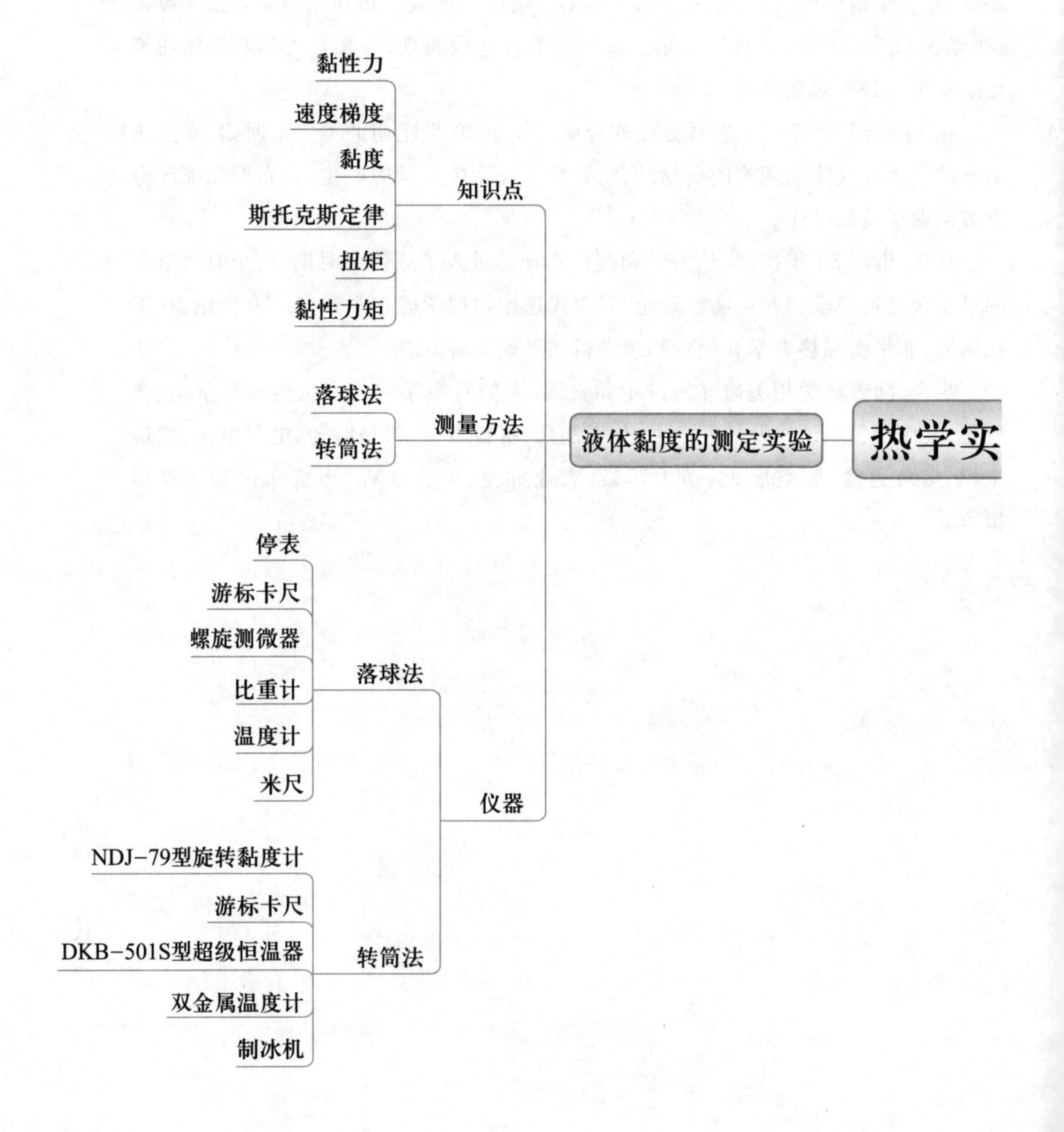

热学实
液体黏度的测定实验
知识点
黏性力
速度梯度
黏度
斯托克斯定律
扭矩
黏性力矩
测量方法
落球法
转筒法
仪器
落球法
停表
游标卡尺
螺旋测微器
比重计
温度计
米尺
转筒法
NDJ-79型旋转黏度计
游标卡尺
DKB-501S型超级恒温器
双金属温度计
制冰机

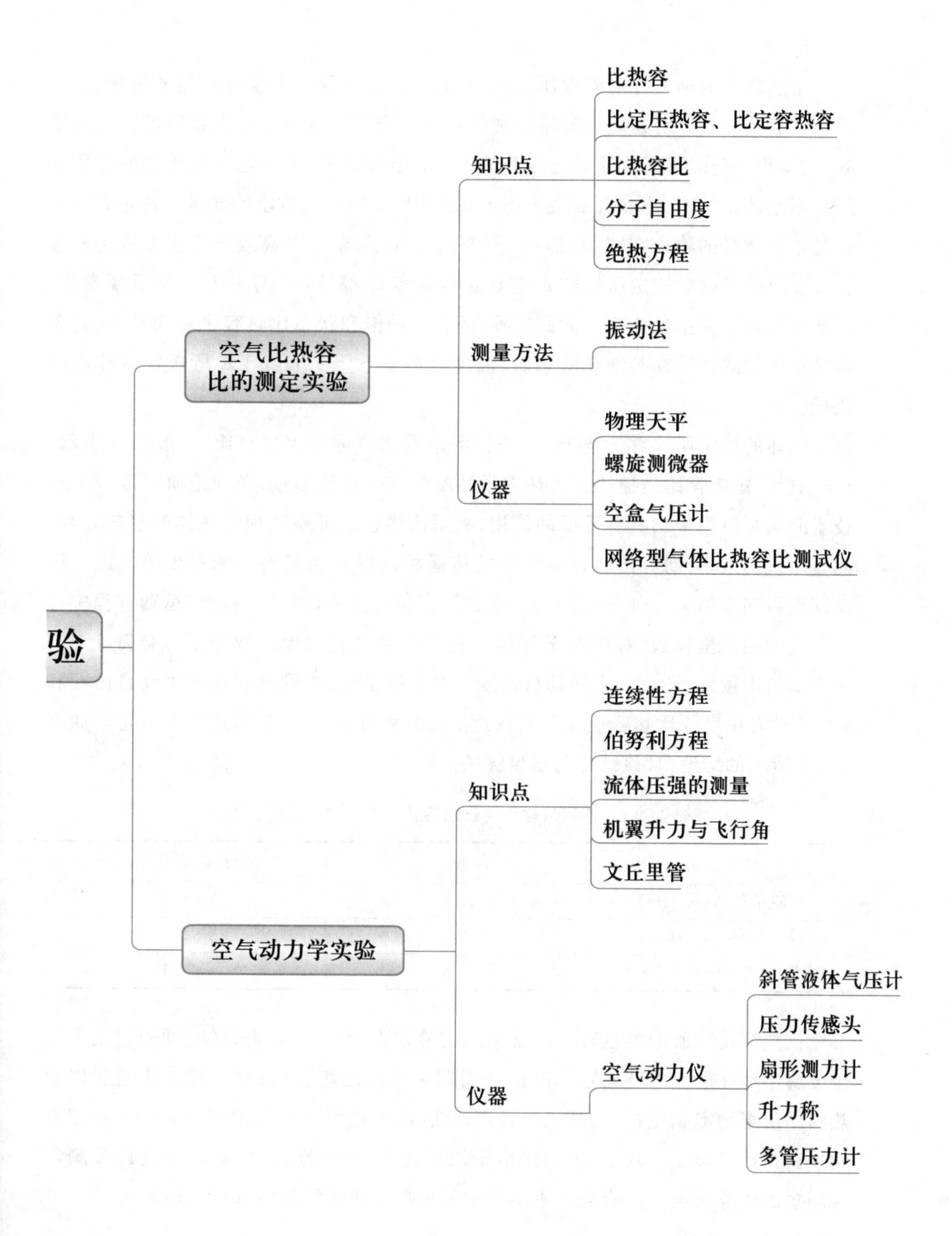

验
空气比热容比的测定实验
知识点
比热容
比定压热容、比定容热容
比热容比
分子自由度
绝热方程
测量方法
振动法
仪器
物理天平
螺旋测微器
空盒气压计
网络型气体比热容比测试仪
空气动力学实验
知识点
连续性方程
伯努利方程
流体压强的测量
机翼升力与飞行角
文丘里管
仪器
空气动力仪
斜管液体气压计
压力传感头
扇形测力计
升力称
多管压力计

NOTE

4.2　空气比热容比的测定实验

1　引言

比热容表示物质升高温度所需热量的能力，它不仅与温度有强烈的依赖关系，而且还取决于外界对物质本身所施加的约束。当压力恒定时可得物质的比定压热容 c_p，体积一定时可得物质的比定容热容 c_V。比定压热容 c_p 是单位质量的物质在压力不变的条件下，温度升高或下降 1 ℃或 1 K 所吸收或放出的能量。比定容热容 c_V 是单位质量的物质在容积（体积）不变的条件下，温度升高或下降 1 ℃或 1 K 吸收或放出的能量。比定压热容 c_p 与比定容热容 c_V 都是热力学过程中的重要参数，因此又称它们为主比热容。除此以外，还有一种饱和状态比热容也较为常用，它表示单位质量的物质在某饱和状态时，温度升高或下降 1 ℃或 1 K 所吸收或放出的能量。

气体的比定压热容 c_p 与比定容热容 c_V 的比值称为比热容比，一般用 γ 表示，$\gamma=c_p/c_V$。比热容比是描述气体热力学性质的一个重要参量，在理论研究以及工程技术的实际应用中均具有重要的作用，利用比热容比可验证理想气体的绝热方程，测量热机的效率，研究声波在空气中的传播特性以及测定物质的密度等。由气体动理论可知 γ 值与气体分子的自由度数目有关。分子自由度是物体运动方程中可以写成的独立坐标数，对单原子气体只有 3 个平动自由度。双原子气体除上述 3 个平动自由度外，还有 2 个转动自由度。对多原子气体，则具有 3 个平动自由度和 3 个转动自由度。比热容比 γ 与自由度 f 的关系为 $\gamma=(f+2)/f$，理论上可得出如表 4.2.1 所示的结论，且该结论与温度无关。

表 4.2.1　不同气体种类比热容比 γ 与自由度 f 的关系表

气体种类	自由度 f	比热容比 γ
单原子气体（Ar，He）	$f=3$	$\gamma=1.67$
双原子气体（N_2，H_2，O_2）	$f=5$	$\gamma=1.40$
多原子气体（CO_2，CH_4）	$f=6$	$\gamma=1.33$

比热容比数值的测定有三种常用的实验方法：第一种是振动法，即通过测定一个金属小球在储气瓶玻璃管中的振动周期来推算比热容比；第二种方法是利用绝热膨胀法来测定比热容比；第三种是声速法，即通过测定空气中声音的传播速度来间接获得比热容比。其中，振动法由于原理简单、易于操作、测量精度高以及测量时间短的优势而被广泛应用。本实验中采用振动法来测量空气的比热容比。

2　实验目的

1. 测定空气的比热容比 γ；

NOTE

2. 练习使用物理天平、螺旋测微器、空盒气压计等仪器；

3. 掌握直接测量量与间接测量量不确定度的估算方法。

3 实验原理

图 4.2.1 为振动法测比热容比的实验原理示意图。实验以球形储气瓶中的空气作为研究的热力学系统，并测量其比热容比数值。储气瓶正上方连接一个精密的细玻璃管 B，其内有一个可以自由移动的振动小球 A，侧壁有一个小孔。振动小球 A 的直径仅比细玻璃管 B 的直径小 0.01 ~ 0.02 mm。在储气瓶壁上有一小口并插入一根细管 C，可将待测气体通过细管 C 注入储气瓶中。为了补偿由于空气阻尼以及少量漏气引起的振动小球 A 振幅的衰减，可以通过细管 C 持续稳定注入小气压的气流。如果注入气体的流量适当时，振动小球 A 就能在细玻璃管 B 的小孔上下作简谐振动。当振动小球 A 处于小孔下方的半个振动周期时，注入气体会使储气瓶内的压力增大，引起振动小球 A 向上移动。而当振动小球 A 处于小孔上方的半个振动周期时，储气瓶内的气体将通过小孔流出，使振动小球 A 下落，以后重复上述过程。振动小球 A 的振动周期 T 可利用光电计时装置来测得。

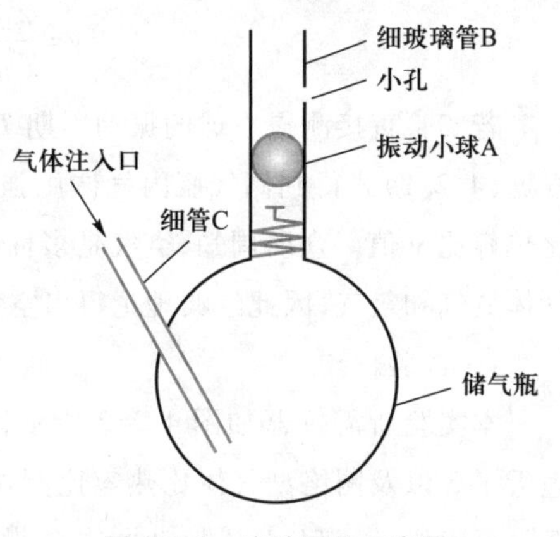

图 4.2.1 实验原理示意图

若振动小球 A 的质量为 m，半径为 r（直径为 d），当储气瓶内压强 p 满足下面条件时，振动小球 A 处于受力平衡状态。

$$p=p_L+\frac{mg}{\pi r^2} \tag{4.2.1}$$

(4.2.1)式中 p_L 为大气压强。

当振动小球 A 偏离平衡位置一个较小距离 x 时，储气瓶内的压强将变化 $\mathrm{d}p$。由牛顿第二定律可得物体的运动方程为

$$m\frac{\mathrm{d}^2x}{\mathrm{d}t^2}=\pi r^2\,\mathrm{d}p \tag{4.2.2}$$

由于小球振动过程相当快，可以近似作为绝热过程处理，所以球形储气瓶内的气体压强 p 以及气体体积 V 满足绝热方程

$$pV^{\gamma}=C(\text{常量}) \tag{4.2.3}$$

将(4.2.3)式求导得出 $\mathrm{d}p=-\frac{p\gamma\mathrm{d}V}{V}$，而细玻璃管 B 内气体的微小增量为

$$\mathrm{d}V=\pi r^2 x \tag{4.2.4}$$

NOTE 将(4.2.4)式与(4.2.3)式代入(4.2.2)式得

$$\frac{d^2x}{dt^2}+\frac{\pi^2r^4p\gamma}{mV}x=0 \tag{4.2.5}$$

(4.2.5)式即为熟知的简谐振动方程,振动角频率 ω 为

$$\omega=\sqrt{\frac{\pi^2r^4p\gamma}{mV}}=\frac{2\pi}{T} \tag{4.2.6}$$

化简后可得

$$\gamma=\frac{4mV}{T^2pr^4}=\frac{64mV}{T^2pd^4} \tag{4.2.7}$$

若实验直接测得小球的振动周期 T、小球质量 m,直径 d 以及储气瓶体积 V,并根据(4.2.1)式得到储气瓶内气体压强 p,那么利用(4.2.7)式即可计算出空气的比热容比 γ 值。众所周知,空气是多种气体组成的混合物,其中99%以上是双原子气体氮气和氧气,因此经典理论得出空气的 γ 值约为1.402。

4　实验仪器

本实验所需仪器如图4.2.2所示,主要包括:空盒气压计1、螺旋测微器2、物理天平3以及网络型气体比热容比测试仪。其中,网络型气体比热容比测试仪由两部分组成,一部分是由振动主体6、微型气泵8、缓冲瓶7和光电门5构成的基础实验装置,另一部分是电路控制箱4。

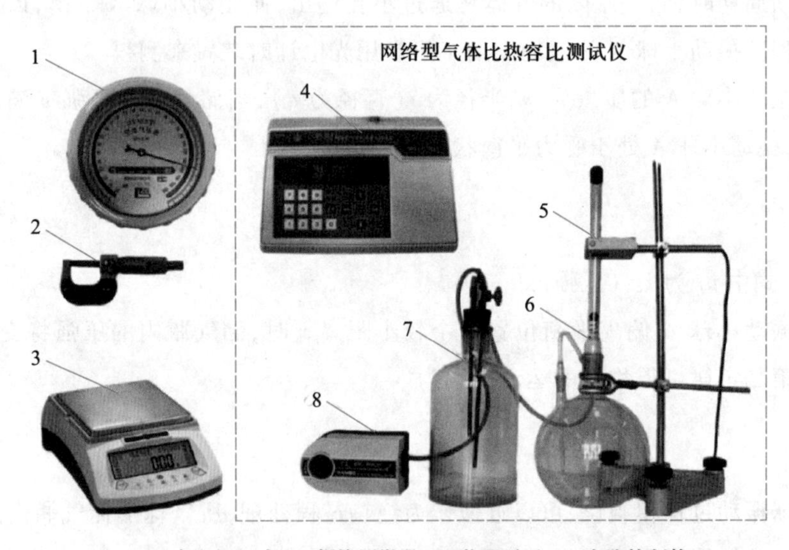

1. 空盒气压计;2. 螺旋测微器;3. 物理天平;4. 电路控制箱;
5. 光电门;6. 振动主体;7. 缓冲瓶;8. 微型气泵

图4.2.2　实验仪器图

网络型气体比热容比测试仪中的振动主体主要由玻璃制成,且对细玻璃管的加工要求特别高,振动主体的直径仅比细玻璃管内径小0.01~0.02 mm。因此振动

主体小钢球表面不允许擦伤，平时它停留在细玻璃管的下方（用弹簧托住）。若要将其取出，只需在它振动时，用手指将细玻璃管壁上的小孔堵住，稍稍加大气流量，物体便会上浮到细玻璃管上方开口处。一般情况下，不允许取出振动主体小钢球，如要测量其直径与质量可用另一备用小球来完成。

网络型气体比热容比测试仪可以通过光电门采集时间数据，根据设置的测量次数来记录小球在细玻璃管中的振动周期，实验要求设置振动次数为 100 次。振动主体直径采用螺旋测微器测出。质量用物理天平称量，储气瓶容积 V 由实验室给出，$V=2.650\times10^{-3}\ \mathrm{m}^3$。大气压强 p_L 由空盒气压计自行读出，并注意换算单位（$760\ \mathrm{mmHg}=1.013\times10^5\ \mathrm{N/m}^2$）。

本实验中学生使用的所有网络型气体比热容比测试仪均被连接到局域网中，学生需将实际操作测量到的实验数据如小球的振动周期、直径、质量、大气压强以及储气瓶容积输入测试仪中。这些数据将实时地传送到教师的计算机上，教师通过实验教学软件可以实现实验管理、数据监察、数据分析运算、数据拟合和学生实验资料查询等多项功能。

5 实验内容

5.1 实验仪器的调整与电路连接

1. 将微型气泵和缓冲瓶用橡皮管连接好，把装有小球的细玻璃管插入球形储气瓶中。将光电门利用方形连接块固定在铁架台立杆上，并调节其位置于细玻璃管的小孔附近。

2. 调节铁架台底板上的三个水平调节螺钉，使底板处于水平状态，使细玻璃管处于竖直状态。

3. 接通微型气泵电源，微调气泵上的调节旋钮，待球形储气瓶内注入一定压力的气体后，细玻璃管中的小球将离开弹簧向上方移动，此时应调节好气体流量，使小球在细玻璃管中以小孔为中心作简谐振动。

4. 将网络型气体比热容比测试仪的电路控制箱与计算机主机以及光电门相连，确认连接无误后，接通电路控制箱的电源。

5.2 小球直径、质量以及大气压强的测量

1. 用螺旋测微器测量备用小球直径 d，重复测量 5 次，注意不可取出玻璃管内的小球，以免损坏仪器。

2. 用空盒气压计在实验开始前和结束时各测一次大气压强 p_L，并取平均值。

3. 用物理天平测量备用小球的质量 m。

5.3 数据上传及周期的测量

1. 接通网络型气体比热容比测试仪并选择实验项目为“①空气”，按“确定”键进入当前实验选项的“参数设置”界面。

NOTE

2. 设定测量数据，包括小球直径（5个测量值）、小球质量、储气瓶容积、实验开始时测得的大气压强值。

3. 通过“测量计数”界面完成小球振动周期的测量，设置振动次数为100次，启动实验装置，完成5次周期值的测量。

4. 再次设定大气压强值，完成实验。

5. 实验完成后，断开电源，将各部分实验仪器整理好，根据测得的实验数据计算空气的比热容比 γ，估算不确定度，并与理论值比较，计算百分差。

6　注意事项

1. 如若测得的空气比热容比百分差大于5%，应找出原因并重新做实验。

2. 为使小球在细玻璃管中以小孔为中心作简谐振动，应确保细玻璃管竖直放置。

3. 为保证信号被正确采集，应使光电门位于小球作简谐振动的平衡位置处，并能被运动的小球有效挡光。

4. 测量小球直径和质量时，应使用备用小球，切勿将细玻璃管中的小球取出。

5. 玻璃容器易碎，实验中要小心别用硬物碰撞容器。

7　数据记录和处理

1. 小球直径 d 的测量（使用螺旋测微器，填写表4.2.2）：

表4.2.2　小球直径测量数据记录表　　单位：mm

测量序号	1	2	3	4	5	平均值
初读数						
末读数						
直径 d						

$$U_{dA}=\sqrt{\frac{\sum(d_i-\bar{d})^2}{n(n-1)}}=\_\_\_\_\_\_\_\_ \qquad U_{dB}=\frac{0.004}{\sqrt{3}}\ \mathrm{mm}$$

$$U_d=\sqrt{U_{dA}^2+U_{dB}^2}=\_\_\_\_\_\_\_\_ \qquad U_{rd}=\frac{U_d}{\bar{d}}\times 100\%=\_\_\_\_\_\_\_\_$$

$d=$________±________

2. 小球质量（使用物理天平）：

$m=$________

仪器误差 $\Delta=$________

$$U_m=\frac{\Delta}{\sqrt{3}}=\_\_\_\_\_\_\_\_ \qquad U_{rm}=\frac{U_m}{m}\times 100\%=\_\_\_\_\_\_\_\_$$

$m=$________±________

3. 玻璃容器的体积：

NOTE

$V=2.650\times10^{-3}\ \text{m}^3$

$U_V=0.002\times10^{-3}\ \text{m}^3$　　　　$U_{rV}=\dfrac{U_V}{V}\times100\%=$________

$V=$________±________

4. 容器中空气压强的测量(使用空盒气压计):

① 大气压强 p_L:

实验开始时:$p_{L1}=$________ kPa　实验结束时:$p_{L2}=$________ kPa

平均值 $p_L=$________ kPa

仪器误差 $\Delta=$________

$U_{p_L}=\dfrac{\Delta}{\sqrt{3}}=$________　　　　$U_{rp_L}=\dfrac{U_{p_L}}{p_L}\times100\%=$________

$p_L=$________±________

② 容器内的大气压 p:

$p=p_L+\dfrac{4mg}{\pi d^2}=$________

$U_p\approx U_{p_L}$,　　　　$U_{rp}=\dfrac{U_p}{p}\times100\%=$________

$p=$________±________

5. 小球振动周期 T 的测量(填写表 4.2.3):

表 4.2.3　小球振动周期数据记录表

测量序号	1	2	3	4	5	平均值
$100T$/s						
T/s						

$U_{TA}=\sqrt{\dfrac{\sum(T_i-\overline{T})^2}{n(n-1)}}=$________　　$U_{TB}=\dfrac{0.1}{100}\ \text{s}=0.001\ \text{s}$

$U_T=\sqrt{U_{TA}^2+U_{TB}^2}=$________　　$U_{rT}=\dfrac{U_T}{\overline{T}}\times100\%=$________

$T=$________±________

6. 空气比热容比计算:

$\gamma=\dfrac{4mV}{T^2pr^4}=\dfrac{64mV}{T^2pd^4}=$________

$U_{r\gamma}=[U_{rm}^2+U_{rV}^2+(2\times U_{rT})^2+U_{rp}^2+(4\times U_{rd})^2]^{\frac{1}{2}}=$________

$U_\gamma=\gamma\times U_{r\gamma}=$________

NOTE

实验结果表达式：$\gamma=$________

理论值：$\gamma_0=1.402$

百分差：$E_0=\frac{|\gamma-\gamma_0|}{\gamma_0}\times100\%=$________

8　系统误差分析

1. 实验中的直接测量量存在随机误差和系统误差。

2. 小球很难完全悬停在玻璃管中，因此会给储气瓶内气体压强 p 的计算带来误差。

3. 细玻璃管 B 如果没有完全处于竖直状态，小球会与细玻璃管壁发生摩擦，使得测量结果产生误差。

9　思考题

1. 若待测空气中混有水蒸气，实验结果将有何变化？

2. 如果振动物体的周期较长，公式 $\gamma=\frac{64mV}{T^2pd^4}$ 还适用吗？为什么？

3. 请思考用其他方法测定空气的比热容比，并说明实验原理。

10　实验拓展

10.1　测量其他种类气体的比热容比值

利用该实验装置，更换气体种类，如单原子气体 Ar、双原子气体 N_2 和多原子气体 CO_2 等重复上述实验步骤，测量不同气体种类的比热容比 γ，估算不确定度，并与理论值比较，计算百分差。

10.2　本实验中关于近似满足绝热方程条件的问题讨论

由于小球振动过程相当快（约为 0.6 s），可以近似作为绝热过程处理，所以球形储气瓶内的气体压强 p 以及气体体积 V 满足绝热方程。

如果进一步分析，需要讨论两个问题：

（1）本实验系统是否为独立的封闭系统？

本实验系统不是独立的封闭系统。在小球作简谐振动的过程中，每个周期内都有一部分气体从玻璃管侧壁的小孔中漏出，因而瓶中气体压强 p 减小；与此同时，球形烧瓶侧壁的细管源源不断地有流速稳定的气流输入，因而形成了周期性变化的动态平衡状态。重力和气体推力的合力成为小球作简谐振动的回复力。

（2）小球的运动是否为简谐振动？

实验中可以首先拍摄一段小球振动的视频，通过视频分析软件逐帧取点可获得相对位移（亦可定标后获得实际位移值），查看视频每秒帧数，可作小球位移和运动速度随时间变化的实验曲线，分别如图 4.2.3 和图 4.2.4 所示，可见小球运动状态基本符合简谐振动的规律。

NOTE

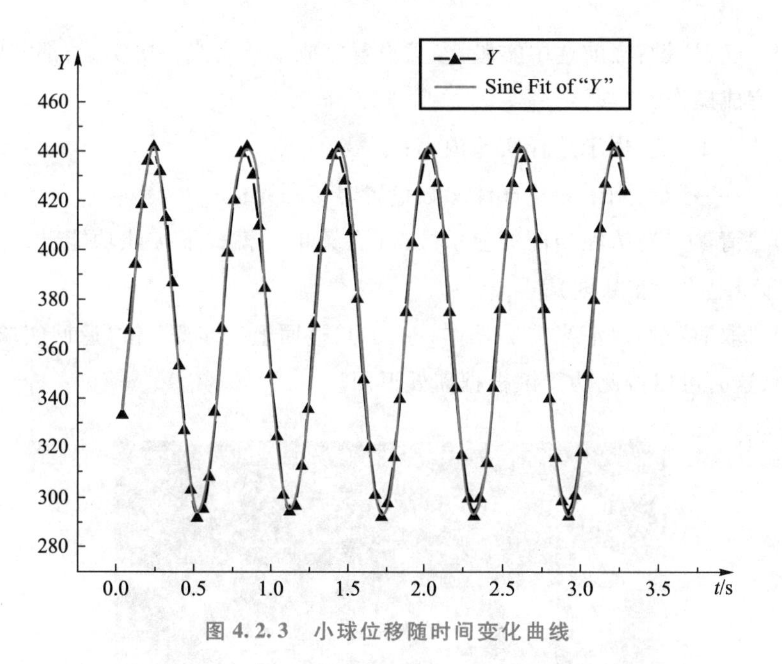

图 4.2.3 小球位移随时间变化曲线

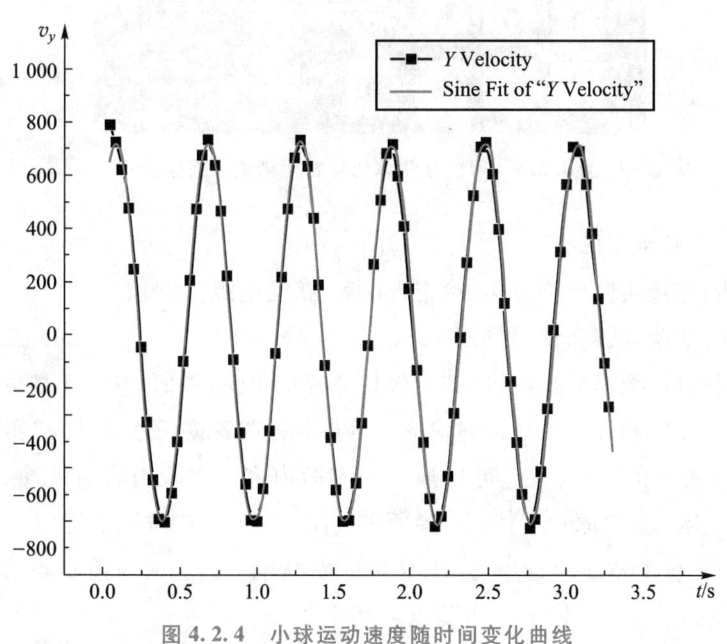

图 4.2.4 小球运动速度随时间变化曲线

11 附录——网络型气体比热容比测试仪操作说明

11.1 测试仪面板说明

网络型气体比热容比测试仪面板如图 4.2.5 所示，包括：

(1) 液晶显示屏：显示实验内容和实验测量数据；

(2) 数字键："0～9"10 个数字按键用于实验中对测量气体的参数进行设置（如设置需要测试的振动次数等）；

NOTE

(3)“确定”键:当前选中实验、参数设置完成以及完成一次实验,都需要按“确定”键来完成操作;

(4)“↑↓”键:用于选择实验内容;

(5)“←→”键:用于测量气体参数设置时移动光标;

(6)“清零”键:清除当前的显示数据(在菜单栏模式下按此功能键,将清除当前实验选项中的所有数据);

(7)“取消”键:取消当前的操作,进入到“返回上一步骤”和“返回实验选项菜单”界面,这时可以按此功能键根据需要返回。

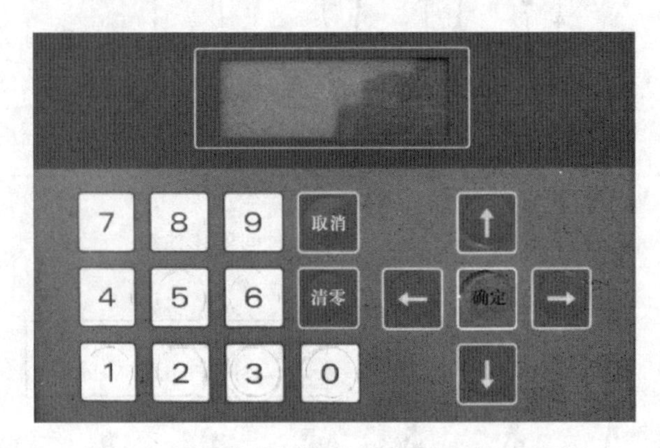

图 4.2.5　网络型气体比热容比测试仪面板图

11.2　实验操作说明

第一步:连接实验仪器线路,检查无误后,接通电源。

第二步:实验数据测量与输入。

仪器通电后,液晶屏显示进入“气体比热容比实验”界面,等待 3 秒后将显示当前仪器编号,以便和计算机通信时对应。等待 3 秒或者按任意键进入“实验选项”,通过仪器面板上的“↑↓”键可切换不同实验内容。实验内容有 4 个:① 空气;② 单原子气体;③ 双原子气体;④ 多原子气体。可以直接按数字键“1～4”选择实验内容进行实验。本实验选项为“①空气”,按“确定”键进入当前实验选项的参数设置。按“取消”键可返回上一步骤或主菜单。

按液晶屏上的提示要求,依次通过“0～9”10 个数字按键设定之前测量好的小球直径(5 个测量值)、小球质量、储气瓶容积、实验开始时测得的大气压强值。参数设定好后,按“确定”键进入“测量计数”界面(即周期测量界面),按“取消”键可返回上一步骤或主菜单。

设置振动次数为 100 次,在正式计数前应先按“清零”键消除掉原数据记录。启动实验装置,开始计时,其时间的测量精度可达 10 ms。每步测量完成后,点击“确认”键进入下一步,而后仪器会提示依次输入大气压强值等,在出现“实验完成”提示界面后按下“确认”键将返回主菜单,实验数据记录同时上传。

其他功能:为了便于教师查询和校验实验结果,当出现实验完成提示界面后,输入密码将依次显示小球直径和大气压强的平均值、小球质量的测量值、储气瓶内气体体积、振动周期平均值、空气比热容比理论值、空气比热容比测量值以及相应的百分差;按“↑↓”键可以循环切换显示上述数据,按下“取消”键将返回实验选项菜单;可以通过“↑↓”键切换不同实验内容,完成新的实验。

第三步:测量完成后断开电源,将各部分实验仪器整理好,根据测得的实验数据计算空气的比热容比 γ,估算不确定度,并与理论值比较,计算百分差。

NOTE

NOTE

4.3 液体黏度的测定实验

1 引言

在稳定流动的液体中，平行于流动方向的各层液体间的流速并不同，即在相邻两层流体间存在相对运动，于是流速快的一层给流速慢的一层施加拉力，流速慢的一层给流速快的一层施加阻力，相邻液层间的这一作用称为**黏性力** F_f。黏性力的方向在接触面内，并与液体流动方向相反，其大小与平行液层的接触面面积 ΔS 以及**速度梯度** dv/dy 成正比，即

$$F_f = \eta \frac{dv}{dy} \Delta S \tag{4.3.1}$$

其中，比例系数 η 称为黏滞系数，又称**黏度**，其国际单位是：帕斯卡秒(Pa・s)。

液体的黏度与液体的性质和温度有关，所以测量时必须给出其对应的温度值。例如，表 4.3.1 列出某种蓖麻油在不同温度下的黏度值。

表 4.3.1 某种蓖麻油在不同温度下的黏度值

温度/℃	0	10	20	30	40
黏度/(Pa・s)	5.30	2.42	0.99	0.45	0.23

液体黏度是表征液体反抗形变能力的重要参数，在生产、生活、工程技术及医学等方面有着重要的应用。飞行器的飞行、液体的管道输送、机械的润滑、金属的熔铸焊接、化学上测定高分子物质的分子量以及医学上分析血液的黏稠度等，都需要考虑黏度相关的问题。

对液体黏度的测量常常采用间接测量的方法，例如：落球法，毛细管法以及转筒法等。其中，落球法是利用已知直径的小球从液体中下落并通过测量下落速度来计算黏度，常用于测量黏度较大的透明或半透明液体，如蓖麻油、变压器油、甘油等。该方法物理现象明显、原理直观、实验操作和训练内容较多。毛细管法是通过测量一定体积的液体流过毛细管的时间来计算黏度，常用于实验室中测定黏度较小的液体，如水、乙醇、四氯化碳等。转筒法可利用旋转黏度计测定液体与同心轴圆筒的相对转动来计算黏度，这种方法具有使用方便，测量范围广的优势，主要用于纺织、轻工、医药等行业中。本实验采用落球法和转筒法来测定液体黏度。

2 实验目的

1. 学习落球法的实验原理以及旋转黏度计的工作原理，并测定蓖麻油的黏度；
2. 熟悉游标卡尺、螺旋测微器、停表、温度计以及比重计等仪器的使用方法；
3. 转筒法实验中需测定液体黏度与温度的关系曲线。

NOTE

3　实验原理

3.1　落球法原理

落球法是利用已知直径的小球从液体中下落，通过测量小球下落速度并利用斯托克斯定理来计算液体的黏度。假设一个直径为 d 的光滑小球，在无限宽广的液体中以速度 v 运动。由于附着在小球表面的液层相对于液体其他部分运动，使小球受到一个与运动方向相反的黏性力。如果小球的直径与速度都较小时，由斯托克斯定理可知，这个黏性力 F_f 的大小为

$$F_f=3\pi\eta vd \tag{4.3.2}$$

其中，η 为液体的黏度。

当小球在液体中自由下落时，运动小球的受力情况如图 4.3.1 所示。合力等于竖直向下的重力减去竖直向上的浮力与黏性力。球开始下降时作加速运动，随着速度的增加，黏性力逐渐增大。当向上的浮力与黏性力之和等于向下的重力时，小球将匀速下落。若这时的速度为 v，小球的体积为 V，密度为 ρ_a，液体的密度为 ρ_f，则重力为 $\rho_a Vg$，浮力为 $\rho_f Vg$，黏性力为 $3\pi\eta vd$，故有

$$\rho_a Vg=\rho_f Vg+3\pi\eta vd$$

从而

$$\eta=\frac{(\rho_a-\rho_f)Vg}{3\pi vd} \tag{4.3.3}$$

g 为实验地区的重力加速度（上海地区 $g=9.794\ \mathrm{m/s^2}$）。小球的速度 v 可由小球下落所经过的距离 l（即图 4.3.1 中上、下标志线 N_1，N_2 之间的距离）和相应的时间 t 求出，即 $v=l/t$。小球的体积 $V=\frac{\pi}{6}d^3$。所以，液体的黏度 η 为

$$\eta=\frac{(\rho_a-\rho_f)gd^2t}{18l} \tag{4.3.4}$$

实验中由于小球是在内径为 D 的圆筒容器中下落，而非无限宽广的液体，因此需要考虑管壁对小球运动的影响，(4.3.4)式乘以修正因子$\frac{1}{1+2.4(d/D)}$后，黏度计算公式修正为

$$\eta=\frac{(\rho_a-\rho_f)g}{18l}\cdot\frac{d^2t}{1+2.4\frac{d}{D}} \tag{4.3.5}$$

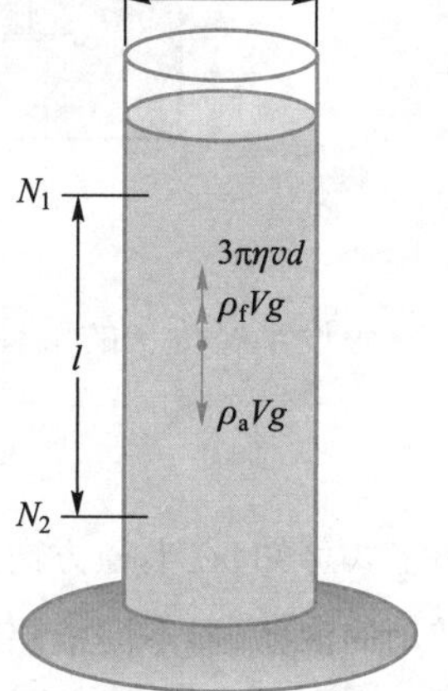

图 4.3.1　落球法测定液体黏度的原理示意图

其中，小球直径 d、圆筒容器内径 D 和距离 l 分别用螺旋测微器、游标卡尺和米尺测得，时间 t 可采用计时秒表（停表）测量，液体密度 ρ_f 可

NOTE

由比重计直接测定,小球密度 ρ_a 一般由实验室给出。上述物理量分别测定完成后,利用(4.3.5)式可求出液体的黏度 η。

3.2　转筒法原理

本实验使用的是 NDJ-79 型旋转黏度计,该旋转黏度计的主要工作原理是利用电动机通过转轴带动转筒旋转,转筒受到黏性力后使与电动机壳相连的弹簧游丝产生扭矩,当弹簧游丝的扭矩与黏性力矩达到平衡时,与电动机壳体相连接的指针便在标尺上指示出一个刻度读数,此读数与液体黏度成正比。于是由标尺上指示出的读数乘以特定系数便可计算绝对黏度的量值。

NDJ-79 型旋转黏度计的原理示意图如图 4.3.2 所示。半径为 b 的外圆筒固定不动,用来盛装被测液体。外半径为 a 的空心内圆筒通过转轴与电动机相连,以恒定的角速度 Ω 旋转,并浸入被测液体中。此内筒也称为转筒,它与外圆筒同轴,高度为 l。当转速较小时,介于两圆筒间的液体将会有规律地一层层转动,在垂直于旋转轴的平面内形成一些同心圆的流线。

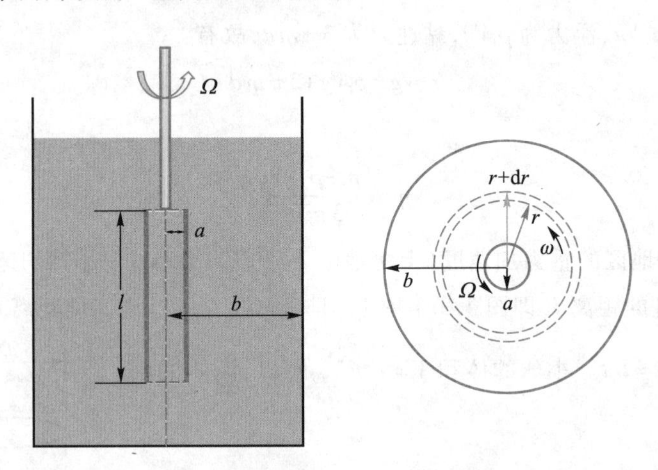

图 4.3.2　旋转黏度计原理示意图

假设半径为 r 的液体层的流速为 $v=r\omega$,可得其速度梯度为

$$\frac{\mathrm{d}v}{\mathrm{d}r}=\frac{\mathrm{d}(r\omega)}{\mathrm{d}r}=\omega+r\cdot\frac{\mathrm{d}\omega}{\mathrm{d}r} \tag{4.3.6}$$

由上式可知,在半径方向上的速度梯度由两项组成。第一项表示以同一角速度 ω 转动的液体,即不同液层之间没有相对滑动,因而该项对黏滞效应无贡献。第二项会由于 r 的不同而引起速度变化,所以该项对黏滞效应起作用。空心转筒上下两端面积很小,因此可以忽略转筒上下两端的黏滞效应。距离中心轴线半径为 r 处的液层受到的黏性力为

$$F_f=\eta\cdot r\frac{\mathrm{d}\omega}{\mathrm{d}r}\cdot 2\pi rl$$

NOTE

相应的黏性力矩 τ 为

$$\tau = r \cdot F_f = r \cdot \eta r \frac{d\omega}{dr} 2\pi r l = 2\pi\eta l r^3 \frac{d\omega}{dr} \tag{4.3.7}$$

外圆筒内壁液体无滑动,角速度为0,将上式分离并积分,则

$$\tau \int_a^b \frac{dr}{r^3} = 2\pi\eta l \int_\Omega^0 d\omega$$

整理结果得

$$\tau\left(\frac{1}{b^2} - \frac{1}{a^2}\right) = 4\pi\eta l\Omega \tag{4.3.8}$$

当转筒转动达到稳定状态时,黏性力矩与转轴上外弹簧扭矩 M 相互平衡,即 $\tau = -M$,则黏度 η 为

$$\eta = \frac{M}{4\pi l\Omega}\left(\frac{1}{a^2} - \frac{1}{b^2}\right) \tag{4.3.9}$$

根据(4.3.9)式可知,η 为 Ω、l、a、b 和 M 的函数,即 $\eta = f(\Omega, l, a, b, M)$,适当改变某些参数,可使测量仪器做成不同的量程,以适应测量不同范围的 η 值。

(4.3.9)式中 η 的单位在厘米-克-秒制中为 $g \cdot cm^{-1} \cdot s^{-1}$,又称泊(P)。在国际单位制中 η 的单位为“帕斯卡秒”(Pa·s),该单位大小相当于10泊。在实际测量中,我们常用厘泊(cP)做单位,1泊=100厘泊,将(4.3.9)式改为用常用单位厘泊,并引入新的变量,则可写为

$$\eta = \frac{M}{4\pi l\Omega}\left(\frac{1}{a^2} - \frac{1}{b^2}\right) \times 100 = \frac{F_T \times 2\pi l a^2}{4\pi l\Omega a^2}\left[1 - \left(\frac{a}{b}\right)^2\right] \times 100 = \frac{100 F_T}{2\Omega / [(b^2 - a^2)/b^2]}$$

即 $\eta = \frac{100F_T}{D}$(单位:厘泊),其中 $F_T = \frac{M}{2\pi l a^2}$

$$D = \frac{2\Omega}{1 - \frac{a^2}{b^2}} \quad (\text{单位}:s^{-1}) \tag{4.3.10}$$

F_T 是转筒外表面的切变应力,随外弹簧扭矩 M 增大而增大。D 称为外转筒表面上的切变速率,当 a、b、Ω 一定时,它是一个常量。

由(4.3.9)式可见在其他量固定不变的情况下,η 正比于 M。转筒的转动会使弹簧游丝产生扭矩,带动指针偏转,从而在标尺上可读出偏转值 A(本仪器 A 为100刻度分度),M 正比于 A。因此,我们可以把 η 的测定转换为读取旋转黏度计的指针在标尺上的读数 A。

$$F_T = KA$$

K 可根据指针在标尺上的最大读数($A = 100$)和最大的切变应力(F_{Tmax})来确定,即

$$K = \frac{F_{Tmax}}{100}$$

NOTE

将上述两个关系式代入 $\eta=\frac{100F_T}{D}$中,则有

$$\eta=\frac{100\times\frac{F_{T\max}}{100}\times A}{D}=\frac{F_{T\max}}{D}A=FA \tag{4.3.11}$$

其中,$F=\frac{F_{T\max}}{D}$,$F_{T\max}=\frac{M_{\max}}{2\pi la^2}$。$F$ 对于特定的内、外圆筒在特定的转速下有特定的数值,称为特定系数,单位为厘泊/刻度分度。

4　实验仪器

4.1　落球法测定液体黏度仪器

落球法测定液体黏度所需仪器包括:圆筒形玻璃容器(内盛蓖麻油)、停表、游标卡尺、螺旋测微器、比重计、温度计、米尺和镊子、不同直径的小钢球 10 颗(盛于盒中),实验装置的实物图如图 4.3.3 所示。

比重计是利用浮力原理制成的一种直接测量液体密度的器具。它的外形如图 4.3.4 所示,分为干管 A、躯体 B 和压载室 C。干管 A 是一较细的玻璃管,内壁黏贴有按密度进行刻度的分度纸。躯体 B 是一中空圆柱体。重心在压载室 C,压载室装有铅粒或者水银等重物,铅粒可用来调整比重计的测量范围和定标。比重计浸入液体中后,当重力与浮力相平衡时,比重计将静止地浮在液体中,这时,从标尺刻度值便可直接读出液体的密度。

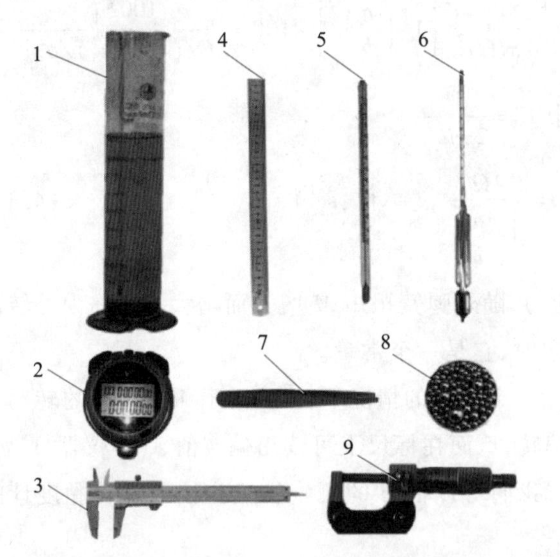

1. 圆筒形玻璃容器(内盛蓖麻油); 2. 停表; 3. 游标卡尺; 4. 米尺; 5. 温度计; 6. 比重计; 7. 镊子; 8. 小钢球; 9. 螺旋测微器

图 4.3.3　落球法实验装置图

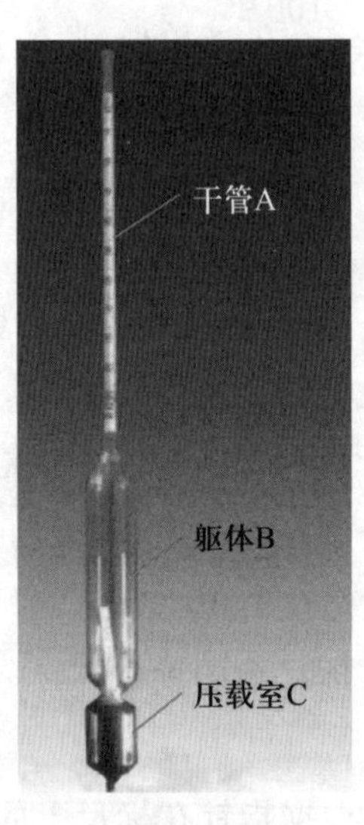

图 4.3.4　比重计

NOTE

4.2 转筒法测液体黏度仪器

本实验所需的装置有 NDJ-79 型旋转黏度计、游标卡尺、DKB-501S 型超级恒温器、双金属温度计、制冰机以及蓖麻油等(实验仪器的实物图如图 4.3.5 所示)。

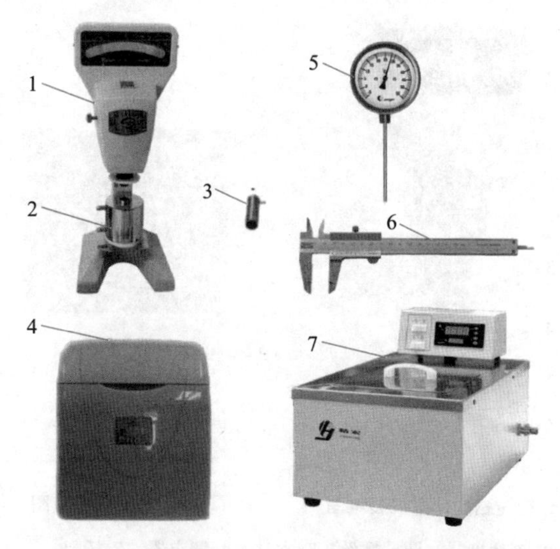

1. NDJ-79型旋转黏度计主机；2. 旋转黏度计测试管；
3. 旋转黏度计圆筒转子；4. 制冰机；5. 双金属温度计；
6. 游标卡尺；7. DKB-501S型超级恒温器

图 4.3.5 转筒法实验仪器实物图

NDJ-79 型旋转黏度计的主机结构以及测量原理示意图如图 4.3.6 所示。其动力来源是一个小型的悬挂式安装的同步电动机,可以 750 转/分的角速度恒速旋转(几乎不受负载的电源电压变化的影响)。电动机通过转轴带动转筒旋转,转筒在被测液体中旋转时受到黏性阻力作用,从而产生反作用力使电动机壳体偏转,电动机壳体与两根一正一反安装的金属游丝相连,壳体的转动使游丝产生扭矩。当游丝的扭矩与黏性力矩达到平衡时,与电动机壳体相连的指针便在刻度盘上指出某一数值,此数值与转筒所受黏性力成正比,于是刻度读数乘以特定系数就能得到以单位“毫帕斯卡秒”(mPa · s)表示的黏度的量值。

当仪器的外弹簧扭矩 M 和转速 Ω 一定时,改变 a、b、l 的值即可改变特定系数 F,因此可通过选用不同型号的转筒和对应的外筒容器实现不同范围黏度 η 的测量。NDJ-79 型旋转黏度计附有两种测试单元,每种单元包括一个测定容器和若干带有转轴的转筒。本实验需要用到第Ⅱ单元测试筒以及第Ⅱ单元圆筒转子。关于旋转黏度计两个测试单元的详细介绍可参考附录部分。

DKB-501S 型超级恒温器是一个盛水的大圆筒。其上部有水银导电表、温度计及搅拌水用的电动机,内部有使水作循环流动的小水泵、加热水的电热丝。旁边有电器控制的继电器。水温可由水银导电表内金属丝和水银的接通与断开控制，通过继电器使电热丝通电与断电。水温的调节由旋转水银导电表上部的磁力螺旋来实现,从而改变金属游丝针尖的高低。恒温器的水温可由温度计读出。

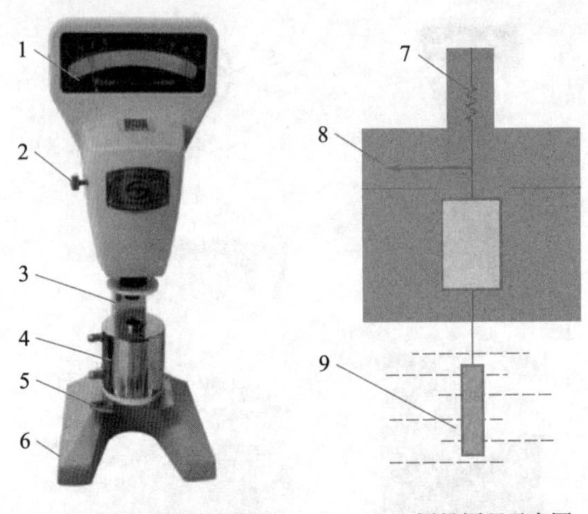

(a) 旋转黏度计主机装置图　　(b) 测量原理示意图

1. 刻度盘；2. 调零螺丝；3. 立柱；4. 测定器；5. 托架；6. 底座；7. 金属游丝；8. 指针；9. 转筒

图 4.3.6　NDJ-79 型旋转黏度计装置图与原理示意图

5　实验内容

5.1　落球法实验

1. 调节盛有蓖麻油的玻璃圆筒使之竖直。

2. 用游标卡尺测出圆筒的内径 D。

3. 用米尺量出圆筒外壁上、下两条标志线 N_1、N_2 之间的距离 l。N_1 至少应在液面下方 5 cm 处。

4. 用螺旋测微器测出小钢球的直径 d,对每颗小钢球不同位置测 5 次，取其平均值。按此要求测量 10 颗小钢球(至少选用三种不同直径小钢球)的直径,编号待用。

5. 用镊子夹住小钢球在油中浸润一下,使小钢球表面完全为油所包裹,然后使小钢球沿圆筒中央液面处落下。

6. 用停表测出小钢球经过上下标志线之间的时间 t。

7. 记下正式实验时蓖麻油的温度 T。

8. 用比重计测量蓖麻油的密度 ρ_f,小钢球的密度 ρ_a 由实验室给出。

9. 根据每个小钢球的相关数据，按(4.3.5)式计算黏度 η,并计算其平均值以及百分差。

NOTE

5.2 转筒法实验

1. 用游标卡尺多次测量测出旋转内筒直径 $2a$、外固定筒直径 $2b$ 和筒长 l,并计算其平均值。

2. 利用公式计算出相应的系数 F 值。

3. 将被测的液体小心倒入测试容器,再将转筒插入液体直到完全浸没为止,然后把测试容器安放在仪器托架上,并将选定的转筒悬挂在转轴钩上,转筒挂杆应竖直处于容器中心。

4. 打开恒温器电源开关,调节恒温旋钮,使其处于不加热状态。

5. 调节旋转黏度计零点,启动电动机,使转筒从开始晃动直到完全对准中心为止,此时需要在托架上将容器圆筒前后左右作轻微移动,可加快对准中心。当指针读数稳定后,表示转筒已对准中心,这时方可读数。

6. 将旋转黏度计指针调在满量程处,如果超过满量程则加温,如果不到满量程则加冰降温。

7. 根据 $\eta=FA$ 算出 η 值,测定蓖麻油在不同温度 t 下 η 值,作出 $\eta-t$ 的关系曲线,利用最小二乘法拟合该曲线得到经验方程。

6 注意事项

6.1 落球法测定液体黏度注意事项

1. 为避免蓖麻油滴在桌上和防止比重计、温度计损坏,不要将它们从圆筒形玻璃容器中取出。

2. 已测量直径的小钢球,要放在盒内,并记住它的位置,以免混淆。

3. 注意小钢球下落通过玻璃管标志线时,要使视线水平,以减小误差。

4. 为避免温度变化产生较大误差,测量 10 次小钢球下落时间应在短时间内(5~10 分钟)完成。

5. 筒内蓖麻油须长时间静止以排除气泡对实验的影响,实验过程中不可捞取小钢球或者搅动液体。

6.2 转筒法测定液体黏度注意事项

1. 旋转黏度计安装时,应将底座摆放在平整工作台上再进行组装。

2. 旋转黏度计开启电动机启动开关时,如电动机未能及时启动,就立即关闭开关,再重新启动。电动机不得长时间连续使用(一般不超过 4 小时)。

3. 旋转黏度计经精密校正,不得随意拆装。

4. 旋转黏度计使用完毕后需将调零螺丝放松。

5. 超级恒温器加热前要检查恒温器内水面高度,水需将加热器浸没才能通电加热。

6. 超级恒温器水泵循环回路需接好后才能开启水泵开关。

NOTE

7　数据记录和处理

7.1　落球法数据记录

蓖麻油温度 $T=($__________±__________$)$℃

玻璃圆筒内径 $D=($__________±__________$)$ cm

上下两标志线 N_1、N_2 距离 $l=($__________±__________$)$ cm

蓖麻油密度 $\rho_f=($__________$\pm 0.005)\ g/cm^3$

小钢球密度 $\rho_a=($__________±__________$)\ g/cm^3$

小钢球直径 d_i：

表 4.3.2 中的小钢球直径测量均需做初读数校正。

表 4.3.2　小钢球直径记录表　　单位：mm

测量次数	d_1	d_2	d_3	d_4	d_5	d_6	d_7	d_8	d_9	d_{10}
1										
2										
3										
4										
5										
$\overline{d_i}$										

记录小钢球的下落时间，由公式 $\eta=\frac{(\rho_a-\rho_f)g}{18l}\cdot\frac{d^2t}{1+2.4d/D}$ 计算蓖麻油黏度 η 及其平均值 $\overline{\eta}$，并与理论值比较计算百分差，详见下表 4.3.3。

表 4.3.3　黏度平均值计算表

小钢球编号	$\overline{d_i}$/mm	t_i/s	η_i/(Pa·s)	$\frac{\lvert\eta_i-\eta_0\rvert}{\eta_0}\times100\%$
1				
2				
3				
4				
5				
6				
7				
8				
9				
10				
平均值			$\overline{\eta}=$	

NOTE

U_η = ________ , $U_{r\eta}=\frac{U_\eta}{\bar{\eta}}$ = ________% （不考虑 B 类不确定度的分量）

实验结果：在温度为(________ ± ________)℃时，

蓖麻油黏度为 η = (________ ± ________) Pa · s，

$U_{r\eta}$ = ________%

7.2　转筒法数据记录

1. 实验所需参数

Ω = ________ (　　　)

M_{max} = ________ (　　　)

2. a、b、l 的测量(记录在表 4.3.4 中)

表 4.3.4　a、b、l 的测量数据记录表　　单位：mm

测量次数	$2a$	$2b$	l
1			
2			
3			

$\bar{a}$ = ________ mm

$\bar{b}$ = ________ mm

$\bar{l}$ = ________ mm

3. $D=\frac{2\Omega}{1-\frac{a^2}{b^2}}$ = ________ (　　　)

$F_{Tmax}=\frac{M_{max}}{2\pi la^2}$ = ________ (　　　)

则：$F=\frac{F_{Tmax}}{D}$ = ________ (　　　)

4. t 与 A 的实验数据记录(记录在表 4.3.5 中)

表 4.3.5　t 与 A 的实验数据记录表

t/(℃)	A	η/cP	t/℃	A	η/cP

NOTE

续表

t/(℃)	A	η/cP	t/℃	A	η/cP

5. 利用最小二乘法拟合 $\eta-t$ 曲线,并通过曲线拟合得到经验方程

$\eta=$________(　　　　)

8　系统误差分析

8.1　落球法误差分析

1. 测量仪器本身存在系统误差;

2. 读数时存在偶然误差。

8.2　转筒法误差分析

1. 读数时存在偶然误差;

2. 转筒对准中心较难调节,液体总会有轻微的上下摆动;

3. 转筒不是垂直放置于被测液体中间,或者立柱在旋转时不是竖直在液体中旋转,而是与转筒成一定的角度;

4. 转筒发生腐蚀或其他过程导致转筒表面不平整;

5. 被测液体中混入了杂质(如空气中的水分等),导致其黏度发生了变化;

6. 循环水体系中加热和仪器中水温上升存在一定延迟。

9　思考题

9.1　落球法思考题

1. 圆筒形容器外壁的上标志线是否可以选取液面作为标准,为什么?

2. 若小球下落时偏离容器中心较大,或者圆筒形玻璃容器放置不竖直,对实验有无影响?

3. 分析实验中产生误差的主要来源。

4. 直径 d 不同的小钢球经过距离 l 所需时间 t 也不同。实验时应怎样快速估算用不同直径的小钢球测得的黏度 η 是否接近?

9.2　转筒法思考题

1. 测定 η 时,转筒为什么一定要对准中心,等待指针稳定后才能读数?

2. 分析本仪器测量 η 值的误差。

3. 为了改变被测液体温度,需要超级恒温器来加热和控制温度,被测液体、容

器和转筒一定要达到热平衡后才能读数，为什么？

4. 若转筒选择不合适，会造成什么后果？

10　附录

10.1　NDJ-79 型旋转黏度计使用说明

NDJ-79 型旋转黏度计附有两种测试单元，每种单元包括一个测定容器和若干带有转轴的转筒。第Ⅱ单元有三只圆柱状转筒（1、10、100），特殊处理的黄铜管，1 为最粗的，100 为最细的。测定容器内设有隔水套，可通恒温水。测定容器上部设有两个螺孔，一个用于插入双金属温度计，另一个用螺塞封住，也可以插入具有适当密封件的玻璃温度计。悬挂转筒的是一只带挂钩的左旋滚花螺母。

第Ⅲ单元有四只圆柱状转筒（0.1、0.2、0.4、0.5），特殊处理的黄铜管，0.1 为最粗的，0.5 为最细的。测定容器内设有隔水套的长圆柱体，另有一只安装双金属温度计的特殊支架，恒温水先流经支架，再流入第Ⅲ单元测定容器。双金属温度计及挂钩滚花螺母与第Ⅱ单元共用。

表 4.3.6 给出了第Ⅱ单元转筒以及第Ⅲ单元转筒的转筒因子 F，由表可见 F 分别为 0.1、0.2、0.4、0.5；1、10、100（厘泊/刻度分度）。这样 η 值的测试范围为 $1 \sim 10^4$ 厘泊。当使用附加的齿轮装置，使转筒转速降低为原来的 1/10、1/100，则可进一步使 η 值的测试范围达到 10^6 厘泊。所以，此仪器使用范围较广，可用于测定油类、树脂、油墨、浆糊等液体的黏度。

表 4.3.6　旋转黏度计的转筒因子、测量范围以及分度值

转筒单元	转筒因子	测量范围/厘泊（cP）	每一刻度值
第Ⅱ单元转筒	1	$10 \sim 10^2$	1
	10	$10^2 \sim 10^3$	10
	100	$10^3 \sim 10^4$	100
第Ⅱ单元减速器（转筒 100）	10	$10^4 \sim 10^5$	1 000
	100	$10^5 \sim 10^6$	10 000
第Ⅲ单元转筒	0.1	1 ~ 10	0.1
	0.2	2 ~ 20	0.2
	0.4	4 ~ 40	0.4
	0.5	5 ~ 50	0.5

NDJ-79 型旋转黏度计的使用流程如下：

1. 拆卸避震装置（避震装置示意图如图 4.3.7 所示）

拧松两只固定板螺丝 4 后，取下固定板 5 以及避震器 3。

2. 连接电源

仪器在接电时，首先将电源线与仪器相连接，然后再插入电源插座。本黏度计

NOTE

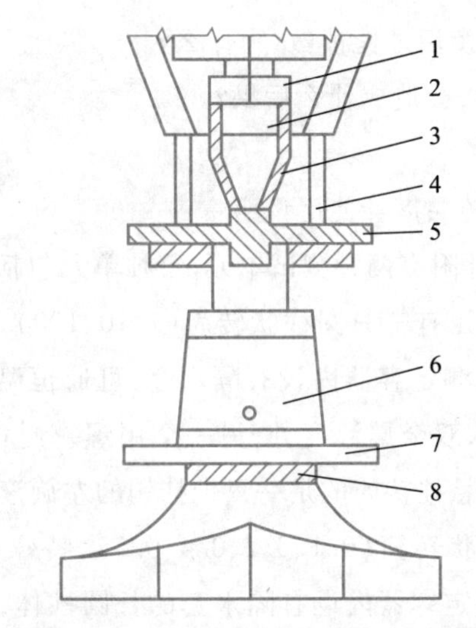

1. 减速器支架；2. 联轴器；3. 避震器；4. 固定板螺丝；
5. 固定板；6. 测定器；7. 仪器托架；8. 测定器螺母

图 4.3.7　避震装置示意图

电源用电压为 220 V、频率为 50 Hz 的交流电。

3. 左旋滚花螺母(倒牙)连接

当拆装左旋滚花螺母时用 3 mm 直径的细杆插入胶木圆盘上的小孔中,从而电机轴卡住不动,这就方便了旋上或卸下左旋滚花螺母。

4. 零点校正

黏度计经调试检定合格出厂时,指针的位置应在 5 ~ 10 格之间。调零时电动机应在空载旋转情况下,将调零螺丝轻轻旋入,此时指针即慢慢回到零点。如果指针已回过零点,不能再将调零螺丝旋入,此时应反向旋出,否则容易将调零弹簧片折断,应注意。测试时的零点校正应在开机运动时空载下反复三次,确认零位无误,才算调零结束,方可进行测试。测试结束后应将调零螺丝退出。

5. 转筒的选择与连接

根据待测样品的黏度范围选择转筒。转筒是通过一只位于筒内的 U 形弹簧同转轴相连,挂钩转轴从筒内拉出 U 形弹簧就可卸下转筒,当重新装上转筒时,应将弹簧的两端伸至筒内,使挂钩露在筒外。

6. 测量

(1) 将被测液体小心倒入测试容器,直至液面达到锥形面下部边缘,将转筒插入液体直到完全浸没为止。

(2) 将测试容器安放在仪器托架上,并将转筒挂钩悬挂于仪器左旋滚花螺母的挂钩上。开动电机,此时可将测试器在托架上前后左右轻微移动,使转筒对准中心(此时应没有振动的声音)。

NOTE

(3) 当指针稳定后即可读数,如果读数小于10格,应调换大一号的转筒。

(4) 连续测定2次,每次测定值与平均值之差不得超过平均值的±3%,否则应进行第3次测定。

7. 测定完毕,取下测试容器,清洗转筒与测试容器,并放回原处。

8. 实验结束,旋出调零螺丝,拆左旋滚花螺母,装避震器。

10.2 DKB-501S 型超级恒温器使用说明

1. 在水槽内加入清洁温水至总高度1/2~2/3处;

2. 打开电源开关,控温仪面板即有数字显示表示电源接通;如有水泵开关,同时打开。

3. 温度设定

当所需加热温度与设定温度相同时不需设定,反之则需重新设定。先按控温仪的功能键"SET"进入温度设定状态,SV设定显示将闪烁,再按移位键"◁"配合加键"△"或减键"▽"设定,结束需按功能键"SET"确认。

4. 设定结束后,各项数据长期保存。此时水槽进入升温状态,加热指示灯亮。当箱内温度接近设定温度时,加热指示灯忽亮忽熄,反复多次,控制进入恒温状态。

NOTE

4.4　空气动力学实验

1　引言

空气动力学是流体力学的一个重要分支，主要研究物体与其他气体作相对运动情况下的受力特性、气体的流动规律和伴随发生的物理化学变化。

人类关于空气动力学最早的研究可以追溯到对鸟飞行的观察和猜测。庄子在《逍遥游》中畅想了大鹏展翅九万里："风之积也不厚，则其负大翼也无力。故九万里，则风斯在下矣，而后乃今培风，背负青天而莫之夭阏者，而后乃今将图南"。这一分析包括了飞行物体的"翼"、大气及其阻力、大风或旋风的举力，是人类关于空气动力学与飞行关系的科学猜测，包含了近代飞行动力学中的物理因素。中国古人在空气动力学领域不懈探索，包括起源于古代的风筝（纸鸢）、东晋的葛洪发明的竹蜻蜓、西汉的"羽人"等。经典空气动力学之父乔治·凯利（G. Cayley，1773—1857）早期就曾用竹蜻蜓做过试验，1809 年他在科学计算的基础上成功地制造出航空史上第一架全尺寸滑翔机，并发表了《论空中航行》，该著作也被后人视作是航空学说的起点。进入 20 世纪以后，空气动力学的科学体系愈加完整，航空航天事业、交通、运输、气象以及能源利用等领域的繁荣也进一步推动了空气动力学的发展。

本实验通过空气动力仪对流动的空气进行多项实验测试，包括文丘里管实验、空气阻力测试和风洞实验等。利用风洞和模拟技术可对高速运动体的性能及物体风阻情况进行模拟测试，也可为车船航空、桥梁建筑等工程开发与创新研究提供基础性的模拟平台。

2　实验目的

1. 学习空气动力仪的基本结构并了解用其进行流动空气实验的基本原理；
2. 掌握测试流动气体中各种压强的方法；
3. 掌握测试物体在流动空气中受阻力的方法；
4. 学习空气动力仪中的文丘里管、空气阻力和风洞等实验。

3　实验原理

3.1　流体力学的两个基本定律

1. 连续性方程

连续性方程是质量守恒定律在流体力学中的具体表述形式。不可压缩流体作定常流动时，在单位时间内流进某截面的流体质量等于流出另一截面的流体质量，即流量相等。如图 4.4.1 所示的封闭细流管中，取两个稳恒流体的横截面 S_1 和 S_2，设 v_1 和 v_2 是这两个横截面处流体的流速。若流体的密度为 ρ，则在 $\mathrm{d}t$ 时间内，由于质量守恒，流进 S_1 的流体质量等于流出 S_2 的流体质量，即 $\rho S_1 v_1 \mathrm{d}t=\rho S_2 v_2 \mathrm{d}t$，由此可得连续性方程为

NOTE

$$S_1v_1=S_2v_2 \tag{4.4.1}$$

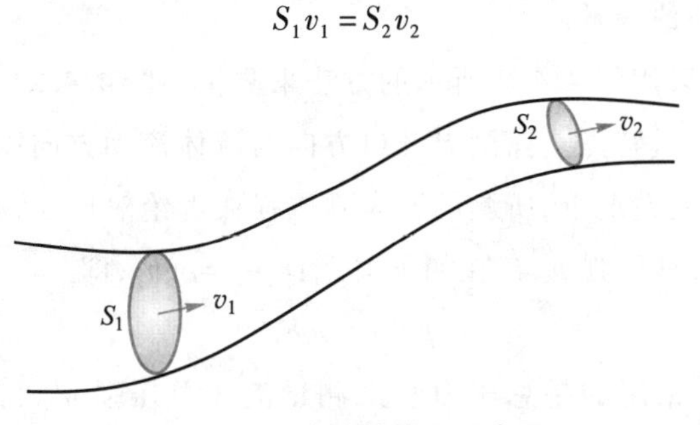

图 4.4.1　连续性原理示意图

2. 伯努利方程

伯努利方程的本质是机械能守恒,因而其推论有:"等高流动时,流速大,压强就小"。在定常流动的理想流体中,利用功能原理即外力的总功等于机械能增量,同一封闭的细流管中不同截面处,单位体积流体的动能、势能以及压强能之和为常量。

在如图 4.4.1 所示的封闭细流管内,设在 dt 时间内,流进管道的流体质量为 $\Delta m=\rho S_1v_1\mathrm{d}t$,当流体定常流动时,流出的流体质量 $\Delta m'=\rho S_2v_2\mathrm{d}t$ 等于流入的流体质量。设在流入处,流体压强为 p_1,在流出处,流体压强为 p_2,则流体做功为 $W=(p_1-p_2)\Delta V$,其中 ΔV 是 dt 时间内流进或流出管道的流体体积。在流入与流出两位置的动能变化为 $\Delta E_\mathrm{k}=\dfrac{\rho\Delta V(v_2^2-v_1^2)}{2}$,势能变化为 $\Delta E_\mathrm{p}=\rho\Delta Vg(y_2-y_1)$,$y_1$ 与 y_2 分别是流入处与流出处相对零势能参考面的高度。

因此,流体做功等于对应流体的势能和动能的总能量变化,

$$(p_1-p_2)\Delta V=\frac{\rho\Delta V(v_2^2-v_1^2)}{2}+\rho\Delta Vg(y_2-y_1),$$

也可以写为

$$p_1+\rho gy_1+\frac{1}{2}\rho v_1^2=p_2+\rho gy_2+\frac{1}{2}\rho v_2^2$$

或

$$p+\rho gy+\frac{1}{2}\rho v^2=C\quad(常量) \tag{4.4.2}$$

其中,p 为流体中某点的绝对压强,也称为静压强;ρ 为流体密度;y 为某点距重力势能零点的距离;$\frac{1}{2}\rho v^2$ 称为动压强。

(4.4.2)式为伯努利方程,可以表示沿任一流线上某点的流速、高度和压强之间的关系,该方程需要满足三个条件,即理想流体、定常流动以及同一流线。

3.2　流体压强的测量

流体的压强可采用图 4.4.2 所示的方法来测量。图 4.4.2(a)和(b)中采用的是开管流体压力计,其特点是探测点开口方向与流体流动方向以及管道方向垂直。在探管不影响流动的情况下,所测的 p 为静压强或者绝对压强,它与压强计中液体柱的高度差 h_1 和大气压强 p_a 存在如下关系:$p_a-p=\rho gh_1$,即

$$p=p_a-\rho gh_1 \tag{4.4.3}$$

图 4.4.2(c)中采用的是总压力管来测量流体总压强 p'。它的探管在面向流体的一端开有小口,在小口处流体停滞,流速为 0,所以根据伯努利方程,在此处测得的是总压强为

$$p'=p+\frac{1}{2}\rho v^2 \tag{4.4.4}$$

(4.4.4)式右侧是距探管很远处任意一点的静压强 p 与动压强 $\frac{1}{2}\rho v^2$ 之和。

图 4.4.2(d)中的装置称为皮托管,它是将静压力测量计与动压力测量计做了结合。图中 1 处的压强相当于静压强 p,2 处的压强相当于总压强 p',所以压力计中液柱高度差 h_3 与这两个压强差成正比,即所测的动压强 Δp 为

$$\Delta p=p'-p=\frac{1}{2}\rho v^2=\rho gh_3 \tag{4.4.5}$$

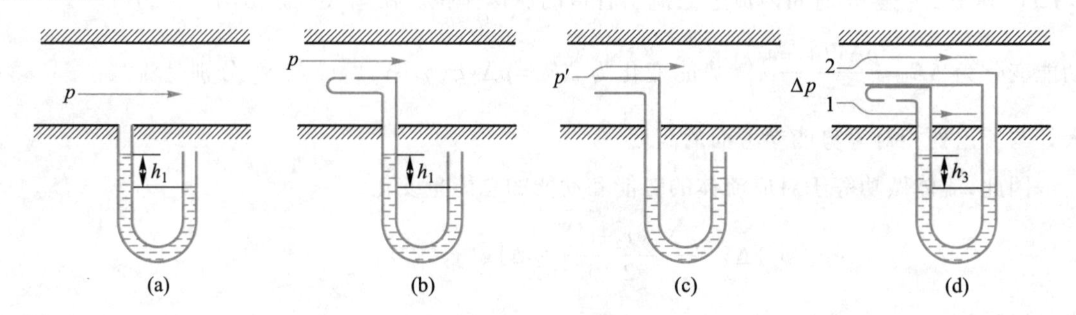

图 4.4.2　流体压强的测量原理示意图

3.3　航空物理知识

图 4.4.3 表示风洞中飞机机翼截面形成的流线。从图中可以看出,在机翼上面形成高流速、低压强的区域,在机翼下面几乎保持原来的大气压强。所以机翼在飞行中不仅受到与运动方向相反的阻力 F_R,又受到与运动方向垂直的升力 F_A。在一定的飞行速度下,两个分力的取值与飞行角度 α 有关。

4　实验仪器

本实验所用的空气动力仪全套装置如图 4.4.4 所示,该仪器可根据实验内容灵活组装实验系统,设计不同实验。操作者在安装、调试实验装置前,必须查阅实

NOTE

验室的相关仪器使用说明书。

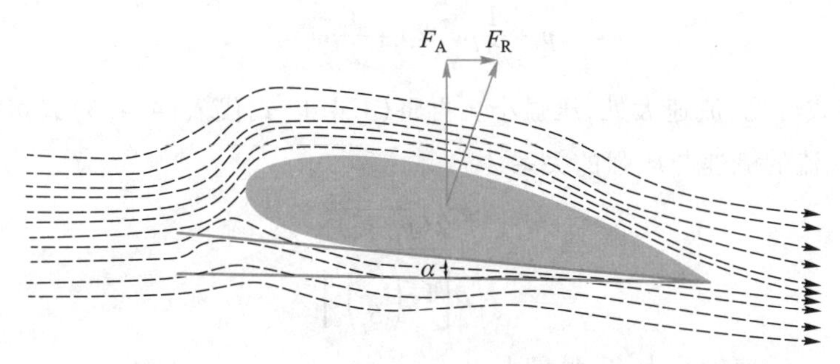

图 4.4.3 飞机机翼截面形成的流线图

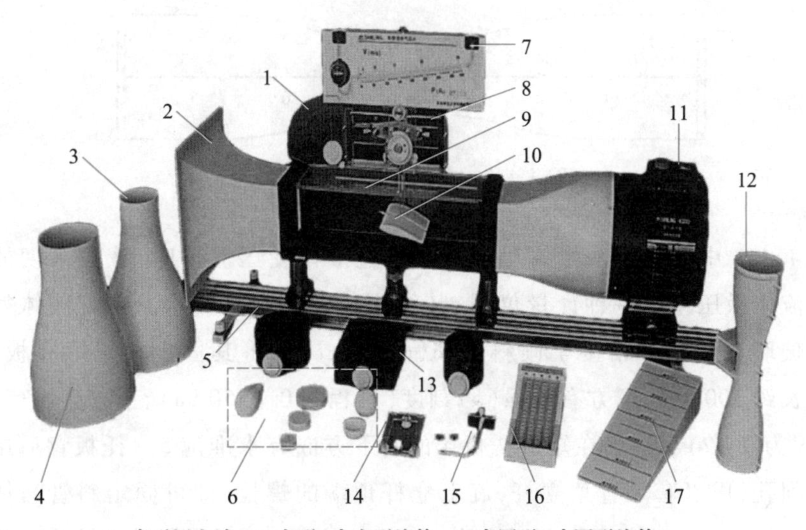

1. 扇形测力计；2. 方形-大方形流管；3. 大圆形-小圆形流管；
4. 大圆形-中圆形流管；5. 实验导轨及支架；6. 阻力模块；
7. 斜管液体气压计；8. 升力称；9. 风洞；10. 升力模块；
11. 吸压式风机；12. 文丘里管；13. 整流器；
14. 滑轮小车；15. 压力传感头；
16. 多管压力计；17. 斜体模块

图 4.4.4 空气动力仪全套装置图

空气动力仪装置的组件中，吸压式风机 11 是本实验系统的核心，其风机转速最高可达 2 800 r/min，风量为 1 200 m^3/h。吸压式风机为混流式结构，风力强劲平稳。风机的风叶一端为进风口，装有防护用的网罩；风机的电机一端为出风口，外缘装有 8 根防护栅起保护作用。

文丘里管 12 由渐缩管、喉管和渐扩管组成，其结构示意图如图 4.4.5 所示。渐缩管的断面急速变小，渐扩管的断面逐渐增大，恢复到原来的断面，断面最小段为喉管。文丘里管有 7 个静压强测量位置。利用文丘里管可以验证连续性方程和伯努利方程。在平放的文丘里管中，定常流动的流体在任意两个位置（假设有位置

NOTE

i 和位置 j) 满足伯努利方程

$$p_i+\frac{1}{2}\rho v_i^2=p_j+\frac{1}{2}\rho v_j^2 \tag{4.4.6}$$

由(4.4.6)式可见,流速大处,压强小。再将(4.4.1)式代入(4.4.6)式可得文丘里管中各处气流的流速与压强的关系:

$$v_i=\sqrt{\frac{2(p_j-p_i)}{\rho\left[1-\left(\frac{S_i}{S_j}\right)^2\right]}} \tag{4.4.7}$$

即在喉管处气流速度最大,压强最小。

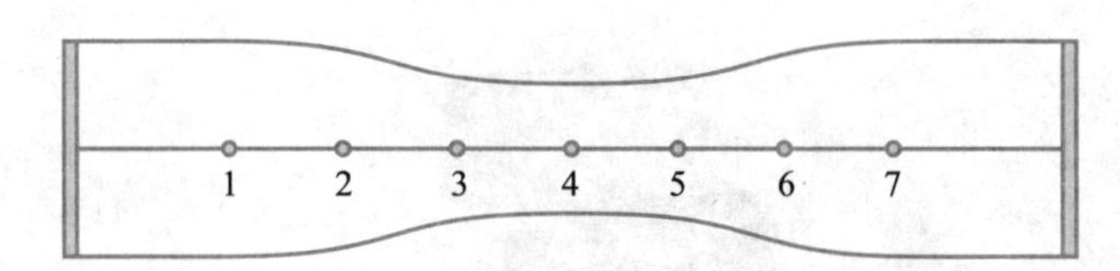

图 4.4.5　文丘里管结构示意图

图 4.4.4 中的斜管液体气压计 7 是通过液体受压流动时,液面高度的变化来测量流体微压差的一种计量仪器,其结构如图 4.4.6 所示。斜管液体气压计主要由玻璃储液球 2 相接于倾斜玻璃管 3 组成,并将其固定在矩形托板 4 上。玻璃管长约 300 mm,下方有压强(p)刻度(量程为 0～350 Pa),上方有风速(v)刻度(量程为 0～24 m/s),在矩形托板 4 的右下方嵌有水准泡 5。托板背后中央设有安装圆孔,用以套入直角立杆,旋上立杆顶端的螺栓,即可固定斜管液体气压计。气压计储液球上端的接头为气体的高压测试端 1;斜管尾端的接头为气体的低压测试端 6。

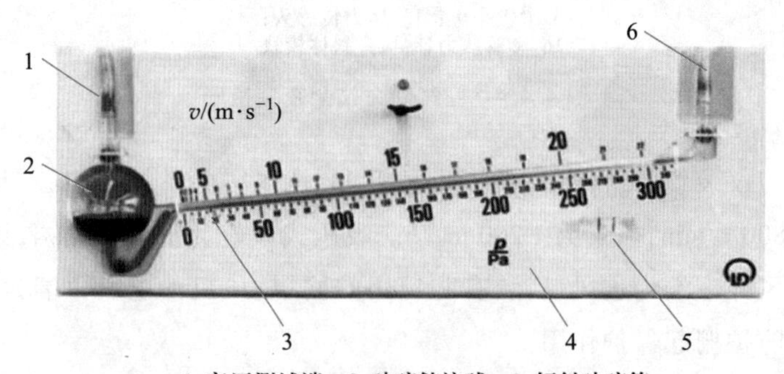

1. 高压测试端；2. 玻璃储液球；3. 倾斜玻璃管；
4. 矩形托板；5. 水准泡；6. 低压测试端

图 4.4.6　斜管液体气压计

图 4.4.4 中的压力传感头 15 一般与斜管液体气压计或压力传感器配合使

NOTE

用,其结构如图 4.4.7 所示。该压力传感头,也常称作皮托管,由两根流管组成,总压力传感头 1 的中心管道头部开口,测试时使开口对准气流方向可以测量气体的总压强。静压力传感头 2 外围管道则在两侧壁开有小孔,测试时使开口处垂直于气流方向用以测量该处的静压强。

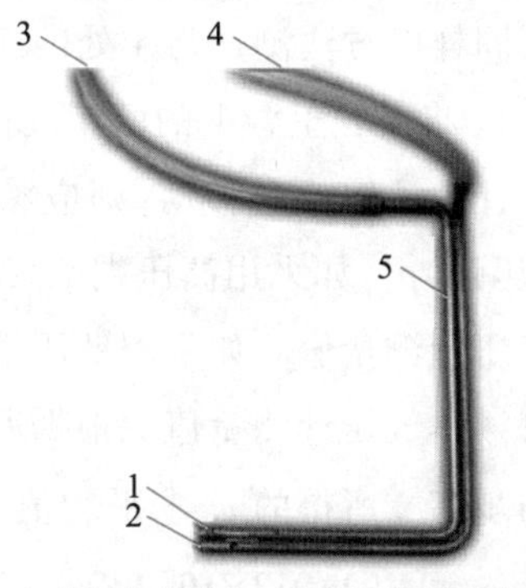

1. 总压力传感头；2. 静压力传感头；
3. 接高压端；4. 接低压端；5. 固定点

图 4.4.7　压力传感头

图 4.4.4 中的扇形测力计 1 用以测量被测模型在流场中的阻力。在扇形测力计的扇形直角边区域装有卷簧盘的测力结构,盘盒外缘开有线槽,缠绕有拉线,其末端通过定位滑轮与测量小车上的挂柱相系。当被测模型在流场中受风压而带动小车滑移的同时,小车拉动拉线而使测力计盘盒上的指针发生偏转,从而可在刻度盘上指示出模型所受的阻力。在测力计的背后有供调零用的旋盘。

图 4.4.4 中的升力称 8 中央亦为卷簧式的测力结构,秤背后的卷簧活动端与线盘相连,线盘上缠绕吊线,线端则系在小车顶端的调节盘上,调节滚花盘钮可使升力称悬置。刻度盘外围又设有调零转盘,用以调节升力指针的零点。

图 4.4.4 中的滑轮小车 14 为带有滑轮并可在导轨上滑动的辅助小车。其上有可安装升力称的插座,左右有安装挂钩或配平块的插空,下面可通过直角支撑杆连接被测物体。

图 4.4.4 中的多管压力计 16 包含有一个贮液槽,其中有 5 条凹槽用以放置 5 条压力管,5 条压力管分别连接 5 个测压探头,可测量气体多点压强的相对值。

此外,实验系统还配备导轨、各种支架、底座以及测试物体等。

5　实验内容

5.1　文丘里管实验(验证连续性方程与伯努利方程)

文丘里管实验可以用来验证连续性方程与伯努利方程,该实验系统包括有实验导轨、滑座、风机、大圆形-小圆形流管、小圆整流器、文丘里管、软管、斜管液体气压计。

实验步骤包括:

1. 首先将文丘里管接入风机出风处,中间需连接一个稳压管,测量文丘里管 7 个测点的内直径 d_n。

2. 斜管液体气压计的高压端接文丘里管 1 处,低压端接 4 处(文丘里管 7 个测点以出风口处为 1,依次为 2、3、4、5、6、7)。打开风机,调节风速,尽可能使斜管液体气压计上压强差大一些。测出高低压端之间压强差 Δp,根据(4.4.7)式可以计算 1 处风速 v_1,其中 S_1 和 S_2 为文丘里管测点 1 和 2 的面积。

NOTE

3. 在风速不变的条件下，再将斜管液体气压计的高压端分别接 2 与 3 处，用与上面同样的方法测量与 4 处的压强差 Δp。

4. 将文丘里管上的两个测压端取下一个置于大气压中。注意：如果斜管液体气压计内液体反向移动，则应将一端接入测量端。逐个测量 1—4 处的绝对压强（静压强）p。如采用高压端测，绝对压强 p 等于当时的室内大气压 p_a 加上斜管液体气压计测量值。如采用低压端测量，绝对压强 p 等于当时的室内大气压 p_a 减去斜管液体气压计测量值。根据所测的 1、4 处绝对压强 p，再代入(4.4.7)式计算 v_1'，并与步骤 2 所得的 v_1 求平均值 $\bar{v}_1$。实验中空气密度取标准值 $\rho=1.293\ \mathrm{kg/m^3}$，大气压 p_a 可取 $1.013\times10^5\ \mathrm{Pa}$。

5. 将所得平均风速 $\bar{v}_1$ 代入连续性方程 $S_1v_1=S_2v_2=S_3v_3$，计算 2、3 处的风速 v_2 和 v_3。另根据伯努利方程 $p_4+\frac{1}{2}\rho v_4^2=p_n+\frac{1}{2}\rho v_n^2$，则 $v_n=\sqrt{\frac{2(p_4-p_n)}{\rho\left[1-\left(\frac{S_n}{S_4}\right)^2\right]}}$，将由斜管液体气压计直接测得的压强差 Δp 代入此式求 2、3 处的风速 v_2'和 v_3'，由绝对压强 p 代入此式求 2、3 处的风速 v_2''和 v_3''，并求对应的平均值 $\bar{v}_2'$和 $\bar{v}_3'$，将实验计算结果与用连续性方程求出的 2、3 处风速 v_2 和 v_3 比较，求百分差。

5.2　空气阻力测试实验

空气阻力测试实验也称为开口实验，该实验系统构成包括：实验导轨及滑座、风机、大圆形-中圆形流管、中圆整流器、立杆、横臂组件、导轨座板、滑轮小车、扇形测力计、模块（圆盘形、球形、半球壳形、流线形），压力传感头。

实验步骤包括：

1. 安装导轨、扇形测力器、滑轮小车、测试物体。调整装置，在不同风速下（从 15 ~ 5 m/s），扇形测力计均能显示出阻力值。

2. 调节风机转速，用斜管液体气压计和皮托管压力传感头测出风速 v，并同时用扇形测力计测出所受阻力 F_R。

3. 将不同形状的物体（例：球、圆盘，半球壳，流线体等）依次套在滑轮小车下面的直角撑杆上，用扇形测力器测出其所受阻力 F_R。

4. 改变风速 v（从 15 ~ 5 m/s），重复步骤 1 和 2，每个物体测试 6 个点。

5. 画出各物体的 F_R-v（阻力-速度）曲线并分析各物体阻力与速度曲线情况。不同形状物体的 F_R-v 曲线可画在同一坐标系中。

5.3　风洞实验（机翼模型测试）

该实验由实验导轨及滑座、风机、方形-大方形流管、风洞、立杆、横臂组件、导轨座板、滑轮小车、扇形拉力计和升力称模块构成。

实验步骤包括：

NOTE

1. 在风机后安装封闭并透明的玻璃罩作风洞。在风洞上方导轨上配以滑轮小车及扇形测力计。在测量车上安装升力称。在风洞内、滑轮小车下安装飞机机翼模型,并插入角标尺。

2. 当飞行角 α 开始处于+12°时,调节风速,使机翼所受阻力约为 2 N。

3. 而后保持风速不变,改变机翼的飞行角 α 从+12° ~ -8°,每改变 2°左右时,用扇形测力计和升力称分别测定飞机机翼模型所受阻力 F_R 及升力 F_A。

4. 根据所测数据绘制 F_R-F_A 图线(图线中各点应注明其飞行角 α)。

6 注意事项

1. 扇形测力计等组件均很细,在拆卸和安装时要小心使用,严禁用力过度。

2. 风机吸入口及风洞的通风口前需有一段开阔区。风机持续工作时间不要超过 3 min。

3. 斜管液体气压计内的液体是专用的,请注意防止溢出,不用时请将试管口盖住。斜管液体气压计零点需经常校准(注意压力计水平状态)。

4. 使用扇形测力计和升力称测量时,不要超载。

7 数据记录和处理

7.1 文丘里管实验(填写表 4.4.1)

表 4.4.1 文丘里管实验数据记录表

	测点 1	测点 2	测点 3	测点 4	测点 5	测点 6	测点 7
测点直径/cm							
测点横截面积/cm^2							

由斜管液体气压计测得 Δp_{14} = ________,Δp_{24} = ________,Δp_{34} = ________。

由斜管液体气压计测得绝对压强 p_1 = ________,p_2 = ________,p_3 = ________,p_4 = ________。

v_1 = ________,v_1' = ________。因此,$\bar{v}_1=\dfrac{v_1+v_1'}{2}$ = ________。

由连续性方程可得:v_2 = ________,v_3 = ________。

由伯努利方程以及 Δp 可得:v_2' = ________,v_3' = ________。

由伯努利方程以及 p 可得:v_2'' = ________,v_3'' = ________。

因此,$\bar{v}_2'=\dfrac{v_2'+v_2''}{2}$ = ________,$\bar{v}_3'=\dfrac{v_3'+v_3''}{2}$ = ________。

E_{v_2} = ________,E_{v_3} = ________。

NOTE

7.2　空气阻力测试实验(填写表 4.4.2)

表 4.4.2　空气阻力测试实验数据记录表

物体	阻力 F_R/N	速度 v/(m·s^{-1})
大圆盘		
中圆盘		
小圆盘		
球		
半球壳		

NOTE

续表

物体	阻力 F_R/N	速度 v/(m·s^{-1})
流体		

F_R-v 曲线(不同形状物体的 F_R-v 曲线可画在同一坐标系中)

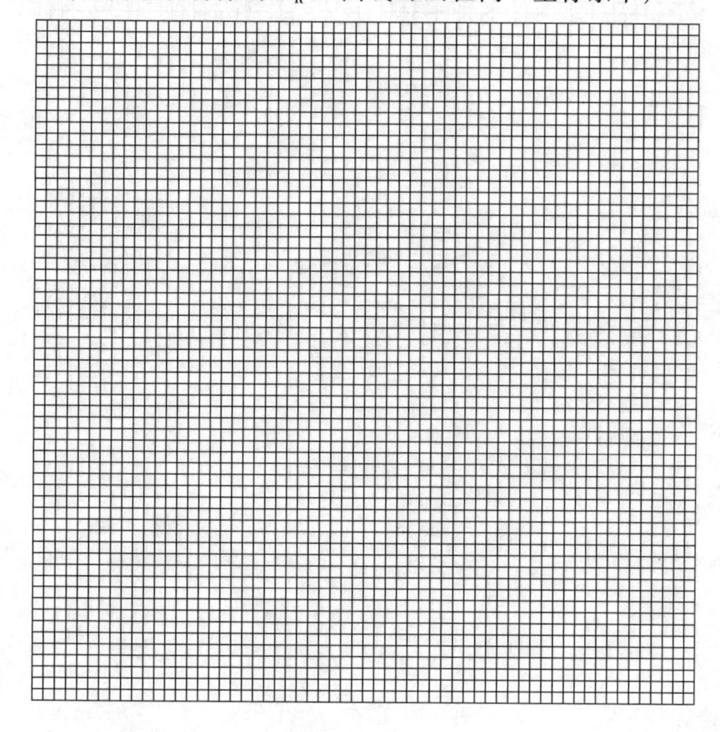

7.3 风洞实验(填写表 4.4.3)

表 4.4.3 风洞实验数据记录表

机翼的飞行角 α/°	升力 F_A/N	阻力 F_R/N
12°		
10°		
8°		
6°		
4°		
2°		

NOTE

续表

机翼的飞行角 α/°	升力 F_A/N	阻力 F_R/N
0°		
-2°		
-4°		
-6°		
-8°		

F_R-F_A 曲线

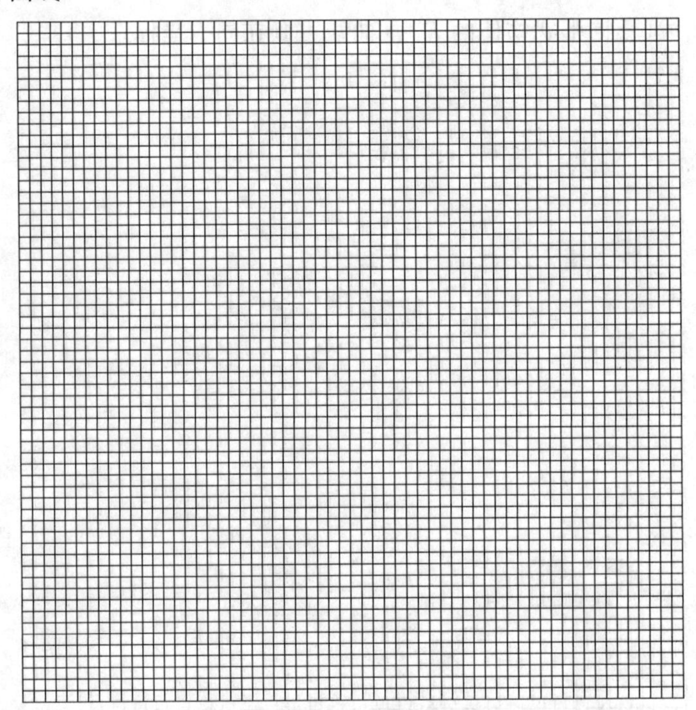

8　思考题

1. 讨论斜管液体气压计测试液体压力以及速度的物理原理。

2. 自制汽车或者飞机模型并对其性能进行测试。

9　实验拓展——多管压力计实验

1. 请将染色水注入多管压力计的液槽内，直到5个塑料压力管内液高约1 cm，将5条压力测试线接入文丘里管的1、2、3、4、5测试端。

2. 打开风机，定性地观察各探测点压力情况（风速从最小开始）。在不同的风速下，记录5条压力管中液面高度差。

3. 分析并自己设计方法计算各测试点静压强，并与以上实验测试数据比较。分析两种实验测量方法的不同特点与差异。

第五章　电磁学实验

5.1　电磁学实验概述

数字资源

1　引言

电磁学是研究电、磁的相互作用及其规律和应用的物理学分支学科。人类很早就对自然界中存在的电与磁现象进行了观察和研究，中国古代四大发明之一的指南针（古称司南）建立在对磁石磁性认知的基础上，东汉王充记述有“司南之杓，投之于地，其柢指南”。北宋沈括在《梦溪笔谈》描述有“方家以磁石磨针锋，则能指南，然常微偏东，不全南也”（方家指精通某种学问、技艺的人），这是世界上最早的关于地磁偏角的文字记载。17 世纪以后，新的实验仪器和方法不断涌现，对于电和磁的研究逐渐深入。1785 年，库仑利用精巧的扭秤实验方法确定电荷间相互作用的定律，标志着电学和磁学进入精确的定量研究阶段。1820 年，奥斯特观察到电流的磁效应实验现象，1831 年法拉第在大量实验基础上总结出电磁感应定律，和1865 年麦克斯韦关于变化电场产生磁场的假设，奠定了电磁学的整个理论体系，发展了对现代文明起重大影响的电工和电子技术，推进了第二次工业革命蓬勃兴起。回顾这段历史，我们可以清楚地看到，对电磁现象的观察和实验是电磁学理论的基础。电磁学实验随着科学技术的发展，它的内容在不断地充实与更新，逐步形成一套独特的实验体系，成为物理实验的重要组成部分，并由此而发展成一门专门的技术——电磁测量。电磁学实验的方法与技能在生产与生活各个领域有着广泛的应用，它已成为科学实验训练不可缺少的重要内容之一。

NOTE

电磁学实验的教学目的是使学生获得必要的电磁学实验知识，并在科学实验能力和素质方面受到良好的基本训练。通过实验，学习电流、电压、电阻、电动势和磁感应强度等一些电磁学基本物理量的典型测量方法，例如，模拟法、伏安法、电桥法、补偿法等，学习知识，训练实验技能，培养下述实验工作能力：看懂电路图，能正确接线，会使用仪器进行观测，排除电路故障，记录与处理数据，分析结果，书写实验报告以及按实验要求设计简单电路等。电磁学实验在思维方法方面很有值得借鉴的地方，注意学习这些精华有助于培养学生分析问题和解决问题的能力，有助于培养学生的科学素质和创新精神，有助于培养学生处理复杂事物和探索新科技领域的能力。

2　电磁学实验规则

在进行电磁学实验时，为了保护实验者安全和防止损坏仪器，同时也为了使实验能顺利地进行，学生必须遵守下列实验规则：

（1）开始实验前应根据实验要求，设计并绘制完整电路图，对实验中电源、信

NOTE

号源、电表和其他实验器材的型号、量程、测量范围应作预先设定，并对电路中可能出现的电流和电压的大小做初步判断。

（2）检查所用电表和其他实验器件的规格是否适用，在不确定的情况下，尽可能先用大量程，最后根据实际情况改用适当的量程。

（3）接线前，应根据便于操作和读数的原则布置好仪器，而后按回路接线法接线。

（4）接线时不得首先接通电源，以免发生短路事故。对直流电源可只接一个电极（正或负），待电路中所有元件都已连接后，经检查无误后再接上另一个电极。

（5）接好线路，再次检查无误后方能接上电源，进行实验。

（6）实验因故中断或停止（如更改线路的某一部分或改变电表量程等），都必须断开电源开关。实验发生事故或非常现象，应立即切断电源，并向教师报告。

（7）实验完毕，应断开电源开关，待确认实验数据无误后，方可拆除线路，并整理好仪器。

3　基本测量方法

（1）伏安法

伏安法可测量直流电阻、交流阻抗，在使用时需考虑电流表和电压表的内阻与被测电阻或阻抗的关系，将测量仪表正确接入被测电路，以使测量结果的不确定度最小（详见5.2节）。

（2）补偿法

补偿法是通过一些手段形成一标准的已知电压，而后取此已知标准电压的一部分（或全部）与被测电压（或电动势）相补偿，从而确定出被测电压的大小。电位差计就是根据这一思想而设计的，当待测电压与标准电压刚好补偿时，电位差计不影响测量回路中电流变化，即不会因其接入而改变测试对象的状态。通过掌握补偿法基本原理，在没有电位差计的条件下，我们也可运用基本电学仪表和仪器组成测试电路来测量电源电动势等。

（3）桥路比较法

本方法是准确测定直流电阻、电容和电感的主要方法，而且已推广应用到非电学量的测量，如利用电阻测温度，利用应变片测微小形变等。应用桥路比较法时，需要注意的是测量灵敏度问题以及指零仪或平衡指示器的正确选择与应用的问题。对于桥路灵敏度，交直流电桥服从的规律基本一样。桥路灵敏度与电源电动势成正比，与指零仪或平衡指示器的灵敏度成正比，还与桥臂阻值或阻抗值有关等。与直流电桥所不同的是，交流电桥在调节平衡时，需要调节两个参数，且不能使平衡指示器调至零，而是调到某一最小值。这是由交流电桥本身特性所决定的。

NOTE

（4）谐振法

本方法是利用 *RLC* 电路的谐振特性来进行测量，测量的质量取决于调谐状态。利用此法可测定电容、电感、损耗电阻和谐振回路的品质因数等。

（5）示波法

示波器是电子线路基本仪器，学生应该熟练掌握，即用其观察波形，测量电压、信号的周期、频率、相位等。

思维导图 5.1

- 实验项目
  - 磁电式电表
  - 用模拟法测绘静电场
  - 直流单臂电桥
  - 阴极射线示波器
  - 用霍尔效应法测量磁感应强度
  - 半导体元件电阻的测量
  - *RC*串联电路的暂态和稳态过程研究
  - 硅光电池特性实验
  - 传感器特性实验
  - 波导工作状态的测量
  - 常用电磁学实验仪器
- 知识点
  - 磁电式电表；多用表；半波整流；校准
  - 模拟法；静电场；电场强度；等势线
  - 桥式电路；惠斯通电桥；交换法；电桥灵敏度
  - 阴极射线；电偏转；扫描信号；同步电路；李萨如图形
  - 霍尔效应；副效应；集成霍尔传感器；通电螺线管磁场；传感器灵敏度
  - 半导体；二极管；热敏电阻；示波器；伏安法；非平衡电桥；非线性误差
  - 时间常量；幅频特性；相频特性；滤波电路；数字示波器
  - 光伏效应；照度特性；伏安特性；输出特性；填充因子；温度特性；马吕斯定律
  - 传感器；应变片；应变电桥；集成运算放大器；电桥灵敏度
  - 波导管；波导波长；微波传输线；微波谐振腔；晶体检波率；驻波系数；色散特性

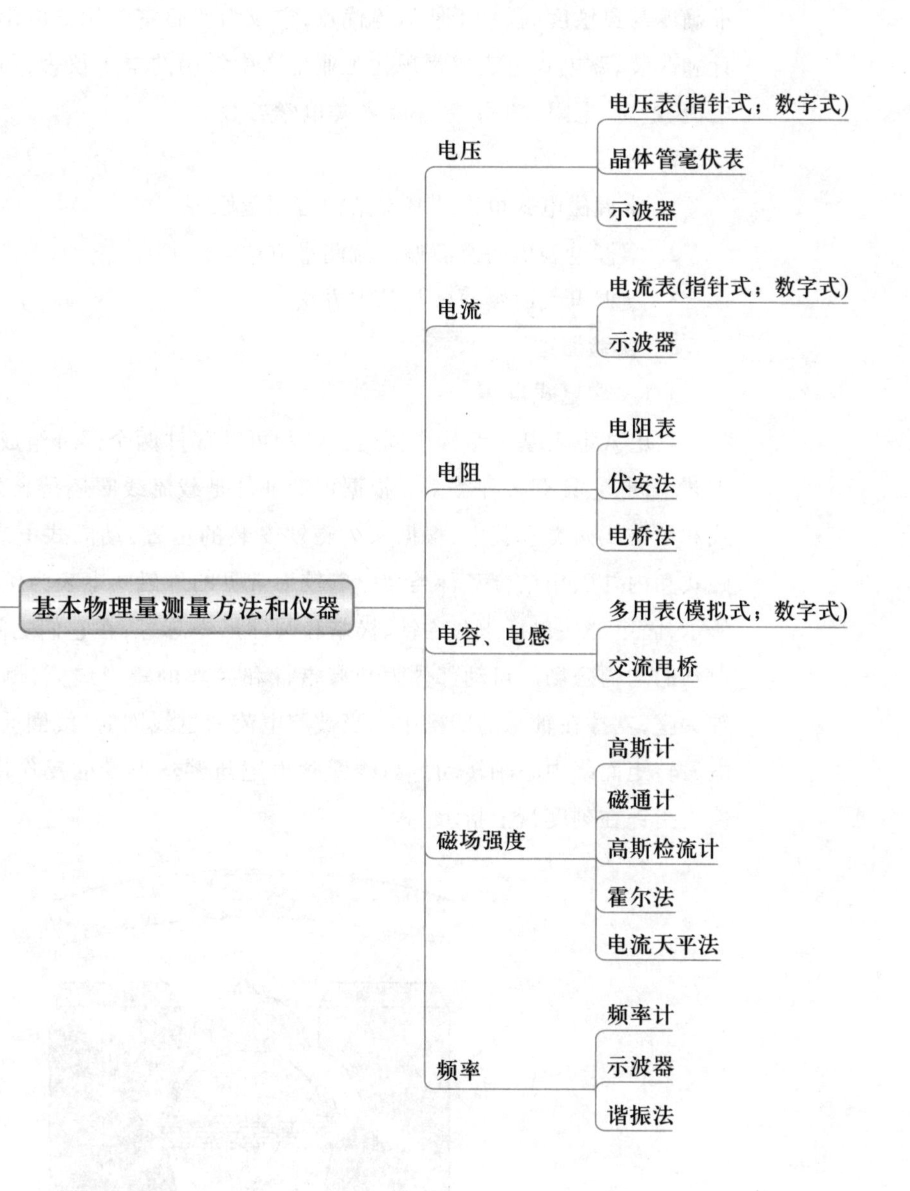
电磁学实验
基本物理量测量方法和仪器
电压
电压表(指针式；数字式)
晶体管毫伏表
示波器
电流
电流表(指针式；数字式)
示波器
电阻
电阻表
伏安法
电桥法
电容、电感
多用表(模拟式；数字式)
交流电桥
磁场强度
高斯计
磁通计
高斯检流计
霍尔法
电流天平法
频率
频率计
示波器
谐振法

NOTE

5.2 磁电式电表

1 引言

磁电式电表是以电磁原理设计制造,可用于直接测量电流、电压的仪表。因其准确度与灵敏度高、易于便携等优点,它成为实验室常用的电学测量工具。经过设计和改装,磁电式电表成为现代工业生产中常用的电工仪表,用于测量不同量程的电流、电压、电阻、功率、频率等各类电学参数。

2 实验目的

1. 掌握磁电式电表的基本结构与测量原理。
2. 掌握电表内阻及满偏电流测量方法。
3. 掌握电表改装原理与基本方法。

3 实验原理

3.1 磁电式电表

磁电式电表基本结构由固定部件和可动部件两个部分组成。因其设计及生产工艺不同,它具有多种类型。根据可动部件是载流线圈还是永久磁铁,它分为动圈式和动磁式两类。其中,根据永久磁铁安装的位置,动圈式电表又分为外磁式、内磁式和内外磁相结合三种类型。以较为常见的外磁式电表为例,其构造如图 5.2.1 所示,固定部件包括永久磁铁、极掌和圆柱形铁芯等,在它们之间的空隙内,形成辐射状的均匀磁场。可动部件为装有指针和游丝的矩形线圈,侧面固定着带轴尖的轴尖座,支撑在轴承的凹槽中。当被测电流通过线圈时,线圈受磁场力的作用产生电磁转矩而绕中心轴转动。当线圈磁力矩与游丝形变的反作用力矩相平衡时,数值由指针在刻度盘上指示。

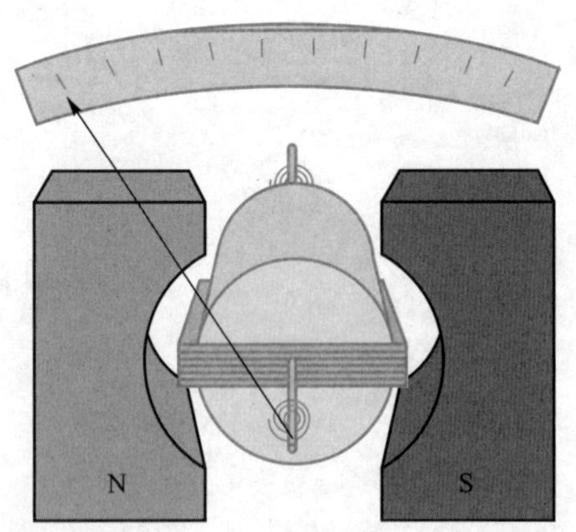

图 5.2.1 外磁式电表结构

将匝数为 n,宽为 a,长为 b 的线圈置于磁感应强度 B 的环形气隙均匀幅向磁场中,当电流通过线圈时,线圈受磁力矩作用而产生偏转,磁力矩为

NOTE

$$M=nabBI \tag{5.2.1}$$

线圈转动带动游丝扭转，根据胡克定律，弹性系数为 k 的游丝的弹性回复力矩 M' 与转角 θ 成正比

$$M'=k\theta \tag{5.2.2}$$

指针平衡静止时，磁力矩与弹性回复力矩相等，偏转角为

$$\theta=\frac{nabB}{k}\cdot I=S_i\cdot I \tag{5.2.3}$$

可见，偏转角 θ 与通过电表的电流成正比。式中比例系数 S_i 通常称为电流灵敏度，表示通过单位电流时电表偏转的角度。

3.2　电表量程与内阻

指针从零点偏转到满标度时所通过的电流大小称为满偏电流 I_g，即电表量程。磁电式电表量程一般较小，根据测量需要，可以通过电路设计和参数设置，得到不同量程的微安表、毫安表、安培表、毫伏表、伏特表等。

电表的内阻 R_g 是指活动线圈的电阻值，内阻测量通常可采用替代法、中值法、全偏法等方法测量。下面介绍用中值法测量电表内阻（图 5.2.2）。

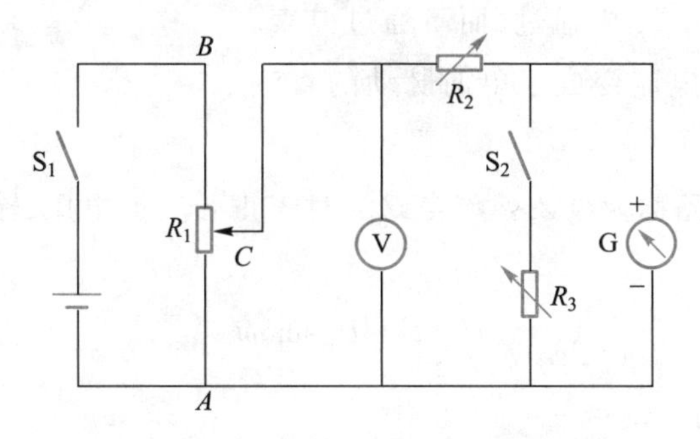

图 5.2.2　中值法测量电表内阻电路图

图 5.2.2 中滑线式变阻器 R_1 用作分压。闭合开关 S_1，适当调节滑线式变阻器 R_1 和电阻箱 R_2 的阻值，以改变 A、C 两点间的电压和流过电表 G 的电流，使电表指针偏转为满标度。此时流过电表的电流就是电表量程 I_g；然后闭合开关 S_2，调节电阻箱 R_3，使电表指针偏转为满标度的一半，即流过电表的电流为 $\frac{1}{2}I_g$。此时必须满足的条件是电阻 $R_2 \gg R_3$，根据欧姆定律，近似认为

$$\frac{1}{2}I_gR_g=\frac{1}{2}I_gR_3 \tag{5.2.4}$$

即

$$R_g=R_3 \tag{5.2.5}$$

根据内阻值，可由下式计算可得电表量程

NOTE

$$I_g=\frac{U_{AC}}{R_g+R_2} \tag{5.2.6}$$

式中，U_{AC} 为 A，C 两点间的电压。

3.3 整流式电表

当交变电流流入磁电式电表时，磁力矩也随之换向。由于动圈系统的转动惯量和阻尼较大，其角位移远小于电流的变化频率。由此可见，磁电式电表不能直接用于测量交流电流或电压。因此，需要利用整流电路，将交流电转换成单向脉动的直流电，即将磁电式电表改装成整流式电表。

整流式电表中一般常用二极管作为整流元件。二极管具有单向导通性，当交流电加载在二极管时，只有正向电流从箭头所指方向通过。整流式电表由两个二极管与电表构成，D_1 与电表串联，然后再与 D_2 并联，如图 5.2.3 所示。交流电流经 A、B 两端时，在正半周的时间内，B 端电势高于 A 端，D_1 导通而 D_2 截止，电流经 D_1 通过电表；在负半周的时间里，B 端电势比 A 端低，D_1 截止而 D_2 导通，这时反向电流从 D_2 中通过，而不通过电表。整流电路将交变的电流变成了单向脉动的直流电通过电表。

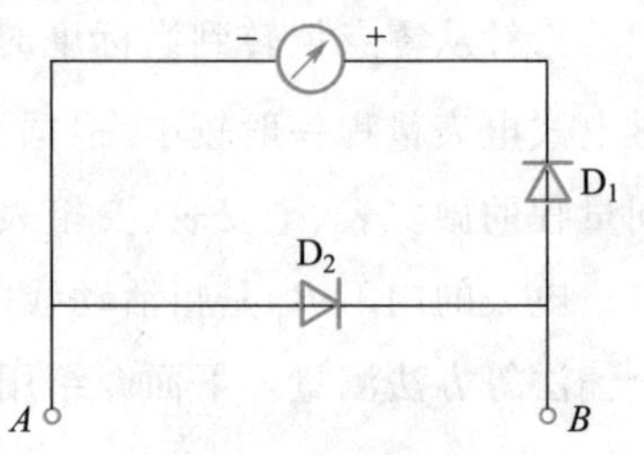

图 5.2.3 整流式电表电路示意图

上述的整流电路称为**半波整流电路**。对于正弦交流电压，输入和输出波形如图 5.2.4 所示。

$$U_{in}(t)=U_m\sin\omega t \tag{5.2.7}$$

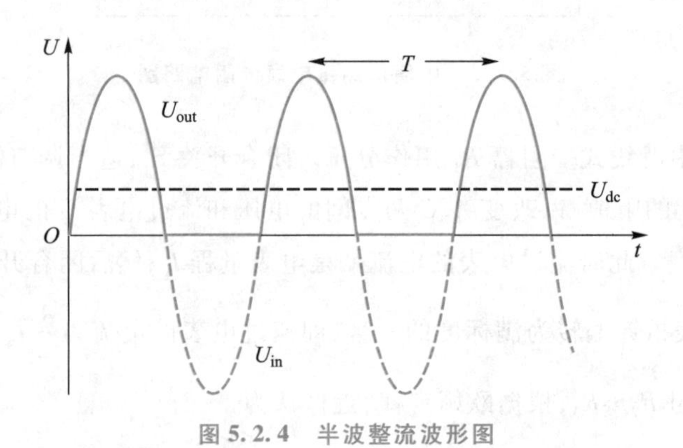

图 5.2.4 半波整流波形图

有效值：

$$U_{ac}=U_m/\sqrt{2} \tag{5.2.8}$$

经半波整流电路的输出直流电压：

NOTE

$$U_{dc}=\frac{1}{2\pi}\int_0^{\pi}(U_m\sin\omega t)\,dt=\frac{U_m}{\pi} \tag{5.2.9}$$

交直流的整流系数 K 为

$$K=\frac{U_{dc}}{U_{ac}}=\frac{\sqrt{2}}{\pi}\approx 0.45 \tag{5.2.10}$$

如把二极管视作理想的自动开关，则 $K=0.45$。实际上，二极管正向电阻不为零，反向电阻也不是无穷大，因而 K 总小于 0.45。

由此可见，交流电压经半波整流后的直流电压 U_{dc} 与交流电压有效值 U_{ac} 并不相等，但两者大小成比例，因此，已知整流系数 K 时，利用磁电式电表测量 U_{dc} 就可以反映 U_{ac} 的大小。

测量半波整流系数 K 电路如 5.2.5 所示。R_1 为滑线变阻器，作分压器用。R_2 为电阻箱，作限流器用。分别用多用表的交流电压挡和直流电压挡测量 U_{ac} 和 U_{dc} 电压，计算两者比值即为 K。

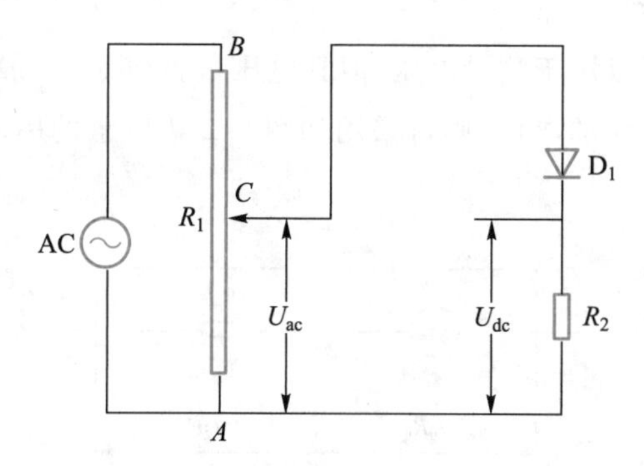

图 5.2.5 测量半波整流系数 K 电路图

3.4 扩展电表量程

磁电式电表量程较小，在电表两端并联一个分流电阻 R_s 就可以将其改装为能通过较大电流的电流表，如图 5.2.6 所示。

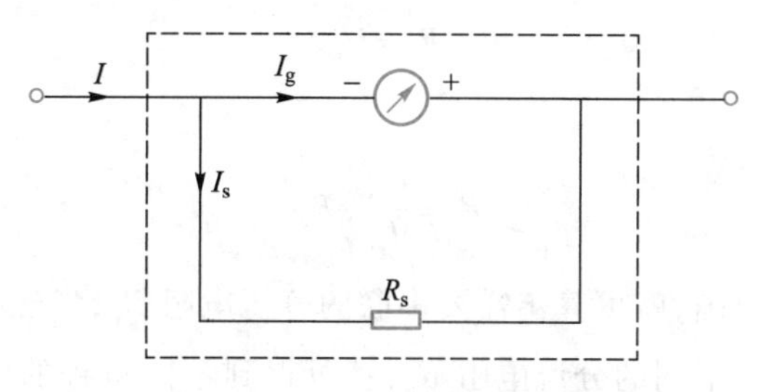

图 5.2.6 扩展电表量程示意图

图中虚线框内电表和电阻 R_s 组成了扩充量程后的电流表。设电流表量程为 I，由欧姆定律：

NOTE

$$I_g R_g = (I - I_g) R_s \tag{5.2.11}$$

式中,R_g 为电表内阻。整理得

$$R_s = \frac{I_g}{I - I_g} R_g \tag{5.2.12}$$

设 n 为量程的扩大倍数:

$$n = \frac{I}{I_g} \tag{5.2.13}$$

则分流电阻为

$$R_s = \frac{1}{n-1} R_g \tag{5.2.14}$$

当确定电表的参量 I_g 和 R_g 后,根据所要扩大量程的倍数 n,就可算出需要并联的分流电阻 R_s,实现电表的扩程。同一电表并联不同的分流电阻 R_s,就可得到不同量程的电流表。

3.5　改装电压表

磁电式电表也可以用于测量电压,但其电压量程较小,一般为 $10^{-2} \sim 10^{-1}$ V 量级。若要用它测量较大的电压,则可采用如图 5.2.7 所示的串联分压电阻 R_p 的方法来实现。

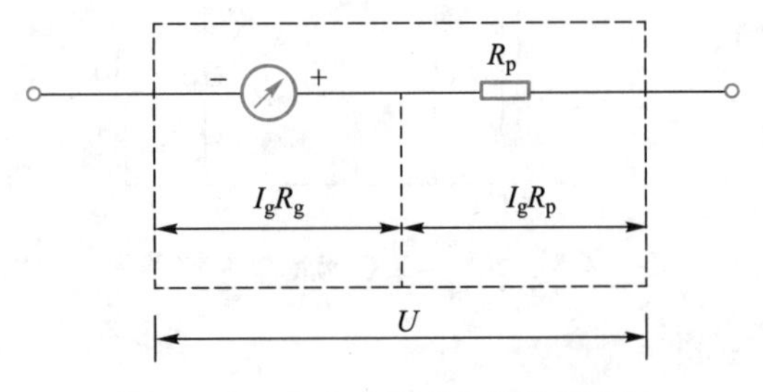

图 5.2.7　电表改装为电压表示意图

虚线框中的电表和 R_p 组成一只量程为 U_m 的电压表,电压表的内阻为

$$R_g + R_p = U_m / I_g \tag{5.2.15}$$

分压电阻为

$$R_p = \frac{U_m}{I_g} - R_g \tag{5.2.16}$$

根据待测电压范围,就可算出需要串联的分压电阻 R_p,将磁电式电表改装为电压表。同一电表并联不同的分流电阻 R_p,就可得到不同量程的电压表。当需要测量交流电压时,可以利用整流式电表(虚框部分)串联分压电阻的方式进行改装,如图 5.2.8 所示。

根据整流式电表原理可知,量程为 U_{ac} 的交流电压表分压电阻为

NOTE

$$R_p = \frac{KU_{ac}}{I_g} - R_g \tag{5.2.17}$$

需要注意,公式中半波整流系数 K 并非常数,与交流电压大小有关。

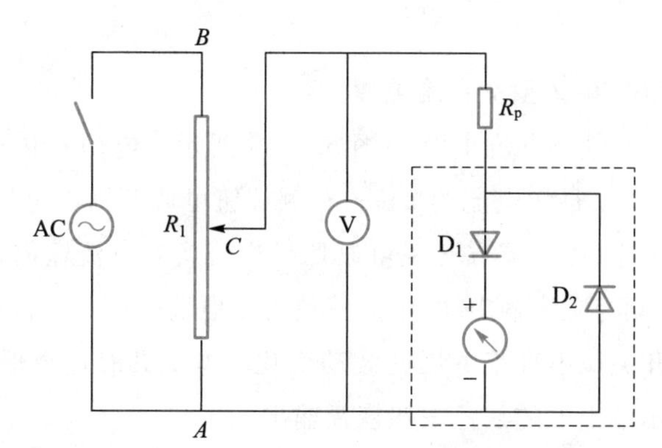

图 5.2.8 电表改装为交流电压表电路原理图

3.6 改装表定标与校准

电表在扩大量程或改装后,还需要进行定标或者校准,以便于对扩大量程或改装后的电表能准确读数。常用的定标或者校准方法就是比较法,即将待校表与准确度等级较高的标准表进行比较。校正点应选在扩大量程后的电表的全偏转范围内各个标度值的位置上,以刻度值为横轴,修正值为纵轴,以折线图方式绘制定标曲线,若以误差值为纵轴,则为校准曲线,如图 5.2.9 所示。

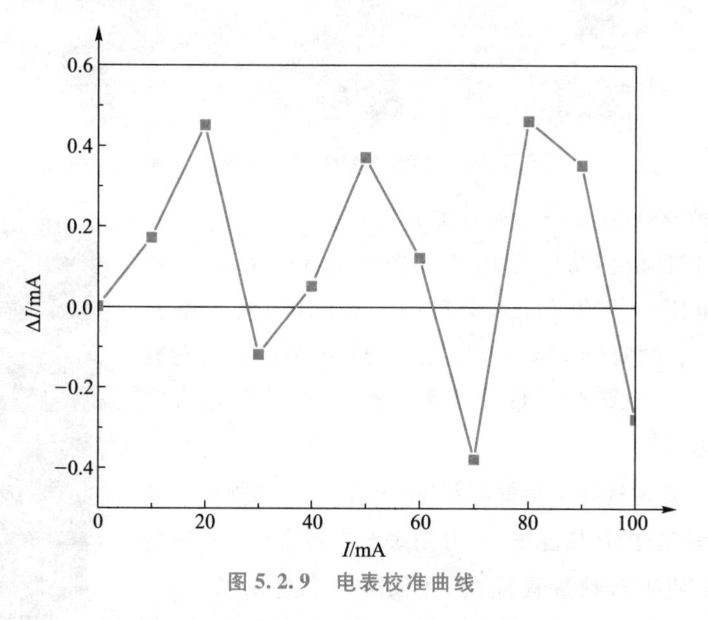

图 5.2.9 电表校准曲线

在校准曲线中显示的最大绝对误差为 Δx_m,电表的标称误差为

$$E_r = \frac{|\Delta x_m|}{A_m} \times 100\% \leqslant \alpha\% \tag{5.2.18}$$

NOTE

式中 α 为准确度等级，我国国家规定电表准确度等级 α 为0.1，0.2，0.5，1.0，1.5，2.5和5.0共七级。例如校准C31-V型电表后得标称误差为 $E_r=0.4\%$，则该表为0.5级电表。

4　实验仪器

4.1　M10-AD360-2型交直流电源

M10-AD360-2型交直流电源如图5.2.10所示。电源提供交流及直流0～30 V可调节电压输出，最大电流为2 A。右侧旋钮可调节输出电压并由LED面板显示电流与电压大小，面板下方开关可以切换交流或者直流输出值显示。负载连接端位于下方，左侧为交流输出端，中间黄色为接地端；右侧为直流输出端，可以通过SMOOTHING开关减小直流电压的波动变化。电源具有过载保护功能，修复故障后可以通过输出端上方的红色按钮恢复输出。

图5.2.10　M10-AD360-2型交直流电源

4.2　Fluke12E型多功能万用表

Fluke 12E型多功能万用表如图5.2.11所示，可进行交直流电压(1 000 V)$_{max}$、交直流电流(10 A)$_{max}$、毫安(400 mA)$_{max}$/微安(4 000 μA)$_{max}$、电阻(40 MΩ)$_{max}$、电容(1 000 μF)$_{max}$、二极管测量以及通断性检测，测量结果在LED显示屏显示。

图5.2.11　Fluke 12E型多功能万用表

测量时，必须选择正确的接线端（如表5.2.1所示）、功能挡和量程挡。默认情况下，该万用表会在包含多个量程的测量功能中使用自动量程模式，并在屏幕上显示“Auto”。如需手动选择量程，按“Range”按钮选择合适的量程。注意，该表会在20分钟不活动之后自动关闭电源，重启方法为将旋钮调回“OFF”位置，然后调到所需位置。

NOTE

表 5.2.1 Fluke 12E 型多功能万用表接线端功能

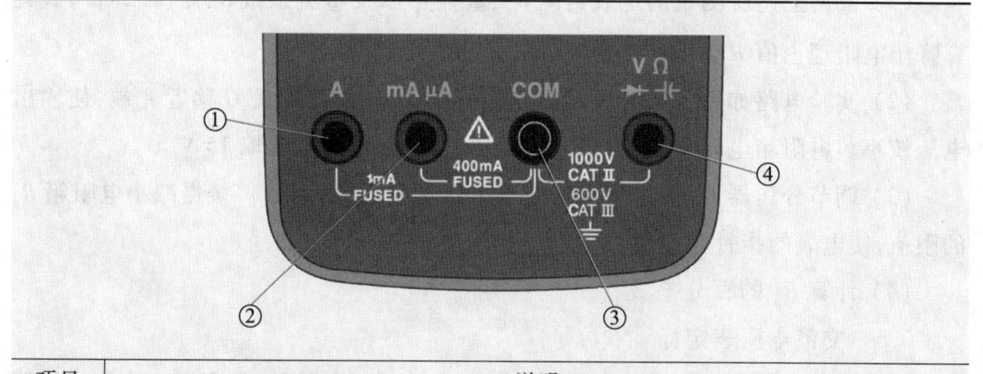

项目	说明
①	用于交流电和直流电电流测量(最高可测量 10 A)的输入端。
②	用于交流电和直流电的微安以及毫安测量(最高可测量 400 mA)的输入端。
③	适用于所有测量的公共(返回)接线端。
④	用于电压、电阻、电容和二极管测量以及通断性检测的输入端子。

5 实验内容

5.1 预备性实验:多用表使用

(1) 用多用表测量直流与交流电压、待测电阻。

(2) 用多用表判别二极管的极性,记录其正向电阻值。

5.2 测定电流表内阻与量程

(1) 按图 5.2.2 连接电路。先将分压器 R_1 的滑动头 C 移近 A 端,使输出电压较小。由于电表内阻很小,为了防止损坏电表,电阻箱电阻 R_2 设置为 25 kΩ 左右,直流电源电压取 15 V。

(2) 调节分压器 R_1 使多用表的直流电压示数 U_{AC} 为 10 V。调节电阻箱 R_2 阻值,以改变流过电表 G 的电流大小,使电表指针偏转满标度。

(3) 保持 U_{AC} 以及电阻 R_2 阻值不变,闭合开关 S_2,调节电阻箱 R_3 的阻值,使电表指针偏转到满偏度的一半,此时电阻 R_3 的阻值等于电表内阻 R_g。

(4) 根据(5.2.6)式计算电表量程。

5.3 测定二极管整流系数

(1) 按图 5.2.5 连接电路。先将分压器 R_1 的滑动头 C 移近 A 端,使输出电压较小。电阻箱电阻 R_2 设置为 90 kΩ,交流电源电压取 15 V。

(2) 调节分压器 R_1 使多用表的交流电压示数 U_{ac} 为 10 V,然后用多用表的直流电压挡测量 R_1 两端电压。

(3) 计算 U_{dc} 和 U_{ac} 的比值 K。注意 $K \leqslant 0.45$。若不符,应寻找原因。

NOTE

5.4　交流电压表设计与改装

(1) 根据上述所测量的电表内阻 R_g、量程 I_g 以及整流系数 K,用(5.2.17)式计算降压电阻理论值 $R_{p理}$。改装交流电压表量程为 10 V。

(2) 实验电路如图 5.2.8 所示。先将分压器 R_1 的滑动头 C 移近 A 端,使输出电压较小。电阻箱电阻 R_p 的数值要大于 $R_{p理}$,交流电源电压取 15 V。

(3) 调节分压器 R_1 使多用表的交流电压示数 U_{ac} 为 10 V。缓慢减小电阻箱 R_p 的阻值,使电表的指针满刻度,记录 R_p 的阻值。

(4) 计算 R_p 的百分差 E_0。

5.5　交流电压表定标

(1) 调节分压器 R_1,使电表示数逐渐变小,记录各刻度时的多用表交流电压读数;然后,再使电表示数逐次增大,记录对应读数;分别取其平均值。

(2) 以电表示数为横坐标(单位为格数),多用表读数为纵坐标,绘制交流电压表定标曲线。

6　注意事项

(1) 连接线路要遵循回路接线法,接线时注意电源与电表的极性,不能接反。

(2) 线路未连接完之前禁止开启电源;电源开机或关机之前,要将电压调节旋钮置于最小,即逆时针旋转到底位置;电源输出端要严防短路。

(3) 多用表测试时采用跃接法,手持表笔时不能接触表笔金属部分。多用表使用完毕,务必将多用表的功能选择开关拨到"OFF"挡。

7　数据记录与处理

(1) 使用多用表测量元器件参数(填写表 5.2.2)

表 5.2.2　测量元器件参数

	器件	量程选择开关	结果(单位)
1	电阻 R_1		
2	电阻 R_2		
3	二极管 $D_{1正向}$		
4	二极管 $D_{2正向}$		
5	干电池电压		
6	干电池短路电流		
7	交流电压 5 V		

(2) 测定二极管整流系数(填写表 5.2.3)

(3) 测量电表内阻与量程

电表参数:I_g=________;R_g=________。

NOTE

表 5.2.3 测量整流系数 K

交流电压有效值 $U_{\sim}$/V	10.0				
直流电压有效值 $\overline{U}$/V					
K					
$\overline{K}$=					

(4) 交流电压表设计与改装

分压电阻理论值：$R_{p理}=\dfrac{KU_{\sim}}{I_g}-R_g=$________，实验值：$R_p=$________。

百分差 $E_0=\dfrac{|R_{p理}-R_p|}{R_{p理}}\times100\%=$________。

(5) 交流电压表定标(填写表 5.2.4)

表 5.2.4 改装为交流电压表定标数据

电表示数(格)	0	10.0	20.0	30.0	40.0	50.0
标准电压表读数 U_1/V						
标准电压表读数 U_2/V						
标准电压表读数平均值 U/V						

8 思考题

(1) 有 1 只量程为 100 μA 的表头，它的内阻为 1.5 kΩ，要将它改装成 150 V 和 300 V 双量程的直流电压表，请你画出其电路图，并计算降压电阻值。

(2) 为何不宜用多用表直接测量电表内阻？

(3) 改装后的交流电压表定标值大小为何不是随刻度值呈线性变化？

9 实验拓展

(1) 基于磁电式电表设计一个多量程电阻表。

(2) 利用补偿原理实现交流电压表定标。

(3) 研究电磁线圈温度与偏转关系。

NOTE

5.3 用模拟法测绘静电场

1 引言

带电体在空间产生静电场,其电场分布由电荷分布、带电体的几何形状及周围介质所确定。研究静电场的分布对于分析电场中各种物理现象以及控制带电粒子的运动等具有重要的作用。例如在电子管、示波管和电子显微镜等电子束器件的设计和研究中,我们常用各种结构的静电场实现带电粒子加速、偏转或聚焦。由于静电测量较直流电测量复杂,实验时我们一般采用恒定电流场进行模拟测量。

模拟法在科学实验和工程技术研究中广泛采用,是以相似理论为依据,通过建立与研究对象相似的模型间接对原型开展科学研究的一种方法。根据模型和原型之间的相似关系,模拟法可分为物理模拟和数学模拟两种。**物理模拟**在模拟过程中保持原型与模型的物理现象或者过程中的本质不变,例如用振动台模拟地震对工程结构物强度的影响;用风洞模拟气流对工程结构物模型的影响;用光测弹性法模拟工程构件的内应力分布等。**数学模拟**则适用于两种不同本质,但可以采用类似的数学方程来描述物理现象和过程,本实验所介绍的基于电流场模拟静电场就是一个典型的应用。

2 实验目的

1. 掌握用模拟法研究静电场的实验方法。
2. 学习使用静电场描绘仪观察并绘制不同电极的等势线及电场线。
3. 学习使用计算机模拟绘制不同电极的等势线及电场线。

3 实验原理

3.1 模拟法

静电场的分布由场源电荷分布决定,用空间各点的电场强度 E 和电势 U 描述。通常采用电场线和等势面概念使电场的描述更形象化。等势面是连接电场中电势相等的点所形成的曲面,等势面与电场线正交,线上各点的切线方向就是该点电场强度方向。

恒定电流场与静电场是两种不同的场,但是在一定的边界条件下,导电介质中恒定电流场与静电场的描述具有类似的数学方程,因而可以用恒定电流场来模拟静电场。把所要研究的静电场的电极做成适当大小的相似模型,置于导电介质上,电极接到稳压电源上。导电介质上有稳定的直流电流流过,这样就可测量介质中的电流场电势分布情况。如果下述条件满足,就可基本认为该电流场近似符合要求:

(1) 电极上的电势保持稳定,且电极表面电荷产生的电流场符合所要研究的静电场。

(2) 电极用良导体做成,其电导率远大于导电介质的电导率,故可以认为电极

NOTE

近似为等势体。

(3) 导电介质的导电性要均匀,其中没有可引起电场畸变的电荷存在。

3.2 长直同轴圆柱面电极间的电场分布

如图 5.3.1 所示,圆柱导体 A 和圆柱壳导体 B 同心地放置,分别带等值异号电荷,a、b 分别为 A、B 的半径。A、B 之间为真空,其电场线沿径向由 A 向 B 辐射分布,等势面为一簇同轴圆柱面。

因此,我们只要研究任一垂直横截面 P 上的电场分布即可。如图 5.3.1(b) 所示,在距离轴心 O 半径 $r(a<r<b)$ 处的各点,由高斯定理可求得其电场强度为

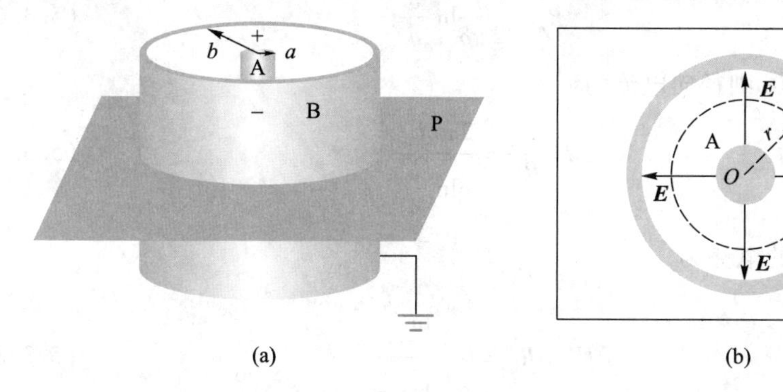

图 5.3.1 长直同轴圆柱面电极及其电场示意图

$$E=\frac{\lambda}{2\pi\varepsilon_0 r} \tag{5.3.1}$$

式中,λ 为 A(或 B)的电荷线密度。距离轴心为 r 处的电势为

$$U_r=U_a-\int_a^r E\mathrm{d}r=U_a-\frac{\lambda}{2\pi\varepsilon_0}\ln\frac{r}{a} \tag{5.3.2}$$

令 $r=b$ 时,$U_b=0$,则
$$\frac{\lambda}{2\pi\varepsilon_0}=\frac{U_a}{\ln\dfrac{b}{a}}$$

代入(5.3.2)式得

$$U_r=U_a\frac{\ln\dfrac{b}{r}}{\ln\dfrac{b}{a}} \tag{5.3.3}$$

距中心 r 处场强为

$$E_r=-\frac{\mathrm{d}U_r}{\mathrm{d}r}=\frac{U_a}{\ln\dfrac{b}{a}}\times\frac{1}{r} \tag{5.3.4}$$

如果 A 和 B 之间不是真空,而是由一种电阻率为 ρ 的不良导体充满其间,且 A、B 分别与电源的正极和负极相连,A、B 间形成了径向电流,一个恒定电流场建立

NOTE

了。我们可取一定厚度(设为 δ)的同轴圆柱片来研究,半径是 r 到 $r+\mathrm{d}r$ 之间的圆柱片的径向电阻为

$$\mathrm{d}R=\rho\frac{\mathrm{d}r}{2\pi r\delta}$$

由半径 r 到 b 之间的圆柱片电阻为

$$R_{rb}=\int_{r}^{b}\frac{\rho}{2\pi\delta}\frac{\mathrm{d}r}{r} \tag{5.3.5}$$

由半径 a 到 b 之间的圆柱片电阻为

$$R_{ab}=\frac{\rho}{2\pi\delta}\ln\frac{b}{a} \tag{5.3.6}$$

如果设 $U_b=0$,则径向电流为

$$I=\frac{U_a}{R_{ab}}=\frac{2\pi\delta U_a}{\rho\ln\frac{b}{a}} \tag{5.3.7}$$

距中心 r 处的电势为

$$U_r'=IR_{ab}=U_a\frac{\ln\frac{b}{r}}{\ln\frac{b}{a}} \tag{5.3.8}$$

U_r 与 U_r'具有相同的形式,这说明恒定电流场与静电场的电势分布是相同的。显然恒定电流场的电场和静电场是有等效性的,只要测绘出相应恒定电流的电场分布图就可以描绘出相应的静电场分布情况。实际模拟时,由于电极周围的电场是空间分布的,等势面是一簇互不相交的曲面,这里仅研究横向剖面上的平面电场分布。从上面讨论可知,同轴电缆的等势线是一簇同心圆,离轴心为 r 处的电势为

$$U_r=U_a\frac{\ln\frac{b}{r}}{\ln\frac{b}{a}} \tag{5.3.9}$$

可导出等势线半径 r 的表达式为

$$r_n=a^n\times b^{1-n} \tag{5.3.10}$$

式中,$n=U_r/U_a$。此式说明电势 U_r 愈高,其相应的等势线半径 r 愈小,同轴电缆的电场强度为

$$E_r=-\frac{\mathrm{d}U_r}{\mathrm{d}r}=\frac{U_a}{\ln\frac{b}{a}}\times\frac{1}{r} \tag{5.3.11}$$

电场强度 E 与半径 r 成反比,离电极 A 越近,电场越强,电势线越密。

3.3　两平行线电荷的电场分布

若有两平行带电导线,其截面直径为 D,两导线的间距为 l,当 $l\gg D$ 时,在离导

NOTE

线较远处的电场和线电荷的电场近乎相同。设有两个平行无限长线电荷 A 和 B，它们的电荷线密度分别为$+\lambda$和$-\lambda$，P点与 A 的垂直距离为r_1，与 B 的垂直距离为r_2，如图 5.3.2 所示。

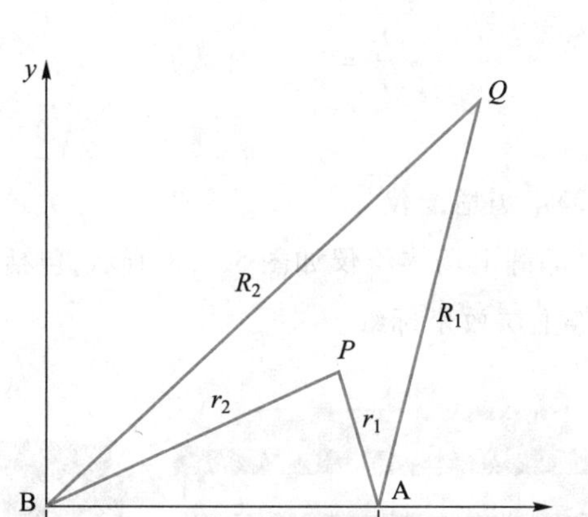

图 5.3.2　两平行线电荷电场示意图

对于无限长线电荷，它在空间某点产生的电场强度方向应该是垂直于该线电荷的，由高斯定律得到 A 在P点的场强

$$E_{\mathrm{A}}=\frac{\lambda}{2\pi\varepsilon_0 r_1} \tag{5.3.12}$$

式中ε_0为真空介电常量。设在离 A 和 B 很远的地方有一点Q，Q与 A 的垂直距离为R_1，与 B 的垂直距离为R_2。假定Q点的电势$U_{\mathrm{Q}}=0$，那么由于 A 的存在，在P点产生的电势U_1为

$$U_1=-\int_{R_1}^{r_1}E_{\mathrm{A}}\mathrm{d}r=-\int\frac{\lambda}{2\pi\varepsilon_0 r_1}\mathrm{d}r=-\frac{\lambda}{2\pi\varepsilon_0}\ln r_1+\frac{\lambda}{2\pi\varepsilon_0}\ln R_1 \tag{5.3.13}$$

同理，线电荷 B 在P点产生的电势U_2为

$$U_2=\frac{\lambda}{2\pi\varepsilon_0}\ln r_2-\frac{\lambda}{2\pi\varepsilon_0}\ln R_2 \tag{5.3.14}$$

对于两根平行的等值异号线电荷，其总电荷等于零，在带电导线可视为无限长的情况下，则仍可把与线电荷相距无限远处的电势假定为零，因而由(5.3.13)式，(5.3.14)式可得P点的电势为

$$U_P=U_1+U_2=\frac{\lambda}{2\pi\varepsilon_0}\ln\frac{r_2}{r_1}+\frac{\lambda}{2\pi\varepsilon_0}\ln\frac{R_1}{R_2} \tag{5.3.15}$$

当Q点移至无限远时，$R_1\to R_2$，因而上式第二项变为零。因此，如果规定与线电荷相距为无限远各点的电势为零，则所有离 A 和 B 为有限距离r_1和r_2处，电势为有限值，即

NOTE

$$U_P=\frac{\lambda}{2\pi\varepsilon_0}\ln\frac{r_2}{r_1} \tag{5.3.16}$$

对于等势面,因为 $U_P,\lambda,2\pi\varepsilon_0$ 都是常量,所以有

$$\frac{r_2}{r_1}=C\quad(常数) \tag{5.3.17}$$

4　实验仪器

4.1　GVZ-3 型静电场描绘仪

GVZ-3 型导电微晶静电场描绘仪如图 5.3.3 所示,包括导电微晶、双层固定支架、同步探针等。支架上层放坐标纸。

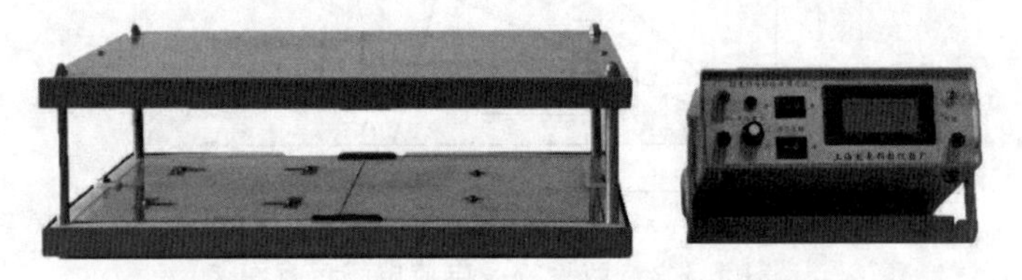

图 5.3.3　GVZ-3 型导电微晶静电场描绘仪

实验仪中含 4 种形状的模拟电极,如图 5.3.4 所示。电极用导电性能良好的金属制成。如需要模拟其他静电场,电极也可用其他方式制作,如用导电胶在记录纸上,画成所需要的电极形状。导电胶由聚氨酯树脂和银粉配成,具有较低的电阻率和较高的黏结强度,可在室温下固化,是一种较好的导电黏合剂。同步探针的上下探针分别与坐标纸和导电微晶接触,并处于同一竖直线上,两探针的轨迹形状相同。

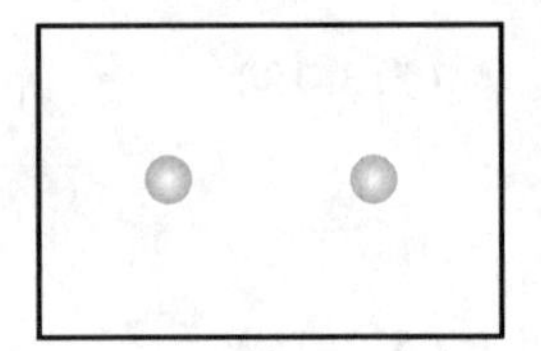

(a) 长平行导线电极

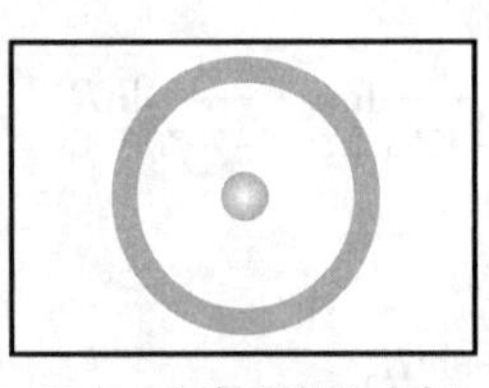

(b) 长直同轴圆柱面电极

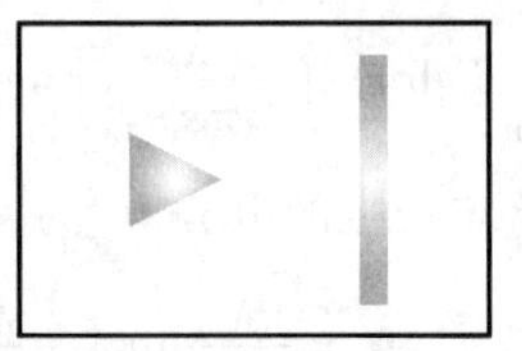

(c) 劈尖和平板电极

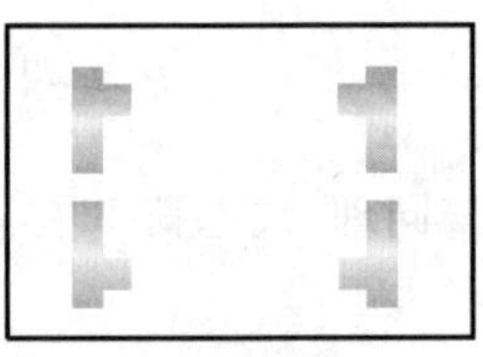

(d) 聚焦电极

图 5.3.4　实验仪电极架所带的四种电极形状

4.2　电压表法模拟静电场

以模拟长直同轴圆柱面电极静电场为例,电压表法实验原理如图 5.3.5 所示。当两电极间加上电压 U_0 后,电极板上将有轴对称的径向电流流过,极间形成一簇同心圆等势线。右手移动探针座,左手让下探针在电极板缓慢移动,同时观察电压表读数,当读数达到所需的值时,右手不动,左手食指轻按上探针的揿钮在坐标纸上同步地打出相应的一个等势点。按同样的方法得到与这一电势值对应的一系列

NOTE

电势点,连接这些点就构成一条等势线。

4.3 检流计法模拟静电场

以模拟平行导线静电场为例,检流计法实验原理如图 5.3.6 所示。用 8 个阻值均为 R 的电阻组成分压器,如果电源电压$\mathscr{E}$=24.0 V,并令 B 的电势为-12.0 V,则分压器上参考点 1,2,3,…,7 的电势分别为-9.0 V,-6.0 V,-3.0 V,0 V,3.0 V,6.0 V 和9.0 V 等。检流计 G 的一端与探笔连接,另一端可以分别与分压器上不同电势的参考点相连接。当流过检流计 G 的电流为零时,探笔与记录纸的触点的电势即为参考点的电势。当找到相应的等势点时,用探笔轻按一小点作为标记,将诸等势点用铅笔连接起来,就是等势线。

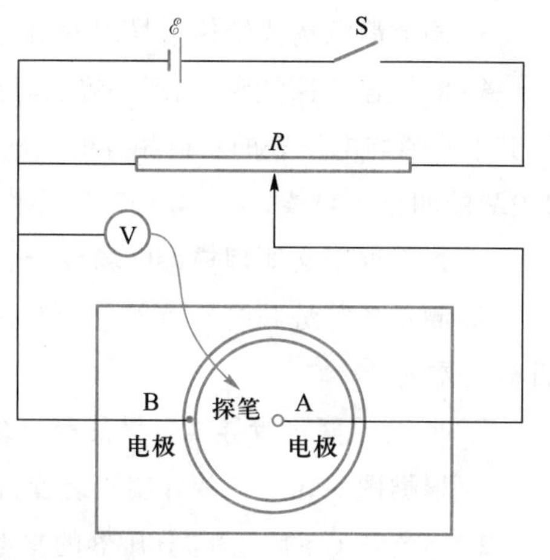

图 5.3.5 电压表法模拟静电场示意图

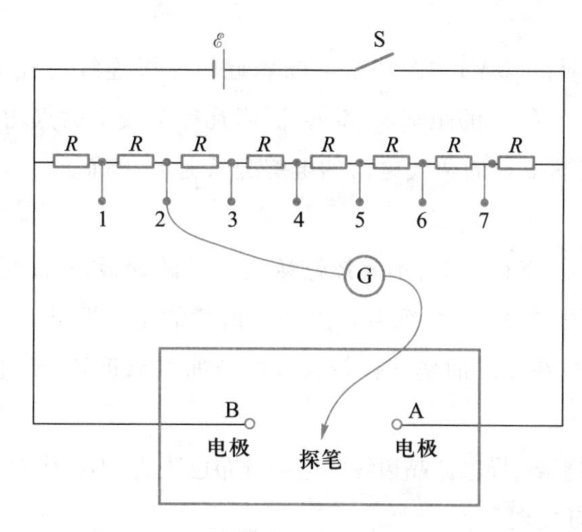

图 5.3.6 检流计法模拟静电场示意图

5 实验内容

5.1 预备性实验:Matlab 模拟

1. 建立长直同轴圆柱面或两平行导线电极模型,推导相应计算式。

2. 利用 Matlab 函数绘制静电场数值模拟结果,等势面可用网线曲面函数 mesh 描绘,等势线可用等高线函数 contour 描绘,电场线可用流线函数 streamline 描绘。

5.2 测绘长直同轴圆柱面电极的等势线分布

1. 按图 5.3.5 接好电路,电压表及探针联合使用。

2. 把坐标纸放在静电场测绘仪的上层夹好。在坐标纸上确定电极的位置,测量并记录内电极的外径及外电极的内径。

NOTE

3. 调节静电场描绘仪信号源输出电压，使两电极间的电势差 U_0 为 10.0 V。

4. 缓慢移动探针座，找到等势点时按一下坐标纸上的探针，便在坐标纸上记下了其电势值与电压表的示值相等的点的位置。测量电势差为 8.0 V、6.0 V、4.0 V 和 2.0 V 的四条等势线，每条等势线测等势点不得少于 9 个。

5. 再根据正交原理描绘电场线(至少 7 条)。

6. 测量各等势圆的半径 R_p，由(5.3.10)式计算各等位圆半径的理论值 R_t，求百分误差 E。

5.3 测绘两平行导线电极的等势线分布

1. 根据图 5.3.6 安装好实验装置，检流计及探针联合使用。

2. 检流计 G 的一端与分压器的参考点 4(即零电势点)相连接，用探笔寻找参考点 4 的等势点，看是否在 AB 连线的垂直平分线上。零电势线测绘完毕后，同样依次分别测出参考点 3,5,2,6,1 和 7 相应的等势点。

3. 用铅笔在等势点上轻轻画一记号，将等势点用曲线板连接成光滑的等势线，标明电位的数值。

4. 在+3.0 V(或-3.0 V)的等势线上取靠近两电极连线的五个点，用直尺量出各点距两电极中心 A 和 B 的距离 r_1 和 r_2，证明凡等势线上的点均满足 $r_2/r_1=C$(常数)，以验证高斯定理推导的两线电荷的电势公式是否正确。

6 注意事项

1. 在坐标纸上打点记录时，不要按连接上探针的钢板，只需轻轻按下上探针的揿钮。打点不要用力太大，能在纸上打出一个清楚的小点即可。

2. 测等势点时，在曲线曲率变化较大或两条曲线靠近处，测量记录点应取得密一些。

3. 由于边界的影响，导电微晶边缘的电场分布已失真，不能代表所模拟的静电场。

7 数据记录与处理

1. 长直同轴圆柱面电极

根据上述实验内容和步骤，测绘同轴圆柱面的等势线簇，将各测量数据填入表 5.3.1，并计算百分误差。

电极尺寸：$a=$________ mm，$b=$________ mm

表 5.3.1 长直同轴圆柱面电极静电场分布数据表

电势 U/V								
R_p/mm								
R_t/mm								
百分误差/%								

NOTE

2. 两平行导线电极

在+3 V的等势线上取靠近两电极连线的五个点,数据记录与计算如表5.3.2所示。

表5.3.2 两平行导线电极静电场分布数据表

	U_P/V	r_1/mm	r_2/mm	r_1/r_2
1				
2				
3				
4				
5				

8 思考题

1. 静电场的空间分布是三维的,与二维平面的恒定电流场有何关系?
2. 试分析电压表法与检流计法两种方法所描绘的等势线是否一致?

9 实验拓展

1. 通过自制电极模拟静电透镜的电场分布。
2. 设计一种实验装置,通过极化微小物体显示二维静电场分布。
3. 设计一种利用计算机可视化模拟静电场的实验装置。

NOTE

5.4 直流单臂电桥

1 引言

桥式电路是电学测量中常见的一种电路形式，它的基本原理是通过比较法测量电阻，通过传感器，利用电桥电路还可以测量一些非电学量，例如温度、湿度、应变等。它灵敏度高、测量准确、方法巧妙、使用方便，所以在现代工业自动控制与测量中具有广泛应用。

桥式电路不仅可以使用直流电源，而且可以使用交流电源，故有直流电桥和交流电桥之分。直流电桥主要用于电阻测量，它有单电桥和双电桥两种。前者常称为惠斯通电桥，用于 $1\sim10^6\ \Omega$ 范围的中值电阻测量；后者常称为开尔文电桥，用于 $10^{-3}\sim1\ \Omega$ 范围的低值电阻测量。交流电桥除了测量电阻之外，还可以测量电容、电感等。

电桥的种类繁多，但直流单电桥是最基本的一种，它是学习其他电桥的基础。本实验通过用直流电桥测量电阻，理解并掌握调节电桥平衡的方法，了解电桥灵敏度与各元件参量之间的关系，从而实现准确的电阻测量。

2 实验目的

1. 学习直流电桥的基本原理。
2. 了解直流电桥的灵敏度及影响它的因素。
3. 用自组电桥和 QJ23 型电桥测量电阻。

3 实验原理

3.1 单臂电桥平衡原理

直流电桥的电路图如图 5.4.1 所示。四个电阻 R_0、R_1、R_2、R_x 连成一个四边形 $ABCD$，每个边称作电桥的一个臂。在四边形的对顶点 A、C 端加上电源 E，对顶点 B、D 端连上检流计 G。

所谓“桥”是指 BD 这一条对角线而言，它的作用是利用检流计将“桥”的两个端点的电势进行比较，当 B、D 两点电势相等时，检流计中无电流通过，称电桥达到平衡。

电桥平衡时，有： $U_{AB}=U_{AD}$　即　$I_1R_1=I_2R_2$

$U_{BC}=U_{DC}$　即　$I_1R_x=I_2R_0$

将以上两式相除，得

$$R_1/R_x=R_2/R_0$$

$$R_x=\frac{R_1}{R_2}R_0 \tag{5.4.1}$$

(5.4.1)式称为电桥平衡条件，R_1/R_2 称为电桥的桥臂比。该式表明待测电阻

NOTE

R_x 等于桥臂比 R_1/R_2 和已知电阻 R_0 的乘积。

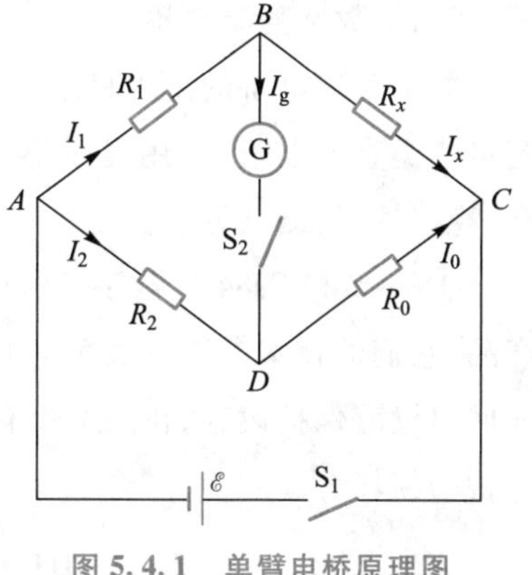

图 5.4.1 单臂电桥原理图

3.2 电桥灵敏度

设各电阻为 R_1、R_2、R_x、R_0 时，电桥达到平衡，而当改变电阻 R_0 使它有一个微小变化 ΔR_1 时，检流计的偏转格数为 Δn，则可定义**电桥灵敏度** $S=\dfrac{\Delta n}{\Delta R_0/R_0}$。

利用基尔霍夫定律联立方程，经推导可以得

$$S=S_i U\frac{R_1/R_2}{R_g(1+R_1/R_2)^2} \tag{5.4.2}$$

式中 S_i 为检流计的电流灵敏度（S_i 等于单位电流所引起的检流计指针的偏转格数），U 为电源电压，R_g 为检流计的内阻。

电桥灵敏度在数值上等于电桥桥臂有单位相对不平衡值 $\Delta R_0/R_0$ 时所引起检流计相应偏转格数，显然 S 越大，电桥越灵敏。S 的大小与检流计的电流灵敏度 S_i、工作电源电压 U 以及桥臂比 R_1/R_2 等有关。而电桥的准确度与电桥灵敏度及电阻 R_0 等的准确度有关。

3.3 非平衡电桥

在图 5.4.1 的电桥电路中，运用基尔霍夫定律，可计算出流过桥路 BGD 的电流 I_g，即

$$I_g=U_{AC}\frac{R_2R_x-R_1R_0}{R_g(R_2+R_0)(R_1+R_x)+R_2R_0(R_1+R_2)+R_1R_x(R_2+R_0)} \tag{5.4.3}$$

式中 U_{AC} 为 AC 间的电压，R_g 为电流表的内阻。

若 $I_g\neq 0$，则由(5.4.3)式可知，在电阻 R_0、R_1、R_2 和电压 U_{AC} 均为定值的情况下，电阻 R_x 与桥路电流 I_g 具有一一对应的关系，因而可以用 I_g 的大小来量度待测电阻 R_x，这种在非平衡状态下使用的电桥称为非平衡电桥。

用非平衡电桥测量电阻通常的方法是，根据测量的需要先选定电阻 R_0 和电压 U_{AC} 的数值，然后对电桥进行定标，即用一电阻箱取代电阻 R_x，测绘出 R_x-I_g 关系曲线。当测量待测电阻时，读出电流表的示数 I_g，便可在曲线上查出 R_x 的数值。

在非电学量测量中，非平衡电桥有着广泛的应用。运用传感器可以将位移、应变、压力、温度等非电学量转变成电阻值，再运用非平衡电桥的桥路电流来显示这些非电学量的数值，以实现用电测的方法来测量非电学量的目的。桥路电流指示器除了使用一般的模拟电表之外，已经越来越多地采用数字电表，对测量结果进行数字显示，也可以根据需要与计算机连接，采用电子线路对桥路电流（或电压）放大，进行控制和测量。

NOTE

3.4　数字直流电桥

数字直流电桥的出现显示了电桥测试技术的新进展。数字直流电桥能准确地测量各类直流电阻，采用显示器直接显示测量结果，读数直观、清晰，测量准确度高，稳定性好，测试方便快捷。

QJ83 型和 QJ84 型数字直流电桥分别是惠斯通电桥和开尔文电桥的升级换代产品，它们的技术参数见表 5.4.1、表 5.4.2、表 5.4.3。此外，QJ84 型电桥在测量输入回路设有保护设施，在测量带有电感的直流电阻时，能有效地防止感生电动势对电桥的损坏。

表 5.4.1　QJ83 型和 QJ84 型电桥的一般技术参数

	QJ83 型	QJ84 型
显示器	LED	LED
显示位数	$4\frac{1}{2}$	$4\frac{1}{2}$
测量范围	0 Ω ~ 20 MΩ	0 Ω ~ 20 kΩ
最小分辨力	1 mΩ	1 μΩ
工作电源	AC220 V，50 Hz	AC220 V，50 Hz
功耗	约 6 W	约 15 W
外形尺寸	250 mm×285 mm×70 mm	250 mm×285 mm×70 mm
重量	2 kg	7 kg

表 5.4.2　QJ83 型电桥的量程、分辨力、测量电流和基本误差极限

量程	测量范围	分辨力/Ω	测量电流	基本误差极限
20 Ω	0 Ω ~ 19.999 Ω	0.001	100 mA	$\pm(0.1\% R_x+1$ 个字)
200 Ω	0 Ω ~ 199.99 Ω	0.01	10 mA	
2 kΩ	0 Ω ~ 1.999 9 kΩ	0.1	1 mA	
20 kΩ	0 Ω ~ 19.999 kΩ	1	100 μA	
200 kΩ	0 Ω ~ 199.99 kΩ	10	25 μA	
2 MΩ	0 Ω ~ 1.999 9 MΩ	100	2.5 μA	$\pm(0.2\% R_x+1$ 个字)
20 MΩ	0 Ω ~ 19.999 MΩ	1 000	250 mA	

表 5.4.3　QJ84 型电桥的量程、分辨力、测量电流和基本误差极限

量程	测量范围	分辨力/Ω	测量电流	基本误差极限
20 mΩ	0 mΩ ~ 19.999 mΩ	1 μΩ	1 A	$\pm(0.5\% R_x+1$ 个字)
200 mΩ	0 mΩ ~ 199.99 mΩ	10 μΩ	1 A	$\pm(0.2\% R_x+1$ 个字)
2 Ω	0 Ω ~ 1.999 9 Ω	100 μΩ	100 mA	$\pm(0.1\% R_x+1$ 个字)

续表

量程	测量范围	分辨力/Ω	测量电流	基本误差极限
20 Ω	0 Ω ~ 19.999 Ω	1 mΩ	100 mA	
200 Ω	0 Ω ~ 199.99 Ω	10 mΩ	10 mA	±(0.1% R_x+1 个字)
2 kΩ	0 Ω ~ 1.999 9 kΩ	100 mΩ	1 mA	
20 kΩ	0 Ω ~ 19.999 kΩ	1 Ω	100 μA	

4　实验仪器

4.1　QJ23 型电桥

QJ23 型携带式直流单电桥的装置与线路图分别如图 5.4.2 和图 5.4.3 所示。桥臂比共有七挡，分别为 1000、100、10、1、0.1、0.01、0.001。R_0 由右边四个转盘电阻串联而成，R_0 的数值为四个转盘上读数的总和。左下角为检流计。若需外接高灵敏度检流计时，将内附检流计用短路片短路，在"外接"接线柱上连接外检流计。电桥内附三节干电池，电压为 4.5 V。若用外接直流电源时，先将底部铭牌打开，取出内附干电池，然后再把外接直流电源接到"B"接线柱上。测量时按钮"B"和"G"用以分别接通电源和检流计，且顺时针方向旋转可以锁住。待测电阻接在"R_x"两接线柱上。若检流计指针不指零，可用"调零"旋钮调节。

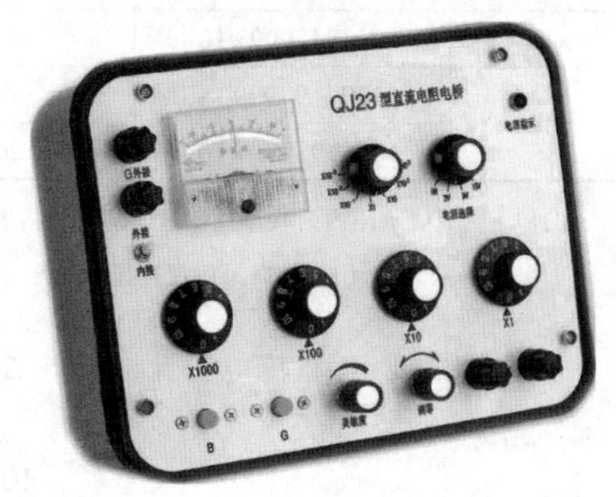

图 5.4.2　QJ23 型电桥

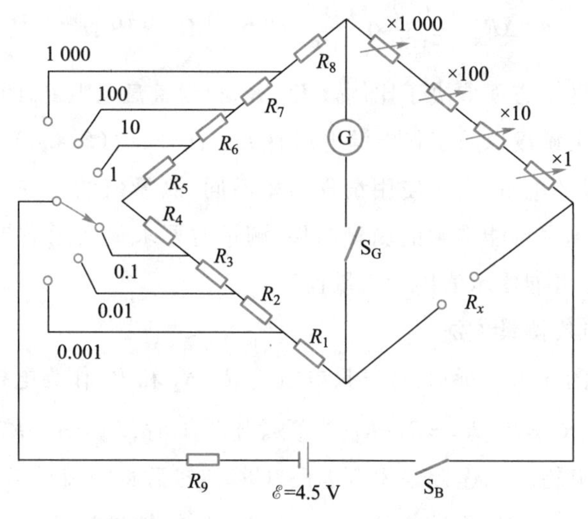

图 5.4.3　QJ23 型电桥原理图

QJ23 型电桥的主要技术参数如表 5.4.4 所示，为了确保测量结果的准确度，测量时不应使桥臂 R_0 中的“×1 000”测量盘示数为零，即 R_0 应显示四位数字。

表 5.4.4　QJ23 型电桥的主要技术参数

<table>
<tr><th rowspan="2">量程倍率</th><th rowspan="2">有效量程/Ω</th><th colspan="2">等级指数</th><th rowspan="2">电源电压/V</th></tr>
<tr><th>* [1]</th><th>** [2]</th></tr>
<tr><td>$\times10^{-3}$</td><td>1 ~ 9.999</td><td>2</td><td>2</td><td rowspan="4">4.5</td></tr>
<tr><td>$\times10^{-2}$</td><td>10 ~ 99.99</td><td rowspan="3">0.2</td><td rowspan="3">0.2</td></tr>
<tr><td>$\times10^{-1}$</td><td>10^2 ~ 999.9</td></tr>
<tr><td>×1</td><td>10^3 ~ 9 999</td></tr>
<tr><td>×10</td><td>10^4 ~ 9.999×10^4</td><td>1</td><td rowspan="3">0.5</td><td>6</td></tr>
<tr><td>$\times10^2$</td><td>10^5 ~ 4.999×10^5</td><td>2</td><td rowspan="3">15</td></tr>
<tr><td rowspan="2">$\times10^3$</td><td>$(4.999 \sim 9.999)\times10^5$</td><td>5</td></tr>
<tr><td>10^6 ~ 9.999×10^6</td><td>20</td><td>2</td></tr>
</table>

注：[1]“*”表示用内附检流计测量时的等级指数，内附检流计的电流常量：$<6\times10^{-7}$ A/mm。

[2]“**”表示用外接高灵敏度检流计测量时的等级指数。

根据计量规定，直流电桥允许误差 ΔR_m 用下述公式计算：

$$\Delta R_m = \pm\frac{a}{100}\left(\frac{R_N}{K}+R_x\right) \tag{5.4.4}$$

式中 K 为待定常数，通常取 $K=10$；R_x 为测量盘示值(Ω)；a 为准确度等级(或称等级指数)；R_N 为基准值，其定义是电桥各有效量程的基准值为该量程内最大的 10 的整数幂。例如 QJ23 型电桥用量程倍率×1 挡，有效量程为 9 999 Ω，那么该量程的基准值 $R_N=1\ 000$ Ω。例如测量值 $R_x=9\ 680$ Ω 的允许基本误差为

$$\Delta R_m = \pm\frac{0.2}{100}\times\left(\frac{1\ 000}{10}+9\ 680\right)\ \Omega = \pm19\ \Omega$$

电桥的准确度一方面取决于比例臂 R_{r1}/R_{r2} 和测量盘电阻 R_0 的准确程度，另一方面与检流计的灵敏度以及工作电源电压有关。此外，由(5.4.4)式和表 5.4.4 可见，对于统一型号的电桥，由于使用量程倍率不同，测量值的允许基本误差也是不相同的。为了得到尽可能准确的测量结果，测量时要求最大示数盘(×1 000)的示数不为零，并且尽可能使示值接近满量程。

4.2　自组电桥测量方法

实验线路如图 5.4.4 所示，将三只电阻箱 R_1、R_2 和 R_0 作为电桥桥臂电阻。当桥臂比为 0.1 时，$R_{r1}=R_1$，$R_{r2}=R_2+R_3$；当桥臂比为 1 时，$R_{r1}=R_1+R_2$，$R_{r2}=R_3$。G 为检流计，R_0 为电阻箱。先连接好闭合电路 $ABCD$，然后将检流计 G 跨接于 B、D 之间，电源与开关 S_1 串联后再跨接于 A、C 之间。为保护检流计，测量时按“1”“2”

NOTE

"G"的顺序使用。按下检流计开关"1",并调节电桥平衡后,再依次按下检流计开关"2"和"G",调节 R_0,使电桥平衡。记录 R_0 值,待测电阻 R_x 为

$$R_x = \frac{R_{r1}}{R_{r2}} R_0 \tag{5.4.5}$$

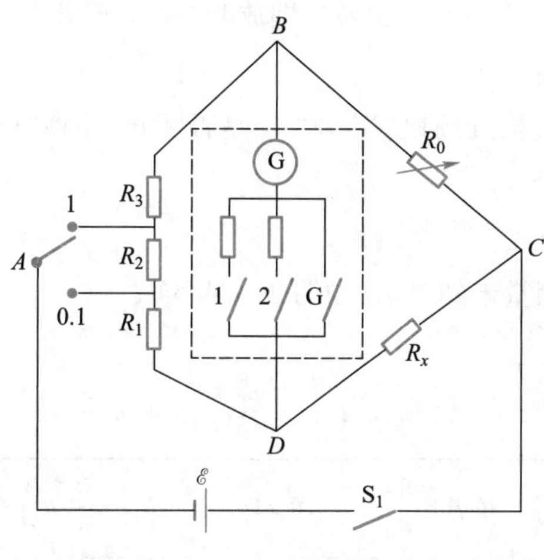

图 5.4.4　单臂电桥原理图

5　实验内容

5.1　预备性实验:桥式电路连接训练

用回路接线法按图 5.4.1 连接线路。设置桥臂电阻均相等,接通电源观察桥路是否平衡。若不平衡,查找分析故障原因。

5.2　利用 QJ23 型电桥测量待测电阻

1. 将"外接"接线柱短路,然后调节"调零"旋钮,使检流计指针指零。待测电阻接于电桥的"R_x"两接线柱上。

2. 合理选用桥臂比 R_{r1}/R_{r2},以使测量结果得到较高的测量准确度。

3. 先按"B",后按"G"以接通电路(注意:断开电路时,要先放开"G",再放开"B",这样操作可防止在测量电感性元件的阻值时损坏检流计)。调节 R_0 的四个旋钮,直到指针指零。此时通过检流计的电流为零,电桥平衡,即可读取 R_0,计算 R_x。

5.3　自组单臂电桥

1. 按图 5.4.4 连接电路,设定电阻值分别为 $R_1 = 90.9\ \Omega$, $R_2 = 409.1\ \Omega$, $R_3 = 500.0\ \Omega$。直流电源的电压取 4.5 V 左右。

2. 初步选定桥臂比和 R_0 的数值。

3. 接通电源开关 S_1,然后按下检流计开关"1",调节 R_0,直到检流计指零。再依次按下检流计开关"2"和"G",调节 R_0,使电桥平衡,记录 R_0 值。

NOTE

4. 计算 R_x 的阻值，考虑是否需要重新调换桥臂比，使测定值有尽可能多的有效数字。

6　注意事项

1. 使用 QJ23 型电桥调节平衡时，“B”和“G”不可以同时长时间按下，且“G”只是短暂使用，按下“G”，待指针一偏转立即放开“G”。断开时，必须先断开“G”后断开“B”。

2. 电桥使用完毕，检查按钮“B”和“G”是否断开，并将“内接”接线柱用短路片短路。

7　数据记录与处理

1. QJ23 型电桥测量未知电阻（填写表 5.4.5）

电源电压$\mathscr{E}$=________。

表 5.4.5　QJ23 型电桥

未知电阻标称值 R_x/Ω	桥臂比$\frac{R_{r1}}{R_{r2}}$	R_0/Ω	$R_x\left(=\frac{R_{r1}}{R_{r2}}R_0\right)/\Omega$	百分差 E_x

2. 自组单臂电桥测量未知电阻（填写表 5.4.6）

电源电压$\mathscr{E}$=________。

表 5.4.6　自组单臂电桥

未知电阻标称值 R_x/Ω	桥臂比$\frac{R_{r1}}{R_{r2}}$	R_0/Ω	R_0'/Ω	$R_x(=\sqrt{R_0R_x})/\Omega$	百分差 E_x

8　系统误差分析

8.1　桥臂电阻带来的不确定度

平衡条件是理想化的，实际电桥结构中必定存在小量接触电阻、导线电阻、漏电阻和接触电势等，但主要的还是 R_0、R_1、R_2 标称值或测量的不确定度对 R_x 的影响，则 R_x 的测量不确定度可以用下列公式估计：

$$U_1=R_x\sqrt{\left(\frac{U_{R_1}}{R_1}\right)^2+\left(\frac{U_{R_2}}{R_2}\right)^2+\left(\frac{U_{R_0}}{R_0}\right)^2} \tag{5.4.6}$$

NOTE

式中 U_{R_1}、U_{R_2}、U_{R_0}分别为 R_1、R_2、R_0 的测量不确定度，它们可由电阻箱各挡的等级和零值电阻(0.02 Ω)求得。

通常可以采用交换法(互易法)减小和修正桥臂电阻所的系统误差。具体方法为，在电桥平衡时，将 R_0 和 R_x 互换，再调节 R_0 使电桥再次达到平衡，记下此时的阻值 R_0'，有

$$R_x=\frac{R_2}{R_1}R_0' \tag{5.4.7}$$

将(5.4.1)式和(5.4.7)式相乘得

$$R_x=\sqrt{R_0R_0'} \tag{5.4.8}$$

这样就消除了 R_1 和 R_2 的误差对 R_x 接入的影响。不确定度计算式改写为

$$U_1=\frac{1}{2}R_x\sqrt{\left(\frac{U_{R_0}}{R_0}\right)^2+\left(\frac{U_{R_0'}}{R_0'}\right)^2} \tag{5.4.9}$$

由上式可见，它仅与电阻箱 R_0 的仪器误差有关。实验中选用较高精度的标准电阻箱，可以减小系统不确定度。

8.2 电桥灵敏度带来的不确定度

当电桥平衡时，使 R_0 值改变 ΔR_0，而检流计指针偏转 Δn 个分度(一般取 1 分度)，则其测量不确定度

$$U_2=\frac{1}{10}\cdot\frac{\Delta R_0}{\Delta n} \tag{5.4.10}$$

测量结果的不确定度为

$$U(R_x)=\sqrt{U_1^2+U_2^2} \tag{5.4.11}$$

如果由此引起的测量不确定度未能达到实验要求，为减小不确定度可采用这样几种方法：

1. 选择灵敏度更高的检流计；
2. 选择合适的桥臂比 R_1/R_2；
3. 增大电源电压$\mathscr{E}$，但必须考虑各元件的允许功率。

9 思考题

1. 除了用电桥法测量电阻外，你还知道测量电阻有哪些方法？试比较它们的优缺点。

2. 简述平衡电桥与非平衡电桥之间的关系。

3. 用单臂电桥测量电阻，若直流工作电源不稳定，电源电压过低或者过高，分别会有怎样的影响？

4. 单臂电桥比例臂的选取原则是什么？请说明。

5. 当单臂电桥达到平衡后，若交换电源和检流计位置，电桥是否仍保持平衡？

NOTE

请分析并说明原因。

10　实验拓展

1. 利用惠斯通电桥原理，设计一个铂电阻温度传感器。

2. 利用应变片和桥式电路，设计一个电子秤，并分析单臂、半桥以及全桥测量时的灵敏度的差异。

NOTE

5.5 阴极射线示波器

1 引言

阴极射线示波器也称为模拟示波器(以下简称示波器),是实验室常用电子仪器。它把不可见的电信号变换成可见的图像,通过荧光屏显示,用于实时观察和测量电信号的变化,还可以测量频率、相位等。一切可转化成电压的电学量,如电流、电阻等以及利用传感器可以转化为电压的一些非电学量,如温度、压力、光强等,它们的动态过程均可用示波器来观察和测量。由于电子质量非常小,几乎没有惯性,因而示波器可以在很高的频率范围内工作。现代示波器已由模拟示波器向数字示波器转换,不仅可以观察连续变化信号,也可捕获并分析单个脉冲的瞬态信号,并且具有更快、更完善的信号存储、运算以及分析功能,已成为一种用途极为广泛的测量工具。

2 实验目的

1. 了解显波原理及示波器结构。
2. 掌握示波器调节方法,学会用示波器测定信号幅度与频率。
3. 掌握信号发生器使用方法。
4. 掌握用示波器观测李萨如图形特征。

3 实验原理

3.1 阴极射线管

阴极射线管也称为示波管,是一种呈喇叭形的玻璃真空管,内部装有电子枪和两对相互垂直的偏转板,喇叭口的球壁上涂有荧光物质,构成荧光屏,如图 5.5.1 所示。

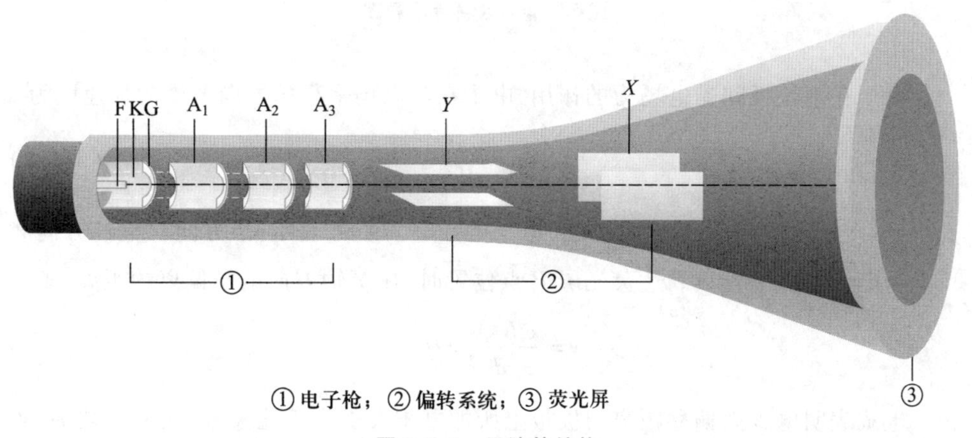

① 电子枪; ② 偏转系统; ③ 荧光屏

图 5.5.1 示波管结构

电子枪由灯丝 F、阴极 K、控制栅极 G 以及一组阳极 A_1、A_2、A_3 组成。灯丝通

NOTE

电后发热,发射出大量电子,由于阳极电势高于阴极,所以电子经聚焦、加速后高速轰击荧光屏,发出荧光。在靠近阴极处设置控制栅极,调节其电势(相对阴极为负电势)来控制电子束流强度,使荧光“强度”改变。阳极组构成一个静电透镜,电势分布不同,可以改变电子束会聚程度,实现聚焦调节。在电子束路径两旁设置两对平行板电极,改变加在其上的电压,可控制电子束的运动。

3.2 电偏转

电子从阴极发射出来时,可以认为它的初速度为零。电子枪内阳极相对阴极K加速正电势 U 它产生的电场使电子沿轴向加速,由能量关系知电子到偏转电极速度 $\boldsymbol{v}$ 的大小为

$$v=\sqrt{\frac{2eU}{m}} \tag{5.5.1}$$

若在极板长度为 l、距离为 d 的两个偏转板上加上电压 U_y,则平行板间的电场强度为 $E=U_y/d$,电场强度的方向与电子速度 $\boldsymbol{v}$ 的方向相互垂直,如图 5.5.2 所示。设电子的初速度方向沿 Z 轴,电场方向沿 Y(或 X)轴。

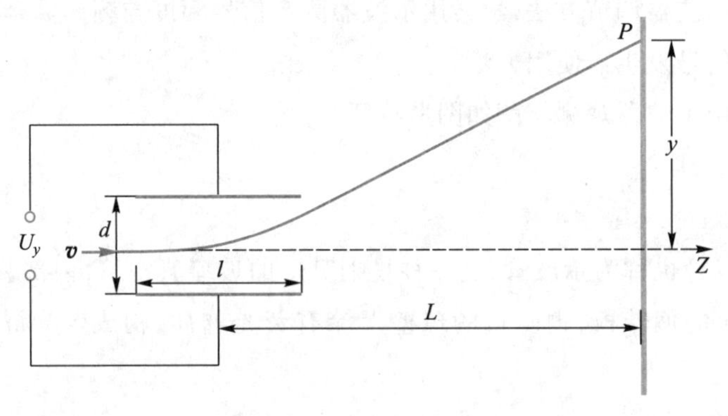

图 5.5.2 电偏转示意图

电子在平行板间受电场力的作用,电子在与电场平行的方向产生的加速度为

$$a_y=\frac{-eE}{m} \tag{5.5.2}$$

其中 e 为电子的电荷量绝对值,m 为电子的质量。负号表示 a_y 方向与电场方向相反。当电子射出平行板到达荧光屏 P 点位置时,在 Y 轴方向电子偏离的距离

$$y=\frac{elL}{mv^2 d}U_y=D_y U_y \tag{5.5.3}$$

上式表明电子束偏移距离与极板上所加电压大小成正比关系,比例系数 D_y 称为 Y 轴偏转因素。如果所加的电压不断发生变化,P 点的位置也跟着在竖直线上移动。在屏上看到的是一条连续变化的亮线。同理,若在 X 偏转板加上一个变化

NOTE

的电压，那么，荧光屏上亮点在水平方向的位移 X 也与加在 X 偏转板的电压 U_x 成正比，于是在屏上看到的是一条水平的亮线。

3.3 显波原理

如果在 Y 偏转板上加上一个随时间作正弦变化的电压，$U_y = U_{ym} \cdot \sin \omega t$，我们在荧光屏上仅看到电子束在垂直方向的振动图形，当频率较高时为一条竖直亮线。要观察到正弦图形，必须同时在 X 偏转板上加上一个与时间成正比的锯齿波电压 $U_x = U_{xm} \cdot t$，如图 5.5.3 所示，才能在荧光屏上显示出信号电压 U_y 和时间 t 关系曲线。

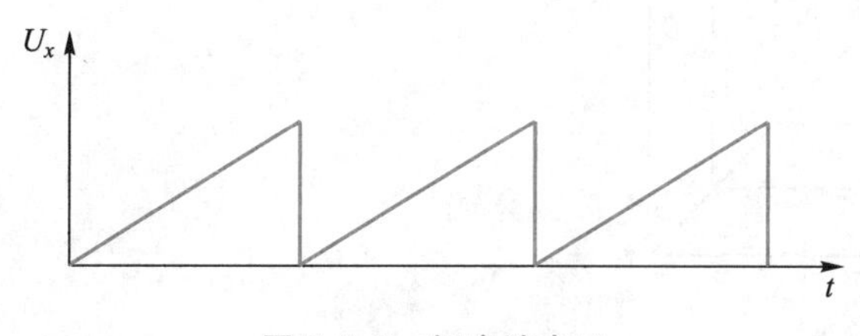

图 5.5.3 锯齿波电压

设在开始时刻 0，电压 U_y 和 U_x 均为零，荧光屏上亮点在 0 处。时间由 t_0 到 t_1，在只有电压 U_y 作用时，亮点沿竖直方向的位移为 y_1，而在同时加上 U_x 后，电子束既受 U_y 作用向上偏转，同时又受 U_x 作用向右偏转（亮点水平位移为 x_1），因而亮点在 1 处。随着时间推移，亮点随着 U_y 和 U_x 的变化移动至 2,3,4 位置，虽然光点在不断地移动，由于荧光屏有短暂的余辉时间，便可显示出正弦波形来，如图 5.5.4 所示。由此可见，在荧光屏上看到的正弦曲线实际上是两个相互垂直的运动合成的轨迹。

由上可见，要想观测加在 Y 偏转板上电压 U_y 的变化规律，必须在 X 偏转板上加锯齿形电压，把 U_y 产生的垂直亮线“展开”。这个展开过程称为“扫描”，锯齿波电压又称为**扫描电压**。

怎样才能使荧光屏上显示的波形稳定，这是示波器使用的一个重要问题。如果显示的波形处于不断变化的状态，那么，测量就无法进行。通常所用的示波器只能测量周期性变化的电压信号。对于周期性电压信号只要保证每次扫描起始点位置不变，就可以达到显示波形稳定不变的目的。

综上所述，示波器显示稳定波形的条件有三个方面：

1. Y 偏转板上必须加上足够大的待测信号；
2. X 偏转板上必须加上锯齿波电压；
3. 保持每次扫描起始点的位置不变。

3.4 控制电路

示波器控制电路主要包括垂直放大电路、水平放大电路、扫描信号发生器、触

NOTE

发同步电路等部分。其方框图如图 5.5.5 所示。

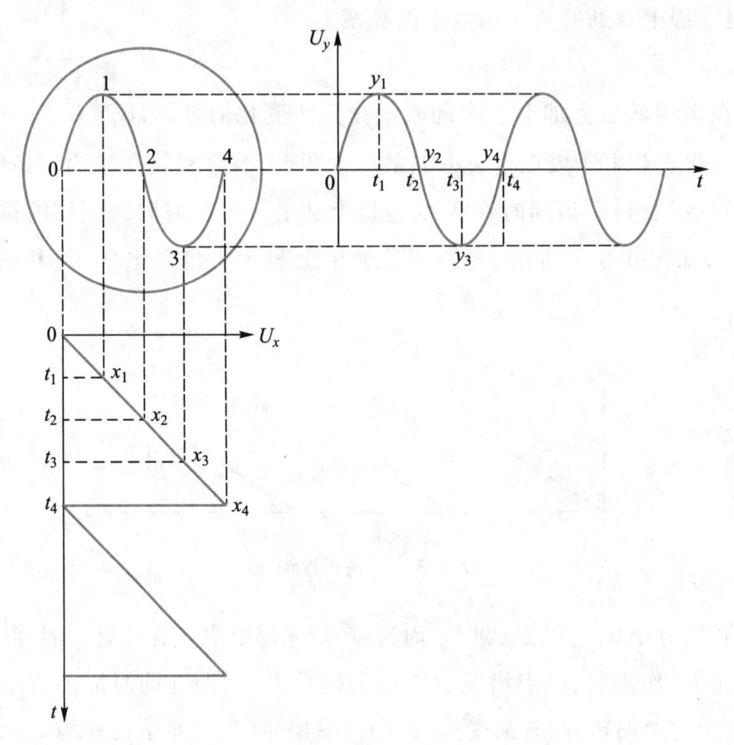

图 5.5.4　示波器显示波形原理图

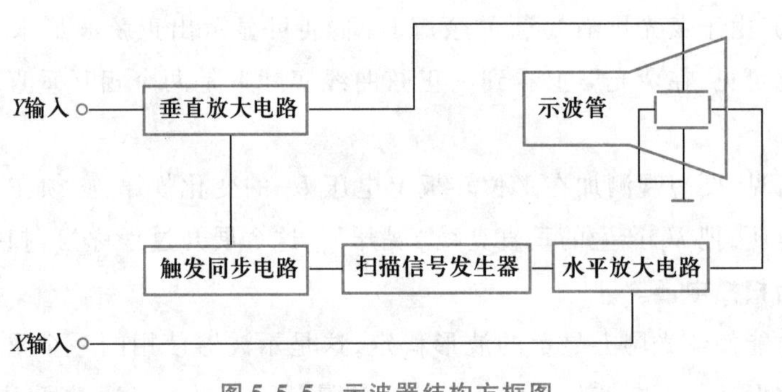

图 5.5.5　示波器结构方框图

1. 垂直放大电路。它的功能是为了满足上述第 1 个条件。

示波器的 X 及 Y 偏转板的灵敏度不高，当输入信号较小时，电子束偏转位移过小而无法观察。垂直放大电路主要功能为不失真地放大待测的电信号，同时保证示波器测量灵敏度的要求。示波器垂直输入灵敏度的单位为 V/div 或 mV/div。此外，还要求垂直放大电路有一定的频率响应范围、足够大的增益调整范围和比较高的输入阻抗。输入阻抗是表示示波器对被测系统影响程度大小的指标。输入阻抗愈高，对被测系统的影响愈小。

NOTE

2. 扫描信号发生器与水平放大电路。它们的功能是为了满足上述第 2 个条件。

扫描信号发生器产生线性良好、频率连续可调的锯齿波信号,作为波形显示的时间基线。水平放大电路将上述锯齿波信号放大,输送到 X 偏转板,以保证扫描基线有足够的宽度。此外,水平放大电路也可以直接放大 X 输入端外接信号,就可以显示 X–Y 图形。

3. 触发同步电路。它的功能是为了满足上述第 3 个条件。

触发同步电路从垂直放大电路中取出部分待测信号,输入到扫描信号发生器,迫使锯齿波与待测信号同步,此称为“内同步”。如果同步电路信号从仪器外部输入,则称为“外同步”。如果同步信号从电源变压器获得,则称为“电源同步”。

为了有效地使显示的波形稳定,目前多数示波器都采用触发扫描电路来达到同步的目的。操作时,使用“电平”(LEVEL)旋钮,改变触发电平高度,如图 5.5.6 所示,触发电平大小为 a。当输入信号达到触发电平时,扫描发生器便开始扫描,直到一个扫描周期结束。扫描周期长短,由扫描速度选择开关控制。锯齿波电压在待测信号处于触发电平值,A_1,A_2…点处开始扫描。于是,在荧光屏上就能稳定地显示出从 A 到 P(以及从 A_1 到 P_1,从 A_2 到 P_2…)的波形。注意:如果触发电势高度超出所显示波形最高点与最低点的范围,将导致锯齿形扫描电压消失,扫描停止。所以,通常我们把触发电平高度调节在波形的最高点与最低点之间的区域附近。

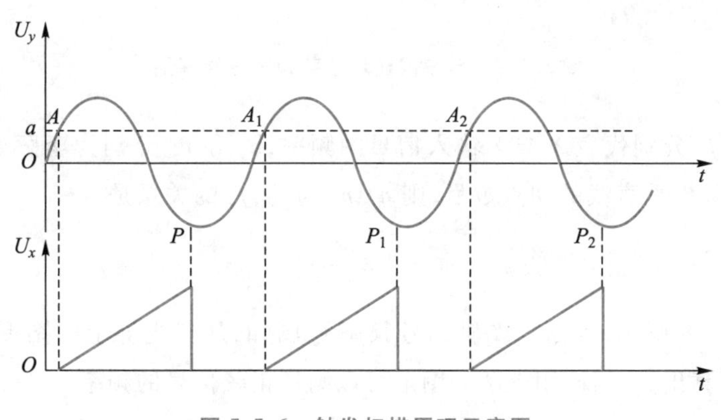

图 5.5.6　触发扫描原理示意图

4. 电源。它为示波管和示波器各部分电路提供合适的电源,使它们能正常工作。

3.5　李萨如图形

在示波器 X 偏转板加上锯齿波电压进行扫描时,在一个扫描周期内,扫描电压随时间成正比地增加,因此锯齿波电压扫描的过程又称为**线性扫描**。除了线性扫描以外,在 X 偏转板(即 X 输入端)上也可以加上其他波形的扫描电压,称为**非线**

NOTE

性扫描。如果在示波器的 X 和 Y 偏转板上分别输入两个正弦信号，且它们频率的比值为简单整数比，这时荧光屏上就呈现出李萨如图形，它是两个互相垂直的简谐振动的信号合成的结果，如图 5.5.7 所示。

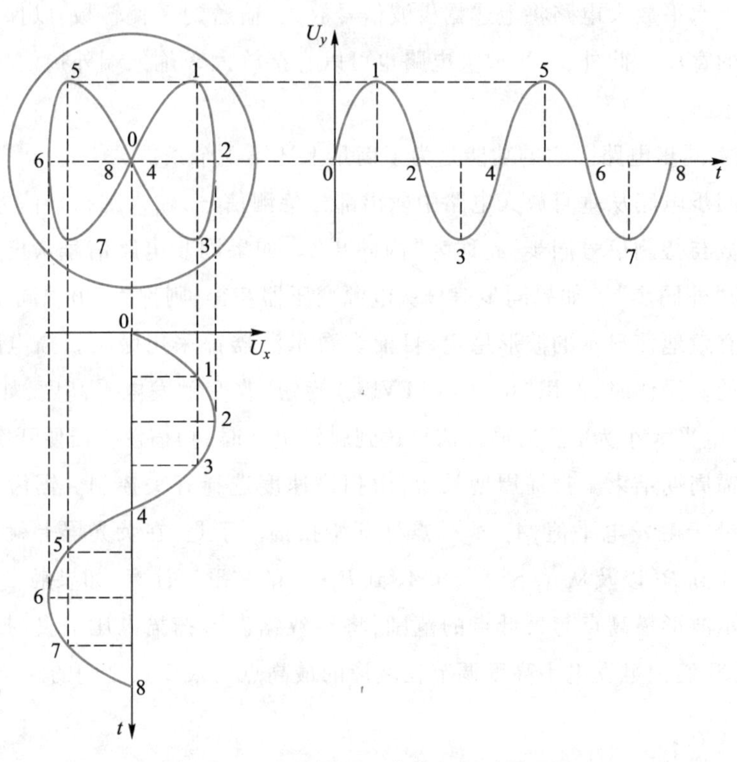

图 5.5.7　示波器显示李萨如图形原理图

若 f_x 和 f_y 分别代表 X 与 Y 输入信号的频率，n_x 和 n_y 分别为李萨如图形与假想水平线及假想垂直线的切点数目，则 n_x、n_y 与 f_x、f_y 的关系是

$$\frac{f_y}{f_x}=\frac{n_x}{n_y} \tag{5.5.4}$$

如图 5.5.8 所示，当输入 X 轴信号频率 f_x 已知，从荧光屏上的图形求出 n_x 及 n_y，由上式可算出 f_y，因而用李萨如图形可以测量正弦信号的频率。

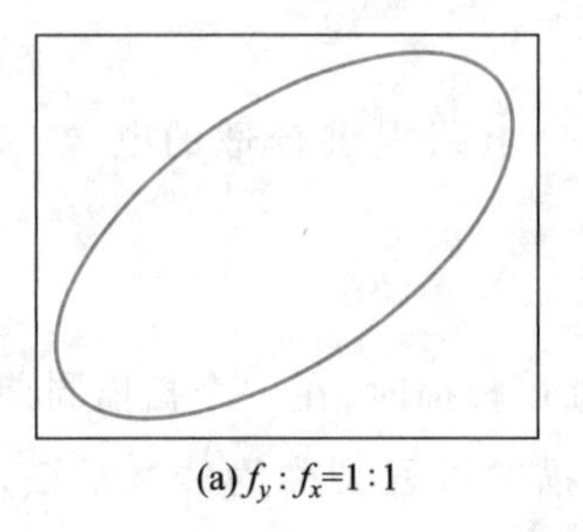

(a) $f_y:f_x=1:1$

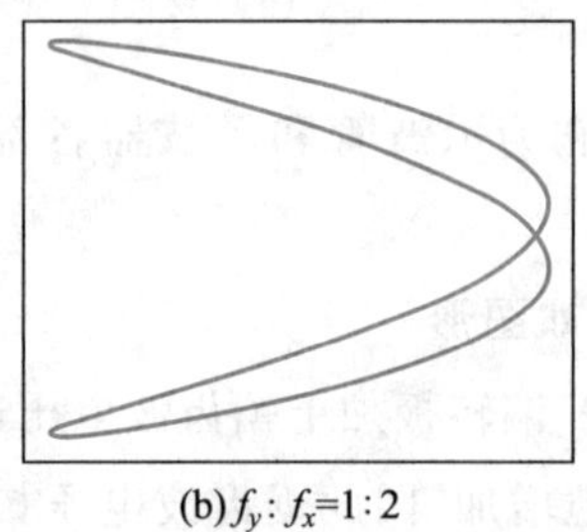

(b) $f_y:f_x=1:2$

NOTE

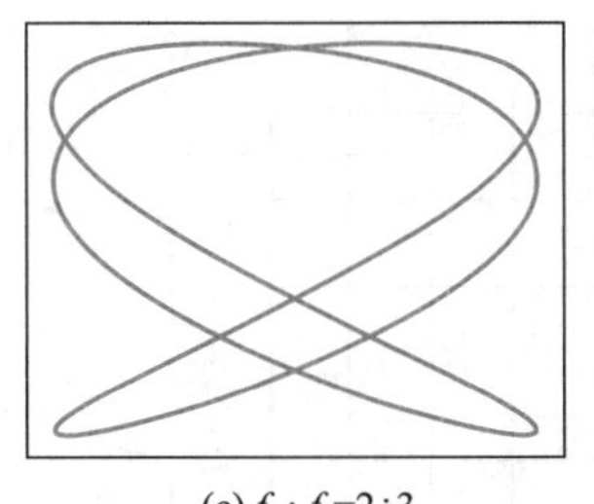

(c) $f_y : f_x = 2:3$

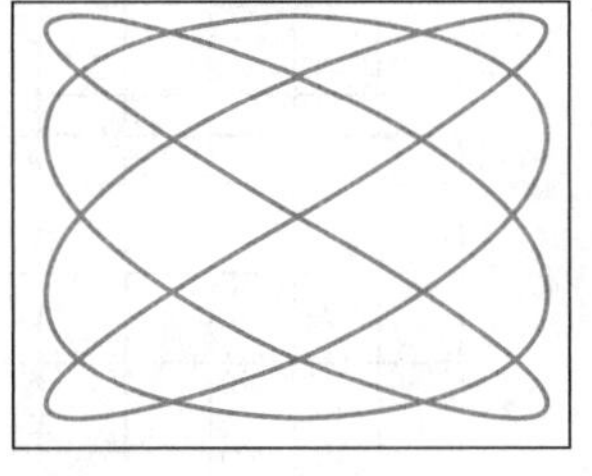

(d) $f_y : f_x = 3:4$

图 5.5.8　几种不同频率比的李萨如图形

4　实验仪器

示波器实验使用到 ST-16 型单踪示波器、UTG7025B 型函数信号发生器以及 SG1001 型简易信号发生器三个设备，如图 5.5.9 所示。信号发生器与示波器间使用同轴电缆连接。

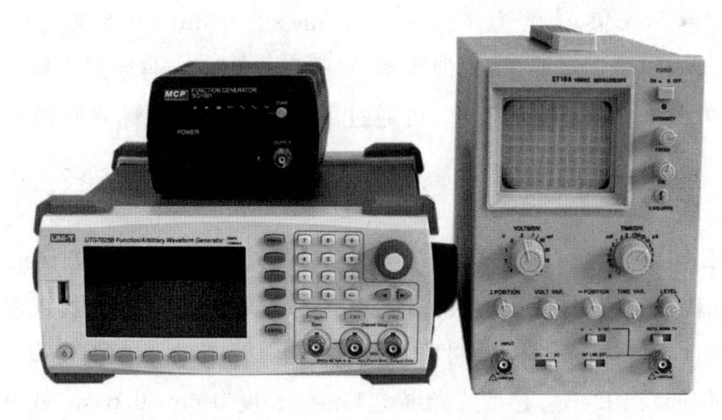

图 5.5.9　示波器实验装置图

4.1　ST-16 型示波器简介

ST-16 型示波器为一通用的单踪示波器，具有体积小、易操作、携带方便等特点。实验者在使用示波器之前，请仔细地阅读示波器的使用说明书，详细了解技术性能与各控制器的功能，正确掌握仪器使用范围和操作方法。

1. 示波器校准

示波器使用前，应进行校准以确保测量的准确性。ST-16 型示波器仪器内附校准信号装置，可供垂直灵敏度和水平时基扫速校准之用，对被测信号能满足定性定量要求。标准型号为方波，幅度为 0.5U_{p-p}，频率为 1 kHz。校准时将示波器标准探头（红色衰减开关波至“X1”位置）接入。将垂直偏转因素选择旋钮置于“0.1 V/div”刻度位置，时基选择旋钮置于“0.1 ms/div”刻度位置，示波器显示波形如图 5.5.10 所示。

NOTE

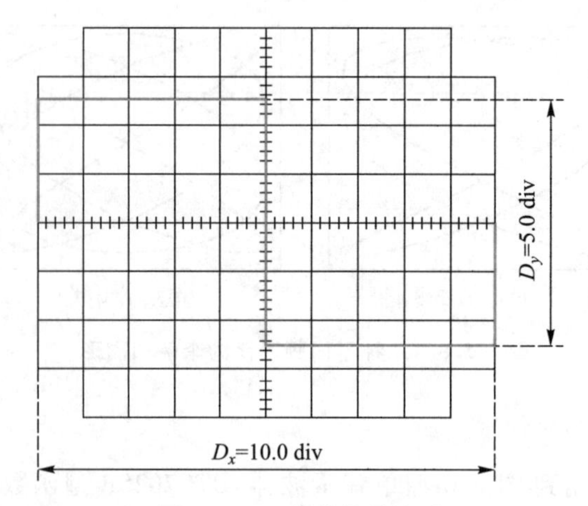

图 5.5.10 校准信号波形

观察波形,应显示垂直方向峰-峰值高度为5.0 div,周期宽度为10.0 div。则标准信号的峰-峰值电压为 $U_y=0.1\ \mathrm{V/div}\times5.0\ \mathrm{div}=0.5\ \mathrm{V}$,信号周期为 $T_y=0.1\ \mathrm{ms/div}\times10.0\ \mathrm{div}=1.0\ \mathrm{ms}$,即频率 $f=1/T=1.0\ \mathrm{kHz}$,与标准信号一致。如果垂直或水平方向偏移量与标准不符,可通过灵敏度微调旋钮将波形调节至标准高度或宽度。

2. 电压测量

根据电偏转原理,输入信号电压与荧光屏上亮点信号在垂直方向的位移呈正比关系,其比例系数 S_y 称为垂直衰减因数(又称 Y 轴灵敏度),由垂直衰减因数开关刻度值读出,单位为V/div。测量时读出波形上峰-谷的垂直距离 D_y,其单位为div,为英文division的缩写,它是荧光屏上1格的长度,1 div=0.6 cm,就可以由下式计算出待测信号峰-峰值电压。

$$U_{p-p}=D_y\cdot S_y \tag{5.5.5}$$

设荧光屏上波形如图5.5.11所示。根据荧光屏 Y 轴坐标刻度,读得信号波形波峰 A 点至波谷 B 点垂直距离 $D_y=6.0$ div。此时 S_y 挡级标称值为0.5 V/div,则待测信号峰-峰值电压为:$U_{p-p}=0.5\ \mathrm{V/div}\cdot D_y=0.5\times6.0\ \mathrm{V}=3.0\ \mathrm{V}$。

测量时应注意选择合适的 Y 轴灵敏度,使波形垂直位移在可观测范围内最大,以提高测量精度。读数还应该检查 Y 轴灵敏度微调旋钮是否处于关闭状态(顺时针旋足位置)。

3. 时间测量

根据显波原理,示波器扫描发生器产生与待测信号同步,并与时间呈线性关系的扫描信号,其比例系数 S_x 称为扫描时间因数(又称 X 轴灵敏度),由扫描时间因数选择开关刻度值读出,单位为 t/div。因而可以用荧光屏上亮点的水平位移来测量波形的时间参数,如信号周期、脉冲信号宽度、上升沿或下降沿时间、两个信号的

NOTE

时间差等。在进行周期测量时,读出波形上峰-峰或谷-谷之间的水平距离 D_x,就可以由下式计算出待测信号周期

$$T=D_x \cdot S_x \tag{5.5.6}$$

图 5.5.12 中 A、B 两点的时间间隔 t 就是正弦电压 U_y 的周期 T_y。根据荧光屏 X 轴坐标刻度,读得信号波形 A、B 两点的水平距离为 $D_x=8.6$ div。如果 S_x 挡级的标称值为0.5 ms/div,则待测信号周期为:$T=0.5$ ms/div $\cdot D_x=0.5\times8.6$ ms $=4.3$ ms。计算可得待测信号的频率为

$$f_y=1/T_y=1/(4.3\ \text{ms})\approx2.3\times10^2\ \text{Hz}$$

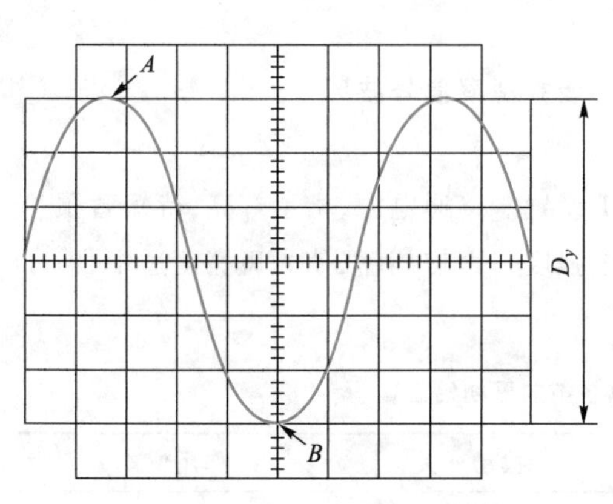

图 5.5.11 正弦信号电压测量

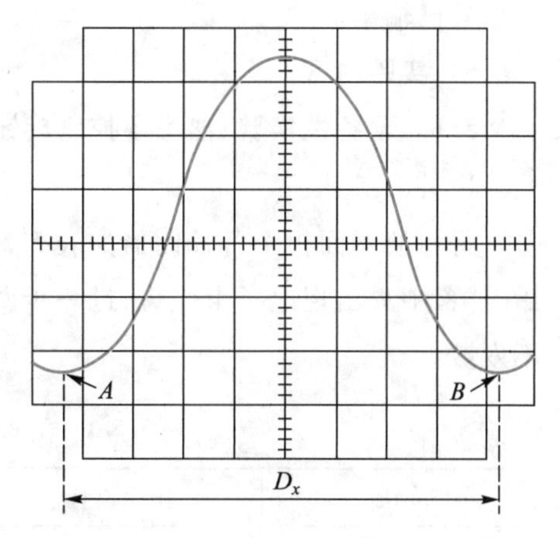

图 5.5.12 正弦信号周期测量

测量时应注意选择合适的 X 轴灵敏度,使波形周期宽度在可观测范围内最大,以提高测量精度。读数还应该检查 X 轴灵敏度微调旋钮是否处于关闭状态(顺时针旋足位置)。

4.2 SG1001 型简易信号发生器简介

SG1001 型简易函数信号发生器提供示波器测试信号。当电源接通,指示灯亮。按动信号选择按钮(FUNC),输出端(OUTPUT)可以输出正弦波、方波、脉冲波等七种不同波形的电信号,它们分别是正斜锯齿波、反斜锯齿波、脉冲波、半波、正弦波、方波、三角波七种信号。

4.3 UTG7025B 型函数信号发生器简介

UTG7025B 型函数信号发生器是一台高性能、宽频带的双通道函数/任意波形发生器。仪器使用 DDS 直接数字频率合成技术生成波形、频率、幅度、相位可以自由设定的高精度信号,正弦波信号最高频率为 25 MHz。信号参数由彩色液晶频率直观显示并通过右侧及下方各按钮设置,如图 5.5.9 所示。本实验中,该信号发生器作为观察李萨如图形时的信号源 f_x,其设置方法如下:

1. 接入线缆。将线缆连接至 CH1 或 CH2 任一通道输出端接口。

NOTE

2. 设置信号波形。接通电源,显示屏显示开机界面后进入功能界面,选择对应通道参数设置,点按菜单键,再点按功能标签“波形”所对应的右侧按钮。在显示屏下方点按功能标签“正弦波”下方的按钮,此时预设输出信号为正弦波。

3. 设置信号参数。选择参数按钮,再选择需设置的参数,如频率,幅度等。在右边数字键盘区输入数字,底部和右边的灰色按钮分别与屏幕中对应位置的菜单相匹配。当屏幕中的数字蓝色高亮显示时,旋转右上角的多功能旋钮可改变此位数值。多功能旋钮下方的“←”,“→”移位键则可控制高亮区域的数位变化。

4. 输出信号。按下输出通道对应的信号开关,如“CH1”按钮后,绿灯亮起,说明信号已输出。

5　实验内容

5.1　预备性实验:熟悉各控制旋钮功能并观察信号波形

1. 电子束调整

将示波器面板上各控制器如表 5.5.1 设置。接通电源,指示灯亮,待短暂预热后,屏幕中央出现电子束光斑,进一步调节强度与聚焦旋钮,使光斑亮度适中,清晰不发散。

表 5.5.1　示波器各控制器初始设置

旋钮	作用位置	拨动开关	作用位置
强度(Intensity)	逆时针旋足	耦合方式	⊥
聚焦(Focus)	居中	*X* 轴输入选择	外接
Y 移位(↕)	居中	极性	+
X 移位(↔)	居中	触发源选择	内

2. 示波器校准

将示波器标准探头接入校准信号输出端,为一幅度为 $0.5U_{p-p}$,频率为 1 kHz 的方波信号。将信号输入耦合方式选择开关置于交流耦合(AC),触发源选择开关置于内触发(INT),扫描方式选择自动触发(AUTO)。将垂直偏转因素选择旋钮置于“0.1 V/div”刻度位置,时基选择旋钮置于“0.1 ms/div”刻度位置。观察波形,竖直方向峰-谷高度为 5.0 div,周期宽度为 10.0 div。如与之不符,可通过 *X* 或 *Y* 灵敏度微调旋钮将波形调节至标准高度或宽度,经调整后的两个微调旋钮在后续测量应保持该状态。

5.2　观察信号波形

用同轴电缆将简易信号发生器与示波器 *Y* 轴输入接口相连接。打开简易信号发生器电源,选择正弦信号输出。调节垂直偏转因素选择旋钮以及时基选择旋钮,在显示屏上呈现适合观测的波形。如果发现波形不稳定或有重叠,旋转触发电平

NOTE

(LEVEL)旋钮,改变触发电平高低,使波形稳定显示。

1. 交流电压(幅度)测量

按坐标刻度读取波形峰-谷竖直方向的格数 D_y,则待测信号的峰-峰值电压 U_{p-p}等于垂直衰减因数开关指示值与 D_y 的乘积。如果使用示波器探头测量时,应把探头的衰减量计算在内。

2. 周期(时间)测量

按坐标刻度读取峰-峰水平方向周期宽度的格数 D_x,则待测信号的周期等于扫描时间因数开关指示值与 D_x 的乘积。

5.3 观测李萨如图形

用同轴电缆将函数信号发生器与示波器 X 轴输入接口相连接,并将扫描方式选择外接(EXT)。开启函数信号发生器电源,选择正弦信号输出,按下输出通道CH1 或 CH2 输出接口上方的按钮,绿灯亮说明信号已输出。观察示波器荧光屏上出现李萨如图像。仔细调节函数信号发生器输出频率,当屏幕上出现稳定的椭圆图形,此时 f_x 与 f_y 基本相等,记录下所显示的频率数值。注意李萨如图的形状不但与两个信号的频率有关,而且与两个信号的相位也有关,不同相位差呈现不同的偏转角度图形,可用此方法测定两个信号的相位差。继续改变信号发生器的频率,当两个信号频率成整数倍时,将依次出现稳定的简单频率比李萨如图形,分别记录下频率参数,经计算可得简易信号发生器输出的正弦信号频率值。

6 注意事项

1. 避免频繁开机或关机。
2. 示波器若长期未用,在使用前必须进行校准。
3. 示波器是精密电子设备,面板上各旋钮或开关宜缓慢调节,尤其在灵敏度调节旋钮切换时,切忌不能调节过快,否则容易引起旋钮的错位与损坏。
4. 示波器与信号源的公共地端必须连接在一起。
5. 有大信号接入示波器时,应选用合适的衰减器对信号进行衰减。
6. 示波器电源含高压,严禁擅自打开外壳。

7 数据记录与处理

1. 观测简易信号发生器输出信号的电压与频率,并填入表 5.5.2。

表 5.5.2 待测信号电压与周期

待测信号波形	峰-峰值电压			周期			频率
	V/div	div	U_{p-p}/V	ms/div	div	T_y/ms	f_y/kHz

NOTE

续表

待测信号波形	峰-峰值电压			周期			频率
	V/div	div	U_{p-p}/V	ms/div	div	T_y/ms	f_y/kHz

2. 观察李萨如图形,测量正弦信号频率,填写表 5.5.3。

表 5.5.3　观察李萨如图形

李萨如图形	f_x/kHz	n_y	n_x	$f_y\left(=\frac{n_x}{n_y}f_x\right)$/kHz
				$\bar{f}_y=$　kHz

8　思考题

1. 一正弦电压信号从 Y 轴输入示波器,荧光屏上仅显示一条竖直的直线,试问这是什么原因?应调节哪些开关和旋钮,方能使荧光屏显示出正弦波?

2. 试说明如何用示波器来测量直流电压。

3. 示波器能否观测非周期性信号?请用同步原理说明。

4. 示波器上观察到的李萨如图形不停旋转的原因是什么?如何使李萨如图形趋于稳定?

9　实验拓展

1. 设计一个移相电路,并使用示波器观测相位变化。

2. 基于 Labview 软件设计一个简易虚拟示波器。

NOTE

5.6 用霍尔效应法测量磁感应强度

1 引言

霍尔效应是美国霍普金斯大学研究生霍尔(E. H. Hall,1855—1938)在1879年发现的一种电磁现象。他在研究载流导体在磁场中受力性质时,发现如果在电流的垂直方向加上磁场,则在与电流和磁场都垂直的方向上将建立一个电场,这个效应后来被称为霍尔效应,相应的电势差称为霍尔电势差。随着半导体材料的发展,近年来由高电子迁移率的半导体制成的霍尔传感器,因其结构简单、性能可靠、使用方便、成本低廉等优点,不仅仅是测量半导体材料电学参量的重要手段,更在非电学量检测、信息处理等方面具有广阔的前景,广泛用于磁场测量、自动化、计算机和信息技术等方面。

霍尔效应是固体物理学的基础,也是表征材料(尤其是半导体)的重要诊断手段。其中量子霍尔效应是20世纪凝聚态物理学领域最为重要的发现之一。1980年和1982年,德国物理学家冯·克利青及美籍华裔物理学家崔琦等人,在强磁场和极低温条件下先后发现了整数量子霍尔效应和分数量子霍尔效应,并取得了重要应用,例如用于确定电阻的自然基准,用于精确测定光谱精细结构常数等。他们分别获得了1985年度和1998年度诺贝尔物理学奖。2013年,由清华大学薛其坤院士领衔的实验团队利用分子束外延的方法生长了高质量的磁性掺杂拓扑绝缘体薄膜,首次在极低温输运测量装置上成功观测到了量子反常霍尔效应。

2 实验目的

1. 了解霍尔效应测量磁感应强度的原理与方法。
2. 掌握集成霍尔传感器原理及灵敏度定标方法。
3. 熟练运用集成霍尔传感器测量螺线管内磁感应强度分布。

3 实验原理

3.1 霍尔效应

带电粒子(电子或空穴)在磁场中受洛伦兹力作用而产生偏移,在垂直电流和磁场的方向上产生正、负电荷的聚集,从而形成横向电场,其两端电位差称为霍尔电势。如图5.6.1所示,把一块半导体薄片(锗片或硅片)放在垂直于它的磁场 $\boldsymbol{B}$ 中($\boldsymbol{B}$ 的方向沿 z 轴自下而上)。在薄片的四个侧面 A 和 A',D 和 D'分别引出两对电极。

当沿 AA'方向(x 轴方向)通过电流 I 时,半导体内定向移动的载流子受到洛伦兹力 F_B 的作用,

$$F_B = evB \tag{5.6.1}$$

式中 e 和 v 分别是载流子的电荷量和移动速度。载流子受力偏转的结果使电荷在

NOTE

DD'两侧积聚而产生相应的附加电场。由此形成的电场对载流子产生一个与 F_B 反方向的电场力 F_E。用 E 表示该电场强度，U_H 表示 DD'间的电势差，则

$$F_E = eE = e\frac{U_H}{b} \tag{5.6.2}$$

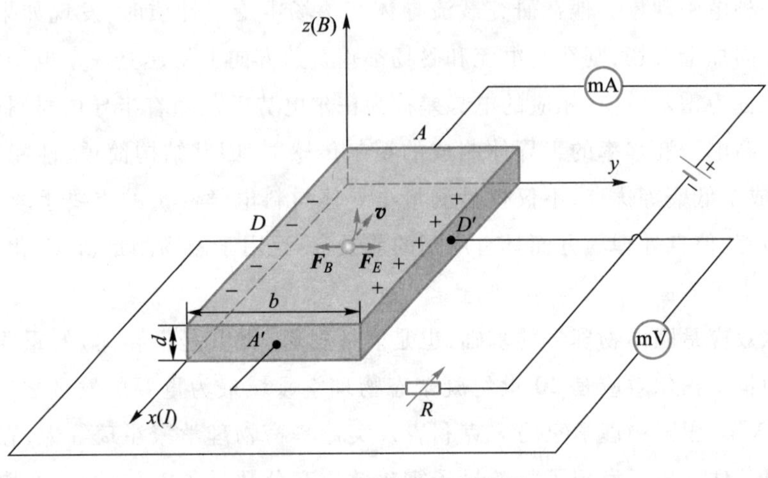

图 5.6.1　霍尔效应示意图

当电场力和洛伦兹力平衡时，即：$F_E = F_B$

$$evB = e\frac{U_H}{b} \tag{5.6.3}$$

霍尔元件工作电流 I 为

$$I = nevbd \tag{5.6.4}$$

式中 v 为载流子在电流方向上的平均漂移速度；n,b,d 均为霍尔元件相关参数。其中 n 为载流子浓度；b 为元件宽度；d 为元件厚度。

由(5.6.3)式和(5.6.4)式可得霍尔电势差：

$$U_H = \frac{1}{ne}\cdot\frac{IB}{d} = R_H\frac{IB}{d} = K_H IB \tag{5.6.5}$$

式中，$R_H = 1/ne$ 称为霍尔系数，表示材料霍尔效应的强弱，与材料的电导率、载流子浓度以及载流子迁移率等基本参数有关。$K_H = R_H/d$ 称为霍尔元件的灵敏度，通常单位表示为 mV/(mA · 100 mT)或 mV/(mA · kGs)。灵敏度与载流子浓度 n 以及霍尔元件厚度 d 成反比，因此霍尔元件通常采用较薄且载流子浓度较低的半导体材料制作，如锗(Ge)、锑化铟(InSb)、砷化铟(InAs)等。半导体材料有 n 型(电子型)和 p 型(空穴型)两种，前者载流子为电子，带负电；后者载流子为空穴，相当于带正电的粒子。从图 5.6.1 可以看出，对 n 型材料，D 点电势低于 D'点，即 $U_H<0$；对于 p 型材料，D 点电势高于 D'点，即 $U_H>0$。知道了载流子的类型，可以根据 U_H

NOTE

的正负定出磁场的方向;反之,知道了磁场方向,也可以确定载流子的类型。

若已知霍尔元件灵敏度 K_H,测得工作电流 I 与相应的霍尔电势差 U_H,就可以由(5.6.5)式计算出磁感应强度 B,这就是用霍尔元件测量磁场的基本原理。由于霍尔效应建立所需时间很短(10^{-14} ~ 10^{-12} s),人们利用霍尔元件作为磁场探测元件制成了各种型号的霍尔效应特斯拉计,分别用来测量直流、交变的或者脉冲的磁场,测量范围为 10^{-4} ~ 10 T 的数量级。

3.2 副效应及其消除方法

伴随着霍尔效应还经常存在其他的副效应,如热磁效应、不等位电势差等,它们产生的电势差与霍尔电势差叠加输出,因此在使用霍尔元件时需设法消除相关附加电势差,才能获得较为准确的霍尔电势差。

1. 埃廷斯豪森效应

1887 年,埃廷斯豪森在霍尔效应实验中发现霍尔元件两侧 D 和 D'端存在温度差,所产生的温度梯度与通过样品的电流与磁场成正比

$$\frac{\partial T}{\partial y}=PIB \tag{5.6.6}$$

P 称为**埃廷斯豪森系数**。温度梯度引起温差电动势 U_E 的方向与电流 I 及磁场 B 的大小和方向有关。

2. 能斯特效应

能斯特和埃廷斯豪森在研究金属铋的霍尔效应时发现,由于电极接触电阻以及半导体材料不同而产生焦耳热导致 A 和 A'端温度不同,沿温度梯度扩散的载流子受到磁场的偏转,会建立一个横向电场,则在 y 轴方向产生电势差 U_N

$$U_N=-Q\frac{\partial T}{\partial x}B \tag{5.6.7}$$

其中 Q 称为**能斯特系数**。U_N 的方向与磁场 B 方向有关,而与通过样品的电流 I 方向无关。

3. 里吉-勒迪克效应

1887 年里吉和勒迪克几乎同时发现,与埃廷斯豪森效应类似,当有热流通过霍尔片时,与样品面垂直的磁场可以使霍尔片的两侧产生温度差,如果改变磁场方向,温度梯度的方向也随着改变。

$$\frac{\partial T}{\partial y}=S\frac{\partial T}{\partial x}B \tag{5.6.8}$$

式中 S 称为**里吉-勒迪克常数**。热扩散载流子的速率存在差异,由此产生的温差电动势 U_R 的方向仅与磁场 B 方向有关。

4. 不等位效应

在实际霍尔元件制作中,其 D 和 D'端不可能恰好处在同一等势面上。因而只

NOTE

要样品中有电流通过,即使磁场 B 不存在,由于横向电极不对称而在 D 和 D' 端亦存在有电势差,称为不等位电动势 U_0,U_0 的方向仅与电流 I 的方向有关。

综上所述,实际测出的霍尔元件横向 D 和 D' 端电势差 $U_{DD'}$ 为霍尔电势以及相关副效应电势的代数和:

$$U_{DD'}=U_H+U_E+U_N+U_R+U_0 \tag{5.6.9}$$

为消除各附加效应所带来的系统误差,实验时可通过改变工作电流和磁场方向,即在(+B、+I),(+B、-I),(-B、-I),(-B、+I)四种情况下所测量 D 和 D' 端的电压,取算术平均值作为测量结果,消除 U_N,U_R,U_0 的影响。其方法如下:

磁场与工作电流均为正时:　$U_1=U_H+U_E+U_N+U_R+U_0$　　(5.6.10)

磁场为正,工作电流为负时:　$U_2=-U_H-U_E+U_N+U_R-U_0$　　(5.6.11)

磁场与工作电流均为负时:　$U_3=U_H+U_E-U_N-U_R-U_0$　　(5.6.12)

磁场为负,工作电流为正时:　$U_4=-U_H-U_E-U_N-U_R+U_0$　　(5.6.13)

一般情况下,U_E 远小于 U_H,在误差允许范围内可以略去,则霍尔电势近似表示为

$$U_H=\frac{1}{4}(U_1-U_2+U_3-U_4)=\frac{1}{4}(|U_1|+|U_2|+|U_3|+|U_4|) \tag{5.6.14}$$

3.3　集成霍尔传感器

随着 20 世纪 50 年代半导体材料的出现,霍尔元件的应用研究开始兴起。1959 年,第一个商品化的霍尔元件问世。随后,集成霍尔传感器研制快速发展并获得广泛应用。集成霍尔传感器是将霍尔元件、集成电路放大器和薄膜电阻剩余电压补偿器组合而成的微型测量磁感应强度的器件。集成电路放大器将仅毫伏数量级的霍尔电势加以放大至伏数量级。薄膜电阻剩余电压补偿器在无磁场情况下,将由于半导体材料结晶不均匀,各种副效应以及电极不对称等因素引起的剩余电压,采用电压补偿法加以清除。因而集成霍尔传感器具有体积小、输出信号大、无须考虑剩余电压影响和使用方便等优点。

以本实验中所用的 SS95A 型集成霍尔传感器为例,它由三个引脚,分别是:"V_+""V_-""V_{out}",其元件引脚以及内部结构如图 5.6.2 所示。其中"V_+"和"V_-"为"电流输入端","V_{out}"和"V_-"为"电压输出端"。

当磁感应强度为零(零磁场)条件下,将霍尔电压调零,传感器处在标准工作状态。此时

$$B=\frac{U_S}{K_S} \tag{5.6.15}$$

式中 K_S 为集成霍尔传感器的灵敏度,单位为 V/T。U_S 为集成霍耳传感器的输出电压 V_{out} 经补偿后的电压值,单位为 V。可见磁感应强度与传感器输出电压呈线性关系。

NOTE

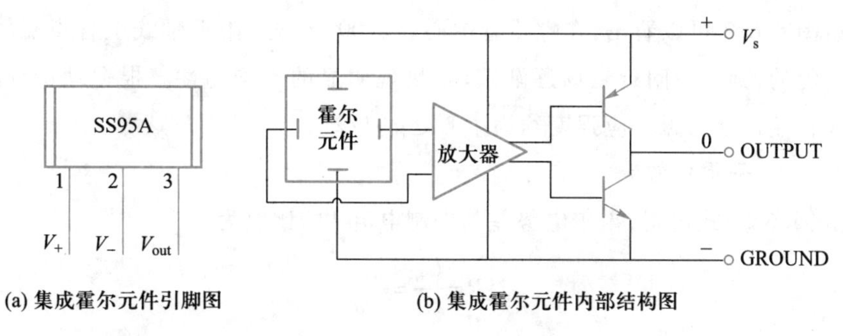

(a) 集成霍尔元件引脚图 (b) 集成霍尔元件内部结构图

图 5.6.2 集成霍尔元件示意图

3.4 螺线管磁场

螺线管通常由绝缘导线均匀且紧密地绕制而成的圆筒型线圈,因其可产生可控的、较为均匀的磁场,因此成为工程应用和实验测量中较为常用的实验器件,如继电器、转换器和回旋加速器等。

螺线管可以看成是由多匝的共轴圆形线圈紧密排列组成,因此一个载流长直螺线管在轴线上某点 P 处的磁场等于各匝线圈的圆电流在该位置磁场的矢量和。根据毕奥-萨伐尔定律,对于一个有限长的螺线管,在距离两端口等远的中心 O 点,磁感应强度为最大,且等于:

$$B_O=\frac{\mu_0 N}{\sqrt{L^2+\overline{D}^2}}I_m \tag{5.6.16}$$

式中,μ_0 为真空磁导率,$\mu_0=4\pi\times10^{-7}\ \mathrm{T\cdot m\cdot A^{-1}}$;$N,D,L$ 分别为螺线管的匝数、直径和长度。以本实验中所用的螺线管为例,其轴向磁感应强度分布曲线如图 5.6.3 所示。

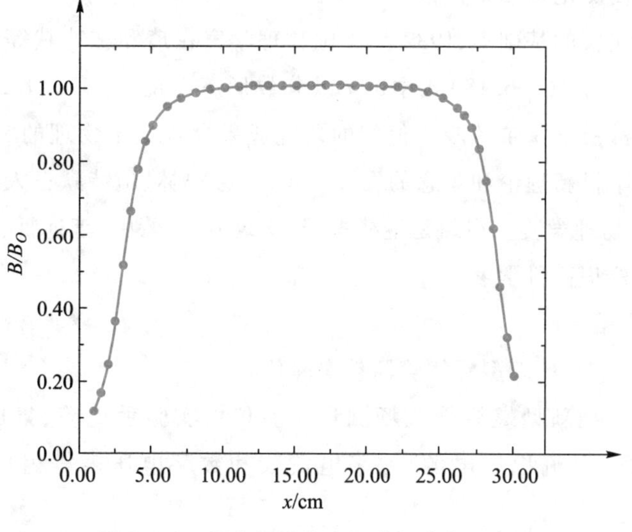

图 5.6.3 通电螺线管内部磁场分布示意图

NOTE

由图 5.6.3 可以看出,在螺线管中心(16.00 cm 处)附近轴线上各点磁场基本上是均匀的,到管口附近磁场逐渐减弱,呈现明显的不均匀性。根据理论计算,长直螺线管端口处的磁感应强度约为中心处的 1/2。

3.5　量子霍尔效应

由(5.6.5)式可得,霍尔电势差与控制电流 I 的比值为

$$R=\frac{U_{\mathrm{H}}}{I}=\frac{B}{ned} \tag{5.6.17}$$

式中 R 具有电阻的量纲,因此定义为霍尔电阻。经典物理表明,霍尔电阻随磁场 B 线性变化,且随载流子浓度 n 的增加而减小。当载流子浓度 n、元件厚度 d 和磁感应强度 B 一定时,霍尔电阻是一个确定值。1980 年,德国物理学家克利青等人在极低温和强磁场的条件下,对硅、金属–氧化物–半导体场效应管反型层中的二维电子系统进行研究时,发现霍尔电阻与磁场的关系并不是线性的,而是由一系列台阶式的改变,这些平台上的霍尔电阻是以基本单位 e^2/h 的整数倍存在,这一效应称为整数量子霍尔效应,克利青因此获得 1985 年诺贝尔物理学奖。量子理论指出:

$$R=\frac{U_{\mathrm{H}}}{I}=\frac{R_{\mathrm{K}}}{i}\quad(i=1,2,3,\cdots) \tag{5.6.18}$$

式中 R_{K} 叫克利青常量,它和基本常量 h 和 e 有关,即

$$R_{\mathrm{K}}=\frac{h}{e^2}=25\,812.80\ \Omega \tag{5.6.19}$$

由于 R_{K} 的值可以精确到 10^{-10},由此可以得到一种新的、实用的电阻标准,从 1990 年开始,“欧姆”就根据霍尔电阻精确地等于 25 812.80 Ω 来定义。鉴于量子霍尔电阻的数值只取决于精细结构常数和光速,与样品的几何尺寸无关,因而还提供了一种高精度测定精细结构常数的方法。

在克利青实验的基础上,1982 年美国物理学家崔琦和施特默等发现在更强磁场(如 20~30 T)下,(5.6.18)式中的 i 以分数形态出现,如 1/2,1/3,1/4,1/5 等,这种现象叫**分数量子霍尔效应**。他们的研究成果导致量子物理的突破,促进近代物理学上许多学科新理论和观念的发展。崔琦、劳夫林、施特默三人也因此获得了 1998 年诺贝尔物理学奖。崔琦是继杨振宁、李政道、丁肇中、李远哲、朱棣文之后获此殊荣的第六位华裔科学家。

4　实验仪器

4.1　FD–ICH–C 新型螺线管测量实验仪器介绍

FD–ICH–C 型新型螺线管磁场测量实验仪由实验手提箱、集成霍尔传感器探测棒、螺线管、直流稳压电源、数字电流表和数字电压表等组成,如图 5.6.4 所示。

NOTE

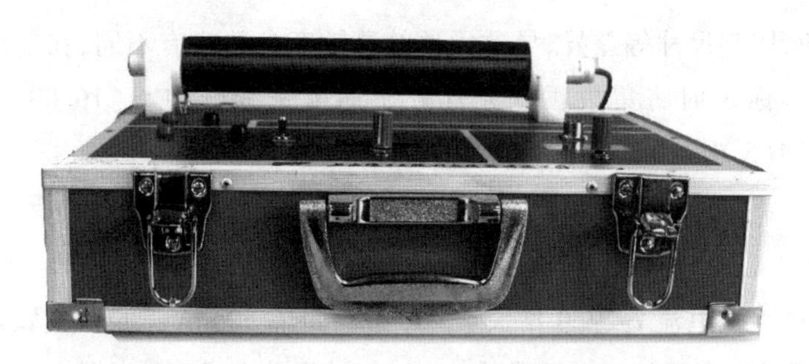

图 5.6.4 FD-ICH-C 新型螺线管测量实验装置

待测螺线管安装在实验仪面板上方,其技术参数如表 5.6.1 所示。“励磁电流输入”为螺线管两输入端。

表 5.6.1 螺线管参数

长度 L	260±1 mm
内径 ϕ_1	25.0±0.2 mm
外径 ϕ_2	45.0±0.2 mm
层数 M	10
匝数 N	300±20
中心均匀磁场范围	>100 mm

集成霍尔传感器安装在探测棒一侧,其引脚通过引线穿过探测棒另一侧连接到面板中“霍尔传感器”航空接口插座,与内部电路相连接。该传感器内含激光修正的薄膜电阻,提供精确的灵敏度和温度补偿,不必考虑剩余电压影响。技术参数如表 5.6.2 所示。

表 5.6.2 实验仪主要技术参数

工作电压	DC 5 V
磁场测量范围	-67 ~ +67 mT
功耗(在 DC 5 V 时)	7 mW
灵敏度	(31.3±1.5)V/T
温度误差,零点漂移	<±0.06%/℃

仪器中内置有 0~0.5 A 数字恒流源,给螺线管和集成霍尔传感器分别提供励磁电流以及工作电流。螺线管与电源之间通过换向开关连接,实验时通过改变磁场方向测量到两次霍尔电势,计算其平均值以消除附加电势以及地磁场的影响。

4.2 标定集成霍尔传感器灵敏度

集成霍尔传感器应用十分广泛,因此生产厂商较多。在制造过程中,因生产工

NOTE

艺、材料制备、切割尺寸等差异,导致元件的灵敏度参数略有不同,在使用前需要对其进行标定。标定时将集成霍尔元件处于通电螺线管中心(16.00 cm 处)。由(5.6.15)式和(5.6.16)式可得灵敏度 K_S 为

$$K_S=\frac{\Delta U_S}{\Delta B_C}=\frac{\sqrt{D^2+L^2}}{\mu_0 N}\cdot\frac{\Delta U_S}{\Delta I_m} \tag{5.6.20}$$

实验时将励磁电流 I_m 从 0 增大至 450 mA,每隔 50 mA 记录一次霍尔传感器输出电压 U_S,通过一元线性回归法求出 $\Delta U_S/\Delta I_m$,代入上式可以计算得到灵敏度 K_S。若发现输出电压随励磁电流增大而减小,则需要将换向开关置向另一边再进行测量。

5 实验内容

5.1 预备性实验:观测磁场强度随距离变化关系

1. 实验装置连接. 用导线将励磁恒流源的输出端与螺线管线圈的电流输入端连接,注意正负极性对应,然后将霍尔传感器探测棒的接口与面板上集成霍尔传感器插座相连。

2. 打开电源,将恒流源电流设置为零,调节“霍尔电压调零”旋钮使数字电压表显示为零,这时集成霍尔元件便达到了标准化工作状态。

3. 将磁铁固定在螺线管左侧端口处,探测棒与之相接触。将探测棒逐渐远离磁铁,依次记录距离与霍尔传感器输出电压,并分析两者间存在怎样关系?

5.2 标定集成霍尔传感器灵敏度 K_S

1. 将集成霍尔传感器放在螺线管的中间位置(16.00 cm 处)。将换向开关置于向上,即正向位置。调节励磁电流从 0 至 400 mA,每隔 50 mA,记录一次霍尔传感器输出电压,得到 U_S-I_m 关系。

2. 通过一元线性回归法求出 $\Delta U_S/\Delta I_m$ 和相关系数 r。

3. 结合表 5.6.1 中螺线管参数,利用(5.6.20)式计算灵敏度 K_S。

5.3 测量通电螺线管磁感应强度分布

1. 调整励磁电流为 250 mA,从标尺刻度 0 开始,将探测棒向右移动,依次记录不同位置下,励磁电流为正向及反向时输出电压 U_1 和 U_2。标尺的刻度值范围为 0~30.00 cm,螺线管两端的测量数据点应比中心位置的测量数据点密一些(即刻度值为 1.00~5.00 cm 以及 26.00~30.00 cm 时,每隔 0.50 cm,其余位置每隔 1.00 cm 时记录)。

2. 分别计算不同位置霍尔电势差 $U_H=(|U_1|+|U_2|)/2$,根据(5.6.15)式计算磁感应强度 B 大小。绘制螺线管内部磁场分布 B-x 曲线。

3. 计算并在图上标出均匀区的磁感应强度及均匀区范围(包括位置与长度),假定磁场变化小于 1% 的范围为均匀区。

NOTE

4. 通电螺线管端口点处的磁感应强度约为中心位置的一半。在图上标出磁感应强度等于螺线管中心磁感应强度一半，即$\frac{1}{2}B_0$处的两点P和P'，并计算通电螺线管长度。

6 注意事项

1. 对集成霍尔传感器灵敏度标定时，传感器应放置在螺线管中心（即均匀磁场中）。

2. 实验完毕后，请将螺线管的励磁电流调回到零，再关闭设备电源。

7 数据记录与处理

1. 验证霍尔电势差U_H与磁感应强度B的关系，并计算传感器灵敏度K_S，填写表5.6.3。

表5.6.3 标定传感器灵敏度测量数据

I_m/mA	0	50.0	100.0	150.0	200.0	250.0	300.0	350.0	400.0
U_S/mV									

由上表数据，用最小二乘法（一元线性回归）计算斜率$k=\frac{\Delta U_S}{\Delta I_m}=$________。

相关系数$r=$________。

计算传感器灵敏度：$K_S=\frac{\Delta U}{\Delta B}=\frac{\sqrt{L^2+\overline{D}^2}}{\mu_0 N}\frac{\Delta U_S}{\Delta I_m}=\frac{\sqrt{L^2+\overline{D}^2}}{\mu_0 N}k=$________。

2. 测绘通电螺线管轴线上磁感应强度分布曲线，并确定磁场均匀区和螺线管长度，填写表5.6.4。

表5.6.4 螺线管内磁感应强度B与位置刻度x的关系（励磁电流$I_m=250.0$ mA）

x/cm	U_1/mV	U_2/mV	U_S/mV	B/mT	x/cm	U_1/mV	U_2/mV	U_S/mV	B/mT
1.00					7.00				
1.50					8.00				
2.00					9.00				
2.50					10.00				
3.00					11.00				
3.50					12.00				
4.00					13.00				
4.50					14.00				
5.00					15.00				
6.00					16.00				

NOTE

续表

x/cm	U_1/mV	U_2/mV	U_S/mV	B/mT	x/cm	U_1/mV	U_2/mV	U_S/mV	B/mT
17.00					26.00				
18.00					26.50				
19.00					27.00				
20.00					27.50				
21.00					28.00				
22.00					28.50				
23.00					29.00				
24.00					29.50				
25.00					30.00				

在毫米方格纸上绘制 B-x 曲线。

螺线管中心磁感应强度理论值 $B_O=\dfrac{\mu_0 N}{\sqrt{L^2+\overline{D}^2}}I_m=$________；

由图中可知，$x=16.00$ cm 处磁感应强度 $B_O'=$________；

百分差 $E=\dfrac{|B_O'-B_O|}{B_O}\times 100\%=$________；

自 $x_1=$________至 $x_2=$________为磁场均匀区；

螺线管左侧端口位置 $x_P=$________；右侧端口位置 $x_P'=$________；

螺线管长度 $l=$________。

8　思考题

1. 如何判断霍尔元件的平面与磁场的方向是否垂直？

2. 通电螺线管长时间通电会引起线圈发热，请分析对实验结果有何影响？

3. 测量霍尔电压时，为什么要采取设置双刀换向开关，改变螺线管中励磁电流方向？

9　实验拓展

1. 利用集成霍尔传感器设计一个测定转速的实验装置。

2. 利用集成霍尔传感器设计一个检测大电流的实验装置。

3. 设计一个实验方案，利用集成霍尔传感器研究弹簧振子的简谐振动规律，并测量弹簧弹性系数。

NOTE

5.7 半导体元件电阻的测量

1 引言

半导体元件是构成电子电路的基本元件，是现代电子技术发展的基础。在当今信息化高速发展的时代，纳米芯片、单电子存储器、量子计算机等技术革新，都与半导体元件研制紧密相关。我国在自主知识产权集成电路技术方面已获得快速的发展，2013 年我国成功研制出世界上首个半浮栅晶体管（SFGT），该器件在存储和图像传感等领域具有广泛的应用前景。

半导体材料的阻值是非线性变化的，通常使用伏安特性曲线表示电压和电流之间的函数关系，可以使用函数记录仪、图示仪或者计算机进行自动测绘并呈现。伏安法是电学实验中最基本的方法，通过本实验内容，有助于学生对半导体材料的伏安特性的理解和认识，并获得基本的电路测量训练。

2 实验目的

1. 掌握用伏安法测量电阻。
2. 掌握测量半导体二极管特性时电表内接与外接的方法和意义。
3. 掌握模拟或数字电表量程选择及读数方法。
4. 学习使用示波器、电压传感器测绘半导体的伏安特性曲线。

3 实验原理

3.1 伏安特性曲线

在电学元件两端加上电压时，元件内就会有电流通过，电压与电流之比为电阻。若改变加在两端的电压值 U，电流值 I 也会随之而变化。一般以电压为横坐标，电流为纵坐标作出元件的电压-电流关系曲线，称之为**伏安特性曲线**。对于金属导体材料，在温度不变的情况下，其伏安特性曲线呈直线，这一类元件我们称为**线性元件**，其斜率的倒数为电阻，如图 5.7.1(a)所示。而对于半导体材料的器件，如二极管、半导体热敏电阻、光敏电阻等，它们的电流与加在元件两端的电压不成线性关系变化，其伏安特性为曲线，这类元件称为**非线性元件**，其伏安特性与物理特性相联系，如发热、发光、能级跃迁等，如图 5.7.1(b)所示。

3.2 半导体 pn 结

半导体中掺入微量的三价（五价）杂质元素，就形成了 p 型（n 型）半导体。由于杂质的激活能量很小，所以在室温下杂质差不多都电离成受主离子 N_A^- 和施主离子 N_D^+。如图 5.7.2 所示，⊖代表得到一个电子的三价杂质（例如硼）离子，带负电；⊕代表失去一个电子的五价杂质（例如磷）离子，带正电。因此 p 区有大量空穴，即空穴浓度高；而 n 区有大量自由电子，即自由电子浓度高。因而 p 区的空穴要向 n 区运动，n 区的自由电子要向 p 区运动，这种现象称为**扩散运动**。扩散运动造成 p

NOTE

型半导体和 n 型半导体交界面两侧形成一层很薄的空间电荷区,该区也称为**耗尽区**,这个空间电荷区就是 **pn 结**。由于 pn 结内电场的建立,阻止了 p 区及 n 区载流子向对方进一步扩散,从而形成相对平衡的状态。

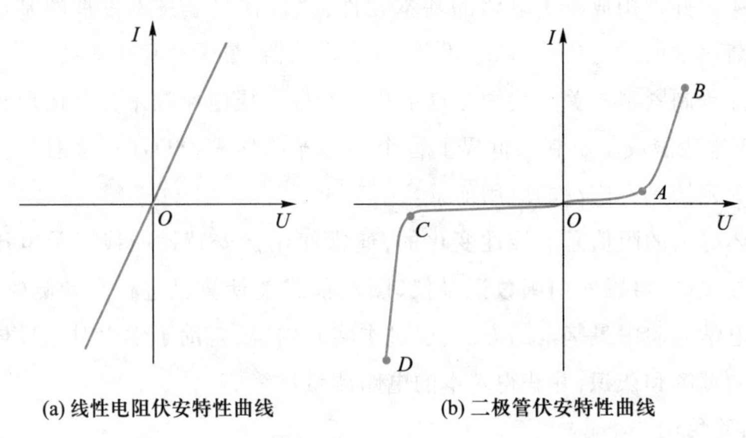

(a) 线性电阻伏安特性曲线　(b) 二极管伏安特性曲线

图 5.7.1 伏安特性曲线

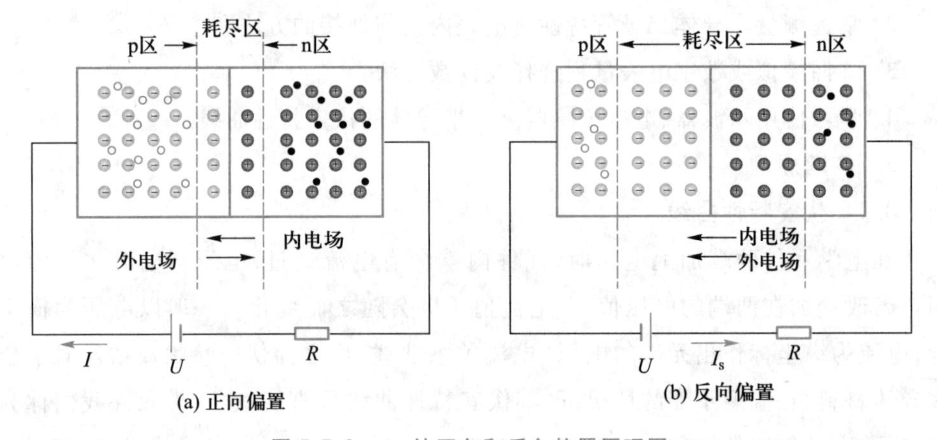

(a) 正向偏置　(b) 反向偏置

图 5.7.2 pn 结正向和反向偏置原理图

当 pn 结加上正向偏置电压时,外加电场与内电场方向相反,耗尽区在外电场作用下变窄,势垒削弱,使载流子扩散运动继续形成电流,此即 pn 结的单向导电性,电流 I 的方向是从 p 区指向 n 区。当 pn 结加上反向偏置电压时,外加电场与内电场方向一致,耗尽区在外电场作用下变宽,使势垒加强,此情况下载流子扩展运动减弱,主要表现为载流子漂移运动。当 n 区中的空穴到达势垒区边界时,会被电场拉向 p 区;而 p 区的电子到达势垒区边界时,会被电场拉向 n 区。这种现象称为 pn 结的反向抽取,并产生反向电流 I_s,如图 5.7.2 所示。

3.3 半导体二极管

半导体二极管由一个具有单向导电性的 pn 结配上接触电极、引脚和管壳构

NOTE

成。常用二极管有点接触型、面接触型、台面型等，从功能上分，有发光二极管、检波管、开关管、整流管、稳压管等许多种类。

根据肖克利(Shockley)方程，二极管的电流和电压的关系表示为

$$I_d = I_s\left[\exp\left(\frac{qU}{nk_B T}\right) - 1\right] \tag{5.7.1}$$

其中 q 为电子电荷量的绝对值；k_B 为玻耳兹曼常量；T 为热力学温度；n 为 pn 结品质因子。I_s 为反向饱和电流和暗电流，主要由半导体材料禁带宽度决定。

当正向偏置电压大于导通电压时，电流随着电压增加呈指数增长变化，称之为正向特性；当外加电压为反向偏置时，在反向击穿电压之内，反向饱和电流基本保持不变。当反向电压大于反向击穿电压 U_B 时，反向电流急剧增加，pn 结处于击穿状态。pn 结的反向击穿有齐纳击穿和雪崩击穿之分。

二极管的主要参数有正向导通阈值电压 U_D、最大整流电流 I_f(二极管正常工作时允许通过的最大正向平均电流)、最大反向电压 U_{Br}(一般取反向击穿电压 U_B 的一半)，在漏电流可以忽略时，反向电流 I_r 是反向饱和电流 I_s 的额定值。

3.4　热敏电阻

温度是影响材料电阻率的重要因素。金属的电阻率随温度升高而增大，电阻温度系数为正值，在一定温度范围内存在近似线性关系：

$$R(t) = R_0(1+\alpha t) \tag{5.7.2}$$

而对半导体材料而言，随着温度升高，会有更多的电子从价带或杂质能带跃迁到导带，产生了更多能参与导电的载流子(电子或空穴)。载流子浓度增加使导电能力增强，电阻率迅速下降，因此一般具有负的电阻温度系数。半导体材料电阻温度系数绝对值比金属大几百倍，有着极其灵敏的电阻温度效应。用 Fe_3O_4、$MgCr_2O_4$ 等制成的热敏电阻是性能良好的温度传感元件，可以制作成半导体温度计、湿度计、气压计、微波功率计等测量仪表，并广泛应用于工业自动控制。在一定的工作温度范围内，热敏电阻满足

$$R_T = R_0 e^{B\left(\frac{1}{T}-\frac{1}{T_0}\right)} = A e^{\frac{B}{T}} \tag{5.7.3}$$

式中 T 为热力学温度，A 是与材料几何形状有关的常量。B 为与材料半导体性质有关的常量，与电阻温度系数 α 的关系为

$$\alpha = \frac{1}{R}\frac{dR}{dT} = -\frac{B}{T^2} \tag{5.7.4}$$

4　实验仪器

4.1　伏安法

用伏安法测量电阻时，由于电表存在内阻，所以当电表接入电路时，其测量结果包含电表的接入误差。一般电流表有内接法和外接法两种接入方式。两种方式

NOTE

所产生的接入误差为系统误差，对测量结果产生一定影响，因此在测量二极管伏安特性正反向特性时，应根据其正反向阻值差异特点，使用不同的电路进行测量。

1. 电流表外接

电路如图 5.7.3(a)所示，U 是二极管两端的电压，I 则是流过待测电阻和电压表的电流之和，于是二极管正向电阻为

$$R_D=\frac{U}{I-\dfrac{U}{R_V}} \tag{5.7.5}$$

式中 R_V 为电压表内阻。若电压表内阻已知，利用上式计算得到待测电阻值可消除电表的接入误差。假如用 U/I 值作为待测电阻的测量结果，会比真实值偏小，由此所引入的系统误差用相对误差表示：

$$E=\frac{R_D}{R_D+R_V}\times100\% \tag{5.7.6}$$

一般情况下二极管的正向电阻较电压表内阻要小，采用电流表外接电路所引入的系统误差较小，因此测量其正向特性时宜采用电流表外接方式。

2. 电流表内接

电路如图 5.7.3(b)所示，流过二极管的电流 I 从电流表测出，但电压表的示数 U 则是二极管和电流表端电压之和，于是二极管反向电阻为

$$R_{D'}=\frac{U}{I}-R_A \tag{5.7.7}$$

式中 R_A 为电流表内阻。若电流表内阻 R_A 已知，利用上式计算得到的待测电阻值可消除电表的接入误差。假如用 U/I 值作为待测电阻的测量结果，会比真实值偏大，由此带来的系统误差用相对误差表示：

$$E=\frac{R_A}{R_{D'}}\times100\% \tag{5.7.8}$$

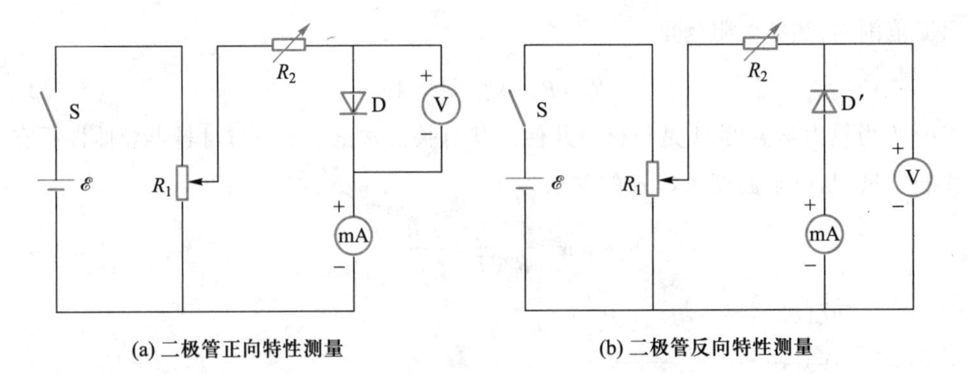

图 5.7.3　测量二极管伏安特性电路图

一般情况下二极管反向电阻要远大于电流表内阻，电表接入误差可忽略不计，

NOTE

因此测量其反向特性时宜采用电流表内接方式。

4.2 示波器或计算机实时测量法

伏安法测量电阻方式简便易行，实验器材也容易获得，但需要进行逐点测量，处理速度慢，不易直观且快速观察到其伏安特性曲线。由示波器原理可知，在 $X-Y$ 模式下可以观测任意两个信号之间的关系，相当于一台 $X-Y$ 图示仪，可以实现伏安特性动态观测，电路如图 5.7.4 所示。

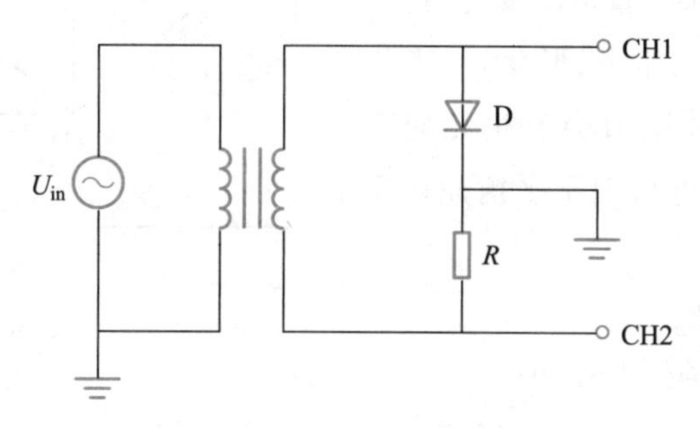

图 5.7.4 示波器测量伏安特性

图中 U_{in} 为交流信号源，示波器 CH1(X)连接在取样电阻两端，用以呈现电流变化，其水平偏转幅度与电流成正比；CH2(Y)连接在半导体元件两端，用以呈现电压变化，其垂直偏转幅度与电压成正比。当信号源输出信号幅度为 0 时，示波器屏幕上光点位置为原点。以正弦信号为例，当加上某一信号电压时，在一个周期内对二极管施加了正向到反向电压变化，并控制电子束产生正向偏转增加→正向偏转减弱→反向偏转增加→反向偏转减弱的运动。由于信号周期性变化，光点轨迹的连续变化便形成了完整的伏安特性曲线。通过示波器水平以及垂直偏转位移大小以及对应的偏转因素，可以快速计算导通阈值电压等参数。

计算机实时测量方法与示波器法类似，将连接在示波器两个通道的信号用两个电压传感器替代，通过计算机接口实时采集两个电压信号，通过计算机实时测量软件或虚拟仪器软件中的示波器功能，分别以取样电阻两端电压与电阻值之比为 X 轴、半导体元件两端电压为 Y 轴绘制图像，即可实时观察伏安特性曲线。

4.3 电桥法

由半导体元件制造的传感器在现代工程和科学检测中得到广泛应用，人们通常会采用非平衡电桥作为元件电阻值与测量信号，如温度、压力、形变等信号转换。非平衡电桥的基本电路如图 5.7.5 所示。图中 R_1、R_2、R_3 为定值电阻，R_4 为待测电阻或半导体元件。如果电压表采用数字电压表，电压表内阻 $R_g \to \infty$，则可忽略电压表分流。

电桥的输出电压为

NOTE

$$U_o=U_{BC}-U_{DC}=\left(\frac{R_4}{R_1+R_4}\right)U_i-\left(\frac{R_3}{R_2+R_3}\right)U_i=\frac{R_2R_4-R_1R_3}{(R_1+R_4)(R_2+R_3)}U_i \qquad (5.7.9)$$

当满足条件$\frac{R_1}{R_2}=\frac{R_3}{R_4}$时，输出电压为0，电桥处于平衡状态。为了测量准确，在测量开始时，电桥必须先调节至平衡状态，使电压输出值只与某一臂电阻变化有关。当外界条件（如温度、压力、形变）等产生变化时，半导体元件阻值会发生相应变化，则$R_4'\to R_4+\Delta R$，电桥因不平衡而产生的输出电压为

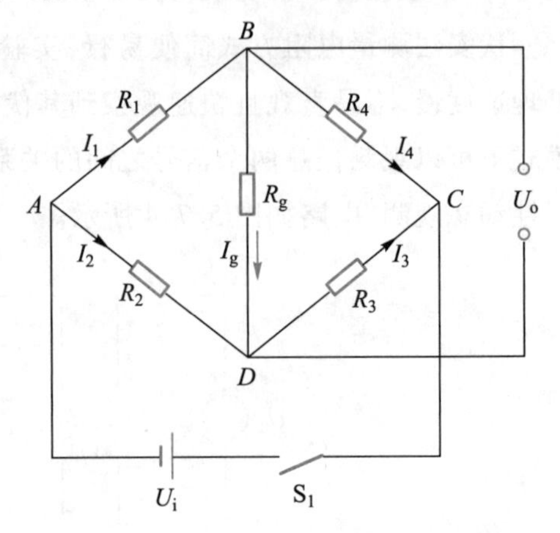

图 5.7.5　非平衡电桥的原理图

$$U_o=\frac{R_2\Delta R}{(R_1+R_4+\Delta R)(R_2+R_3)}U_i \qquad (5.7.10)$$

设待测桥臂的相对变化量为$\delta=\frac{\Delta R}{R_4}$，电桥比率$K=\frac{R_2}{R_3}=\frac{R_1}{R_4}$，(5.7.10)式可表示为

$$U_o=\frac{K\delta}{(1+K)^2}U_i \qquad (5.7.11)$$

定义非平衡电桥的输出电压灵敏度$S=\frac{\mathrm{d}U}{\mathrm{d}\delta}$，则有

$$S=\frac{K}{(K+1+\delta)^2}U_i \qquad (5.7.12)$$

由(5.7.12)式可知，电桥的输出电压灵敏度由电桥比率K、待测桥臂的相对变化量δ及电源电压U_i所决定。当电桥趋于平衡状态时，灵敏度为

$$S_0=\frac{K}{(1+K)^2}U_i \qquad (5.7.13)$$

若电桥比率为$K=1$，则此时输出电压灵敏度为最大值：

$$S_{max}=\frac{U_i}{4} \qquad (5.7.14)$$

若定义非线性误差为

$$D=\frac{|U_o'-U_o|}{U_o'} \qquad (5.7.15)$$

则由(5.7.10)式和(5.7.11)式可得

$$D=\frac{\delta}{1+K} \qquad (5.7.16)$$

NOTE

非平衡电桥的主要误差来源于非线性误差。由(5.7.16)式可知,非线性误差D与δ成正比,且随着K的增加而减小。因此在使用非平衡电桥进行测量时,应根据待测元件随外部条件变化而产生的阻值变化范围选择合适的电桥比率。

5 实验内容

5.1 预备性实验:用数字式万用表判断二极管极性

1. 将数字式万用表挡位旋转至二极管测量挡。

2. 用表棒连接在二极管两管脚,观察LED面板显示的数值,并交换两表棒重复以上测量。当红表棒连接端为正极,黑表棒连接端为负极时,数值显示为其正向压降,一般硅管为0.6 V左右,锗管为0.2 V左右,交换表棒后二极管处于反向截止状态,数值显示为溢出符号1。

5.2 用伏安法测绘硅二极管正、反向特性曲线

1. 测绘正向特性曲线。如图5.7.3(a)连接电路,电源电压设置为3 V。调节滑动变阻器,使正向电压由0 V逐渐增大至3 V,记录电流与电压大小。将磁电式电压表更换为数字式电压表,重复以上测量。

2. 测绘反向特性曲线。如图5.7.3(b)连接电路,电源电压设置为15 V。调节滑动变阻器,使反向电压由0 V逐渐增大,观察电流表示值,并记录电流与电压大小。注意不能超过二极管的最大反向电压值,限制电流在80 μA以内。

3. 绘制修正曲线。记录磁电式电压表及电流表内阻,并绘制磁电式仪表、数字式仪表和用磁电式仪表的修正数据的三条曲线。

5.3 用示波器观测稳压二极管伏安特性曲线

1. 如图5.7.4连接电路,并将示波器设置为$X-Y$显示模式。

2. 缓慢增加信号源输出幅值,观察示波器光点由中心向左右两侧展开,并且右侧图像逐渐向上弯曲,此时已正向导通。继续增加输出幅值,可观察到左侧图像逐渐向下弯曲,此时已反向击穿。调节示波器水平及垂直灵敏度旋钮,使图像显示合适,记录水平及垂直偏转因数刻度。

3. 由示波器显示图像读取导通电压偏转格数并计算其大小。

5.4 用计算机实时观测发光二极管正向伏安特性曲线

1. 将两个电压传感器分别连接在取样电阻与发光二极管两端,并与PASCO 850通用接口UI-5000中对应模拟接口相连接。

2. 启动Capstone程序。在实验设置窗口中将信号输出选正渐升波,幅度为5 V,频率为0.01 Hz,取样率为20 Hz,选中测量输出电压。实验设置窗口的选项中设置自动停止为数据测量:输出电压上升至高于4.9 V。

3. 使用计算器功能,创建新公式$I=U/R$,其中U定义为电阻两端的电压测量值,R定义为取样电阻值。

NOTE

4. 创建一张新的图表,以电压为横坐标,电流为纵坐标。单击连续采样按钮,当自动停止后即观察到发光二极管正向伏安特性曲线。

5.5　用非平衡电桥观测热敏电阻的电阻-温度特性曲线

1. 将热敏电阻置于加热炉中,设置初始温度为室温,如图5.7.5连接电路。

2. 根据热敏电阻参数选择合适的 R_1、R_2、R_3 阻值范围,尽可能减小其非线性误差。调节各阻值大小,使输出电压为0 V,电桥处于平衡状态,计算灵敏度 S_0。

3. 逐渐提高加热炉温度,逐点记录不同温度下输出电压 U_o,计算各点 ΔR 和 $R(t)$ 值,并绘制电阻-温度特性曲线。

6　注意事项

1. 实验前应了解二极管、热敏电阻等半导体元件性能及工作参数。

2. 合理选择电压表、电流表量程,接线时注意其极性。

3. 接通或断开电源前均须先使其输出为零;对输出调节旋钮的调节必须轻而缓慢。

4. 开始实验时,作为分压器的滑动变阻器的滑动触头应置于使输出电压为最小值处。

7　数据记录与处理

1. 伏安法测量硅二极管正向特性

用模拟式电流表测量电流,同时分别用模拟式电压表及数字式电压表分别测量二极管正向电压值,并计算电压修正值,填入表5.7.1。

电压表内阻 R_V =________。

表5.7.1　硅二极管正向特性数据记录表

正向电流 $I_{正}$/mA									
模拟式电压表 U_1/V									
数字式电压表 U_2/V									
正向电压修正 U_1'/V									

2. 伏安法测量硅二极管反向特性

用模拟式电压表和电流表分别测量二极管反向电压与电流,并计算电流修正值,填入表5.7.2。

电流表内阻 R_A =________。

根据表5.7.1和表5.7.2数据,在同一坐标系内绘制磁电式仪表、数字式仪表和用磁电式仪表的修正数据的三条曲线。

NOTE

表 5.7.2 硅二极管反向特性数据记录表

反向电压 U_3/V										
反向电流 $I_{反}$/mA										
反向电流修正 $I'_{反}$/mA										

3. 示波器观测稳压二极管伏安特性曲线

根据示波器图像,正向导通阈值电压 U_D =________;最大反向电压 U_{Br} = ________。

示波器观测发光二极管正向伏安特性曲线:

LED(红)阈值电压 U_D =________;估算发光波长 $\lambda_{红}$ =________。

LED(绿)阈值电压 U_D =________;估算发光波长 $\lambda_{绿}$ =________。

4. 非平衡电桥观测热敏电阻的电阻-温度特性曲线

室温 t_0 =________。

平衡时桥臂电阻 R_1 =________;R_2 =________;R_3 =________。

电桥比率 K=________。

热敏电阻阻值 R_0 =________。

将热敏电阻置于加热器炉中,记录热敏电阻阻值对应温度变化,并填入表 5.7.3。

表 5.7.3 热敏电阻测量数据记录表

温度 t/℃	30	35	40	45	50	55	60	65	70
电压 U/mV									
$\Delta R/\Omega$									
R/Ω									

根据表 5.7.3 数据绘制 $\ln R-\frac{1}{T}$曲线,计算热敏电阻常量 B=________。

8 思考题

1. 有些微安表两端反向并联两个 2CP 型二极管,用以保护电流表,试说明其工作原理。

2. 用伏安法测量二极管伏安特性时,如何仅用一个电压表完成测量?请绘制电路图并说明。

3. 提高非平衡电桥灵敏度的方法有哪些?

NOTE

9　实验拓展

1. 请设计用计算机实时测量热敏电阻的电阻-温度特性的方法。
2. 用非平衡电桥原理设计一个测温范围为 0～100 ℃的热敏电阻温度计。
3. 用非平衡电桥原理设计和利用磁致伸缩材料来测量磁场。

NOTE

5.8 RC 串联电路的暂态和稳态过程研究

1 引言

在电阻 R、电容 C 以及电感 L 等元件组成的串联电路中,电压和电流随电源作恒定的周期性变化,电路的这种状态称为稳态过程。当这种具有储能元件(电容或电感)的电路在电路接通、断开,或电路的参数、结构、电源等发生改变时,电路将从一个稳态经过一定时间过渡到另一个新的稳态,这一过程称为暂态过程。描述暂态过程变化快慢的特性参数常用时间常量或半衰期表示,由电路中各元件的量值和特性决定。对暂态过程的研究,有助于我们了解电子技术中常用到的耦合电路、积分电路、微分电路、隔直电路、延时电路等电路设计的原理,了解电路的暂态特性也有助于电路设计的合理化,避免在接通和断开电源的瞬间产生过大的电压或电流而造成电器设备和元器件的损坏。

交流电路稳态过程中,电容和电感元件的阻抗会随着输入信号频率的变化而变化,则各元件上的电压及相位产生相对应的变化,这称为电路的频率特性,也称为稳态特性。电流、电压的幅值与频率的关系称为幅频特性;各元件上的电压和信号电压之间的相位差与频率的关系称为相频特性。对交流电路稳态特性的研究,有助于我们掌握电子线路中对频率的分析方法,利用 RC 串联电路的稳态特性,还可进行移相电路和 RC 滤波电路的设计。

本实验着重研究 RC 串联电路的暂态和稳态特性,熟悉与掌握如何利用数字示波器进行交流电路的测试与分析。

2 实验目的

1. 学习数字示波器的使用。
2. 掌握用示波器观察 RC 电路电容的充放电特性曲线及时间常量测量。
3. 掌握用示波器观测 RC 串联电路的相频特性及相位差测量。

3 实验原理

3.1 RC 串联电路的暂态特性

RC 串联电路如图 5.8.1 所示,当接通电源或断开电源的瞬间将形成电路充电或放电的瞬态变化过程。瞬态变化快慢是由电路内各元件量值和特性决定的。

1. 充电过程

将图 5.8.1 中开关 S 合到 1 处,此时直流电源$\mathscr{E}$通过电阻 R 对电容 C 充电,电路方程为

$$IR+\frac{Q}{C}=\mathscr{E} \qquad (5.8.1)$$

式中 I 为充电电流,Q 为电容 C 上的电荷

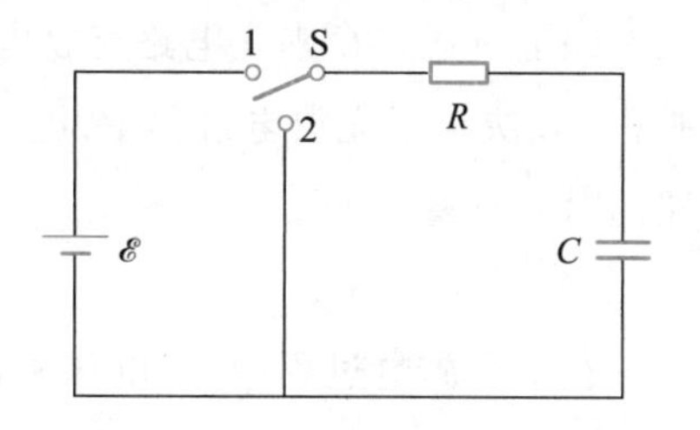

图 5.8.1 RC 串联电路示意图

NOTE

量。将 $I=\frac{\mathrm{d}Q}{\mathrm{d}t}$ 代入(5.8.1)式得

$$RC\frac{\mathrm{d}Q}{\mathrm{d}t}+\frac{Q}{C}=\mathscr{E} \tag{5.8.2}$$

由初始条件 $t=0$ 时,$Q(0)=0$,方程(5.8.2)的解为

$$Q(t)=C\mathscr{E}(1-\mathrm{e}^{-t/RC}) \tag{5.8.3}$$

电容两端电压为

$$U_C(t)=\frac{Q(t)}{C}=\mathscr{E}(1-\mathrm{e}^{-t/RC}) \tag{5.8.4}$$

充电电流为

$$I(t)=\frac{\mathscr{E}}{R}\mathrm{e}^{-t/RC} \tag{5.8.5}$$

电阻两端电压为

$$U_R=\mathscr{E}\mathrm{e}^{-t/RC} \tag{5.5.6}$$

2. 放电过程

当电路稳定之后,将开关 S 拨到 2,这时电容 C 通过电阻 R 放电,电路方程为

$$RC\frac{\mathrm{d}Q}{\mathrm{d}t}+\frac{Q}{C}=0 \tag{5.8.7}$$

当初始条件为 $t=0$ 时,$Q=C\mathscr{E}$,解上式得

$$Q(t)=C\mathscr{E}\mathrm{e}^{-t/RC} \tag{5.8.8}$$

相应得到电容两端电压:

$$U_C(t)=\mathscr{E}\mathrm{e}^{-t/RC} \tag{5.8.9}$$

放电电流为

$$I(t)=-\frac{\mathscr{E}}{R}\mathrm{e}^{-t/RC} \tag{5.8.10}$$

上式中的负号表示放电电流与充电电流方向相反。

电阻两端电压为

$$U_R=-\mathscr{E}\mathrm{e}^{-t/RC} \tag{5.8.11}$$

电容充放电过程如图 5.8.2 所示。

3. 时间常量

综上所述,RC 串联电路充放电过程是按指数函数规律进行的,电阻与电容的乘积 RC 决定了充放电过程中,电压或电流变化快慢的特性,通常把 RC 值称为电路的**时间常量** τ,即

$$\tau=RC \tag{5.8.12}$$

在电容放电过程中,其电压衰减到一半所需的时间称为**半衰期**,用 $T_{1/2}$ 表示。当 $t=T_{1/2}$ 时,由(5.8.9)式得

NOTE

$$\frac{1}{2}\mathscr{E}=\mathscr{E}\mathrm{e}^{-\frac{T_{1/2}}{\tau}} \tag{5.8.13}$$

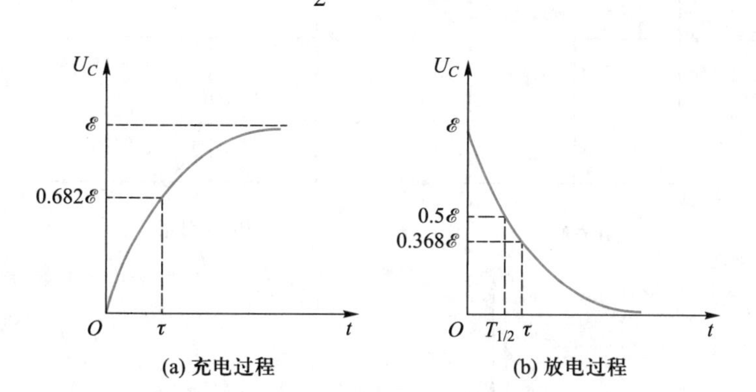

图 5.8.2 电容充电与放电过程

上式两边取对数，整理得

$$T_{1/2}=\tau\ln 2=0.693\tau \tag{5.8.14}$$

半衰期同样是反映暂态过程快慢的参量，它比较容易测量，根据(5.8.14)式能方便计算时间常量 τ。

如果对(5.8.9)式两边取对数，可得

$$\lg U_C=\lg\mathscr{E}-\frac{0.4343}{\tau}t \tag{5.8.15}$$

通过线性回归分析 $\lg U_C$-t 曲线可得其斜率，也可计算时间常量 τ。

4. 充放电曲线

一般电路的过渡过程是短暂的，为了方便观测电路的过渡过程，可以采用方波电压作为激励源，使电路中的过渡过程得以重复出现，就可以用示波器进行观察。我们利用信号发生器输出的方波来模拟阶跃激励信号 U_i，即利用方波输出的上升沿作为零状态响应的正阶跃激励信号；利用方波的下降沿作为零输入响应的负阶跃激励信号。选择方波的重复周期远大于电路的时间常量 τ，那么电路在这样的方波序列脉冲信号的激励下，它的响应就和直流电接通与断开的过渡过程是基本相同的。只要合理地选取 τ 与 T 的比例，上述充放电过程的每一周期都可视为一般的 *RC* 电路在零状态条件下的充电过程和电容通过电阻放电两个过程的组合。如图 5.8.3 所示为方波信号作用下电容与电阻两端电压的变化波形。

3.2 *RC* 串联电路的稳态特性

对电路输入正弦交流电压一段时间(一般为电路时间常量的 5~10 倍)以后，电路的状态不再变化，即电路中的电流 i 以及各元器件上的电压幅值、频率及相位差保持恒定，并随输入信号的变化而改变，电路的这种状态称为稳态。*RC* 串联电路的稳态特性主要包含幅频特性及相频特性。

NOTE

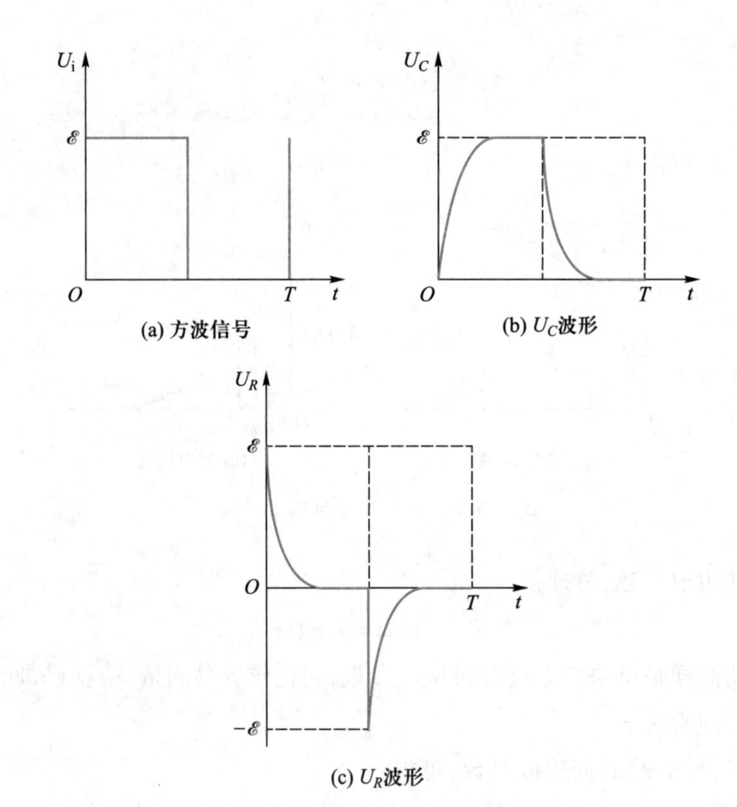

(a) 方波信号　(b) U_C波形　(c) U_R波形

图 5.8.3　方波信号作用下电容与电阻两端电压的变化波形

RC 串联电路如图 5.8.4(a)所示。当由电阻和电容串联组成的电路中加以交流电压 U_i 时,通过各元件的电流为 $i(t)=I\sin\omega t$。以电流矢量为参考量,作电阻两端电压 U_R、电容两端电压 U_C 及输入电压 U_i 的矢量图,如图 5.8.4(b)所示。由矢量图可知,电阻两端电压 U_R 与电流同相位,电容两端电压 U_C 滞后电流的相位为$\frac{\pi}{2}$。

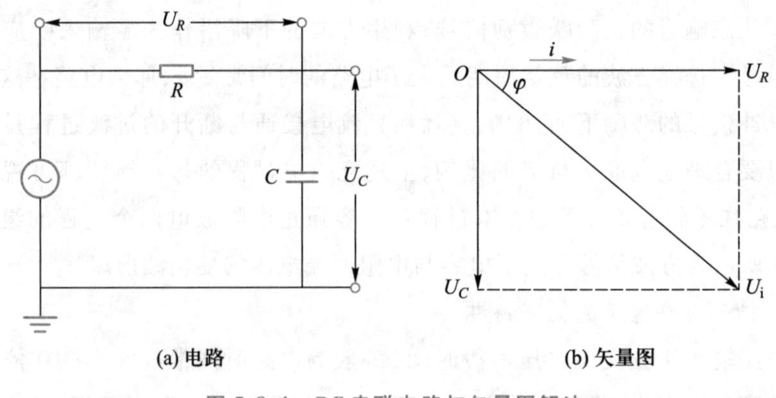

(a) 电路　(b) 矢量图

图 5.8.4　RC 串联电路与矢量图解法

1. 幅频特性

电路中电流、电压的幅值随频率变化关系,简称幅频特性。由矢量图可知,总

NOTE

电压 U_i 有效值为

$$U_i=\sqrt{U_R^2+U_C^2} \tag{5.8.16}$$

回路总阻抗 Z 为

$$Z=\sqrt{R^2+\left(\frac{1}{\omega C}\right)^2} \tag{5.8.17}$$

其中角频率为 $\omega=2\pi f$。

可以解得电阻上电压为

$$U_R=\frac{U_i}{\sqrt{1+\left(\frac{1}{\omega CR}\right)^2}} \tag{5.8.18}$$

电容上电压为

$$U_C=\frac{U_i}{\sqrt{1+(\omega CR)^2}} \tag{5.8.19}$$

由(5.8.18)式和(5.8.19)式可知，当总电压一定时，电流 I 随着角频率 ω 增大而增大，电阻 R 两端电压 U_R 也增大，而电容两端的电压 U_C 却随之减小，反之亦然。当 $\omega\to0$ 时，$U_R\to0$，$U_C\to U$；当 $\omega\to\infty$ 时，$U_R\to U$，$U_C\to0$。可见电容对低频信号衰减较小，以电容两端输出，构成低通滤波器，如图 5.8.5(a) 所示。同理，对高频信号而言，电阻对高频信号衰减较小，以电阻两端输出，可构成高通滤波器，如图 5.8.5(b)所示。我们把 U_C 和 U_R 相等时的频率称为等幅频率，它也是低通滤波电路的频率上限和高通滤波电路的频率下限，因此也称为截止频率 ω_0。

$$\omega_0=\frac{1}{RC} \tag{5.8.20}$$

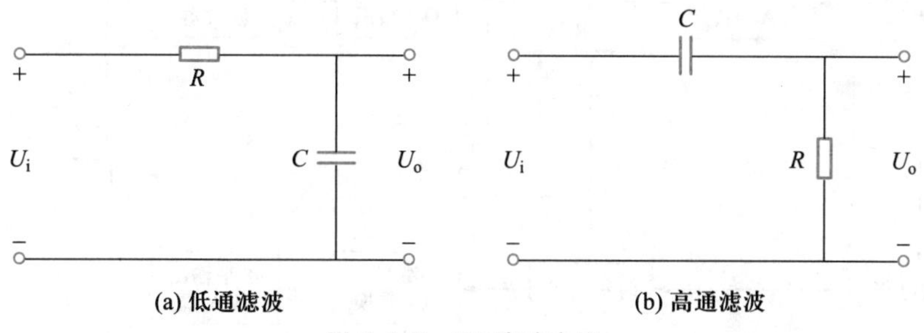

图 5.8.5　RC 滤波电路

2. 相频特性

电路中各元件上的电压与信号源电压之间的相位差随频率变化关系，简称相频特性。由图 5.8.4 矢量图可知，总电压和电流相位差 φ 与信号角频率有关：

$$\varphi=-\arctan\frac{1}{\omega CR} \tag{5.8.21}$$

当 $\omega \to 0$ 时，$\varphi \to -\frac{\pi}{2}$，总电压滞后于电流；当 $\omega \to \infty$ 时，$\varphi \to 0$，总电压与电流趋于同相位。相频特性曲线如图 5.8.6 所示，利用相频特性可以组成相移电路。

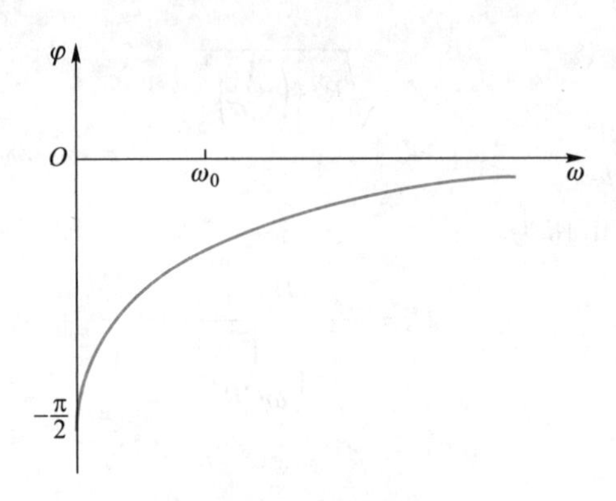

图 5.8.6　相频特性曲线

3.3　数字示波器

随着电子技术的发展，数字示波器凭借数字技术和软件技术极大地扩展了模拟示波器对信号测试与分析的能力，具有波形触发、存储、显示、测量、波形数据分析处理等独特优点，其使用日益普及。示波器是采用数据采集，A/D 转换，软件编程等一系列技术综合制造而成的高性能示波器。

数字示波器一般由电压放大和衰减电路、采样电路、触发与控制电路、存储电路、显示与输出电路等部分组成，其原理如图 5.8.7 所示。

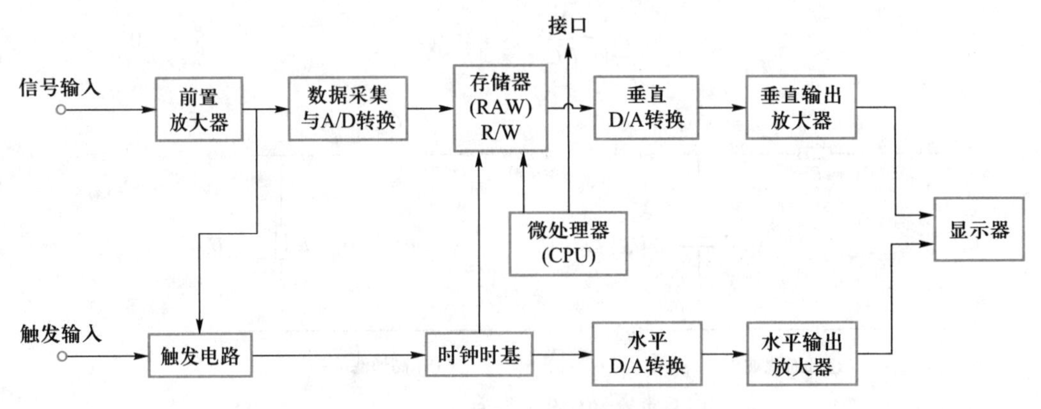

图 5.8.7　数字示波器原理框图

数字示波器与模拟示波器最大的差异在于显示信号的成像方式不同。模拟示波器将输入信号电压加载在示波管偏转极板上，由电子束轰击屏幕的发光物质产生光点，光点随信号电压周期性变化而产生的连续变化的轨迹，则显示出信号的波形。模拟示波器无法使显示画面“固定”，必须使用触发使每次的波形“重叠”，方

NOTE

可显示稳定的波形；同时也无法自动执行波形测量，只能通过显示屏上的网格线进行手动测量，这样也会因估读而引起较大的测量误差。

数字示波器将输入信号经过前置处理并通过模数转换器进行采样和数字转换，转换为数字信号。随后将这个数据存入存储器，由触发器完成触发事件，时钟时基调整示波器的时间显示。在示波器显示信号之前，微处理器系统可以执行波形的重建，重建后的波形可以进行各种各样的参数测量、信号运算和分析等，并将最终的结果或原始的样点直接显示到屏幕上。测试的信号结果可以存放在存储器中，也可打印或通过网络、USB 连接传输到计算机。高性能的数字示波器还能通过软件提供的虚拟前面板在计算机上控制和监测示波器。

数字示波器与模拟示波器相比有很多突出的优点：

① 可以根据被测信号的特点自动确定和调整测试条件，真正实现自动测试；

② 能够较容易地实现对高速、瞬态信号的实时捕获；

③ 在波形存储与运算方面有着明显的优势。

4 实验仪器

4.1 UTD2000L 系列数字示波器

1. 使用简介

UTD2000L 系列数字示波器是小型、轻便的台式数字存储示波器，如图 5.8.8 所示为 UTD2052CL 型。其具有更快完成测量任务所需要的高性能指标和强大功能：通过 1 GS/s 的实时采样和 25 GS/s 的等效采样，可在数字示波器上观察更快的信号；强大的触发和分析能力使其易于捕获和分析波形；清晰的液晶显示和数学运算功能，便于用户更快更清晰地观察和分析信号问题。

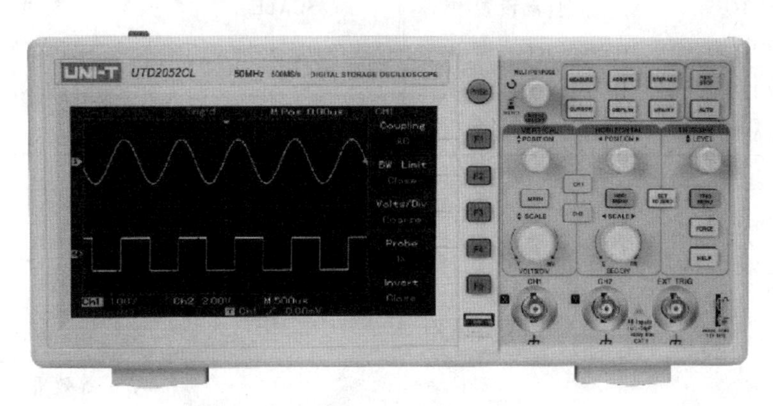

图 5.8.8 UTD2052CL 型数字示波器

根据使用功能，前面板包括五个主要区域：

① 显示区：显示信号波形以及有关控制与测量参数。

② 垂直控制区（VERTICAL）：通道信号输入接口与垂直灵敏度调整，波形垂直

NOTE 位置调整。

③ 水平控制区(HORIZONTAL):调节扫描速度与波形水平位置。

④ 触发控制区:调节触发电平,触发菜单选择。

⑤ 功能区:MEASURE 测量;ACQUIRE 采样;CURSOR 光标;DISPLAY 显示;STORAGE 存储;AUTO 自动设置键;RUN/STOP 启动/停止键。

数字示波器显示屏右侧的一列是屏幕拷贝键(PrtSc;将当前运行界面以图片格式存储到外部 USB 设备中)和 5 个按键菜单操作键(自上而下定义为 F1 键至 F5 键)。通过按键菜单操作键可以设置当前菜单的不同选项;其他按键为功能键,可以进入不同的功能菜单或直接获得特定的功能应用。按键功能的中英文名称参见表 5. 8. 1。

表 5. 8. 1 按键功能中英文名称对照表

英文	中文	英文	中文
SELECT	选择	SET TO ZERO	置零
MEASURE	测量	MENU	菜单
ACQUIRE	采样	FORCE	强制触发
STORAGE	存储	HELP	帮助
RUN/STOP	运行/停止	HORIZONTAL	水平
VERTICAL	垂直	TRIGGER	触发
CURSOR	光标	▲ POSITION ▼	垂直位置
DISPLAY	显示	◀ POSITION ▶	水平位置
UTILITY	辅助功能	LEVEL	触发电平
AUTO	自动设置	SCALE	标度
CH1	CH1 通道	VOLTS/div	伏/格
CH2	CH2 通道	SEC/div	秒/格
MATH	数学		

2. 部分技术指标

参见表 5. 8. 2—表 5. 8. 4。

表 5. 8. 2 采样技术指标

采样方式	实时采样	等效采样
采样率	500 MS/s ~ 1 GS/s(带宽不同,采样率不同)	25 GS/s
采样	采样、峰值检测、平均	
平均值	所有通道同时达到 N 次采样后,N 次数可在 2、4、8、16、32、64、128 和 256 之间选择	

NOTE

表 5.8.3 输入技术指标

输入	
输入耦合	直流、交流、接地(AC、DC、GND)
输入阻抗	1 MΩ±2%,与(20±3)pF 并联
探头衰减系数设定	1×,10×,100×,1000×
最大输入电压	400 V(DC+AC 峰值、1 MΩ 输入阻抗)
通道间时间延迟(典型)	150 ps

表 5.8.4 显示技术指标

显示	
显示类型	对角线为 178 cm(7 英寸)的液晶显示
显示分辨率(显示)	800 水平×RGB×480 垂直像素(彩色屏)
显示色彩	彩色(UTD2##2C)
波形显示区域	横向 12 格,25 dot/div;纵向 8 格,25 dot/div
显示对比度	可调
背光强度	300 nit
显示语言种类	中文简体,中文繁体,英文,西班牙文,葡萄牙文,法文

4.2 示波器测定相位差实验方法

利用示波器测量信号间相位差方法有很多,以下介绍两种常用的方法,并结合数字示波器介绍其测量方法。

1. 双轨迹法

将两个待测同频率正弦电压信号 u_1 和 u_2 分别输入示波器 CH1 和 CH2 两个通道,屏上显示电压波形如图 5.8.9(a)所示。

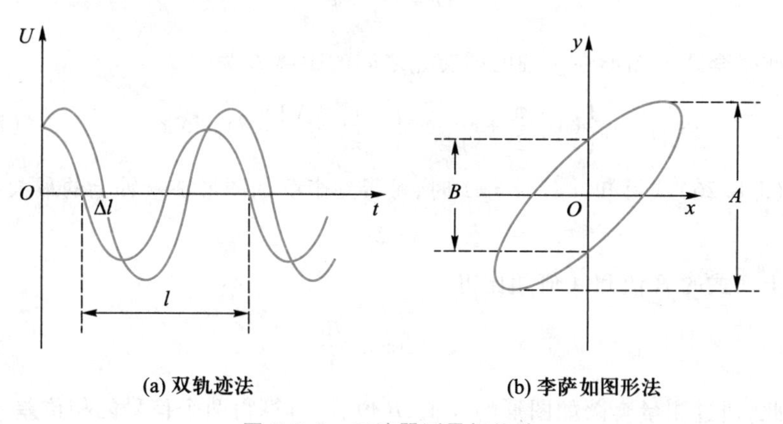

图 5.8.9 示波器测量相位差

NOTE

其中 l 为正弦波一个周期时间在示波器上显示的水平长度，Δl 为两正弦波达到同一相位的时间差（Δl 以屏上水平长度表示），那么这两个正弦信号的相位差 φ 为

$$\varphi=\frac{\Delta l}{l}\times 360^{\circ} \tag{5.8.22}$$

双轨迹法适用于所有示波器对相位差的测量，但该方法因估读会产生较大的测量误差。如使用数字示波器则可以执行自动测量并给出更为准确的结果。具体方法如下

① 按 MEASURE 按钮以显示自动测量菜单；

② 按 F1 键，进入测量菜单种类选择；

③ 按 F4 键，进入时间类测量参数列表；

④ 按两次 F5 键，进入 3/3 页；

⑤ 按 F2 键，选择延迟测量；

⑥ 按 F1 键，选择从 CH1，再按下 F2 键，选择到 CH2，然后按 F5 确定键；

⑦ 在 F1 区域的“CH1-CH2 延迟”下显示延迟值。

2. 李萨如图形法

把 RC 串联电路上的电容两端电压 U_C 和输入电压 U_i 分别输入示波器的 X 轴和 Y 轴，得李萨如图，如图 5.8.9(b) 所示，其解析式为

$$x=x_0\cos(\omega t-\varphi) \tag{5.8.23}$$

$$y=y_0\cos\omega t \tag{5.8.24}$$

式中，x_0 和 y_0 分别为 U_C 和 U_i 的振幅。由(5.8.23)式，当 $x=0$ 时，$\omega t-\varphi=\pm\frac{\pi}{2}$，即

$$\omega t=\pm\frac{\pi}{2}+\varphi \tag{5.8.25}$$

由此得李萨如图形在 y 轴的两交点之间的距离 B 为

$$y_0\left[\cos\left(\frac{\pi}{2}+\varphi\right)-\cos\left(-\frac{\pi}{2}+\varphi\right)\right]=2y_0\sin\varphi \tag{5.8.26}$$

由(5.8.26)式可知，$\cos\omega t=\pm1$ 时，可得到李萨如图形在 y 轴上的最大投影值

$$A=2y_0 \tag{5.8.27}$$

将上两式的 B 值和 A 值相比得

$$\varphi=\arcsin\frac{B}{A} \tag{5.8.28}$$

因此，通过测量李萨如图形的 A 值、B 值，即可算得两个信号的相位差 φ。

数字示波器显示李萨如图形方法如下：

NOTE

① 按 DISPLAY 菜单按键,以调出显示控制菜单;

② 按 F2 以选择 X-Y。数字存储示波器将以李萨如图形模式显示该电路的输入输出特征;

③ 调整垂直标度和垂直位置旋钮使波形达到最佳效果;

④ 应用李萨如图形法观测并计算出相位差。

5 实验内容

5.1 预备性实验:使用数字示波器测量信号频率与峰-峰值电压

1. 将数字示波器 CH1 或者 CH2 通道与信号发生器信号输出端用 BNC 接口导线相连接,打开电源。

2. 按 AUTO 键,示波器屏幕显示合适的波形。

3. 按 MEASURE 按键,以显示自动测量菜单;按下 F1,进入测量菜单种类选择;按下 F3,选择电压类;按下 F5 翻至 2/4 页,再按 F3 选择测量类型:峰-峰值;按下 F2,进入测量菜单种类选择,再按 F4 选择时间类;按 F2 即可选择测量类型:频率。此时,峰-峰值和频率的测量值分别显示在 F1 和 F2 的位置。

5.2 用半值法测量信号发生器内阻

实验电路的等效电阻为回路电阻与信号发生器内阻之和,当回路电阻未远大于信号发生器内阻时,首先应该测量信号发生器的内阻。信号发生器的内阻 R_r 可用半值法进行快速测量。电路如图 5.8.10 所示。

先将方波信号直接输入示波器,调节信号发生器输出幅度旋钮,使示波器屏上显示的方波幅度为 8.0 div;再将开关 S 合上,调节可调电阻 R,当其阻值为 R_0 时,方波幅度恰为 4.0 div,减少为原来的一半,则信号发生器内阻为 $R_r=R_0$。

5.3 观察 *RC* 串联电路的暂态过程

设定电阻箱阻值 $R=1\,000.0\ \Omega$ 及标称值为 0.47 μF 的电容,按图 5.8.11 连接电路。设定信号发生器输出信号为方波,输出电压幅值为 1 V;调节信号发生器频率由 100 Hz 至 1 000 Hz,按下 SET TO ZERO 按钮,使 CH1 和 CH2 两个通道的波形对 X 轴对称,并相应调节数字示波器使波形显示合适;仔细观察 U_C 的波形变化,并分析其成因。(可用 U 盘存储波形后输出打印)

设定信号发生器频率为 200 Hz,选择获取 ACQUIRE 功能菜单,设置获取方式为平均,并设定平均次数为 8;选择光标 CURSOR 功能菜单,选择光标测量类型为时间;可用左右旋转多用途旋钮控制器 MULTI PURPOSE 调节左右光标的位置,按下旋钮 PUSH SELECTED 切换左右光标的操作,可用粗调/细调改变光标移动的速度;将左右光标间距设置为半衰期宽度,记录屏幕上显示的时间差值 ΔT,即半衰期

NOTE　$T_{1/2}$,并计算时间常量 τ。

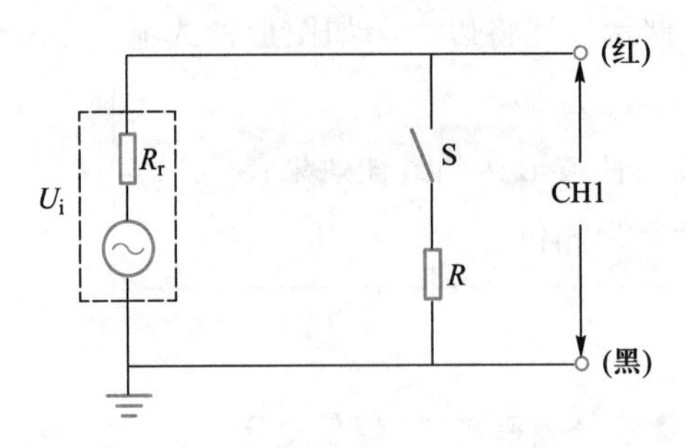

图 5.8.10　半值法测量信号发生器内阻

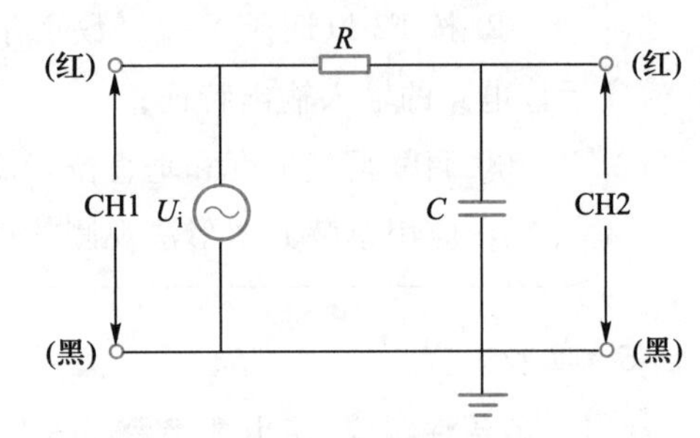

图 5.8.11　*RC* 暂态过程测量电路

5.4　测定 *RC* 串联电路的相频特性

保持电路连接不变,设定信号发生器输出信号为正弦波,输出电压幅值为 1 V;调节数字示波器使波形合适显示;选择获取 ACQUIRE 功能菜单,设置获取方式为采样;选择测量 MEASURE 功能菜单,设置 F1 为延时测量,测量内容为 CH1—CH2,F2 为 CH1 周期测量,F3 为 CH2 周期测量;调节信号发生器频率 f,频率范围为 100 Hz 至 2 000 Hz,记录不同频率下 CH1 和 CH2 的延时时间以及 CH1 或 CH2 的周期,利用双轨迹法计算其相位差 φ,绘制相频特性曲线;应用李萨如图形法重复以上测量过程,试比较两种方法中哪个测得更为准确。

6　注意事项

1. 信号发生器与数字示波器为精密电子仪器,调节要轻缓;
2. 按电路图正确接线与操作,严禁信号发生器输出短路;
3. 信号发生器和数字示波器的接地端(黑色接头)要共地。

7　数据记录与处理

1. 半值法测量信号发生器内阻 R_r=________。

2. 暂态过程分析

半衰期 $T_{1/2}$=________。

时间常量 τ=________。

电容值 $C=\dfrac{T_{1/2}}{0.693(R_{总}+R_r)}$=________。

3. 稳态过程分析(填写表 5.8.5)

8　思考题

1. 与单踪示波器比较,数字示波器具有哪些测量优点?
2. 试设计频率为 1.0 kHz,$U_{总}$ 与 I 的相移为 45°的相移器,并绘制测试电路图。
3. 用矢量图解法计算 *RC* 并联电路的特性,设计实验来验证。

NOTE

表 5.8.5 相位差测量数据表

f/Hz	Δt/ms	T/ms	$\varphi_1\left(=\dfrac{\Delta t}{T}\times 360°\right)$	B/div	A/div	$\varphi_2=\arcsin\dfrac{B}{A}$	$\varphi_{理}$	E_0

9 实验拓展

1. 利用电路分析软件如 Multisim 进行积分电路和微分电路模拟分析。
2. 利用计算机实时测量方法，研究 RC、RL、RLC 电路的暂态与稳态过程。
3. 利用 RC 电路原理设计一个延时触发电路。

NOTE

5.9 硅光电池特性实验

1 引言

硅光电池是根据光生伏打效应而制成的光电转换元件,它和同类元件,如硒光电池、硫化镉光电池、砷化镓光电池、碘化铟光电池等相比,有很多优点:如光谱响应范围宽、性能稳定、线性响应好、使用寿命长、转换效率较高、耐高温辐射、光谱灵敏度和人眼的灵敏度相近等。因此,它在光电技术、自动控制、计量检测、光能利用等很多领域得到广泛的应用。太阳能作为绿色能源在碳中和进程中发挥着重要的作用,2008 年我国当时单体面积最大的并网型 MW 级太阳能光伏发电项目——上海临港太阳能光伏发电示范项目投入商业运行,标志我国太阳能光伏应用已进入新的发展时期。本实验通过硅光电池光学和电学性质的实验研究,有助于我们了解光电器件性能表征的方法及其技术手段。

2 实验目的

1. 学习数字式多用表的使用。
2. 了解硅光电池的基本特性。
3. 掌握用马吕斯定律检验硅光电池的线性响应。
4. 学习用硅光电池的偏置特性设计调光电路。

3 实验原理

3.1 硅光电池的结构

硅光电池构造如图 5.9.1 所示,主要由半导体 pn 结、减反膜、电极等组成。其中半导体 pn 结以 p 型硅为衬底,在其上面用扩散法制作一层较薄的 n 型硅层构成,并将它作为受光面。为了减少反射造成的光损失,增强对入射光的吸收,在光敏面上通过旋涂或真空沉积技术覆盖一层极薄的光学减反膜。在硅光电池上下两面有 2 个输出电极,上表面电极为金属栅线形式,也称为梳状电极,可以增加受光面积并且减小光电池的内阻。其背面覆盖着金属膜背电极。

3.2 光伏效应

当光照射在 pn 结上,光子能量大于硅材料禁带宽度的能量 E_F 时,硅材料价带电子吸收光子能量跃迁到导带上,并在价带上形成一个空穴,产生光生电子空穴对。n 区内产生的光生空穴和耗尽区外的 p 区内产生的光生电子作为少数载流子,通过扩散到达耗尽区,与耗尽区中产生的光生电子空穴对一起在电场的作用下被拉向两侧电极,并被收集,产生光电流,如图 5.9.2 所示。

基于光伏效应,硅光电池的应用分为两类。一类是作为能源,如把太阳光的能量转化为电能,为太阳能电池,是利用太阳能的重要元件。另一类是作为光电信号转换器,可用于光探测。

NOTE

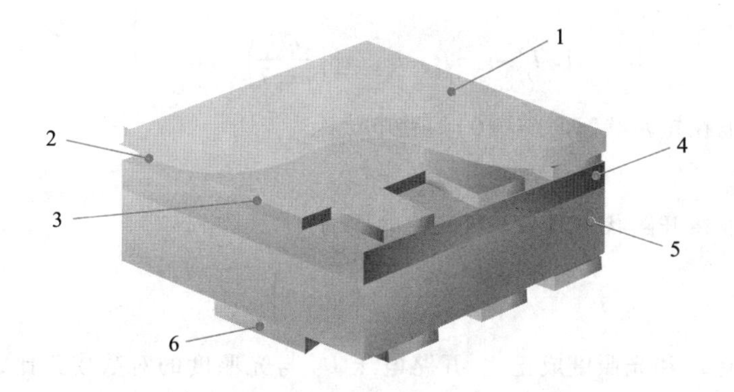

1. 玻璃；2. 减反膜；3. 表面电极；4. n型硅层；5. p型硅层；6. 背电极

图 5.9.1 硅光电池结构

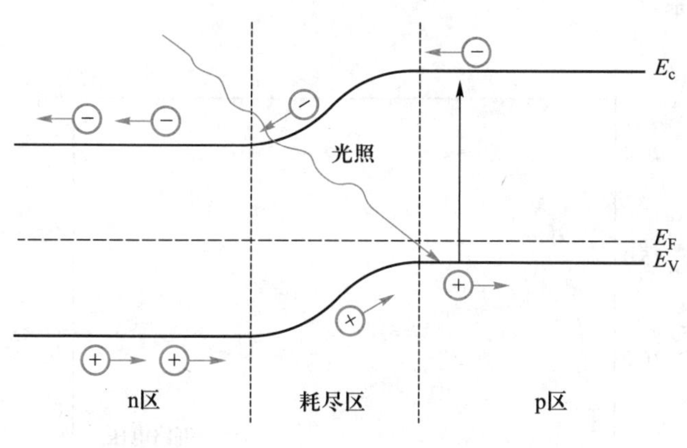

图 5.9.2 光伏效应

3.3 照度特性

理想情况下，当有光照时，硅光电池可以视为恒流源与理想二极管的并联，如图 5.9.3 所示。对于实际的硅光电池而言，还需要考虑 pn 结的品质和半导体的体电阻、接触电阻以及电极电阻等的影响。

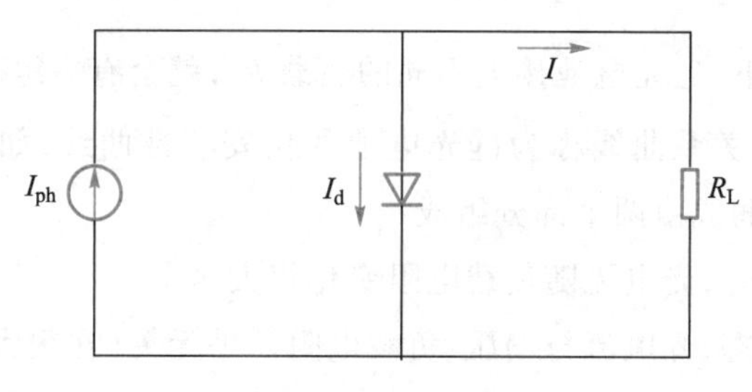

图 5.9.3 硅光电池的等效电路

当在 pn 结两端加负载时，由入射光产生的光生电流 I_{ph} 流过负载，此时硅光电池的电流与电压关系为

NOTE

$$I=I_{ph}-I_d=I_{ph}-I_0\left[\exp\left(\frac{qU}{nk_BT}\right)-1\right] \tag{5.9.1}$$

硅光电池在短路状态时($U=0$)短路电流为

$$I_{sc}=I_{ph} \tag{5.9.2}$$

硅光电池在开路状态时($I=0$)开路电压为

$$U_{oc}=\frac{nk_BT}{q}\ln\left(\frac{I_{sc}}{I_0}+1\right) \tag{5.9.3}$$

短路电流 I_{sc}和光照度成正比;开路电压 U_{oc}与光照度的对数成正比,但开路电压 U_{oc}不会随着入射光强度增大而无限增大,与材料带隙、掺杂水平等有关。图 5.9.4 给出了某型号硅光电池在一定的光照范围内短路电流和开路电压随入射光照度的变化关系。

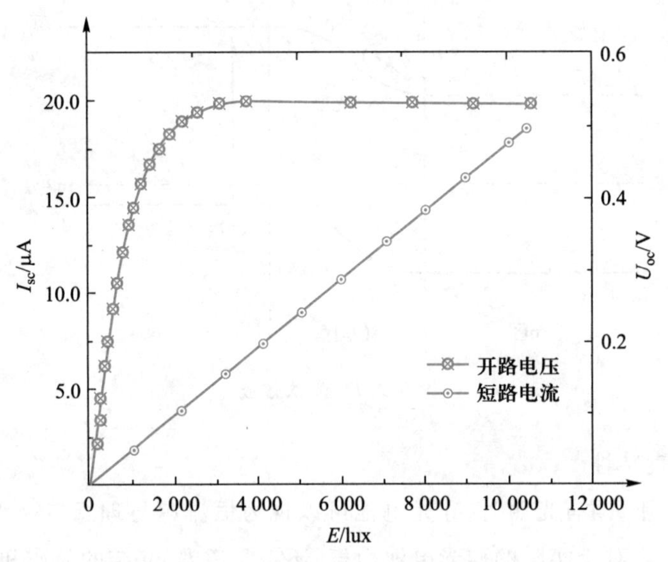

图 5.9.4　硅光电池的光照特性曲线

3.4　伏安特性

在一定的光照下,硅光电池接上不同的负载 R_L,就会有一组确定的电流与电压与之对应,这些 I、U 关系曲线称为硅光电池的伏安特性曲线,如图 5.9.5 所示,硅光电池的伏安特性曲线由两个部分组成:

1. 无偏工作状态,光电流随负载电阻变化很大;

2. 反偏工作状态,光电流与偏压、负载电阻几乎无关(在很大的动态范围内)。

在一定光照下,伏安特性曲线在纵轴上的截距为短路电流 I_{sc},在横轴上的截距为开路电压 U_{oc}。

3.5　输出特性

硅光电池负载 R_L 上的电压和电流之积称为硅光电池的输出功率 P。在一定

的照度下，不同的负载电阻 R_L 有不同的输出功率，输出功率达到最大值 P_m 时的负载电阻 R_m 称为最佳负载电阻，如图 5.9.6 所示，此时能量转化效率最高，并且 R_m 随光强而变化。

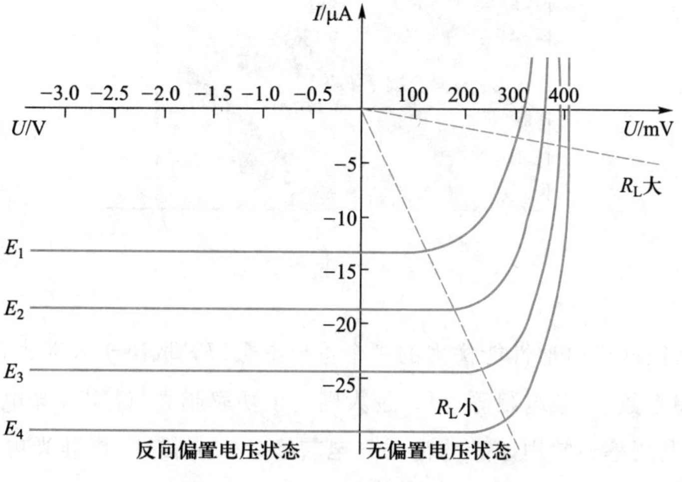

图 5.9.5 硅光电池的伏安特性曲线

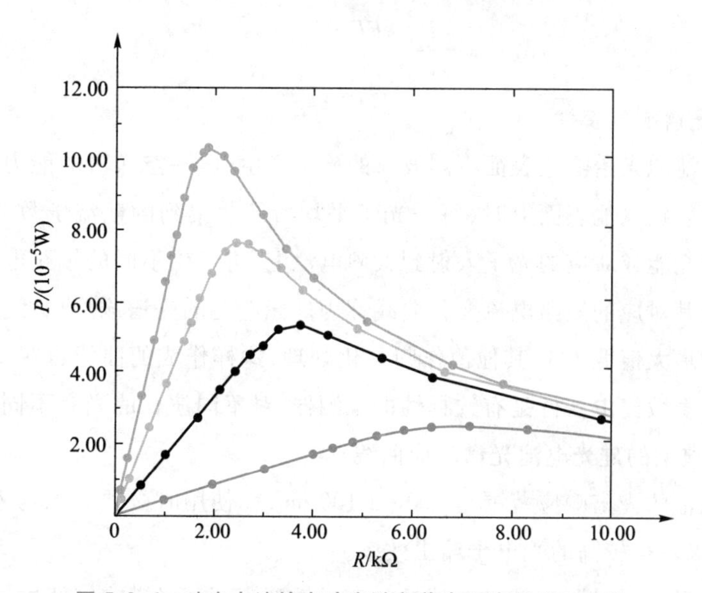

图 5.9.6 硅光电池输出功率随负载电阻变化关系曲线

当 $R_L = R_m$ 时

$$P_m = U_m I_m \tag{5.9.4}$$

式中 I_m 和 U_m 分别为最大负载电流和电压。其最大功率 P_m 与理论最大功率 P_t 之比定义为填充因子 FF，如图 5.9.7 所示。

$$FF = \frac{P_m}{P_t} = \frac{U_m I_m}{U_{oc} I_{sc}} \tag{5.9.5}$$

NOTE

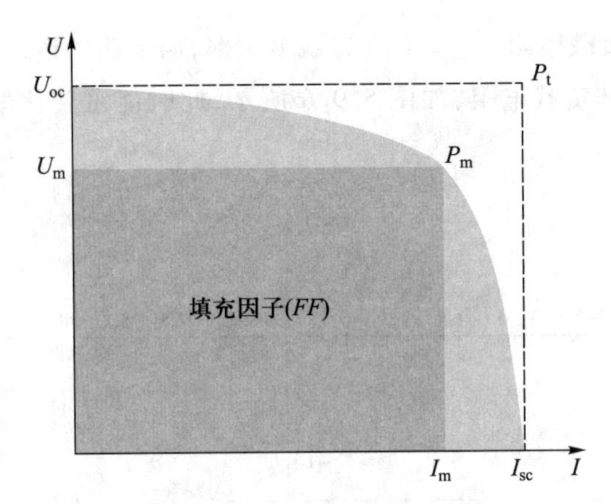

图 5.9.7　填充因子

FF 是表征硅光电池性能优劣的一个重要参数，*FF* 取决于入射光强、材料的禁带宽度、理想系数、负载电阻等。*FF* 越大则输出功率越高，说明硅光电池对光的利用率越高。利用率通常用硅光电池的**光电转换效率** η 描述，指硅光电池的最大输出功率与照射到电池上的入射光的功率之比。

$$\eta=\frac{P_{\mathrm{m}}}{P_{\mathrm{in}}}=\frac{FF\cdot U_{\mathrm{oc}}\cdot I_{\mathrm{sc}}}{P_{\mathrm{in}}} \tag{5.9.6}$$

3.6　光谱响应特性

硅光电池的光谱响应表征不同波长的光子产生电子-空穴对的能力，即当某一波长的光照射在电池表面上时，每一光子平均所能收集到的载流子数。各种波长的单位辐射光能或对应的光子入射到太阳电池上，将产生不同的短路电流，按波长的分布求得其对应的短路电流变化曲线称为硅光电池的**光谱响应曲线**。通常是把光谱响应的最大值取为 1，其他值作归一化处理，这样作成的曲线也叫**相对灵敏度分布曲线**。多数光电器件是有选择性的探测器，对不同波长的光有不同的响应，图 5.9.8 给出典型的硅光电池光谱响应曲线。

硅光电池的光谱响应范围是 400～1 100 nm，在使用时必须注意与入射光的波长相匹配，以获得较高的光电子输出效率。

实验中经常通过测试硅光电池的相对灵敏度表征其光谱响应特性。

硅光电池的灵敏度 K_λ 为

$$K_\lambda=\frac{P_\lambda}{\eta_\lambda T_\lambda \Delta\lambda} \tag{5.9.7}$$

式中 P_λ 为硅光电池测得的光强，也可用短路电流表示；η_λ 为光源随波长的发射强度；T_λ 为滤色片的峰值透过率，$\Delta\lambda$ 为滤色片的半带宽。

其相对灵敏度 $K_{r\lambda}$ 为

NOTE

$$K_{r\lambda}=\frac{K_\lambda}{K_m} \tag{5.9.8}$$

K_m 为不同波长对应 K_λ 的最大值。

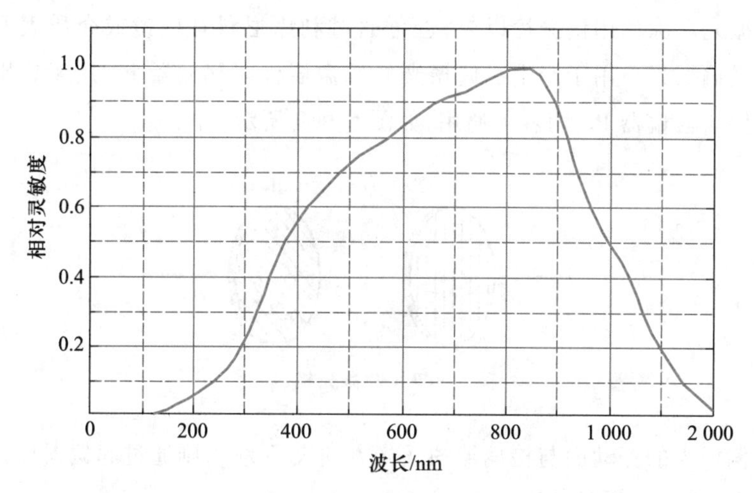

图 5.9.8 光谱响应曲线

3.7 温度特性

温度特性是硅光电池的一个重要特征，它直接影响光电池的转换效率。硅光电池的温度特性是指开路电压、短路电流与温度的关系。对于大多数太阳能电池，在入射光强不变的情况下，随着温度 T 上升，短路电流 I_{sc} 略有上升，开路电压 U_{oc} 明显线性减小，由于开路电压的减小幅度大于短路电流的增加幅度导致转换效率降低。温度对电流的影响主要作用于电子跃迁，一方面温度的升高减小了禁带宽度 E_g，使得更多光子激发电子跃迁。另一方面，温度的上升提供了更多的声子能量，在声子的参与下，增加对光子的二次吸收。可见，温度的上升对增加光生电流具有积极的作用，但是对开路电压又起着消极的作用，因此硅光电池应尽可能在较低温度下工作。

3.8 马吕斯定律

光具有电磁波的偏振性质，其偏振方向与光的传播方向垂直。按光矢量的不同偏振状态，通常把光分成三类。我们通常所见的光源发出的光，如太阳光、灯光等，其光矢量分布各向均匀，且各方向振幅相等，这种光称为**自然光**。自然光没有偏振特性，为非偏振光。如果垂直光波前进方向的平面内，光矢量只沿一个固定的方向振动，则这种光称为线偏振光或**平面偏振光**。如果光矢量在沿着光传播方向前进的同时还作均匀转动，其末端在垂直于光传播方向的平面内的投影为椭圆或圆，则称为**椭圆偏振光或圆偏振光**。线偏振光、平面偏振光、椭圆偏振光及圆偏振光均为完全偏振光。自然光与偏振光相混合，即为**部分偏振光**。

NOTE

偏振片是实验室中用于获得线偏振光的常用工具之一。偏振片的制造加工方法有多种，例如利用某些晶体（如碘化硫酸奎宁和电气石等）制成的偏振片，对互相垂直的两个分振动具有选择吸收的性能。只允许一个方向的光振动通过，则透射光为线偏振光。除使用偏振片以外，也可通过利用尼科耳棱镜或介质表面反射等方法获得线偏振光。用于产生线偏振光的偏振器件叫起偏器 P_1，用于鉴别偏振光的偏振器件叫检偏器 P_2，两者可通用，如图 5.9.9 所示。

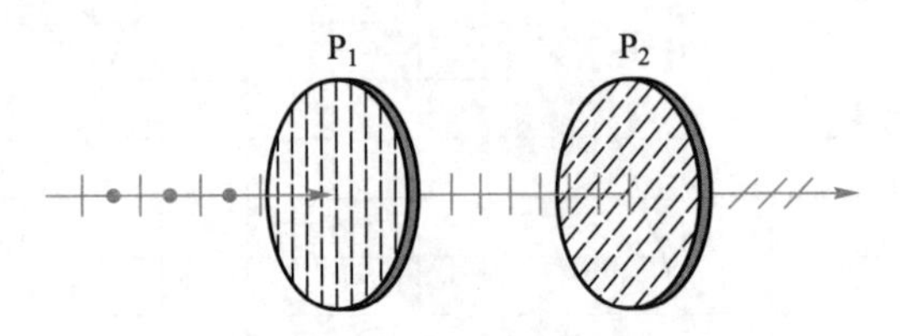

图 5.9.9　偏振光检测

设线偏振光的振动面与检偏器的透光方向夹角为 θ，则通过起偏器后强度为 I_0 的线偏振光，通过检偏器后的光强为

$$I = I_0\cos^2\theta \tag{5.9.9}$$

(5.9.9)式为马吕斯定律，可用于偏振光的检测。以光线传播方向为轴，转动检偏器时，透射光强度 I 将发生周期变化。当 θ 为 0°或 180°时，$I = I_0$，此时接收到光强为最大。当 θ 为 90°或 270°时，$I = 0$，则形成消光。

4　实验仪器

硅光电池实验装置由直流电源、光源、探测器、偏振片、数字式万用表等构成，可以用不同的器件组合开展设计和探究性实验，如图 5.9.10 所示。其中硅光电池、光源、偏振片等器件通过封装并安装在光具座上，可以在光学导轨上使用。

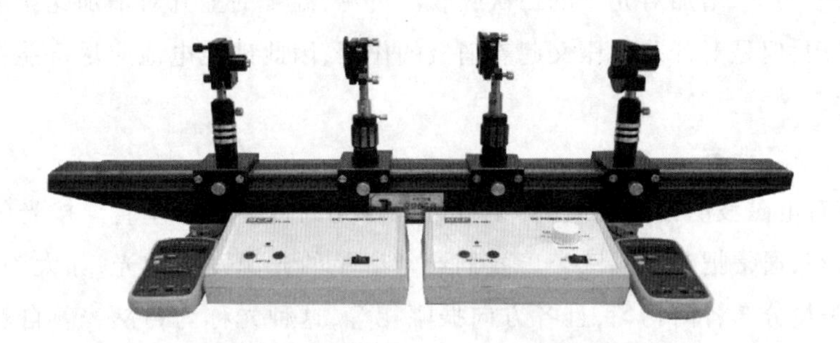

图 5.9.10　硅光电池实验装置

5　实验内容

5.1　预备性实验：研究硅光电池的照度特性

1. 将光源与硅光电池相对放置，并将硅光电池入光孔径调节至最小。

NOTE

2. 打开光源,用数字式万用表测量硅光电池开路电压与短路电流大小。

3. 改变硅光电池入光孔径大小,重复以上测量。

4. 分析入射光面积与开路电压、短路电流之间的关系。

5.2 验证马吕斯定律

1. 将固体激光器与硅光电池相对放置,并将硅光电池入光孔径调节合适。

2. 如图 5.9.10 连接激光器光源电路,开启电源。调整激光器与硅光电池同轴等高。

3. 调整两偏振片透光轴平行。方法是先放入起偏器,转动起偏器,直至硅光电池短路电流示值最大,记录起偏器角度示值 θ_0 及电流值 I_0。放入检偏器并转动,直到照度计示值再次为最大。记下检偏器角度示值 θ_0'及电流值 I_0',此时两偏振片透光轴平行,夹角为 0°。

4. 转动检偏器改变两偏振片间夹角,每隔 10°测量短路电流值,测量范围为 0~90°。

5. 绘制 I-$\cos^2\theta$ 的关系曲线,验证马吕斯定律。

5.3 研究硅光电池的输出特性

1. 连接硅光电池电路,设置起偏器与检偏器夹角为 0°或 30°。

2. 逐一改变负载电阻的大小,记录毫安表和数字电压表读数,并填入表格。

3. 计算硅光电池的输出功率,绘制硅光电池功率随电阻变化的曲线,由此可求出最大输出功率和最佳负载电阻。

5.4 设计制作一调光电路,可通过光照亮度控制负载 LED 发光亮度

1. 用所给的实验器件,设计并绘制调光电路图。

2. 按图连接电路,调节起偏器与检偏器夹角改变光强,记录夹角 θ 与负载电流 I_{LED},绘制 $\cos^2\theta$-I_{LED} 两者关系曲线。

6 注意事项

1. 实验中勿直视光源,以免对眼睛造成伤害;

2. 切勿用手触摸光学器件的表面,轻缓调节旋转偏振片;

3. 使用微安表及数字式多用表时应正确设置量程或测试挡位;

4. 实验中光源与硅光电池的相对位置保持固定。

7 数据记录与处理

1. 研究硅光电池的照度特性,验证马吕斯定律:

记录硅光电池在不同照度下的开路电压 U_{oc}及短路电流 I_{sc},填写表 5.9.1。

在作图纸上绘制 I_{sc}-$\cos^2\theta$ 的关系曲线。

2. 研究硅光电池的输出特性(表 5.9.2 和表 5.9.3):

NOTE

表 5.9.1　验证马吕斯定律

$\theta/(°)$	0	10	20	30	40	50	60	70	80	90
$\cos^2\theta$										
$I_{sc}/\mu A$										
$\overline{I_{sc}}/\mu A$										

表 5.9.2　记录硅光电池在起偏器与检偏器夹角 $\theta=0°$ 照度下的负载电阻端电压 U 及电流 I

负载电阻 $R_2/k\Omega$									
电压 U/mV									
电流 $I/\mu A$									
功率 $P/10^{-5}W$									

表 5.9.3　记录硅光电池在起偏器与检偏器夹角 $\theta=30°$ 照度下的负载电阻端电压 U 及电流 I

负载电阻 $R_2/k\Omega$									
电压 U/mV									
电流 $I/\mu A$									
功率 $P/10^{-5}W$									

绘制硅光电池功率随电阻变化的曲线。

3. 设计调光电路，绘制偏振片角度 θ 与负载电流 I_{LED} 关系曲线：

根据所给实验器材，设计调光电路，并绘制电路图，填写表 5.9.4。

表 5.9.4　记录硅光电池在不同照度下，不同偏振片角度 θ 对应的负载电流 I_{LED}

$\theta/(°)$	0	10	20	30	40	50	60	70	80	90
$I_{LED}/\mu A$										
$\overline{I_{LED}}/\mu A$										

绘制偏振片角度 θ 与负载电流 I_{LED} 关系曲线。

8　思考题

1. 如何获得高电压、大电流输出的硅光电池？

2. 调光电路中硅光电池为何工作在负偏状态？

9　实验拓展

1. 利用光伏效应原理，设计一个小型的光伏充电器。

2. 基于激光反射法原理，利用硅光电池设计并制作可用于远程监听的装置。

3. 根据辐射测温原理，利用硅光电池研究并设计可用于辐射测温的装置。

NOTE

5.10 传感器特性实验

1 引言

传感器技术是现代信息时代的关键技术,其应用领域十分广泛,人工智能、物联网、智慧工厂等现代工业技术的核心都依赖于传感器技术的发展,它已成为现代信息技术的基础之一。传感器技术研究涉及物理、化学、生物、材料科学等众多学科,随着传感器技术的快速发展,它已经逐渐成为一门新的学科。通常传感器是指一个完整的测量系统或装置,它能感知被测量并按一定规律转换成输出信号,用于信息的传输、处理、存储、记录及控制。传感器一般由敏感元件、转换元件、变换电路和辅助电源四部分组成。敏感元件能直接感受或响应被测量,并同步产生如电阻、电压等物理量变化,转换元件将敏感元件输出的物理量变化转换为电信号,并由变换电路进行放大调制后输出。传感器种类繁多,按传感器的机理及转换形式分类有结构型、物性型、数字(频率)型、量子型、信息型和智能型;按敏感材料分类有半导体型、功能陶瓷型、功能高聚物型等;按测量对象参数分类有光传感器、湿度传感器、温度传感器、磁传感器、压力(压强)感器、振动传感器、超声波传感器等。本实验中所研究的金属箔式应变片是压力、位移和加速度传感器的重要敏感元件,将之用于应变电桥电路和集成运算放大器组成压力传感器,可了解传感器的基本结构及其特性。

2 实验目的

1. 了解应变电桥的原理、性能和用途。
2. 掌握直流单臂电桥、直流差动半桥、直流差动全桥的电路特性。
3. 掌握集成运算放大器基本原理和使用方法。

3 实验原理

3.1 传感器的基本特性

1. 静态特性

传感器的静态特性是指被测输入量不随时间变化时传感器输入与输出的关系。衡量传感器静态特性的主要指标有线性度、灵敏度、迟滞性、漂移等。

(1) 线性度

理想传感器的输出 y 与输入 x 呈线性关系,则 $y=k_1x$,k_1 为传感器的线性灵敏度。实际传感器的输出 y 与输入 x 呈非线性关系,如不考虑迟滞和蠕变因素,则

$$y=a+k_1x+k_2x^2+\cdots+k_nx^n \tag{5.10.1}$$

式中,a 为输入量为零的输出量,k_1 为线性灵敏度,$k_2,\cdots,k_n$ 为非线性系数。

如采用两个特征相同的传感器差动组合,可有效地改善非线性特性。此时,两传感器的输出之差为

NOTE

$$\Delta y=2(k_1x+k_3x^3+k_5x^5+\cdots) \tag{5.10.2}$$

具有这种特性的传感器在原点附近较大范围内就接近线性关系，并具有较高的灵敏度，称为线性区。实际特性曲线与拟合直线间的偏差程度就称为传感器的线性度，通常用相对误差 D 表示，即

$$D=\pm\frac{\delta_m}{A}\times100\% \tag{5.10.3}$$

式中，δ_m 为最大偏差值，A 为满量程输出。

线性度有时也称非线性误差，用以衡量传感器输出量与输入量之间线性关系的程度以及直线拟合的好坏。常用的直线拟合除端点拟合法外，还有切线拟合、最小二乘法等方法。

(2) 灵敏度

传感器在稳态下输出变化量与输入变化量之比称为灵敏度 S_n，表示为

$$S_n=\frac{\Delta y}{\Delta x}=\frac{dy}{dx} \tag{5.10.4}$$

对于理想线性传感器，灵敏度 S_n 为常数，对于一般传感器则采用线性区或拟合直线的斜率表示。通常测量点取在零点附近时线性度好，灵敏度也高。

(3) 迟滞性

迟滞性是指传感器在正（输入量增大）反（输入量减小）行程期间的输出输入曲线不重合的程度。迟滞大小用迟滞误差表示，通常由实验确定。即

$$\gamma_H=\pm\frac{1}{2}\cdot\frac{\Delta H_{max}}{y_0}\times100\% \tag{5.10.5}$$

式中，ΔH_{max} 为正反行程输出值的最大差值。迟滞差是由与传感器的响应受到输入过程影响而产生的，它的存在破坏了输入和输出的一一对应关系，应尽量减少迟滞差。

(4) 漂移

漂移是指在一定时间间隔内，传感器输出量存在着与输入量无关的数值。漂移主要包括零点漂移和灵敏度漂移。零点漂移或灵敏度漂移又分为时间漂移和温度漂移。时间漂移是指在规定条件下，零点或灵敏度随时间缓慢变化。温度漂移为环境变化而引起的零点漂移或灵敏度的漂移。

2. 动态特性

传感器的动态特性是指传感器输出对随时间变化的输入量的响应特性。传感器的输出不仅要精确地显示被测量的大小，还要显示被测量随时间变化的规律（即被测量的波形），因此，传感器的输出量也是时间的函数。在实际中，输出信号将不会与输入信号具有相同的时间函数，它们之间的这种差异，就是要分析的动态误

NOTE

差。动态误差包括两个部分:一是实际输出量达到稳定状态后与理论输出量间的差别;二是当输入量发生跃变时,输出量由一个稳态到另一个稳态之间过渡状态中的误差。

由于传感器输入量随时间变化的规律各不相同,通常采用正弦和阶跃信号作为标准输入信号来分析传感器的动态特性:对于正弦输入信号,传感器的响应称为频率响应(或称稳态响应);对于阶跃输入信号,则称为传感器的阶跃响应(或称瞬态响应)。因此,研究传感器的动态特性主要是为了从测量误差的角度来分析产生动态误差的原因以及提出改善的方法。

3.2　电阻应变片

当导电材料在外力作用下发生机械变形时,其电阻值将发生变化,这种现象称为导体的电阻应变效应。设如图 5.10.1 所示的一根长度为 L、截面积为 S、电阻率为 ρ 的金属丝的电阻值为

$$R=\rho\frac{l}{s} \tag{5.10.6}$$

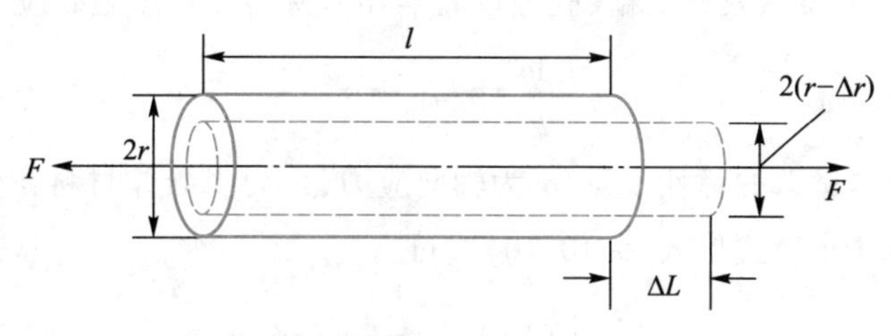

图 5.10.1　电阻丝拉伸应变示意图

当材料受到轴向拉力 F 作用时,将伸长 ΔL,横截面积相应减小 ΔS,电阻率因晶格变化等因素的影响而改变 $\Delta\rho$,故引起电阻值变化 ΔR。对上式全微分,并用相对变化量来表示,则有

$$\frac{\mathrm{d}R}{R}=\frac{\mathrm{d}L}{L}-\frac{\mathrm{d}S}{S}+\frac{\mathrm{d}\rho}{\rho} \tag{5.10.7}$$

式中的 $\mathrm{d}L/L$ 为电阻丝的轴向线应变,用 ε 表示。若径向应变为 $\mathrm{d}r/r$,电阻丝的纵向伸长和横向收缩的关系用泊松比 μ 表示为

$$\frac{\mathrm{d}r}{r}=-\mu\frac{\mathrm{d}L}{L} \tag{5.10.8}$$

因

$$\frac{\mathrm{d}S}{S}=2\frac{\mathrm{d}r}{r} \tag{5.10.9}$$

将(5.10.8)式,(5.10.9)式代入(5.10.7)式,上式可得

$$\frac{\mathrm{d}R}{R}=(1+2\mu)\frac{\mathrm{d}L}{L}+\frac{\mathrm{d}\rho}{\rho} \tag{5.10.10}$$

NOTE

上式说明材料在受力拉伸下阻值变化主要由线应变和电阻率的相对变化所决定，而金属导体或半导体电阻率的相对变化原理上不一样，分别讨论如下：

1. 金属材料的电阻应变效应

实验发现，金属材料电阻率的相对变化与其体积的相对变化间关系为

$$\frac{\mathrm{d}\rho}{\rho}=c\frac{\mathrm{d}V}{V}=c\left(\frac{\mathrm{d}L}{L}+\frac{\mathrm{d}S}{S}\right)=(1-2\mu)c\varepsilon \tag{5.10.11}$$

式中 c 为常量，由材料的加工方式决定。将(5.10.11)式代入(5.10.10)式，且当 $\Delta R \ll R$ 时，可得

$$\frac{\Delta R}{R}=[(1+2\mu)+c(1-2\mu)]\varepsilon=K_{\mathrm{m}}\varepsilon \tag{5.10.12}$$

上式表明，金属材料电阻的相对变化与其线应变成正比，式中 K_{m} 为金属材料的**应变灵敏度系数**。

2. 半导体材料的电阻应变效应

半导体材料在受到外力后，其晶格参数发生改变，会引起材料的电阻率发生改变，这种现象称为**压阻效应**。锗、硅等单晶半导体材料具有压阻效应。

$$\frac{\mathrm{d}\rho}{\rho}=\pi E\varepsilon=\pi\sigma \tag{5.10.13}$$

式中 E 为半导体材料的弹性模量，σ 为轴向应力，π 为半导体材料在受力方向的压阻系数。将(5.10.8)式代入(5.10.10)式可得

$$\frac{\Delta R}{R}=[(1+2\mu)+\pi E]\varepsilon=K_{\mathrm{s}}\varepsilon \tag{5.10.14}$$

式中 K_{s} 为半导体材料的应变灵敏度系数。

由(5.10.12)式和(5.10.14)式可知，金属材料或半导体材料的应变电阻效应可以统一表示为

$$\frac{\Delta R}{R}=K_0\varepsilon \tag{5.10.15}$$

式中 K_0 为导电材料的应变灵敏系数。对于金属材料而言，$K_0=K_{\mathrm{m}}=(1+2\mu)+c(1-2\mu)$，它由两部分组成。前部分是由材料几何尺寸变化引起的，一般金属 $\mu\approx0.3$，因此 $(1+2\mu)\approx1.6$；后部分为电阻率变化部分，以康铜为例，$c\approx1$，因此 $c(1-2\mu)\approx0.4$，则 $K_0\approx2.0$。显然，金属材料的应变电阻效应以几何尺寸变化为主。对于半导体材料而言，$K_0=(1+2\mu)+\pi E$，也由两部分组成。后部分为半导体材料压阻效应所引起的，且 $\pi E\gg(1+2\mu)$，可见，半导体材料的应变电阻效应主要基于压阻效应，通常 $K_0\approx(50\sim80)K_{\mathrm{m}}$。

电阻应变片主要有金属电阻应变片和半导体应变片两大类，通常由敏感栅、基片、盖片、引线等组成，如图 5.10.2 所示。敏感栅实际上是一个电阻元件，它感受

NOTE

应变,并将应变成比例地转换为电阻变化的敏感部分。电阻应变片按敏感栅结构分为金属丝式电阻应变片和金属箔式电阻应变片两种。丝式敏感栅通常由直径0.01～0.05 mm 的电阻应变丝弯曲而成栅状,箔式敏感栅是在绝缘基底上,用照相制版或光刻腐蚀的方法,将极薄的康铜箔(3～5 μm)蚀刻成栅状。盖片与基片将敏感栅紧密地黏合在两者中间,对敏感栅起几何形状固定、绝缘和保护作用。基片与弹性体的应变准确地传递到敏感栅之上,因此它很薄,一般在0.03～0.06 mm,使它与弹性体及敏感体及敏感栅能牢固地黏合在一起。此外它还应具有良好的绝缘性能、抗潮性能和耐热性能等。

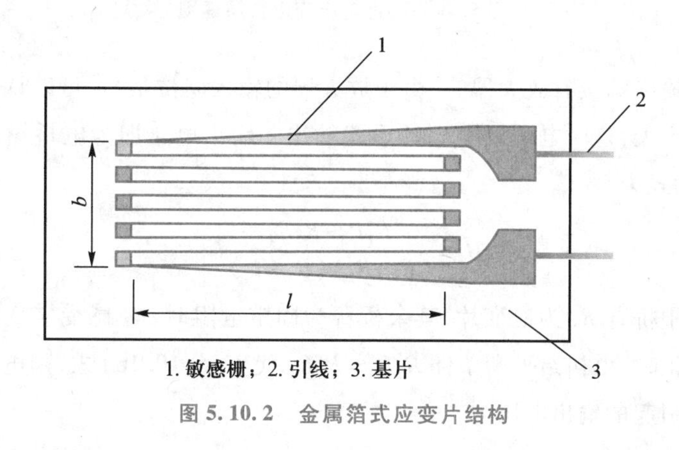

1. 敏感栅; 2. 引线; 3. 基片

图 5.10.2 金属箔式应变片结构

3.3 直流应变电桥

应变片测量应变是通过敏感栅的电阻相对变化而得到的。通常金属电阻应变片灵敏度系数 K 很小,机械应变一般在 $10\times10^{-6}\sim3\,000\times10^{-6}$,可见,电阻相对变化是很小的。例如,某传感器弹性元件在额定载荷下产生应变 $\varepsilon=1\,000\times10^{-6}$,应变片的电阻值为 120 Ω,灵敏度系数 $K=2$,则电阻的相对变化量为 $\Delta R/R=K\varepsilon=2\times1\,000\times10^{-6}=0.002$,电阻变化率只有 0.2%。因此需要采用电桥电路将较小的阻值变化按一定比例转换为电压或者电流变化,并由放大器放大后输出。测量电桥可分为直流电桥和交流电桥。当桥臂电阻均为纯电阻时,用直流电桥精确度高。若桥臂中有阻抗存在,则实验必须使用交流电桥。

直流应变电桥的转换原理

如图 5.10.3 所示的直流应变电桥中,四个桥臂由电阻 R_1、R_2、R_3、R_4 组成。A、C 端接直流电源,称为供桥端,U_i 称供桥电压。B、D 端接负载 R_g,称为输出端。当四个桥臂电阻相等时,称为**全等臂电桥**。当四个桥臂电阻中两两阻值相等,如 $R_1=R_2=R$,$R_3=R_4=R'$ 且 $R\neq R'$ 时,称为**输出对称电桥**;如 $R_1=R_4=R$,$R_2=R_3=R'$ 且 $R\neq R'$ 时,称为**电源对称电桥**。

NOTE

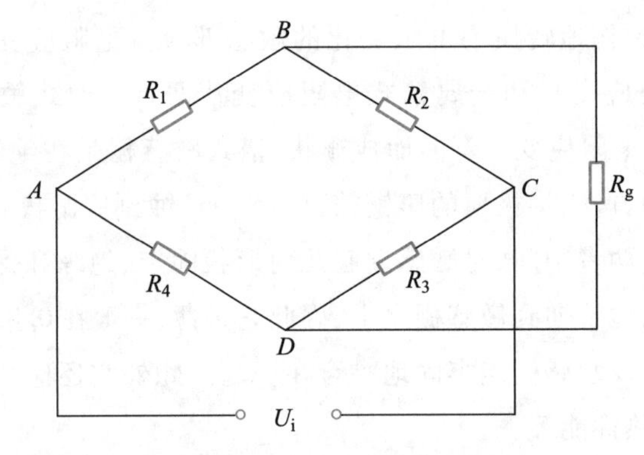

图 5.10.3　直流应变电桥原理图

当电桥输出端接有放大器时，由于放大器的输入阻抗很高，可以认为电桥的负载电阻为无穷大，这时电桥以电压的形式输出。输出电压即为电桥输出端的开路电压，其表达式为

$$U_o=\frac{R_1R_3-R_2R_4}{(R_1+R_2)(R_3+R_4)}U_i \tag{5.10.16}$$

设电桥中桥臂 R_1 为应变片，其余桥臂为固定电阻时，R_1 感受应变而产生增量 ΔR_1 阻值变化时，由初始平衡条件 $R_1R_3=R_2R_4$ 代入(5.10.16)式，则电桥由于 ΔR_1 产生不平衡引起的输出电压为

$$U_o=\frac{R_1R_2}{(R_1+R_2)^2}\left(\frac{\Delta R_1}{R_2}\right)U_i \tag{5.10.17}$$

当 R_1 臂的电阻产生变化 $\Delta R_1=\Delta R$ 时，对于输出对称电桥，其输出电压为

$$U_o=U_i\frac{RR}{(R+R)^2}\left(\frac{\Delta R}{R}\right)=\frac{U_i}{4}\left(\frac{\Delta R}{R}\right)=\frac{U_i}{4}K_0\varepsilon \tag{5.10.18}$$

同样，电源对称电桥输出电压为

$$U_o=U_i\frac{RR'}{(R+R')^2}\left(\frac{\Delta R}{R}\right)=U_i\frac{RR'}{(R+R')^2}K_0\varepsilon \tag{5.10.19}$$

全等臂电桥输出电压为

$$U_o=U_i\frac{RR}{(R+R)^2}\left(\frac{\Delta R}{R}\right)=\frac{U_i}{4}\left(\frac{\Delta R}{R}\right)=\frac{U_i}{4}K_0\varepsilon \tag{5.10.20}$$

(5.10.18)式、(5.10.19)式、(5.10.20)式表明，当 $\Delta R\ll R$ 时，电桥的输出电压与应变成线性关系。而且在桥臂电阻产生相同变化的情况下，全等臂电桥以及输出对称电桥的输出电压要比电源对称电桥的输出电压大，即它们的灵敏度要高。因此在使用中，我们多采用全等臂电桥或输出对称电桥。

当电桥的四个桥臂都由应变片组成，工作时各臂的应变片受力拉伸或压缩产生形变而引起阻值的变化，设供桥电压一定且 $\Delta R_i\ll R_i$，电桥的输出电压

NOTE

$$U_o=U_i\left[\frac{R_2}{(R_1+R_2)^2}\Delta R_1-\frac{R_1}{(R_1+R_2)^2}\Delta R_2+\frac{R_4}{(R_3+R_4)^2}\Delta R_3-\frac{R_3}{(R_3+R_4)^2}\Delta R_4\right]$$

$$=U_i\left[\frac{R_1R_2}{(R_1+R_2)^2}\left(\frac{\Delta R_1}{R_1}\right)-\frac{R_1R_2}{(R_1+R_2)^2}\left(\frac{\Delta R_2}{R_2}\right)+\frac{R_3R_4}{(R_3+R_4)^2}\left(\frac{\Delta R_3}{R_3}\right)-\frac{R_3R_4}{(R_3+R_4)^2}\left(\frac{\Delta R_4}{R_4}\right)\right]$$

对于全等臂电桥,上式可简化为

$$U_o=\frac{U_i}{4}\left(\frac{\Delta R_1}{R_1}-\frac{\Delta R_2}{R_2}+\frac{\Delta R_3}{R_3}-\frac{\Delta R_4}{R_4}\right) \tag{5.10.21}$$

定义电桥的工作臂系数 n 为

$$n=\left(\frac{\Delta R_1}{R_1}-\frac{\Delta R_2}{R_2}+\frac{\Delta R_3}{R_3}-\frac{\Delta R_4}{R_4}\right)\Big/\frac{\Delta R}{R}$$

电桥的灵敏度 S_u 可表示为

$$S_u=\frac{U_i}{4}n \tag{5.10.22}$$

电桥的灵敏度是单位电阻变化率所对应的输出电压的大小,电桥的供桥电压愈高或者工作臂系数愈大,则电桥的灵敏度也愈大。

4 实验仪器

4.1 DH-SJ2 型传感器特性综合实验仪

DH-SJ2 型传感器特性综合实验仪如图 5.10.4 所示,由传感器实验台、九孔板接口平台、频率振荡器 DH-WG2、直流恒压源 DH-VC2 和处理电路模块组成。其中金属箔式应变片性能实验由恒流源、悬臂梁及应变片、差动放大器模块构成。本实验中所使用四个金属箔式应变片已粘贴在悬臂梁式双孔弹性元件的上下两个端面上,组成一个应变弹性体。梁的一端固定在模板上,另一端装有托盘或测微头,当托盘中加上质量为 m 的砝码时或测微头相接触移动时,梁发生弯曲,电阻应变片也随之发生相应形变。根据胡克定律可知

$$\frac{\Delta R}{R}=Km \tag{5.10.23}$$

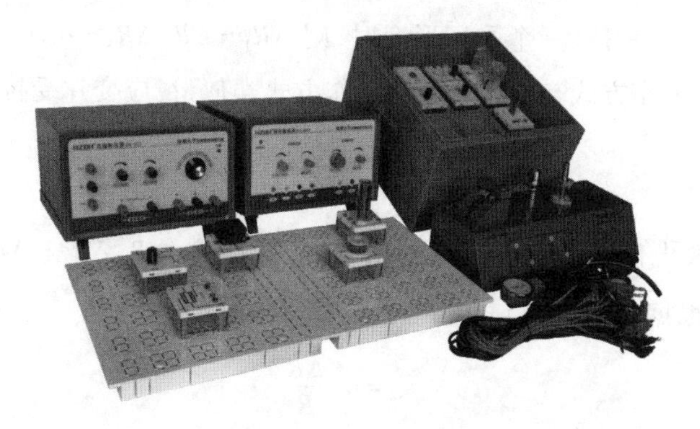

图 5.10.4 DH-SJ2 型传感器特性综合实验仪

NOTE

式中 K 为应变弹性体的灵敏度系数。

四个应变片已与模板左上方的 R_1、R_2、R_3、R_4 相连接，其中 R_1、R_3 为粘贴于悬臂梁上表面应变片，R_2、R_4 为粘贴于悬臂梁下表面应变片，静态时应变片阻值约 350 Ω。实验时只要将对应元件模块用导线相连接就可以进行测量。

4.2 应变电桥连接方式

应变片接入应变桥式电路有单臂、两个相邻臂、两个相对臂、全臂工作四种方式。单臂工作方式已在上面介绍，下面讨论其余几种接入方式。

1. 两个相邻臂工作

设桥臂 R_1 和 R_2 为工作臂，且工作时有电阻增量 ΔR_1、ΔR_2，而 R_3 和 R_4 为固定阻值电阻 $R(\Delta R_3=\Delta R_4=0)$。根据(5.10.21)式有

$$U_o=\frac{U_i}{4}\left(\frac{\Delta R_1}{R_1}-\frac{\Delta R_2}{R_2}\right) \tag{5.10.24}$$

此时，当应变片为同一种类型时，则 $R_1=R_2=R$，且 $\Delta R_1=\Delta R_2=\Delta R$，$U_o=0$。当应变片一个受拉、一个受压形变时，则 $\Delta R_1=\Delta R$，$\Delta R_2=-\Delta R$，此时输出电压为

$$U_o=\frac{U_i}{2}\frac{\Delta R}{R} \tag{5.10.25}$$

与单臂工作输出相比较，输出电压增大 1 倍，灵敏度有所提高。

2. 两个相对臂工作

设桥臂 R_1 和 R_3 为工作臂，且工作时有电阻增量 ΔR_1、ΔR_3，而 R_2 和 R_4 为固定阻值电阻 $R(\Delta R_2=\Delta R_4=0)$。根据(5.10.21)式有

$$U_o=\frac{U_i}{4}\left(\frac{\Delta R_1}{R_1}+\frac{\Delta R_3}{R_3}\right) \tag{5.10.26}$$

此时，当应变片为同一种类型，则 $R_1=R_3=R$，且 $\Delta R_1=\Delta R_3=\Delta R$ 时

$$U_o=\frac{U_i}{2}\frac{\Delta R}{R} \tag{5.10.27}$$

当应变片一个受拉、一个受压形变时，则 $\Delta R_1=\Delta R$，$\Delta R_3=-\Delta R$，此时输出电压为 $U_o=0$。这种工作方式与两个相邻臂工作方式类似，视应变片受拉或受压情况可以灵活使用。

3. 全臂工作

当四个桥臂电阻均为应变片，且 $R_1=R_2=R_3=R_4=R$，$\Delta R_1=\Delta R_3=\Delta R$，$\Delta R_2=\Delta R_4=-\Delta R$ 时，根据(5.10.21)式有

$$U_o=U_i\frac{\Delta R}{R} \tag{5.10.28}$$

可以发现全臂工作时输出为单臂工作时的 4 倍，双臂工作时的 2 倍，灵敏度进

NOTE

一步提高。

由以上分析可知，当电桥中的相邻臂有异号（一个受拉、一个受压），或相对臂有同号（同时受拉或受压）的电阻变化时，电桥能把各臂电阻变化引起的输出电压相加后输出，反之则相减后输出，这称为电桥的加减特性，在桥式电路连接时应注意电阻变化或应变片符号。在半桥和全桥测量中都可以通过不同的组合方式来提高灵敏度或消除不需要的成分，如消除温度影响及非线性误差。

4.3 信号放大电路

为提高输出电压的变化量，可以在电压输出端增加，一般以集成运算放大器为核心组成信号放大电路，将输出电压放大后再输出至电压测量仪表。集成运算放大器是一种高电压增益、高输入电阻和低输出电阻的多级直接耦合放大电路，一般由输入级、中间级、输出级以及偏置电路构成。输入级一般为差动放大器，利用其对称性可以提高整个电路的共模抑制比和电路性能，输入级有反向输入端、同相输入端两个输入端；中间级的主要作用是提高电压增益，一般由多级放大电路组成；输出级一般由电压跟随器或互补电压跟随器组成，以降低输出电阻，提高带动负载能力；偏置电路为各级提供合适的工作电流。集成运算放大种类很多，使用时应仔细了解其特性参数、供电电压范围、引脚功能等说明。本实验中所采用的差动式直流放大电路结构如图 5.10.5 所示。

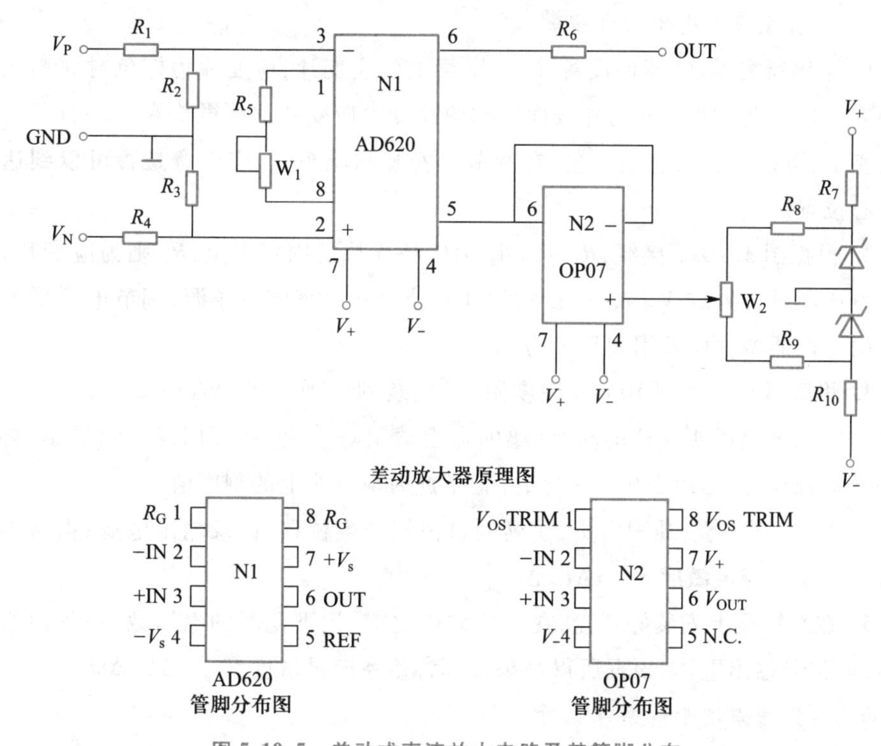

图 5.10.5 差动式直流放大电路及其管脚分布

NOTE

实验时将桥式电路与集成放大电路如图 5.10.6 所示进行连接即可。

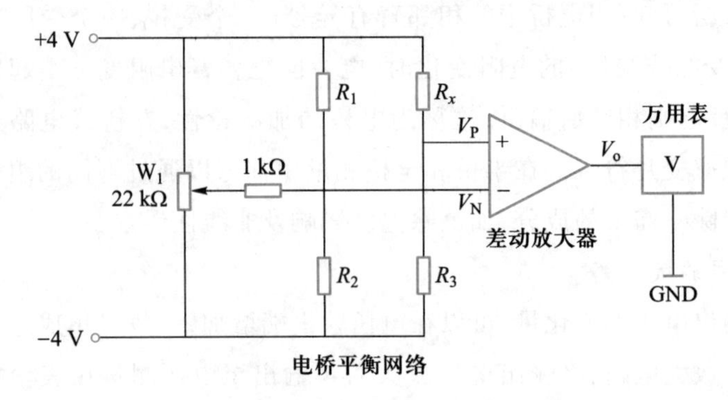

图 5.10.6　应变电桥实验电路原理图

5　实验内容

5.1　预备性实验:差动放大器使用调节

1. 将差动放大器“V_+”“V_-”“GND”分别与直流恒压源的+15 V 和−15 V 输出端及接地端对应相连接;“V_{REF}”与调零模块的对应端相连接。

2. 用导线将差动放大器的输入端同相端 V_P(+)、反相端 V_N(−)与地短接。开启直流恒压源;用万用表测差动放大器输出端的电压,调节调零旋钮使万用表显示电压为零。

5.2　直流单臂电桥特性测量

1. 了解所需模块、器件设备等,观察梁上的应变片,应变片为棕色衬底箔式结构小方薄片。上下两片梁的外表面各贴两片受力应变片。测微头在双平行梁后面的支座上,可以上、下、前、后、左、右调节。安装测微头时,应注意是否可以到达磁钢中心位置。

2. 根据图 5.10.3 接线,R_2、R_3、R_4 为电桥模块的固定电阻,R_1 则为应变片;将直流恒压源设置为±4 V 挡,万用表置 20 V 挡。开启直流恒压源,调节电桥平衡网络中的电位器 W_1,使万用表显示为零。

3. 将测微头转动到 10 mm 刻度附近,安装到双平等梁的自由端(与自由端磁钢吸合),调节测微头支柱的高度(梁的自由端跟随变化)使万用表显示最小,再旋动测微头棘轮,使万用表显示为零,并记下此时测微头上的刻度值。

4. 往下或往上旋动测微头,使梁的自由端产生位移,记录输出电压;据所得结果计算受压形变灵敏度 $S_{单1}=\Delta U/\Delta l$。

5. 在悬臂梁上安装好托盘,在未放砝码之前,记下此时的电压数值;依次增加砝码,并记录输出电压;根据所得结果计算称重系统灵敏度 $S_{单m}=\Delta U/\Delta m$。

5.3　直流差动半桥特性测量

1. 保持放大器增益不变,将 R_2 固定电阻换为与 R_1 工作状态相反的另一应变

NOTE

片，即取两片受力方向不同的应变片，形成半桥。调节电桥平衡网络中的电位器 W_1 使万用表显示电压为零。

2. 往下或往上旋动测微头，使梁的自由端产生位移，记录输出电压；据所得结果计算受压形变灵敏度 $S_{半l}=\Delta U/\Delta l$。

3. 在悬臂梁上安装好托盘，在未放砝码之前，记下此时的电压数值；依次增加砝码，并记录输出电压；根据所得结果计算称重系统灵敏度 $S_{半m}=\Delta U/\Delta m$。

5.4 直流差动全桥特性测量

1. 保持差动放大器增益不变，将 R_3 和 R_4 两个固定电阻换成另两片受力应变片，组成全桥。组桥时要注意对臂应变片的受力方向相同，邻臂应变片的受力方向相反，否则相互抵消没有输出。调节电桥平衡网络中的电位器 W_1 使万用表显示电压为零。

2. 往下或往上旋动测微头，使梁的自由端产生位移，记录输出电压；据所得结果计算受压形变灵敏度 $S_{全l}=\Delta U/\Delta l$。

3. 在悬臂梁上安装好托盘，在未放砝码之前，记下此时的电压数值；依次增加砝码，并记录输出电压；根据所得结果计算称重系统灵敏度 $S_{全m}=\Delta U/\Delta m$。

6 注意事项

1. 在更换应变片时应将直流恒压源关闭。

2. 直流恒压源输出不可过大，以免损坏应变片或造成严重自热效应。

3. 接应变电桥时请注意各应变片的工作状态方向。

4. 实验测量记录时，应向一个方向增加(或减少)应变。

7 数据记录与处理

1. 记录应变片在直流单臂电桥、直流差动半桥、直流差动全桥接入时输出电压与梁形变产生位移数据，并填入表 5.10.1 中。

表 5.10.1 输出电压与位移数据记录表

位移 l/mm	0.500	1.000	1.500	2.000	2.500	3.000
单臂输出 U/V						
半桥输出 U/V						
全桥输出 U/V						

在同一坐标系类绘制 $U-l$ 曲线，并分别计算三种应变桥式电路的形变灵敏度 S_l。

2. 记录应变片在直流单臂电桥、直流差动半桥、直流差动全桥接入时输出电压与砝码质量数据，并填入表 5.10.2 中。

NOTE

表 5.10.2　输出电压与砝码质量数据记录表

砝码质量 m/g	20.0	40.0	60.0	80.0	100.0	120.0
单臂输出 U/V						
半桥输出 U/V						
全桥输出 U/V						

在同一坐标系类绘制 $U-m$ 曲线，并分别计算三种应变桥式电路的称重系统灵敏度 S_m。

8　思考题

1. 实验中称重系统的灵敏度与哪些因数有关？欲提高灵敏度，可采取哪些措施？

2. 将单臂电桥改为差动全桥，不仅可以提高电桥灵敏度，也可以改善电桥的非线性，试从上述公式推导中加以说明。

3. 为何在实验测量时要求向一个方向增加（或减少）应变？

4. 应变片长时间工作会产生温度升高，对实验结果是否会有影响？如何消除？

9　实验拓展

1. 请设计一个实验，利用应变片测量悬臂梁的共振频率。

2. 利用半导体应变片重复以上实验内容，并与金属应变片性能进行分析比较。

3. 基于应变电桥原理，利用 Labview 设计一个电阻应变仪。

4. 利用差动式电容和电容变换器等，也可以组成一个电子秤，请画出电路图，并进行调试和测量。

NOTE

5.11 波导工作状态的测量

1 引言

微波是波长最短的无线电波。无线电波可按其波长范围或频率范围进行分类,波长范围为 1 mm ~ 1 m,即频率为 300 GHz ~ 300 MHz 的无线电波称为微波。1933 年,人们在实验中发现空心金属管可以用来传输能量,随后微波技术得到空前发展,其重要标志是雷达的发明。微波技术不仅在国防、通信、工农业生产的各个方面有着广泛的应用,而且在当代尖端科技领域中,如高能粒子加速器、受控热核反应、射电天文与气象观测、分子生物学研究、约瑟夫森效应、等离子体参量测量、遥感技术、时间与电压计量基准等方面,也是极为重要的研究手段。在微波工程设计中,很多复杂情况最终要通过微波测量来解决。微波在波导中传播,有行驻波、行波和驻波 3 种状态,不同工作状态源于终端负载的不同情况。本实验通过驻波比测量的实验方法,了解负载匹配的意义及常用调配方法,进一步认识微波在波导中传送信号和能量的原理。

2 实验目的

1. 熟悉常用微波器件的功能、结构及其使用方法。

2. 掌握微波测试系统的调整方法和基本测量技术,学会调整驻波测量线及测量驻波比。

3. 掌握测定微波晶体检波器的检波率。

3 实验原理

3.1 波导

在微波波段,随着工作频率的升高,导线的趋肤效应和辐射效应增大,使得普通的双导线不能完全传输微波能量,而必须改用微波传输线。常用的微波传输线有平行双线、同轴线、带状线、微带线、金属波导(管)及介质波导(管)等多种形式的传输线。其中波导的功率容量大、损耗小,特别适用于大功率微波系统。波导是一种空心金属管,其截面形状有圆形、矩形、椭圆形等,矩形波导如图 5.11.1 所示。

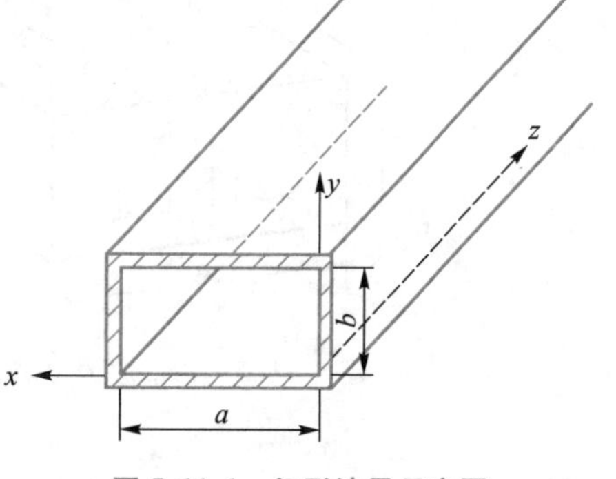

图 5.11.1 矩形波导示意图

传输线中某一种确定的电磁场分布称为波型,通常用 TEM、TE 及 TM 表示。同轴线、微带线中传输的基本波型是 TEM 波(横电磁波);波导中传输的是 TE 波(横电波)或 TM 波(横磁波)。选择合适的坐标系并将麦克斯韦方程组用于波导,就可求得波导中的电磁场各分量。横

NOTE

电波又称为磁波，简写为 TE 波或 H 波，磁场可以有纵向和横向的分量，但电场只有横向分量。横磁波又称为电波，简写为 TM 波或 E 波，电场可以有纵向和横向的分量，但磁场只有横向分量。实际应用中，为了得到良好的传输，通常是将波导设计成只能传输单一波型，其余所有高次模式都被当作杂波而抑止，称为单模传输。矩形波导中的 TE_{10} 波由于具有可单模传输、频带宽、损耗低、模式简单稳定、易于激励和耦合等优点，成为应用最广泛的一种波型。

设矩形波导内壁为理想导体且波导沿 z 轴方向为无限长，根据麦克斯韦方程可得矩形波导中 TE_{10} 波的各电磁场分量为

$$
\begin{aligned}
&E_y=E_0\sin\left(\frac{\pi x}{a}\right)\mathrm{e}^{\mathrm{j}(\omega t-\beta z)}\\
&E_x=E_z=0\\
&H_x=\frac{-\beta}{\omega\mu}E_0\sin\left(\frac{\pi x}{a}\right)\mathrm{e}^{\mathrm{j}(\omega t-\beta z)}\\
&H_z=\mathrm{j}\,\frac{\pi}{\omega\mu^2 a}E_0\cos\left(\frac{\pi x}{a}\right)\mathrm{e}^{\mathrm{j}(\omega t-\beta z)}\\
&H_y=0
\end{aligned}
\tag{5.11.1}
$$

式中 ω 为圆频率，$\omega=\beta/\sqrt{\mu\varepsilon}$；$\beta$ 为相移常量，$\beta=2\pi/\lambda_g$；λ_g 为波导波长，$\lambda_g=\lambda/\sqrt{1-(\lambda/\lambda_c)^2}$；$\lambda_c$ 为截止波长，$\lambda_c=2a$（a 为波导宽边尺寸），当自由空间电磁波波长满足 $a<\lambda<2a$ 时，在矩形波导中都能实现 TE_{10} 模式的单模传输。波导内 TE_{10} 波的电场和磁场的分布可用图 5.11.2 表示。

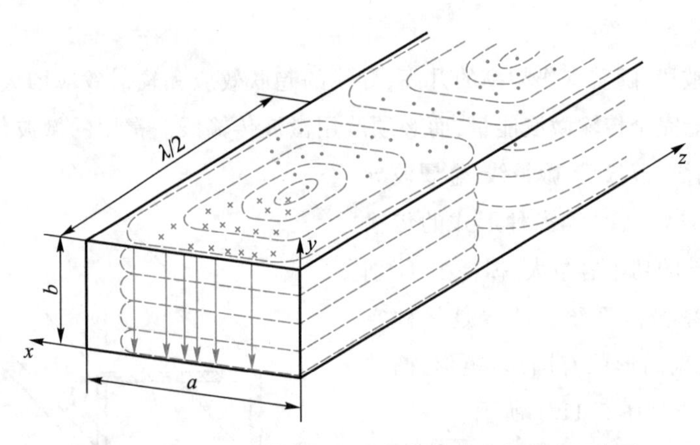

图 5.11.2　TE_{10} 波的电场和磁场结构的空间分布示意图

3.2　波导的工作状态

一般情况下，波导并非均匀和无限长，因此波导内要产生反射波，电场由入射波 E_i 和反射波 E_r 叠加而成：

NOTE

$$E_y(z)=[E_i(0)e^{j\beta z}+E_r(0)e^{j\beta z}]\sin\frac{\pi x}{a}e^{j\omega t} \tag{5.11.2}$$

式中 $E_i(0)$ 和 $E_r(0)$ 分别为垂直于传输方向某参考面上的入射波和反射波电场强度向量。实际测量中(如驻波测量线),常沿波导宽壁中心 $x=a/2$ 开槽来测量电场的幅值,可以略去 $\sin\frac{\pi x}{a}e^{j\omega t}$。此外,为讨论方便起见,将 z 轴改为 $-l$ 轴,坐标改由终端负载(终端面作为坐标原点)向源端算起,(5.11.2)式可以改写为

$$E_y(l)=E_i(0)e^{-j\beta l}+E_r(0)e^{-j\beta l} \tag{5.11.3}$$

为了表征波导的反射特性,引入终端的**反射系数**

$$\Gamma_0=\frac{E_i(0)}{E_r(0)}=\frac{|E_i(0)|}{|E_r(0)|}e^{j\varphi_0}=|\Gamma_0|e^{j\varphi_0} \tag{5.11.4}$$

φ_0 为终端处反射波与入射波的相位差。于是有

$$E_y(l)=E_i(0)(1-\Gamma_0)e^{j\beta l}+2\Gamma_0E_i(0)\cos\beta l \tag{5.11.5}$$

上式第一项代表向负载方向传输的行波,第二项代表驻波。驻波分布特性可用**驻波比**

$$\rho=\frac{|E_y|_{\max}}{|E_y|_{\min}} \tag{5.11.6}$$

和**驻波相位** $\beta l_{\min}$ 来表示,$l_{\min}$ 为终端面至其相邻节点的距离。

反射系数 $|\Gamma_0|$ 和驻波比 ρ 之间显然有

$$\rho=\frac{1+|\Gamma_0|}{1-|\Gamma_0|} \tag{5.11.7}$$

或

$$|\Gamma_0|=\frac{\rho-1}{\rho+1} \tag{5.11.8}$$

可以看出波导的工作状态主要决定于负载的情况:

(1) 波导终端接一般性负载时,终端负载部分吸收功率,入射波部分被反射,传输线上同时有行波和驻波分量,称为**行驻波状态**,如图 5.11.3(a)所示。此时 $0<|\Gamma_0|<1$,$1<\rho<\infty$。

(2) 终端接匹配负载时,微波功率全部被负载吸收,波导内不存在反射波。$|\Gamma_0|=0$,$\rho=1$,$|E_y(l)|=|E_i(0)|$,此为**匹配状态**,或称**行波状态**,如图 5.11.3(b)所示。

(3) 波导终端短路(接理想导体板)、开路或接纯电抗性负载时,终端处电场强度应满足边界条件 $E_y(0)=E_i(0)+E_r(0)$,$E_r(0)=-E_i(0)$,$\Gamma_0=e^{j\pi}$,$|\Gamma_0|=1$,$\rho=\infty$,形成全反射,由(5.11.5)式可得,$|E_y(l)|_{\max}=2|E_i||\sin\beta l|$,波导中呈纯驻波状态,如图 5.11.3(c)所示。纯驻波在波节处的变化最为尖锐,常被用来测量波导波长 λ_g。

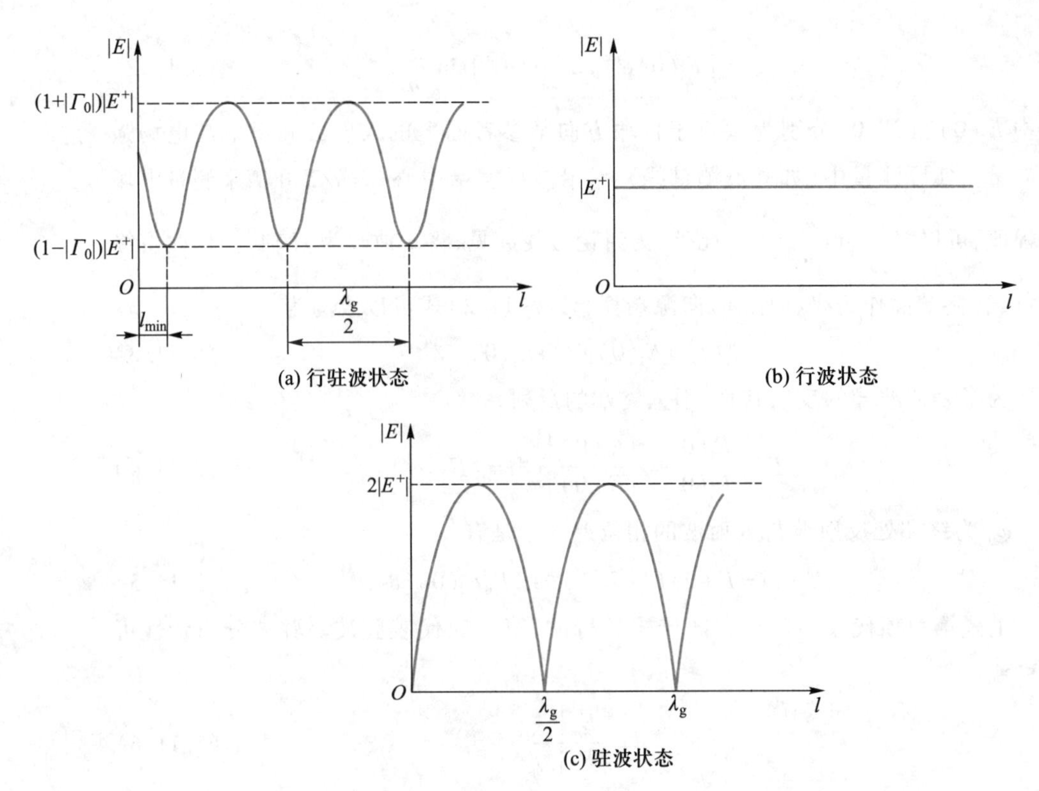

(a) 行驻波状态　(b) 行波状态　(c) 驻波状态

图 5.11.3　波导工作状态

NOTE

因此微波系统正式工作之前，一般都必须把系统各部分调到匹配状态。系统不匹配会引起信号源工作不稳定，影响测量精度，微波能量不能有效传送（例如影响抛物面天线的发射效率），产生噪声或信号失真，大功率输出时驻波电场波腹处易打火击穿等。

3.3　负载阻抗分析

1. 均匀无损耗传输系统中的负载阻抗

$$Z_{\mathrm{L}}=\frac{1-\mathrm{j}\rho\tan\beta l_{\min}}{\rho-\mathrm{j}\tan\beta l_{\min}}Z_0 \tag{5.11.9}$$

上式表明，传输系统的驻波特性直接决定于终端的负载阻抗。用测量线测出驻波比 ρ、波导波长 λ_g 及终端面至其相邻节点的距离，便可求得负载阻抗值。式中无损耗传输线的特性阻抗 Z_0 为一确定的电阻值。

2. 终端反射系数

$$\Gamma_0=\frac{Z_{\mathrm{L}}-Z_0}{Z_{\mathrm{L}}+Z_0} \tag{5.11.10}$$

可见传输线的工作状态决定于负载阻抗。

① $Z_{\mathrm{L}}=Z_0$ 时，终端负载等于特性阻抗时，$\Gamma_0=0$，即行波状态。

NOTE

② $Z_L=0$（终端短路）时，$\Gamma_0=-1$；$Z_L=\infty$（终端开路）时，$\Gamma_0=+1$；或 $Z_L=\pm j\chi_L$ 时（终端接纯电抗负载），$|\Gamma_0|=1$。这三种情况下均为全反射，即驻波状态。

③ $Z_L=R_L\pm j\chi_L$（终端接一般负载）时，$|\Gamma_0|<1$，为行驻波状态。

3. 距终端面 l 处传输线的阻抗

$$Z_m=\frac{Z_L+jZ_0\tan\beta l}{Z_0+jZ_L\tan\beta l}Z_0 \tag{5.11.11}$$

对于一段无耗短路线，则有

$$Z_m=jZ_0\tan\beta l \tag{5.11.12}$$

可视作纯电抗元件。其长度参数对传输系统状态具有直接的影响：

① $l<\frac{\lambda_g}{4}$时，呈电感性；

② $l=\frac{\lambda_g}{4}$（波腹点）时，$Z_m=\infty$，相当于并联谐振；

③ $\frac{\lambda_g}{4}<l<\frac{\lambda_g}{2}$时，呈电容性；

④ $l=\frac{\lambda_g}{2}$（波节点）时，相当于串联谐振。

3.4 谐振腔

谐振腔是一段封闭的金属导体空腔，是具有储能与选频特性的微波谐振元件，常用的谐振腔有矩形腔、圆柱腔和环形腔。由于无辐射损耗和介质损耗，传导损耗很小，其 Q 值很高。谐振腔在微波技术中有广泛的应用，例如微波管中用作电子注与微波场交换能量的部件，可在微波测量中作为波长计，在 ESR 波谱仪中提供与顺磁样品相互作用的集中的微波磁场区等。

矩形谐振腔

TE_{101}矩形腔是长度 L 为 $\lambda_g/2$ 的整数倍的矩形波导，两端用金属片封闭而成，其输入和输出的能量通过金属片上的小孔耦合。根据场方程及边界条件，腔内正中央电场最强，四周围绕着闭合的磁力线，它的谐振频率 f_0 为

$$f_0=\frac{c}{2}\sqrt{\left(\frac{1}{a}\right)^2+\left(\frac{1}{L}\right)^2} \tag{5.11.13}$$

矩形谐振腔分为通过式谐振腔和反射式谐振腔，如图 5.11.4 所示。通过式谐振腔有两个耦合孔，一个孔输入微波以激励谐振腔，另一个孔输出微波能量。

通过式谐振腔的输出功率 $P_o(f)$ 和输入功率 $P_i(f)$ 之比称为腔的**传输系数**，$T(f)=P_o(f)/P_i(f)$。其谐振曲线如图 5.11.5(a) 所示。**有载品质因数** Q_L 定义为谐振曲线的中心频率与半功率点的宽度比，即

NOTE

$$Q_L=\frac{f_0}{2\Delta f_{1/2}}=\frac{f_0}{|f_2-f_1|} \tag{5.11.14}$$

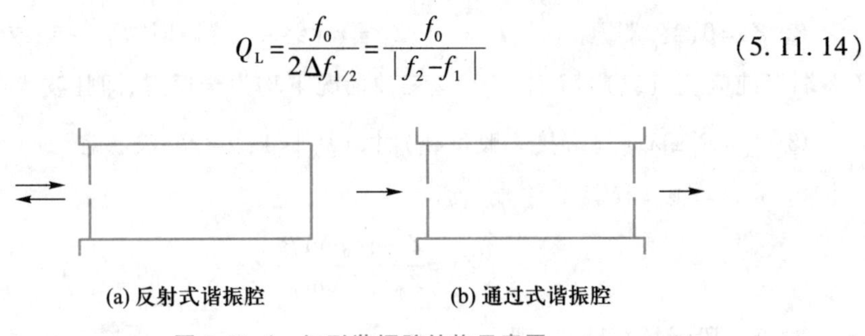

(a) 反射式谐振腔　　(b) 通过式谐振腔

图 5.11.4　矩形谐振腔结构示意图

反射式谐振腔只开一个孔，该孔既是能量输入口又是能量输出口。反射式谐振腔的相对反射系数 $R(f)$ 定义为输入端的反射功率 $P_r(f)$ 与入射功率 $P_i(f)$ 之比，即 $R(f)=P_r(f)/P_i(f)$。反射式谐振腔的相对反射系数与频率的关系曲线称为反射式谐振腔的谐振曲线，如图 5.11.5(b) 所示。从图上可以看出，谐振腔的 Q 值越高，谐振曲线越窄。因此，Q 值的高低除了表征谐振腔效率的高低外，还表示频率选择性的好坏。

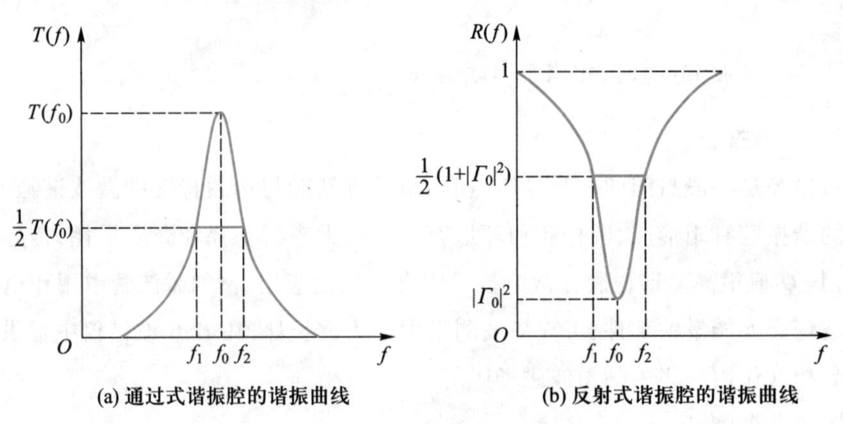

(a) 通过式谐振腔的谐振曲线　　(b) 反射式谐振腔的谐振曲线

图 5.11.5　谐振腔的谐振曲线

3.5　相速与群速

在自由空间中，不论什么频率的电磁波(TEM 波)，其速度都等于光速 c。一个信号所包括的一大群频率的电磁波(波群或波包)，在自由空间中总能同时到达接收地点，不产生时延失真。矩形波导中的 TE_{10} 波是由以入射角 ϕ 射向波导窄壁的 TEM 平面波在两窄壁往复反射叠加而成的。

$$\cos\phi=\frac{\lambda}{2a} \tag{5.11.15}$$

因此 TE_{10} 波的相速指传播模的等相位面沿波导轴向移动的速度，大于同一介质中的光速 $c=\lambda f$，表示为

NOTE

$$v_p=\frac{\omega}{\beta}=\lambda_g f=\frac{c}{\sqrt{1-\left(\frac{\lambda}{\lambda_c}\right)^2}} \tag{5.11.16}$$

相速仅仅是描述物质波动状态的物理量，不能代表物质实体的运动速度，即不能代表能量或信号的传播速度。可以证明，信号（即波群或波包）和能量的传播速度——波导中传播模的群速为

$$v_g=\frac{d\omega}{d\beta}=c\sqrt{1-\left(\frac{\lambda}{\lambda_c}\right)^2} \tag{5.11.17}$$

实验中可以测量波导波长 λ_g 和振荡频率 f_0，由此可算出相速 v_p、光速 c 和群速 v_g。

$$v_p \cdot v_g=c^2 \tag{5.11.18}$$

4 实验仪器

4.1 微波测量系统的基本组成

微波测量系统主要由信号源、测量器件以及指示仪表构成，实验装置如图 5.11.6 所示。信号源部分包括微波信号源、隔离器、波导以及同轴连接元器件等；测量部分包括测量线、调配器件、待测元件以及一些连接波导如弯波导、直波导、扭波导、转换器等；指示部分包括频率计、功率计、选频放大器、示波器、直流电流表等。

图 5.11.6 微波测量系统实验装置图

1. 标准信号发生器

标准信号发生器面板上有等幅波调制，内、外脉冲调制等工作方式选择键，可根据需要选择，一般选择 1 kHz 内方波调制方式。频率钮可调整工作频率，但面板上的刻度指示也只是作为参考，实际频率大小要用频率计测量。衰减调节钮用来调整信号的输出功率大小，信号输出是同轴输出，用同轴-波导转换器实现与波导系统的连接。

2. 隔离器

测量系统终端连接不同负载时，如果负载与系统特性阻抗不匹配会产生反射，有可能使信号源输出的功率和频率不稳定，为了减少负载对信号源的影响，在信号源的输出端接上隔离器使发射波最大程度衰减而对正向通过的信号影响很小。

NOTE

3. 频率计

微波频率计是利用微波谐振腔体做成的，有吸收式和传输式。吸收式频率计测量时，若信号源产生的微波信号和谐振腔在某个频率上共振，则谐振腔会吸收系统里最大的能量，此时系统检波指示最小，在腔体上可直接读出的共振频率 f 就是信号源频率。读数时在两条水平红线之间读取竖向红线处的频率值。

4. 测量线

波导型测量线是利用波导宽边正中间壁电流分布的特点沿纵向开槽，外加探针通过开槽深入波导系统中探测能量大小进行各种测量。在测量线上有确定探针位置的刻度尺，测量时候移动探针，探针从波导中探得能量通过微波检波器进行检波，从而可以用示波器、选频放大器、直流电流表进行检测和指示。探针的深度和调谐装置一般都是调整好的，不宜轻易变动。

5. 晶体检波器

为了提高对微弱信号检测的灵敏度，需要对微波等幅信号或方波调制信号进行检波，未经调制的微波信号经检波后也成为直流电流信号，这样就可用检流计、微安表直接指示了。

6. 选频放大器

选频放大器是用来放大和测量微弱低频交流信号的精密测量仪器，配合测量线可测量波导的驻波系数。除了可对电流或电压进行直读测量外还具有分贝读数以及1—4(或3—10)驻波比刻度线，可以很方便地直读小反射器件的驻波比。通常将输入量程衰减器置于50(或60)挡处，以确保检波器工作于平方律检波。频率旋钮用于调节选放回路的谐振频率，当其与信号源调制频率相同时，其输出最大。

7. 功率计

功率计是用来测量连续波或脉冲微波信号平均功率大小的仪器。

8. 短路板

短路板是微波测量系统中用于实现终端短路的微波标准器件。

9. 匹配负载

匹配负载是微波测量系统中用于实现与系统匹配的微波标准器件，通常做成波导段的形式，内置吸收片。吸收片做成特殊的劈形，以实现与波导间的缓慢过渡匹配，终端短路，进入匹配负载的入射微波功率几乎全部被吸收。通常要求驻波比 $\rho<1.06$，相当于没有反射。

4.2　波长测量

波长是微波波段要经常测量的基本参量。测量波长常见的方法有谐振法和驻波法。

谐振法是用谐振腔式波长表来测量微波信号的波长，调节波长表的活塞杆，改

NOTE

变谐振腔的固有频率，当谐振腔的频率与信号源频率一致时，高 Q 值的谐振腔吸收信号的能量突然增大到一个最大值，使信号传输到终端的能量突然减小到一个最低值，记下这时波长表上螺旋测微器的刻度数，再通过查对波长表的校准数据表格或校准曲线，即可得到信号的频率，然后由 $c=\lambda_0 f$ 计算出信号的波长 λ_0。

驻波法是根据驻波分布的特性，在波导系统终端短路时传输系统中会形成纯驻波分布的状态，在这种情况下，两个驻波波节点之间的距离为二分之一波导波长，所以只要测量出两个驻波波节之间的距离就可以得到信号源工作频率所对应的波导波长。为了使测量得到的波导波长精度比较高（接近实际的波导波长），在系统调整良好的状态下通过测定一个驻波波节点两侧相等指示值 $|E'|$ 所对应的位置 d_{11} 和 d_{12}，如图 5.11.7 所示。

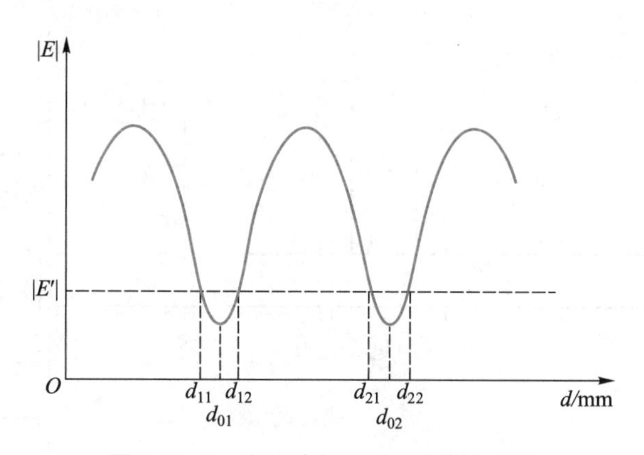

图 5.11.7 交叉读数法测驻波节点位置

取 d_{11} 和 d_{12} 之和的平均值，得到对应驻波波节点的位置值 d_{01}

$$d_{01}=\frac{d_{11}+d_{12}}{2} \tag{5.11.19}$$

用同样的方法测定另一个相邻波节点的位置 d_{02}

$$d_{02}=\frac{d_{21}+d_{22}}{2} \tag{5.11.20}$$

这样 d_{01} 和 d_{02} 与系统中波导波长之间的关系为

$$\lambda_g=2\times|d_{02}-d_{01}| \tag{5.11.21}$$

4.3 驻波系数测量

对于理想的均匀矩形波导系统，在其中传输的主模是 TE_{10} 模，由于终端负载失配，在波导中会有反射波的存在，波导系统中会呈现驻波分布的状态。在波导终端负载阻抗不同的情况下，驻波的分布状态也有不同的特点，如终端短路时传输线中形成的是纯驻波分布状态，而在匹配的情况下就是行波分布状态，在任意阻抗情况下驻波分布的波形在幅度上也就不一样。我们可以利用测量线在终端接不同负载

NOTE

时，在测量线上不同的点处测量出所对应的检波电流的值，那么就可以根据 $d-I$ 的关系描绘出驻波分布特性图，波导中沿传输方向场强分布状态决定于终端的反射系统，也就是决定于终端负载的阻抗，而描述分布状态的重要参数是驻波比，或者说是驻波系数。当波导终端接任意的负载时，在小信号工作条件下，可以根据下面的公式来计算驻波比

$$S=\sqrt{\frac{I_{\max}}{I_{\min}}} \tag{5.11.22}$$

其中 $I_{\max}$ 和 $I_{\min}$ 分别是驻波的波幅点和波节点的检波电流值。

在实验中，测量驻波比的方法是直接法，如图 5.11.8 所示。使用的仪器为选频放大器。在选频放大器上有驻波比指示的刻度线。直接法操作的具体步骤如下：

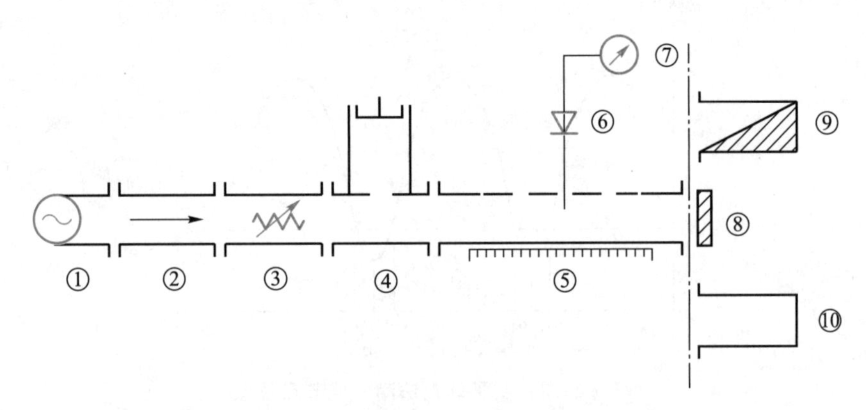

①微波信号源；②隔离器；③衰减器；④频率计；⑤测量线；⑥检波晶体；⑦选频放大器；⑧短路片；⑨匹配负载；⑩失配负载

图 5.11.8　驻波比测量实验原理图

在终端接上被测负载，然后将测量线的探针移到测量线中间部位的某个波腹点，通过调节衰减器，将波腹点的电表指示值调整为满刻度（驻波比等于 1 处），在微波信号源、衰减器等系统状态都不变的条件下，接着将测量线探针移到波节点的位置，这时读取选频放大器上驻波比刻度线（$S<4$ 挡）所对应值，就是终端负载驻波比的值。当驻波比在 $1.05<S<1.5$ 时，驻波的最大值与最小值相差不大且不尖锐，加上测量线本身机械不平度的影响，因此不易测准。为此，可移动探针到几个波腹点和波节点记录多个数据，然后进行平均。取平均有多种方法，实验时可以采用以下两种计算方式

$$S=\sqrt{\frac{I_{\max 1}+I_{\max 2}+\cdots+I_{\max n}}{I_{\min 1}+I_{\min 2}+\cdots+I_{\min n}}} \tag{5.11.23}$$

或

NOTE

$$S=\frac{1}{n}\left(\sqrt{\frac{I_{\max 1}}{I_{\min 1}}}+\sqrt{\frac{I_{\max 2}}{I_{\min 2}}}+\cdots+\sqrt{\frac{I_{\max n}}{I_{\min n}}}\right) \tag{5.11.24}$$

必须指出的是：在尖锐驻波比测量时，探针导纳的存在将对测量造成较大误差，因此应尽量减小探针插入深度，以保证测量准确度。

4.4 晶体检波率的测定

在微波测试系统中，微波能量通常是经过二极管检波后送到指示器（选频放大器或指示器），所以在选频放大器上指示的是检波电流值，而驻波分布特性指的是电场分布，因此利用检波电流来计算驻波比的时候，必须用实验法确定 E 和 I 的关系，如图 5.11.9 所示。

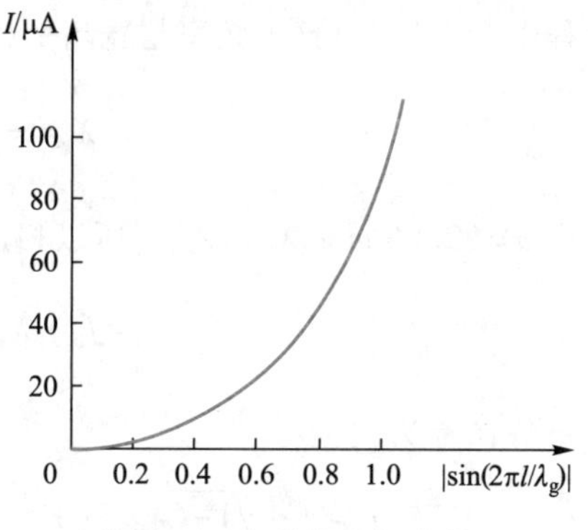

图 5.11.9 晶体定标曲线

当加在微波二极管两端的电压为 U 的时候，与流过晶体的检波电流有如下关系：

$$I=KU^{n} \tag{5.11.25}$$

式中 K 为常数，n 为晶体检波率。而电压 U 与探针所处在的电场 E 是成比例的，所以有

$$I=K'E^{n} \tag{5.11.26}$$

式中 K' 是比例常数，根据上式绘出的曲线就是晶体定标曲线，利用终端短路法来进行晶体定标。

当波导终端短路时，电场分布为

$$|E|=\left|E_{\mathrm{m}}\sin\frac{2\pi}{\lambda_{\mathrm{g}}}l\right| \tag{5.11.27}$$

式中，E_{m} 为电场强度幅度，λ_{g} 为波导波长，l 为距驻波节点的距离。

传输线上任意点相对场强为

$$|E'|=\left|\frac{E}{E_{\mathrm{m}}}\right|=\left|\sin\frac{2\pi}{\lambda_{\mathrm{g}}}l\right| \tag{5.11.28}$$

代入(5.11.22)式可写为

$$I^{m}=\frac{I}{I_{\mathrm{m}}}=|E'|^{n}=\left|\sin\frac{2\pi}{\lambda_{\mathrm{g}}}l\right|^{n} \tag{5.11.29}$$

I_{m} 为检波器在波腹点上的电流值。曲线 $I-|\sin(2\pi l/\lambda_{\mathrm{g}})|$ 即为晶体二极管的定标曲线，如图 5.11.9 所示。在全对数坐标纸上，令 $\lg I$ 为纵轴，$\lg\left|\sin\left(\frac{2\pi}{\lambda_{\mathrm{g}}}l\right)\right|$ 为横轴，由(5.11.25)式可知 $\lg I-\lg\left|\sin\left(\frac{2\pi}{\lambda_{\mathrm{g}}}l\right)\right|$ 为一直线，该直线的斜率即为晶体的检波率 n。

NOTE

通常在检波功率电平较小（对于调制波而言，输出电压不大于 n mV，对于连续波而言，输出电流不大于 10 μV）的条件下，可认为晶体检波特性是平方律的，即 $n=2$。

4.5 色散特性测量

波导中传播的电磁波的相速和群速均是频率的函数，波速频率的变化称为色散。所以色散特性指的是波导中电磁波的相速度与频率之间的非线性关系。TE 波和 TM 波都是色散型波，波导是色散型传输线，由于色散会使电磁波群在传输的过程中产生失真畸变，频率越宽畸变越明显。在 3 cm 波段

$$\lambda_g=\frac{\lambda_0}{\sqrt{1-(\lambda_0/2a)^2}} \tag{5.11.30}$$

其中 $a=22.86$ mm，$\lambda_0=c/f_0$。所以相速度为

$$v_p=f_0\cdot\lambda_g=\frac{c}{\sqrt{1-(\lambda_0/2a)^2}} \tag{5.11.31}$$

群速度为

$$v_g=c\cdot\sqrt{1-(\lambda_0/2a)^2} \tag{5.11.32}$$

从(5.11.31)式、(5.11.32)式可以看到相速度和群速度都与波导波长有关，当 f 趋于 f_c 时，v_p 趋于无穷大，v_g 趋于零，能量无法传输。所以通过实验测定一系列频率 f 以及与频率对应的波导波长 λ_g，就可以描绘出色散特性曲线，如图 5.11.10 所示。

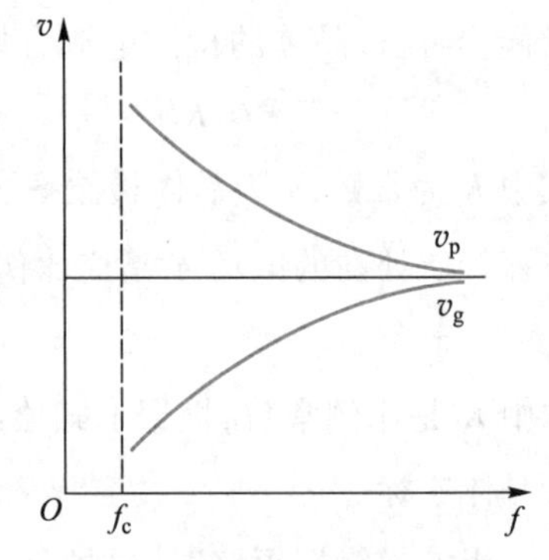

图 5.11.10 色散特性曲线示意图

5 实验内容

5.1 预备性实验：驻波测量线调整

1. 开启微波信号源，工作方式选择方波调制，调节信号频率为 1 kHz。

2. 将测量线探针插入适当深度，调节传动机构带动探针沿开槽线缝平稳移动，观察沿线驻波电场分布大小，选择较小的微波输出功率并进行驻波测量线的调谐。

5.2 交叉读数法测量波导波长

1. 检查系统的连接，信号发生器工作方式选择为 1 kHz 的方波调制。

2. 对系统中的元器件的功能作用作一定的了解，熟悉各个器件的使用。

3. 通过信号发生器上的频率调谐钮调整工作频率，并用吸收式频率计测量信号频率，使 $f=9\ 370$ MHz（如果信号源无调节钮就不必调）。

4. 测量线终端换接短路板，使系统处于短路状态，选择合适的驻波波节点并选择一个合适的检波指示值，然后按交叉读数法测量波导波长。测量三组数据，取平均值作为波导波长的测量值。测量时应注意指示值不能过大，尽量不要在测量线的两端进行测量。

NOTE

5.3 波导中驻波分布特性的测量

1. 保证测量系统连接平稳,选择信号源的工作方式为 1 kHz 方波调制方式,调整信号的输出大小,保证选频放大器上指针不超过量程。用频率计配合信号源上的“调谐”旋钮,将信号的工作频率调整为 9 370 MHz(如果信号源无此调节钮就不调)。

2. 测量线终端接上短路板,将测量线探针移动到测量线的一端,然后移动探针到测量线的另一端,并在移动过程中,选择合适的位置,记录测量线探针的位置 d 以及对应的电表指示值。在终端短路的情况下,要测量包括三个波腹点和两个波节点在内,同时在每个波腹点和波节点之间测量不少于 4 个点。

3. 取下短路板,按同样的方法分别测量终端开口,终端接匹配负载和加容性膜片或感性膜片时的驻波分布(最好不改变信号源的输出和可变衰减器的衰减量)。

4. 在终端开口、接匹配负载和加容性或感性膜片的情况下,用直接法(或按平方律检波法)测量负载的驻波比并记录数据。

5.4 晶体定标与色散特性的测量

1. 测量线终端接上短路板,调整信号源频率为 9 370 MHz。调整信号输出幅度并调谐测量线探针,使系统处于最佳工作状态。

2. 用交叉读数法测定波导波长。

3. 移动测量线探针至测量线中间位置的波腹点上,调整信号输出幅度,使得此时选频放大器上电流指示不超过满量程,然后移动探针至相邻波节点的位置,记录此时探针的位置值 d,分别测量相关位置的数据。

4. 从 9 100 MHz—9 600 MHz 的范围内按 50 MHz 左右的频率间隔改变信号源频率,并用频率计测出其实际值,然后用交叉读数法测量波导波长,记录数据于表中。

6 注意事项

1. 测量频率时要缓慢转动才能找到极尖锐的吸收峰,测完后必须调离谐振点,方能进行其他测量。

2. 测量波导波长时应注意指示值不要太大,尽量不要在测量线的两端进行测量。

3. 探针位置应该向一个方向移动,不要引入机械回程差。

7 数据记录与处理

7.1 波导波长测量

将波节点附近两旁电表读数相等的对应位置填入表 5.11.1。

NOTE

表 5.11.1　交叉读数法测量波长数据表

i	d_{11}/mm	d_{12}/mm	d_{21}/mm	d_{22}/mm	d_{01}/mm	d_{02}/mm	λ_g/mm
1							
2							
3							

波长平均值$\overline{\lambda}_g$=__________。

$\lambda_0=c/f_0=$__________，$a=22.86$ mm

波长理论值 $\lambda'_g=\dfrac{\lambda_0}{\sqrt{1-(\lambda_0/2a)^2}}=$__________。

百分差 $E=\dfrac{|\overline{\lambda}_g-\lambda'_g|}{\lambda'_g}\times100\%=$__________。

7.2　驻波分布特性测量

1. 用直接法（或按平方律检波法）测量终端开口、接匹配负载和加容性或感性膜片在不同负载情况下的驻波分布，并将数据填入表 5.11.2 中。

表 5.11.2　驻波分布特性测量数据表

	短路		开口		匹配负载		匹配负载加容性或感性膜片	
i	x/mm	I/μA	x/mm	I/μA	x/mm	I/μA	x/mm	I/μA
1								
2								
3								
4								
5								
6								
…								
n								

2. 在同一坐标系下，按相同的比例，根据测量得到的数据资料绘制出在终端短路、开路、开口、匹配计接晶体检波器五种情况下驻波分布特性图。

3. 根据测量的数据计算四种负载的驻波比，并与用直接法测量的驻波比作比较。

NOTE

7.3 晶体定标与色散特性的测量

1. 记录不同电场强度时探针位置，将数据填入表5.11.3。

表5.11.3 晶体定标测量数据记录表

相对电场强度 $\left\|\sin\left(\frac{2\pi}{\lambda_g}l\right)\right\|$	探针位置/mm		电表读数 I/μA
	测量点与波节点相对位移 l/mm	实际位置($d+l$)/mm	
0			
0.1			
0.2			
0.3			
0.4			
0.5			
0.6			
0.7			
0.8			
0.9			
1.0			

2. 根据测量数据绘制晶体定标曲线。

3. 改变信号源频率，用交叉读数法测量波导波长并将数据填入表5.11.4中。

表5.11.4 色散特性测量数据记录表

f/MHz	9 100	9 150	9 200	9 250	9 300	9 350	9 400	9 450	9 500	9 550	9 600
λ_g/mm											

4. 根据测量数据绘制波导色散特性曲线。

8 思考题

1. 波长计（或频率计）测量微波频率的原理是什么？

2. 在波导波长测量过程中，等指示值大小的选择会对结果有何影响？

3. 实验中当测量线终端开口时，驻波比不是无穷大，为什么？

9 实验拓展

1. 如何用传输式谐振腔测量介质的介电常量？请画出实验装置图。

2. 如何在微波频段检测电子自旋共振信号？请设计实验方案并介绍其原理。

NOTE

5.12　常用电磁学实验仪器

1　电源

电源有直流电源和交流电源两种类型，部分电源兼有直流和交流输出功能，如图5.12.1所示。交流电源用符号“AC”或“~”表示交流电。常用的交流电有380 V和220 V两种，频率为50 Hz。直流电源：用符号“DC”或“—”表示直流电。常用的直流电有干电池、蓄电池和晶体管稳压电源等。电流从电源正极流出，经过导线和用电器流入电源的负极。所以，我们使用直流电源时，应注意正负极性。

(a) SG1732型直流稳压电源

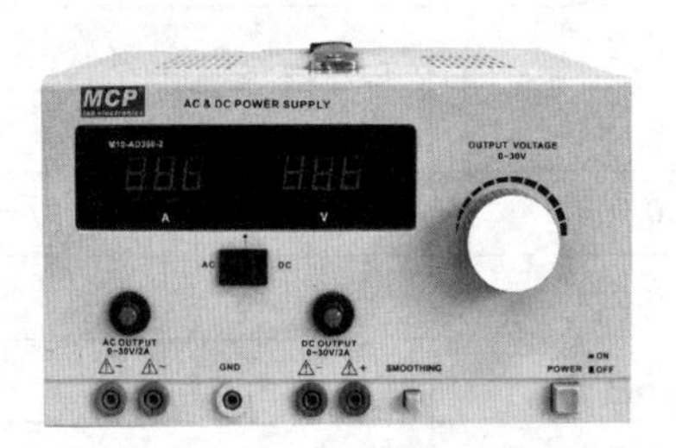

(b) M10-AD360-2型交直流电源

图5.12.1　电源设备

使用电源时我们要严防短路，短路就是电路电阻极小，以致电流极大，使电路烧毁、电源损坏。使用高压电源，我们要防止触电，注意用电安全。

2　滑线式电阻器

滑线式电阻器的形状如图5.12.2所示，均匀的电阻丝绕在瓷筒上，绕线的两端各与接线柱A和B连接。在绕线的上方有条形金属杆，在杆上装一滑键，其上的弹簧片C与电阻丝有良好接触。当滑键移动时，其与电阻丝的接触点也随之改变。

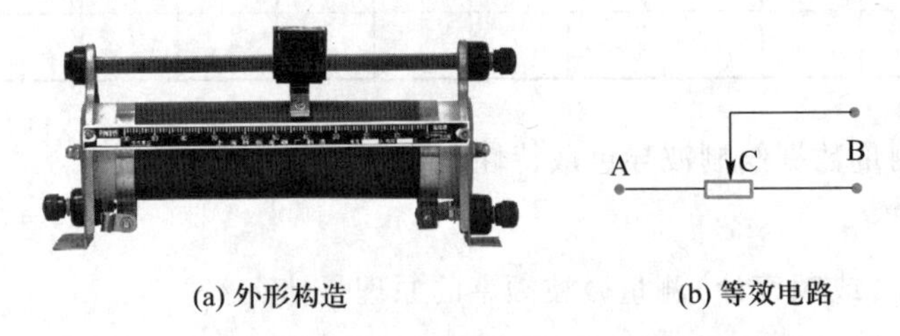

(a) 外形构造　　(b) 等效电路

图5.12.2　滑线式电阻器的外形构造和等效电路

滑线式电阻器有两种用途，一是作变阻器：用以改变电路中电流的大小，移动滑键，电阻器所使用的电阻值随之改变，因此电流也发生变化；二是作分压器：用以获得可变化的电压，其接法如图5.12.3所示，整个电阻AB两端的电压为电源电压$\mathscr{E}$。当滑动点C由A滑向B时，AC两端的电压便从0增大到$\mathscr{E}$。

NOTE

电阻器规格有 2 个主要参数，一是电阻值，二是额定电流（流过电阻器的电流不能超过此值）。

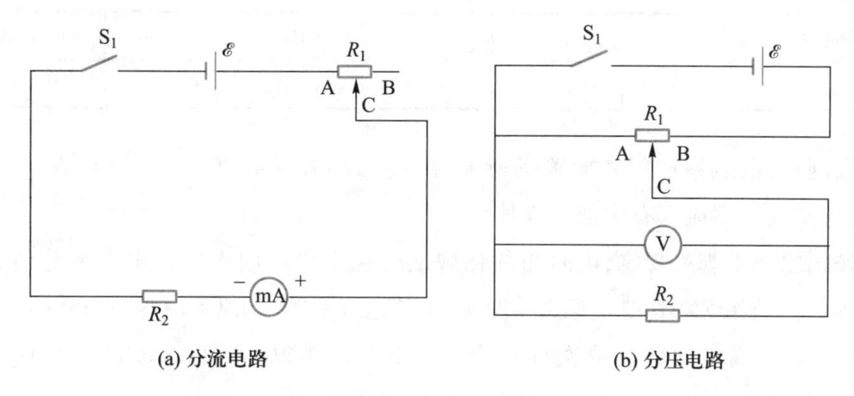

(a) 分流电路　　　　(b) 分压电路

图 5.12.3　滑线变阻器常见应用电路示意图

3　旋转式电阻箱

旋转式电阻箱为可调式电阻器，分直流式和交流式电阻箱，用于改变电路中电阻值，也可作电桥桥臂使用，是电学测量中常用的仪器，如图 5.12.4 所示。

(a) ZX21型旋转式电阻箱

(b) ZX32型交流电阻箱

图 5.12.4　旋转式电阻箱

以 ZX21 型旋转式电阻箱为例，其由不同电阻值的各旋钮的电阻相互串联组成，总电阻值为各旋钮读数之和，例如，当×10 000 挡指 0，×1 000 挡指 0，×100 挡指 4，×10 挡指 5，×1 挡指 6，×0.1 挡指 7 时，接线柱 A 和 D 之间的总电阻值为

$$R=(0\times10\,000+0\times1\,000+4\times100+5\times10+6\times1+7\times0.1)\ \Omega=456.7\ \Omega$$

当只需要使用 0.1～0.9 Ω 或 0.1～9.9 Ω 范围时，则应接在图 5.12.4(a)中右 1 和右 2 或右 1 与左 2 两个接线柱上，以避免其余转盘弹簧触点的接触电阻。因为电阻箱示数小时，接触电阻会引起较大的相对误差。

在使用电阻箱前，应将每个旋钮转动几次，以免内部有接触不良现象发生；同时要防止流过电阻箱的电流超过所用最大一挡电阻的额定电流。电阻箱每挡电阻

NOTE 容许通过的电流见表 5.12.1。

表 5.12.1　ZX21 型旋转式电阻箱额定电流表

旋钮倍率	×0.1	×1	×10	×100	×1 000	×10 000
额定电流/A	1.5	0.5	0.15	0.05	0.015	0.005

按规定,电阻箱使用和放置场所的温度应为+10～40 ℃,相对湿度在 80% 以下,周围空气中不应含有腐蚀性气体。

按国家技术规程规定,电阻箱的铭牌或外壳上应标明十进盘电阻标称值和准确度等级。例如 ZX21 型电阻箱,调节范围是 0～9×(0.1+1+10+100+1 000+10 000)Ω,准确度按各盘依次分别为 5%、0.5%、0.2%、0.1%、0.1%、和 0.1%。另外,它的零值电阻 $R_0=(20\pm5)\ \mathrm{m}\Omega$。

4　电表

电学量的测量需要各种各样的电表,如交、直流电流表,交、直流电压表、电阻表、万用表(多用表)、半导体温度计等,常用的电表分模拟式和数字式两类。电表分类方式还有多种:根据测量结果的显示方式和测量原理的不同,有指针式电表和数字式电表;按照它适用电流的不同,有直流电表和交流电表;按照测量电流的大小,有安培表、毫安表和微安表等;按照测量电压的大小,有伏特表和毫伏表等。我们要学会使用电表,先要从电表面板所标识的符号,如量程、交流或直流、摆放方式、准确度等级、绝缘度等级等了解电表的使用范围和方法,才能合理地选用电表。

1. 指针式电表

指针式电表由一个磁电式表头和一些电子线路构成,按应用主要有电流表、电压表和电阻表,如图 5.12.5 所示。可以看出,两种电表的外形相似,其核心为磁电机构:将一个装有指针和游丝的可以转动的线圈放在永久磁铁的磁场内,当有电流 I 流过线圈时,受磁力和游丝弹力的作用,线圈会转过一个角度 θ,θ 与电流 I 成正比,由指针在刻度盘上指示。表头有两个主要参数,一个是表头量程,即允许通过的最大电流,也就是指针满偏时的电流,用 I_g 表示(I_g 一般为 μA 级);另一个是线圈内阻,用 R_g 表示(R_g 一般为几百～几千欧姆),指针式电表中的电子线路(称改装电路)就是根据内阻 R_g,利用电阻的串联分压、并联分流和二极管整流的性能,将各种电学量转化为 0～I_g 的电流流过表头,再配以相应的刻度盘,就可以构成各种各样的电表。

(1) 量程:量程就是电表能够测量的物理量(如电流、电压等)的最大值。除了单量程(即只有一个量程)的电表外,不少电表都具有好几挡量程。被测的电流(或电压)不能超过电表量程,不然轻则指针打弯,重则烧坏表内线圈。

NOTE

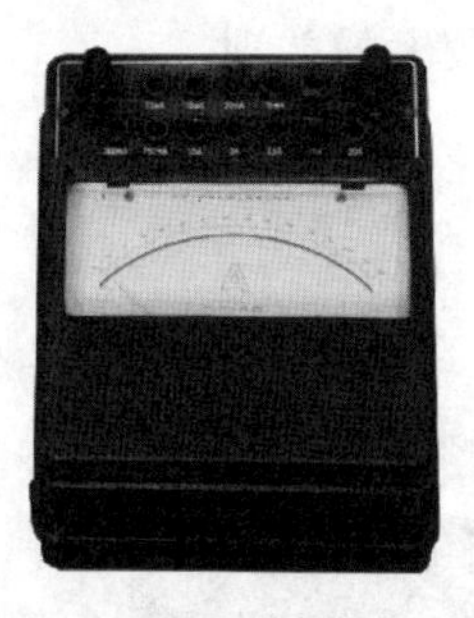

(a) C31-A型电流表　　(b) C31-V型电压表

图 5.12.5　C31 系列指针式电表

(2) 接线方法:测量电流必须让电路中的全部电流通过电流表,所以,电流表要串联在待测电流的电路中。电压是指电路上两点的电势差,所以,测量电压必然是把电压表并联在待测电路的两端。对于直流电表,还要注意接头的"+"(正)和"-"(负)标志,"+"接头表示电流从此端流入,"-"接头表示电流从此端流出。不能接错,否则指针向相反方向偏转,将电表指针打弯。

(3) 读数:单量程的电表,测定值直接从表面刻度读出;对于多量程电表,表面示数还要乘上某一系数才得到测定值。这系数等于所用量程除以表面的最大刻度值。在测量前,要注意电表应无初读数(即表面示数为零),否则应调整表面中间的螺丝,使指针指在零上。读数时眼睛要位于指针的正上方,有些电表刻度盘下装有弧形反光镜,必须看到指针和其镜像重合方能读数,以减小读数误差。

(4) 电表的准确度等级:我国的国家标准规定电表准确度为 0.1、0.2、0.5、1.0、1.5、2.5 和 5.0 七级。准确度为 K 级的电表简称为 K 级电表。它的意思是:在规定工作条件下使用该电表测量,其测量值的允差(不确定度限值)为

$$\Delta x_{\mathrm{m}} = \pm A_{\mathrm{m}} \cdot K\% \tag{5.12.1}$$

式中 A_{m} 是所用电表的量程。

例如用 C31-V 型 0.5 级电压表测量一电压,此电表有 10 个量程:0～45 mV/75 mV/3 V/7.5 V/15 V/30 V/75 V/150 V/300 V/600 V。选用 15 V 量程挡,测定值为 10.00 V,允差

$$\Delta x_{\mathrm{m}} = \pm 15\times 0.5\%\ \mathrm{V} = \pm 0.075\ \mathrm{V} \approx \pm 0.08\ \mathrm{V}$$

如果改用 30 V 量程挡,则 $\Delta x_{\mathrm{m}} = \pm 30\times 0.5\% = \pm 0.15\ \mathrm{V}$,由此可见,量程用得愈大,电表示数的允差愈大。为此,在不超过量程的前提下,尽可能选用小量程(使电表指针的偏转尽可能接近量程)。

2. 数字式电表

数字式电表就是指液晶或发光二极管数码显示器 LED 直接显示结果的仪表,按使用方式分手持式和台式两种,如图 5.12.6 所示。数字式电表的功能与指针式

NOTE

电表类似，但它们的工作原理、电器性能有较大的差别。

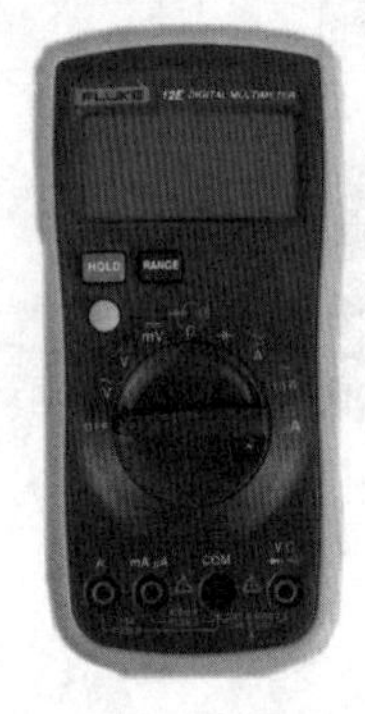

(a) 手持式数字万用表

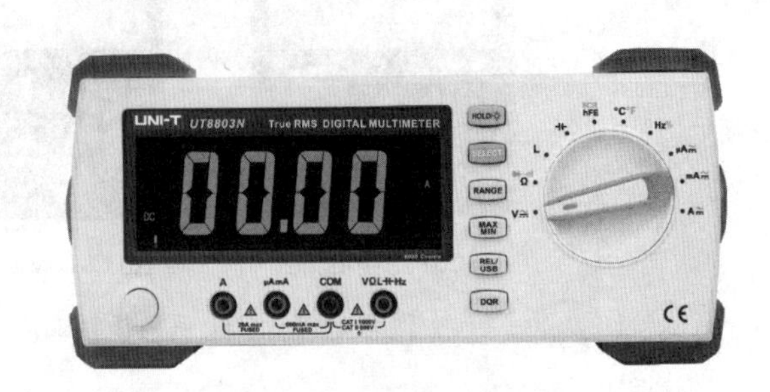

(b) 台式数字万用表

图 5.12.6　数字式电表

（1）数字式电表的特点

数字式电表与传统的指针式（或光标式）电表相比，在工作原理、仪表构造以及读数方式上都是不同的。可以说，这是测量仪表的一大飞跃。现以数字电压表为例说明数字式电表的一些主要特点。

（a）准确度高。数字电压表的准确度远远高于指针式电压表。前者测量直流电压的准确度可以达到量程的 0.001% 甚至更高，而后者最高的 0.1 级表仅为量程的 0.1%。

（b）灵敏度高，测量范围广。目前，数字电压表的最高分辨力可达 1 nV 左右。分辨力是指数字电压表置于最低量程挡的情况下，其末尾数显示变化时所代表的电压变化值。分辨力又称为灵敏度。

（c）示数显示清晰，避免了读数视差，且测量速率快。一般的数字电压表测量速率为每秒几次到数十次左右。特别的数字电压表测量速率可达 10^5 次/秒。

（d）输入阻抗高。数字电压表的输入阻抗通常在 $10\sim10^4$ MΩ 范围，最高可达 10^6 MΩ。因此，在测量时从待测电路中吸取的电流极小，几乎不会影响待测电路的原来的电势分布状态，极大地减小了因仪表的接入而带来的附加测量误差。

（e）电路集成度高，整机功耗低。数字逻辑电路的集成度愈来愈高，这有利于仪表可靠性的提高和仪表的微型化。

（f）具有数码信息输出功能。可以把测量结果输入到存储器长期保存，可以配接打印机和记录仪等，以打印或记录测量结果，还可以与计算机配接，进一步扩展使用功能，进行数据处理、逻辑运算以及自动化程序控制等。

（2）测量准确度

根据专业标准规定，直流数字电压表在规定工作条件下使用，其测量值的允差

NOTE

（不确定度限值）为

$$\Delta U_x=\pm(a\%U_x+b\%U_m) \tag{5.12.2}$$

式中 U_x 为待测电压读数值，U_m 为所使用量程，a 为相对项系数，b 为固定项系数。上式中第一项为读数值允差项，第二项为满度值允差项，后者与待测电压大小无关。由上式可得到待测量的相对不确定度

$$E=\frac{\Delta U_x}{U_x}=\pm\left(a\%+b\%\frac{U_m}{U_x}\right) \tag{5.12.3}$$

（3）数字多用表的使用

直流数字电压表经过适当扩展，可以构成多功能和多量程的数字多用表（digital multimeter，缩写为 DMM），它除了可以测量直流电压 DCV 外，还能够测量直流电流 DCA、交流电压 ACV、交流电流 ACA 和电阻 OHMS 等电学量。此外，在直流电压表的基础上，配置必要的传感器和辅助电路，就可以构成一些非电学量的数字测量仪表，例如数字血压计、温度计、湿度计、压力计和照度计等。

5 开关

开关在电路中的功能是用来接通和切断电源，或者变换电路。实验中常用的开关有单刀单向、单刀双向、双刀双向和双刀换向等，它们的符号如图 5.12.7 所示。

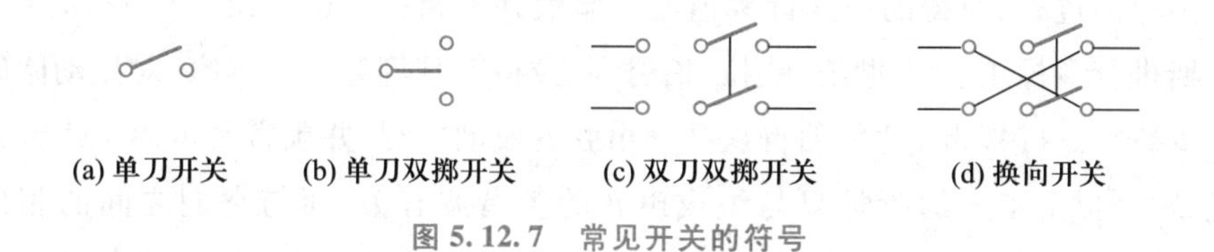

图 5.12.7 常见开关的符号

第六章　声学实验

6.1　声学实验概述

数字资源

声学是物理学中最古老的分支学科之一。在中国古代，声学研究始于音乐领域。相传在黄帝时期，宫商角徵羽五声音阶就已存在。周代，古人发明了十二律。《管子・地员》篇和《吕氏春秋・音律》篇中记载了十二律中的三分损益法，即将管（笛、箫）加长三分之一或减短三分之一，新的管奏出的音会比原来的音低一个音或高一个音，这是最早的声学定律。古人曾在声学方面做了大量研究，对声波与共振现象有着深刻的认识。东汉哲学家王充对声音的波动性质提出了明确的解释。科学家张衡创造了世界上最早的地震仪，用以检测地面是否存在振动波。北宋的沈括，曾在他的《梦溪笔谈》中记载了板振动的振动面、振幅、响度之间的关系，并发明了以纸游码演示共振的方法，其实验对后世影响极大。

NOTE

然而在相当长的时间里，由于科学技术发展缓慢，声学研究也曾一度停滞不前。直到 17 世纪，声学才和力学、电磁学等物理学科一起发展起来。意大利科学家伽利略深入地研究了弦振动的规律，解释了共振现象。1687 年，牛顿在《自然哲学的数学原理》中推导出了声速的计算公式。但是，由于他将声波在空气中的传播考虑为等温过程，所得的声速计算值与实验值并不相符。这一误差在 1816 年由拉普拉斯进行了校正。18 世纪，欧拉、伯努利、拉格朗日等著名科学家，对振动问题做了不少研究。1747 年，达朗伯首次推导出弦的波动方程，并预言其可用于声波。19 世纪，欧姆提出了人的听觉只与组成声音的各谐波有关，而与它们之间的相位无关，这开创了用频谱分析来研究声音的先河。1877 年，英国物理学家瑞利总结了前人的成果，出版了一本划时代的著作——《声学理论》。这本书至今仍是声学方面的重要参考书之一。到了 20 世纪，可用于各种频率的放大器的出现，结合压电换能器，使声学进入了一个新的发展阶段。由于电子技术的发展，声学的研究已经超过声音基本性质研究的范围，而渗透到了现代工业的方方面面。如今，声学在日常生活和生产中的应用非常广泛，声学测量在定位、无损探伤、地质勘察、测距、生物医学等领域都有着非常重要的意义。

思维导图 6.1

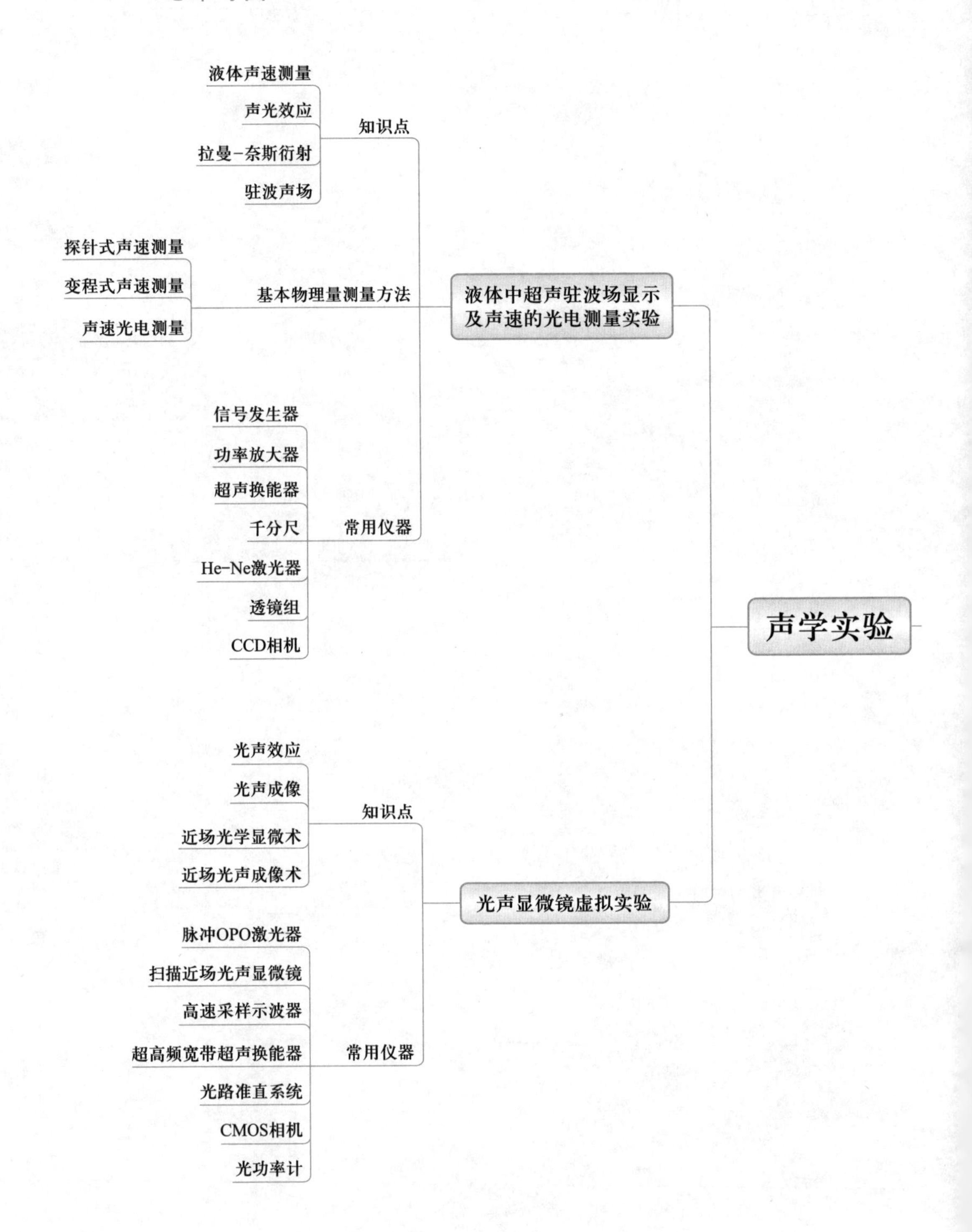
声学实验
液体中超声驻波场显示及声速的光电测量实验
知识点
液体声速测量
声光效应
拉曼-奈斯衍射
驻波声场
基本物理量测量方法
探针式声速测量
变程式声速测量
声速光电测量
常用仪器
信号发生器
功率放大器
超声换能器
千分尺
He-Ne激光器
透镜组
CCD相机
光声显微镜虚拟实验
知识点
光声效应
光声成像
近场光学显微术
近场光声成像术
常用仪器
脉冲OPO激光器
扫描近场光声显微镜
高速采样示波器
超高频宽带超声换能器
光路准直系统
CMOS相机
光功率计

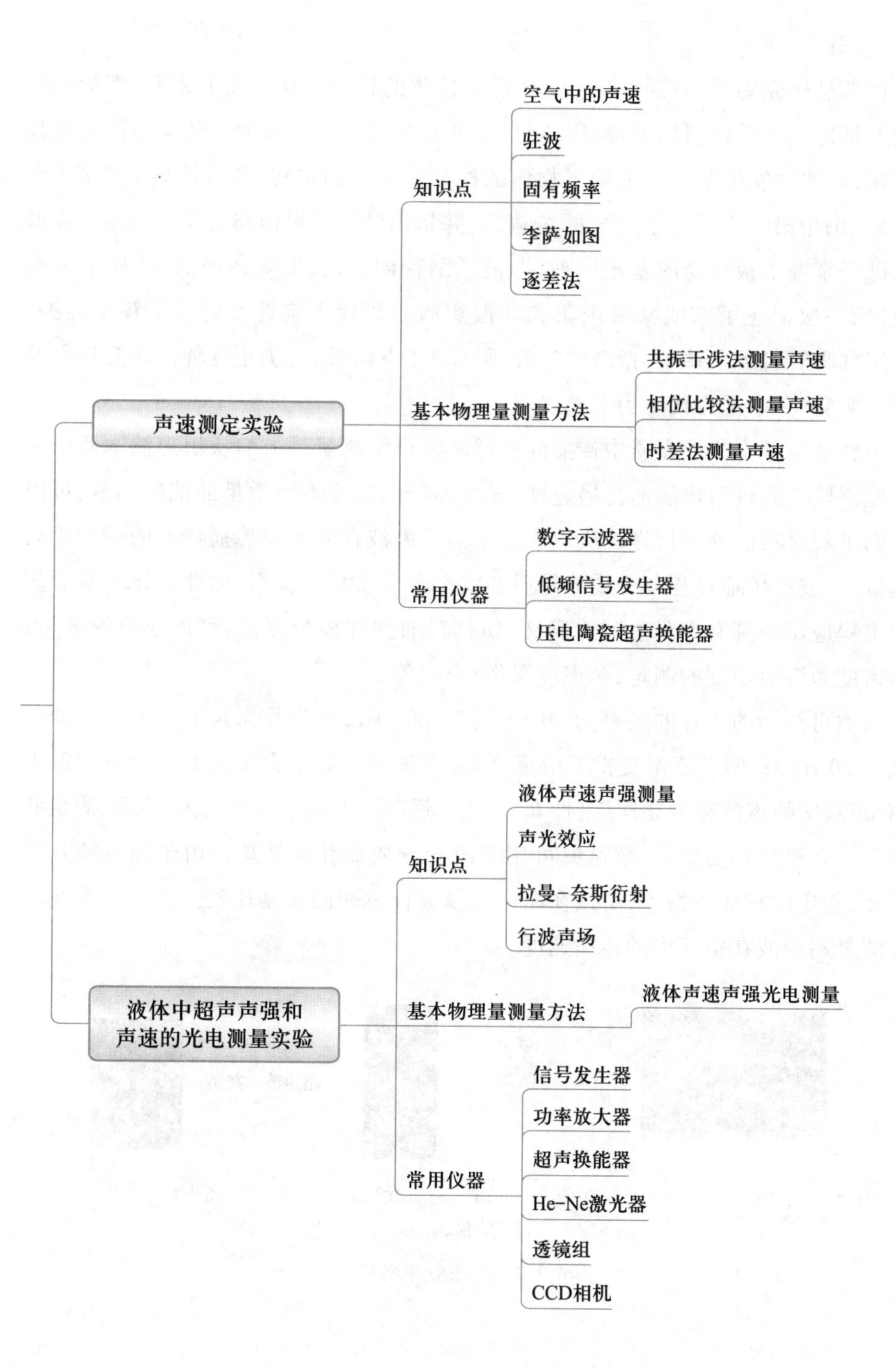
声速测定实验
知识点
空气中的声速
驻波
固有频率
李萨如图
逐差法
基本物理量测量方法
共振干涉法测量声速
相位比较法测量声速
时差法测量声速
常用仪器
数字示波器
低频信号发生器
压电陶瓷超声换能器
液体中超声声强和声速的光电测量实验
知识点
液体声速声强测量
声光效应
拉曼-奈斯衍射
行波声场
基本物理量测量方法
液体声速声强光电测量
常用仪器
信号发生器
功率放大器
超声换能器
He-Ne激光器
透镜组
CCD相机

NOTE

6.2 声速测定

1 引言

声学是研究物质中机械波产生、传播和接收的科学。从广义上来看,声学现象实质上是传声介质(气体、液体、固体等)中质点所产生的一系列力学振动传递过程的表现,声波的发生基本上也源于物体的振动。在中国古代,春秋战国时期的《考工记》一书中第一次提出了"振动"的概念,并指出钟体的厚薄与音调的关系。当时古人已经掌握了板振动的基本原理,即板厚则音调高,板薄则音调低。《庄子·徐无鬼》第一次记述了弦线共振现象和共振实验。晋代干宝首次记载了錞于共振。后人用虹吸管引水入錞于,振动虹吸管,则錞于"声如雷"。关于各种声共振现象的发现与实验,在中国古代尤为丰富多彩。

声波是一种在弹性介质中传播的机械波。声学测量是人们认识声波本质的一种实验手段。通过对声波的传播速度、强度、波长、频率等声学量的准确测量,可以使我们了解材料的许多物理性质。声速是描述声波在介质中传播特性的一个重要物理量,声波的传播过程与介质的性质和状态有着密切的关系,因此声速在科学研究和工程应用中具有十分重要的意义,如材料的弹性模量测定;气体成分的分析;液体密度和溶液浓度的测定;超声波探伤;声呐等。

人类可感知的声音的频率为 20 Hz 至 20 000 Hz,称为可闻声波。当声音的频率低于 20 Hz 时,听觉逐渐变得不敏感,称为次声波。频率大于人类听力范围的上限 20 000 Hz 的声波称为超声波(图 6.2.1)。超声波可用于医学成像、检测、测量和清洁等。在更高的功率下,超声波可用于改变物质的化学性质。由于超声波具有波长短、能定向传播等特点,所以在超声波段进行声速测量是比较方便的。本实验就是测量超声波在空气中的传播速度。

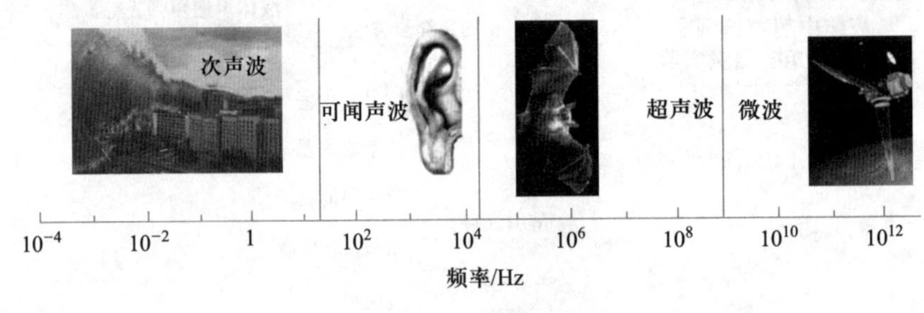

图 6.2.1 声波频率范围

2 实验目的

1. 了解压电换能器的原理与功能。

2. 掌握用示波器观察驻波及振动合成实验现象。

NOTE

3. 掌握用共振干涉法与相位比较法测定波长。

4. 测定室温下空气中的声速。

5. 培养综合使用仪器的能力。

6. 练习用逐差法处理实验数据。

3 实验原理

声音传播的行为与传播介质相关,通常受以下三个因素影响:

1. 介质的密度与压力,受温度影响的这种关系决定了介质中声音的速度。

2. 传播也受到介质本身运动的影响,如果介质正在移动,则声速随之改变。

3. 介质的黏度也会影响声波的运动,它决定声音衰减的速率。对于许多介质,例如空气或水,由于黏度引起的衰减可以忽略不计。

通常有两种方式测定声速,一种是根据位移与速度关系,测出声波传播路程 L 所需的时间 t,进而计算声速值 v,这也是在实际工程中应用最广泛的一种方法。

$$v=L/t \tag{6.2.1}$$

另一种是根据波速关系,如果频率和波长是已知的,则可以确定声音在介质中传播的速度

$$v=f\cdot\lambda \tag{6.2.2}$$

3.1 空气中的声速

在气体中传播的声波,在假定气体为理想气体时,其传播速度由热力学理论可得

$$v=v_0\sqrt{1+\frac{t}{T_0}} \tag{6.2.3}$$

式中 v_0——被测空气处于 0 ℃时的声速;

T_0——$T_0=273.15\ \mathrm{K}$;

t——空气的摄氏温度。

实验测得,在标准状态下,干燥空气中的声速 $v_0=331.45\ \mathrm{m\cdot s^{-1}}$。

由于空气实际上并不是干燥的,总含有一些水蒸气,经过对空气摩尔质量和比热比的修正,声速 v 与温度 t、压强 p 的关系为

$$v=331.5\sqrt{\left(1+\frac{t}{T_0}\right)\left(1+0.32\frac{p_w}{p}\right)} \tag{6.2.4}$$

其中,p_w 为 t℃时空气中水蒸气的饱和蒸气压,可以从饱和蒸气压和蒸气压与温度的关系中查出。

3.2 压电陶瓷超声换能器

在超声频率范围内将电信号转换成声信号或者将外界声场中的声信号转换为电信号的能量转换器称为**超声换能器**,它是产生和检测超声波的主要器件。超声

NOTE

换能器的种类很多,按照能量转化的机理和所用的换能材料,可分为压电换能器、磁致伸缩换能器、静电换能器、电磁声换能器等。其中利用晶体或其他材料的压电特性制作的压电换能器是最为常用的超声换能器,压电换能器作为波源具有平面性、单色性好以及方向性强的特点。

压电陶瓷超声换能器由压电陶瓷片和轻、重两种金属组成。压电陶瓷最早是波兰科学家皮埃尔・居里于1880年发现的。压电陶瓷片(如钛酸钡、锆钛酸铅等)是由一种多晶结构的压电材料做成的,在一定的温度下经极化处理后,具有压电效应。当材料受到应力或作用力时,在极化方向会产生与作用力大小成比例的电场:

$$E=gF_{\mathrm{T}} \tag{6.2.5}$$

其中 E 是电场强度,比例常数 g 称为压电系数,F_{T} 是极化方向上的应力。反之,当与极化方向一致的外加电压 U 加在压电材料上时,材料的伸缩形变 S 与电压 U 也有线性关系:

$$S=dU \tag{6.2.6}$$

其中 S 是材料的伸缩形变,比例常数 d 是另一个压电系数,U 是极化方向上的电压。

压电换能器最常见的形式是夹心式压电换能器,又称为朗之万换能器,如图6.2.2所示。头部用轻金属做成喇叭型,尾部用重金属做成锥型或柱型,中部为压电陶瓷圆环,紧固螺钉穿过环中心。这种结构增大了辐射面积,增强了振子与介质的耦合作用,由于振子是以纵向长度的伸缩直接影响头部轻金属作同样的纵向长度伸缩(对尾部重金属作用小),这样所发射的波方向性强、平面性好、效率高,并且根据尺寸而定,可以在从20 kHz到较高频率(如MHz)范围内使用。

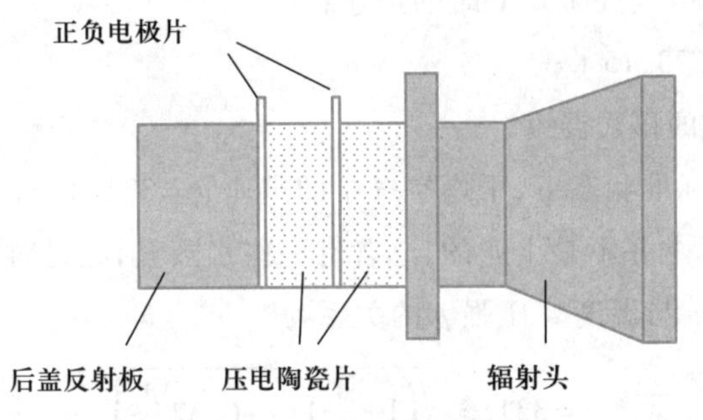

图6.2.2　压电换能器结构

3.3　共振干涉法(驻波法)

设一平面发射源 S_1 发出频率为 f 的平面声波,经过空气传播到达平面接收器 S_2。如果接收面与发射面之间严格平行,且距离又适当,则入射波在接收面上将垂直反射,从而导致入射波与反射波相干涉形成驻波。设沿 X 轴正方向发射的平面

NOTE

波方程为

$$y_1=A\cos\left(\omega t-2\pi\frac{x}{\lambda}\right)\tag{6.2.7}$$

反射波方程为

$$y_2=A\cos\left(\omega t+2\pi\frac{x}{\lambda}\right)\tag{6.2.8}$$

两波叠加，在空间某点的合振动方程为

$$y=y_1+y_2=2A\cos\left(2\pi\frac{x}{\lambda}\right)\cos(\omega t)\tag{6.2.9}$$

上式称为驻波方程。

由驻波方程可知，相邻两波节或波腹之间的距离为半波长 $\lambda/2$。因此，改变接收器与发射器之间的距离，在已知频率 f 的条件下，只要测得接收面分别位于两相邻波节或波腹位置上时接收器间的距离差 Δx，就可求得波长 λ，通过(6.2.2)式，便可测定声速 v。

共振干涉法测定声速实验装置如图 6.2.3 所示，图中 S_1 和 S_2 为压电陶瓷超声换能器，S_1 作为超声源（发射），低频信号发生器发出的正弦电压信号接到换能器后，即能发出一平面声波。S_2 作为超声波的接收头，接收到声压转换成电信号后输入示波器观察。由 S_1 发出的超声波和由 S_2 反射的超声波在 S_1 与 S_2 之间的区域干涉而形成驻波。当 S_1 与 S_2 之间的距离 x 满足驻波条件（x 等于半波长的整数倍）时，驻波相邻的两极大值之间的距离即为半波长。

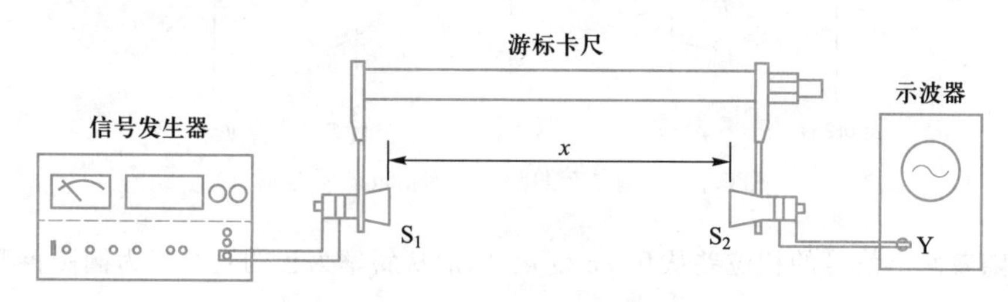

图 6.2.3 共振干涉法测定声速实验装置图

移动 S_2，观察示波器显示的正弦波振幅变化，用游标卡尺读出振幅极大值 S_2 所在位置 l_i；继续移动 S_2，连续读出 20 个相邻的振幅极大位置，计算可求得波长；再由信号发生器读出超声源的频率 f 就可计算出声速。

因为传播中的损耗等原因，实际上形成的驻波并不是完美的。由于波束扩散及其他损耗，各极大值的幅值随 S_1 和 S_2 之间的距离增大而逐渐减小，但各相邻极大值之间的距离基本上仍是半波长。我们只要测出各极大值对应的两个换能器之间的距离，就可以测出波长。

NOTE

3.4　相位比较法

相位比较法测定声速实验装置如图 6.2.4 所示，信号发生器连接 S_1 及示波器 CH2(X)通道，S_2 连接示波器 CH1(Y)通道。

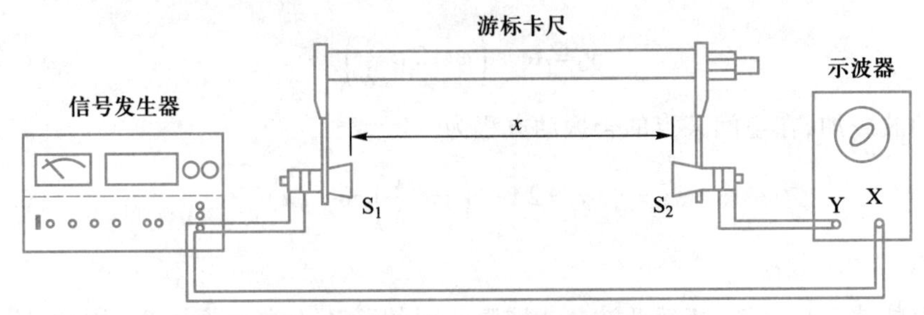

图 6.2.4　相位比较法测定声速实验装置图

从 S_1 发出的超声波与 S_2 收到的超声波两信号之间的相位差为

$$\varphi=\omega t=2\pi f\cdot\frac{x}{v}=2\pi\frac{x}{\lambda} \tag{6.2.10}$$

由上式可知，若相位差 φ 改变 2π，S_1 和 S_2 的间距 x 就要相应地改变一个波长 λ。因此，我们根据相位差的周期变化，便可以测得波长。相位差变化可以通过示波器显示李萨图形来进行观察，如图 6.2.5 所示。

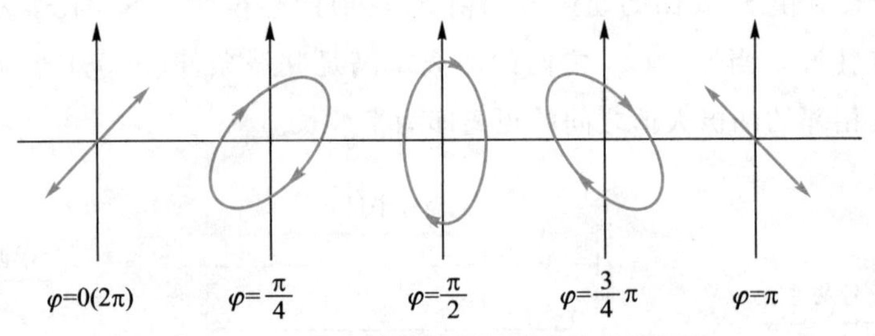

图 6.2.5　用李萨如图形观测相位差示意图

随着两个信号的相位差从 $0\to\pi$ 变化，图形从斜率为正的直线变为椭圆再变到斜率为负的直线；移动 S_2 并观察李萨如图形变化，每变化一个周期(半个周期)S_2 位置移动了一个波长(半个波长)，这样即可求得波长；再由信号发生器读出超声波的频率 f 就可计算出声速。

3.5　时差法

时差法测定声速实验装置与相位比较法相同，设置信号源输出脉冲调制信号。S_1 发出的信号经介质传播，到达距离 L 处的 S_2 表面。其所经过的时间 t 由示波器所显示发射与接收信号的波形间隔测量可得。利用(6.2.1)式，即可计算声速。

4　实验仪器

本实验所用到的仪器包括声速测定装置、低频信号发生器、数字示波器等，如

NOTE

图 6.2.6 所示。

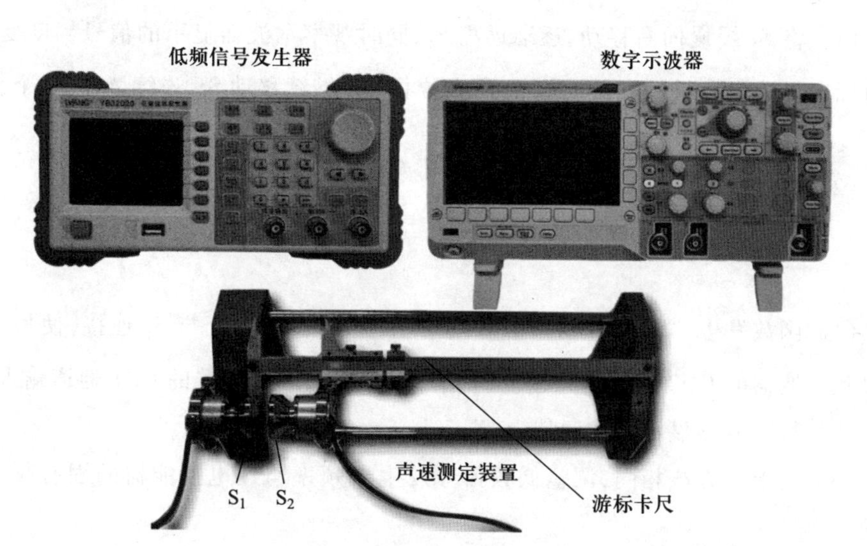

图 6.2.6 声速测定实验仪器

声速测定装置的支架上部装有游标卡尺,游标卡尺的刀口下部装有两只压电换能器。作为发射超声波用的换能器 S_1 固定在刀口的左端。另一只接收超声的换能器 S_2 装在刀口的右端,可沿着游标卡尺移动。两只换能器的相对位移可从游标卡尺上读得。使换能器 S_1 发射超声波的正弦电压信号由低频信号发生器供给。正弦电压信号的频率直接在低频信号发生器的数码管上显示出来。换能器 S_2 把接收的超声波声压转换成电压信号,用数字示波器观察。

5 实验内容

5.1 预备实验:数字示波器观测相位差

1. 调整示波器,显示合适的信号波形。

2. 观察并绘制相位差为 0°、90°、180°、270°、360°时李萨如图形。

5.2 共振干涉法

1. 调整实验装置

(1) 将压电陶瓷换能器 S_1 信号端口与低频信号发生器输出相连接,S_2 信号端口连接至示波器 CH1 通道输入端。

(2) 将 S_2 移至 S_1 附近,两者尽量靠近但不能相互接触。观察并调整使 S_1 和 S_2 的两个端面平行。

(3) 打开示波器和低频信号发生器,低频信号发生器频率设置为 35.0 kHz。

2. 调整谐波频率

缓慢调整函数发生器的频率,同时观察示波器所显示 S_2 的输出信号的幅度。幅度达到最大值时,这意味着信号频率与压电换能器的固有频率相匹配。

NOTE

3. 波长测量

(1) 将 S_2 缓慢向右移动，逐渐远离 S_1，同时观察示波器显示的信号幅度变化，用游标卡尺读出信号幅度极大值 S_2 所在位置 l_i。继续移动 S_2，连续读出 20 个相邻的幅度极大位置。

(2) 用逐差法计算半波长。

5.3　相位比较法

1. 调整实验装置

(1) 函数发生器的输出端口中有两个信号分叉，使一个与 S_1 连接，使另一个连接到示波器的 CH2 通道输入端。S_2 信号端口连接到示波器的 CH1 通道输入端。

(2) 将示波器显示模式调整为"X-Y"。

(3) 与上述方法相同，调整低频信号发生器频率与压电换能器的固有频率相匹配。

2. 波长测量

(1) 将 S_2 缓慢向右移动，逐渐远离 S_1，同时观察示波器显示的李萨如图形为一特定角度的直线时，记录下此时 S_2 所在位置 l_i。继续移动 S_2，连续读出 20 个相邻的直线位置。

(2) 用逐差法计算半波长。

5.4　计算声速

1. 实验开始与结束时，记录室温。

2. 用(6.3.3)式或(6.2.4)式计算室温下空气中的声速理论值。

3. 分别利用共振干涉法和相位比较法测定的波长值计算声速，并与理论值进行比较，计算百分差。

6　注意事项

1. 实验前应仔细阅读有关数字示波器和低频信号发生器的使用说明。

2. 低频信号发生器输出电压信号频率应该是换能器谐振频率。

3. 由于声波在空气中衰减较大，声波振幅随 S_2 远离 S_1 而显著变小，实验时应随时调节示波器垂直方向的灵敏度旋钮。

7　数据记录与处理

7.1　计算声速理论值

实验开始时室温：t_1 = ________ ℃；实验结束时室温：t_2 = ________ ℃；

声速理论值 $v_{理}$ = __________ $m \cdot s^{-1}$

7.2　共振干涉法(表 6.2.1)

信号频率 f= __________ kHz

NOTE

表 6.2.1 共振干涉法测量数据

i	l_i/mm	l_{i+10}/mm	逐差法 $\lambda_i[=(l_{i+10}-l_i)/5]$/mm
1			
2			
3			
4			
5			
6			
7			
8			
9			
10			

注:为了合理利用实验数据,在连续测量等间隔数据(连续测量的自变量为等间隔变化,相应两个因变量之差均分的情况)时,常把数据平分成两组,对应数据逐次求差再算平均值,即用逐差法处理数据。这样得到的结果保持了多次测量的优点。

由上表可得波长的平均值:$\bar{\lambda}=$__________

1. 波长的不确定度计算:

$$U_{\mathrm{A}}=\sqrt{\frac{\sum_{i=1}^{n}(\lambda_i-\bar{\lambda})^2}{n(n-1)}}= \qquad U_{\mathrm{B}}=\Delta_{\text{仪}}/\sqrt{3}=$$

合成不确定度:$U_{\lambda}=\sqrt{U_{\mathrm{A}}^2+U_{\mathrm{B}}^2}=$ $\qquad U_{r\lambda}=U_{\lambda}/\bar{\lambda}=$

2. 频率的不确定度:

$U_f=U_{\mathrm{B}}=\Delta_{\text{仪}}/\sqrt{3}=$

$U_{rf}=U_f/f=$

3. 声速:$v=\bar{\lambda}\cdot f=$

$$U_{rv}=\sqrt{\left(\frac{U_{\lambda}}{\bar{\lambda}}\right)^2+\left(\frac{U_f}{f}\right)^2}= \qquad U_v=U_{rv}\cdot v=$$

实验结果表达式:$\begin{cases}v=\quad\pm\qquad \mathrm{m/s}\\ U_{rv}=\qquad\%\end{cases}$

将声速的测量值与理论值进行比较,可得到百分差:

NOTE

$$E_0=\frac{|v_{实}-v_{理}|}{v_{理}}\times 100\%=$$

7.3　相位比较法(表 6.2.2)

信号频率 f=__________ kHz

表 6.2.2　相位比较法测量数据

i	l_i/mm	l_{i+10}/mm	逐差法 $\lambda_i[=(l_{i+10}-l_i)/5]$/mm
1			
2			
3			
4			
5			
6			
7			
8			
9			
10			

由上表可得波长的平均值为:$\overline{\lambda}$=__________

1. 波长的不确定度:

$$U_A=\sqrt{\frac{\sum_{i=1}^{n}(\lambda_i-\overline{\lambda})^2}{n(n-1)}}=\qquad\qquad U_B=\Delta_{仪}/\sqrt{3}=$$

合成不确定度:$U_\lambda=\sqrt{U_A^2+U_B^2}=$　　　　$U_{r\lambda}=U_\lambda/\overline{\lambda}=$

2. 频率的不确定度:

$U_f=U_B=\Delta_{仪}/\sqrt{3}=$　　　　$U_{rf}=U_f/f=$

3. 声速:$v=\overline{\lambda}\cdot f=$

$$U_{rv}=\sqrt{\left(\frac{U_\lambda}{\overline{\lambda}}\right)^2+\left(\frac{U_f}{f}\right)^2}=$$

$U_v=U_{rv}\cdot v=$

实验结果表达式:$\begin{cases}v=\pm \qquad \text{m/s}\\ u_{rv}= \qquad \%\end{cases}$

将声速的测量值与理论值进行比较,可得到百分差:

NOTE

$$E_0=\frac{|v_{实}-v_{理}|}{v_{理}}\times 100\%=$$

8 思考题

1. 两列波在空间相遇时形成驻波的条件是什么？两压电换能器的发射面 S_1 和接收面 S_2 为什么要平行？

2. 为什么不单次测量 $\lambda/2$，而要进行多次测量？在计算 $\lambda/2$ 时，将所测数据首尾相减，再除以 $\lambda/2$ 的个数，这种计算方法与分组逐差法比较，哪一种好？

3. 在共振干涉法中，当压电陶瓷换能器 S_2 位于波腹位置时，其接收面上的声压达到极大值。两个相邻波腹（波节）间的距离为半波长 $\lambda/2$。实验中可以改为测量波节点位置吗？

4. 相位比较法中，为什么要在李萨如图形呈直线时进行测量？

9 实验拓展

声速测定是物理实验课程的一个基本实验项目，用共振干涉法和相位比较法两种方法测量超声波在均匀介质中的传播速度。在此基础上，我们可以设计一些有趣的拓展实验，通过将简单的实验原理和现有的实验仪器、科学前沿技术相结合，促进学生对科学前沿知识的了解，拓展学生的知识面，激发学生对物理的兴趣。

1. 用时差法测量空气中的声速。

利用(6.2.1)式，测出传播距离 L 和所需要的时间 t，即可得到声速，这种方法称为**时差法**。利用时差法，自行搭建实验装置，测量空气中的声速，并用逐差法分析实验结果。

2. 测量复合介质中的超声声速。

请自行设计实验，测量空气与小塑料珠（直径平均为 0.5 mm）组成的复合介质的声速；测量空气与中塑料珠（直径平均为 2 mm）组成的复合介质的声速；测量空气与大塑料珠（直径平均为 11 mm）组成的复合介质的声速。用最小二乘法分析实验结果，了解复合介质的特性。

3. 设计一个可以验证声反射定律的装置，并分析影响声音反射系数的条件有哪些。

4. 设计一个声悬浮装置，并分析其原理。

5. 设计一个声聚焦装置，并分析其原理。

NOTE

6.3　液体中超声声强和声速的光电测量

1　引言

声强是描述声场的基本物理量。超声效应与声强直接有关。例如在工程技术领域,液体中的声场分布直接影响流场分布,声强的大小影响着超声波清洗、雾化、乳化、萃取等的效果。声强还用于表征超声换能器以及声学人工结构等的辐射性能。液体中声强的测量常用量热法、辐射压力法和光学法等。光学法测量透明液体介质中的声强利用了声光效应。

1922 年,布里渊曾预言,当高频声波在液体中传播时,如果可见光通过该液体,可见光将产生衍射效应。这种现象被称作声光效应。1935 年,拉曼和奈斯对此作了研究,他们发现在一定条件下,声光效应的衍射光强分布类似于普通的光栅,所以也称为液体中的超声光栅。超声光栅的性能直接与介质中的声场参数有关。光栅常量由声波波长决定。光栅对透射光的相位调制幅度由声强决定。反过来,通过测量透过超声光栅的光场分布能确定介质中的声速、声强等声场参数。这类方法是非侵入式的,对声场不产生任何扰动,具有显示直观、检测精确的优点。在声学研究中,常用这类方法测量液体中的声速和声强,观测超声换能器的辐射声场分布。

本实验利用光电图像传感器 CCD 采集超声光栅衍射光场的图像,通过数字图像处理提取声强值,实现对声强变化的连续测量。通过实验,使学生了解声光效应的物理机制,学习液体中超声声强和声速的光电测量方法。

2　实验目的

1. 了解声光效应的物理机制。
2. 掌握液体中超声声强和声速的光电测量方法。

3　实验原理

考虑一小振幅简谐平面超声波在理想流体介质中传播的情形。设超声波沿 y 轴负方向传播,声压幅值为 p_a,波长和频率分别为 λ_s 和 ν_s,即声场各处的声压 p 随时间 t 按 $p=p_a\sin[2\pi(y/\lambda_s+\nu_s t)]$ 的规律变化。在超声波作用下,介质各点的密度 ρ 随声压发生起伏交替变化

$$\Delta\rho=\frac{p}{c_0^2} \tag{6.3.1}$$

其中 c_0 为介质在平衡态时的声速。介质的光折射率 n 依从 Clausius-Mosotti 关系,又随密度发生变化

$$\frac{n^2-1}{n^2+2}=\kappa\rho \tag{6.3.2}$$

NOTE

其中，κ 是一个与介质分子有关的常量。由上式可得微分关系为

$$\Delta n=\frac{(n_0^2-1)(n_0^2+2)}{6n_0\rho_0}\Delta\rho \tag{6.3.3}$$

其中，n_0 为介质在平衡态时的折射率。这就是说，介质的光折射率改变量与声场声压成正比。这种声光效应使得声场中的介质如同一个相位光栅。

超声波声强 I_s 与声压幅值的平方成正比

$$I_s=\frac{p_a^2}{2\rho_0 c_0} \tag{6.3.4}$$

其中，ρ_0 为介质在平衡态时的密度。本实验可利用声光效应间接测量透明液体介质中的声强。根据(6.3.1)式和(6.3.3)式，上式给出的声强可表达为介质折射率波动幅值 n_a 的函数

$$I_s=\frac{18\rho_0 c_0^3 n_0^2 n_a^2}{(n_0^2-1)^2(n_0^2+2)^2} \tag{6.3.5}$$

通过光学方法测得介质折射率波动的幅值或其衍生参数，就能计算出声强。

如图 6.3.1 所示，设有一波长为 λ，复振幅分布为 $U_e(x,y)$ 的光束沿 z 轴正方向入射透明液体介质，并透过超声声场形成的相位光栅。设定声光作用长度为 b。当 $b\leqslant\lambda_s^2/(2\lambda)$ 时，超声光栅可看成面光栅，对入射光产生拉曼-奈斯衍射。在这种情况下，超声光栅对入射光束引起的相位延迟为

$$\Delta\varphi(x,y,t)=\psi\sin\left[2\pi\left(\frac{y}{\lambda_s}+\nu_s t\right)\right] \tag{6.3.6}$$

其中，引入了相位调制系数 $\psi=2\pi b n_a/\lambda$。透过光栅的出射光场分布为

$$U_0(x,y,t)=U_e(x,y)\exp\left\{j\psi\sin\left[2\pi\left(\frac{y}{\lambda_s}+\nu_s t\right)\right]\right\} \tag{6.3.7}$$

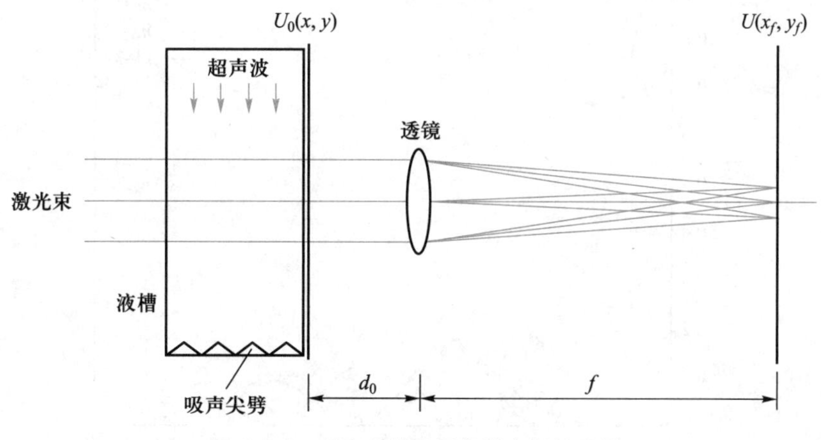

图 6.3.1　超声光栅远场衍射光场的观测

透镜对 $U_0(x,y,t)$ 进行傅里叶变换。在透镜后焦面的光场复振幅分布为

NOTE

$$U(x_f,y_f,t)=\exp\left[\mathrm{j}\frac{k}{2f}\left(1-\frac{d_0}{f}\right)(x_f^2+y_f^2)\right]\int_{-\infty}^{\infty}\int_{-\infty}^{\infty}U_0(x,y,t)\exp[-\mathrm{j}2\pi(f_x x+f_y y)]\mathrm{d}x\mathrm{d}y$$

$$=\exp\left[\mathrm{j}\frac{k}{2f}\left(1-\frac{d_0}{f}\right)(x_f^2+y_f^2)\right]\sum_{m=-\infty}^{\infty}\left\{\mathrm{J}_m(\psi)\left[U_f(f_x,f_y)\cdot\right.\right.$$

$$\left.\left.\delta\left(f_x,f_y-\frac{m}{\lambda_s}\right)\right]\exp[\mathrm{j}2\pi m\nu_s t]\right\}$$

$$=\exp\left[\mathrm{j}\frac{k}{2f}\left(1-\frac{d_0}{f}\right)(x_f^2+y_f^2)\right]\sum_{m=-\infty}^{\infty}\left\{\mathrm{J}_m(\psi)U_f\left(f_x,f_y-\frac{m}{\lambda_s}\right)\exp[\mathrm{j}2\pi m\nu_s t]\right\}$$

(6.3.8)

其中,$\mathrm{J}_m(\psi)$是ψ的m阶贝塞尔函数;$f_x=\frac{x_f}{\lambda f}$, $f_y=\frac{y_f}{\lambda f}$是空间频率;$U_f(f_x, f_y)$为$U_e(x,y)$的傅里叶变换。这个光场是分布在$y_f$轴上以

$$f_y=m/\lambda_s,\quad m=0,\pm1,\pm2,\cdots \tag{6.3.9}$$

为中心的一系列衍射光斑。图6.3.2是各阶贝塞尔函数的平方与ψ的关系曲线,它们反映了各级衍射光强的相对大小。由于入射光束半径是有限大小的,时间频率不同的相邻级衍射光的光场分布会发生混叠,并且在混叠区域会发生拍频现象。如果入射光$U_e(x,y)$是限带的,即$U_f(f_x,f_y)$只在一个有限的空间频率范围$|f_x|\leqslant f_a$, $|f_y|\leqslant f_b$内不为0;并且衍射光斑的中心距足够大,即$1/\lambda_s\gg f_b$,以致可以忽略各级衍射光斑间的光场混叠;那么,各级衍射光斑的强度为

$$I_m\left(f_x,f_y-\frac{m}{\lambda_s}\right)=\mathrm{J}_m^2(\psi)\left|U_f\left(f_x,f_y-\frac{m}{\lambda_s}\right)\right|^2,\quad m=0,\pm1,\pm2,\cdots \tag{6.3.10}$$

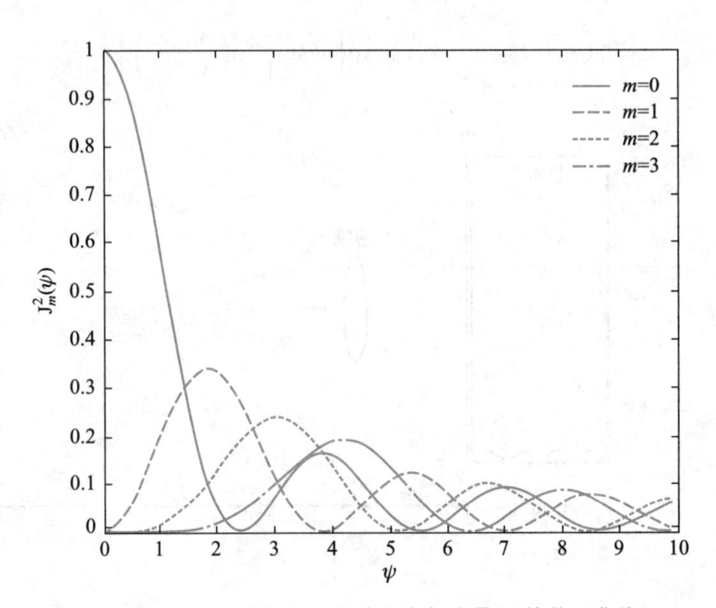

图6.3.2　各阶贝塞尔函数的平方与宗量ψ的关系曲线

NOTE

在(6.3.5)式中,将介质光折射率波动幅值 n_a 用相位调制系数 ψ 表示,得到新的声强表达式

$$I_s=\frac{9\rho_0 c_0^3 n_0^2\lambda^2\psi^2}{2\pi^2 b^2(n_0^2-1)^2(n_0^2+2)^2} \tag{6.3.11}$$

通过检测超声光栅的远场衍射光场各级衍射光斑在同一位置的强度来确定相位调制系数 ψ,并代入介质常量 ρ_0、c_0、n_0 和检测系统参量 λ、b,根据(6.3.11)式就能计算出介质中的声强。根据(6.3.9)式,声速

$$c=\nu_s\lambda_s=\frac{\lambda f\nu_s}{d} \tag{6.3.12}$$

其中,d 是远场衍射光场相邻衍射光斑的中心距。(6.3.10)式表明:在超声光栅各级衍射光斑的相同位置,衍射光的相对强度由以光栅的相位调制系数 ψ 为宗量和以衍射光斑级次 m 为阶次的贝塞尔函数的平方 $J_m^2(\psi)$ 确定。传统的测量液体中超声声强的光学方法是观察某个衍射级的缺失,以相应阶的贝塞尔函数的过 0 点来确定 ψ。显然,此方法由于目视观察测量精度低,也不能测量声强的连续变化。

4 实验仪器

实验仪器装置如图 6.3.3 所示。它由两个通道组成。第一个通道是声通道,由信号发生器、功率放大器和超声换能器组成。信号发生器产生高频正弦信号输入到功率放大器。功率放大器驱动超声换能器发射超声波。第二个通道是光通道,由激光器(He-Ne 激光器,单模输出,波长为 632.8 nm)、透镜组、底部放有消声材料的液槽和 CCD 相机组成。激光器发出高斯光束,经透镜 1 和透镜 2 扩束后照射液槽。液槽中注入静置 24 小时以上(消除气泡)的自来水,在超声波的激励下产生超声光栅。液槽的出射光在透镜 3 的后焦面上形成远场衍射场。柱面透镜将各级衍射光斑展开成水平直线,利于观测。CCD 相机的光敏面置于透镜 3 的后焦面上。CCD 相机与计算机相连,程控采集衍射场图像。图 6.3.4 为仪器装置实物图。

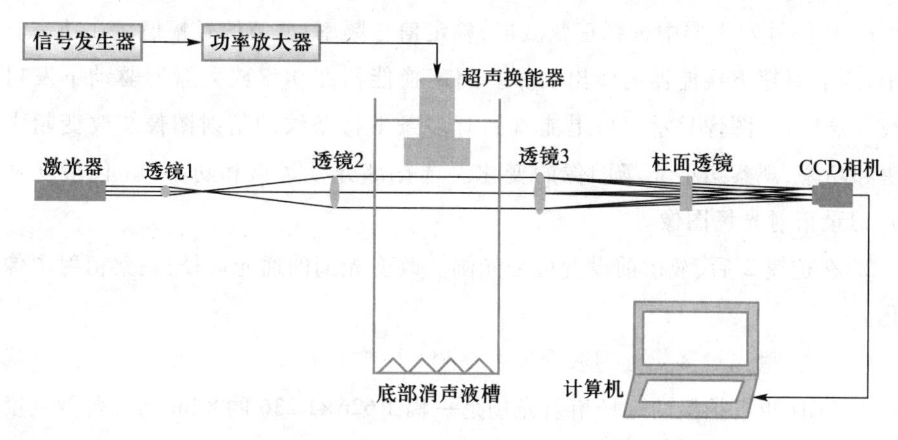

图 6.3.3 超声声强光电测量实验装置

NOTE

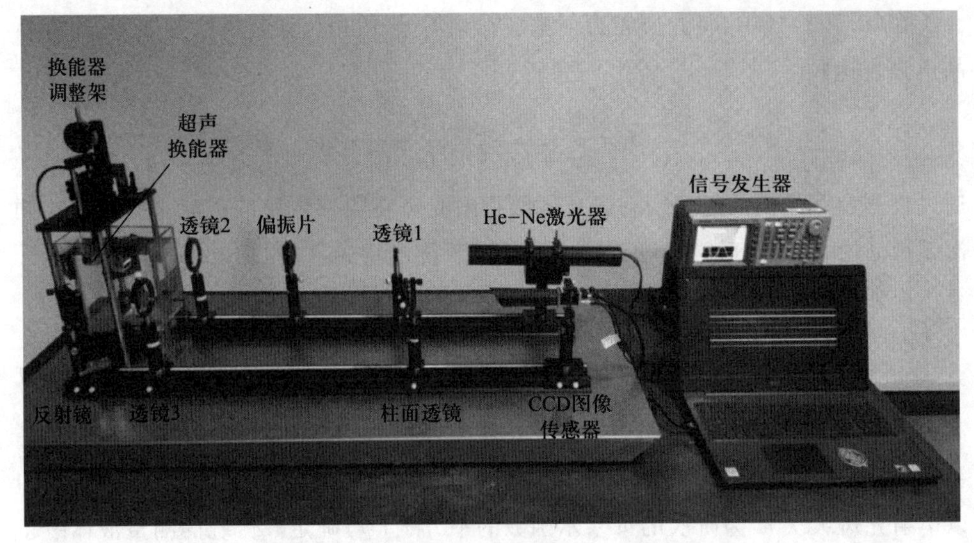

图 6.3.4　超声声强光电测量实验装置实物图

5　实验内容

5.1　实验系统光路调节

1. 调节光路时，应保证各光学元件共轴。应使激光器发出的光束经透镜 1 和透镜 2 后形成平行光，并垂直入射液槽窗口。柱面透镜与 CCD 相机光敏面的距离应足够大，使各级衍射光的水平展开线足够均匀。CCD 相机光敏面与透镜 3 的后焦面（注意柱面透镜对该焦面的位置推移）的偏离应控制在 mm 量级。否则，用（6.3.12）式计算声速有较大误差。

2. 在超声换能器无辐射声场情况下，调节 CCD 曝光时间或在激光器后设置光衰减片（图 6.3.3 中未画出），使计算机显示器上的 CCD 图像窗口出现清晰的单根条纹，避免出现图像饱和（最大灰度值小于 255）。

5.2　超声光栅衍射光场观察与图像记录

1. 在信号发生器中选择正弦波形，确定信号频率，调节信号幅值。在功率放大器中，调节对超声换能器的输出功率。超声换能器在功率放大器的驱动下发射超声波。这时，在图像显示窗口上能看到有多条平行条纹的衍射图像。改变超声波频率和功率，观察衍射光场图像的变化。选择部分频率点和功率点（包括 0 功率点），记录衍射光场图像。

2. 在透镜 2 后、液槽前设置可变光阑。改变光阑的通光口径，观察衍射图像的变化。

5.3　衍射光场图像处理和介质中声强、声速的计算

由 CCD 相机拍摄的远场衍射光场是一幅 1 626×1 236 的 8 bit 动态范围灰度图像，如图 6.3.5 所示（在图 6.3.3 所示的实验装置中，CCD 相机光敏面的长边沿竖

NOTE

直方向)。在 MATLAB 环境下编程处理图像,流程如下:

图 6.3.5 超声光栅远场衍射图像

1. 无声场时远场图像特征参数提取

将介质无声场时的远场图像转换为二维灰度数据矩阵。在灰度矩阵中提取第 618 行(中间行)数据进行高斯函数拟合,确定图像的背景灰度、光斑峰值强度、光斑中心位置和光斑宽度。再在灰度矩阵中提取第 309 行和第 927 行数据进行高斯函数拟合,确定各自的光斑中心位置,计算条纹相对图像竖直方向的倾斜角度。

2. 超声光栅衍射图像各级条纹特征参数提取

入射光束直径的有限大小会导致超声光栅各级衍射光场分布出现混叠。光束直径越大,混叠越弱。实验中,采用透镜组对入射光束扩束,目的就是减小混叠。在进行图像处理时,忽略各级衍射光场之间的混叠。首先,在衍射图像灰度矩阵中提取中间行;对该行进行离散傅里叶变换,滤除高频分量。再进行离散傅里叶逆变换,得到平滑的曲线,并寻找曲线峰值位置;最后,在平滑曲线各峰值位置附近进行高斯函数拟合,得到各级光斑的峰值强度和中心位置。

3. 衍射图像各级峰值强度归一化

以介质无声场时的远场光斑中心位置为基准,以各衍射光斑的最小间距为参考,确定各衍射光斑的衍射级次。为排除实验参数对声强测量值的影响,需要将超声光栅衍射图像的各级峰值强度对介质无声场时的远场光斑峰值强度进行归一化。

4. 相位调制系数 ψ 的确定和声强、声速值计算

设各级衍射的归一化峰值强度为 Y_m,在宗量 ξ 的一定变化范围(例如 0 ~10)按一定步距(例如 0.1)计算函数 $\delta=\sum_m[J_m^2(\xi)-Y_m]^2$。以函数 δ 取极小值时的驻点作为初值 ψ_0,以各级 $J_m^2(\psi)$ 拟合 Y_m,得到相位调制系数 ψ。最后,根据(6.3.11)式计算声强值,根据(6.3.12)式计算声速值。

6 注意事项

1. 实验时,应先向液槽注入静置 24 小时以上(消除气泡)的自来水,并擦干液槽外立面(特别是通光区域)的水迹。

2. 调节光路时,应保证平行光入射超声光栅,并且光传播方向与声传播方向垂直。

NOTE

7　思考题

1. 随着超声波频率升高,超声光栅衍射光场图像有何变化？为什么？

2. 随着超声波功率改变,在衍射光场图像中为什么会出现衍射级的缺级现象？

3. 在透镜 2 后、液槽前设置可变光阑,缩小光阑的通光口径,衍射条纹宽度有什么变化？为什么？

4. 如何提高声速测量的精度？

8　实验拓展

液体声光效应及声速声强测量实验是物理实验课程的一个基本实验项目,通过在液体中激发行波声场,采集远场衍射光场图像,利用数学模型计算出液体中的声速和声强。同学们能否利用本实验装置,结合超声光栅的原理,自行设计一种测量液体密度的方法。

NOTE

6.4 液体中超声驻波场显示及声速的光电测量

1 引言

声波在介质中传播时,引起介质的密度沿声传播方向呈疏密相间的交替变化。由于介质的光折射率与密度有关,介质的折射率也随着发生相应的周期性变化。这种效应使得超声场中的介质如同一个光学“相位光栅”。当光波通过超声光栅时,就会产生衍射现象。衍射光的强度、频率、方向等都随着超声场的变化而变化。这种现象称为声光效应。

在光学领域,利用声光效应能制成调控衍射光的器件,例如声光调制器、声光偏转器和可调谐滤光器等。这些器件可用于调制激光强度或偏转光束方向,在激光通信、测量、存储、显示等技术中有广泛的应用。在声学领域,利用声光效应能测量液体中的声速和声强,实现声场可视化。在流体力学实验中,广泛应用基于声光效应的 Schlieren 成像方法将人眼看不见的介质密度差异转化为光的强度分布,实现对流场的观测。

液体中超声声强和声速的光电测量实验中,通过在液体中激发行波声场,采集远场衍射光场图像,利用数学模型计算出液体中的声速和声强。但行波声场是随时间移动的,不能被低帧率的普通图像传感器捕捉。如果我们把实验装置稍做改动,可获得驻波声场。本实验将介绍液体中超声驻波场显示及声速的光电测量方法。

2 实验目的

1. 直观理解声光效应机理。
2. 了解声场的 Schlieren 成像技术。
3. 掌握液体声速的直观测量和光电测量方法。

3 实验原理

在一透明液体介质中,一束频率为 ν_s,波长为 λ_s,声压幅值为 p_{ia},沿 x 轴反向传播的入射平面声波 $p_i=p_{ia}\exp[j2\pi(\nu_s t+x/\lambda_s)]$($t$ 为时间)与这束频率相同,声压幅值为 p_{ra} 的反射平面波 $p_r=p_{ra}\exp[j2\pi(\nu_s t-x/\lambda_s)]$叠加形成合成声场

$$p=p_i+p_r=(p_{ia}-p_{ra})\exp\left[j2\pi\left(\nu_s t+\frac{x}{\lambda_s}\right)\right]+2p_{ra}\cos\left(2\pi\frac{x}{\lambda_s}\right)\exp[j2\pi\nu_s t] \tag{6.4.1}$$

合成声场的第一项是行波场,第二项是驻波场。合成行波场同入射波一样沿 x 轴反向传播,但声压幅值是入射波与反射波的幅值之差。合成驻波场的声压幅值随位置按余弦规律变化。在 $x=h\lambda_s/2(h=1,2,\cdots)$ 的波腹处,声压幅值最大。在 $x=(2h-1)\lambda_s/4(h=1,2,\cdots)$ 的波节处,声压幅值为零。

NOTE

介质的光折射率随声场声压发生线性变化。在驻波声场的波节处，光折射率不随时间发生改变。在两相邻波节之间，光折射率以声波频率随时间周期性波动；从波节到波腹，光折射率波动的幅值按正弦规律从0变化到最大。当一束平行光沿 z 轴方向通过驻波声场时，两相邻波节间的介质等效于一个位置固定、但焦距随时间周期性变化的“柱面透镜”。整个驻波声场等效于一个“柱面透镜”阵列，对入射光造成相位延迟

$$\Delta\phi=\frac{2\pi}{\lambda}b\Delta n=\frac{4\pi}{\lambda}b\varepsilon p_{\mathrm{ra}}\cos\left(2\pi\frac{x}{\lambda_{\mathrm{s}}}\right)\exp\left[\mathrm{j}2\pi\nu_{\mathrm{s}}t\right] \tag{6.4.2}$$

式中，λ 为光波波长，b 为声光作用长度，Δn 为介质的光折射率改变量，ε为光折射率改变量随声压变化的系数。每一个超声“柱面透镜”都将入射平行光会聚（或发散）成一条实（或虚）焦线，焦线在 z 轴上的位置取决于相应的驻波声场波腹所处位置 x 和观测时间 t。换句话说，“柱面透镜”阵列的每一条焦线都以声波频率沿 z 轴来回振动，相邻“柱面透镜”的焦线运动方向相反。用普通图像传感器拍摄“柱面透镜”阵列出射光场的视频，并不能看到每条焦线的振动；而是看到一簇稳定、平行、等间距的焦线，相邻焦线中心的间距等于介质中半个声波波长。直接检测这簇焦线的中心距，就能计算介质中的声速。

驻波声场中的透明介质实际上是一个相位光栅。在驻波声场出射光一侧设置远场观察透镜，透镜后焦面上会出现各级衍射光斑，光斑的中心位置为

$$x_f=\frac{m\lambda f}{\lambda_{\mathrm{s}}},\quad m=0,\pm1,\pm2,\cdots \tag{6.4.3}$$

式中，f 为远场观察透镜的焦距。在透镜后焦面上检测各级衍射光斑中心的间距，也能计算介质中的声速。

4　实验仪器

实验装置如图6.4.1、图6.4.2和图6.4.3所示。在三种形式的实验装置中，超声驻波场产生部分和入射光部分都相同。在超声驻波场产生部分，信号发生器产生高频正弦信号输出到功率放大器。功率放大器驱动超声换能器向透明液体发射超声波。向下传播的超声波被声反射板反射向上传播。两个方向传播的超声波叠加形成驻波声场。超声换能器安装在一个三维精密调整架上。调整架包括升降机构和调平机构，具有一维平移和二维角度调节功能。升降机构和调平机构分别用于调节超声换能器的端面与声反射板上表面的距离和平行度。在入射光部分，激光器发出高斯光束，经透镜1和透镜2扩束、准直后照射液槽。

三种形式的实验装置不同之处在于：(1) 在图6.4.1的实验装置出射光一侧，用一个成像透镜将超声“柱面透镜”阵列的焦线簇成像在CCD相机的光敏面上，通过计算机来显示超声驻波场和测微探针图像。调节探针针尖靠近一条焦线的中

NOTE

心，以测量该条焦线的位置。测出相邻焦线的间距就测出了声波半波长，继而计算出声速。(2) 图6.4.2的实验装置显示超声驻波场图像的方法与图6.4.1的相同，但采用声波变程干涉法测量声波半波长。(3) 图6.4.3的实验装置不显示超声驻波场图像，而是利用透镜3来观测远场衍射光场。柱面透镜的作用是将各级衍射光斑展开成水平条纹，以利于观测。在衍射图像上提取出相邻衍射条纹的中心距，以计算声波波长和声速。

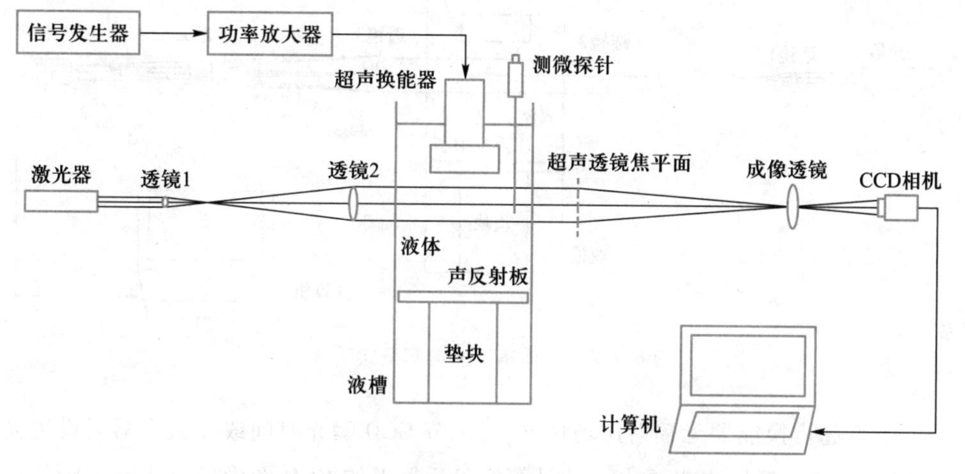

图6.4.1 液体中超声驻波场显示及探针式声速测量实验装置

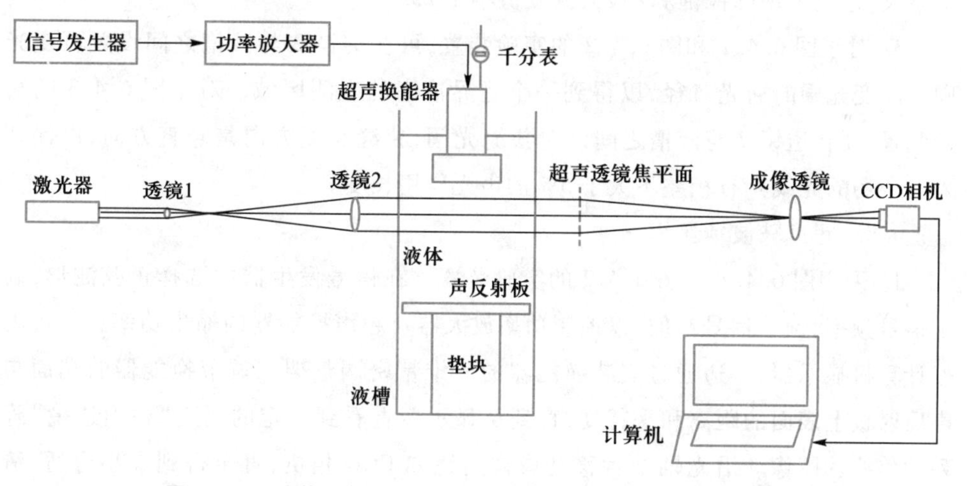

图6.4.2 液体中超声驻波场显示及变程式声速测量实验装置

5 实验内容

5.1 实验系统光路调节

1. 调节光路时，应保证各光学元件同轴。应使激光器出射的光束经透镜1和透镜2后形成平行光，并垂直入射液槽窗口。对于图6.4.3的实验装置，柱面透镜

NOTE

与 CCD 相机光敏面的距离应足够大，使各级衍射光的水平展开线足够均匀。CCD 相机光敏面与透镜 3 的后焦面（注意柱面透镜对该焦面的位置推移）的偏离应控制在 mm 量级。

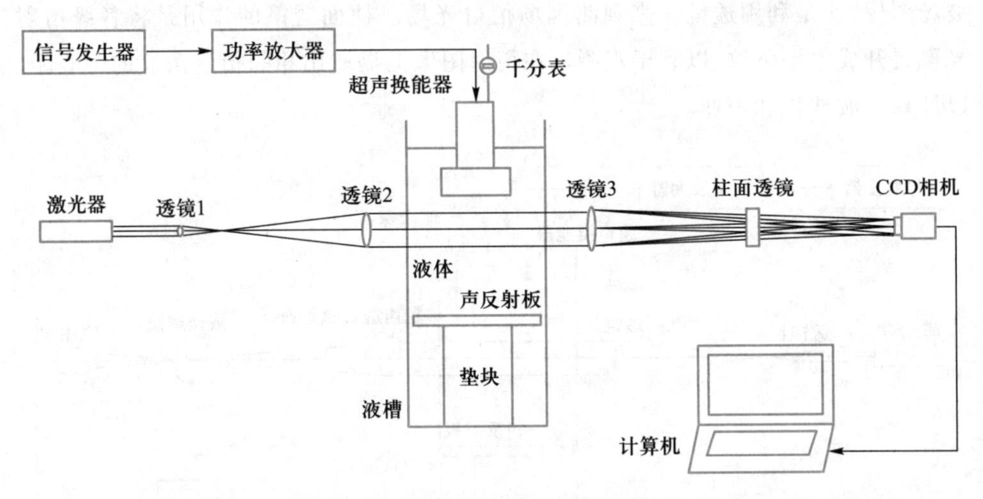

图 6.4.3　液体声速光电测量实验装置

2. 在超声换能器无辐射声场情况下，调节 CCD 曝光时间或在激光器后设置光衰减片（实验装置图中未画出），使计算机显示器上的 CCD 图像窗口出现清晰的单根条纹，避免出现图像饱和（最大灰度值小于 255）。

3. 对于图 6.4.1 和图 6.4.2 的实验装置，可在透镜 2 与液槽之间设置可变光阑。改变光阑的通光口径，以得到一个边界清晰的观测区域。对于图 6.4.3 的实验装置，要在透镜 2 与液槽之间设置狭缝光阑，狭缝长度方向是竖直方向，以保证入射声场的光线具有相差不大于 5% 的声光作用长度。

5.2　超声驻波场显示

1. 采用图 6.4.1 或图 6.4.2 的实验装置。在信号发生器中选择正弦波形，确定信号频率，调节信号幅值，以控制功率放大器对超声换能器的输出功率。一边观察计算机显示器，一边通过安装换能器的三维精密调整架来调节换能器的端面与声反射板上表面的距离和平行度，直到从显示器上看到稳定的超声"柱面透镜"阵列的焦线簇图像。沿光轴交替移动成像透镜和 CCD 相机，直至得到大小合适、清晰的焦线簇图像。改变信号发生器输出信号的幅值，观察焦线簇图像的变化。再次沿光轴交替移动成像透镜和 CCD 相机，以得到大小合适、清晰的焦线簇图像。

2. 在信号发生器上选择几个输出信号幅值，记录焦线簇图像。

5.3　探针式声速测量

探针式声速测量采用图 6.4.1 的实验装置。在完成超声驻波场显示后，从声场图像中靠上（或靠下）一条焦线（序号为 0）开始，向下（或向上）依次测量每条焦

NOTE

线的中心位置,并将测量数据记录在表 6.4.1 中的 l_i 栏目。测量时,要边观察计算机显示的焦线簇和测微探针图像,边旋转测微计手轮,使探针针尖逐渐靠近被测焦线的中心。在测量一幅图像上各条焦线中心的位置时,为消除测微计的空程误差,只能往一个方向旋转测微计手轮。测得各焦线中心的位置数据后,就可计算声波波长、声速和测量的标准差。

5.4　变程式声速测量

变程式声速测量采用图 6.4.2 的实验装置。在完成超声驻波场显示后,在安装超声换能器的三维精密调整架上,旋转升降手轮,以调节换能器端面与声反射板上表面的距离。同时观察计算机显示的驻波声场图像从模糊变到清晰,再从清晰变到模糊的过程。每次出现清晰图像时,介质中的声场达到驻波共振状态。将每次出现清晰图像时千分表上显示的换能器位置读数依次记录在表 6.4.2 中的 l_i 栏目。测量时,为消除升降机构的空程误差,只能往一个方向旋转测微计手轮。测得超声换能器位置数据后,就可计算声波波长、声速和测量的标准差。

5.5　声速光电测量

在用图 6.4.2 的实验装置完成超声驻波场显示后,拆下 CCD 相机前的成像透镜,换上远场观察透镜(透镜 3)和柱面透镜,将实验装置变换成图 6.4.3 的形式。在图 6.4.3 的实验装置中,透镜 3(焦距长)要靠近液槽,CCD 相机光敏面处于透镜 3 的后焦面(偏差应控制在 mm 量级);柱面透镜与 CCD 相机光敏面的距离应足够大,使各级衍射光的水平展开线足够均匀。微调透镜 3、柱面透镜和 CCD 相机,使三者与系统光轴同轴,以至在计算机上出现中正、对称、清晰的驻波声场远场衍射图像。在衍射图像上提取出相邻条纹的中心距 d_f,根据公式

$$\lambda_s=\frac{\lambda f}{d_f} \tag{6.4.4}$$

计算声波波长,再计算声速。

6　注意事项

1. 实验时,应先向液槽注入静置 24 小时以上(消除气泡)的自来水,并擦干液槽外立面(特别是通光区域)的水迹。

2. 调节光路时,应保证平行光入射超声光栅,并且光传播方向与声传播方向垂直。

3. 测量数据时,为消除测微计的空程误差,只能往一个方向旋转测微计手轮。

7　数据记录与处理

7.1　探针式声速测量

将探针式声速测量实验数据记录在表 6.4.1 中,计算声速值,并计算偏差和不确定度等进行误差分析。

NOTE

表 6.4.1　探针式声速测量实验数据记录及处理

序号 i	l_i /mm	$d_i(=l_i-l_{i-1})$ /mm	$v_i(=d_i-\bar{d})$ /mm	v_i^2/mm^2	实验室温度/℃
0					
1					声波波长：
2					$\lambda_s=2\bar{d}=$
3					
4					声速：
5					$c=\nu_s\lambda_s=$
6					平均值的标准差：
7					
8					$\sigma=\sqrt{\dfrac{\sum_{i=1}^{N}v_i^2}{N(N-1)}}=$
9					
	$\bar{d}$		$\sum v_i^2$		测量结果： $d=\bar{d}\pm\sigma=$

7.2　变程式声速测量

将变程式声速测量实验数据记录在表 6.4.2 中，计算声速值，并计算偏差和不确定度等进行误差分析。

8　思考题

1. 探针式和变程式两种声速测量方法，各有何优缺点？

2. 驻波声场相邻波节的间距是半个声波波长。驻波超声光栅的光栅常量是多少？解释光栅常量与驻波声场相邻波节的间距何以相同或相异。

3. 在驻波声场远场衍射图像上提取相邻级衍射光的中心距来计算声速与探针式声速测量方法相比，哪种精度高？如何提高精度偏低方法的测量精度？

9　实验拓展

本实验介绍了液体中超声声速的测量方法。能否利用本实验装置，测量在不同温度下水中的声速以及不同浓度的 NaCl 溶液中的声速，研究声速与溶液温度、浓度的关系，利用超声光栅了解声速随溶液性质变化的规律，扩展学生的科学视野。

NOTE

表 6.4.2 变程式声速测量实验数据记录及处理

<table>
<tr><th>序号
i</th><th>l_i
/mm</th><th>$d_i(=l_i-l_{i-1})$
/mm</th><th>$v_i(=d_i-\bar{d})$
/mm</th><th>v_i^2/mm^2</th><th>实验室温度/℃</th></tr>
<tr><td>0</td><td></td><td></td><td></td><td></td><td rowspan="11">声波波长：
$\lambda_s=2\bar{d}=$

声速：
$c=\nu_s\lambda_s=$

平均值的标准差：
$\sigma=\sqrt{\dfrac{\sum\limits_{i=1}^{N}v_i^2}{N(N-1)}}=$

测量结果：
$d=\bar{d}\pm\sigma=$</td></tr>
<tr><td>1</td><td></td><td></td><td></td><td></td></tr>
<tr><td>2</td><td></td><td></td><td></td><td></td></tr>
<tr><td>3</td><td></td><td></td><td></td><td></td></tr>
<tr><td>4</td><td></td><td></td><td></td><td></td></tr>
<tr><td>5</td><td></td><td></td><td></td><td></td></tr>
<tr><td>6</td><td></td><td></td><td></td><td></td></tr>
<tr><td>7</td><td></td><td></td><td></td><td></td></tr>
<tr><td>8</td><td></td><td></td><td></td><td></td></tr>
<tr><td>9</td><td></td><td></td><td></td><td></td></tr>
<tr><td></td><td>$\bar{d}$</td><td></td><td>$\sum v_i^2$</td><td></td></tr>
</table>

10 附录——声波在不同介质中的传播速度

液体	温度 t_0/℃	速度 $v/(\text{m}\cdot\text{s}^{-1})$
海水	17	1 510 ~ 1 550
普通水	20	1 480
菜籽油	30.8	1 450
变压器油	32.5	1 425

说明：液体中的声速与液体的压缩模量（即体积模量）及其密度有关，固体中的声速决定于弹性模量及其密度。对于非各向同性固体，声速与传播方向有关。

固体材料由于其材质、密度、测试的方法各有差异，故声速测量参数仅供参考。例如，黄铜中的声速为 3 100 ~ 3 650 $\text{m}\cdot\text{s}^{-1}$；有机玻璃中的声速为 1 800 ~ 2 250 $\text{m}\cdot\text{s}^{-1}$。许多常见气体的声速在 200 ~ 1 300 $\text{m}\cdot\text{s}^{-1}$，即大体与平均分子速度相当。在标准状态下，干燥空气的平均摩尔质量 $M=28.964\times10^{-3}\ \text{kg}\cdot\text{mol}^{-1}$，声速 $u_0\approx331.6\ \text{m}\cdot\text{s}^{-1}$。在 10 ℃、20 ℃和 30 ℃时，空气中的声速分别约为 338 $\text{m}\cdot\text{s}^{-1}$、344 $\text{m}\cdot\text{s}^{-1}$和350 $\text{m}\cdot\text{s}^{-1}$。

NOTE

6.5　光声显微镜虚拟实验

1　引言

近年来,集成电路、新材料和精准医疗等领域综合性研究发展迅速,在纳米尺度上已有如 AFM、SEM 和 SNOM 等超分辨率的表面结构成像技术,但关于亚表面纳米分辨率的物性和结构的原位及无损成像和表征技术的相关研究较少。基于光声成像和近场声成像领域科研成果,超分辨率扫描近场光声显微镜实验系统融合了近场光学和光声效应等多种物理机制,提供了一种实现超分辨率、原位、表面/亚表面结构和物理性质同时成像和表征的解决方案,可以有效地在近场光穿透深度范围内对材料的结构和光、电、热、力等物性进行纳米分辨率的原位检测和成像,为半导体物性、新型二维材料、亚细胞大分子的研究等提供了新型检测和验证工具。

光声效应是指当不同波长的能量调制激光入射到物体上时,在光能量透入深度范围内,物体各部分会因其相应的光吸收能力而吸收光能,产生一系列电、热、声等能量转化,最终形成脉冲应力波,向外辐射载有材料光、电、热、力等信息的脉冲光声信号的物理过程。这样一种“光进声出”的能量转化过程打破了光波穿透深度浅、声波分辨率低的限制,而兼具声波的高穿透性和低衰减特性、光学的高分辨率和光谱的物质分辨能力,因此成为实现材料亚表面结构和物性检测的最佳方案之一。扫描近场光学显微术是一种用于材料表面纳米结构研究的显微镜技术,通过孔径远小于光波长的特殊光学探针,检测隐失场含有的高空间频谱信息,从而突破传统光学显微镜的远场分辨率极限,分辨率可以优于 10 nm,使之成为优异的超分辨率检测平台。将上述两者融合的近场扫描光声显微术是一项物理知识和实验技术的系统融合工程,包括近代物理理论、光路系统控制、超高频声检测装置设计、数据处理等多个方面的有机结合。

在光声显微镜虚拟实验中,建立了包含宽波段脉冲 OPO 激光、准直光路、近场光学扫描系统、超高频宽带超声换能器、高速数据采集系统等仪器在内的扫描近场光声显微系统的三维虚拟仿真模型。本实验将实际流程分解为包含不同知识点的虚拟实验步骤,学习微电子芯片的纳米金属-半导体结构的超分辨率物性成像的虚拟仿真实验,融合掌握近场光和近场光成像、光声效应和光声成像、半导体和生物组织等不同材料的光声信号特征的物理机理、OPO 脉冲激光原理等知识点,可拓展应用至微电子、新材料、生物医药等高精尖领域。

2　实验目的

1. 理解光声效应的基本原理。

2. 理解超分辨率近场成像的基本原理。

3. 了解超分辨率近场光声显微术的特点、优势与应用。

NOTE

4. 了解扫描近场光声显微系统的基本结构和实验流程。

5. 对特定试样进行成像，分析结构和物理特性。

6. 了解半导体、生物试样（选做）的近场光声信号的特征和物理意义，具备初步的拓展实验设计能力。

3 实验原理

3.1 光声效应与光声成像

1. 光吸收

当一束波长为 λ_0、半径为 r 的光入射到物体上时，除被介质反射、散射以外，还有一部分光会与物体中的电子、激子、晶格振动、杂质和缺陷相互作用而产生光吸收，物质的**光吸收系数** $\alpha(\lambda)$ 可以表示为

$$\alpha(\lambda)=\frac{4\pi\kappa(\lambda)}{\lambda} \tag{6.5.1}$$

其中，$\kappa(\lambda)$ 是物质的消光系数，λ 是入射光的波长。光强在物质中的穿透深度（也叫**趋肤深度**）可以表示为

$$d=\frac{1}{\alpha(\lambda)}=\frac{\lambda}{4\pi\kappa(\lambda)} \tag{6.5.2}$$

光能主要沉积在穿透深度范围内，并形成一定几何分布的光能沉积区域，此区域的形状由物体的消光系数 κ、光波长 λ_0、光束半径 r 以及光束的光能在径向上的分布（如高斯光束）共同决定。通常远场光辐照的情况下，此区域是水滴形的，如图 6.5.1 所示。如果物体中存在不同光吸收系数的物质，光能沉积区域形状还取决于高光吸收系数物质的几何形状。如图 6.5.2 所示，这是一个对某波长的光透明的材料中嵌入一个高光吸收的球体，此时光能主要沉积在此球体上。

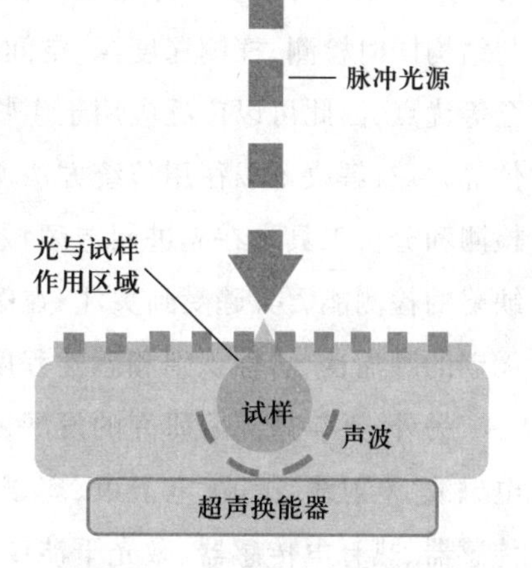

图 6.5.1 光声效应与光声成像

物体吸收光之后，可通过辐射跃迁和非辐射跃迁过程进行能量转化，后者最终产生热能，如图 6.5.2 所示。对于不同物理特性的物质，光吸收过程与分子振动/转动能级、固体电子能带结构与光生载流子激发和输运、半导体带隙/功函数/杂质能级等不同的物理现象相关，其光吸收特性即可表征介质的光、电、分子键等特征信息，可用于辨别物质成分。

2. 光声效应

光声效应最早由贝尔在 1880 年提出，是指将光能量转化为声能量的效应。

NOTE

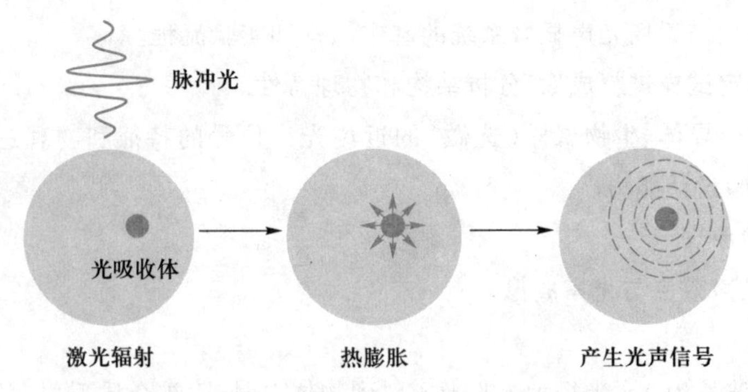

图 6.5.2　光透明材质中高光吸收球体的光-热-声转换示意图

如果将入射光在时域上进行强度调制，部分光吸收能量转化为时变的热能，在光吸收区域内外形成时变的温度梯度场，进而激发出时变的应力场向外传播声波（图 6.5.1 和图 6.5.2）。声波的频率特性取决于光源的时域调制特性和光吸收体的大小（图 6.5.2），在光源的时域调制特性不变的情况下，就可以通过声功率谱反映出微小光吸收体的尺寸。

声波是机械波，在固体中衰减很小，因此可以很好地携带光、电、分子键、热、弹性、结构等介质特征信息，是实现材料亚表面结构和物性检测的最佳方案之一。

这种“光进声出”的能量激发和转换机制，以及吸收光谱对物质成分的分辨能力和声功率谱对物质尺寸分辨的能力，使基于光声效应的光声检测技术具有物性与结构同时检测、探测深度深、空间分辨率高、灵敏度高、对比度高、波谱范围宽、安全等优点，因此可以广泛应用于生物医学、航天航空、能源、复杂材料和器件性能评估等领域，解决了以往用传统方法所不易解决的难题，成为科学研究中十分重要的检测和分析工具。在先进制造领域，光声效应对材料和器件内部微纳尺度上性能缺陷的检测能力日趋受到关注；在医学领域，基于生物大分子的光声效应实现在体无创的肿瘤良、恶性识别和恶性程度分级的研究正在迈向临床。

另外，近年来随着研究的发展，光声效应的激发源已经由各波段的激光延拓到电磁波、X 射线、微波、电子束、离子束等各类能源，探测器也由传声器扩展到压电传感器、热释电传感器、激光干涉仪等，可以适用于各类材料和检测环境。

3. 光声效应产生的前提

光声效应是一个复杂的能量转化过程，不同性质的材料可能会有不同的中间过程，大多数情况下最后两步是产生热波、再通过热弹效应产生声波。

前提 1：要用时变的光源来产生时变的温度梯度场和应力场，以此来产生声波。

前提 2：在材料中要满足热约束条件和应力约束条件，即光脉冲辐照时间要远小于光吸收体尺度对应的热传导时间 τ_T 和应力传播时间 τ_S，其中

NOTE

$$\tau_{\mathrm{T}}=\frac{d_{\mathrm{c}}^{2}}{D_{\mathrm{T}}} \tag{6.5.3}$$

$$\tau_{\mathrm{S}}=\frac{d_{\mathrm{c}}}{c_{\mathrm{S}}} \tag{6.5.4}$$

4. 光-热-声转换描述方程

物质吸收光能量后形成热源，温度场分布 $T(\boldsymbol{r},z,t)$ 满足公式：

$$\nabla^{2}T(r,z,t)+\frac{\partial T(r,z,t)}{\alpha_{\mathrm{T}}\partial t}=-\frac{H(r,z,t)}{\kappa} \tag{6.5.5}$$

其中，$H(\boldsymbol{r},t)$ 是热能。$H(\boldsymbol{r},t)\propto\eta_{\mathrm{T}}\alpha I$，其中 η_{T} 为热转化效率，α 是物质的光吸收系数，I 是光强。对于较厚的单层材料，其边界条件可以表示为

$$\frac{\partial T}{\partial z}\Big|_{z=0}=0,T\Big|_{z=l}=0,\frac{\partial T}{\partial r}\Big|_{r=r_{0}}=0 \tag{6.5.6}$$

其中，l 是材料的厚度，r_0 是材料的半径。

将上述温度场分布的解代入热弹方程中，即可求解出物质内的位移张量 $\boldsymbol{u}(r,z,t)$：

$$\mu\nabla^{2}\boldsymbol{u}(r,z,t)+(\lambda+\mu)\nabla[\nabla\cdot\boldsymbol{u}(r,z,t)]-\rho\frac{\partial\boldsymbol{u}^{2}(r,z,t)}{\partial t^{2}}=\alpha_{\mathrm{TE}}(3\lambda+2\mu)\nabla T(r,z,t) \tag{6.5.7}$$

其中，λ 和 μ 为各向同性介质的拉梅常数，α_{TE} 为试样的热膨胀系数。等式的左边描述了各向同性试样中传播的弹性波，等式的右边表明温度梯度场是产生声波的源。

对于双层或者多层介质，根据热源分布改写每一层的热传导方程，并根据层间热流连续、温度连续改写边界条件，同样可以获得每一层的温度场分布和传播的热弹波。

5. 光声成像

光声成像通常可分为光分辨率和声分辨率两种模式。

前者将光源聚焦在试样表面，图像的横向分辨率取决于光的聚焦尺寸，受衍射影响，横向分辨率极限与光波长相当；根据试样内部结构，纵向分辨率取决于物质中光能沉积区域尺寸或者热源尺寸。

当光源面积较大时，可以采用聚焦换能器或者针式换能器逐点检测，成像的分辨率取决于声的聚焦尺寸，受衍射影响，横向分辨率和纵向分辨率极限约为换能器最高检测频率所对应的波长，通常比光分辨率模式低 1～3 个数量级。

3.2　近场光学显微术

1. 近场光

某一波长的电磁波的空间频率 k_0 可以分解为两个正交方向上的空间频率，如 k_x 和 k_z，在真空中有：

NOTE

$$k_x^2+k_z^2=k_0^2 \tag{6.5.8}$$

通常情况下，k_0、k_x 和 k_z 都是实数，因此上式表明 $k_x<k_0$，横向空间频率分量不可能超过 k_0，存在衍射极限。只有当 k_z 是复数时，$k_x>k_0$，即具有高的横向空间频率分量，可以突破光学衍射极限获取物体表面的“精细”结构。此时平面波可以表示为

$$E=\mathrm{e}^{-\mathrm{Im}(k_z)z}\mathrm{e}^{\mathrm{iRe}(k_z)z}\mathrm{e}^{\mathrm{i}k_xx} \tag{6.5.9}$$

其强度随距物体表面距离的增加而呈指数衰减，无法在自由空间传播，仅存在近场区域，是一种非辐射场，因此这种场称为隐失场，也叫近场光。

2. 近场光学显微镜

近场光学显微镜(Near-field Optical Microscopy, NFOM)是扫描探针显微镜(Scanning Probe Microscopy, SPM)家族的一个分支，其反馈、扫描、控制和信号处理系统与其他 SPM 类似，只是采用光学探针定位到距离物体极近(小于 1/20 波长)的距离，逐点扫描照明并探测物体表面含有高空间频谱信息的隐失场，用光电倍增管等弱光检测系统将光信号转换为电信号后放大，并用锁相放大技术提取有用信号，以此获得“近场超分辨率”的图像。其分辨率可以优于 10 nm，突破了传统光学显微镜的远场分辨率极限，因此近场光学显微镜通常用于材料表面纳米结构研究，是优异的超分辨率检测平台。

近场光学显微镜按照探针形状通常分为有孔径和非孔径两类；按照光照明方式可以分为远场、近场和隧道模式三类；按照光收集方式可以分为透射式和反射式两类，但都是在近场收集光。本实验采用与 SPM 探针形状类似的、镀金属膜(减少能量损耗)的小孔光学探针，同时进行近场照明和检测，探针孔径为 10～50 nm，工作室探针距离试样表面小于 10 nm，可在试样表面激发出半径比孔径大的碟形隐失场，再被此探针检测，如图 6.5.3 所示。通过扫描反馈系统控制探针或者试样移动，即可对试样进行扫描成像。这种方式对试样厚度和透明度无特殊要求，适合对芯片、各类新材料、生物样品等进行检测。

3.3　近场光声成像术

近场光学显微镜的光学探针可以将照明光的半径限制到远小于波长的纳米尺度，如果将照明光改为脉冲光，则可利用此光学探针获得纳米尺度的脉冲光源(图 6.5.4)。当此光源靠近试样表面时与试样表面相互作用，在试样-空气界面的上下近场范围内都会激发出半径与探针孔径相当的脉冲隐失场：

在界面以上空气内激发了与试样表面精细结构相关的隐失场，经光学探针同步检测后形成近场光学像，其横向分辨率与光学探针孔径相当。

在界面以下试样亚表面区域激发了与试样亚表面精细结构相关的脉冲隐失场，其形状类似碟形。此隐失场与不同材质试样相互作用后，可以经过不同物理机

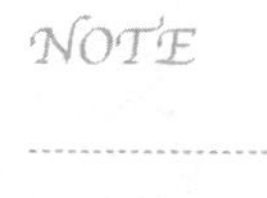

制产生光声信号,经试样下表面的换能器检测即可重建出反映材料亚表面精细结构和物性的近场光声像,光声像的横向分辨率与光学探针孔径相当,突破了衍射极限,远小于一个光波波长,达到纳米级的分辨率;同时隐失场在纵向上是指数衰减的,其光能沉积深度为$[1/\mathrm{Im}(k_z/\varepsilon_z),(1/4\sim1/2)\lambda_0]$。

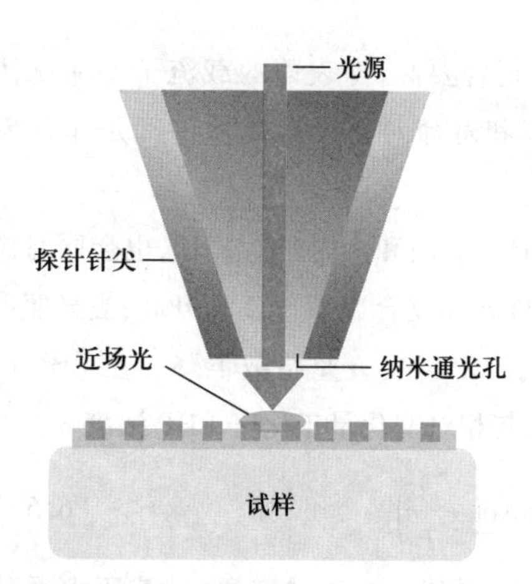

图 6.5.3 近场光学显微成像示意图

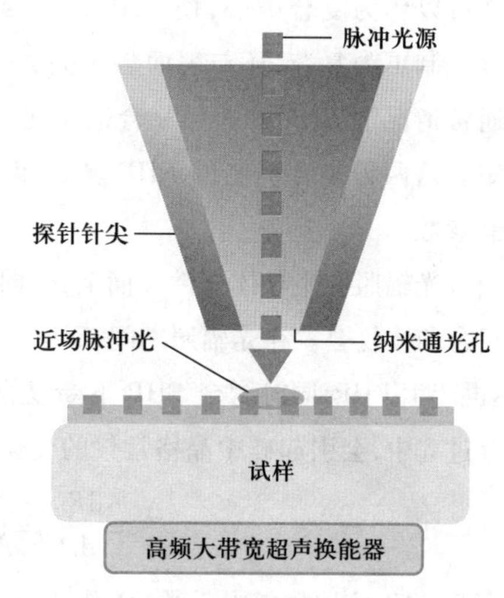

图 6.5.4 近场光声成像

3.4 各类材料光声信号特征

光与物体中的电子、激子、晶格振动、杂质和缺陷相互作用时会产生光吸收。不同材质的物体产生的光声信号具有不同特征。

1. 半导体材料

对于半导体材料,其吸收光谱主要可以分为基本吸收区、吸收边缘界限、自由载流子吸收、晶体振动吸收、杂质吸收、自旋波或回旋共振吸收六个分区。对于本征半导体,在基本吸收区,当入射光子能量等于半导体的禁带宽度时,半导体吸收光子能量从价带直接跃迁到导带,生成电子-空穴对(Electron Hole Pair,EHP),即光生载流子,这也称为本征吸收;当光子能量大于禁带宽度时,多余的能量将转化为热能。

以硅为例,其禁带宽度为1.11 eV,对应光子波长为1 107 nm。当入射光波长等于1 107 nm时,可在硅中形成本征吸收,从价带跃迁到导带,生成EHP,其产率与光强、光吸收系数和每个光子产生的EHP量子产额呈线性关系,$V_p=\alpha(\lambda)I\beta$。同时EHP又在不断复合,对于硅这样的Ⅳ族元素半导体来说,载流子的复合过程绝大部分是通过禁带中间的复合中心进行的,即主要是间接复合,是体复合中的一种类型。复合过程中释放的能量不是以发光的形式放出,而是以热能的形式传递给了晶格。复合速率v_r与EHP浓度n和载流子寿命τ_c成正比,$v_r=n\tau_c$。EHP浓度越

NOTE

大,复合速率越快,载流子寿命越短。

同时,实际的半导体器件中,在半导体材料表面上理想晶格的周期性突然中断,周期势函数的破坏导致在禁带中出现电子能态,即表面态。表面态对半导体器件的特性具有非常重要的影响,特别是对于太阳能电池的性能有很大影响。表面态同样可以作为复合中心,使 EHP 发生复合,这称为表面复合。表面复合机制比体复合机制更为复杂,还与表面势相关。

通常情况下 EHP 的表面复合速率比体复合要高,即表面的载流子寿命比体内的要短。这两种复合机制的 EHP 复合速率和寿命对于半导体器件都是非常重要的性能参数。

当有光辐照在半导体器件表面上,会同时在表面和体内产生 EHP,也会同时产生表面复合和体复合。在光辐照期间,EHP 浓度 n 和复合速率 v_r 逐渐升高;当光照取消后,不再产生 EHP,同时剩余 EHP 不断复合,EHP 浓度 n 呈指数下降。在 EHP 产生和复合过程中,会引起硅中晶格常量的变化,其相对变化量正比于 EHP 浓度 n:

$$\frac{\Delta c}{c}=\frac{\mathrm{d}E_{\mathrm{G}}}{\mathrm{d}P}n=Q\exp\left(-\frac{t}{\tau_{\mathrm{c}}}\right) \tag{6.5.10}$$

其中,$\mathrm{d}E_{\mathrm{G}}/\mathrm{d}P$ 是带隙压力系数,Q 是一个常数系数。对于硅来说,带隙压力系数是负数(-1.4),这意味着 EHP 浓度增大时,硅的晶格常量变小,硅产生收缩;而当 EHP 浓度减小时,硅的晶格常量变大,硅产生膨胀,这又称为电子体积效应。

因此,当波长小于 1 107 nm 的脉冲光入射到硅上,会因为硅的本征吸收和电子体积效应,会先收缩,再膨胀,产生了光声信号;如入射光波长小于 1 107 nm,硅中产生的光声信号将同时来源于电子体积效应(先收缩后膨胀,信号先下降再上升)和多余能量产生的热弹效应(先膨胀再收缩,信号先上升再下降)。当入射波长不同时,光声信号中的电子体积效应和热弹效应的贡献比例将随之改变,光声信号正负半周的幅度和相位特性也随之改变。另外,由于热弛豫时间很短(数百皮秒),热弹效应的贡献主要集中在光声信号的前半段,呈现先正后负的典型的热弹信号特征;在光脉冲结束后,EHP 的复合使硅膨胀,且由于复合时间相对较长(几十到几百纳秒),由(6.5.10)式可知,在光声信号后半段产生明显的指数上升拖尾,对光声信号的拖尾部分进行拟合,可以拟合出光生载流子寿命 τ_c,间接计算得到 EHP 浓度 n、EHP 量子产额 β 等参数,用于表征半导体物理性质。

对于光强相同的远场光和近场光,其光能沉积形状分别为三维泪滴形(弱聚焦情况下,光透入深度约为 $50\lambda_0$)和二维碟形(光透入深度约为 $\lambda_0/2$)。远场光产生的光声信号中,体复合的贡献比例较大;而对于近场光,表面复合的贡献比例较大。同时,同样光强辐照下,由于近场光透入深度约为远场光透入深度的百分之一,则单位体积内沉积的光子数目提高约 2 个数量级,产生的 EHP 浓度 n 更大,光生载流

子寿命 τ_c 更短,光声信号的指数上升拖尾更短。通过对光声信号的拟合计算即可获得不同情况下的光生载流子寿命 τ_c。

2. 金属材料

金属材料对光的吸收主要是自由载流子吸收后通过热弛豫形成热源,经过热胀冷缩产生光声信号,因此,其光声信号是典型的先上升再下降的热弹信号。如金属材料尺度很小(纳米线、纳米点等),则有可能在光源激发下产生强烈的表面等离子共振现象,出现特征的强光吸收峰,吸收峰的中心波长与金属材料的尺度和形状相关,此时产生的光声信号非常强。

3. 生物组织

不同的生物大分子具有不同的吸收光谱,其特征吸收峰主要取决于各种大分子的振动和转动的能级差以及电子的能级差。一般情况下,分子转动能级差最小,约 10^{-6} ~ 10^{-3} eV,对应的光谱范围为 25 ~ 500 μm,位于远红外到微波区;振动能级差其次,为 0.05 ~ 1 eV,对应的光谱范围为 1 ~ 25 μm,位于近红外到中红外区,称为红外光谱;电子能级差最大,为 1 ~ 20 eV,对应的光谱范围为 100 ~ 800 nm,称为紫外光谱。不过,大能级差对应的光谱同时会激励小能级差的分子运动,因此电子光谱通常伴随着振动光谱和转动光谱,振动光谱通常含有转动光谱。不同的生物大分子,如无氧/含氧血红蛋白、黑色素、脂肪、水等,由于含有不同基团和分子键,分别具有不同的特征光吸收峰,如图 6.5.5 所示。当用不同波长的脉冲激光进行激发时,会依次激发不同生物大分子产生光声信号,因此它能灵敏地反映生物组织内大分子的分布信息。所以,相比超声成像,光声成像可以提供生物组织的化学成分信息。

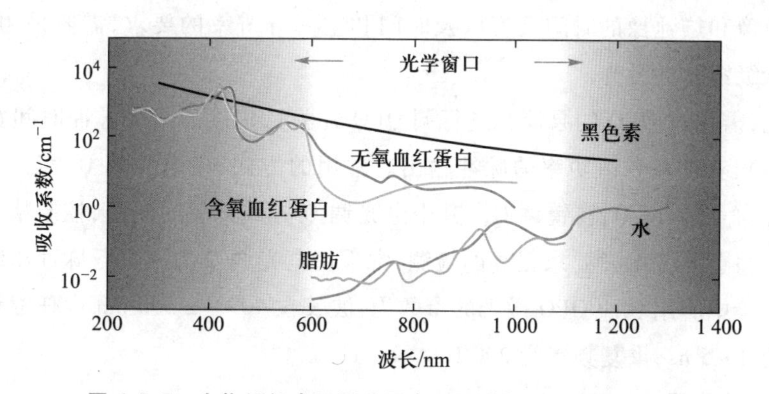

图 6.5.5 生物组织中不同分子在不同波长下的光吸收系数

3.5 脉冲 OPO 激光

1. 光参量振荡器

光参量振荡器(Optical Parametric Oscillator,OPO)是一种工作结构类似激光器

NOTE

的光源,与激光器一样都具有谐振腔。

激光器的谐振腔内放置的是激光工作介质,在泵浦光激励下激光工作介质的高、低能级粒子数反转,产生受激辐射,并在谐振腔内多次往返增益放大。

而 OPO 的谐振腔内放置的是非线性晶体,利用非线性晶体将固定波长的光转化为两个新波长的光。其中,输入的光称为泵浦光(Pump),新产生的两个光分别称为信号光(Signal)和闲散光(Idler),其中,波长较短的光称为信号光,波长较长的光称为闲散光。在能量上,一个泵浦光的光子能量等于一个信号光子的能量加上一个闲散光子的能量。在波长上,信号光和闲散光的波长由非线性晶体的相位匹配(Phase Matching)条件决定;通过改变相位匹配条件,可以使信号光和闲散光的波长在一个较宽的波段内变化。泵浦光、信号光和闲散光在谐振腔内往返时不断在非线性晶体中发生相互作用,导致信号光和闲散光由于光参量放大产生幅度增益,而与之对应的泵浦光逐渐衰减。当信号光和闲散光的增益大于它们在谐振腔内的损耗时,便在谐振腔内形成激光振荡,这个过程称为光参量放大。

OPO 的一个重要特征是可以产生窄线宽(几千赫兹)、宽光谱(紫外到红外)的相干激光,在量子纠缠等研究领域得到广泛应用。紫外到红外波长范围覆盖了绝大多数固体材料的基本吸收区、吸收边缘界限和自由载流子吸收区,以及生物组织的分子振动和转动能级差、电子的能级差,可用于材料物性的检测;同时,线宽很窄意味着能实现精准的材料光谱检测,可用于不同材料和材料不同状态的精细甄别。

2. 激光脉冲输出

光声效应的前提之一在于用时变的光源来产生时变的温度梯度场和应力场,以此来产生声波。在半导体和细胞等固体试样的光声检测和成像中,考虑到材料的应力弛豫和热弛豫的时间尺度以及时间和空间分辨率的要求,需要采用纳秒级甚至皮秒级窄脉冲激光。

因此,需要对 OPO 的泵浦光进行调 Q(Q 开关),极度压缩光脉冲时间宽度(皮秒~纳秒),获得高峰值功率的脉冲输出。常用的方式有:电光调 Q、声光调 Q、染料调 Q、色心晶体调 Q、转镜调 Q。其中电光调 Q 方式开关时间短,控制精度高,因此对于时序上同步触发要求很高的检测,常采用电光调 Q 方式进行脉冲压缩。

本实验中所用脉冲 OPO 激光的参数为:波长在 409~2 300 nm 内任意调节,脉冲宽度为 2~5 ns,重复频率为 200 Hz。

4　实验仪器

虚拟实验系统包括:

1. 脉冲 OPO 激光器,如图 6.5.6 所示。激光波长在 409~2 300 nm 内调节,脉冲宽度为 2~5 ns,重复频率为 200 Hz。

2. 扫描近场光声显微镜(SNOAM),如图 6.5.7 所示。扫描范围为 90 μm *

90 μm,探针移动步长<1 nm;光声–光学双模态同时成像,可提取不同成像区域的原始光声信号。

3. 高速采样示波器,如图 6.5.8 所示。采样速率为 10 GS/s,带宽为 500 MHz。

4. 超高频宽带超声换能器,如图 6.5.9 所示。带宽为 100 MHz,有效传感区域>1 mm^2。

5. 光路准直系统,如图 6.5.10 所示。4*f* 系统(透镜焦距比为 2∶1~5∶1),空间滤波器(pinhole 直径<1 mm)。

6. CMOS 相机,如图 6.5.11 所示。

7. 光功率计,如图 6.5.12 所示。

8. 前置放大器,如图 6.5.13 所示。带宽为 500 MHz,增益为 51 dB,噪声为 1.4 dB。

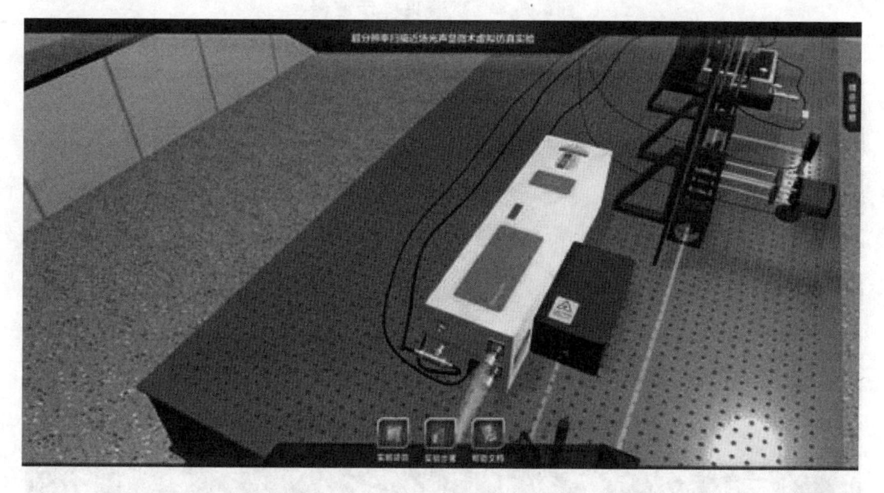

图 6.5.6　脉冲 OPO 激光器

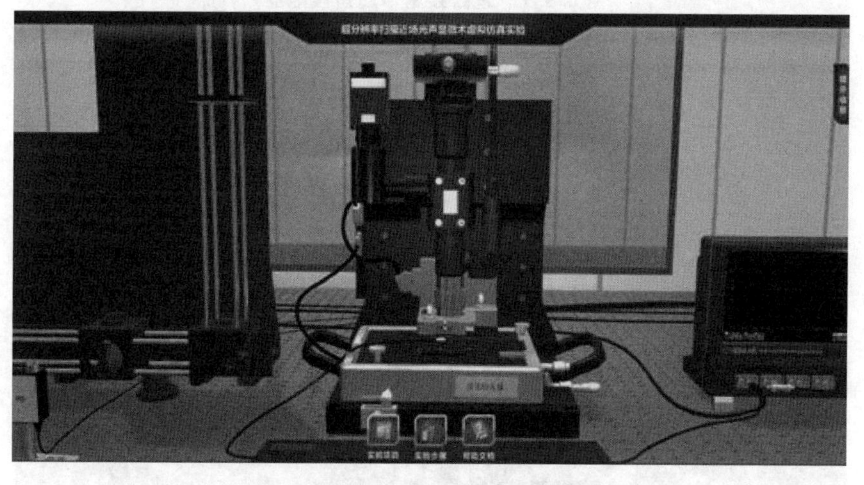

图 6.5.7　扫描近场光声显微镜(SNOAM)

NOTE

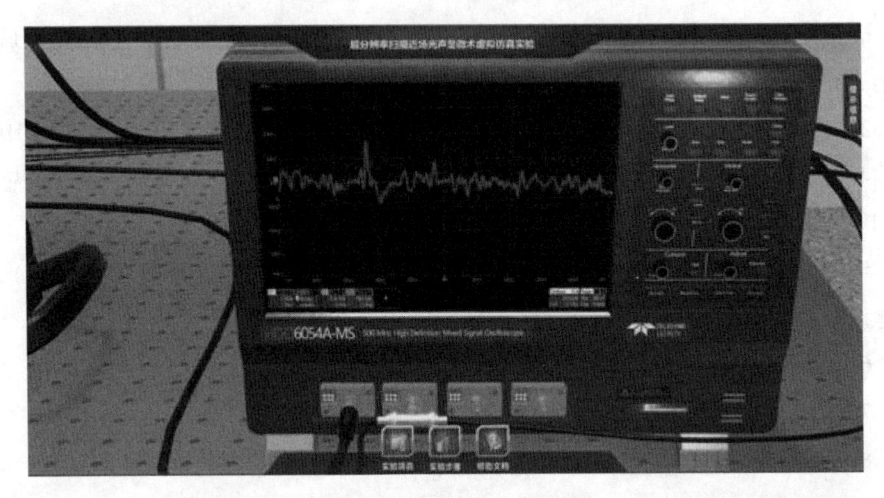

图 6.5.8　高速采样示波器

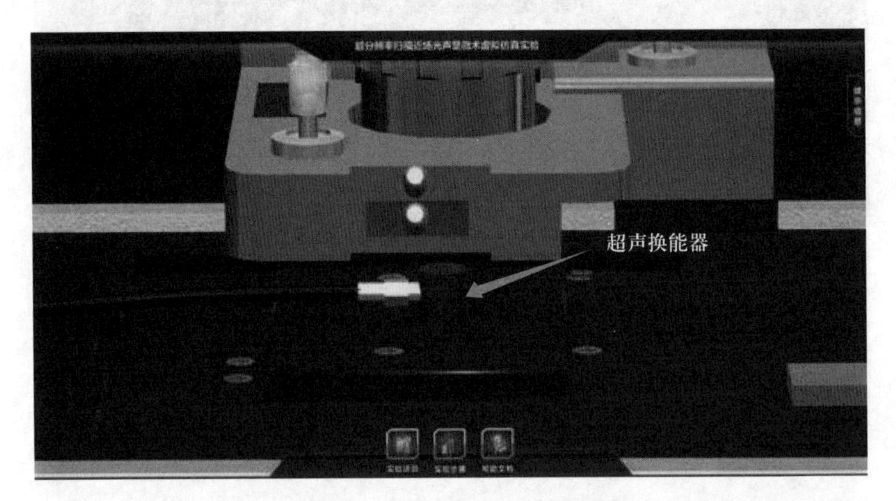

图 6.5.9　超高频宽带超声换能器

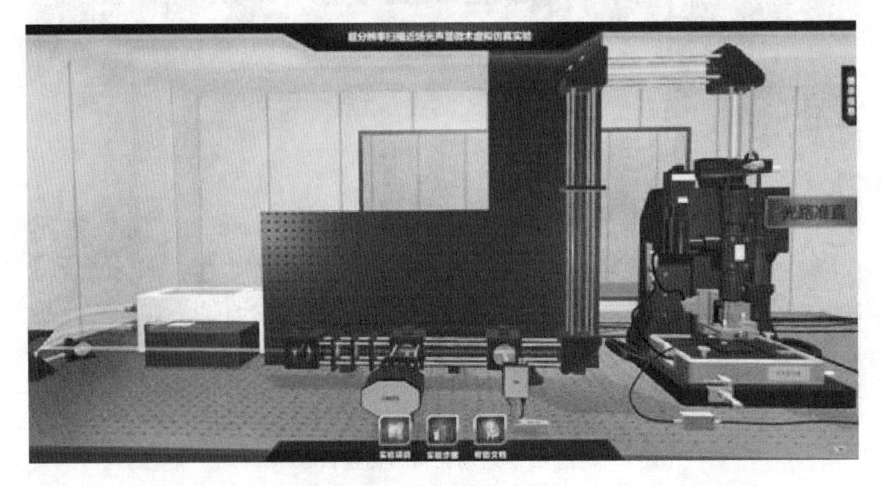

图 6.5.10　光路准直系统

NOTE

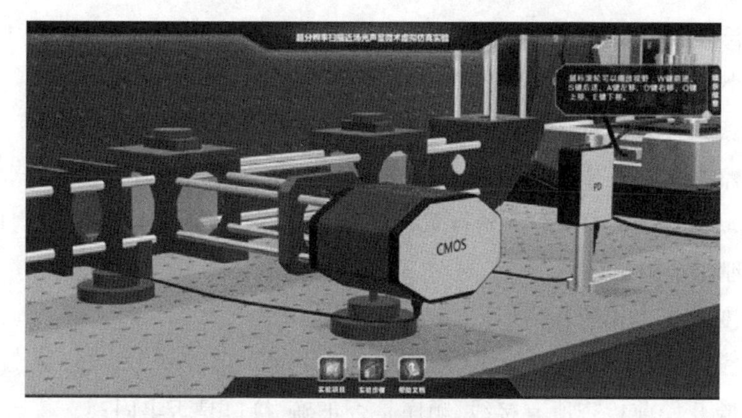

图 6.5.11　CMOS 相机

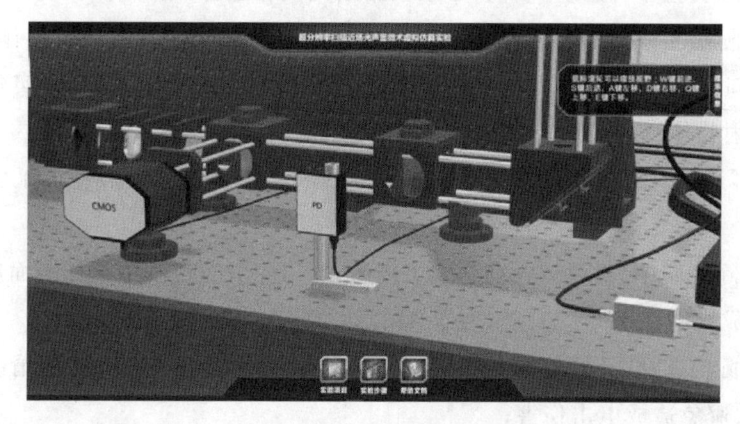

图 6.5.12　光功率计

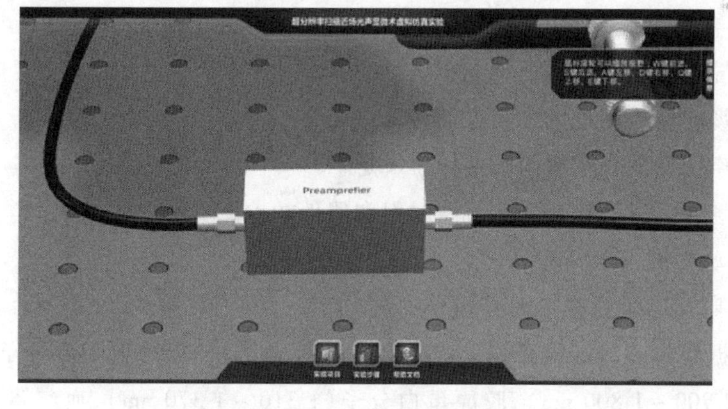

图 6.5.13　前置放大器

5　实验内容

集成电路芯片试样的检测与成像(半导体基底+纳米金属线)。

1. 在可见光波段进行光路准直调节;

2. 根据所测试样的半导体材料禁带宽度以及金属材料的特性,选择适当的激

NOTE

光工作波长等实验条件。如硅的禁带宽度为1.11 eV,对应光子波长为1 107 nm,则通常选择小于1 107 nm的激光工作波长;

3. 观察试样表面近场光的二维扫描方式;

4. 观察扫描过程中光声信号特征的变化,分析金属与半导体的信号特征;

5. 获取试样的近场光学-光声双模态显微成像,分别获取表面结构信息和亚表面的物理与结构信息;

6. 改变激光工作波长,查看光声信号特征。

6　注意事项

1. 实验开始前检查所有接线,顺序是否正确、接口是否牢固;

2. 实际实验中,激光开启前,必须根据激光波长选择并佩戴护目镜;

3. 实际实验中,激光开启后,不允许对激光器件做任何目视准直操作;不允许激光出射口、反射镜上扬;不允许将头部接近激光工作区域内;不允许实验台和体表有高反射物体;以免激光入眼造成伤害;

4. 实际实验中,禁止在激光路径上放置易燃、易爆物品及黑色的纸张、布、皮革等;

5. 实际实验中,放置试样前必须关闭激光,以免放置过程中试样表面反射的激光入眼造成伤害;

6. 实际实验中,不得在未停机前或未确认储能元件已放电完毕的情况下检修激光设备,避免造成电击伤害;

7. 实验结束后,关闭激光,关闭所有仪器的电源。

7　思考题

1. 半导体材料和金属材料光声信号的差异是什么?

2. 近场光学像和近场光声像的差异是什么?

3. 光声图像的分辨率由哪些因素决定?

4. 近场光声显微镜适用于哪些材料和器件的检测? 哪些不适用?

8　实验拓展

细胞、脑片等生物样本的检测与成像实验:

1. 根据样本的目标成像分子选择适当的激光工作波长,如脂质分子(1 200 ~ 1 280 nm,1 700 ~ 1 800 nm)、胶原蛋白分子(1 310 ~ 1 370 nm)、血红蛋白(690 ~ 850 nm)、DNA分子(200 ~ 400 nm,观察DNA病变/损伤情况)等。

2. 调整脉冲OPO激光器的输出脉冲能量,使其符合生物安全阈值。

3. 根据分辨率要求,设置扫描范围和步长,对细胞或脑片进行扫描近场光学-光声双模态显微成像,分别获取超分辨率的表面结构信息和细胞内分子分布与物性信息(光透入深度为100 ~ 300 μm)。

NOTE

4. 切换不同波长，获取不同分子分布的超分辨率光声图像，深入理解生物样本中不同分子的分布特征。

5. 选取图像中的特征点，获取原始光声数据，分析各生物大分子的声功率谱信号特征，反演其分子团簇弹性等物理特性与尺度特性以及病变/损伤情况。

9 附录——虚拟实验操作说明

1. 检查并确认仪器间的触发控制电缆和信号电缆是否已经连接到位(默认各仪器电源已经连接到位)。其中，激光器的触发信号输出两路：一路触发扫描近场光声显微镜的控制器，一路输出给示波器作为触发信号；超高频宽带超声换能器经前置放大器接入示波器以观察光声信号特征，同时输出到扫描近场光声显微镜的控制主机储存、分析数据和成像；CMOS 相机和光能量计的信号线接入电脑以监控光束形状和脉冲能量。

2. 打开激光后面板的激光供电开关，预热激光(此时无激光输出)，出现安全互动提示："实际实验中，请务必选择并佩戴相应波长的护目镜！"

3. 点击左侧电脑屏幕，在弹出来的激光控制软件窗口，选择输入可见光范围内的波长(用于调节光路)，并确认波长切换。在选择波长时有互动提示："注意：波长大于 760 nm 的激光不可见，请先选择在可见光范围(420 ~ 760 nm)的波长，以观察激光的光路。"

4. 在激光控制软件窗口点击"开启"激光，此时可以看到光路中的激光输出，同时再次出现互动提示："注意：波长大于 760 nm 的激光不可见，请先选择在可见光范围(420 ~ 760 nm)的波长，以观察激光的光路。"

5. 光路中分别通过两个 10/90 分光镜，将少量激光分别导入到 CMOS 相机和 PD 检测器上。在激光控制软件窗口右侧上方的 CMOS 相机测量软件上实时监控光束形状，确保 $4f$ 系统调节出的是平行光；在激光控制软件窗口右侧下方的 PD 检测软件上实时监控脉冲光的能量，用于后期数据处理的能量归一化。关闭弹出窗口。

6. 调整 $4f$ 系统第一个透镜的位置(使两透镜间距正好等于两个透镜的焦距之和)，确保出射的光是平行光束。如透镜位置调整不当会形成发散光束或者聚焦光束。

7. 光束调节结束，点击左侧电脑屏幕，在弹出来的激光控制软件窗口点击"关闭"激光。关闭弹出窗口。

8. 点击选取桌面上的芯片试样，放置在超高频宽带超声换能器上方。在点击试样时，出现互动提示："注意：请先关闭激光再放置试样。"

9. 在电脑上点击激光控制软件窗口，根据待测试样的物理特性选择输入合适的波长(420 ~ 760 nm)，并确认波长切换。同时出现互动提示："注意：波长大于

NOTE

760 nm 的激光不可见,请先选择在可见光范围(420 ~ 760 nm)的波长,以观察激光的光路。"

10. 在激光控制软件窗口再次开启激光。同时再次出现互动提示:"注意:波长大于 760 nm 的激光不可见,请先选择在可见光范围(420 ~ 760 nm)的波长,以观察激光的光路。"关闭激光的控制软件窗口。

11. 扫描近场光声显微镜开始扫描。在示波器上观察试样不同部位材料性质对光声信号的影响。

12. 鼠标移到扫描近场光声显微镜的样品旁边时,出现互动提示框:"请点击试样查看光在试样上的扫描动画。"

13. 点击确认上述互动提示框后,出现放大的圆锥形聚焦的激光束在试样表面一个小区域以 Z 字形进行二维扫描。

14. 点击右侧电脑屏幕上的成像窗口,弹出试样的表面近场光学像和亚表面近场光声像窗口,截图保存。关闭弹出窗口。

15. 点击左侧电脑屏幕,在弹出来的激光控制软件窗口点击"关闭"激光。关闭弹出窗口。

16. 在激光器后面板关闭激光供电开关。

17. 从扫描近场光声显微镜中取下试样,结束实验。

18. 撰写实验报告并上传。

第七章 光学实验

7.1 光学实验概述

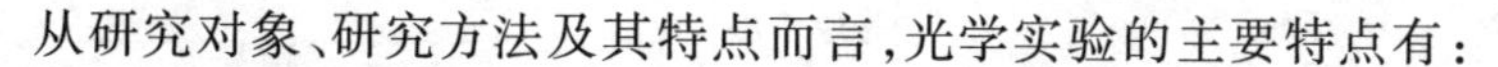

光学是物理学中一门古老的学科，也是当前学科中最活跃的前沿领域之一，具有强大的生命力和无尽的发展前途。光学学科经过长期的实践，在大量的实验基础上逐步发展和完善。光学理论研究成果和新型光学实验技术的内容十分丰富，经典的光学实验方法仍是现代物理实验最基本的内容。因此，在基础的光学实验课中，学习的重点仍应该是学习和掌握光学实验的基本知识、基本方法以及培养基本的实验技能，通过研究一些基本的光学现象，加深对经典光学理论的理解，提高对实验方法和技术的认识。

从研究对象、研究方法及其特点而言，光学实验的主要特点有：

1. 实验和理论密切结合。实验者必须把实验和理论密切结合起来，尊重实际，详尽观察和记录各种光学现象。

2. 仪器调节的要求较高。实验者通常要先对实验中的光学现象认真地进行观察、比较、思考和判断，然后才能定性分析或定量测量。

NOTE

3. 实验素养的要求较高。① 实验者的理论基础、操作技能的高低、判断准确程度，都将使测量数据具有不同的偏离和分散，从而影响测量结果的可靠性。② 要避免光学元件跌落损坏，仪器读数失误，并注意用眼卫生，保护视力。③ 遵守实验安全规范。

光学实验中主要的学习内容包括：

1. 学习光学中基本物理量的测量方法。

基本物理量有透镜的焦距、光学系统的基点、光学仪器的放大率和分辨率、透明介质折射率及光波波长等。实验者在学习实验方法时，要注意它的设计思想、特点及其适用条件；在测量过程中，要注意观察和分析所发生的各种光学现象，分析其规律性。

2. 学会使用一些常用的光学仪器。

常用的光学仪器有光具座、测量微目镜、望远镜、分光计、迈克耳孙干涉仪和摄谱仪等。要了解仪器的构造原理及正常使用状态，调节到正常使用状态的方法、操作要求以及注意事项，并具有较好的操作技能，这需要实验者在课前做好充分的预习。

3. 学习分析光学实验中的基本光路。

实验者要学会分析每一基本光路在整个实验中的作用，了解光路组成元件的参量对实验产生的影响、基本光路之间的衔接配合的要求等。

思维导图 7.1

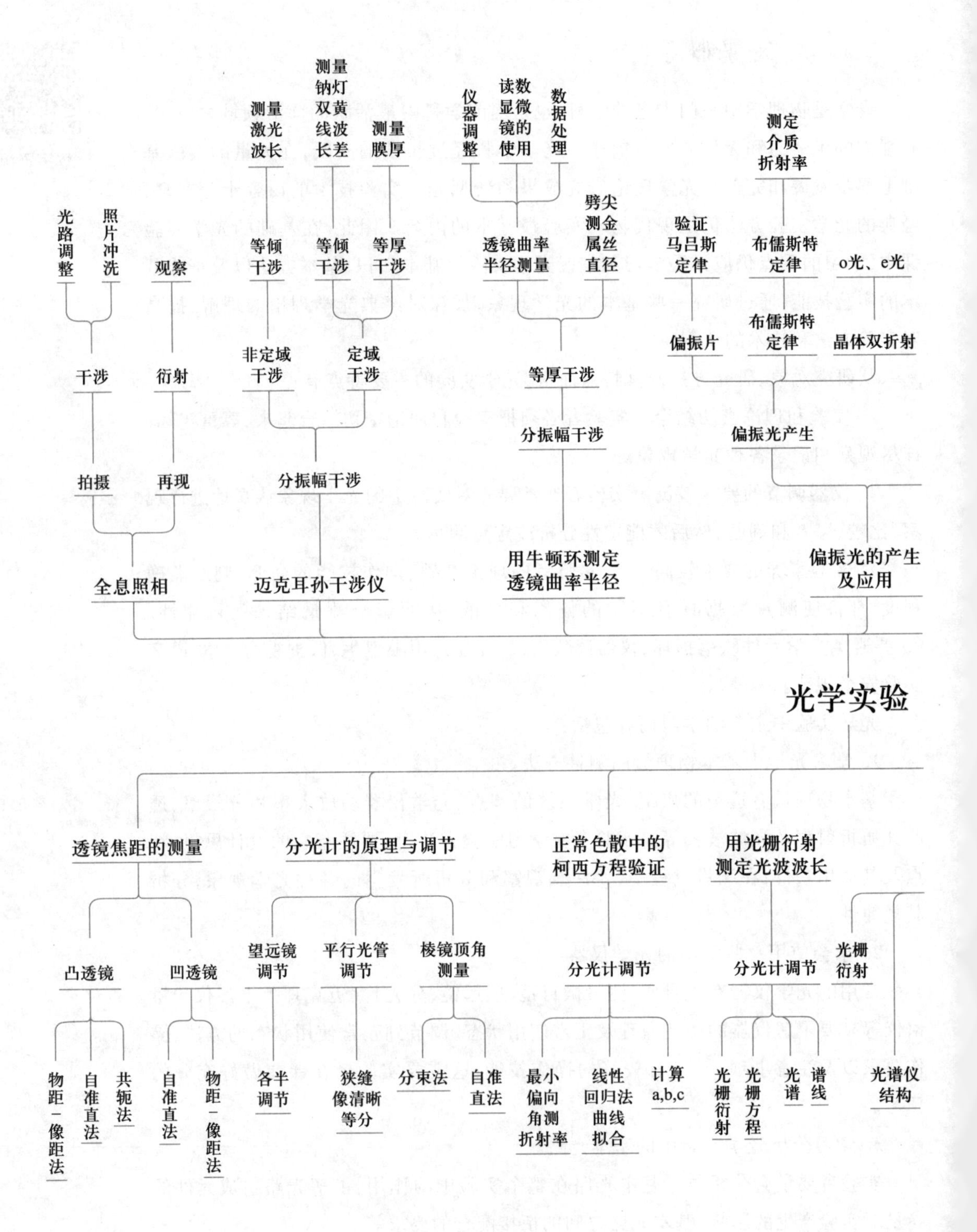
光学实验
全息照相
拍摄
再现
干涉
衍射
光路调整
照片冲洗
观察
迈克耳孙干涉仪
分振幅干涉
非定域干涉
定域干涉
等倾干涉
等倾干涉
等厚干涉
测量激光波长
测量钠灯双黄线波长差
测量膜厚
用牛顿环测定透镜曲率半径
分振幅干涉
等厚干涉
透镜曲率半径测量
劈尖测金属丝直径
仪器调整
读数显微镜的使用
数据处理
偏振光的产生及应用
偏振光产生
偏振片
布儒斯特定律
晶体双折射
验证马吕斯定律
布儒斯特定律
o光、e光
测定介质折射率
透镜焦距的测量
凸透镜
凹透镜
物距-像距法
自准直法
共轭法
自准直法
物距-像距法
分光计的原理与调节
望远镜调节
平行光管调节
棱镜顶角测量
各半调节
狭缝像清晰等分
分束法
自准直法
正常色散中的柯西方程验证
分光计调节
最小偏向角测折射率
线性回归法曲线拟合
计算a,b,c
用光栅衍射测定光波波长
分光计调节
光栅衍射
光栅衍射
光栅方程
光谱
谱线
光谱仪结构

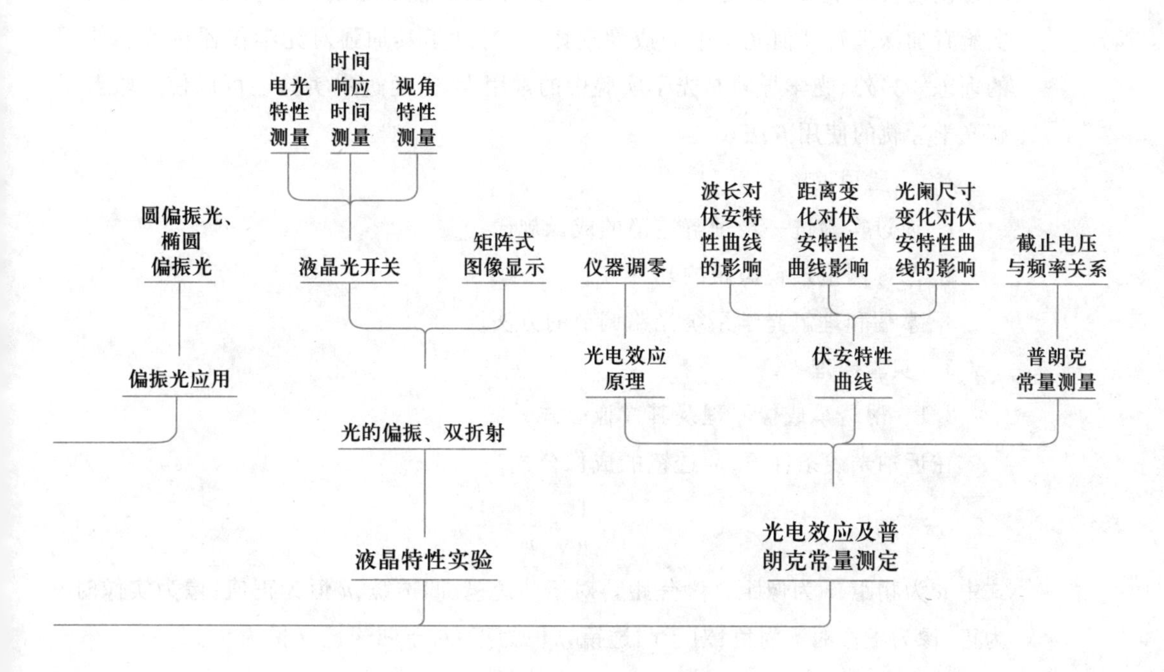
时间
电光特性测量
响应时间测量
视角特性测量
圆偏振光、椭圆偏振光
液晶光开关
矩阵式图像显示
仪器调零
波长对伏安特性曲线的影响
距离变化对伏安特性曲线影响
光阑尺寸变化对伏安特性曲线的影响
截止电压与频率关系
偏振光应用
光电效应原理
伏安特性曲线
普朗克常量测量
光的偏振、双折射
液晶特性实验
光电效应及普朗克常量测定

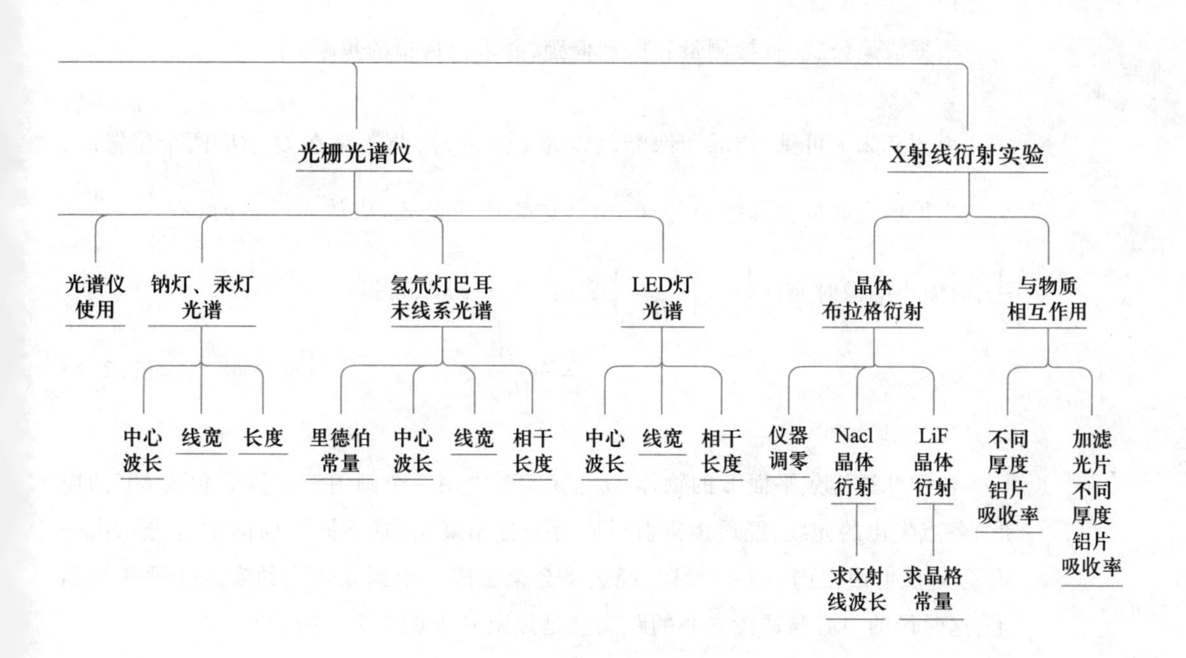
光栅光谱仪
X射线衍射实验
光谱仪使用
钠灯、汞灯光谱
氢氘灯巴耳末线系光谱
LED灯光谱
晶体布拉格衍射
与物质相互作用
中心波长
线宽
长度
里德伯常量
中心波长
线宽
相干长度
中心波长
线宽
相干长度
仪器调零
Nacl晶体衍射
LiF晶体衍射
不同厚度铝片吸收率
加滤光片不同厚度铝片吸收率
求X射线波长
求晶格常量

NOTE

7.2　透镜焦距的测量

1　引言

透镜是光学仪器中最基本的器件,常常被组合在其他光学仪器中。焦距是反映透镜性质的重要参数之一。因此了解并掌握透镜焦距的测量方法,不仅有助于实验者加深理解几何光学中的成像规律,也有助于其加强对光学仪器调节和使用的训练。另外,光学导轨是光学实验中的常用设备,通过本实验还可以使实验者了解光学导轨的使用方法。

2　实验目的

1. 通过实验进一步理解透镜的成像规律;
2. 掌握测量透镜焦距的几种方法;
3. 掌握和理解光学系统光路调节的方法。

3　实验原理

3.1　薄透镜成像原理及其成像公式

在近轴光线条件下,薄透镜的成像公式为

$$\frac{1}{u}+\frac{1}{v}=\frac{1}{f} \tag{7.2.1}$$

式中 u 为物距,v 为像距,f 为焦距。对于凸透镜、凹透镜,u 恒为正值;像为实像时 v 为正,像为虚像时 v 为负;对于凸透镜,f 恒为正,对于凹透镜,f 恒为负。

3.2　测量凸透镜焦距的原理

1. 物距-像距法

根据成像公式,直接测量物距和像距,并求得透镜的焦距。

2. 共轭法(位移法)

由图 7.2.1 可见,物屏和像屏距离为 $L(L>4f)$,凸透镜在 O_1、O_2 两个位置时,分别在像屏上成放大和缩小的像,由凸透镜成像公式,成放大的像时,有 $\frac{1}{u}+\frac{1}{v}=\frac{1}{f}$;成缩小的像时,有 $\frac{1}{u+D}+\frac{1}{v-D}=\frac{1}{f}$,又由于 $u+v=L$,可得

$$f=\frac{L^2-D^2}{4L} \tag{7.2.2}$$

3. 自准直法

位于凸透镜焦平面 L 的物体 AB 上(实验中用一个圆内三个圆心角为 60°的扇形)各点发出的光线,经透镜折射后成为平行光束(包括不同方向的平行光),由平面镜 M 反射回去仍为平行光束,经透镜会聚必成一个倒立等大的实像于原焦平面上,这时像的中心与透镜光心的距离就是焦距 f(如图 7.2.2 所示)

NOTE

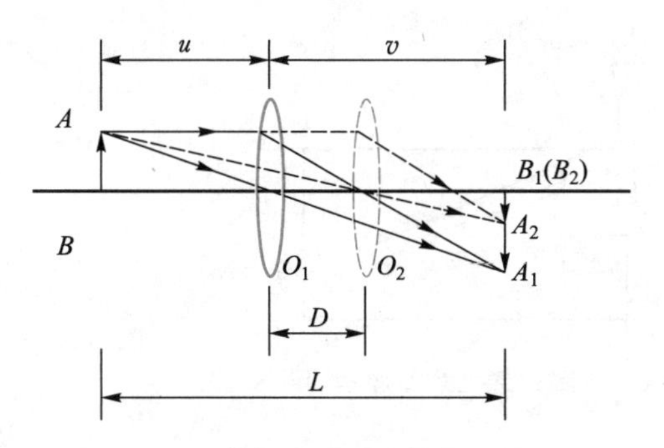

图 7.2.1　共轭法测凸透镜焦距原理图

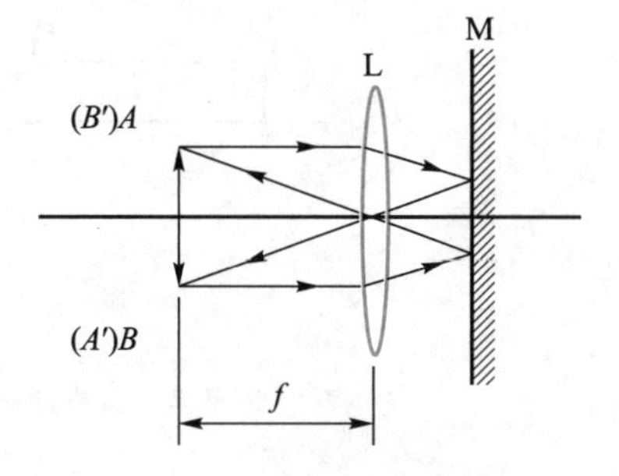

图 7.2.2　自准直法测凸透镜焦距原理图

3.3　测量凹透镜焦距的原理

1. 自准直法

通常凹透镜所成的是虚像,像屏接收不到,只有与凸透镜组合起来才可能成实像。凹透镜的发散作用同凸透镜的会聚特性结合得好时,屏上才会出现清晰的像(如图 7.2.3 所示)。测凹透镜焦距的自准直法就成为测凸、凹透镜组特定位置时的自准直法了。来自物点 S 的光线经凸透镜 L_1 成像于 P 点,在 L_1 和 P 点间置一凹透镜 L_2 和平面镜 M,仅移动 L_2 使得由平面镜 M 反射回去的光线再经 L_2、L_1 后成像 S'于物点 S 处。对于这时的 L_1 和 L_2 透镜组来说,S 点则为其焦点,在 L_2 与 M 间的光线也一定为平行光,对于 L_2 来说,从 M 反射回去的平行光线入射 L_2 成虚像于 P 点,即凹透镜的焦点 P,它与光心 O_2 的距离就为该凹透镜的焦距 f。

2. 物距-像距法

将凹透镜与凸透镜组成透镜组,这就可以用成像法测凹透镜的焦距。如图 7.2.4 所示,先用凸透镜 L_1 使物 AB 成缩小倒立的实像 $A'B'$,然后将待测凹透镜 L_2 置于凸透镜 L_1 与像 $A'B'$之间,如果 $O'B'<|f_2|$(其中 f_2 为凹透镜焦距),则通过 L_1 的光束经过 L_2 折射后,仍能成一实像 $A''B''$。但应注意,对凹透镜 L_2 来讲,$A'B'$为虚物,物距 $u=-|O'B'|$,像距 $v=|O'B''|$,代入成像公式(7.2.1)即能计算出凹透镜焦距 f_2。

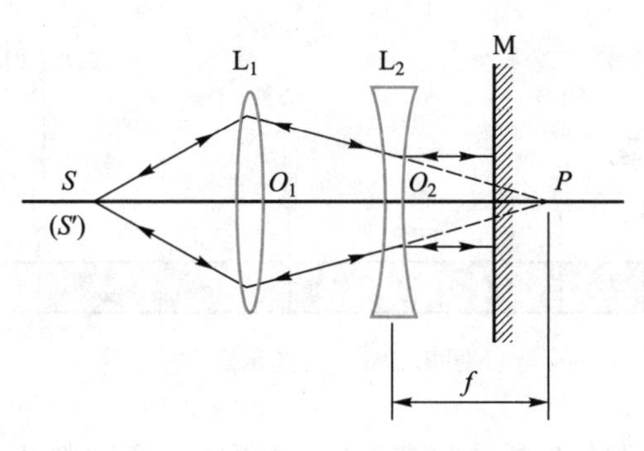

图 7.2.3　自准直法测凹透镜焦距原理图

NOTE

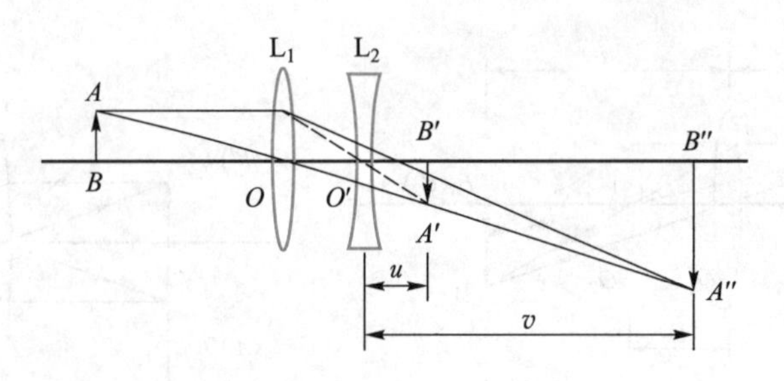

图 7.2.4　物距-像距法测凹透镜焦距原理图

4　实验仪器

测量透镜焦距的实验装置由光学导轨、溴钨灯、薄凸(凹)透镜、平面镜、物屏、像屏(白屏)、二维调节架、二维平移底座、三维平移底座等组成，如图 7.2.5 所示。

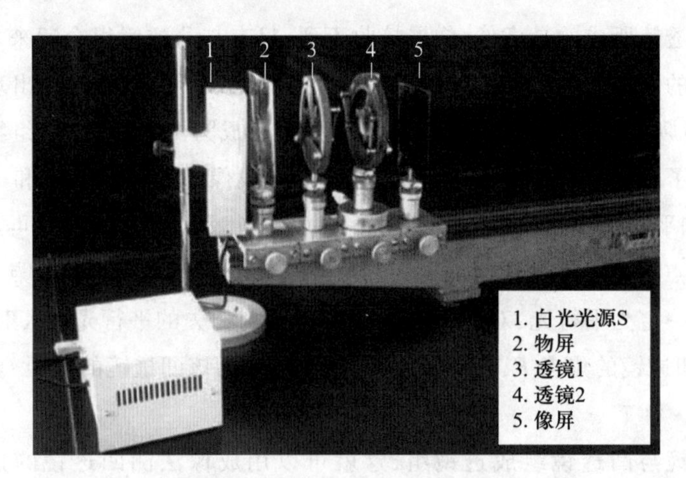

图 7.2.5　测量透镜焦距实验装置

5　实验内容

5.1　测量凸透镜焦距

1. 在光学导轨上，调节实验中用到的透镜、物屏和白屏(像屏)的中心使之位于平行于光学导轨的同一直线上，此即共轴调节，如图 7.2.6 所示。

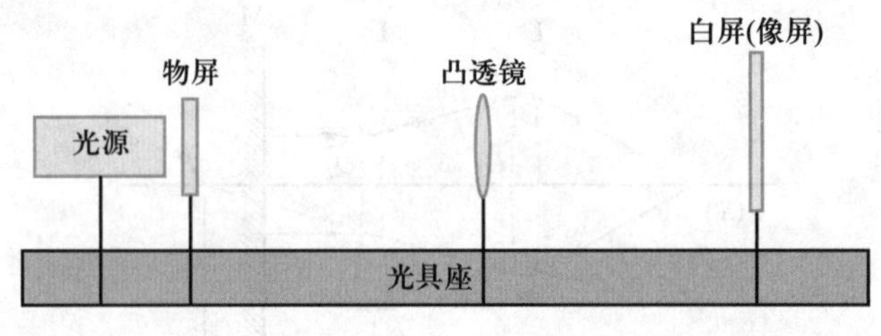

图 7.2.6　装置示意图

2. 粗调：使所需调整仪器彼此靠近，通过眼睛观察和判断，将透镜、物屏、像屏

NOTE

的几何中心调至等高位置上，并使其所在平面彼此平行，这就达到了彼此平行且中心等高。

3. 细调：使物屏和像屏之间的距离大于4倍凸透镜焦距，左右移动凸透镜，会在像屏上呈现两次清晰的实像，一次为放大的实像，一次为缩小的实像。如果两次实像的中心位置重合，说明各光学元件共轴。否则，如果大像中心在小像中心下方，凸透镜的高度需升高或者物屏的高度需降低；反之，凸透镜的高度需降低或者物屏的高度需升高；左右亦然。

4. 物距-像距法测量焦距。如上图摆放光学器件，调节凸透镜和像屏位置，在像屏上得到倒立、清晰、约等大的实像。此时记录原始数据：物屏、凸透镜、像屏的位置。重复5次，将数据记录入表7.2.1，并计算出焦距f。

5. 用共轭法测凸透镜的焦距。固定物屏与像屏之间的距离L，粗略估计凸透镜焦距f，使L满足$L>4f$，但L略大于$4f$即可，L不宜过大，否则成像不清。在物屏与像屏之间移动透镜，记下成放大像与缩小像时透镜的位置，算出两位置之差D的值。由共轭成像关系可得出计算焦距f的公式。由D和L可算出f，而不必测物距和像距，这样就避免了因凸透镜光心位置的不确定带来物距(u)和像距(v)的误差。取5个不同的L，分别各测1次。将所测得的数据填入表7.2.2，并计算出焦距f。

6. 用自准直法测凸透镜的焦距。自准直法测凸透镜焦距就是用平面镜取代像屏，调整物与透镜的距离，直到在物屏上成一个清晰、倒立且与物等大的像（即像与物互补形成一个完整的圆），可多次重复测量。将所测得的数据填入表7.2.3，并计算出焦距f。

5.2 测量凹透镜焦距

1. 如7.2.6图所示，摆放光学元件，调节凸透镜和像屏的位置，在像屏中央呈现一个倒立、清晰、约等大的实像。此时记录原始数据：物屏位置、凸透镜位置、像屏位置；分别填入表格中物屏、凸透镜、像屏1（虚物）对应的表7.2.4。

2. 上一步读完数据之后，凸透镜和物屏的位置保持不变。

3. 将像屏移至光具座最右端，把凹透镜放在凸透镜和像屏之间，调节凹透镜高度，使其和凸透镜等高。左右移动凹透镜，在像屏上产生一个倒立、清晰、巨大的实像。此时记录原始数据：凹透镜的位置、像屏的位置；分别填入表7.2.4中对应的凹透镜和“像屏2”的位置。

4. 保持凸透镜和物屏的位置不变，稍微改变像屏的位置，再移动凹透镜使像变得更清晰，记录原始数据：凹透镜的位置、像屏的位置；分别填入表格中凹透镜和“像屏2”的位置。重复此步骤5次，记入表7.2.4。

6 注意事项

1. 共轴调节要认真细致。在粗调的基础上，还要根据放大像和缩小像中心位

NOTE

置是否重合来进行细调。

2. 爱护光学元件，不准用手或硬物直接接触光学元件的表面。

3. 爱护光学导轨的调节底座。

7　数据记录和处理

数据处理方法如下表所示。

表 7.2.1　物距－像距法测凸透镜焦距

次数	u/mm	v/mm	f/mm
1			
2			
3			

表 7.2.2　共轭法测量凸透镜焦距

次数	物屏/cm	成大像时透镜/cm	成小像时透镜/cm	像屏/cm
1				
2				
3				
4				
5				

其中，$L=|$物屏位置－像屏位置$|$；$D=|$成大像位置－成小像位置$|$；

$$f=(L^2-D^2)/4L$$

表 7.2.3　自准直法测量凸透镜焦距

次数	1	2	3	4	5
物屏/cm					
凸透镜/cm					

其中，焦距 $f=|$物屏位置－凸透镜位置$|$

表 7.2.4　辅助透镜法测量凹透镜焦距

次数	物屏/cm	凸透镜/cm	像屏 1/虚物/cm	凹透镜/cm	像屏 2/cm
1					
2					
3					
4					
5					

NOTE

其中，虚物距 $u=-|$像屏 1/虚物−凹透镜$|$；

实像距 $v=|$像屏 2−凹透镜$|$；

$$f=uv/(u+v)$$

8　系统误差分析

1. 自准直法测焦距时找不到像或找到的像不是平面镜反射回来的光线形成的像。

（1）凸透镜的位置不恰当。

（2）平面镜没有与透镜平行。

（3）同轴等高没有调节好。

2. 测凹透镜焦距时不能找到像最清晰的位置。

（1）凸透镜产生的像是放大的实像。

（2）凸透镜与物的距离比凸透镜的 2 倍焦距大很多。

9　思考题

1. 共轭法测凸透镜焦距时，物屏、像屏间的距离 L 为什么要略大于 4 倍焦距？

2. 采用自准直法测量时，当物屏与透镜之间的间距小于 f 时，也可能成像，且将平面镜移去，像依然存在，这是什么原因造成的？

3. 共轭法测量与物像法相比，有何优点？

4. 日常生活中常用眼镜的度数值来表示该眼镜片的焦距，其换算方法为：眼镜的度数等于镜片焦距（以米为单位）的倒数乘以 100。例如焦距为 0.5 m 的凹透镜所对应的度数为−200 度，也就是通常的 200 度的近视眼镜片。你能否利用前面所述的实验原理，测出老花镜和近视眼镜镜片的度数呢？

NOTE

7.3　分光计的原理与调节

1　引言

分光计是一种典型的精密光学仪器,其基本光学结构是许多光学仪器的基础(如棱镜光谱仪、光栅光谱仪等)。分光计可以用来精确地测量平行光的偏转角度,从而计算出其他光学量,如折射率、色散率角度、光栅常量、光波长及液体中的声速等。

2　实验目的

1. 了解分光计的结构,学习正确调节和使用分光计的方法。
2. 用分光计测定三棱镜的顶角。

3　实验原理

3.1　仪器工作原理

分光计主要由平行光管、望远镜、载物台和读数装置四部分组成,其结构如图7.3.1所示。平行光管用来发射平行光,望远镜用来接收平行光,载物台用来放置三棱镜、平面镜、光栅等物体(本实验主要介绍三棱镜),读数装置用来测量角度。

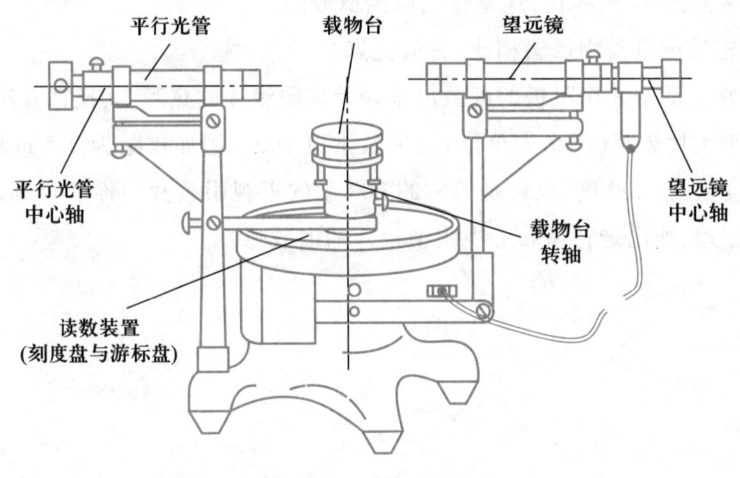

图 7.3.1　分光计结构图

光源发出的光经平行光管后变成了平行光,经载物台上三棱镜后,入射光与出射光之间出现了一个偏转角 θ,如图 7.3.2 所示。理论上来说读出此时的刻度盘与游标盘上对应位置就可以得到这个偏转角。但是,在生产分光计时,难以做到使望远镜、刻度盘的旋转轴线与分光计中心轴完全重合。为消除刻度盘与分光计中心轴偏心而引起的误差,在游标盘同一条直径的两端各装一个读数游标。测量两个游标对应读数,然后分别算出每个游标两次读数之差,取其平均值作为测量结果。

NOTE

3.2　利用分光计测量三棱镜顶角的原理

1. 分束法测三棱镜顶角 α

如图 7.3.3 所示，此时平行光管对准棱镜顶角，从平行光管发出的光束同时照在棱镜的两个侧面上，分别测出光线左侧反射线角位置 φ_L 及右侧反射线角位置 φ_R，则由图可证：$\alpha=\frac{1}{2}|\varphi_L-\varphi_R|$。为了消除分光计刻度盘的偏心差，测量每个角度时，在刻度盘的两个角游标Ⅰ、Ⅱ上都要读数，然后取平均值，则

$$\alpha=\frac{1}{4}\left[|\varphi_{R\mathrm{I}}-\varphi_{L\mathrm{I}}|+|\varphi_{R\mathrm{II}}-\varphi_{L\mathrm{II}}|\right] \tag{7.3.1}$$

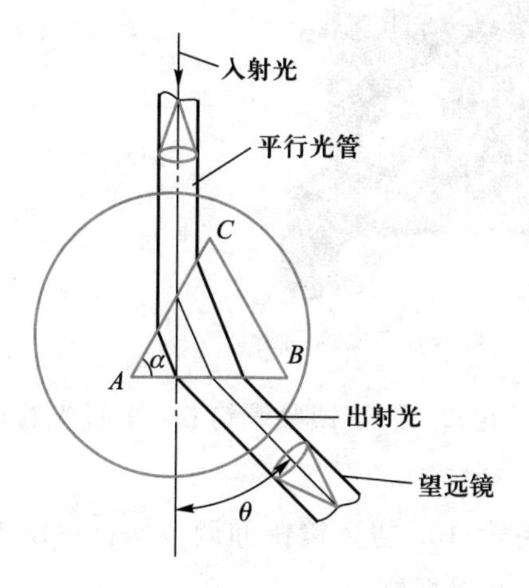

图 7.3.2　分光计工作原理图

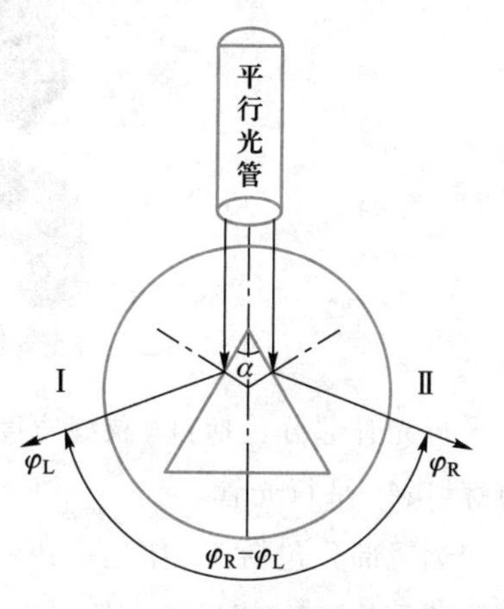

图 7.3.3　分束法测量三棱镜顶角原理图

2. 自准直法测三棱镜顶角 α

如图 7.3.4 所示，首先，望远镜正对棱镜左侧面，并记下游标盘Ⅰ、Ⅱ位置的 $\varphi_{L\mathrm{I}}$ 与 $\varphi_{L\mathrm{II}}$；然后转动望远镜使之正对棱镜右侧面，并记下游标盘Ⅰ、Ⅱ位置的 $\varphi_{R\mathrm{I}}$ 与 $\varphi_{R\mathrm{II}}$，取平均值，得出

$$\alpha=180°-\varphi=180°-\frac{|\varphi_{R\mathrm{I}}-\varphi_{L\mathrm{I}}|+|\varphi_{R\mathrm{II}}-\varphi_{L\mathrm{II}}|}{2} \tag{7.3.2}$$

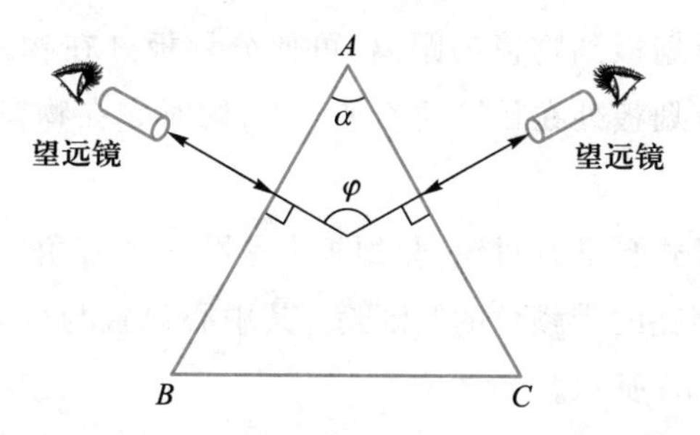

图 7.3.4　自准直法测三棱镜顶角原理图

NOTE

4　实验仪器

4.1　仪器结构

分光计主要由平行光管、望远镜、载物台和读数装置(圆刻度盘)四部分组成,其结构如图 7.3.5 所示。

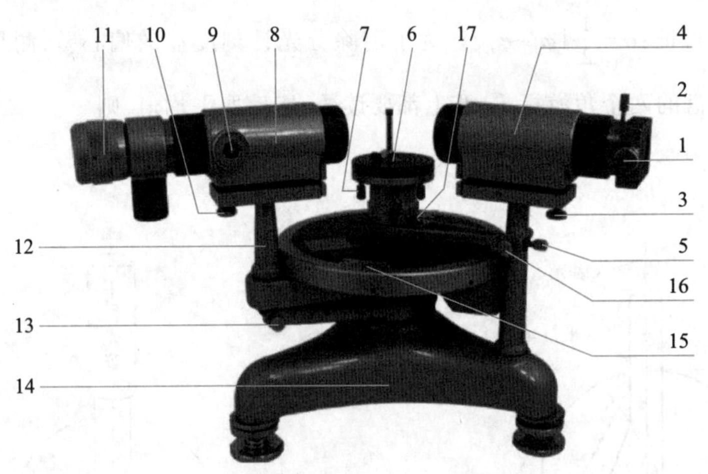

图 7.3.5　分光计装置图(各部件在下文中列出)

平行光管部分包括:1. 狭缝宽度调节手轮;2. 狭缝锁紧螺钉;3. 平行光管俯仰调节螺钉;4. 平行光管。

望远镜部分包括:8. 望远镜;9. 调焦手轮;10. 望远镜俯仰调节螺钉;11. 目镜视度调节手轮;12. 望远镜支架;13. 望远镜微调螺钉。

载物台部分包括:6. 载物台;7. 载物台调平螺钉;14. 载物台水平螺钉和转轴螺钉;17. 载物台锁紧螺钉。

读数装置(圆刻度盘)部分包括:5. 游标盘微调手轮;15. 游标刻度盘;16. 游标盘微调手轮。

4.2　望远镜

望远镜结构如图 7.3.6(a)所示,由物镜、分划板(板上刻有十字叉丝)和目镜组成。调节目镜可改变分划板到目镜的距离,可使叉丝处在目镜的焦平面上,调节分划板的位置改变分划板到物镜的距离,可使分划板处在物镜的焦平面上。如果配合调节目镜可使分划板处在目镜的焦平面上,同时亦在物镜的焦平面上,此时望远镜能接收平行光。

望远镜采用阿贝式自准直目镜,分划板上紧贴一个直角三棱镜,在棱镜的直角面上有一个被光源照亮的带颜色的“十”字,其中心位置与分划板上方的十字线交点对称,如图 7.3.6(b)所示。

如果在载物台上放置一块双面平行的平面反射镜,并使其反射面和望远镜光轴大体垂直,则“十”字发出的光通过物镜后经反射面反射回来,在分划板上将形成

NOTE

“十”字反射像,适当调节可使“十”字反射像无视差地落在分划板上,且与上方十字线中心重合,表明望远镜与反射镜面垂直,且可接收平行光。这种方法称为自准直法。

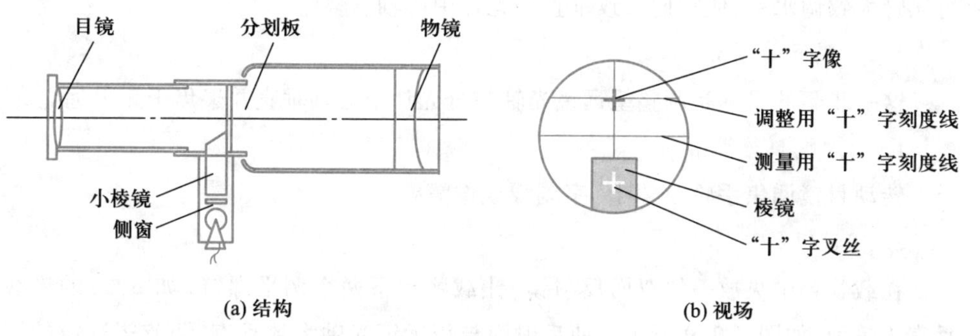

图 7.3.6　望远镜示意图

4.3　平行光管

平行光管的作用是产生平行光,由一个装有狭缝的套管和一个透镜组成,狭缝的宽度和位置均可调节,如图 7.3.7 所示。当狭缝正好在透镜的焦平面上时,通过狭缝的光束经过透镜即成平行光。

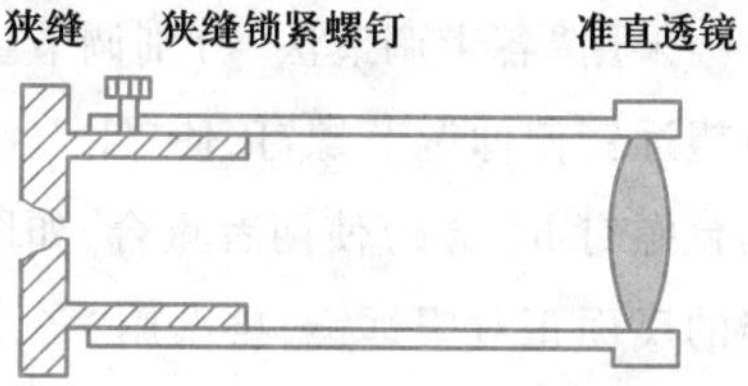

狭缝　狭缝锁紧螺钉　准直透镜

图 7.3.7　平行光管示意图

4.4　载物台

载物台用于放置待测器件,其下方有三个调平螺钉,若需调整和固定台面高度,放松或锁紧载物台下方水平螺钉和转轴螺钉即可。

4.5　分度盘

分度盘和游标(角游标)如图 7.3.8 所示,分度盘与望远镜固定在一起,绕分光计中心轴转动。利用它和与载物台固定在一起的游标盘,可以测出望远镜转过的角度。

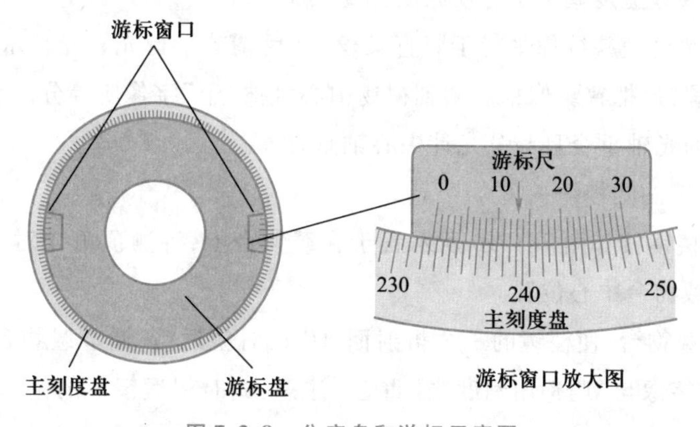

图 7.3.8　分度盘和游标示意图

NOTE

5 实验内容

5.1 分光计粗调

在正式调整前,先目测粗调,使望远镜和平行光管对准,将载物台、望远镜和平行光管大致调水平,使它们大致垂直分光计中心轴。

5.2 望远镜调节

这一步骤的目标是调整望远镜光轴与分光计中心轴垂直并聚焦于无限远。

1. 望远镜目镜调节

转动目镜调焦手轮,至"十"字刻线成像清晰。

2. 望远镜调焦

在载物台中央放一块双面反射镜,让载物台下两个调平螺钉(如 b,c)的连线垂直于镜面,如图 7.3.9 所示。使反射面与望远镜光轴大致垂直,调节望远镜的调焦手轮,使物镜筒前后移动,可使亮斑会聚成清晰的亮"十"字像,此时望远镜能接收平行光。

3. 调节望远镜的光轴使其垂直于仪器转轴

采用"各半调节法"分别调节望远镜俯仰调节螺钉与载物台调节螺钉。即先调节望远镜俯仰调节螺钉,使"十"字像到"调整用刻度线"的距离减小一半,再调载物台螺钉 b(或 c)使两者重合,如图 7.3.6(b)所示;然后将载物台转 180°,使平面镜的反面正对望远镜,再次用"各半调节法"调节。如此反复调节,直到平面镜任一面正对望远镜时,视场中的"十"字像都落在"调整用刻度线"上时为止。此时,望远镜光轴就与中心轴垂直了。

5.3 平行光管调节

1. 打开狭缝,点燃汞灯,将狭缝照亮。转动望远镜,对准平行光管,就可在望远镜中找到狭缝像;

2. 调节平行光管调焦手轮,以便从望远镜中看到清晰的狭缝像;

3. 调节狭缝宽度调节手轮使狭缝像宽约 1 mm;

4. 转动狭缝使狭缝像平行于竖直叉丝,然后调节平行光管光轴水平调节螺钉和高低调节螺钉,把狭缝像精确调到视场中心且被"十"字像所等分。至此,平行光管与望远镜的光轴重合且与分光计中心轴垂直。

5.4 分束法测棱镜顶角

1. 将三棱镜按如图 7.3.10 所示置于在载物台上,待测顶角 A 对准平行光管,且尽量靠近载物台中心位置。

2. 转动载物台,使棱镜的一个折射面 AB 正对望远镜,调节载物台调平螺钉 a 或 c,使"十"字像与"调整用刻度线"重合(注意:此时望远镜下的俯仰调节螺钉应已调好)。转动载物台,使三棱镜另一折射面 AC 正对望远镜,调节载物台另一调平

NOTE

螺钉 b 达到自准。重复以上步骤，直到 AB、AC 两面的反射像都与“十”字刻线重合。

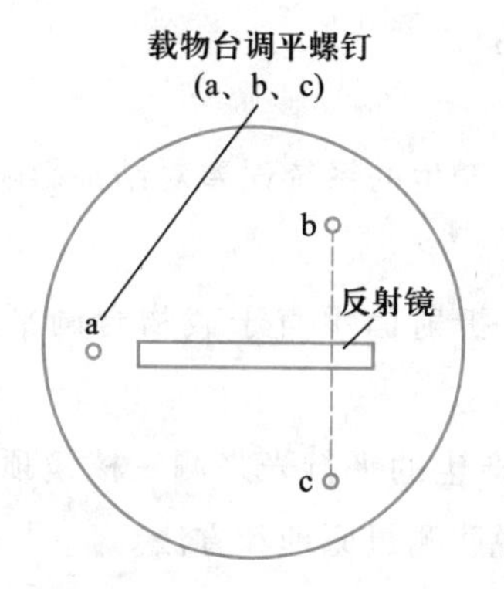

图 7.3.9 载物台与反射镜放置位置关系

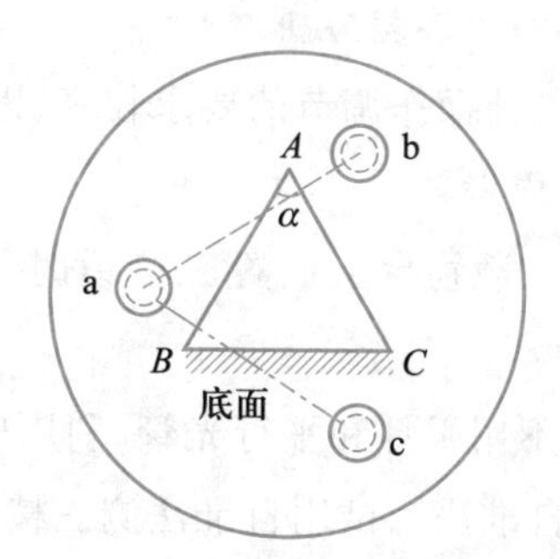

图 7.3.10 载物台与三棱镜放置位置关系

3. 转动载物台锁紧螺钉，使三棱镜待测顶角 A 重新对准平行光管。转动望远镜（图 7.3.3 中 Ⅰ 位置），找到狭缝像，并使望远镜分划板竖直刻线与像重合，固定望远镜，从两个游标盘分别读出角度 φ_1 和 φ_1'，详见图 7.3.3，并记录数据。

4. 将望远镜从 Ⅰ 位置转到 Ⅱ 位置（图 7.3.3），找到另一侧的狭缝像，并使望远镜分划板竖直刻线与像重合，固定望远镜，从两个游标盘分别读出角度 φ_2 和 φ_2'，并记录数据。

5. 重复以上实验 2 次，并记录数据。

6 注意事项

1. 三棱镜要轻拿轻放，要注意保护光学表面，不要用手触摸折射面。

2. 用反射法测顶角时，三棱镜顶角应靠近载物台中央放置（即离平行光管远一些），否则反射光不能进入望远镜。

3. 在计算望远镜转角时，要注意望远镜转动过程中是否经过刻度盘零点，如经过零点，应在相应读数加上 360°（或减去 360°）后再计算。

7 数据记录和处理

三棱镜顶角 α 的计算公式为 $\alpha=\frac{1}{4}[\,|\varphi_1-\varphi_2|+|\varphi_1'-\varphi_2'|\,]$，其中 φ 为望远镜 Ⅰ 和 Ⅱ 位置所成的角度，填写表 7.3.1。

表 7.3.1 实验数据记录表

实验次数	Ⅰ		Ⅱ		$\Delta\varphi=\|\varphi_1-\varphi_2\|$	$\Delta\varphi=\|\varphi_1'-\varphi_2'\|$	$\alpha=\frac{1}{4}[\,\|\varphi_1-\varphi_2\|+\|\varphi_1'-\varphi_2'\|\,]$
	φ_1	φ_1'	φ_2	φ_2'			
1							
2							
3							

NOTE

注意:在计算望远镜转过的角度时,要注意刻度盘的零点是否经过了游标盘的零点。若未经过游标盘零点,则望远镜转过的角度为 $\Delta\varphi=|\varphi_1-\varphi_2|$,若经过游标盘零点,则望远镜转过的角度为 $\Delta\varphi=360°-|\varphi_1-\varphi_2|$

8　系统误差分析

分光计操作调节的要求较高,因而在测量中产生的系统误差对结果影响不大。

9　思考题

1. 在载物台上放置三棱镜时,为什么要使折射面垂直于载物台调平螺钉的连线?

2. 不用汞灯和平行光管,利用望远镜自身产生的平行光来测三棱镜顶角的方法称为自准法。试用自准法测三棱镜顶角,并说明测量原理和方法。

10　实验拓展

分光计还可以用于测量光栅参数、棱镜折射率、光栅的分辨本领和色散率等。

NOTE

7.4 正常色散中的柯西方程验证

1 引言

折射率是反映介质材料光学性质的重要参数之一。在实际测量工作中,我们可以用不同物理原理来测量折射率。例如,阿贝折射仪就是利用光学全反射的原理来测量折射率的。本实验采用测量最小偏向角方法来求得三棱镜折射率,使用仪器为前面介绍过的分光计。

2 实验目的

1. 熟悉分光计的调节和使用。
2. 了解最小偏向角测量折射率的原理。
3. 测量三棱镜折射率。
4. 用线性回归法进行理论曲线拟合并计算色散曲线中参数。

3 实验原理

3.1 最小偏向角测折射率的工作原理

图 7.4.1 是一光束入射三棱镜 ABC 的主截面的情形,光束以入射角 i_1,投射到 AB 面上,经过二次折射后由 AC 面出射,入射光束和出射光束之间的夹角 δ 称为偏向角,δ 的大小不仅和入射角 i_1 有关,还与棱镜的顶角 A 和棱镜折射率 n 有关。

由折射定律可得

$$\sin i_1 = n\sin r_1 \qquad (7.4.1)$$

$$n\sin r_2 = \sin i_2 \qquad (7.4.2)$$

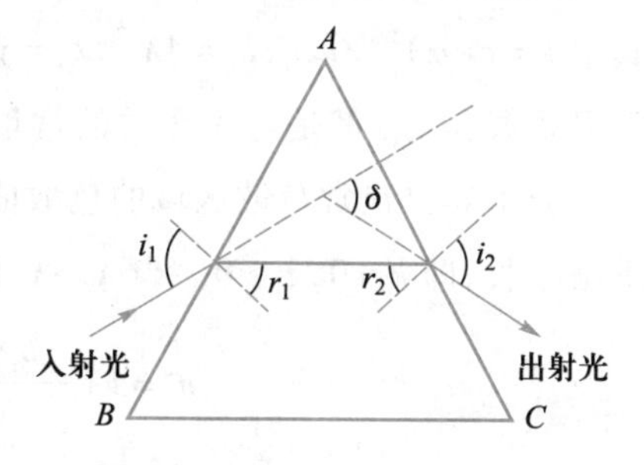

图 7.4.1 三棱镜工作原理图

其中,n 为三棱镜玻璃折射率,i_1 为 AB 面入射角,r_1 为 AB 面折射角,r_2 为 AC 面入射角,i_2 为 AC 面折射角。由图 7.4.1 各角度间的几何关系,可得

$$\delta = i_1 + i_2 - A \qquad (7.4.3)$$

$$r_1 + r_2 = A \qquad (7.4.4)$$

令 $\frac{\mathrm{d}\delta}{\mathrm{d}i}=0$,则得到最小偏向角的条件为:$i_1=i_2=i$;$r_1=r_2=\frac{A}{2}$,即 $i=\frac{\delta_{\min}+A}{2}$。

代入(7.4.1)式,可得用最小偏向角求折射率的公式

$$n=\frac{\sin\left(\frac{\delta_{\min}+A}{2}\right)}{\sin\frac{A}{2}} \qquad (7.4.5)$$

可见在最小偏向角的情形下,折射率可用测量最小偏向角和三棱镜顶角方法求得。

NOTE

3.2　三棱镜的色散原理

1. 光的色散介绍

当白光通过棱镜或水晶物体时会发生色散现象，出射光不再是白光，而是呈带状分布的一系列单色光。这是因为光在通过该物体时，对不同频率的光有不同的折射率，从而使出射光与入射光的夹角不同，谱线被分开了。

2. 色散特点

我们在研究各种物质的色散光谱时，发现各种物质的色散没有简单的关系，同一种物质在不同波长区的角色散率也不同，说明折射率与波长之间有着比较复杂的关系。因此，研究色散就先得找出 $n=f(\lambda)$ 的函数形式或 $dn/d\lambda$ 在各波长区的值。

3. 正常色散区域中的色散曲线公式

如果假设物质中有好几种带电粒子，它们的质量为 m_i，电荷量为 q_i，$(i=1,2,\cdots)$，它们都能以各种固有频率 ω_i（对应于波长 λ_i）振动。那么由色散经典理论可以推出：

$$n^2(1-k^2)=1+\cfrac{b\lambda_i^2}{(\lambda_i^2-\lambda^2)+\cfrac{g_i\lambda_i^2}{(\lambda_i^2-\lambda^2)}} \tag{7.4.6}$$

其中 $k=c(\alpha)^{1/2}/n\omega_i$，$b_i=A\lambda_i{}^2$，$g_i=\gamma^4$，$\alpha$ 为物质的吸收系数，A 为 $Nq_i^2/\varepsilon_0 m_i$，γ 为阻尼系数，b_i，g_i 都是与 λ 无关的常量。

为了导出正常色散区域的色散曲线公式，我们认为在吸收区以外，入射光几乎不被吸收，即 $k\approx0$，$g_i\approx0$。当 $\lambda\gg\lambda_i$ 时，由上式可展开为

$$n^2=1+\cfrac{b_i}{1-\cfrac{\lambda_i^2}{\lambda^2}}\approx(1+b_i)+b_i\frac{\lambda_i^2}{\lambda^2}+\cdots \tag{7.4.7}$$

因为 $\lambda_i^2\ll\lambda^2$，我们略去了 λ_i^4/λ^4 及以上各高次幂项。如果我们令 $M=1+b_i$ 及 $N=b_i\lambda_i^2$，则得

$$\begin{aligned} n&=(M+N\lambda^{-2})^{1/2}=M^{1/2}+\frac{N}{2M^{1/2}\lambda^4}+\frac{N^2}{8M^{3/2}\lambda^4}+\cdots \\ &=a+\frac{b}{\lambda^2}+\frac{c}{\lambda^4}+\cdots \end{aligned} \tag{7.4.8}$$

即本次实验所要验证的柯西方程。

4　实验仪器

分光计是一种常用的光学仪器，实际上就是一种精密的测角仪。在几何光学实验中，分光计主要用来测定棱镜角、衍射角等，而在物理光学实验中，它加上分光

NOTE

元件(棱镜、光栅)即可作为分光仪器,用来观察光谱和测量光谱线的波长等。分光计主要由平行光管、望远镜、载物台和读数装置四部分组成,其结构如分光计实验中的图7.3.5所示。

5 实验内容

1. 打开汞灯电源。

2. 分光计粗调:在正式调整前,先目测粗调,使望远镜和平行光管对准,将载物台、望远镜和平行光管大致调水平,使它们大致垂直分光计中心轴。

3. 对望远镜及平行光管水平调节,详见分光计的原理与调节章节。

4. 用自准直法对望远镜调焦,详见分光计的原理与调节章节。

5. 用分束法或自准直法测棱镜顶角,重复三次,并记录数据,详见分光计的原理与调节章节。

6. 按图7.4.2所示方向放置三棱镜,要求$i\approx50°$。

7. 转动望远镜找到谱线。

8. 转动载物台找到谱线的折返点。

9. 转动望远镜使叉丝竖线对准谱线,此处即为最小偏向角所对应的折射光线位置。测出高压汞灯中的各条谱线所对应的位置并记录各条谱线的波长值。注意为减小系统偏心误差要读取左右两边游标盘的示数θ_1与θ_1'。

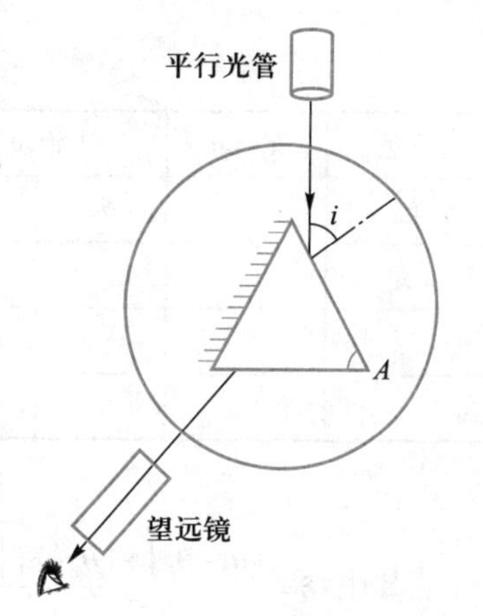

图7.4.2 最小偏向角法测棱镜折射率原理图

10. 移去三棱镜,望远镜直接对准平行光管,找到狭缝的像,转动望远镜使叉丝竖线对准狭缝,此处即为初始位置(即入射光方向);然后读数并记录数据。注意为减小系统偏心误差要读取左右两边游标盘的示数θ_2与θ_2'。

6 注意事项

1. 三棱镜要轻拿轻放,要注意保护光学表面,不要用手触摸折射面。

2. 用反射法测顶角时,三棱镜顶角应靠近载物台中央放置(即离平行光管远一些),否则反射光不能进入望远镜。

3. 在计算望远镜转角时,要注意望远镜转动过程中是否经过刻度盘零点,如经过零点,应在相应读数加上360°(或减去360°)后再计算。

7 数据记录和处理

1. 用自准直法测定三棱镜顶角A(填写表7.4.1)

其中,$\alpha=\dfrac{(\theta_1-\theta_2)+(\theta_1'-\theta_2')}{2}$

NOTE

表 7.4.1　用自准直法测定三棱镜顶角实验数据记录表

次数	θ_1	θ_1'	θ_2	θ_2'	α	$\overline{\alpha}$	$A=180°-\overline{\alpha}$
1							
2							
3							

2. 折射率的测定（填写表 7.4.2）

测出三棱镜的顶角，再分别测出高压汞灯中 5～7 条谱线所对应的最小偏向角 δ，则可计算出对应谱线的折射率 n，这样得到对应的 n 和 λ 值。

表 7.4.2　测定折射率实验数据记录表

颜色	λ/nm	初始位置		谱线位置		δ	n	$1/\lambda^2$
红		θ_2	θ_2'	θ_1	θ_1'			
黄								
绿								
…								

其中，$\delta=\dfrac{|\theta_2-\theta_1|+|\theta_2'-\theta_1'|}{2}$，$n=\dfrac{\sin\left(\dfrac{A+\delta}{2}\right)}{\sin\dfrac{A}{2}}$。

3. 数据处理的方法（计算机辅助处理）

(a) 用多次测量 δ 取平均值的方法以减少偶然误差；

(b) 用求偏导的方法来计算 a、b、c 之间的关系；

(c) 用最小二乘法来求出 $n=a+b/\lambda^2+c/\lambda^4$ 中的参数 a、b、c 值；

(d) 利用计算机软件绘制 $n=f(\lambda)$ 的函数关系。

8　思考题

1. 请再设计一种测顶角 A 的方法。

2. 实验时用何方法来消除仪器的偏心差？

3. 调节三棱镜光学面与仪器轴平行时，三棱镜的放置方法是否有一定要求？

NOTE

7.5 用光栅衍射测定光波波长

1 引言

光的衍射现象是光波动性质的一个重要表征。在近代光学技术中,如光谱分析、晶体分析、光信息处理等领域,光的衍射已成为一种重要的研究手段和方法。衍射光栅是利用光的衍射现象制成的一种重要的分光元件。

利用光栅分光制成的单色仪和光谱仪已被广泛应用,它不仅用于光谱学,还广泛用于计量、光通信、信息处理、光应变传感器等方面。所以,研究衍射现象及其规律,在理论和实践上都有重要意义。

2 实验目的

1. 了解分光计的结构,学会分光计的调节和使用方法。
2. 加深对光的衍射和光栅分光作用基本原理的理解。
3. 学会用透射光栅测定光波的波长及光栅常量。

3 实验原理

光栅相当于一组数目众多的等宽、等距和平行排列的狭缝。光栅分透射光栅和反射光栅两种,本实验用的是透射光栅。

如图7.5.1所示,光源发出的复色光经平行光管准直后以相同的角度垂直地照射在光栅上,发生衍射。望远镜将与光栅法线(入射光线)成 θ 角的衍射光会聚于其焦平面上的一点。由光栅方程得知,产生衍射亮条纹的条件为

$$d\sin\theta = k\lambda\ (k=\pm1,\pm2,\cdots,\pm n) \tag{7.5.1}$$

式中 θ 角是衍射角,λ 是复色光波长,k 是光谱级数,d 是光栅常量。

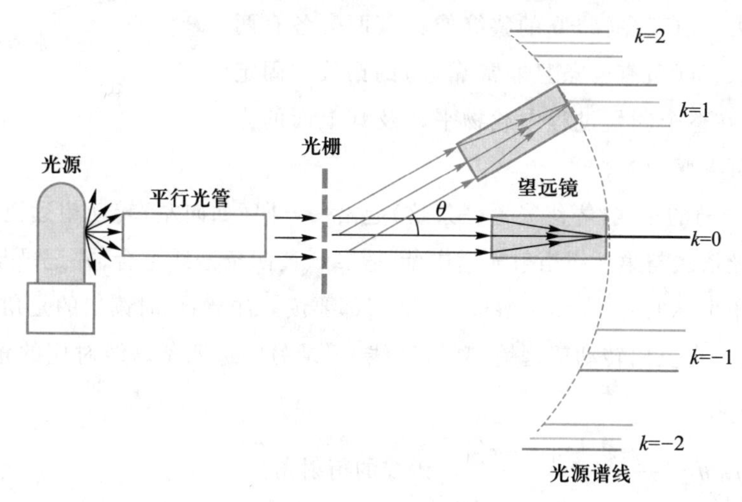

图7.5.1 透射光栅测定光波波长的原理图

由于入射光为复色光,当 $k=0$ 时,在 $\theta=0$ 的方向上,各种波长的光谱线重叠在

NOTE

一起，形成明亮的零级光谱；当 $k\neq 0$ 时，不同波长的光谱线出现在不同的方向上（θ 的值不同），而与 k 的正负两组相对应的两组光谱，则对称地分布在零级光谱的两侧。若光栅常量 d 已知，在实验中测定了某谱线的衍射角 θ 和对应的光谱级 k，则可由(7.5.1)式求出该谱线的波长 λ；反之，如果波长 λ 是已知的，则可求出光栅常量 d。

4　实验仪器

分光计是一种常用的光学仪器，实际上就是一种精密的测角仪。在几何光学实验中，分光计主要用来测定棱镜角、衍射角等，而在物理光学实验中，它加上分光元件（棱镜、光栅）即可作为分光仪器，用来观察光谱，测量光谱线的波长等。分光计主要结构如图 7.3.5 所示。

5　实验内容

1. 打开汞灯电源。

2. 分光计粗调：在正式调整前，先目测粗调，使望远镜和平行光管对准，将载物台、望远镜和平行光管大致调水平，使它们大致垂直分光计中心轴。

3. 对望远镜及平行光管水平调节，详见分光计的原理与调节章节。

4. 利用自准直法对望远镜调焦，详见分光计的原理与调节章节。

5. 光栅按图 7.5.2 所示置于载物台上，其中 a、b、c 为载物台调节螺钉。旋转载物台，使光栅面垂直平行光管。

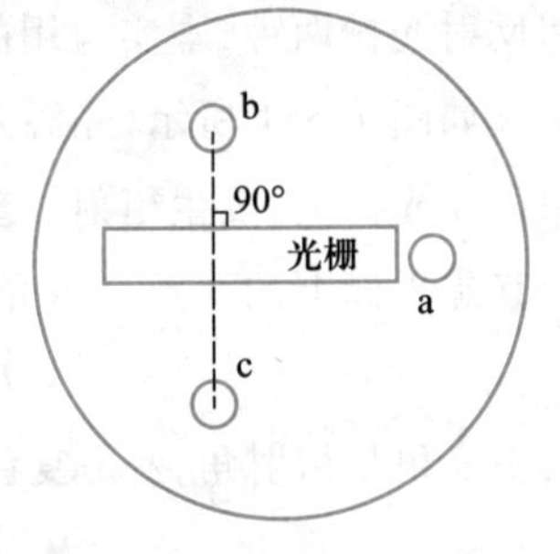

图 7.5.2　光栅放置位置与载物台关系

6. 转动望远镜筒，在光栅法线两侧观察各级衍射光谱。中央为白亮线（$k=0$ 的狭缝像），其两旁各有两级紫、蓝、绿、黄（黄有两条且非常靠近）的谱线。固定载物平台，在整个测量过程中载物平台及其上面的光栅位置不可再变动。

7. 从光栅的法线（零级光谱亮条纹）起沿一方向（如向左）转动望远镜筒，使望远镜中叉丝依次与第一级衍射光谱中紫、蓝、绿、黄四条谱线重合，并记录与每一谱线对应的角坐标的读数（两个游标 φ_1 和 φ_1' 都要读。注意：此时读出的是角位置，不是衍射角）。再反向转动望远镜，越过法线，记录另一边四条谱线对应的角坐标的读数 φ_2 和 φ_2'。

8. 利用 $\theta=\dfrac{|\varphi_2-\varphi_1|+|\varphi_2'-\varphi_1'|}{4}$ 求谱线的衍射角。

9. 重复上述步骤三次。

NOTE

6 注意事项

1. 分光计各部分调节螺钉比较多，在不清楚这些螺钉的作用与用法之前，不要乱旋、硬扳，以免损坏仪器。

2. 请勿用手触摸光栅表面，移动光栅时，拿其金属基座。

3. 肉眼不要长时间直视汞灯，以免被紫外线灼伤眼睛。

7 数据记录和处理

1. 已知光栅常量 $d=600/\text{mm}$，重复三次计算对应谱线衍射角的平均值，测量和计算结果记录于表 7.5.1 和表 7.5.2。

表 7.5.1 实验数据记录表

次数	颜色	k 值	k 级条纹		$-k$ 级条纹		衍射角 θ
1	黄						
	绿						
	蓝						
	紫						
2	黄						
	绿						
	蓝						
	紫						
3	黄						
	绿						
	蓝						
	紫						

表 7.5.2 衍射角计算

颜色	k 值	衍射角平均值 $\overline{\theta}$
黄		
绿		
蓝		
紫		

其中，$\theta=\dfrac{|\varphi_2-\varphi_1|+|\varphi_2'-\varphi_1'|}{4}$。

2. 以汞灯绿谱线的波长（见附表 7.5.3）为已知，将所测绿谱线的衍射角 θ 代入(7.5.1)式,其中 $k=1$,求出光栅常量 d。

3. 由其他三条谱线(紫、黄)衍射角 θ 和求得的 d 代入(7.5.1)式,算出相应的波长。

4. 与表 7.5.3 中的公认值比较,计算紫、黄(两条)谱线波长的测量误差。

8　系统误差分析

分光镜操作调节的要求在测量中产生的系统误差不是很大。主要误差是光栅与载物台不垂直造成的。

9　思考题

1. 本实验对分光仪的调整有何特殊要求？如何调节才能满足测量要求？

2. 调节光栅过程中,如发现光谱线倾斜,说明什么问题？应如何调整？

3. 当狭缝太宽或太窄时将会出现什么现象？为什么？

10　附录

表 7.5.3　汞的谱线波长　　单位:$\times10^{-10}$ m

波长	颜色	相对强度	波长	颜色	相对强度	波长	颜色	相对强度
6 907.2	深红	弱	5 789.7	黄	强 *	4 358.4	蓝紫	很强 *
6 716.2	深红	弱	5 769.6	黄	强 *	4 347.5	蓝紫	中
6 234.4	红	中	5 675.9	黄绿	弱	4 339.2	蓝紫	弱
6 123.3	红	弱	5 460.7	绿	很强 *	4 180.1	紫	弱
5 890.2	黄	弱	5 354.0	绿	弱	4 077.8	紫	中
5 859.4	黄	弱	4 960.3	蓝绿	中	4 046.6	紫	强
5 790.7	黄	弱	4 916.0	蓝绿	中			

注:带“ * ”的为容易观察到的谱线

NOTE

7.6　用牛顿环测定透镜曲率半径

1　引言

牛顿环是一种典型的等厚干涉,利用它可以检验一些光学元件的球面度、平面度、光洁度等。光的干涉现象是光的波动性的表征。人们利用干涉现象已制成了不少精密计量仪器,最近几十年来,激光检测技术得到了广泛应用,在测量长度、位移、应力、振动、零件表面质量等各个方面都发挥了精度高、非接触、实时测量的优点。本实验是利用牛顿环来测定透镜的曲率半径。

2　实验目的

1. 了解干涉条纹的成因及特点。
2. 掌握牛顿环测定透镜曲率半径的原理。
3. 熟悉读数显微镜的调整和使用。
4. 掌握数据处理的方法。

3　实验原理

3.1　用牛顿环测透镜曲率半径

当一个曲率半径很大的平凸透镜的凸面放在一片平板玻璃上时,两者之间就形成一个厚度由零逐渐增大,且两表面的夹角也随之增大的空气层。在以接触点为中心的圆周上,空气层的厚度相等,所以当单色光垂直入射时,由透镜下表面(凸面)所反射的光和平玻璃片上表面所反射的光在透镜球面上(附近)相遇而形成干涉,在透镜球面上形成同心的环形明暗相间的干涉条纹。这种干涉条纹称为**牛顿环**(图 7.6.1)。由于同一干涉环上各处的空气层厚度是相同的,因此称为**等厚干涉**。

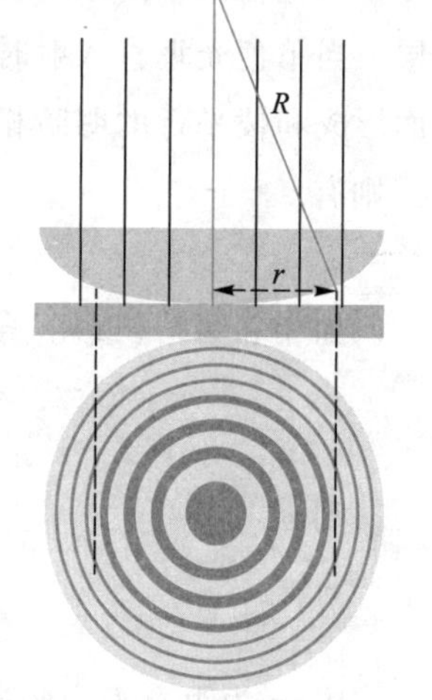

图 7.6.1　牛顿环实验

与 k 级条纹对应的两束相干光的光程差为

$$\Delta=2d+\frac{\lambda}{2} \tag{7.6.1}$$

d 为第 k 级条纹对应的空气膜的厚度;$\frac{\lambda}{2}$为半波损失。当光程差 Δ 为半波长的偶数倍时,干涉条纹为亮条纹;当光程差 Δ 为半波长的奇数倍时,干涉条纹为暗条纹。在牛顿环实验中,暗纹的对比度优于亮纹,所以,我们通常以暗纹作为研究对象。

由干涉条件可知,干涉条纹为暗条纹时,$\Delta=(2k+1)\frac{\lambda}{2}(k=0,1,2,3,\cdots)$,即 $2d+\frac{\lambda}{2}=(2k+1)\frac{\lambda}{2}$得

NOTE

$$d=\frac{k}{2}\lambda \tag{7.6.2}$$

设透镜的曲率半径为 R，与接触点 O 相距为 r 处空气层的厚度为 d，由图 7.6.1 所示几何关系可得

$$\begin{aligned} R^2 &= (R-d)^2+r^2 \\ &= R^2-2Rd+d^2+r^2 \end{aligned}$$

由于 $R \gg d$，则 d^2 可以略去

$$d \approx \frac{r^2}{2R} \tag{7.6.3}$$

由(7.6.2)和(7.6.3)式可得第 k 级暗环的半径为

$$r_k^2=2Rd=2R\cdot\frac{k}{2}\lambda=kR\lambda \tag{7.6.4}$$

在实际测量中，由于圆环圆心无法精确定位导致无法准确测量圆环半径 r，所以通常用下式(直径)计算透镜的曲率半径

$$R=\frac{d_m^2-d_n^2}{4(m-n)\lambda} \tag{7.6.5}$$

式中的 m 和 n 为干涉环的级次($m-n=5$)。

3.2　劈尖干涉测量细丝直径

用直径为 d 的细丝夹在两玻璃片的一端，在它们中间便形成薄薄的楔形空气层。当单色光垂直入射时，则有楔形空气隙上、下表面反射的光，在空气隙的上表面形成和棱平行的明暗相间的干涉条纹。若棱到细丝的距离为 L，两玻璃片夹角为 α，则有

$$d=L\cdot\sin\alpha \tag{7.6.6}$$

如相邻两暗(或亮)条纹间距为 l，则由干涉条件可得

$$l\cdot\sin\alpha=\frac{\lambda}{2} \tag{7.6.7}$$

则

$$d=\frac{L}{l}\cdot\frac{\lambda}{2}=n\cdot\frac{\lambda}{2} \tag{7.6.8}$$

上式中，n 为距离 L 内暗条纹的数目。

4　实验仪器

4.1　仪器结构

实验装置包括：读数显微镜、牛顿环装置、劈尖装置、低压钠灯，如图 7.6.2 所示。

4.2　读数显微镜

读数显微镜是一种结构简单、操作方便、应用广泛的长度测量和观察仪器。仪

NOTE

器主要分两部分:光学系统和读数系统。光学系统中的物镜放大倍数不大,一般为 3 倍,目镜放大倍数为 10 倍,目镜中有“十”字准线,可通过调节最上部的目镜筒进行观察。整个目镜筒可在放松旁边的锁紧螺钉时转动,以调节“十”字准线到所需要的方位。镜筒升降可借侧面的调焦手轮操作。读数系统由直标尺和读数鼓轮两部分组成。读数方法同螺旋测微器,测量精度为 0.01 mm。

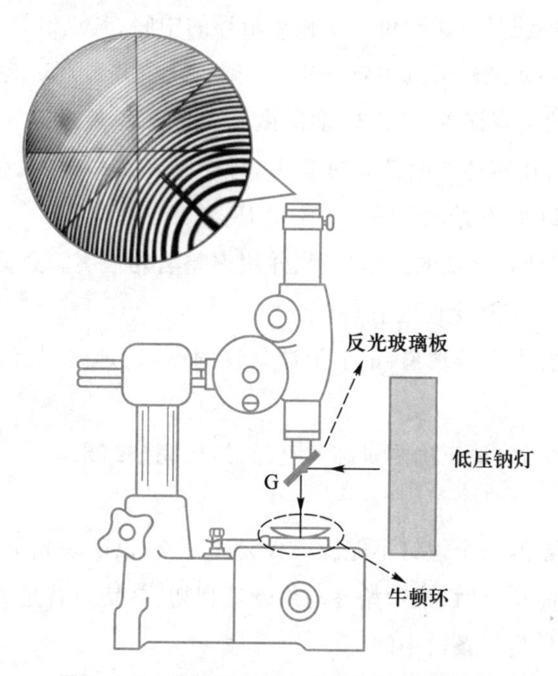

图 7.6.2 读数显微镜与牛顿环装置示意图

使用时,要遵守显微镜调焦规则。测量时,为了消除仪器螺纹间隙带来的误差,读数时鼓轮要单方向转动,不能中途倒转。改变仪器使用状态(高低或方向),一定要正确操作,注意放松和锁紧有关螺旋。

4.3 牛顿环装置

牛顿环装置是由一块曲率半径较大的平凸透镜,将其凸面放在一块光学玻璃平板(平晶)上构成的,如图 7.6.3 所示。平凸透镜的凸面与玻璃平板之间形成一层空气薄膜,其厚度从中心接触点到边缘逐渐增加。在平凸透镜和平玻璃片外加上固定用金属环片和调节螺钉就构成牛顿环装置。

图 7.6.3 牛顿环装置

5 实验内容

5.1 利用牛顿环测量透镜曲率半径

1. 显微镜镜筒放在读数标尺中间,并使目镜

NOTE

中的“十”字叉丝与标尺垂直。

2. 调节牛顿环装置上的三个螺钉，使牛顿环中心条纹出现在透镜中部，无畸变且为最小，然后使之位于显微镜物镜下方。

3. 轻轻转动镜筒上的45°反光玻璃板G，使低压钠灯正对45°玻璃，直至眼睛看到显微镜视场较亮，呈黄色，如图7.6.2所示。

4. 移动牛顿环使竖直叉丝位于牛顿环暗环的中间，其点恰好为叉丝的交叉点。

5. 移动牛顿环使叉丝回到牛顿环中心，转动鼓轮并数环。为了避免转动部件的螺纹间隙产生的空程误差，要求转动测微鼓轮使叉丝超过第33环，然后倒回到第30环开始读数，在转动测微鼓轮过程中，每个暗环读一次数，依次记录10个数据。另一边从第21环开始测量，直到第30环。

6. 记录数据，计算透镜的曲率半径，并用逐差法处理实验数据。

5.2　劈尖干涉测量金属丝直径(选做)

1. 仔细观察劈尖干涉现象，记录干涉条纹的形状、走向和反差情况，并分析其原因。

2. 如平板质量好，请正确测量细丝直径，给出完整结果。

6　注意事项

1. 牛顿环装置的三个螺钉不能旋得太紧或太松，以两块光学元件不松动为准。

2. 显微镜镜筒移动时，叉丝始终与牛顿环相切，其切点就是叉丝的交叉点。

3. 读数时叉丝位于条纹中间。

4. 要保持牛顿环装置及实验台稳定。

7　数据记录和处理

7.1　数据处理

根据计算式 $R=\dfrac{D_m^2-D_n^2}{4(m-n)\lambda}$，对 D_m，D_n 分别测量 n 次，因而可得 n 个 R_i 值，于是有 $\bar{R}=\sum\limits_{i=1}^{n}R_i$，我们要得到的测量结果是 $R=\bar{R}\pm\sigma_R$。下面将简要介绍一下 σ_R 的计算过程。由不确定度的定义知

$$\sigma_R=\sqrt{S_i^2+U_j^2}$$

其中，A分量为

$$S_i=\sqrt{\frac{1}{n-1}\left(\sum_{i=1}^{n}R_i^2-n\bar{R}^2\right)}$$

B分量为

$$U_j=\frac{1}{n}\sum_{i=1}^{n}U_i\quad（U_i\text{ 为单次测量的 B 分量}）$$

NOTE

$$U_j=\sqrt{\left(\frac{\partial R_i}{\partial D_m}\right)^2\sigma_{D_m}^2+\left(\frac{\partial R_i}{\partial D_n}\right)^2\sigma_{D_n}^2}$$

$$\frac{\partial R_i}{\partial D_m}=\frac{D_m}{2(m-n)\lambda}$$

$$\frac{\partial R_i}{\partial D_n}=\frac{-D_n}{2(m-n)\lambda}$$

由显微镜的读数结构的测量精度可得

$$\sigma_D=\sigma_{D_m}=\sigma_{D_n}=\frac{0.01}{2}\cdot\frac{1}{\sqrt{3}}\ \text{mm}$$

于是有

$$U_j=\frac{\sigma_D}{2(m-n)\lambda}\sqrt{D_m^2+D_n^2}$$

7.2 数据记录表(填写表7.6.1)

表7.6.1 用牛顿环测透镜的曲率半径实验数据记录表 单位:mm

分组	i	1	2	3	4	5	6	7	8	9	10
级数	m_i										
位置	左										
	右										
直径	D_{mi}										
级数	n_i										
位置	左										
	右										
直径	D_{ni}										
直径平方差	$D_{mi}^2-D_{ni}^2$										
透镜曲率半径	R										

8 系统误差分析

在实验操作中,由于中心不可能达到点接触,在重力和螺钉压力下,透镜会变形,中心会形成暗斑,造成测量结果偏差。

9 思考题

1. 若实验改为测量牛顿环干涉条纹的弦长,对测量结果有无影响?

2. 实验中采取哪些消除误差的方法?

10 实验拓展

利用牛顿环实验装置,还可测量透镜的折射率、透镜表面凹凸的判断以及用等厚干涉测量金属丝的弹性模量。

NOTE

7.7　迈克耳孙干涉仪

1　引言

1881年,美国物理学家迈克耳孙和莫雷为研究“以太”漂移而设计制造出了世界上第一台“迈克耳孙干涉仪”。1887年,两位物理学家使用这种干涉仪进行了著名的迈克耳孙-莫雷实验,证实了“以太”的不存在。这个与预期结果相反、貌似失败的实验,却为狭义相对论的基本假设提供了实验依据,体现了科学家实事求是的科学态度和精益求精的工匠精神。

迈克耳孙干涉仪结构简单、光路设计巧妙,其调整和使用具有典型性,因此在很多领域都具有广泛的应用。比如,在计量技术中,我们可以利用该仪器测量折射率、光波波长等;在科学研究中,傅里叶红外光谱仪就是以迈克耳孙干涉仪为原理的仪器,它广泛应用于医药化工、地矿、石油、煤炭、环保、海关等领域。以迈克耳孙干涉仪结构为原型,科学家设计出了具有超高灵敏度的引力波探测器LIGO。

2　实验目的

1. 了解迈克耳孙干涉仪的原理,掌握调节方法,并观察干涉图样。
2. 区别等倾干涉和等厚干涉,测定氦氖激光波长。

3　实验原理

3.1　迈克耳孙干涉仪光路

图7.7.1为迈克耳孙干涉仪结构原理图。点光源S发出的光被分光板P_1分成光强相等的两束,一束光经P_1透射后到达反射镜M_1,另一束经P_1反射后到达反射镜M_2,并被M_1与M_2反射后再次回到分光板P_1,最终在观察屏上会聚形成同心的干涉圆环。M_1'为M_1经P_1反射后形成的虚像。

如图7.7.2所示,点光源S经M_1、M_2反射后的光束等效于两个虚光源S_1、S_2发出的相干光束,而S_1、S_2的间距为M_1、M_2'的间距的两倍,即$2d$。虚光源S_1、S_2发出的球面波在它们相遇的空间处处相干,呈现非定域干涉现象,其干涉条纹在空间不同的位置将可能是圆形环纹、椭圆形环纹或弧形的干涉条纹。通常将观测屏F安放在垂直S_1S_2的连线方位,屏至S_2的距离为R,屏上干涉花纹为一组同心的圆环。

当级次k确定时,P点的运动轨迹为旋转双曲面,在垂直S_1S_2连线的平面上呈现同心圆的干涉图样。P点的光程差为

$$\Delta=2d\cos i=k\lambda \tag{7.7.1}$$

其中,$\Delta=r_2-r_1=\begin{cases}2k\dfrac{\lambda}{2} & 干涉相长\quad k=0,1,2,\cdots\\(2k+1)\dfrac{\lambda}{2} & 干涉相消\quad k=0,1,2,\cdots\end{cases}$

NOTE

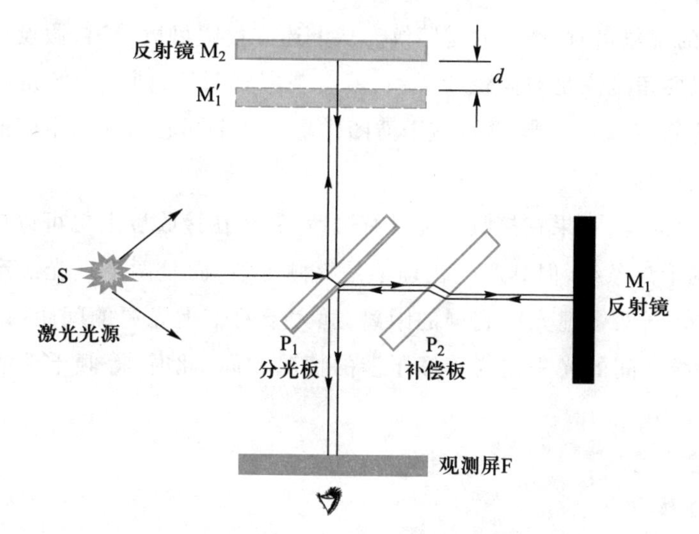

图 7.7.1 迈克耳孙干涉仪结构原理图

当 d 增大时，i 也同时增大，相同级次的干涉环向外扩展；当 d 减小时，i 也同时减小，相同级次的干涉环向内收缩。若板间距改变了 Δd，在干涉环中心处观察，则条纹向外冒出（或向内缩进）Δk 环，波长为

$$\lambda = 2\Delta d/\Delta k \tag{7.7.2}$$

3.2 等倾干涉

从图 7.7.3 中可以观察到两虚光源会在 P 处相遇，如果两个光源，频率相同、振动方向相同，且相位差恒定，则称为相干光源，那么在其相遇的位置就会产生相干图样，如图 7.7.3 所示。条纹的明暗程度取决于两光束的光程差。

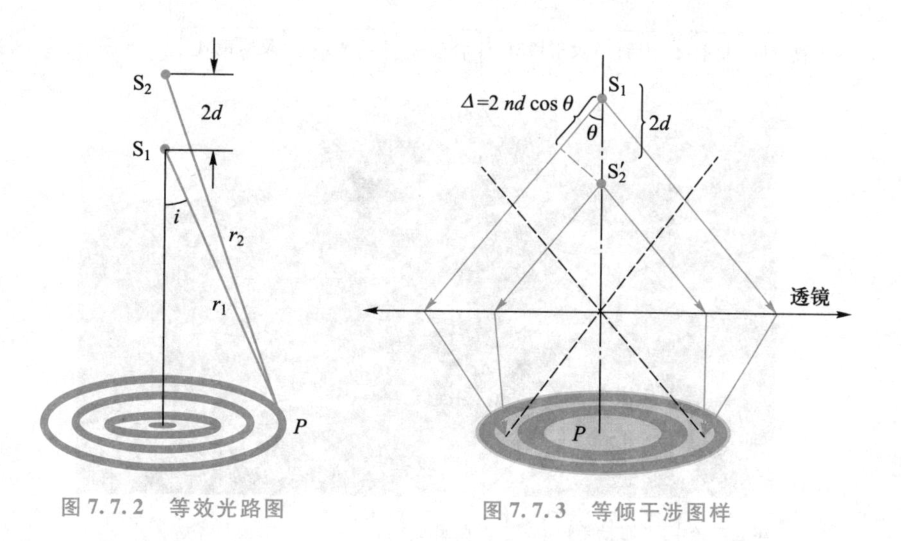

图 7.7.2 等效光路图　　图 7.7.3 等倾干涉图样

假设空气的折射率是 1，当光程差是半波长的偶数倍时，产生的是明纹；当光程

NOTE

差是半波长的奇数倍时，产生的是暗纹。从上述方程中可以看出，假设满足产生明纹的条件，只要角度满足空间位置关系，就会观察到明纹，同一个倾角对应着同一级的条纹，这称为等倾干涉，并且该干涉图样是一个个同心圆环。中间的条纹级次比两侧条纹级次高。

需要指出的是，如果在接收屏前没有透镜，那么在接收屏上也可以接收到同心圆环，形成的干涉条纹，但其产生机理不是等倾干涉，而是两个点光源产生的非定域干涉条纹。当两个虚光源到屏的距离，远大于两个虚光源的间距时，可以近似认为两束光线之间的光程差与等倾干涉的情况相同，此时，等倾干涉的公式仍然成立。

4　实验仪器

4.1　仪器结构

本实验中的仪器装置主要包括：迈克耳孙干涉仪、氦氖激光器、扩束镜和白光光源等。

迈克耳孙干涉仪的构造如图 7.7.4 所示，其主要由精密的机械传动系统和四片精细磨制的光学镜片组成。补偿板与分光板是两块几何形状、物理性能相同的平行平板玻璃。其中分光板使入射光分成振幅（即光强）近似相等的一束透射光和一束反射光。补偿板起补偿光程作用。M_1 和 M_2 是两块表面镀铬且加氧化硅保护膜的反射镜。M_2 固定在仪器上，称为固定反射镜，M_1 装在可由导轨前后移动的拖板上，称为移动反射镜。实验中通过改变 M_1 的位置来改变两路光束的光程差，M_1 每移动激光波长的一半，条纹从亮（暗）条纹变为暗（亮）条纹。所以说，实验中只要记录 M_1 的位置就可知道两路光束的光程差。

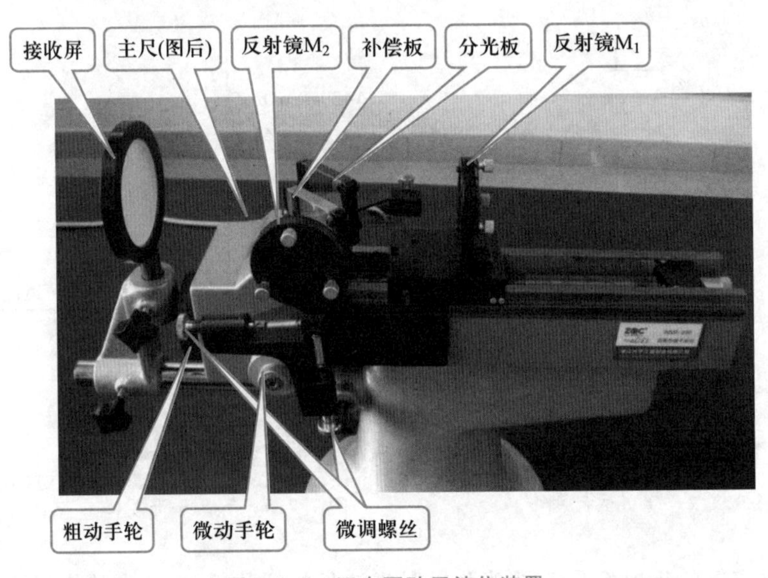

图 7.7.4　迈克耳孙干涉仪装置

NOTE

M_1 和 M_2 镜架背后各有三个调节螺丝,可用来调节 M_1 和 M_2 的倾斜方位。这三个调节螺丝在调整干涉仪前,都应先均匀地拧几圈(因每次实验后为保证其不受应力影响而损坏反射镜,都将调节螺丝拧松了),但不能过紧,以免减小调整范围。同时也可通过调节水平拉簧螺丝与垂直拉簧螺丝使干涉图像作上下和左右移动。而仪器水平还可通过调整底座上三个水平调节螺丝来实现。

4.2 迈克耳孙干涉仪的读数装置

图 7.7.5 为迈克耳孙干涉仪读数装置,图 7.7.4 中移动反射镜 M_1 的位置由它来读出。它由三部分读数叠加而成,包括主尺、粗动手轮与微动手轮所示的刻度数。主尺精度为 1 mm,主尺部分如图 7.7.5(a)所示为 33 mm;粗动手轮,每周为 100 个均匀刻度,每旋转一周,主尺刻度进动 1 mm,因此其精度为 0.01 mm,粗动手轮如图 7.7.5(b)所示为 0.52 mm;微动手轮,每周为 100 个均匀刻度,每旋转一周,粗动手轮进动一个刻度,因此其精度为 0.000 1 mm。此外还需估读一位,如图 7.7.5(c)所示为 0.002 46 mm,因此,M_1 此刻的位置为 33.522 46 mm。

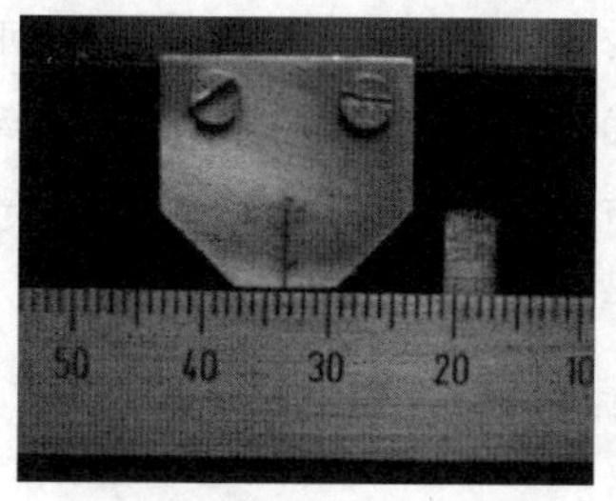

(a) 主尺

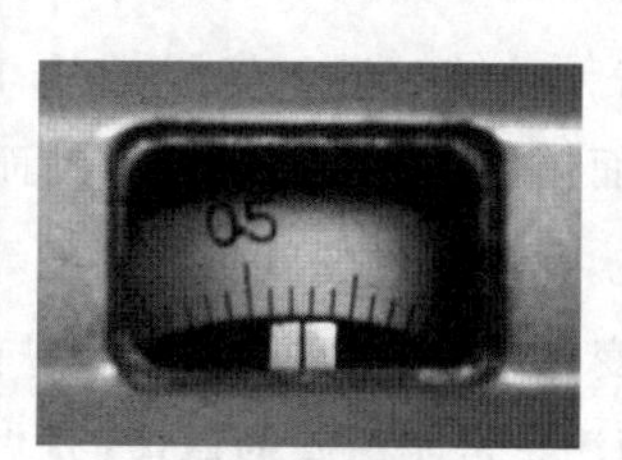

(b) 粗动手轮

(c) 微动手轮

图 7.7.5 迈克耳孙干涉仪读数装置图

5 实验内容

5.1 非定域干涉条纹的调节

1. 如图 7.7.6 所示,激光穿过小孔,使 M_1、M_2 的反射光点在屏上严格重合。如果不重合,需调节 M_1 后的粗调螺丝,使反射光点在小孔平面上严格重合。

2. 移去小孔放入扩束镜,使光斑均匀地射到分光板 P_1 上,调节刻度轮,使屏上出现的圆环大小合适。

3. 调节 M_1 下的微调螺丝,使干涉圆环在观察屏中央。

4. 锁定刻度轮大转盘上的螺丝,调节微量读数鼓轮向一个方向转动几圈(为了避免空程误差),记录 M_2 的初始位置 d_1。

5. 继续转动微量读数鼓轮,当干涉环冒出或缩进 30 圈(即 $\Delta k=30$)时,记录 M_2 的位置 d_i,连续测量 9 次,用逐差法进行数据运算。

NOTE

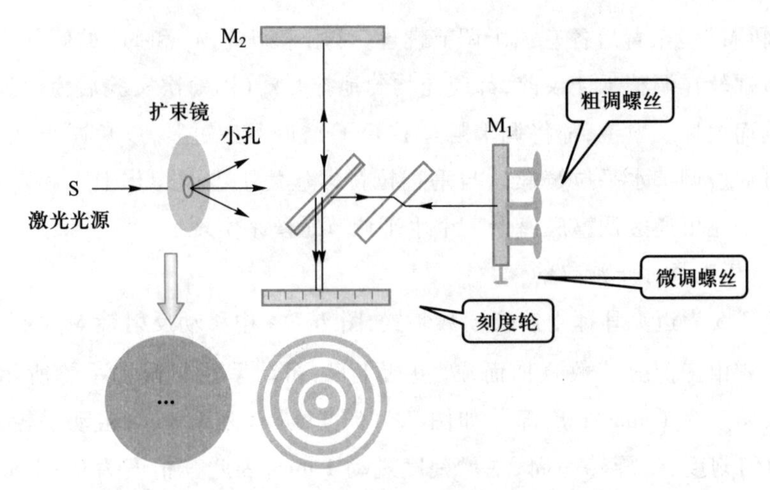

图 7.7.6 非定域干涉实验原理图

5.2 面光源等倾干涉条纹调节和观察(选做)

完成前述实验后,请小心不要动光路,然后在扩束镜和分光板 P_1 之间放入毛玻璃,使激光束经透镜发出的球面波漫射成为扩展的面光源。眼睛通过 P_1 向 M_1 方向看,便可直接看到等倾条纹。进一步调节 M_2 的微调螺丝,使上下左右移动眼睛时,各圆的大小不变,而仅仅是圆心随眼睛移动而移动,并且干涉条纹反差大,此时 M_1 和 M_2'完全平行了。我们看到的就是严格的等倾条纹。

移动 M_1,观察条纹变化规律,在实验报告中进行讨论。

5.3 以白光为光源测量透明薄膜的厚度(选做)

假设光源为单色面光源,M_1 与 M_2 之间不平行,而有一个很小的角度,可以认为此时 M_1 与 M_2'之间形成等效的空气劈尖,如图 7.7.7(a)所示。当有一束光线入射,会在 M_2'反射,在 M_1 也会反射,这两束光线也是相干光,明暗条纹取决于两束光线的光程差。

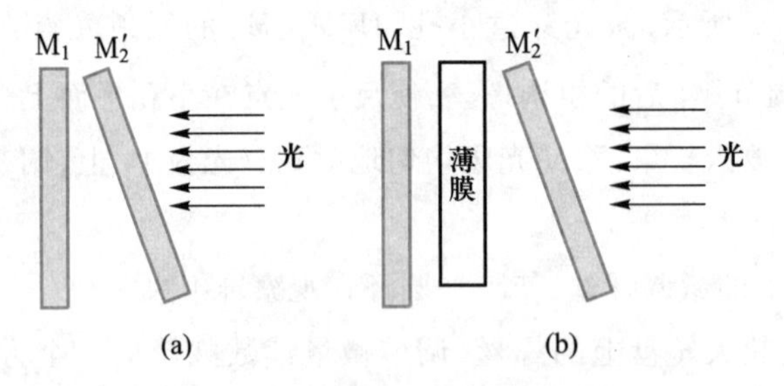

图 7.7.7 等厚干涉实验原理图

对于激光而言,由于其相干长度较长,容易产生干涉,因此在很大的一个范围内,都能观察到激光产生的条纹。而如果换为相干长度很小的白色光源,只能在 0 级附近很窄的范围内,产生彩色的干涉条纹。而且,一旦经由 M_1 或 M_2'光束的光程

NOTE

发生变化,不满足等光程性,则干涉条纹将马上消失。

假设最初 M_1 与 M_2'在空间相遇,并且0级彩色干涉条纹可以被观察到,那么在 M_1 前加入透明薄膜后,如图7.7.7(b)所示,由于薄膜的折射率大于空气的折射率,从而增加了经由 M_1 的光束的光程,此时等厚干涉现象消失,可以调节 M_1 的空间位置,减小经由 M_1 反射那束光的光程,等厚干涉现象会再次发生,此时 M_1 移动的距离,即是由于薄膜的加入而带来的光程增加量。假设薄膜的折射率已知,实验者可利用公式计算出薄膜的厚度。

6 注意事项

1. d 必须调节到很小值(即干涉条纹较粗)。

2. 每一次记录数据时要保持条纹在同一个状态。

3. 要连续测量 M_2 的移动位置 d_i,手轮旋向保持一致,中途不能倒退,以免引入空程误差。

7 数据记录和处理

通过本实验测量激光波长,并用逐差法处理实验数据,填写表7.7.1。

表7.7.1 实验数据表

i	d_i/mm	$i+5$	d_{i+5}/mm	$(d_{i+5}-d_i)$/mm	λ/nm
1		6			
2		7			
3		8			
4		9			
5		10			

其中,表中的波长 λ 为:$\lambda=\dfrac{d_{i+5}-d_i}{75}$,氦氖激光的标准波长为:$\lambda_0=632.8$ nm。

实验测量的平均波长:$\overline{\lambda}=$______ nm

百分误差:$E_0=$______%

8 系统误差分析

迈克耳孙干涉仪的误差包括机械误差、操作不当误差以及由环境振动引起的误差等。其中,机械误差主要由丝杆螺母的螺距误差引起;操作不当误差主要由 M_2 与 M_1'的不严格平行引起。

9 思考题

1. 调节迈克耳孙干涉仪时看到的亮点为什么是两排而不是两个?两排亮点是怎样形成的?

NOTE

2. 调节激光的干涉条纹时,如针孔板的主光点已重合,但条纹并未出现,试分析可能产生的原因。

3. 为什么不放补偿板就调不出白光干涉条纹?

10　实验拓展

基于迈克耳孙干涉仪,可设计用拍频法测量钠光波长以及测量玻璃折射率等实验。

NOTE

7.8 偏振光的产生及应用

1 引言

光的干涉、衍射现象揭示了光的波动性，但是还不能说明光波是纵波还是横波。而光的偏振现象清楚地显示其振动方向与传播方向垂直，说明光是横波。1808年，法国物理学家马吕斯研究双折射现象时发现折射的两束光在两个互相垂直的平面上偏振。此后，人们又有布儒斯特定律和色偏振等一些新发现。

光的偏振有别于光的其他性质，人的感觉器官不能感觉偏振的存在。光的偏振使人们对光的传播规律（反射、折射、吸收和散射）有了新的认识。本实验通过对偏振光的观察、分析和测量，使学生加深对光的偏振基本规律的认识和理解。

偏振光的应用很广泛，从立体电影、晶体性质研究到光学计量、光弹、薄膜、光通信、实验应力分析等技术领域都有巧妙的应用。

2 实验目的

1. 观察光的偏振现象，了解偏振光的产生方法和检验方法。

2. 了解波片的作用和用 $\lambda/4$ 波片产生椭圆偏振光和圆偏振光及其检验方法。

3. 通过布儒斯特角的测定，测得玻璃的折射率。

4. 验证马吕斯定律。

3 实验原理

光是一种电磁波，电磁波中的电矢量 E 就是光波的振动矢量，称作**光矢量**。按照光矢量振动的不同状态，通常把光波分为自然光、部分偏振光、线偏振光（平面偏振光）、圆偏振光和椭圆偏振光五种形式。

自然光是各方向振幅相同的光，对自然光而言，它的振动方向在垂直光的传播方向的平面内可取所有可能的方向，没有一个方向占有优势。若把所有方向的光振动都分解到相互垂直的两个方向上，则在这两个方向上的振动能量和振幅都相等。

线偏振光是在垂直传播方向的平面内，光矢量只沿一个固定方向振动。

部分偏振光可以看作自然光和线偏振光混合而成，即它在某个方向的振幅占优势。

圆偏振光和椭圆偏振光是光矢量末端在垂直传播方向的平面上的轨迹呈圆或椭圆。

3.1 产生偏振光的元件

产生线偏振光的方法有利用布儒斯特定律产生偏振、利用双折射产生偏振和利用偏振片产生偏振等。

NOTE

1. 利用布儒斯特定律产生偏振

当自然光入射到各向同性的两种介质(如空气和玻璃)分界面时,反射光和透射(折射)光一般为部分偏振光,其中反射光中垂直方向振动占优势,透射光中水平方向振动占优势。若入射角改变,则反射光的偏振程度也随之改变。当入射角 ψ_p 满足(7.8.1)式时,反射光变为垂直方向振动线偏振光,而透射光依然是部分偏振光。

$$\tan\psi_p=\frac{n_2}{n_1} \tag{7.8.1}$$

其中,n_1,n_2 为两种介质的折射率,(7.8.1)式称为布儒斯特定律,ψ_p 为布儒斯特角,或称起偏振角。

图7.8.1为布儒斯特定律原理图,其中圆“∘”表示振动面垂直于入射面的线偏振光,短线“-”表示振动面平行于入射面的线偏振光,圆和短线的数量表示偏振程度。

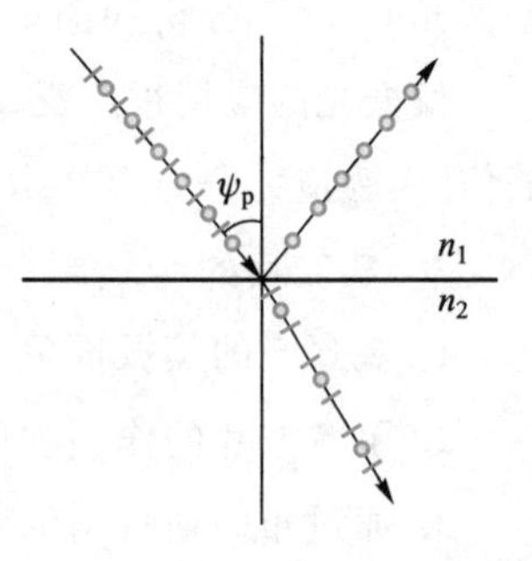

图7.8.1 布儒斯特定律原理图

如果自然光以 ψ_p 入射到数目足够多的互相平行的玻璃片堆上时,透射光也变为线偏振光,其振动面平行于入射面。

2. 利用晶体双折射产生偏振

晶体中存在双折射现象。在晶体中存在一个特殊的方向(光轴方向),当光束沿着这个方向传播时,光束不分裂,光束偏离这个方向传播时,光束将分裂为两束,其中一束光遵循折射定律叫寻常光(o光),另一束光一般不遵循折射定律叫非寻常光(e光)。o光和e光都是线偏振光(也叫完全偏振光),两者的光矢量的振动方向(在一般使用状态下)互相垂直。晶体可以有一个光轴,叫单轴晶体,如方解石、石英,也可以有两个光轴,叫双轴晶体,如云母、硫黄等。

利用晶体的双折射现象,可以做成复合棱镜,使其中一束折射光偏离原来的传播方向而得到线偏振光。实验中采用格兰棱镜做成的偏振器,用以产生或检验线偏振光。

3. 利用偏振片产生偏振

有些晶体材料对自然光的偏振分量具有选择吸收作用,即对一种振动方向的线偏振光吸收强烈,而对与这一振动方向垂直的线偏振光吸收较少,这种现象称作二向色性。

偏振片是人工制造的具有二向色性的膜片。每个偏振片的最易透过电场分量的方向叫作透振方向,也称偏振化方向。因此,自然光通过偏振片后,透射光基本上成为电矢量的振动方向与偏振化方向平行的线偏振光。实验室常用偏振片得到

NOTE

偏振光。偏振片既可以用作起偏器又可以作为检偏器。

3.2 马吕斯定律

线偏振光通过一个理想检偏器后，其透射光的强度为

$$I=I_0\cos^2\theta \tag{7.8.2}$$

此式称为马吕斯定律。其中 θ 为起偏器与检偏器两个透振方向之间的夹角，改变 θ 角可以改变透过检偏器的光强。

根据马吕斯定律，线偏振光透过检偏器的光强随偏振面和检偏器的偏振化方向之间夹角 θ 将发生周期性变化。当 θ 为 0 或 π 时，透射光强度最大；而当 θ 为$\frac{\pi}{2}$或$\frac{3\pi}{2}$时，透射光强度为零，即当检偏器转动一周会出现两次消光现象。

3.3 椭圆偏振光和圆偏振光的产生

若使线偏振光垂直射入厚度为 d 的晶体中，则晶体中会发生双折射现象。设晶体对 o 光和 e 光的折射率分别为 n_o 和 n_e，则通过晶体后两束光的光程差为

$$\delta=(n_o-n_e)d \tag{7.8.3}$$

其相位差为

$$\Delta\varphi=\frac{2\pi}{\lambda}\delta=\frac{2\pi}{\lambda}(n_o-n_e)d$$

其中 λ 是光在真空中的波长。

o 光和 e 光在晶体的出射面叠加后的合振动方程为

$$\frac{x^2}{A_e^2}+\frac{y^2}{A_o^2}-\frac{2xy}{A_eA_o}\cos(\Delta\varphi)=\sin^2(\Delta\varphi) \tag{7.8.4}$$

由上式可知，合振动矢量的端点轨迹是椭圆，因此称为椭圆偏振光。决定椭圆的因素是入射光的振动方向与光轴的夹角 α 和晶片的厚度 d。

波片又称相位延迟片，是改变光的偏振态的元件。它是从单轴晶体中切割下来的平行平面板，当两光束通过波片后，o 光与 e 光的光程差由(7.8.3)式可知。选定晶体后，对于某一波长的单色光，$\Delta\varphi$ 只取决于波片的厚度 d。

若波片满足 $d=\frac{2k+1}{n_o-n_e}\cdot\frac{\lambda}{2}$，即 $\Delta\varphi=(2k+1)\pi$，这称为 $\lambda/2$ 波片（半波片）。由(7.8.4)式可知此时方程为直线方程，表示经 $\lambda/2$ 波片后，合振动仍为线偏振光（但与入射光的振动方向有 2α 的夹角）。

若波片满足 $d=\frac{2k+1}{n_o-n_e}\cdot\frac{\lambda}{4}$时，即 $\Delta\varphi=(2k+1)\frac{\pi}{2}$，这称为 $\lambda/4$ 波片。由(7.8.4)式得到正椭圆方程，表示经 $\lambda/4$ 波片合振动为正椭圆偏振光。因此 $\lambda/4$ 波片主要用于产生或检验椭圆偏振光和圆偏振光。对于线偏振光垂直射入 $\lambda/4$ 波片，且振

NOTE

动方向与波片光轴成 α 角时，合成的光偏振状态还有以下几种情况：

1. 当 $\alpha=0$ 时，$A_o=0$，经 $\lambda/4$ 波片透出的光为振动方向平行光轴的线偏振光。

2. 当 $\alpha=\frac{\pi}{2}$ 时，$A_e=0$，经 $\lambda/4$ 波片透出的光为振动方向垂直光轴的线偏振光。

3. 当 $\alpha=\frac{\pi}{4}$ 时，$A_o=A_e$，经 $\lambda/4$ 波片透出的光为圆偏振光。

4. 当 α 为其他值时，$A_o\neq A_e$，经 $\lambda/4$ 波片透出的光为椭圆偏振光。

4　实验仪器

4.1　仪器结构

偏振光实验仪，包括光具导轨，光具导轨上设有至少 6 个活动块，活动块上依次设有激光发生器、起偏器、$\lambda/4$ 波片、光具平台、检偏器、信号接收器、激光发生器和光信号分析仪。图 7.8.2 为其结构示意图。

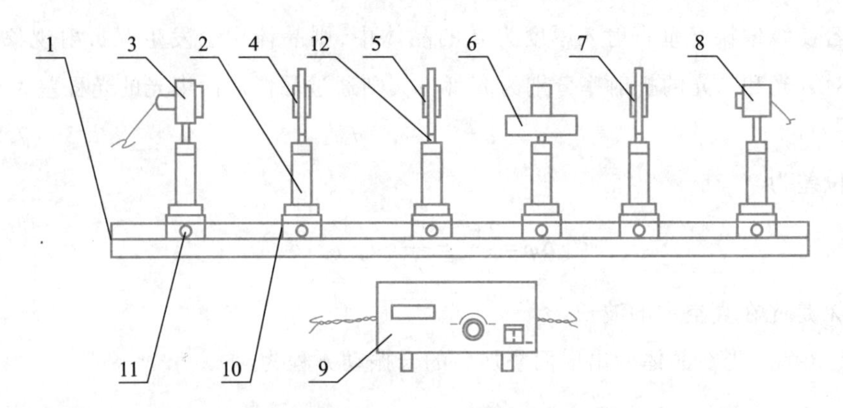

1. 光具导轨；2. 活动块；3. 激光发生器；4. 起偏器；5. $\lambda/4$ 波片；6. 光具平台；
7. 检偏器；8. 信号接收器；9. 光信号分析仪；10. 凹槽；11. 松紧钮；12. 转动轴

图 7.8.2　偏振光试验仪装置示意图

4.2　光信号分析仪

光信号分析仪包括硅光电池，硅光电池依次连接 I/V 变换电路、滤波电路、16 位 A/D 转换器和微处理器、数字滤波器和 5 位半数显。微处理器另一端连接光强调制电路，光强调制电路连接硅光电池。硅光电池感应光信号，转化成电流信号，将该电流信号进行 I/V 转化，进行放大和滤波，由 16 位 A/D 转化器采样，将取得数据传送到微处理器中，微处理器进行处理，一部分对光强调制，一部分进行数字滤波。信号通过数字滤波后，在 5 位半数显显示，通过光强调制的信号重新返回硅光电池。

4.3　实验方法

在光具导轨两端分别安装激光发生器和信号接收器，使激光束等高进入信号接收器。先对激光器调焦，把光斑调制成最小；在光路中放置一偏振片，调到 0°，轻旋激光头使检流计数值较大。

NOTE

5 实验内容

5.1 起偏与检偏

如图 7.8.3 所示,在光源和信号接收器之间放置偏振片,此为起偏器,放置另一偏振片为检偏器,旋转检偏器观察到光强发生变化。由偏振片转盘刻度值可知,当起偏器、检偏器的偏振化方向平行时,光最强;偏振化方向垂直时,光最暗。将检偏器旋转一周,光强变化四次,两明两暗。固定检偏器,旋转起偏器可产生同样的现象。

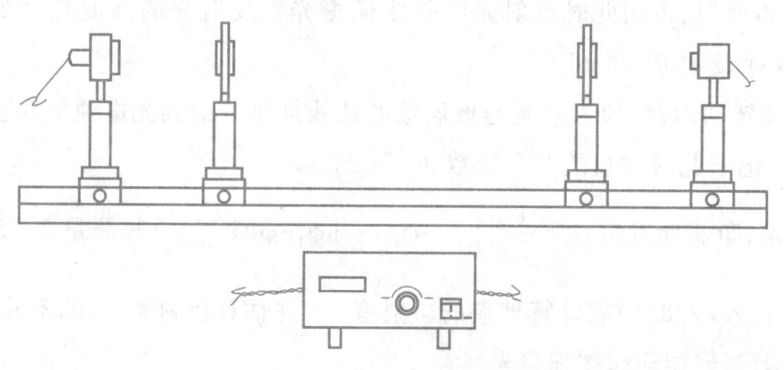

图 7.8.3 检偏起偏装置示意图

通过实验可以知道,光通过偏振片后成为偏振光,偏振片起到了起偏器和检偏器的作用。

5.2 验证马吕斯定律

依照实验 5.1 的方法安置仪器,使起偏器和检偏器正交,记录光电接收的示值 I,然后将检偏器间隔 10°~15°转动一次并记录一次,直至转动 90°为止,利用所得实验数据验证马吕斯定律。

5.3 根据布儒斯特角测定介质的折射率

1. 如图 7.8.4 所示,在光路中放置载物台、玻璃堆、偏振片、光电池及白屏。观察白屏,对激光器进行调焦,按照载物台以上约三分之二玻璃堆高度调整入射光。

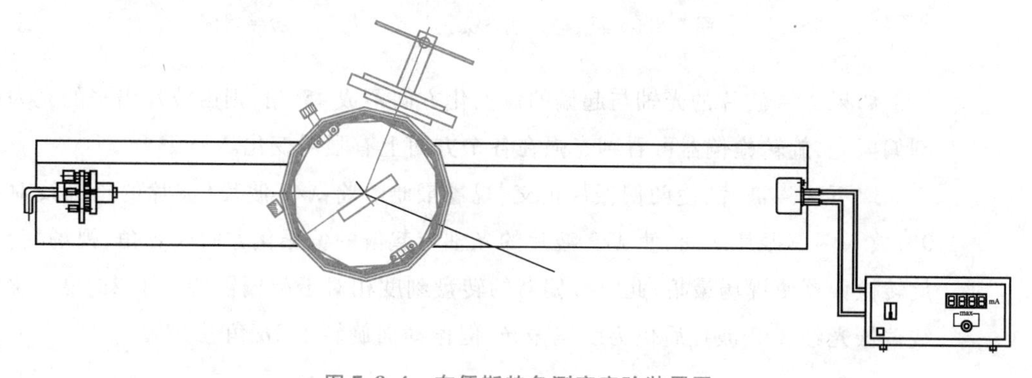

图 7.8.4 布儒斯特角测定实验装置图

NOTE

2. 玻璃堆置于载物台上，使玻璃堆垂直光轴，此时入射光通过玻璃堆的法线射向光电池。放入偏振片、白屏，旋转内盘使入射光以50°～60°射入玻璃堆，反射光射到白屏上并使偏振片、白屏与反射光垂直。旋转偏振片，观察到光的亮度有强、弱变化，说明玻璃堆起到了起偏器的作用。旋转偏振片使光斑处于较暗的位置。

3. 转动内盘，观察白屏看反射光亮度的改变，如果亮度渐渐变弱，再旋转偏振片使亮度更弱。

4. 反复调整直至亮度最弱，接近全暗。这时再旋转偏振片，如果反射光的亮度由黑变亮，再变黑，说明此时反射光已是线偏振光。反射光的强度几乎为零时，记下度盘的两个读数 ϕ_1 和 ϕ_1'。

5. 继续转动内盘，使入射光与玻璃堆的法线同轴并射到光电池上，使数显表头读数最大。记下此时度盘的两个读数 ϕ_2 和 ϕ_2'。

6. 于是，布儒斯特角 $\psi_p=\dfrac{1}{2}(|\phi_1-\phi_2|+|\phi_1'-\phi_2'|)$。重复测量3～5次，计算平均值$\overline{\psi_p}$，代入(7.8.1)式计算玻璃的折射率 n_2，并估算折射率 n_2 的不确定度。

5.4　椭圆偏振光和圆偏振光

如图7.8.5所示，在光源前放入两偏振片，将 $\lambda/4$ 波片放入两偏振片之间，并使 $\lambda/4$ 波片的光轴与起偏器的偏振化方向成45°角，透过 $\lambda/4$ 波片的光就是圆偏振光。旋转检偏器可看到在各个方向上光强保持均匀。

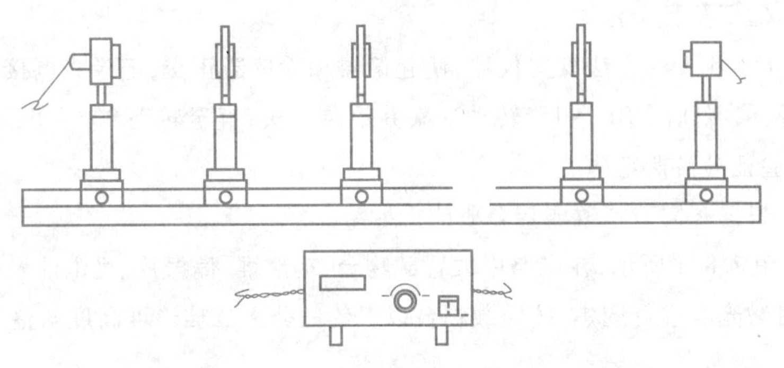

图7.8.5　圆、椭圆偏振光的产生与检测实验装置图

如果 $\lambda/4$ 波片的光轴与起偏的偏振化方向不成45°角，则由波片出来的光为椭圆偏振光，旋转检偏器可看到光强在各个方向上有强弱变化。

取下 $\lambda/4$ 波片，使两偏振片正交，视场最暗。将 $\lambda/2$ 波片（波片的指标线对至0°）放入两偏振片之间，使 $\lambda/2$ 波片的光轴与起偏的偏振化方向成 α 角，视场变亮。旋转检偏器使视场最暗，此时检偏器的转盘刻度相对于起偏器转动了 2α 角。说明线偏振光经 $\lambda/2$ 波片后仍为线偏振光，但振动面旋转了 2α 角。

NOTE

6 注意事项

1. 激光器发光强度的起伏对实验有影响,应配置稳压电源,并预热半小时。

2. 仪器应保持清洁,光学件表面灰尘应用皮老虎吹掉,或用脱脂棉轻轻擦拭,切勿用手触摸表面。导轨面可涂少许润滑剂。

3. 眼睛不要正视激光束,以免对眼睛造成伤害。

4. 光学元件(偏振片、波片、反射镜等)要轻拿轻放,特别是本实验所用的偏振片和波片的支架较重,而波片本身又易碎,所以需要格外爱护。

7 数据记录和处理

1. 马吕斯定律数据记录与处理(填写表 7.8.1)

表 7.8.1 马吕斯定律实验数据表

θ	90°						0°
I							
$\cos^2\theta$	0						
$I_0\cos^2\theta$	0						

2. 布儒斯特角的测定(填写表 7.8.2)

表 7.8.2 布儒斯特角实验数据表

测定次数	1	2	3	4	5
布儒斯特角					

数据处理:

$$\bar{x}=\sum_{i=1}^{n}x_i/n=$$

测量次数 $n=5$,查表得 $t_p=1.14(p=0.683)$

$$S_{\bar{x}}=\sqrt{\frac{\sum_{i=1}^{n}(x_i-\bar{x})^2}{n(n-1)}}=$$

A 类不确定度:$S=1.14\times S_{\bar{x}}=$

B 类不确定度 $U_j=0.683\times\Delta_{仪}=$

不确定度:$U=\sqrt{S^2+U_j^2}=$

布儒斯特角:$X=$

百分差:$E=$

3. $\lambda/2$ 波片实验

为达到消光,记录检偏器转过角度与 $\lambda/2$ 波片转过角度,线偏振光通过 $\lambda/2$ 波

NOTE

片时的现象和 $\lambda/2$ 波片的作用,填写表 7.8.3。

表 7.8.3　$\lambda/2$ 波片实验数据表

$\lambda/2$ 波片转过角度	初始	10	20	30	40	50	60	70	80	90
检偏器 A 转过角度										

4. 用 $\lambda/4$ 波片产生圆偏振光和椭圆偏振光(波片转 20°与 45°分别测),填写表 7.8.4。

表 7.8.4　$\lambda/4$ 波片实验数据表

检偏器角度/°	0	10	20	30	40	50	60	70	80
光电流/A									
检偏器角度/°	90	100	110	120	130	140	150	160	170
光电流/A									
检偏器角度/°	180	190	200	210	220	230	240	250	260
光电流/A									
检偏器角度/°	270	280	290	300	310	320	330	340	350
光电流/A									

8　系统误差分析

两偏振片与激光不垂直;激光器发出的光未调成平行光;预热时间不够,激光不稳定;读数误差,都可能导致最后的误差。

9　思考题

1. 若测得 I 与 $\cos^2\theta$ 的函数图形不是直线,而是一扁椭圆,试分析原因。

2. 在两正交偏振片之间再插入一偏振片,并转动一周,会有什么现象?如何解释?

3. 假如有自然光、圆偏振光、自然光与圆偏振光的混合光 3 种光分别从 3 个洞口射出,怎样识别每个洞口射出来的是什么光?

10　实验拓展

用偏振光实验方法,可以基于糖溶液的旋光作用测量液体浓度,并可测量消光比等。

NOTE

7.9 X 射线衍射实验

1 引言

1895 年德国科学家伦琴(W. C. Röntgen)研究阴极射线管时,发现了 X 射线,这是人类揭开微观世界的“三大发现”之一。X 射线管的制成,被誉为人造光源史上的第二次革命。

现在,X 射线在各种产业、科研等方面有着广泛和重要的应用:在工业上用于非破坏性材料的检查,如 X 射线探伤;在基础科学和应用科学领域内,被广泛用于晶体结构分析,及通过 X 射线光谱和 X 射线吸收进行化学分析和原子结构的研究;医学上用来帮助人们进行医学诊断和治疗,如 CT 检查等。

2 实验目的

1. 了解用电子加速轰击金属靶产生 X 射线的方法与 X 射线的特性。
2. 了解晶体衍射(布拉格衍射)测量晶格常量的原理和方法。
3. 了解材料对 X 射线吸收特性。

3 实验原理

3.1 X 射线的产生机理

X 射线的产生一般利用高速电子和物质原子的碰撞来实现。常见的 X 射线管是一个真空二极管,管内阴极是炽热的钨丝,可发射电子,阳极是表面嵌有靶材料的钼块。两极加上几十千伏的高压,由此产生很强的电场使电子到达阳极时获得高速。高速运动的电子打在阳极靶面上,靶就放出 X 射线。例如,钼原子内主要有两对电子可在其间跃迁的能级,其能量差分别为 17.4 keV 和 19.6 keV,电子从高能级跃迁到低能级时,分别发出波长为 7.13×10^{-2} nm 和 6.33×10^{-2} nm 的两种 X 射线。

X 射线发射谱分为两类,如图 7.9.1 所示:(1) 连续光谱,由高速入射电子的韧致辐射引起的,高速电子接近原子核时,原子核的库仑场要使它偏转并急剧减速,同时产生连续的电磁辐射,这种辐射称为“韧致辐射”;(2) 特征光谱,一种不连续的线状光谱,是原子中最靠内层的电子跃迁时发出来的,由于电子轰击,阳极物质的原子激发,靠近原子核的芯电子脱离了原子,然后外层电子跃迁到内层的空位上,这时原子发射的 X 射线即为标识谱,标识谱可分为 K,L,…等线系,每个线系又有多条谱线。有用的是波长最短、强度最大的 K 系谱线,主要包括 K_α 和 K_β 线。连续光

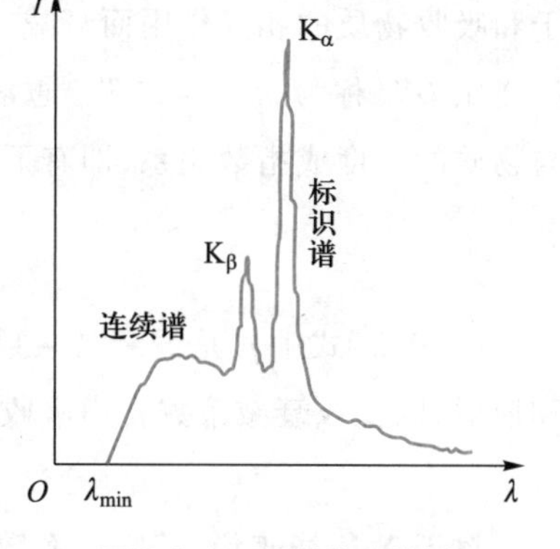

图 7.9.1 X 射线光谱图

NOTE

谱的性质和靶材料无关，而特征光谱和靶材料有关，不同的材料有不同的特征光谱，这就是为什么称为“特征”的原因。

3.2　X 射线的布拉格衍射

由于 X 射线的波长与一般物体中原子的间距同数量级，因此 X 射线成为研究物质微观结构的有力工具。当 X 射线射入原子有序排列的晶体时，会发生类似可见光入射到光栅时的衍射现象，如图 7.9.2 所示。

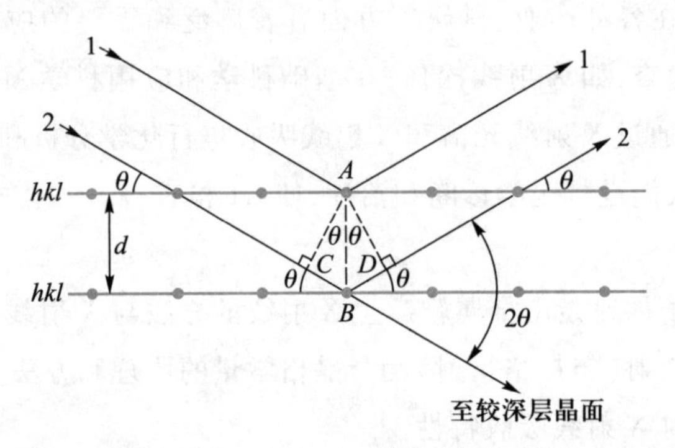

图 7.9.2　X 射线晶格衍射原理图

1913 年，英国科学家布拉格父子证明了 X 射线在晶体上衍射的基本规律为

$$2d\sin\theta = k\lambda \tag{7.9.1}$$

其中，d 是晶体的晶面间距，即相邻晶面的距离，θ 是衍射光的方向与晶面的夹角，λ 是 X 射线的波长，k 是一个整数，代表衍射级次。(7.9.1) 式称为布拉格公式。

根据布拉格公式，我们既可以利用已知的晶体（d 已知）通过测量 θ 角来研究未知 X 射线的波长，也可以利用已知 X 射线（λ 已知）来测量未知晶体的晶面间距。

3.3　X 射线与物质相互作用

X 射线穿过物质时，具有一定的穿透能力，但由于物质的吸收作用，使射线强度衰减，一束强度为 I_0 的 X 射线垂直入射到吸收介质上，入射的 X 射线强度将由于和吸收物质的相互作用而衰减。穿过物质后的透射强度 I 与 X 射线的入射强度 I_0 之比 I/I_0 称为透射因数 T。通常，透射因数越大，则吸收衰减越小。衰减的程度与物质的厚度成指数关系，即有下式

$$T = \frac{I}{I_0} = e^{-\mu x} \tag{7.9.2}$$

(7.9.2) 式中 μ 是线衰减系数。引起衰减的原因主要是物质对 X 射线的吸收和散射，因此线衰减系数 μ 由吸收系数 τ_a 和散射系数 σ_s 构成。

$$\mu = \tau_a + \sigma_s \tag{7.9.3}$$

对于 X 射线来说，其吸收系数 τ_a 比散射系数 σ_s 大得多，所以一般散射系数 σ_s

NOTE

可忽略,近似有 $\mu=\tau_a$。

$$I=I_0e^{-\mu x}\approx I_0e^{-\tau_a x} \tag{7.9.4}$$

τ_a 可理解为主要由于光电效应所引起的入射X射线通过单位厚度(cm)介质时吸收衰减率的大小。各种物质对同一波长的X射线吸收不同,同一物质对波长不同的X射线吸收也各异。τ_a 在各段吸收曲线中,近似服从以下关系:

$$\tau_a=\kappa\lambda^3Z^4 \tag{7.9.5}$$

式中 κ 在一定波长范围内为一常量,Z 是吸收物质的原子序数。

利用物质对X射线的吸收作用,我们可以对吸收体进行无损检测,这种方法主要是根据X射线经过衰减系数不同的吸收体时,所穿过的射线强度不同而实现的。

4 实验仪器

4.1 仪器结构

本实验使用的是德国莱宝教具公司生产的X射线实验仪55481型,如图7.9.3所示。该装置分为三个工作区:中间是X射线管,右边是实验区,左边是监控区。X射线管区与实验区都装有铅玻璃,既能使人看清其内部工作状态,又可保护人体不受X射线伤害。

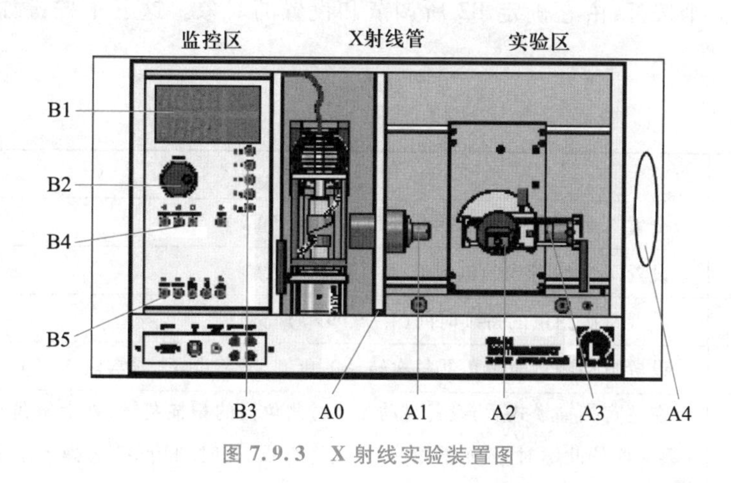

图7.9.3 X射线实验装置图

4.2 X射线管

X射线管的结构如图7.9.4所示。它是一个抽成高真空的石英管,其中1是接地的电子发射极,通电加热后可发射电子;上面2是钼靶,工作时加以几万伏的高压。电子在高压作用下轰击钼原子而产生X射线,钼靶受电子轰击的面呈斜面,以利于X射线向水平方向射出。图7.9.4中,3是铜块;4是螺旋状热沉,用以散热;5是管脚。

4.3 实验区

实验区如图7.9.3右边部分所示,由A1(X射线的出光口)、A2(样品靶台)、

NOTE

A3(G-M 计数管的传感器)与 A4(荧光屏)共同组成。出光口在衍射实验中,要在它上面加一个光阑(光缝)或称准直器,使出射的 X 射线成为一个近似的细光束。A2 是安放晶体样品的靶台。A3 安装的 G-M 计数管是一种用来测量 X 射线的强度的探测器,其计数 N 与所测 X 射线的强度成正比。A2 和 A3 都可以转动,并可通过测角器分别测出它们的转角。A4 是荧光屏,它是一块表面涂有荧光物质的圆形铅玻璃平板,平时外面有一块盖板遮住,以免环境光太亮而损害荧光物质;打开盖板,让 X 射线打在荧光屏上,即可在荧光屏的右侧外面直接看到 X 射线的荧光,但因荧光较弱,此观察应在暗室中进行。

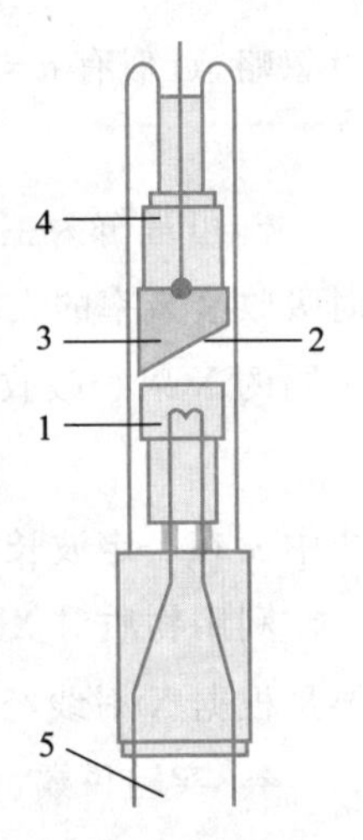

图 7.9.4　X 射线管

4.4　监控区

监控区如图 7.9.3 所示,包括电源和各种控制装置。B1 是液晶显示区,它分上下两行,通常情况下,上行显示 G-M 计数管的计数率 N(正比于 X 射线光强 R),下行显示工作参数。B2 是个大转盘,各参数都由它来调节和设置。

B3 有五个按键,由它确定 B2 所调节和设置的对象。这五个按键如表 7.9.1 所示。

表 7.9.1　B3 按键

参数	功能
U	设置 X 射线管上所加的高压值(0.0~35 kV)
I	设置 X 射线管内的电流值(0.0~1.0 mA)
Δt	设置每次测量的持续时间(1~9 999 s)
$\Delta\beta$	设置自动测量时测角器每次转动的角度,即角步幅(通常取 0.1°)
β-LIMIT	在选定扫描模式后,设置自动测量时测角器的扫描范围,即上限角与下限角。(第一次按此键时,显示器上出现"↓"符号,此时利用 B2 选择下限角;第二次按此键时,显示器上出现"↑"符号,此时利用 B2 选择上限角。)

B4 有三个扫描模式选择按键和一个归零按键,如表 7.9.2 所示。三个扫描模式按键是:SENSOR、TARGET 与 COUPLED 模式键。分别按下此键时,可利用 B2 手动旋转传感器的角位置,也可用 β-LIMIT 设置自动扫描时传感器的上限角和下限角。

表 7.9.2　B4 按键

扫描模式	功能	调节方法
SENSOR	传感器扫描模式	显示器的下行此时显示传感器的角位置。

NOTE

续表

扫描模式	功能	调节方法
TARGET	靶台扫描模式	显示器的下行此时显示靶台的角位置。
COUPLED	耦合扫描模式	按下此键时，可利用 B2 手动同时旋转靶台和传感器的角位置，要求传感器的转角自动保持为靶台转角的 2 倍，而显示器 B1 的下行此时显示靶台的角位置，也可用 β-LIMIT 设置自动扫描时传感器的上限角和下限角。
ZERO	归零按键	按下此键后，靶台和传感器都回到 0 位置。

B5 有五个按键，它们如表 7.9.3 所示。

表 7.9.3　B5 按键

参数	功能
RESET	靶台和传感器都回到测量系统的 0 位置，所有参数都回到缺省值，X 射线管的高压断开。
REPLAY	仪器会把最后的测量数据再次输出至计算机或记录仪上。
SCAN (ON/OFF)	X 射线管上加高压，测角器开始自动扫描，所得数据会被储存起来。（若开启了计算机的相关程序，则所得数据自动输出至计算机。）
HV(ON/OFF)	开关 X 射线管上的高压，它上面的指示灯闪烁时，表示已加了高压。
◁	此键是声脉冲开关，本实验不用。

4.5　样品台及样品安装方法

A2 部分的样品台安装样品的方法如图 7.9.5 所示：

1. 把样品（平块晶体）轻轻放在靶台上，向前推到底；

2. 将靶台轻轻向上抬起，使样品被支架上的凸楞压住；

3. 顺时针方向轻轻转动锁定杆，使靶台被锁定。

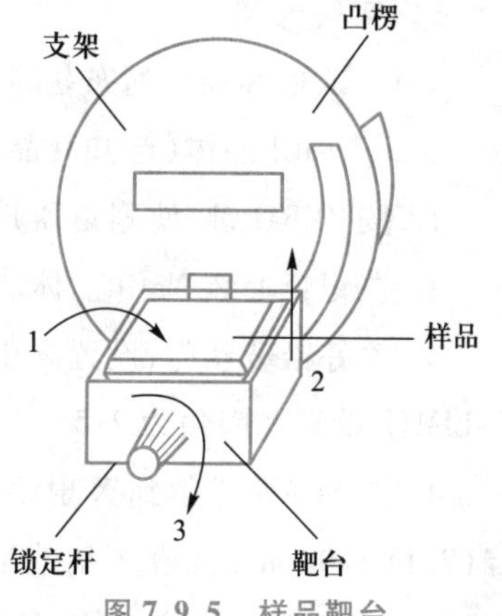

图 7.9.5　样品靶台

4.6　X-ray Apparatus 软件

软件“X-ray Apparatus”的界面如下图 7.9.6 所示。数据采集是自动的，当在 X 射线装置中按下“SCAN”键进行自动扫描时，软件将自动采集数据和显示结果：工作区域左边显靶台的角位置 β 和传感器中接收到的 X 射线光强 R 的数据；而右边则将对此数据作图，其纵坐标为 X 射线光强 R（单位是 1/s），横坐标为靶台的转角（单位是°）。

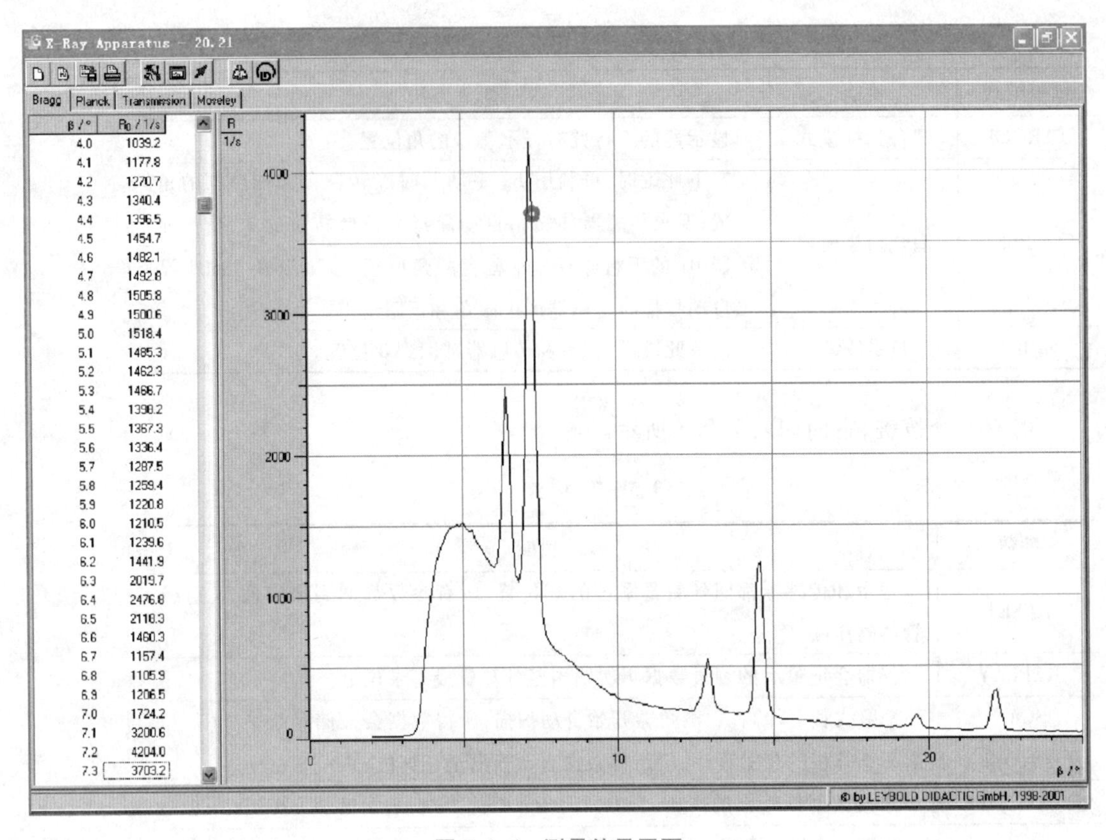

图 7.9.6　测量结果画面

NOTE

5　实验内容

5.1　X 射线晶体的布拉格衍射验证

（一）NaCl 晶体（已知其晶面间距为 0.283 nm）调校测角器的零点。

1. 按 ZERO 键，使测角器归零。

2. 在靶台上装 NaCl 晶体。

3. 关好铅玻璃门，设置高压为 35 kV，管电流为 1 mA，在 COUPLED 模式下，将 β-LIMIT 设定上限角为 2.5°，下限角为 10°，设定 $\Delta\beta$ 为 0.1°，Δt 为 1 s。

4. 按 SCAN 键得到 X 射线氯化钠晶体第一级衍射曲线，检验衍射曲线的最高峰（7.11×10^{-2} nm 波段 X 射线形成的第一级衍射峰）是否为 7.2°。如果不在 7.2°，则按 5—8 步骤操作，否则即可验证布拉格衍射公式了。

5. 在 COUPLED 模式下，用调节转盘把靶台转到最高峰的位置附近。

6. 用 HV 键打开高压。分别用 SENSOR 和 TARGET 模式，用转盘（ADJUST）手动调节靶台和传感器，仔细寻找计数率最大的传感器和靶台位置。

7. 找到此位置后，用 COUPLED 模式令靶台反向（顺时针）旋转 7.2°。此时应为真正的零点位置。

NOTE

8. 同时按下 TARGET、COUPLED 和 β-LIMIT 三个键,从而确认该位置为新的零点位置。

(二) 验证布拉格衍射公式

零点调校好后,在高压 35 kV、管电流 1 mA、$\Delta t = 10$ s 的情况下,用 SCAN 键对 NaCl 晶体进行自动扫描($\Delta\beta = 0.1°$,$\beta = 2.5° \sim 35°$)。可测得三级衍射角,计算与分析各衍射角的实验误差,并将实验数据与图线保存下来。

(三) 测定 LiF 晶体的晶面间距

1. 取下 NaCl 晶体,放回干燥缸,换上 LiF 晶体。

2. 在高压 35 kV、管电流 1 mA、$\Delta t = 10$ s 的情况下,用 SCAN 键自动测试 LiF 晶体的 X 射线衍射曲线($\Delta\beta = 0.1°$,$\beta = 5° \sim 35°$)。

3. 从曲线上求出 LiF 晶体的晶面间距。

4. 取下 LiF 晶体,放回干燥缸。

5.2 测量 X 射线的吸收与材料厚度的关系

1. 实验时,拆卸靶支架并从支架上取下靶台;关上铅玻璃门,按下 SENSOR 键,打开 HV,调节转盘使传感器处于计数率最大处;然后将带有不同厚度的铝 Al 吸收体的滑槽放进靶支架弯曲的狭缝中。

2. 测量不同厚度的铝材料的透射因数及衰减系数时,实验时实验仪用 TARGET 模式,可不用计算机。实验以两种方式进行:

(a) 准直器上不加滤波片。参考设置:$U = 21$ kV,$I = 0.05$ mA,$\Delta t = 100$ s,$\Delta\beta = 0$。实验过程中,以手动方式,让靶台每转动 10°测量一次,每次测量后,按 REPLAY 键,即可得到该位置 X 射线透过铝片后的强度计数率 R 在 Δt 时间内的平均值。

(b) 在准直器上套上圆形滤波片(滤波片符号:Zr)。参考设置:$U = 21$ kV,$I = 0.15$ mA,$\Delta t = 200$ s,$\Delta\beta = 0$。

3. 实验结果处理:将两方法分别测得的数据列表,计算不同厚度所测得铝的透射因数及衰减系数。以 d(铝材厚度:mm)$-\ln T$(透射因数)为 X、Y 轴作图(将两种方法测得两曲线画在同一张图上)进行实验结果分析与讨论。

6 注意事项

1. 本实验使用的 NaCl 晶体或 LiF 晶体都是价格昂贵而易碎、易潮解的材料,要注意保护:

(a) 平时要放在干燥器中;

(b) 使用时要用手套;

(c) 只接触晶体片的边缘,不碰它的表面;

(d) 不要使它受到大的压力(用夹具时不要夹得太紧);

NOTE

(e) 不要掉落地上。

2. 使用测角器测量时，光缝到靶台和靶台到传感器的距离可取 5 ~ 6 cm，此距离太大，会使计数率太低；此距离太小，会降低角分辨本领。

3. 由于 X 射线管温度很高，寿命有限，当不进行实验或数据处理时，应及时关掉仪器，以延长仪器使用寿命。

7 数据记录和处理

7.1 验证布拉格衍射公式

利用衍射曲线(图 7.9.6)与软件 X-ray Apparatus，将钼靶的两条特征谱线 K_α、K_β 对应的 θ 角与衍射级次 n 记在表 7.9.4 上。已知晶体的晶格常量为 $2d = a_0 = 564.02$ pm，用布拉格公式计算出钼靶的 K_α、K_β 波长 λ_{K_α}、λ_{K_β}，也记在表 7.9.4 上。然后求出波长 λ_{K_α}、λ_{K_β} 的平均值，写在表 7.9.5 上，并与文献上的准确值比较，求出它们的相对误差。

表 7.9.4 数 据 表

n	$\theta(K_\alpha)$	$\theta(K_\beta)$	λ_{K_α}	λ_{K_β}
1				
2				
3				

表 7.9.5 数 据 表

	λ_{K_α}/pm	λ_{K_β}/pm
平均值		
文献上的准确值	71.08	63.09

7.2 测定 LiF 晶体的晶面间距

已知 X 射线波长 $\lambda_{K_\alpha} = 71.08$ pm，利用布拉格公式计算晶格间距，填写表 7.9.6。

表 7.9.6 数 据 表

n	$\theta(K_\alpha)$	d
1		
2		
3		
平均值 d		

NOTE

7.3 测量X射线的吸收与材料厚度的关系

1. 测量不同厚度的铝片透射光强(填写表7.9.7)

表7.9.7 数据表

x/mm	0.0	0.5	1.0	1.5	2.0	2.5	3.0
I							
$T(=I/I_0)$							
$\ln T$							

2. 带上圆形滤波片Zr(填写表7.9.8)

表7.9.8 数据表

x/mm	0.0	0.5	1.0	1.5	2.0	2.5	3.0
I							
$T(=I/I_0)$							
$\ln T$							

3. 作 $\ln T-x$ 图像,结果如图7.9.7所示。

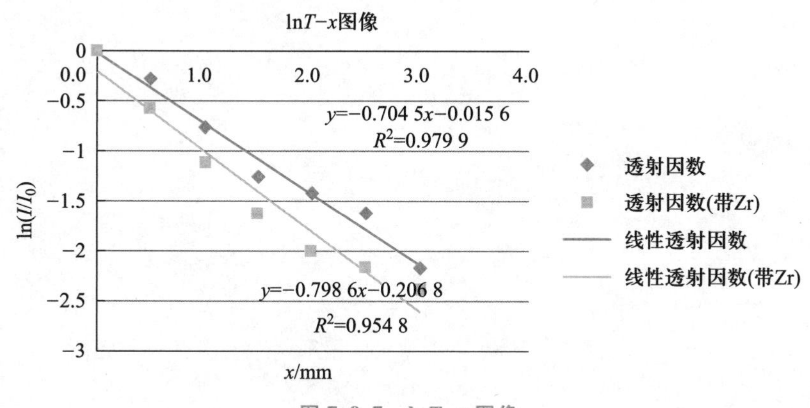

图7.9.7 $\ln T-x$ 图像

8 系统误差分析

1. 由于分光仪的分辨本领不够高,往往把极限波长的边界弄得模糊不清,无法作出精确估计;

2. 为了获得足够强的X射线,电子投射的靶子有一定厚度,有可能每个电子不止发射一次轫致辐射,从而增加了边界的模糊;

3. 边界附近的X射线谱形状会有微小的不规则性,因此判定即使仪器分辨本领足够高,也得不到更精确的数据。

NOTE

9　思考题

1. X 射线与可见光在发光机制、光子能量、光波波长有何区别?

2. 用 X 射线可以测量晶面间距,能否用可见光测量晶面间距? 为什么?

3. 在材料对 X 射线的吸收实验中,为什么加滤光罩和不加滤光罩时,吸收曲线会有所不同?

10　实验拓展

实验可拓展测量 X 射线最短波长与 X 射线管电压的反比关系,即杜安-亨特(Duane-Hunt)关系,并可测定普朗克常量 h。

NOTE

7.10　光电效应及普朗克常量测定

1　引言

光电效应是指在高于一定频率的电磁波照射下,某些物质表面会有电子逸出的现象,其中逸出的电子称为光电子。

光电效应现象由德国物理学家赫兹于1887年发现,但是当时的经典理论没有办法解释一些实验现象。1905年,爱因斯坦在普朗克能量子和黑体辐射理论的基础上,提出了“光量子”概念,建立了光电效应的爱因斯坦方程,从而成功地解释了光电效应的各项基本规律。1916年,密立根用实验验证了爱因斯坦的上述理论,并精确测量了普朗克常量,证实了光电效应的爱因斯坦方程。作为第一个在历史上测得普朗克常量的物理实验,光电效应实验的意义是不言而喻的。光电效应实验对于认识光的本质及早期量子理论的发展,具有里程碑式的意义。

2　实验目的

1. 了解光电效应。
2. 测量普朗克常量。
3. 测量伏安特性曲线。
4. 探索电流与光阑直径之间的关系。
5. 探索电流与距离之间的关系。

3　实验原理

1905年,爱因斯坦在普朗克理论的基础上提出了“光量子”假设,他认为不仅黑体和辐射场的能量交换是量子化的,而且辐射场本身就是由不连续的光量子组成,每一个光量子与辐射场频率之间满足 $E=h\nu$,即它的能量只与光量子的频率有关,而与强度(振幅)无关,并提出了著名的光电效应的爱因斯坦方程:

$$h\nu=\frac{1}{2}mv_0^2+A \qquad (7.10.1)$$

式中,A 为金属的逸出功,$\frac{1}{2}mv_0^2$ 为光电子获得的初始动能,v_0 为最大速度,m 为光电子的质量,ν 为入射光的频率,h 为普朗克常量。

光电效应的实验原理如图7.10.1所示。入射光照射到光电管阴极K上,产生的光电子在电场的作用下向阳极A迁移,构成光电流,改变外加电压 U_{AK},测量出光电流 I 的大小,即可得出光电管的伏安特性曲线,如图7.10.2所示。

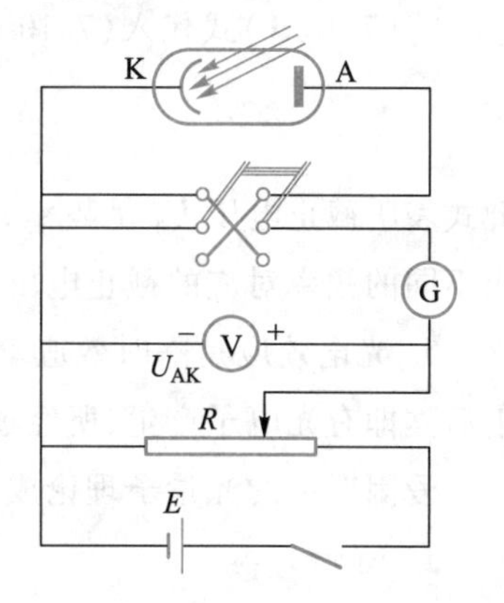

图7.10.1　光电效应实验原理图

NOTE

对于同一光电材料而言,光电效应的基本实验规律如下:

1. 存在截止频率 ν_0,只有当入射光频率 $\nu>\nu_0$ 时才发生光电效应,截止频率与材料有关,对应材料的逸出功 A,与入射光强无关。其中,$\nu_0=A/h$。

2. 存在截止电压 U_0,由图 7.10.2 可知,当 $U_{AK}<0$ 时,加在阴极 K 的电势高于阳极 A 的电势,此时光电子需要克服电场力做功。当外加电压 $U_{AK}\leqslant U_0$ 时,逸出电子的动能全部用来克服电场力做功,所以电子无法到达阳极,光电流为零。因此,存在某一电压 U_0(截止电压),使光电流刚好为零,则

$$eU_0=\frac{1}{2}mv_0^2 \tag{7.10.2}$$

3. 当 $U_{AK}\geqslant U_0$ 后,电势能不足以抵消逸出电子的动能,从而产生电流 I。I 迅速增加,然后趋于饱和,饱和光电流 I_M 的大小与入射光的强度 P 成正比,如图 7.10.2 所示。

4. 截止电压 U_0 与频率 ν 的关系图如图 7.10.3 所示。U_0 与 ν 成正比关系。显然,当入射光频率低于截止频率 ν_0(ν_0 随不同金属而异)时,不论光的强度如何,照射时间多长,都没有光电流产生。

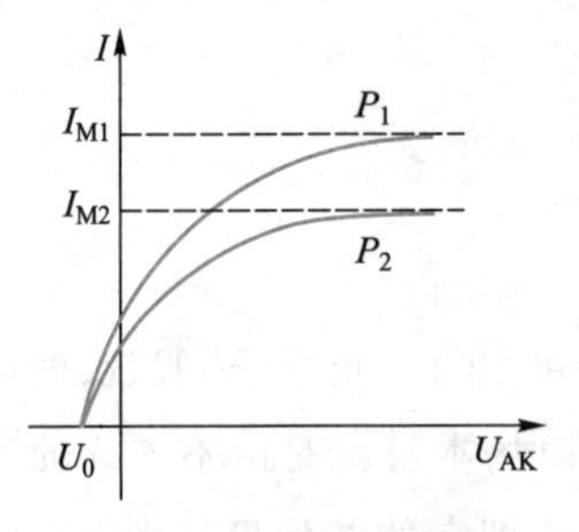

图 7.10.2　光电管的伏安特性曲线(I-U_{AK})

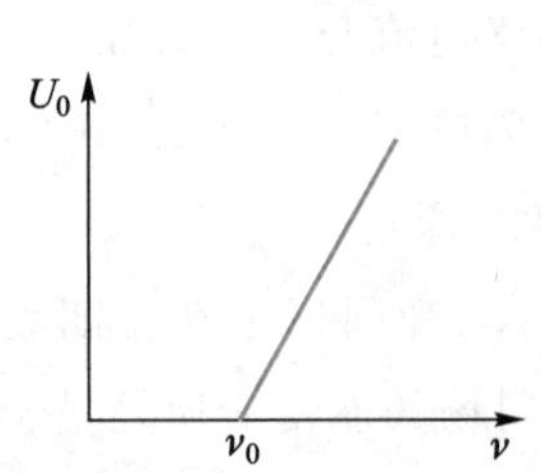

图 7.10.3　截止电压与入射光频率的关系图

将(7.10.1)式代入(7.10.2)式可得

$$U_0=\frac{h}{e}\nu-A \tag{7.10.3}$$

此式表明截止电压 U_0 是频率 ν 的线性函数,直线斜率 $k=h/e$,只要用实验方法得出不同的频率对应的截止电压,求出直线斜率,就可算出普朗克常量 h。

5. 光电效应是瞬时效应。即使入射光的强度非常微弱,只要大于 0,在开始照射后立即有光电子产生,所经过的时间至多为 10^{-9}s 的数量级。

爱因斯坦的光量子理论成功地解释了光电效应规律。

4　实验仪器

4.1　仪器结构

仪器由汞灯及电源、滤色片、光阑、光电管、测试仪(含光电管电源和微电流放

NOTE

大器)等构成。装置示意图如图 7.10.4 所示。

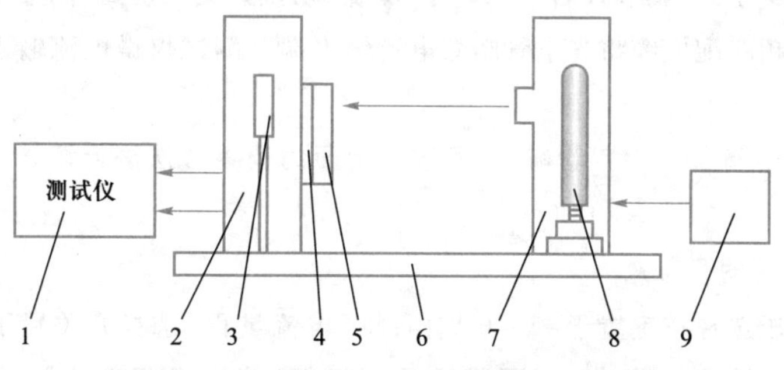

1. 测试仪；2. 光电管暗盒；3. 光电管；4. 光阑选择圈；
5. 滤色片选择圈；6. 基座；7. 汞灯暗盒；
8. 汞灯；9. 汞灯电源

图 7.10.4 光电效应实验装置简图

4.2 光电效应普朗克常量测试仪

光电效应普朗克常量测试仪如图 7.10.5 所示。光电管外接电源:2 挡,-2 ~ 0 V,-2 ~ +30 V,微电流放大器:6 挡,10^{-8} ~ 10^{-13} A,分辨率:10^{-13} A。

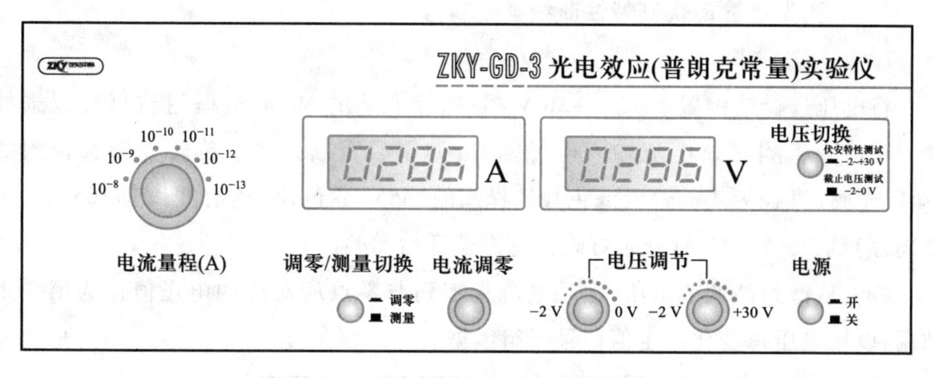

图 7.10.5 光电效应普朗克常量测试仪

5 实验内容

5.1 测试前准备

1. 将测试仪和汞灯电源接通,预热 20 分钟。

2. 把汞灯暗盒遮光盖盖上,将光电管暗盒的光阑选择圈调整到任意两个光阑的中间位置,以此遮住光电管。将汞灯暗盒光输出口对准光电管暗盒光输入口,调整光电管与汞灯距离约 40 cm 并保持不变。

3. 用专用连接线将光电管暗盒电压输入端与测试仪电压输出端(后面板上)连接起来(红-红,蓝-蓝)。

4. 调零:将“电流量程”选择开关置于所选挡位,仪器在充分预热后,进行测试

NOTE

前调零。调零时，将“调零/测量”切换开关切换到“调零”挡位，旋转“电流调零”旋钮使电流指示为0。调节好后，将“调零/测量”切换开关切换到“测量”挡位。

5. 用高频匹配电缆将光电管暗盒电流输出端与测试仪微电流输入端(后面板上)连接起来。

注意：在进行每一组实验前，必须按照上面的调零方法进行调零，否则会影响实验精度。

5.2 测普朗克常量 h

1. 将电压选择按键置于-2～0 V 挡；将“电流量程”选择开关置于 10^{-13} A 挡，将测试仪电流输入电缆断开，调零后重新接上；旋转光阑选择圈的“Φ4”光阑(直径为4 mm)及滤色片选择圈的“365”滤色片到“↓”下方，打开汞灯暗盒遮光盖开始实验。

2. 从低到高调节电压，用“零电流法”或“补偿法”测量该波长对应的 U_0，并记录数据。

3. 旋转滤色片选择圈，依次换404，435，546与577的滤色片，重复以上测量步骤并记录数据。

5.3 测光电管的伏安特性曲线

1. 入射光波长(频率)对伏安特性曲线的影响

将电压选择按键置于-2～+30 V 挡；选择合适的“电流量程”挡位(建议选择 10^{-11} A 挡)；将测试仪电流输入电缆断开，调零后重新接上。旋转光阑选择圈的“Φ4”光阑(直径为4 mm)及滤色片选择圈的“365”滤色片(透射波长为365 nm，下文同理)到“↓”下方，打开汞灯暗盒遮光盖开始实验。

(a) 从低到高调节电压，记录电流从零到非零点所对应的电压值作为第一组数据，以后电压每变化一定值记录一组数据。

(b) 旋转滤色片选择圈，依次换404，435，546与577的滤色片，重复以上测量步骤并记录数据。

2. 光阑直径对伏安特性曲线的影响

(a) 固定波长即选择某一个滤色片(如546)，旋转光阑选择圈的“Φ2”光阑(直径为2 mm)，从低到高调节电压，记录电流从零到非零点所对应的电压值，以后电压每变化一定值记录一组数据。

(b) 旋转光阑选择圈的“Φ6”光阑(直径为6 mm)，并重复以上步骤，并记录数据。

3. 汞灯与光电管之间的距离对伏安特性曲线的影响

(a) 固定波长即选择某一个滤色片(如546)，旋转光阑选择圈的“Φ4”光阑(直径为4 mm)，调整光电管与汞灯之间距离到30 cm，从低到高调节电压，记录电

NOTE

流从零到非零点所对应的电压值,以后电压每变化一定值记录一组数据。

(b)调整光电管与汞灯之间距离到 20 cm,并重复以上步骤,并记录数据。

6 注意事项

1. 本实验不必要求暗室环境,但应避免背景光强的剧烈变化。
2. 实验过程中注意随时盖上汞灯的遮光盖,严禁让汞灯光不经过滤光片直接入射光电管窗口。
3. 实验结束时应盖上光电管暗箱和汞灯的遮光盖!
4. 汞灯光源必须充分预热(20 分钟以上)。

7 数据记录和处理

7.1 测普朗克常量 h

1. 请把实验数据记录到表 7.10.1 中,并根据数据画出截止电压与频率关系曲线图。

表 7.10.1 U_0 与 ν 的关系

波长 λ_i/nm	365	404	435	546	577
频率 $\nu_i/10^{14}$ Hz					
截止电压 U_{si}/V					

2. 可用以下三种方法之一处理表 7.10.1 的实验数据,得出 $U_0-\nu$ 直线的斜率 k。

(a)根据线性回归理论,$U_0-\nu$ 直线的斜率 k 的最佳拟合值为

$$k=\frac{\overline{\nu}\cdot\overline{U_0}-\overline{\nu\cdot U_0}}{\overline{\nu}^2-\overline{\nu^2}} \tag{7.10.4}$$

其中:

$\overline{\nu}=\frac{1}{n}\sum_{i=1}^{n}\nu_i$ 表示频率 ν 的平均值

$\overline{\nu^2}=\frac{1}{n}\sum_{i=1}^{n}\nu_i^2$ 表示频率 ν 的平方的平均值

$\overline{U_0}=\frac{1}{n}\sum_{i=1}^{n}U_{0i}$ 表示截止电压 U_0 的平均值

$\overline{\nu\cdot U_0}=\frac{1}{n}\sum_{i=1}^{n}\nu_i\cdot U_{0i}$ 表示频率 ν 与截止电压 U_0 的乘积的平均值

(b)根据 $k=\frac{\Delta U_0}{\Delta\nu}=\frac{U_{0m}-U_{0n}}{\nu_m-\nu_n}$,可用逐差法从表 7.10.1 的相邻四组数据中求出两个 k,将其平均值作为所求斜率 k 的数值。

(c)可用表 7.10.1 的数据在坐标纸上作 $U_0-\nu$ 直线,由图求出直线斜率 k。

NOTE

3. 求出直线斜率 k 后，可用 $h=ek$ 求出普朗克常量，并与 h 的公认值 h_0 比较求出相对误差 $E=\frac{h-h_0}{h_0}$，式中 $e=1.602\times10^{-19}\,\mathrm{C}$，$h_0=6.626\times10^{-34}\,\mathrm{J\cdot s}$。

7.2　测光电管的伏安特性曲线

1. 请把实验数据记录到表 7.10.2 中，并根据数据画出不同入射光波长下的伏安特性曲线。

表 7.10.2　$I-U_{AK}$ 关系　孔径：<u>　4　</u>mm　　光电管在导轨上位置：<u>　40　</u>cm

入射光波长 365 nm	U_{AK}/V								
	$I/10^{-7}\,\mu A$								
入射光波长 404 nm	U_{AK}/V								
	$I/10^{-7}\,\mu A$								
入射光波长 435 nm	U_{AK}/V								
	$I/10^{-7}\,\mu A$								
入射光波长 546 nm	U_{AK}/V								
	$I/10^{-7}\,\mu A$								
入射光波长 577 nm	U_{AK}/V								
	$I/10^{-7}\,\mu A$								

2. 请把实验数据记录到表 7.10.3，并根据数据画出光阑不同直径下的伏安特性曲线。

表 7.10.3　$I-U_{AK}$ 关系　波长：______nm，光电管在导轨上位置：______cm

光阑直径 2 mm	U_{AK}/V									
	$I/10^{-7}\,\mu A$									
光阑直径 4 mm	U_{AK}/V									
	$I/10^{-7}\,\mu A$									
光阑直径 6 mm	U_{AK}/V									
	$I/10^{-7}\,\mu A$									

3. 请把实验数据记录到表 7.10.4，并根据数据画出光阑在导轨上不同位置下的伏安特性曲线。

表 7.10.4　$I-U_{AK}$ 关系　波长：______nm，孔径：<u>　4　</u>mm

光阑位置 40 cm	U_{AK}/V									
	$I/10^{-7}\,\mu A$									

NOTE

续表

光阑位置 30 cm	U_{AK}/V									
	$I/10^{-7}\ \mu A$									
光阑位置 20 cm	U_{AK}/V									
	$I/10^{-7}\ \mu A$									

8 系统误差分析

实际使用的光电管不可能满足理想条件。我们必须考虑阳极光电效应引起的反向电流，以及无光照时，电路中的暗电流。那么实际测得的电流应包含三部分：正常光电效应产生的电流、阳极光电效应产生的反向电流、无光照时的暗电流。

9 思考题

1. 光电效应有哪些规律，光电效应的爱因斯坦方程的物理意义是什么？

2. 光电管的阴极上均匀涂有逸出功小的光敏材料，而阳极选用逸出功大的金属制造，为什么？

3. 光电流是否随光源的强度变化而变化？截止电压是否因光强不同而变化？

4. 测量普朗克常量实验中有哪些误差来源？如何减少这些误差？

NOTE

7.11　光栅光谱仪

1　引言

光与物质相互作用能引起物质内部原子及分子能级间的电子跃迁，使物质对光的吸收、发射、散射等在波长及强度信息上发生变化，而检测并处理这类变化的仪器称为光栅光谱仪。因此，光栅光谱仪的基本功能，是将复色光在空间上按照不同的波长分离/延展开来，配合各种光电仪器附件得到波长成分及各波长成分的强度等原始信息以供后续处理和分析使用。

光谱分析方法作为一种重要的分析手段，在科研、生产、质控等方面，都发挥着极大的作用。无论是穿透吸收光谱，还是荧光光谱、拉曼光谱，获得单波长辐射都是不可缺少的手段。

2　实验目的

1. 了解光栅光谱仪的工作原理与使用方法，学习识谱和谱线测量等基本技术。

2. 通过光谱测量了解一些常用光源的光谱特性。熟悉读数显微镜的调整和使用。

3. 通过所测得的氢（氘）原子光谱在可见和近紫外区的波长，验证巴耳末公式并准确测出氢（氘）的里德伯常量。

3　实验原理

3.1　典型光源发光原理及光谱特性

1. 热辐射光源

热辐射光源的特点是物体在辐射过程中不改变内能，只要通过加热来维持它的温度，辐射就可以持续不断地进行下去。这类光源包括白炽灯、卤素灯、钨带灯和直流碳弧灯等一些常用光源。它们的光谱覆盖了很大波长范围的连续光谱，谱线的中心频率和形状与物体温度有关，而与物质特性无关，温度越高，辐射的频率也越高。

2. 发光二极管

发光二极管由 pn 结组成。当给发光二极管加上正向电压后，从 p 区注入 n 区的空穴和由 n 区注入 p 区的电子，在 pn 结附近数微米内分别与 n 区的电子和 p 区的空穴复合，产生自发辐射的荧光。不同的半导体材料中，电子和空穴所处的能量状态不同。发光频率与电子跃迁能级有关。如果跃迁的上能级为 E_2、下能级为 E_1，则发出光子的频率 ν 满足

$$h\nu = E_2 - E_1 \tag{7.11.1}$$

其中 $h=6.626\times10^{-34}$ J·s 为普朗克常量，发光二极管跃迁的上下能级都是范围较宽的能带结构，因此，其谱线宽度一般也较宽。常用的是发红光、绿光或黄光的二

NOTE

极管。

3. 气体放电灯

气体放电灯是由气体、金属蒸气或几种气体与金属蒸气的混合放电而发光的灯，它是一种通过气体放电将电能转化为光能的电光源。放电灯的光辐射与电流密度的大小、气体的种类及气压的高低有关。一定种类的气体原子只能辐射某些特定波长的光谱线。低气压时，放电灯的辐射光谱主要就是该原子的特征谱线，光谱测量中常见的有低压汞灯与低压钠灯；当气压很高时，放电灯的辐射光谱中才有强的连续光谱成分荧光，常见的有高压汞灯、高压钠灯、金属卤化物灯。

4. 氢灯

氢灯是冷阴极辉光放电管，由一对镍制电极，封于硬质玻壳中。管内充有高纯度氢气，当加高压启动后，它发出氢的特征谱线。

氢原子光谱是最简单、最典型的原子光谱。瑞士物理学家巴耳末根据实验结果给出氢原子光谱在可见光区域（巴耳末线系）的经验公式为

$$\lambda_{\mathrm{H}}=B\frac{n^2}{n^2-4} \tag{7.11.2}$$

其中 λ_{H} 为氢原子谱线在真空中的波长。$B=364.57\ \mathrm{nm}$ 是一个经验常数。n 取整数。

如果用波数 σ 表示，则氢原子巴耳末线系的谱线波数可表示为

$$\sigma_{\mathrm{H}}=\frac{1}{\lambda_{\mathrm{H}}}=R_{\mathrm{H}}\left(\frac{1}{2^2}-\frac{1}{n^2}\right) \tag{7.11.3}$$

其中 R_{H} 为氢的里德伯常量，n 取大于 2 的整数。

根据玻尔的氢原子理论，对氢和类氢原子的里德伯常量进行计算，得到

$$R_Z=\frac{2\pi^2 m_{\mathrm{e}} e^4 Z^2}{(4\pi\varepsilon_0)^2 ch^3(1+m_{\mathrm{e}}/m)} \tag{7.11.4}$$

其中 m、m_{e}、e、c、h、ε_0、Z 分别是原子核质量、电子质量、电子电荷量、光速、普朗克常量、真空介电常量和原子序数。

当原子核质量 $m\to\infty$ 时（假设原子核不动），由上式可以得到普适的里德伯常量：

$$R_{\infty}=\frac{2\pi^2 m_{\mathrm{e}} e^4 Z^2}{(4\pi\varepsilon_0)^2 ch^3} \tag{7.11.5}$$

所以对于氢原子而言，对应的里德伯常量的理论值为

$$R_{\mathrm{H}}=\frac{R_{\infty}}{(1+m_{\mathrm{e}}/m_{\mathrm{H}})} \tag{7.11.6}$$

其中 m_{H} 是氢原子核的质量，代入各参量可以计算出 $R_{\mathrm{H}}=10\,973\,731.568\,549(83)\ \mathrm{m}^{-1}$。

据此，可以得出里德伯常量的大小是与原子核的质量相关的，通过改变原子核

NOTE

质量,我们同样可以根据上式计算出相应的里德伯常量,如常见的氢的同位素氘的里德伯常量为

$$R_{\mathrm{D}}=\frac{R_{\infty}}{(1+m_{\mathrm{e}}/m_{\mathrm{D}})} \tag{7.11.7}$$

本实验中,利用光谱仪测量出氢原子巴耳末线系各谱线的波长值,代入(7.11.3)式,求得里德伯常量的实验值,并与(7.11.6)式得出的理论值比对,来验算里德伯常量,以及计算同位素效应。

3.2　光谱半高线度

谱线的半高线宽(半线宽)是光谱研究中一个很重要的参量,通过半高线宽的测量,我们可以知道谱线的频率分布的范围的大小,求得光源的相干长度等一些与光源特性有关的参量。如果一个光谱的分布函数 $f(\lambda)$,在波长 $\lambda=\lambda_0$ 达到极大值 $f(\lambda_0)$(图7.11.1),在其左右两边各存在波长值 λ_1、λ_2,有 $f(\lambda_1)=f(\lambda_2)=f(\lambda_0)/2$,则对应波长 λ_0 峰值半高线宽定义为 $\Delta\lambda=|\lambda_1-\lambda_2|$。峰值半高线宽与相干长度 ΔL 关系为 $\Delta L=\lambda_0^2/\Delta\lambda$。

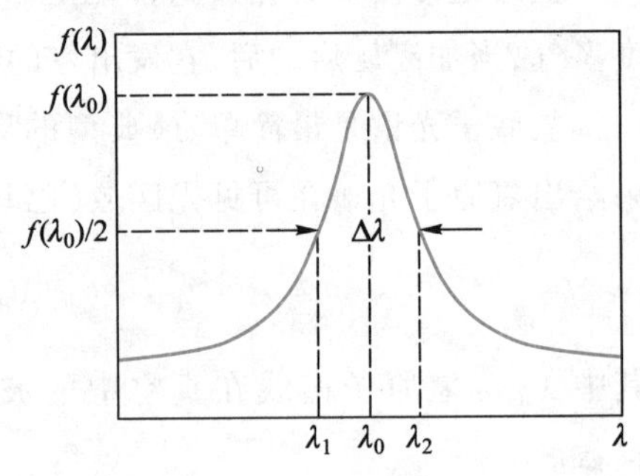

图 7.11.1　谱线半高线宽

3.3　光栅光谱仪

如图 7.11.2 所示,光栅光谱仪由入射狭缝 S_1、准直球面反射镜 M_2、衍射光栅 G、聚焦球面反射镜 M_3、出射狭缝 S_2 以及探测系统 PMT(光电倍增管)构成。

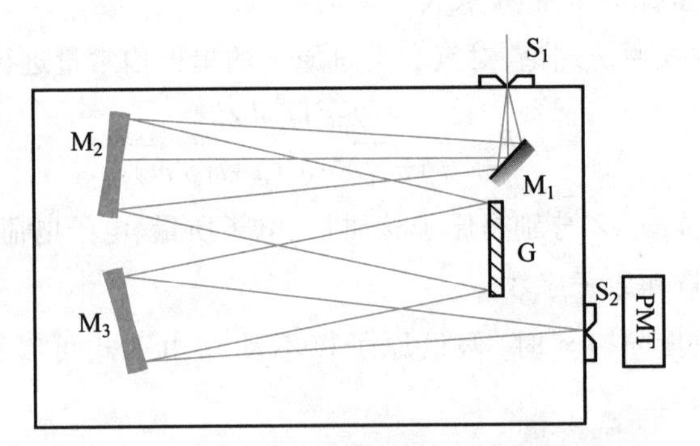

S_1.入射狭缝;M_1.反射镜;M_2.准直球面反射镜;G.衍射光栅;
M_3.聚焦球面反射镜;S_2.对应PMT出射狭缝;PMT.光电倍增管

图 7.11.2　光栅光谱仪结构示意图

光栅光谱仪的核心器件为衍射光栅。它是在一块平整的玻璃或金属材料表面刻出一系列平行、等距的刻线,然后在整个表面镀上高反射的金属或介质膜构成的。相邻刻线的间距 d 称为光栅常量,通常刻线密度为数百至数十万条每毫米,刻

NOTE

线方向与光栅光谱仪狭缝平行。

入射光与衍射光之间的关系可以用光栅方程表示

$$d(\sin\alpha\pm\sin\beta)=m\lambda \tag{7.11.8}$$

其中,α 为入射角,β 为衍射角,λ 为入射光波长,m 为衍射级次。

复色入射光进入入射狭缝 S_1 后,经准直球面反射镜 M_2 变成复色平行光照射到衍射光栅 G 上,经光栅色散后,形成不同波长的平行光束并以不同的衍射角度出射,聚焦球面反射镜 M_3 将照射到它上面的某一波长的光聚焦在出射狭缝 S_2 上,再由 S_2 后面的 PMT 记录该波长的光强度。

衍射光栅 G 安装在一个转台上(如图 7.11.3 所示),当光栅旋转时,就将不同波长的光信号依次聚焦到出射狭缝上,PMT(光电倍增管)记录不同光栅旋转角度(不同的角度代表不同的波长)时的输出光信号强度,即记录了光谱。这种光谱仪通过输出狭缝选择特定的波长进行记录,称为**光栅单色仪**。

在使用光栅单色仪时,对波长进行扫描是通过旋转光栅来实现的。通过光栅方程可以给出出射波长和光栅角度的关系(如图 7.11.3 所示)。

$$\lambda=\frac{2d}{m}\cos\psi\sin\eta \tag{7.11.9}$$

其中,η 为光栅的旋转角度,ψ 为入射角和衍射角之和的一半,对给定的单色仪来说,ψ 为一常数。

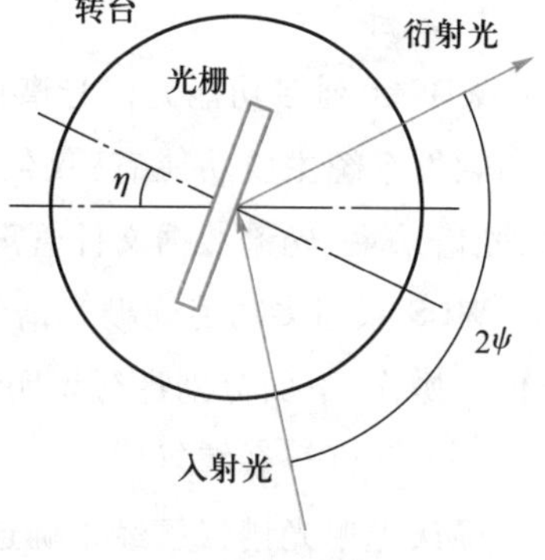

图 7.11.3 衍射光栅转台结构示意图

4 实验仪器

4.1 仪器结构

WDS 系列多功能光栅光谱仪的操作由计算机操作和手工操作来完成。光栅单色仪除入射狭缝宽度、出射狭缝宽度和负高压(光电倍增管接收系统)不受计算机控制用手工设置外,其他的各项参数设置和测量均由计算机来完成。WDS 系列多功能光栅光谱仪如图 7.11.4 所示。

图 7.11.4 WDS 系列多功能光栅光谱仪

NOTE

1. 光学系统

光栅光谱仪光学系统，如图 7.10.2 所示，它由准直球面反射镜 M_2、聚焦球面反射镜 M_3，衍射光栅 G、入射狭缝 S_1、出射狭缝 S_2 及探测装置 PMT(光电倍增管)或硫化铅、钽酸锂、TGS 等接收器件构成。入射狭缝、出射狭缝均为直狭缝，宽度范围为 0 ~ 2 mm 连续可调，S_1 位于准直球面反射镜 M_2 的焦面上。

光源系统为仪器提供工作光源，可选氘灯、钨灯、钠灯、汞灯等各种光源。

2. 电子系统

电子系统由电源系统、接收系统、信号放大系统、A/D 转换系统和光源系统等部分组成。

电源系统为仪器提供所需的工作电压；接收系统将光信号转换成电信号；信号放大器系统包括前置放大器和放大器两个部分；A/D 转换系统将模拟信号转换成数字信号，以便计算机进行处理。

3. 软件系统

WDS 系列多功能光栅光谱仪的控制和光谱数据处理操作均由计算机来完成。

软件系统主要功能有：仪器系统复位、光谱扫描、各种动作控制、测量参数设置、光谱采集、光谱数据文件管理、光谱数据的计算等。

WDS 系列多功能光栅光谱仪器系统操作软件均可采用快捷键和下拉菜单来进行仪器操作，下面分别进行说明。

(a) 开机与系统复位

确认光栅光谱仪已经正确连接并打开电源。在 WINDOWS 操作系统中，从“开始”——“程序”——“WDS 系列光栅光谱仪”中执行相应的 PMT 可执行程序，或双击桌面上的快捷方式，启动系统操作程序。

在系统初始化过程后应有波长复位正确的提示，然后按“确定”进入系统操作主界面。

(b) 菜单栏的使用

系统菜单栏包括文件、测量方式、数据处理、系统操作、帮助和退出系统与关机六项内容。

i. 文件

文件菜单中包括新建、打开、存盘、参数设置、打印和退出系统等项。

新建，即清除当前图谱文件并重新建立一个图谱文件。

打开，即打开已存图谱文件，可根据系统提示选择文件所在路径。

存盘，即保存当前图谱文件，可根据系统提示选择文件保存路径。

参数设置，即根据测量需对系统参数进行相应的参数设置。

- 测量模式，可选择能量或透过率测量，并在系统允许的范围内，对起始刻度和终止刻度进行设置:能量(0 ~ 4 095),透过率(0 ~ 100)。

NOTE

- 扫描速度,可对扫描记录数据的速度进行相应的设置,当样品未知时,一般可选择快速或中速,对于不同的仪器型号会稍有所不同。
- 扫描方式,可选择测量为连续方式或重复方式,或在当前波长对时间进行记录。
- 波长范围,可根据需要在系统允许的波长范围内对其进行相应的设置。系统允许的波长范围根据仪器型号的不同有所不同。
- 光谱带宽,系统设置为手动,即根据测量需要对出射、入射狭缝宽度进行相应的设置。
- 系统默认,增益为1,若信号较弱,可适当选择增益(1 ~ 4)。

打印,即根据提示对话框,打印当前图谱。

退出系统,当结束系统测量,选择此项,根据提示退出光栅光谱仪操作系统。

ii. 测量方式

测量方式菜单中包括光谱扫描、基线扫描和时间扫描等项。

光谱扫描,即根据当前参数设置对当前光谱进行记录。

基线扫描,当选择了透过率测量方式时,在光谱扫描之前首先要对系统进行基线扫描以记录系统当前状态,在进行基线扫描时,状态栏显示值应在0 ~ 4 095。

时间扫描,即在当前参数设置情况下,对当前波长进行时间记录。

iii. 数据处理

在数据处理菜单中包括刻度扩展、局部放大、峰值检索、读取数据、光谱平滑、光谱微分和光谱运算等项。

刻度扩展,指对当前横、纵坐标的起始、终止刻度在系统允许的范围内进行相应放大或缩小。点击此项功能将弹出对话框。

局部放大,指对当前图谱文件进行部分放大。

峰值检索,指对当前图谱文件中一定范围内的峰值进行检索并将结果显示出来。点击此项弹出对话框,提示输入峰值高度后,点击确定即可。

读取数据,即读取当前图谱的横、纵坐标数据,可选择列表方式或光标读取方式。

光谱平滑,点击此项系统将对当前图谱文件进行平滑处理,以去掉噪声或过小的峰值,方便读取或辨别图谱。

光谱微分,点击此项功能可对当前图谱进行一至四次微分。

光谱运算,点击此项系统弹出提示对话框,提示选择当前图谱与任意常数的加、减、乘、除四则运算。

iv. 系统操作

系统操作菜单中主要包括波长检索、波长校正、系统复位和系统设置等项。

NOTE

波长检索,点击此项系统弹出波长检索对话框,提示输入目的波长,波长范围为系统允许波长范围内的任意波长值。

波长校正,当对光栅光谱仪系统检测发现系统波长值与准确波长不对应时,可通过此项对系统波长进行校正,在对话框中输入系统值与实际波长值的差值,点击确定即可。

系统复位,当仪器在运行过程中发现有不正常现象出现时,可点击此项对系统进行重新复位,以消除影响。

系统设置,即系统调试时用到的一些数据,用户不可更改。

v. 帮助

帮助菜单中提供了厂商及仪器版本信息。

vi. 退出系统与关机

当系统测试结束后,将出射、入射狭缝调节至 0.1 mm 左右,若有负高压系统,则将负高压调节至零。点击菜单栏中"文件\退出系统",按照提示关闭电源,退出仪器操作系统。

4.2 钠灯常用谱线

低压钠灯是一种低压钠蒸气放电管,内管用特种抗钠玻璃吹制而成,点燃后能辐射 589.0 nm、589.6 nm 的谱线,可作为旋光仪、折射仪、偏振仪等光学仪器中的单色光源。光谱学常用谱线如表 7.11.1 所示。

表 7.11.1 钠灯主要谱线波长

线系	波长/nm		
主线系	330.06	588.97	
		589.61	
漫线系	466.53	497.94	568.28
	466.90	498.36	568.83
锐线系	474.84	514.93	615.30
	475.26	515.39	615.94

4.3 汞灯常用谱线

实验室用得最多的气体放电光源是高压汞灯,它是重要的紫外光源。它在紫外、可见和红外都有辐射,即其光谱成分中包括长波紫外线、中波紫外线、可见光谱及近红外光谱。低压汞灯和钠灯也属于气体放电光源。低压汞灯是利用低压汞蒸气放电时,可产生高效率的 254 nm 辐射的灯。光谱学常用谱线如表 7.11.2 所示。

NOTE

表 7.11.2 汞灯主要光谱线波长表

颜色	波长/nm	颜色	波长/nm
紫色	404.66	橙色	607.26
	407.78		
	410.81		
	433.92		612.33
	434.75		
	435.84		
蓝绿色	491.60	红色	623.44
	496.03		
绿色	535.41	深红色	671.62
	536.51		690.72
	546.07		708.19
	567.59		
黄色	576.96		
	579.07		
	585.92		
	589.02		

4.4 氢氘灯巴耳末线系谱线

氢氘灯光谱是最简单、最典型的原子光谱之一。用电场激发氢放电管（氢灯）中的稀薄的氢气（压力为 102 Pa 左右），可以得到线状的氢原子光谱。光谱学常用谱线如表 7.11.3 所示。

表 7.11.3 氢的巴耳末线系波长

谱线符号	H_α	H_β	H_γ	H_δ	H_ε
波长/nm	656.28	486.13	434.04	410.17	397.00
谱线符号	H_ξ	H_η	H_θ	H_ζ	H_κ
波长/nm	388.90	383.54	379.79	377.06	375.01

5 实验内容

5.1 仪器校准调节

1. 开机之前，为了保证仪器的性能指标和寿命，在每次使用完毕，将入射狭缝宽度、出射狭缝宽度分别调节到 0.1 mm 左右。

NOTE

2. 接收单元，在光电倍增管加有负高压的情况下，不要使其暴露在强光下（包括自然光）。在使用结束后，一定要注意调节负高压旋钮使负高压归零，然后再关闭电控箱。

3. 狭缝调节，仪器的入射狭缝和出射狭缝均为直狭缝，宽度范围为 0 ~ 2 mm 连续可调，顺时针旋转使狭缝宽度加大，反之减小。每旋转一周，狭缝宽度变化 0.5 mm，最大调节宽度为 2 mm。为延长使用寿命，狭缝宽度调节时应注意最大不要超过 2 mm。

4. 采用标准光谱灯进行波长校准，光栅光谱仪由于运输过程中震动等各种原因，可能会使波长准确度产生偏差，因此在第一次使用前用已知的光谱线来校准仪器的波长准确度。在平常使用中，我们也应定期检查仪器的波长准确度。检查仪器波长准确度可用氖灯、钠灯（标准值为 589.0 nm 和 589.6 nm）、汞灯以及其他已知光谱线的来源来进行。如果波长有偏差，我们用“零点波长校正”功能进行校正。

5.2 光谱测量：分别扫描不同光源的光谱

1. 调节光源，使其在单色仪的波长范围内有最大的输出；根据测量要求对系统参数进行相应的设置，对出射、入射狭缝宽度进行相应的设置；按“3 软件系统”进行操作。

2. 分别测量 LED 灯、高压汞灯的谱线并记录谱线的峰值波长、半高线宽并计算相干长度，画出该谱线强度分布简图。在测量时要注意调节光源的位置和光电倍增管电压或信号“增益”以保证“能量”信号有足够大的数值（强度>100）。

3. 通过计算求出巴耳末线系的光谱范围，确定谱线出现的位置［见(7.11.3)式($n=3$ 时，$\lambda=656.28$ nm)］。

4. 换氢灯初步扫出氢原子光谱（注意选择光电倍增管电压）。

5. 用“自动寻峰”找到 $\lambda=656.28$ nm 的谱线位置，进行“定点扫描”（选择扫描时间>1 000 s），即在 $\lambda=656.28$ nm 谱线峰值位置，看光谱强度随时间的变化，在“定点扫描”状态下，移动氢光谱灯的位置，使信号达到最大，并选择好适当的光电倍增管电压和信号放大倍数，保证信号足够大，并且不超出显示范围（<1 000），谱线能够达到最佳的信噪比。

6. 根据巴耳末线系的范围，扫描出整个谱线系（参考范围：370 ~ 660 nm，间隔：0.1 nm）。

7. 找出巴耳末线系的谱线，用最小二乘法求得氢原子的里德伯常量，求与公认值的百分差，验证玻尔原子轨道理论，并画出谱线分布简图（谱线位置-强度关系图）。

6 注意事项

1. 光谱灯换挡时，一定要切断电源。

2. 不要动光栅光谱仪的进光狭缝。

NOTE

3. 测量光谱时，要根据谱线的强度，选择合适的光电倍增管电压。

7 数据记录和处理

1. 测量汞灯光谱的半高线宽和相干长度并画出该谱线强度分布简图（填写表7.11.4）。

表 7.11.4 实验数据

λ_0/nm	λ_1/nm	λ_2/nm	λ/nm	L/nm

2. 测量 LED 光谱的半高线宽和相干长度并画出该谱线强度分布简图（填写表7.11.5）。

表 7.11.5 实验数据

λ_0/nm	λ_1/nm	λ_2/nm	λ/nm	L/nm

3. 测量氢灯巴耳末线系光谱，利用最小二乘法计算氢原子里德伯常量并画出谱线强度分布图（填写表 7.11.6）。

表 7.11.6 实验数据

n	理论值 λ_0/nm	实验值 λ/nm	实验值 R	误差百分数/%	$1/\lambda$	$1/2^2-1/n^2$
3	656.28					
4	486.13					
5	434.05					
6	410.17					
7	397.01					
8	388.91					

8 系统误差分析

1. 本实验的误差原因主要来自光谱仪的初始校准值偏差；
2. 读取光谱数值时的估读误差。

9 思考题

1. 光栅光谱仪测得的谱线强度和哪些因素有关，实验中如何利用它们？

NOTE

2. 你能从巴耳末线系谱线强度找到什么规律,并从理论上说明。

3. 为什么光栅光谱仪在测量前要进行波长修正?

4. 实验中,谱线强度相差太大,怎样才能尽可能多地看到谱线。

5. 如何在谱线强度相差几个数量级的情况下,画出谱线分布图。

10　实验拓展

应用光栅光谱仪可测出氢、氘同位素位移,求出质子与电子的质量比。

NOTE

7.12 液晶特性实验

1 引言

液晶是介于液体与晶体之间的一种物质状态。一般液体的内部分子排列是无序的,而液晶既具有液体的流动性,其分子又按一定规律有序排列,使它呈现晶体的特性。当光通过液晶时,会产生偏振面旋转、双折射等效应。液晶分子是含有极性基团的极性分子,在电场作用下,偶极子会按电场方向取向,导致分子原有的排列方式发生变化,液晶的光学性质也随之发生改变,这种因外电场引起的液晶光学性质的改变称为液晶的电光效应。

1888 年,奥地利植物学家 Reinitzer 在做有机物溶解实验时,在一定的温度范围内观察到液晶。1961 年,美国 RCA 公司的 Heimeier 发现了液晶的一系列电光效应,并制成了显示器件。从 70 年代开始,日本公司将液晶与集成电路技术结合,制成了一系列的液晶显示器件,至今在这一领域保持先进的研发水平。液晶显示器件由于具有驱动电压低(一般为几伏)、功耗极小、体积小、寿命长、无辐射等优点,在当今各种显示器件的竞争中有独领风骚之势。

2 实验目的

1. 学习液晶光开关的基本原理,测量液晶光开关的电光特性曲线,并由电光特性曲线得到液晶的阈值电压和关断电压。

2. 测量驱动电压周期变化时,液晶光开关的时间响应曲线,并由时间响应曲线得到液晶的上升时间和下降时间。

3. 测量液晶光开关的视角特性。

4. 了解液晶光开关构成矩阵式图像显示的原理。

3 实验原理

3.1 液晶光开关的工作原理

液晶的种类很多,本实验以常用的 TN(扭曲向列)型液晶为例,说明其工作原理。它在自然状态下是扭曲排列的,当给这种液晶外加电流后,它将会根据外加电压的大小来反向扭曲相应的程度。这种液晶对外界电场的改变很敏感,对电流反应很精确,因此可以通过电流来控制光的通过程度。

液晶光开关的工作原理如图 7.12.1 所示。在两块玻璃板之间夹有正性向列相液晶,是由长径比很大的棒状分子所组成。棒的长度在几个纳米,直径为 0.4 ~ 0.6 nm,液晶层厚度为 5 ~ 8 μm。

玻璃板的内表面涂有透明电极,电极的表面预先做了定向处理(可用软绒布朝一个方向摩擦),这样,液晶分子在透明电极表面就会躺倒在摩擦所形成的微沟槽里;电极表面的液晶分子按一定方向排列,且上下电极上的定向方向相互垂直。上

NOTE

下电极之间的那些液晶分子趋向于平行排列。然而由于上下电极上液晶的定向方向相互垂直,所以从俯视方向看,液晶分子的排列从上电极的沿-45°方向排列逐步地、均匀地扭曲到下电极的沿+45°方向排列,整个扭曲了90°,如图7.12.1左图所示。

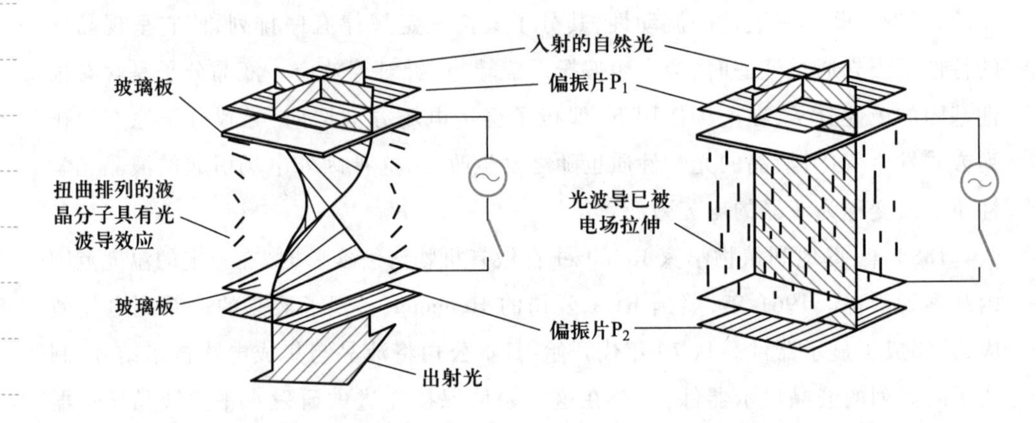

图7.12.1　液晶光开关的工作原理

理论和实验都证明,上述均匀扭曲排列起来的结构具有光波导的性质,即偏振光从上电极表面透过扭曲排列起来的液晶传播到下电极表面时,偏振方向会旋转90°。

取两张偏振片P_1和P_2贴在玻璃板的两面,P_1的透光轴与上电极的定向方向相同,P_2的透光轴与下电极的定向方向相同,于是P_1和P_2的透光轴相互正交。

在未加驱动电压的情况下,来自光源的自然光经过P_1后只剩下平行于透光轴的线偏振光,该线偏振光到达输出面时,其偏振面旋转了90°。这时光的偏振面与P_2的透光轴平行,因而有光通过。

在施加足够电压和静电场的作用下,除了基片附近的液晶分子被基片“锚定”以外,其他液晶分子趋于平行电场方向排列。于是原来的扭曲结构被破坏,成了均匀结构,如图7.12.1右图所示。从P_1透射出来的偏振光的偏振方向在液晶中传播时不再旋转,保持原来的偏振方向到达下电极。这时光的偏振方向与P_2正交,因而光被关断。

由于上述光开关在没有电场的情况下让光透过,加上电场的时候光被关断,因此叫常通型光开关,又叫常白模式。若P_1和P_2的透光轴相互平行,则构成常黑模式。

3.2　液晶光开关的电光特性

图7.12.2为光线垂直液晶面入射时本实验所用液晶相对透射率(以不加电场时的透射率为100%)与外加电压的关系。由图7.12.2可见,对于常白模式的液

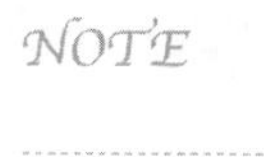

晶,其透射率随外加电压的升高而逐渐降低,在一定电压下达到最低点,此后略有变化。可以根据此电光特性曲线图得出液晶的阈值电压和关断电压,阈值电压:透过率为 90% 时的驱动电压;关断电压:透过率为 10% 时的驱动电压。

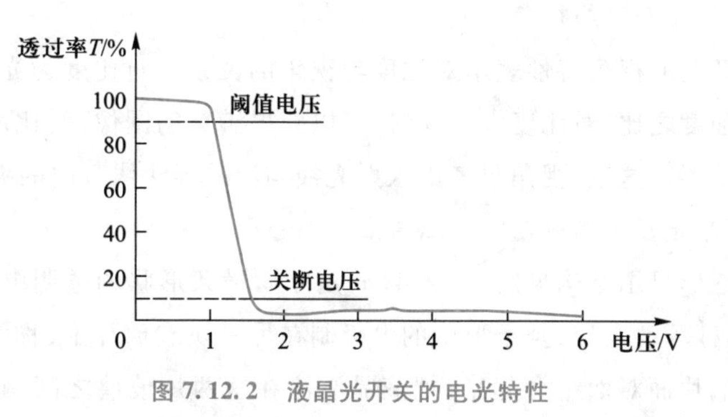

图 7.12.2　液晶光开关的电光特性

液晶的电光特性曲线越陡,即阈值电压与关断电压的差值越小,由液晶开关单元构成的显示器件允许的驱动路数就越多。TN 型液晶最多允许 16 路驱动,故常用于数码显示。在计算机、电视等需要高分辨率的显示器件中,常采用 STN(超扭曲向列)型液晶,以改善电光特性曲线的陡度,增加驱动路数。

3.3　液晶光开关的时间响应特性

加上(或去掉)驱动电压能使液晶的开关状态发生改变,是因为液晶的分子排序发生了改变,这种重新排序需要一定时间,反映在时间响应曲线上,用上升时间 τ_r 和下降时间 τ_d 描述。给液晶开关加上一个如图 7.12.3 上图所示的周期性变化的电压,就可以得到液晶的时间响应曲线、上升时间和下降时间,如图 7.12.3 下图所示,上升时间:透过率由 10% 升到 90% 所需时间;下降时间:透过率由 90% 降到 10% 所需时间。

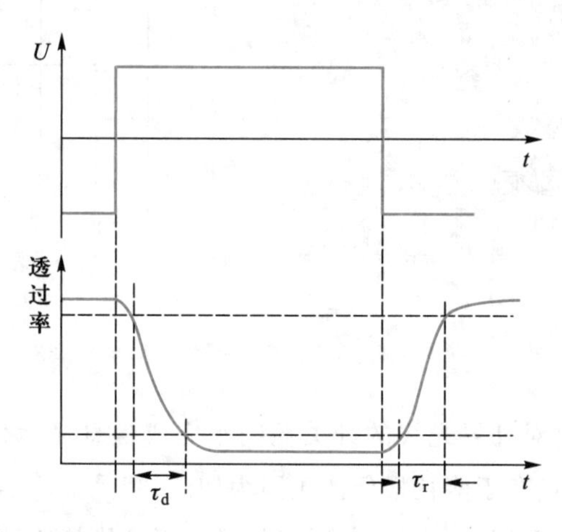

图 7.12.3　液晶光开关的时间响应

NOTE

液晶的响应时间越短,显示动态图像的效果越好,这是液晶显示器的重要指标。早期的液晶显示器在这方面逊色于其他显示器,现在通过结构方面的技术改进,已达到很好的效果。

3.4　液晶光开关的视角特性

液晶光开关的视角特性表示对比度与视角的关系。对比度为光开关打开和关断时透射光强度之比,对比度大于5时,可以获得满意的图像;对比度小于2时,图像就模糊不清了。这里,视角仅考虑入射光线与液晶屏法线方向的夹角。

3.5　液晶光开关构成矩阵式图像显示的原理

矩阵式图形显示结构见图7.12.4(a)所示。横条形状的透明电极做在一块玻璃片上,称为行驱动电极,竖条形状的电极制在另一块玻璃片上,称为列驱动电极。把这两块玻璃片面对面组合起来,把液晶灌注在这两片玻璃之间构成液晶盒。通常将横条形状和竖条形状的电极抽象为横线和竖线,分别代表扫描电极和信号电极,如图7.12.4(b)所示。准备显示的信息由开关矩阵输入。如准备显示数字"2",则按相应位置开关,仪器内部有计算机读入相应信息,然后按扫描方式在液晶显示器上显示。

如显示图7.12.4(b)的那些有方块的像素,首先在第A行加上高电平,其余行加上低电平,同时在列电极的对应电极c、d上加上低电平,于是A行的那些带有方块的像素就被显示出来了。然后在第B行加上高电平,其余行加上低电平,同时在列电极的对应电极b、e上加上低电平,因而B行的那些带有方块的像素被显示出来了。然后是第C行、第D行、…,以此类推,最后显示出完整的图像。

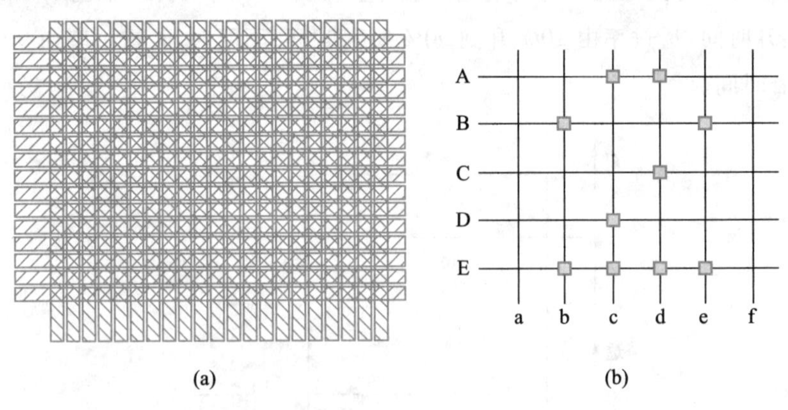

图7.12.4　液晶光开关组成的矩阵式图形显示

液晶显示器通过对外界光线的开关控制来完成信息显示任务,为非主动发光型显示,其最大的优点在于能耗极低。正因为如此,液晶显示器在便携式装置的显示方面,例如电子表、万用表、手机、传呼机等具有不可代替地位。

NOTE

4 实验仪器

液晶光开关电光特性综合实验仪

本实验所用仪器为液晶光开关电光特性综合实验仪,其外部结构如图 7.12.5 所示。仪器各项功能包括:

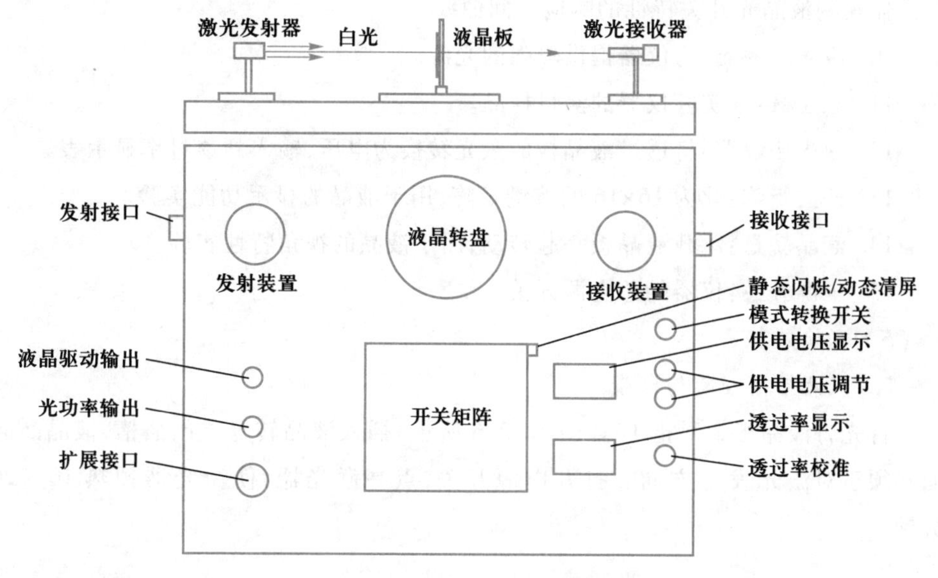

图 7.12.5 液晶光开关电光特性综合实验仪特性

1. 模式转换开关:切换液晶的静态和动态(图像显示)两种工作模式。在静态时,所有的液晶单元所加电压相同,在(动态)图像显示时,每个单元所加的电压由开关矩阵控制。同时,当开关处于静态时打开激光发射器,当开关处于动态时关闭激光发射器。

2. 静态闪烁/动态清屏:当仪器工作在静态的时候,此开关可以切换到闪烁和静止两种方式;当仪器工作在动态的时候,此开关可以清除液晶屏幕因按动开关矩阵而产生的斑点。

3. 供电电压显示:显示加在液晶板上的电压,范围在 0 ~ 12 V。

4. 供电电压调节:改变加在液晶板上的电压,调节范围在 0 ~ 12 V。其中单击“+”按键(或“-”按键)可以增大(或减小)。一直按住“+”按键(或“-”按键)2 秒以上可以快速增大(或减小)供电电压,但当电压大于或小于一定范围时,需要单击按键才可以改变电压。

5. 透过率显示:显示光透过液晶板后光强的相对百分比。

6. 透过率校准:在激光接收端处于最大接收的时候(即供电电压为 0 V 时),如果显示值大于“250”,则按住该键 3 秒可以将透过率校准为 100%;如果供电电压不为 0,或显示小于“250”,则该按键无效,不能校准透过率。

NOTE

7. 液晶驱动输出:接存储示波器,显示液晶的驱动电压。

8. 光功率输出:接存储示波器,显示液晶的时间响应曲线,可以根据此曲线来得到液晶响应时间的上升时间和下降时间。

9. 扩展接口:连接 LCDEO 信号适配器的接口,通过信号适配器可以使用普通示波器观测液晶光开关特性的响应时间曲线。

10. 激光发射器:为仪器提供较强的光源。

11. 液晶板:本实验仪器的测量样品。

12. 激光接收器:将透过液晶板的激光转换为电压,输入到透过率显示表。

13. 开关矩阵:此为 16×16 的按键矩阵,用于液晶的显示功能实验。

14. 液晶转盘:承载液晶板一起转动,用于液晶的视角特性实验。

15. 电源开关:仪器的总电源开关。

5　实验内容

5.1　液晶板安装与检查

首先将液晶板金手指 1(如图 7.12.6 所示)插入液晶转盘上的插槽,液晶凸起面必须正对激光发射方向。打开电源开关,点亮激光器,使激光器预热 10 ~ 20 分钟。

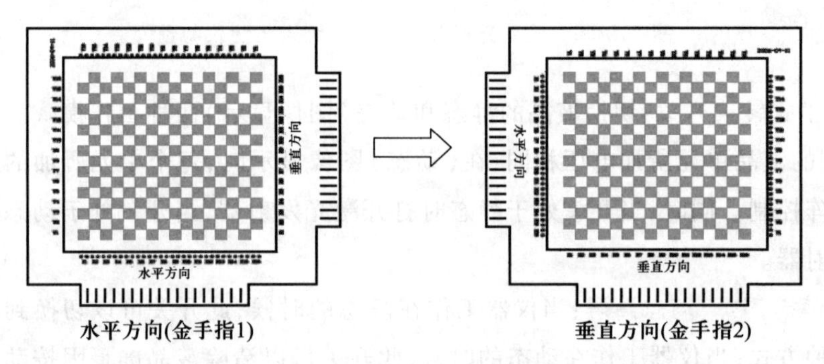

图 7.12.6　液晶板方向(视角为正视液晶屏凸起面)

检查仪器的初始状态,看激光发射器的光线是否垂直入射到激光接收器;在静态 0 V 供电电压条件下,透过率显示是否为“100%”。如果显示正确,则可以开始实验。

5.2　液晶光开关电光特性测量

将模式转换开关置于静态模式,将透过率显示校准为 100%,改变电压,使电压值从 0 V 到 6 V 变化,记录相应电压下的透射率数值。重复 3 次并计算相应电压下透射率的平均值,依据实验数据绘制电光特性曲线,可以得出阈值电压和关断电压。

5.3　液晶的时间响应的测量

1. 将模式转换开关置于静态模式,透过率显示调到 100%,然后将液晶供电电

NOTE

压调到 2.00 V,选择液晶静态闪烁状态,用存储示波器观察光开关时间响应特性曲线,可以根据此曲线得到液晶的上升时间 τ_r 和下降时间 τ_d。

2. 存储示波器测量时间响应主要操作步骤。

(a) 触发方式选择普通。

(b) 触发控制选择边沿触发,并选择上升沿或下降沿。

(c) 调节触发电平(LEVEL),使触发电压在被测信号电压范围之内。

(d) 垂直系统设置通道耦合为直流。

(e) 使用 RUN/STOP 键启动和停止波形采样。

(f) 调节电压分度值、时间分度值等,分别观测稳定的上升沿和下降沿,并测量上升时间和下降时间。

(g)可使用自动测量功能来测量时间。

5.4 液晶光开关视角特性的测量

1. 水平方向视角特性的测量

将模式转换开关置于静态模式。首先将透过率显示调到 100%,然后再进行实验。确定当前液晶板为金手指 1 插入的插槽(如图 7.12.6 所示)。在供电电压为 0 V 时,按调节液晶屏与入射激光的角度,在每一角度下测量光强透过率最大值 T_{MAX}。然后将供电电压置于 2 V,再次调节液晶屏角度,测量光强透过率最小值 T_{MIN},并计算其对比度。以角度为横坐标,对比度为纵坐标,绘制水平方向对比度随入射光入射角而变化的曲线。

2. 垂直方向视角特性的测量

关断总电源后,取下液晶显示屏,将液晶板旋转 90°,将金手指 2(垂直方向)插入液晶转盘插槽(如图 7.12.6 所示)。重新通电,将模式转换开关置于静态模式。按照与 1 相同的方法和步骤,可测量垂直方向的视角特性。

5.5 液晶显示器显示原理

将模式转换开关置于动态(图像显示)模式。液晶供电电压调到 5 V 左右。此时矩阵开关板上的每个按键位置对应一个液晶光开关像素。可以利用点阵输入关断(或点亮)对应的像素,使暗像素(或点亮像素)组合成一个字符或文字。矩阵开关板右上角的按键为清屏键,用以清除已输入在显示屏上的图形。

实验完成后,关闭电源开关,取下液晶板妥善保存。

6 注意事项

1. 绝对禁止用光束照射他人眼睛或直视光束本身,以防伤害眼睛!

2. 在进行液晶视角特性实验中,更换液晶板方向时,务必断开总电源后,再进行插取,否则将会损坏液晶板;

3. 液晶板凸起面必须要朝向激光发射方向,否则实验记录的数据为错误数据;

NOTE

4. 在调节透过率为100%时，如果透过率显示不稳定，则很有可能是光路没有对准，或者为激光发射器偏振没有调节好，需要仔细检查，调节好光路；

5. 在校准透过率为100%前，必须将液晶供电电压显示调到0 V或显示大于“250”，否则无法校准透过率为100%。在实验中，电压为0 V时，不要长时间按住“透过率校准”按键，否则透过率显示将进入非工作状态，本组测试的数据为错误数据，需要重新进行本组实验数据记录。

7　数据记录和处理

1. 填写表7.12.1，画出液晶光开关的电光特性曲线，由曲线求出液晶的阈值电压和关断电压。

表7.12.1　液晶光开关的电光特性测量

电压/V		0														
透射率/%	1															
	2															
	3															
	平均															

2. 由表7.12.2和液晶光开关的时间响应特性曲线得到液晶的上升时间和下降时间。

表7.12.2　液晶光开关的时间响应的数值表

时间/s													
透过率/%													

3. 由水平视角和垂直视角的图像分析液晶的视角特性，并记录数据表7.12.3，并作出相关曲线。

4. 对比度定义为光开关打开和关断时透射光强度之比，对比度大于5时，可以获得满意的图像；对比度小于2时，图像就模糊不清了。

表7.12.3　液晶光开关的视角特性测量

角度/°		−85	−80	……	−10	−5	0	5	10	……	80	85
水平方向视角特性	T_{MAX}/%											
	T_{MIN}/%											
	T_{MAX}/T_{MIN}											

NOTE

续表

垂直方向视角特性	$T_{MAX}/\%$											
	$T_{MIN}/\%$											
	T_{MAX}/T_{MIN}											

8　思考题

1. 什么是液晶的电光效应？

2. 测量液晶光开关的时间响应特性作用是什么？

9　实验拓展

1. 用偏光显微镜研究液晶的相变及光学特性。

2. 液晶性能参数的测试。

10　附录——实验仪器操作说明

初始光路的调节方法

1. 第一步：调节激光管和液晶的偏振关系。

插上电源，打开电源总开关，点亮激光管（模式转换开关置于静态模式），在激光管预热 10～20 分钟后；让激光透射过液晶板，旋转激光管，使透过液晶板后的光斑在液晶板的水平方向和垂直方向的光强基本一致；然后保持激光管的偏振方向，将激光管插入激光发射护套内，用螺钉固定。

2. 第二步：调节激光发射器的高度，使激光照射到液晶板（水平方向）的 Y9 行。

将液晶板金手指 1（水平方向）插入液晶转盘上的插槽（插取液晶板前要关闭总电源）。将液晶转盘置于零刻度位置固定住；将供电电压调节到以上（方便观测液晶板行列），调节激光发射器装置的高度，让激光射到液晶板上的 Y9 行（且必须是 Y9 行）；用锁紧螺钉固定激光发射器的高度。

3. 第三步：调节激光接收装置，让激光完全射入激光接收孔中。

将供电电压调节到 0 V，再调节激光接收装置的高度，同时水平转动激光发射器，让激光完全入射到激光接收装置中（为了使调节更方便，可以取掉激光接收器后盖，让激光直接从接收装置孔中射出，并保证射出的激光光斑没有光晕）；然后将激光发射器和接收装置固定锁紧。

4. 第四步：调节激光光斑到指定位置，即液晶板水平方向的（X8，Y9）坐标点上。

将供电电压调节到 5 V 以上，松动液晶转盘底板上的四颗螺钉，移动底板，让激光光斑射到 X8 列上（且必须是 X8 列）；此时激光光斑应该照射到液晶板的（X8，Y9）坐标点上；然后固定好底座上的四颗螺钉。

NOTE

5. 第五步:装激光接收器后盖板。

将激光接收器后盖旋上接收装置,再将插头插入到主机相应的插座上,完成光路调节。

6. 第六步:初步检验光路。

调整好光路后,将供电电压调节到 0 V,观测透过率,水平方向和垂直方向的透过率差值应小于 15,否则还需调节激光管前的偏振片。

NOTE

7.13 全息照相

1 引言

全息照相是一种可把被摄物反射的光波中的全部信息记录下来的新型照相技术。1948 年,英籍匈牙利裔科学家伽博提出并证实了全息照相原理。1960 年,激光被发明,这提供了良好的相干光源,使全息照相获得飞速发展和广泛应用。1971 年,伽博为此获诺贝尔物理学奖。

全息照相和常规照相不同,在底片上记录的不是三维物体的平面图像,而是光场本身。全息照相技术用途很广,做成的各种薄膜型光学元件,如各种透镜、光栅、滤波器等,可在空间重叠,十分紧凑、轻巧,适合于航天器使用。使用全息技术贮存资料,具有容量大、易提取、抗污损等优点。

目前,全息照相的方法已从光学领域推广到了其他领域,如微波全息、声全息等得到很大发展,成功地应用在工业医疗等方面。地震波、电子波、X 射线等方面的全息也正在深入研究中。

2 实验目的

1. 了解全息照相的基本原理。
2. 掌握全息照相方法及底片冲洗方法。
3. 观察物像再现。

3 实验原理

3.1 全息照相的原理

全息照相以激光为光源,利用光的干涉原理,将物体发射的特定光波与物光相干的参考光束(R)在干板上叠加,以干涉条纹的形式把物光的振幅、相位记录在干板上。原理如图 7.13.1 所示,激光器发出的光被分束镜 S 分成两路光束 1(参考光)与光束 2(物光)。光束 1 经全反镜 M_1 反射并经扩束镜 L_1 扩束后照射到干板 P;光束 2 经扩束后也照射到 P 上,并与光束 1 在干板上发生干涉叠加。由于从被摄物体上同一点所发出的物光束可摄到干板的不同区域处,则物光到达各区域的相位不同、与参考光的夹角不同,振幅不同,因而在各区域形成疏密不同、形状不同、反差不同的干涉条纹。这些光波在 P 叠加形成了全息图。

3.2 全息照相的再现原理

全息照相的再现利用的是光的衍射现象,如图 7.13.2 所示。P 是照相底片,曝光后经过显影、定影处理,则底片就是透光、不透光的条纹,这就是一个光栅(grating),其光栅常量(grating constant)(干涉条纹间距)为

$$d=\frac{\lambda}{\sin\theta} \tag{7.13.1}$$

NOTE

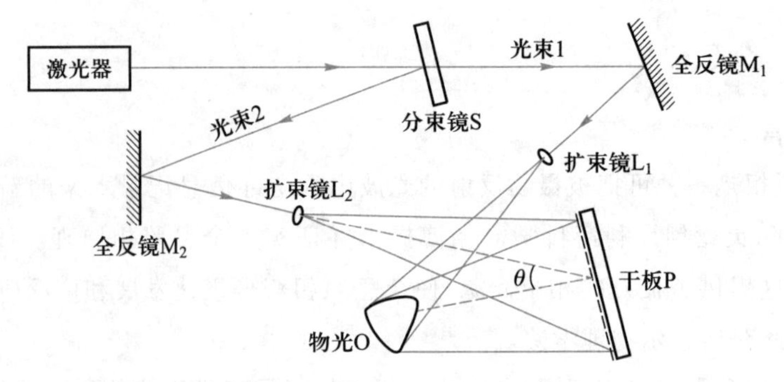

图 7.13.1　全息照相的原理示意图

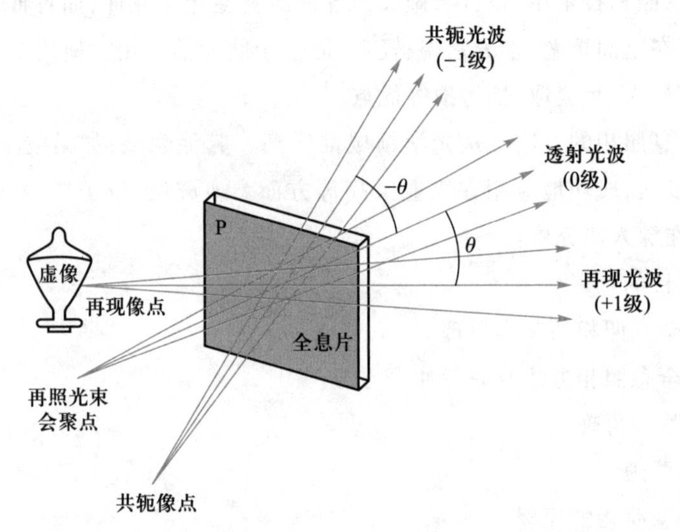

图 7.13.2　全息照相再现原理图

把拍好的全息图 P 放回记录光路原处，去掉物体，用原参考光照明，经全息图衍射后，产生两个衍射光波。光栅衍射方程为

$$d\cdot\sin\phi=k\lambda \tag{7.13.2}$$

其一是物光 O，形成原始虚像（+1 级），其二是物体的共轭光，形成共轭实像（−1 级）。必须说明，共轭光波无论形成虚像（virtual image），还是形成实像（real image），都与具体的拍摄光路密切相关。

4　实验仪器

4.1　仪器结构

He-Ne 激光器，全息平台及其光学附件，光电池及复射式灵敏电流计，电磁快门，洗相设备。

4.2　全息记录干板

全息记录干板是表面涂有一层感光乳胶的玻璃，这是由于玻璃有一定刚度，不会变形弯曲。对不同波长的激光，用不同型号的感光乳胶。全息记录干板均要求

NOTE

具有非常高的分辨率[根据(7.13.2)式，$\theta=30°$，$\lambda=632.8\ \mathrm{nm}$，$d=1.27\times10^{-6}\ \mathrm{m}$]，即感光乳胶的银盐颗粒很细，但银盐颗粒越细，相应感光速度越慢。

实验所用全息Ⅰ型干板的感光波长范围是530～700 nm，敏感峰值(peak value)波长为630 nm。它对He-Ne激光最灵敏，对绿光不敏感，所以，显影时可在绿灯下观察。

5 实验内容

1. 全息照相光路调整

按图7.13.1所示光路安排各光学元件，并作如下调整：

(a) 使各元件基本等高；

(b) 在底片架上夹一块白屏，使参考光均匀照在白屏上、入射光均匀照亮被摄物体，且其漫反射光能照射到白屏上，调节两束光夹角约为30°；

(c) 使物光和参考光的光程大致相等，可分别挡住物光和参考光调节其光强比为(1∶3)～(1∶5)，两光束有足够大的重叠区；

(d) 所有光学元件必须通过磁钢与平台保持稳定。

2. 全息照片的记录

拿下白屏，关掉激光器，在底片夹上装夹全息记录干板，注意使底片的药膜面对着物光和参考光，稍等片刻，待系统稳定后，根据实验室提供的参考曝光时间，打开激光器进行曝光，然后关闭激光器，取下底片待处理。

3. 照相底片的冲洗

取下曝光后的底片，用清水打湿，放入显影液一分钟左右，取出在暗绿灯下观察，发现有显影时，用清水冲洗，再放入定影液中，定影1～2分钟，取出用流水冲洗1～3分钟，冲去多余的银粒。再用电吹风吹干，在白炽灯下观察是否有彩带，如有彩带说明拍摄成功。

4. 全息照片的再现观察

用经扩束后的激光沿原参考光入射方向照明全息图，透过底片并朝着放置原物位置方向进行观察，可看到一个清晰、立体的原物虚像。这就是理想的漫反射全息照相图像。

6 注意事项

1. 不要直视激光，以免损伤眼睛！
2. 不要接触高压电源及电极，以免触电！
3. 光学元件表面严禁用手触摸！切记轻拿轻放！
4. 因磁钢有较强磁场，不要戴手表操作！
5. 漂白液有毒，不要弄到手上、身上和桌上！

NOTE

7　系统误差分析

请分析系统稳定性对实验结果的影响、参考光和物光的光强比的影响。

8　思考题

1. 简要总结全息照相与普通照相的区别。

2. 为了得到一张较高衍射效率的漫反射全息图,实验技术上应注意哪些问题?

3. 全息照相所用干板的分辨率为什么要求很高?

4. 为什么漫反射全息照相再现像时,要采用制作全息片时所用的参考光作为再照光,而不能用白光再现?

9　实验拓展

1. 白光全息再现技术。

2. 用二次曝光法测定金属的弹性模量。

NOTE

7.14　常用光学仪器与光学元件

1　光源

能够发光的物体统称为光源。实验室中常用的是将电能转化为光能的光源——电光源。常见的有热辐射光源和气体放电光源及激光光源三类。

（一）热辐射光源

常用的热辐射光源是白炽灯。白炽灯是以钨丝为发光物体的一种光源。当灯泡内的钨丝两端加上适当电压时，由于电流的热效应，钨丝便炽热发光。白炽灯发出光的光谱是连续光谱，如图 7.14.1 所示，光谱成分和光强与炽热物体的温度有关。根据用途的不同，白炽灯在制造上也有不同的要求，例如“仪器灯泡”对灯丝形状及分布位置有较高要求，对透明外壳也有一定要求，而普通照明灯泡的要求则较低。实验室常用的白炽灯有下列几种：

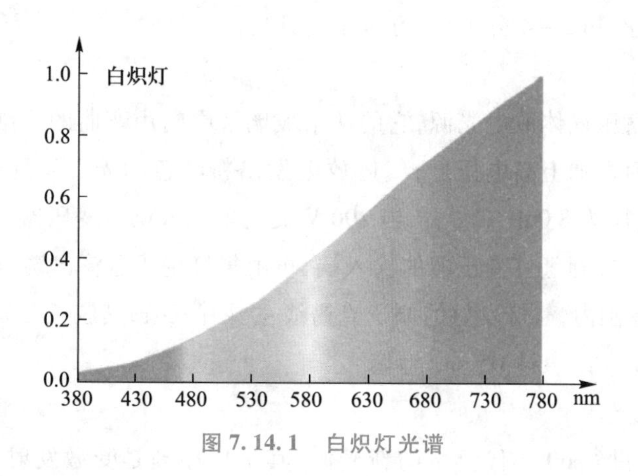

图 7.14.1　白炽灯光谱

1. 普通灯泡：电压为 220 V，功率分几十瓦、几百瓦等多种规格，作为照明用的白色光。

2. 小灯泡：电压为 6～8 V，功率为几瓦，作为照明或白光光源用；8 V、几十瓦的低电压大电流灯泡作为白光光源用（这种灯泡寿命短，不用时应立即断开电源）。

3. 单色光源：在白炽灯前加滤色片或色玻璃，作单色光源用，其单色性决定于滤色片的质量。

（二）气体放电光源

1. 钠灯和汞灯

实验室常用的钠灯和汞灯（又称水银灯）作为单色光源，它们的工作原理都是以金属 Na 或 Hg 蒸气在强电场中发生的游离放电现象为基础的弧光放电灯。

在 220 V 额定电压下，当钠灯灯管壁温度升至 260 ℃时，管内钠蒸气压约为 4×

NOTE 10^{-1} Pa,发出波长为589.0 nm和589.6 nm的两单色黄光最强,可达85%,而其他几种波长为818.0 nm和819.1 nm等光仅有15%。所以,在一般应用时,我们取589.0 nm和589.6 nm的平均值589.3 nm作为钠灯的波长值。

汞灯可按其气压的高低,分为低压汞灯(气压为1.33~13.3 Pa)、高压汞灯(气压为3.03×10^4~3.03×10^5 Pa)和超高压汞灯(气压为3.03×10^5 Pa以上)。这里所说的气压是指光源稳定工作时,灯泡内所含水银蒸气的气压。低压汞灯最为常用,其电源电压与管端工作电压分别为220 V和20 V,正常点燃时发出青紫色光,其中主要包括七种可见的单色光,它们的波长分别是612.35 nm(红)、579.07 nm和576.96 nm(黄)、546.07 nm(绿)、491.60 nm(蓝绿)、435.84 nm(蓝紫)、404.66 nm(紫)。

使用钠灯和汞灯时,灯管必须与一定规格的镇流器(限流器)串联后才能接到电源上去,以稳定工作电流。钠灯和汞灯点燃后一般要预热3~4分钟才能正常工作,熄灭后也需冷却3~4分钟后,方可重新开启。

2. 氢放电管(氢灯)

它是一种高压气体放电光源,它的两个玻璃管中间用弯曲的毛细管连通,管内充气。在管子两端加上高电压后,气体放电发出粉红色的光。氢灯工作电流约为115 mA,起辉电压为8 000 V左右,当200 V交流电输入调压变压器后,调压变压器输出的可变电压接到氢灯变压器的输入端,再由氢灯变压器输出端向氢灯供电。

在可见光范围内,氢灯发射的原子光谱线主要有三条,其波长分别为656.28 nm(红)、486.13 nm(青)、434.05 nm(蓝紫)。

(三) 激光光源

激光是20世纪60年代诞生的新光源,其工作原理是受激发射。它具有发光强度大、方向性好、单色性强和相干性好等优点。激光器的种类很多,如氦氖激光器、氦镉激光器、氩离子激光器、二氧化碳激光器、红宝石激光器等。

实验室中常用的激光器是氦氖激光器。它由激光工作物质氦氖混合气体、激励装置和光学谐振腔三部分组成。氦氖激光器发出的光波波长为632.8 nm,输出功率范围是几毫瓦到十几毫瓦,多数氦氖激光管的管长为200~300 mm,两端所加高压是由倍压整流或开关电源产生,电压高达1 500~8 000 V,操作时应严防触及,以免造成触电事故。由于激光束输出的能量集中,强度较高,使用时应注意切勿迎着激光束直接用眼睛观看。

2 光学元件

(一) 透镜

折射面是两个球面(或其中一个是平面)的透明体称为透镜。透镜是最常用的一种光学元件。透镜分为两类:

NOTE

1. 凸透镜:中央比边缘厚的透镜叫凸透镜;

2. 凹透镜:中央比边缘薄的透镜叫凹透镜。

它们的成像公式为

$$\frac{1}{u}+\frac{1}{v}=\frac{1}{f}$$

式中 f 为透镜焦距,u 为物距,v 为像距。

透镜及其表示法如图 7.14.2 所示:

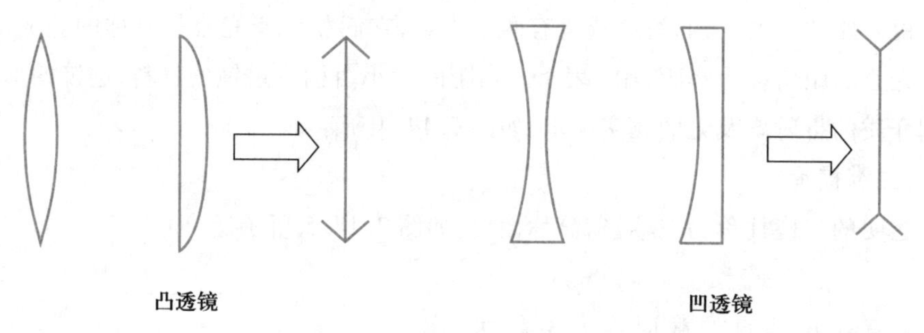

图 7.14.2 透镜及其表示法

3. 主光轴,通过透镜两个球面球心 C_1、C_2 的连线称为透镜的主光轴,简称光轴,如图 7.14.3 所示。

4. 光心,两个球面的顶点 O_1、O_2 靠得很近,可以看作是重合在透镜中心的一点 O 上,这一点称为透镜的光心,如图 7.14.3 所示。凡是通过光心的光线,传播方向不发生改变。

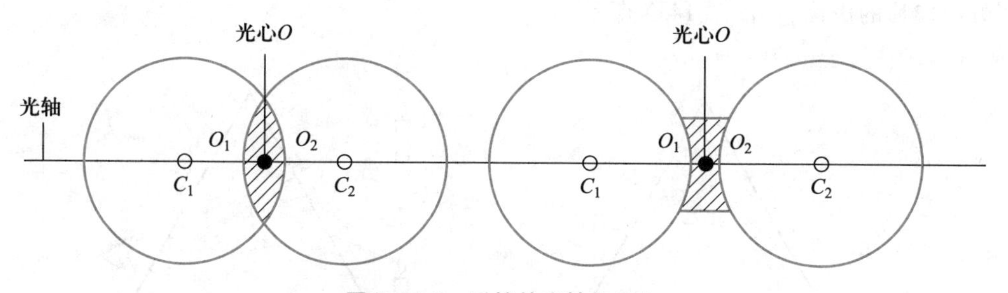

图 7.14.3 透镜的光轴和光心

5. 凸透镜能把平行于光轴的光线会聚在透镜另一侧光轴上的一点,这一点称为凸透镜的焦点。焦点用 F 表示,F 点是光线实际会聚的点,又称实焦点,如图 7.14.4 左图所示。

6. 凹透镜能把平行于光轴的入射光在透镜的另一侧发散开来,这些发散光的反向延长线也交于光轴的 F 点,这一点是凹透镜的焦点,如图 7.14.4 右图所示。凹透镜的焦点是光线反向延长线的交点,称虚焦点。

NOTE

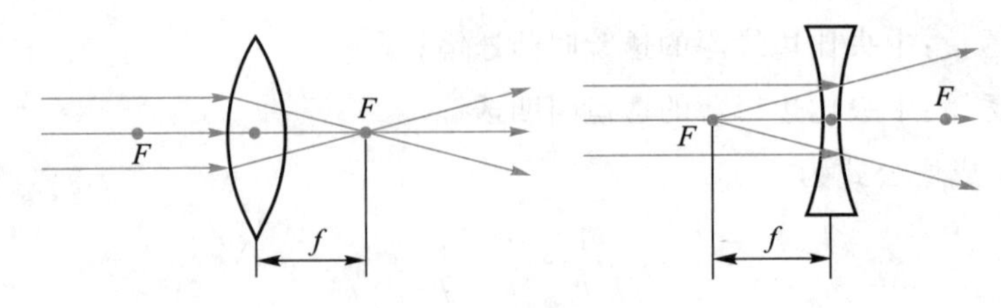

图 7.14.4 焦点及焦距

7. 焦距,透镜焦点到光心的距离称为焦距。

由光路的可逆性知,每个透镜有两个焦点,它们相对于光心是对称的。透镜焦点到光心的距离称为焦距,用 f 表示。焦距的大小由构成透镜的材料、透镜的形状、周围介质的折射率及光的频率决定,如图 7.14.4 所示。

(二) 棱镜

透明的三棱柱称为三棱镜,简称棱镜,如图 7.14.5 所示。

1. 主截面、折射面、顶角、底面

与三条棱垂直的截面称为主截面(图 7.14.6)。AB 和 AC 是折射面,这两个面的夹角 φ 是顶角,和顶角相对的 BC 是底面。通常用的棱镜,其主截面为等腰三角形。

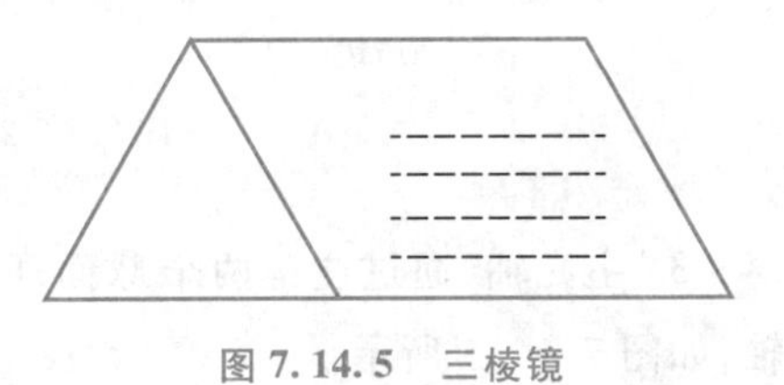

图 7.14.5 三棱镜

2. 棱镜成像

棱镜的折射率大于空气的折射率,因此,进入棱镜的光线通过 AB 面和 AC 面折射后向棱镜底面方向偏折。隔着棱镜观察物体,看到的是物体正立的向棱镜顶角方向偏移的虚像,如图 7.14.7 所示。

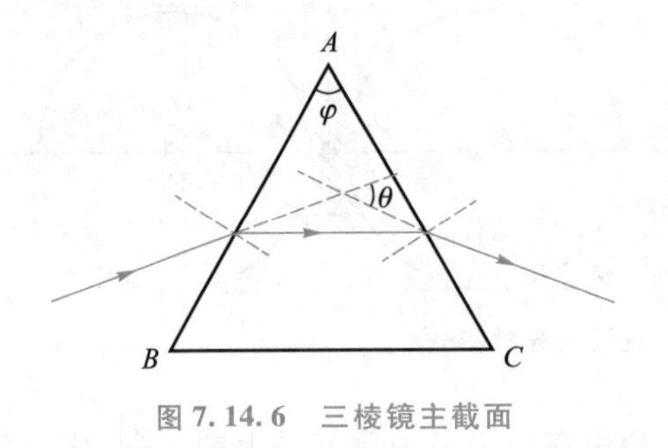

图 7.14.6 三棱镜主截面

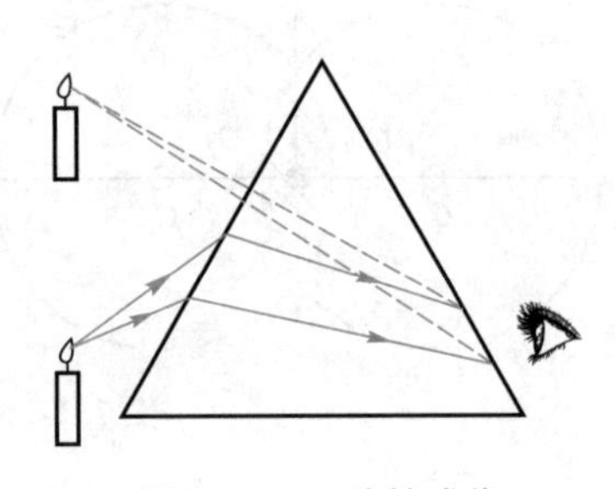

图 7.14.7 棱镜成像

3 常用光学仪器

(一) 显微镜

显微镜由目镜和物镜组成,其光路图如 7.14.8 所示。待观察物 PQ 置于物镜 L_0 的焦平面 F_0 之外,距离焦平面很近的地方,这样可使物镜所成的实像 $P'Q'$,落在目镜 L_e 的焦平面 F_e 之内靠近焦平面处,经目镜放大后在明视距离处形成一放

NOTE

大的虚像 $P''Q''$。

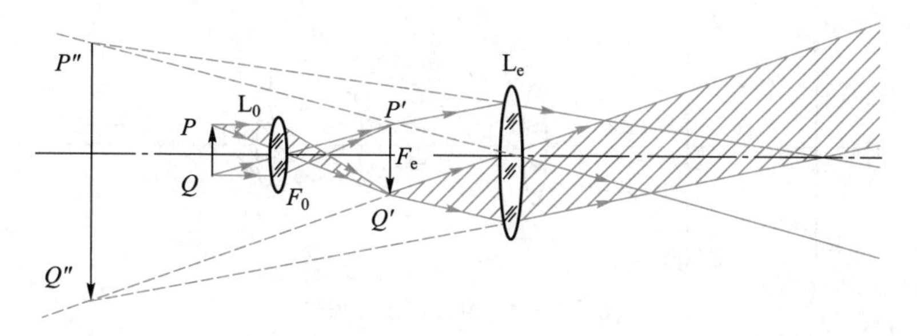

图 7.14.8 显微镜工作原理

理论计算可得显微镜的放大率为

$$M=M_0\cdot M_e=-\frac{\Delta\cdot s_0}{f_0'\cdot f_e'} \tag{7.14.1}$$

式中 M_0 是物镜的放大率，M_e 是目镜的放大率，f_0'，f_e'分别是物镜和目镜的像方焦距，Δ 是显微镜光学间隔（$=F_0'F_e$，现代显微镜均有定值，通常是 17 cm 或 19 cm），$s_0=-25$ cm，为正常人眼的明视距离。由上式可知，显微镜的镜筒越长，物镜和目镜的焦距越短，放大率就越大。一般 f_0'取得很短（高倍的只有 1～2 mm），而 f_e'在几个厘米左右。在镜筒长度固定的情况下，如果物镜目镜的焦距给定，则显微镜的放大率也就确定了。通常物镜和目镜的放大率，是标在镜头上的。

（二）望远镜

望远镜是帮助人眼观望远距离物体，也可作为测量和对准的工具，它也是由物镜和目镜所组成。其光路图如 7.14.9 所示，远处物体 PQ 发出的光束经物镜后被会聚于物镜的焦平面 F_0'上，成一缩小倒立的实像 $P'Q'$，像的大小决定于物镜焦距及物体与物镜间的距离。当焦平面 F_0'恰好与目镜的焦平面 F_e 重合在一起时，会在无限远处呈一放大正立的虚像，用眼睛通过目镜观察时，将会看到这一放大正立且移动的虚像 $P''Q''$。若物镜和目镜的像方焦距为正（两个都是会聚透镜），则为开普勒望远镜；若物镜的像方焦距为正（会聚透镜），目镜的像方焦距为负（发散透镜），则为伽利略望远镜。图 7.14.9 为开普勒望远镜的光路图。

由理论计算可得望远镜的放大率为

$$M=-f_0'/f_e' \tag{7.14.2}$$

该式表明，物镜的焦距越长、目镜的焦距越短，望远镜的放大率则越大。对开普勒望远镜（$f_0'>0$，$f_e'>0$），放大率 M 为负值，系统成倒立的像；而对伽利略望远镜（$f_0'>0$，$f_e'<0$），放大率 M 为正值，系统成正立的像，因实际观察时，物体并不真正位于无限远，像亦不成在无限远，该式仍近似适用。

NOTE

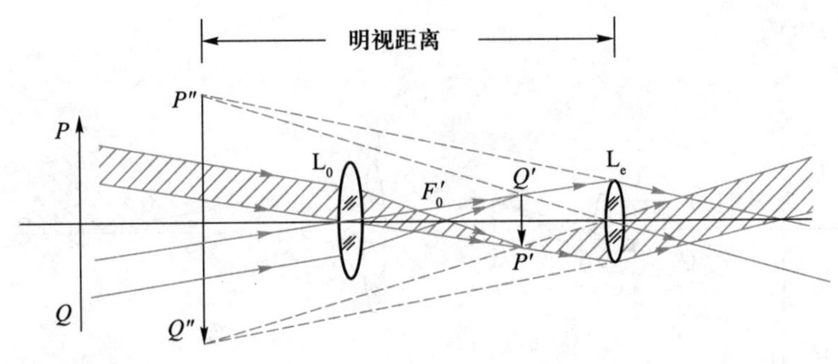

图 7.14.9　望远镜工作原理

4　光学实验注意事项

1. 要防止光学仪器破损、磨损、污损、发霉生锈、腐蚀、脱胶等。

2. 使用和维护光学仪器的注意事项：

① 使用前必须认真阅读使用说明书；

② 应轻拿轻放；

③ 仪器应放在干燥、空气流通的实验室中；

④ 绝对禁止用手触及光学元件的光学表面；

⑤ 对于光学仪器中机械部分应保持各转动部分灵活自如，平稳连续，并注意防止生锈。

⑥ 仪器长期不使用，应收存在干燥环境中。

第八章　近代物理实验

8.1　近代物理实验概述

数字资源

近代物理实验是高等学校物理类和相关专业的专业基础课程之一。该课程的设置以期使学生掌握近代物理学发展过程中所涉及的某些关键实验的基本实验思路、方法和技术；熟悉掌握相关仪器的使用；培养学生观察分析实验现象，独立操作，解决问题的能力；加深对有关物理概念的理解，正确认识物理概念的产生、形成和发展过程，培养严谨的科学作风和创新精神。在近代物理学发展历程中，许多具有里程碑意义并获得过诺贝尔物理学奖的实验项目包含在近代物理实验教学内容之中，例如弗兰克-赫兹实验、密立根油滴实验等。

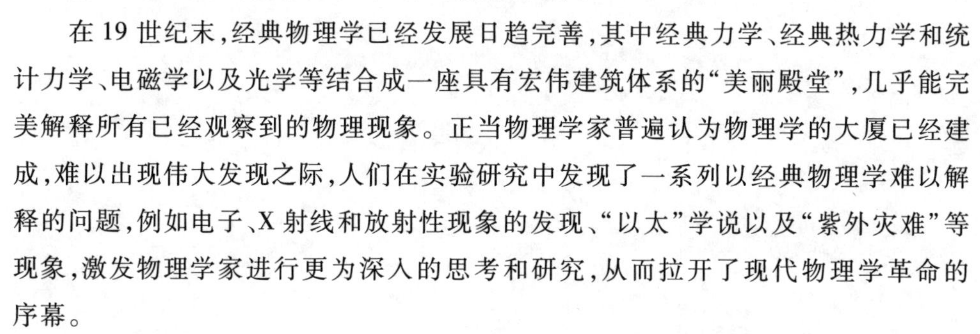

在19世纪末，经典物理学已经发展日趋完善，其中经典力学、经典热力学和统计力学、电磁学以及光学等结合成一座具有宏伟建筑体系的“美丽殿堂”，几乎能完美解释所有已经观察到的物理现象。正当物理学家普遍认为物理学的大厦已经建成，难以出现伟大发现之际，人们在实验研究中发现了一系列以经典物理学难以解释的问题，例如电子、X射线和放射性现象的发现、“以太”学说以及“紫外灾难”等现象，激发物理学家进行更为深入的思考和研究，从而拉开了现代物理学革命的序幕。

NOTE

爱因斯坦创立的相对论，以及普朗克、玻尔、德布罗意、薛定谔、海森伯等众多科学家创立的量子力学成了近现代物理学的两大支柱。量子力学是描述微观物质世界的基本理论，揭示了微观物质世界的基本规律，为原子物理学、固体物理学、核物理学和粒子物理学奠定了理论基础。其他基于此的衍生学科也相继出现并蓬勃发展，例如：量子统计物理学、量子电动力学、相对论量子力学、凝聚态物理等。

在中国近代物理发展史中，我国物理学者在战火中也未曾停下学习和探索的脚步。在洋务运动时期，众多科学译者将国外的物理学著作翻译编撰成书；李耀邦、何育杰、陈茂康等人留学回国后任教，成了我国近代物理学事业的第一批拓荒者。其中，李耀邦在1914年发表的“以密立根方法利用固体球粒测定 e 值”的论文被称为“中国人投入世界近代物理学发展长河中的第一滴晶莹水珠”。此后，我国从事X射线散射研究的吴有训、测定普朗克常量数值的叶企孙、从事量子力学研究的王守竞、发现正电子的赵忠尧、发明“何氏泵”的何增禄、进行超高频电场研究的任之恭等学者均取得了被世界物理学界广泛赞誉的重要成果。

随着相对论、量子力学、原子核物理学和粒子物理学的建立与发展，一些理论研究的关键问题是通过实验才得以解决的，这更体现出理论与实验研究在循序渐进的发展过程中是紧密结合的。在半导体、激光、核能源和计算机等现代科学技术

NOTE

高速发展的当代，新的测量技术和实验方法层出不穷，并被广泛应用到其他学科和相关领域。

因此，在近代物理实验内容的学习过程中，我们需要将物理原理、实验方法、测量技术和综合应用等多方面的知识相结合，通过直观的观察和体验来学习近代物理学的相关重要实验，领会实验设计思想，了解和掌握现代测量技术。

思维导图 8.1

- 近代物理
  - 实验项目
    - 实验项目1：弗兰克-赫兹实验
    - 实验项目2：用密立根油滴法测定电子电荷量
    - 实验项目3：核磁共振
    - 实验项目4：验证快速电子的动能与动量的相对论关系实验
    - 实验项目5：量子计算实验
    - 实验项目6：ZEMAX光学仿真实验
    - 实验项目7：测量放射性物质辐射强度的居里实验虚拟实验
    - 实验项目8：虚实结合的核物理实验
  - 知识点
    - 实验项目1：玻尔理论、第一激发电势、拒斥电压
    - 实验项目2：元电荷、斯托克斯定律、黏性力、CCD
    - 实验项目3：核磁共振、核自旋、旋磁比、朗德因子、布洛赫方程、弛豫时间
    - 实验项目4：动能、动量、狭义相对论、洛伦兹变换、质能关系方程、能量-道数关系式、γ能谱
    - 实验项目5：量子计算、量子比特、量子逻辑门、量子算法、NV色心、拉比振荡、自旋磁共振技术、退相干现象、Deutsch-Jozsa算法
    - 实验项目6：ZEMAX光学软件
    - 实验项目7：X射线、铀辐射、贝可勒尔射线、物质辐射强度、饱和电流特性
    - 实验项目8：放射性计数的统计性、核衰变的统计规律、窄束射线、射线吸收

实验

- **实验方法以及数据处理方法**
  - 实验项目1：“拒斥电压”筛去小能量电子的方法
  - 实验项目2：静态平衡法、动态法、模糊统计法、图解法、最小二乘法、反向验证法
  - 实验项目3：磁场扫描法、内扫描法、移相法
  - 实验项目4：作图法、最小二乘法、定标
  - 实验项目5：控制变量法、图解法
  - 实验项目6：光线追迹法
  - 实验项目7：微小量放大法、补偿法、比较测量法
  - 实验项目8：χ^2检验法、最小二乘法、作图法
- **常用仪器**
  - 实验项目1：智能弗兰克-赫兹实验仪、示波器
  - 实验项目2：ZKY-MLG-6型CCD显微密立根油滴仪
  - 实验项目3：核磁共振实验仪、示波器、磁场扫描电源、边限振荡器、频率计
  - 实验项目4：β磁谱仪、多道分析器、计算机、真空泵、NaI(Tl)单晶γ闪烁谱仪
  - 实验项目5：金刚石量子计算教学机、计算机
  - 实验项目6：计算机
  - 实验项目7：放射源样品、电离室、静电计、 石英压电天平、计时器、电源、激光光源、砝码
  - 实验项目8：计算机、多功能数字多道、放射源模拟器

NOTE

8.2 弗兰克-赫兹实验

1 引言

1913年,丹麦物理学家玻尔(N. Bohr)提出了氢原子模型,并指出原子存在能级。该模型在预言氢光谱的观察中取得了显著的成功。根据玻尔的原子理论,原子光谱中的每根谱线表示原子从某一个较高能态向另一个较低能态跃迁时的辐射。

1914年,德国物理学家弗兰克和赫兹用慢电子穿过汞蒸气的实验,测定了汞原子的第一激发电势,从而证明了原子分立能级的存在。后来他们又观测了实验中被激发的原子回到正常态时所辐射的光,测出的辐射光的频率很好地满足了玻尔理论。弗兰克-赫兹实验的结果为玻尔的原子模型理论提供了直接证据,直接证明了原子发生跃迁时吸收和发射的能量是分立的、不连续的,证明了原子能级的存在,从而证明了玻尔理论的正确。由此,弗兰克和赫兹获得了1925年诺贝尔物理学奖。

弗兰克-赫兹实验至今仍是探索原子结构的重要手段之一,实验中用的"拒斥电压"筛去小能量电子的方法,已成为广泛应用的实验技术。

2 实验目的

1. 研究弗兰克-赫兹管中电流变化的规律。
2. 测量氩原子的第一激发电势;证实原子能级的存在,加深对原子结构的了解。
3. 掌握微机控制的实验数据采集系统的使用方法。
4. 探索在微观世界中,电子与原子的碰撞概率。

3 实验原理

1. Ar原子的第一激发电势

由玻尔的氢原子理论可知:

(1) 原子只能长时间停留在一些不连续的稳定状态中,简称定态。原子在这些状态时,不发射或吸收能量;各定态有一定的能量,其数值是彼此分隔的。

(2) 原子从一个定态跃迁到了另一个定态需要辐射或吸收一定的电磁波,辐射频率是一定的,满足

$$\Delta E = h\nu = E_m - E_n \tag{8.2.1}$$

式中 E_n 代表较低能态,E_m 代表较高能态,h 为普朗克常量。

原子从低能级向高能级跃迁,也可以通过具有一定能量的电子与原子相碰撞进行能量交换来实现。本实验即将研究的是高速电子在真空中与惰性气体Ar原子相碰撞的实验现象。

NOTE

设 Ar 原子的基态能量为 E_1，第一激发态的能量为 E_2，Ar 原子从基态跃迁到第一激发态所需的能量就是 $\Delta E=E_2-E_1$。

初速度为零的单个电子在电势差为 U 的加速电场作用下获得能量 eU。

若 $eU<\Delta E$，则电子与 Ar 原子只发生弹性碰撞，两者之间几乎没有能量转化。

若电子的能量 $eU\geqslant\Delta E$ 时，电子与 Ar 原子就会发生非弹性碰撞，Ar 原子将从电子的能量中吸收 ΔE 的能量，从基态跃迁到第一激发态，而多余的部分仍留给电子。

设电子获得 $\Delta E=E_2-E_1$ 能量，所需加速电场的电势差为 U_0，则

$$eU_0=\Delta E=E_2-E_1 \tag{8.2.2}$$

式中：U_0 为 Ar 原子的第一激发电势（或称氩的中肯电势），即本实验要测的物理量。$\Delta E=E_2-E_1$ 称为临界能量。

2. 弗兰克-赫兹实验装置工作原理

弗兰克-赫兹实验的原理图如图 8.2.1 所示。在充氩的弗兰克-赫兹管中，电子由热阴极 K 发出，K 和第一栅极 G_1 之间的加速电压 U_{G_1K} 使电子加速。G_1 与 G_2 之间为碰撞区，U_{G_1K} 使电子得到更多能量。在极板 P 和第二栅极 G_2 之间加有反向拒斥电压 U_{G_2P}。管内空间电势分布如图 8.2.2 所示。

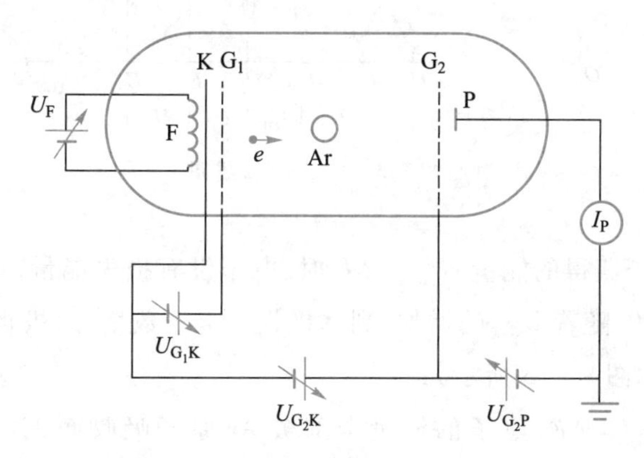

图 8.2.1 弗兰克-赫兹实验装置示意图

K-G_1 区间电子迅速被电场加速而获得能量。G_1-G_2 区间电子继续从电场获得能量，并不断与 Ar 原子碰撞。当电子获得的能量小于 $\Delta E=E_2-E_1$ 时为弹性碰撞；当电子获得的能量大于 $\Delta E=E_2-E_1$ 时为非弹性碰撞。电子把一部分动能传递给 Ar 原子，使 Ar 原子发生跃迁。如图 8.2.1 所示，G_2 与极板 P 之间所加电压为反向电压，如果剩余电子的能量足够大，才可以克服这个区间的电场力做功到达极板 P 而被微电流表 I_P 测到。

实验时通过改变 U_{G_2K} 的电压来观察电流 I_P 的数值变化，得到如图 8.2.3 所示的 I_P-U_{G_2K} 曲线图。

NOTE

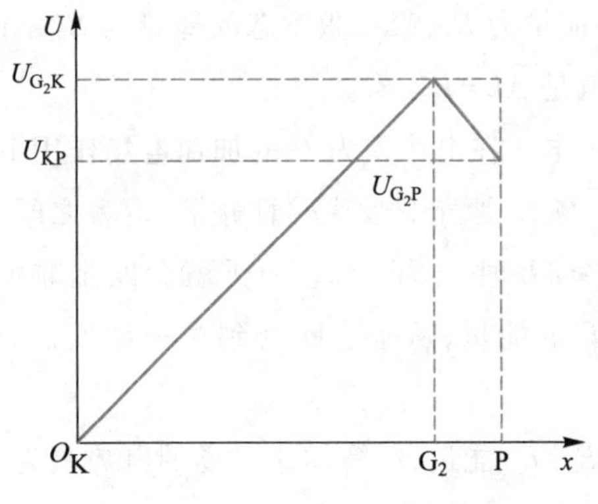

图 8.2.2　管内空间电势分布图

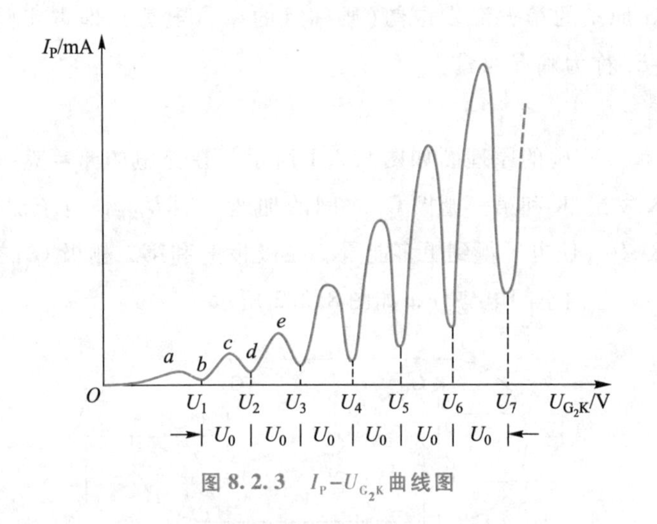

图 8.2.3　$I_P-U_{G_2K}$ 曲线图

***Oa* 段**：当电子获得的能量 $eU_{G_2K}<\Delta E$ 时，电子没有损失能量，可以克服拒斥电压 U_{G_2P} 到达极板 P，随着 U_{G_2K} 的增加，到达极板的电子数增加，极板电流 I_P 增加形成第一个波峰（如图 8.2.3 所示）；

***ab* 段**：若 $eU_{G_2K}=\Delta E$，电子的能量全部被 Ar 原子吸收而无法克服拒斥电压 U_{G_2P}，继续增大 U_{G_2K}，电子能量被吸收的概率逐渐增加，极板电流逐渐下降，形成第一个波谷；

***bc* 段**：随着 U_{G_2K} 电压的增加，电子的能量也随之增加，在与 Ar 原子相碰撞后还留下足够的能量，可以克服反向拒斥电场而达到极板 P，这时电流又开始上升；

***cd* 段**：直到 U_{G_2K} 电压是 Ar 原子的第一激发电势的 2 倍时，电子又会因二次碰撞而失去能量，因而又会造成第二次极板电流的下降；

同理，凡在 $U_{G_2K}=nU_0(n=1,2,3,\cdots)$ 的地方，极板电流 I_P 都会相应下跌，形成规则起伏变化的 $I_P-U_{G_2K}$ 曲线图。而各次极板电流 I_P 下降相对应的阴、栅极电压差 $U_{n+1}-U_n$ 应该是 Ar 原子的第一激发电势 U_0。本实验就是要通过实际测量来证实

NOTE

原子能级的存在,并测出 Ar 原子的第一激发电势(公认值为 $U_0=11.5\ \text{V}$)。

原子处于激发态是不稳定的。在实验中被慢电子轰击到第一激发态的原子要跳回基态,进行这种反跃迁时,就应该有 eU_0 的能量发射出来。反跃迁时,原子是以放出光量子的形式向外辐射能量。这种光辐射的波长为

$$eU_0=h\nu=h\frac{c}{\lambda} \tag{8.2.3}$$

对于 Ar 原子

$$\lambda=\frac{hc}{eU_0}=\frac{6.63\times10^{-34}\times3.00\times10^{8}}{1.6\times10^{-19}\times11.5}\ \text{m}\approx108.1\ \text{nm}$$

如果弗兰克-赫兹管中充以其他元素,则可以得到它们的第一激发电势如表 8.2.1 所示。

表 8.2.1 几种元素的第一激发电势

元素	Na	K	Li	Mg	Hg	He	Ne
U_0/V	2.12	1.63	1.84	3.2	4.9	21.2	18.6
λ/nm	589.0 589.6	766.4 769.9	670.78	457.1	250	58.4	64.0

4 实验仪器

本实验所用仪器为 FH-2 智能弗兰克-赫兹实验仪与示波器。实验装置及功能键如图 8.2.4 所示,由弗兰克-赫兹管、加热炉、温度控制仪、稳压电源、微电流放大器和扫描电源六个部分构成。各仪器的特点及操作注意事项介绍如下:

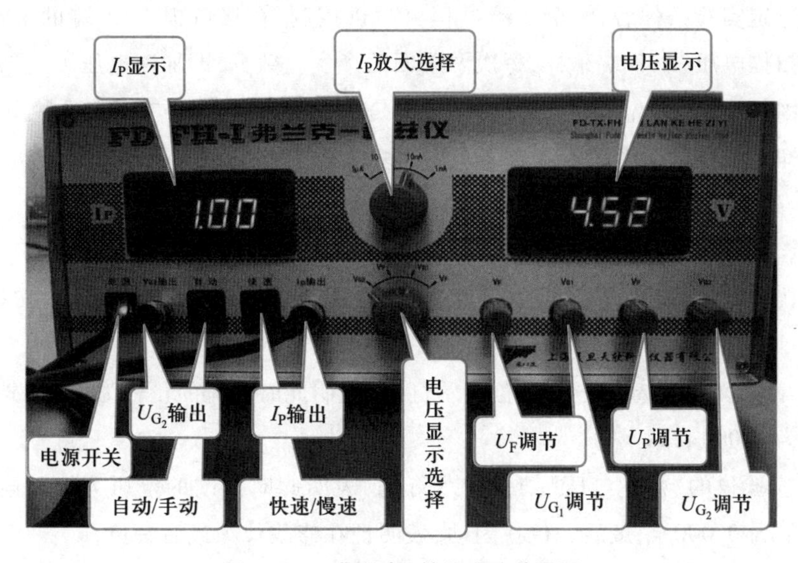

图 8.2.4 弗兰克-赫兹实验装置图

NOTE

1. 弗兰克-赫兹管:这是一个具有双栅结构的柱面的充氩四极管。其工作温区为100～210 ℃,在小于180 ℃时可获得明显的第一谱峰。

2. 加热炉:加热功率约400 W。炉内温度均匀,保温性好。面板为实验用接线板,弗兰克-赫兹管的各电极均已连到面板上各相应接线端。背面有玻璃观察窗,可观察到受激原子从高能态返回到正常态时所辐射的光。

3. 温度控制仪:它由交流温控电桥、交流放大器、相敏放大器、控温执行继电器四部分组成。控温范围为20～300 ℃,控温精度为±1 ℃,同时也能指示被控温度大小。

4. 稳压电源:稳压电源输出分为三组,均可调节。第一组作为灯丝电压,第二组作为拒斥场电压,第三组作为控制栅电压。

5. 扫描电源:用以改变加速电压 U_a。输出波形:锯齿波,三角波。扫描方式:手动,自动。扫描电源上有电压表指示扫描电压大小。为使读数精确,同时再外接一个量程200 V的数字电压表,指示该电压大小。

6. 微电流放大器:该仪器是利用高输入阻抗运算放大器制成的 $I-U$ 变换器,可测量 10^{-10} A～10^{-8} A的电流,在本实验中用来测量极板电流 I_P。使用时电路中接入一个微安表,指示被测电流的相对大小。测量开始前调节“调零”旋钮,使电流表指针指零。由于电流为电子流,应将极性开关扳到“-”。

7. 微机控制的弗兰克-赫兹实验数据采集系统

系统选用的数据采集卡是AC1095多功能12位A/D接口板,它具有16路模拟输入,输入程控的放大倍数 $G=1$、2、5、10,单极性输入幅度0～10 V,采样速率为50 kHz,1路12位D/A转换器等多种功能。

在选定实验条件后,整个实验过程由微机控制,在接口板D/A端的输出信号去控制扫描电压,A/D端采样,每次要采回两个实验数据,即加速电压 U_a 和极板电流 I_P。因加速电压较高,进入采集板的 U_a 是经过分压的,范围在0～10 V。因此要准确地知道加到管子上的实际电压 U_a 是多少,就需要对采集进行标定。

5　实验内容

5.1　实验准备

连接弗兰克-赫兹管各组工作电源线,检查无误后开机。开机后的初始状态如下:

1. 实验仪的“1 mA”电流挡位指示灯亮,表明此时电流的量程为1 mA挡;电流显示值为0.000 μA;

2. 实验仪的“灯丝电压”挡位指示灯亮,表明此时修改的电压为灯丝电压;电压显示值为0.000 V;最后一位在闪动,表明现在修改位为最后一位;

3. “手动”指示灯亮,表明仪器工作正常。

NOTE

5.2 氩元素的第一激发电势测量

1. 示波器观察法

(a) 连好主机后面板电源线，用 Q9 线将主机正面板上“U_{G_2K}输出”与示波器上的“X 相”(供外触发使用)相连，“I_P 输出”与示波器“Y 相”相连，将示波器扫描开关置于“自动”挡；

(b) 分别将示波器“X”和“Y”电压调节旋钮调至“1 V”和“2 V”，“POSITION”调至“X-Y”，“交直流”全部打到“DC”；

(c) 分别开启弗兰克-赫兹实验仪主机和示波器电源开关，稍等片刻(弗兰克-赫兹管需预热)；

(d) 分别调节 U_F、U_{G_1K}、U_{G_2P}电压(可以先参考仪器给出值)至合适值，将 U_{G_2K}由小慢慢调大(以弗兰克-赫兹管不击穿为界)，直至示波器上呈现充氩管稳定的I_P-U_{G_2K}曲线，观察原子能量的量子化情况。

2. 手动测量法

(a) 调节 U_{G_2K}至最小，扫描开关置于“手动”挡，打开主机电源；

(b) 分别调节 U_F、U_{G_1K}、U_{G_2P}电压(可以先参考仪器给出值)至合适值，用手动方式逐渐增大 U_{G_2K}，同时观察 I_P 变化，可以看到出现 7 个峰；

(c) 选取合适实验点，分别由表头读取 I_P 和 U_{G_2K}值，作图可得 I_P-U_{G_2K}曲线，注意示值和实际值关系；

(d) 由曲线的特征点求出弗兰克-赫兹管中 Ar 原子的第一激发电势。

3. 计算机自动采集

(a) 连好主机后面板电源线，用串口线将主机后面板上串口与计算机相连，将扫描开关置于“自动”挡；

(b) 分别开启弗兰克-赫兹实验仪主机和示波器电源开关，稍等片刻(弗兰克-赫兹管需预热)；

(c) 分别调节 U_F、U_{G_1K}、U_{G_2P}电压(可以先参考仪器给出值)至合适值，此时可以先按照方法 1 在示波器上观察到充氩管稳定的 I_P-U_{G_2K}曲线；

(d) 此时通过采集软件采集实验曲线，由曲线的特征点求出充氩弗兰克-赫兹管中 Ar 原子的第一激发电势。

6 注意事项

1. 仪器应该检查无误后才能接电源，开关电源前应先将各电位器逆时针旋转至最小值位置。

2. 灯丝电压不宜过大，在 3 V 左右，如电流偏小再适当增加。

3. 要防止电流急剧增大击穿弗兰克-赫兹管，如发生击穿应立即调低加速电

NOTE

压以免管子受损。

4. 弗兰克-赫兹管为玻璃制品,不耐冲击,应重点保护。

5. 实验完毕,应将各电位器逆时针旋转至最小值位置。

7　数据记录和处理

1. 数据记录,并在坐标纸上描绘各组 $I_P-U_{G_2K}$ 数据对应曲线,实验中应该在波峰和波谷位置周围多记录几组数据,以提高测量精度。

2. 逐差法处理每两个相邻峰或谷所对应的 U_{G_2K} 之差值 ΔU_{G_2K},并求出其平均值 U_0,将实验值 U_0 与氩的第一激发电势 $U_0=11.61$ V 比较,计算相对误差,并写出结果表达式。

3. 计算机采集,连接计算机接口可以采集曲线,氩的第一激发电势的具体测量方法详见软件操作说明。

8　系统误差分析

1. 由于预热不足,使测量值产生误差。

2. 在实验时,由于电压的步差不可能连续,故测量的峰值会有一定的误差。

9　思考题

1. F-H 实验是如何观测到原子能级变化的?

2. 为什么相邻电流峰值对应的电压之差就是第一激发电势?

3. 为什么 I_P-U 曲线上的各谷电流随 U 的增大而增大?

4. 谷电流为什么不为零?

10　附录:仪器使用说明

1. 手动测试

(a) 设置仪器为"手动"工作状态,按"手动/自动"键,"手动"指示亮。

(b) 设定电流量程,按下相应电流量程键,对应的量程指示灯点亮。

(c) 设定电压源的电压值,用"↓/↑,←/→"键完成,需设定的电压源有:灯丝电压 U_F、第一加速电压 U_{G_1K}、拒斥电压 U_{G_2P}。

(d) 按下"启动"键,实验开始。用"↓/↑,←/→"键完成 U_{G_2K} 电压值的调节,从 0.0 V 起,按步长 1 V(或 0.5 V)的电压值调节电压源 U_{G_2K},同步记录 U_{G_2K} 值和对应的 I_P 值,同时仔细观察弗兰克-赫兹管的极板电流值 I_P 的变化(可用示波器观察)。

切记为保证实验数据的唯一性 U_{G_2K} 电压必须从小到大单向调节,不可在过程中反复;记录完成最后一组数据后,立即将 U_{G_2K} 电压快速归零。

2. 重新启动

在手动测试的过程中,按下"启动"键,U_{G_2K} 的电压值将被设置为零,内部存储

NOTE

的测试数据被清除,示波器上显示的波形被清除,但 U_F、U_{G_1K}、U_{G_2P}、电流挡位等的状态不发生改变。这时,操作者可以在该状态下重新进行测试,或修改状态后再进行测试。

建议:手动测试 I_P-U_{G_2K},进行一次或修改 U_F 值再进行一次。

3. 自动测试

智能弗兰克-赫兹实验仪除可以进行手动测试外,还可以进行自动测试。进行自动测试时,实验仪将自动产生 U_{G_2K} 扫描电压,完成整个测试过程;将示波器与实验仪相连接,在示波器上可看到弗兰克-赫兹管极板电流随 U_{G_2K} 电压变化的波形。

(1) 自动测试状态设置

自动测试时 U_F、U_{G_1K}、U_{G_2P} 及电流挡位等状态设置的操作过程,弗兰克-赫兹管的连线操作过程与手动测试操作过程一样。此时,实验仪将自动产生 U_{G_2K} 扫描电压。实验仪默认 U_{G_2K} 扫描电压的初始值为零,U_{G_2K} 扫描电压大约每 0.4 秒递增 0.2 V,直到扫描终止。

(2) U_{G_2K} 扫描终止电压的设定

要进行自动测试,必须设置电压 U_{G_2K} 的扫描终止电压。首先,将"手动/自动"键按下,自动测试指示灯亮;按下 U_{G_2K} 电压源选择键,U_{G_2K} 电压源选择指示灯亮;用"↓/↑,←/→"键完成 U_{G_2K} 电压值的具体设定。U_{G_2K} 设定终止值建议以不超过 80 V 为好。

(3) 自动测试启动

将电压源选择选为 U_{G_2K},再按面板上的"启动"键,自动测试开始。在自动测试过程中,观察扫描电压 U_{G_2K} 与弗兰克-赫兹管极板电流的相关变化情况。在自动测试过程中,为避免面板按键误操作,导致自动测试失败,面板上除"手动/自动"键外的所有按键都被屏蔽禁止。

(4) 自动测试过程正常结束

当扫描电压 U_{G_2K} 的电压值大于设定的测试终止电压值后,实验仪将自动结束本次自动测试过程,进入数据查询工作状态。测试数据保留在实验仪主机的存储器中,供数据查询过程使用,所以,示波器仍可观测到本次测试数据所形成的波形。直到下次测试开始时才刷新存储器的内容。

(5) 自动测试后的数据查询

自动测试过程正常结束后,实验仪进入数据查询工作状态。这时面板按键除测试电流指示区外,其他都已开启。自动测试指示灯亮,电流量程指示灯指示于本次测试的电流量程选择挡位;各电压源选择按键可选择各电压源的电压值指示,其中 U_F、U_{G_1K}、U_{G_2P} 三电压源只能显示原设定电压值,不能通过按键改变相应的电压值。用"↓/↑,←/→"键改变电压源 U_{G_2K} 的指示值,就可查阅到在本次测试过程

NOTE

中，电压源 U_{G_2K} 的扫描电压值为当前显示值时，对应的弗兰克-赫兹管极板电流值 I_P 的大小，记录 I_P 的峰、谷值和对应的 U_{G_2K} 值（为便于作图，在 U_{G_2K} 的峰、谷值附近需多取几点）。

(6) 中断自动测试过程

在自动测试过程中，只要按下“手动/自动”键，手动测试指示灯亮，实验仪就中断了自动测试过程，回复到开机初始状态。所有按键都被再次开启工作。这时可进行下一次的测试准备工作。本次测试的数据依然保留在实验仪主机的存储器中，直到下次测试开始时才被清除。所以，示波器仍会观测到部分波形。

(7) 结束查询过程回复初始状态

当需要结束查询过程时，只要按下“手动/自动”键，手动测试指示灯亮，查询过程结束，面板按键再次全部开启。原设置的电压状态被清除，实验仪存储的测试数据被清除，实验仪回复到初始状态。

NOTE

8.3 用密立根油滴法测定电子电荷量

1 引言

1897 年和 1898 年,爱尔兰物理学家汤森(J. S. E. Townsend)和英国物理学家汤姆孙(J. J. Thomson)都尝试了测量元电荷,由于方法缺陷,实验误差很大。从 1909 年开始到 1917 年,美国物理学家密立根对实验作了重大改进和深入研究,发表了元电荷测量结果 $e=(1.592\pm0.002)\times10^{-19}\,\text{C}$,这一著名的“油滴实验”轰动了整个科学界。1923 年,密立根获得诺贝尔物理学奖。随着现代测量精度的不断提高,目前公认的元电荷 $e=1.602\,176\,634\times10^{-19}\,\text{C}$。

密立根油滴实验在近代物理学发展史中占有非常重要的地位,这一实验的设计思想严谨、方法精妙,数据分析逻辑严密,因此堪称物理实验的精华和典范,启迪着千千万万青年学生。到了 20 世纪 60 年代末,美国斯坦福大学实验小组用铌球代替油滴,用磁悬浮代替空气悬浮,极板间抽高真空,在低温超导情况下进行实验,用统计方法处理数据,测出基本粒子夸克所带电荷量为 $e/3$。

2 实验目的

(1) 学习用油滴实验测量电子电荷量的原理和方法。

(2) 通过密立根油滴实验来验证电荷量的“量子化”,即油滴电荷量不是连续变化的,而是元电荷(电子电荷量的绝对值)的整数倍。

(3) 掌握用统计方法测量并计算电子电荷量 e。

3 实验原理

3.1 静态平衡法

用喷雾器将油滴喷入两块相距为 d 的水平放置的平行板之间,如图 8.3.1 所示,油滴在喷射时由于摩擦会带有电荷。设油滴的质量为 m,所带电荷量为 Q,两极板间所加的电压为 U,则油滴在平行板间将同时受到两个力的作用,一个是重力 mg,一个是静电力 $QE=Q\dfrac{U}{d}$,两个力的方向如图所示。

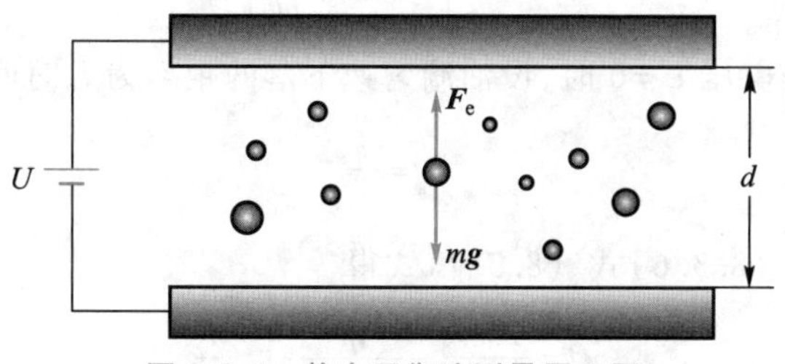

图 8.3.1 静态平衡法测量原理图

如果调节两极板间的电压 U,可使两力相互抵消而达到平衡,此时 $mg=Q\dfrac{U}{d}$,

NOTE 故有

$$Q=mg\frac{d}{U} \tag{8.3.1}$$

平行板未加电压时,油滴受重力作用而加速下落,但空气对油滴所产生的黏性力 F_r 与速度成正比,油滴走了一段距离到达某一速度 v_g 后,黏性力与重力平衡(空气浮力忽略不计),油滴将匀速下落,由斯托克斯定律可知

$$F_r=6\pi a\eta v_g=mg \tag{8.3.2}$$

式中,η 是空气的黏度,a 是油滴的半径(由于表面张力的原因,油滴近乎呈小球状)。设油滴的密度为 ρ,则油滴的质量 m 可表示为

$$m=\frac{4}{3}\pi a^3\rho \tag{8.3.3}$$

合并(8.3.2)式和(8.3.3)式,得油滴的半径为

$$a=\sqrt{\frac{9\eta v_g}{2\rho g}} \tag{8.3.4}$$

对半径极小的油滴(直径约为 10^{-6} m)来说,空气已经不能视为连续介质,考虑空气分子的平均自由程与大气压强 p 成反比等因素,因而斯氏定律应修正为

$$F_r=\frac{6\pi a\eta v_g}{1+\frac{b}{pa}} \tag{8.3.5}$$

式中,b 为一修正常量,$b=8.22\times10^{-3}$ m · Pa,p 为大气压强,单位为帕(Pa),于是得

$$a=\sqrt{\frac{9\eta v_g}{2\rho g}\left(\frac{1}{1+\frac{b}{pa}}\right)} \tag{8.3.6}$$

上式根号中还包含油滴的半径 a,但因它是处于修正项中,不需要十分精确,故它仍可用(8.3.4)式计算。将(8.3.5)式代入(8.3.3)式,得

$$m=\frac{4}{3}\pi\left[\frac{9\eta v_g}{2\rho g}\frac{1}{1+\frac{b}{pa}}\right]^{3/2}\rho \tag{8.3.7}$$

当两极板间的电压 $U=0$ 时,设油滴匀速下落的距离为 l,时间为 t,则

$$v_g=\frac{l}{t} \tag{8.3.8}$$

由(8.3.1)式、(8.3.6)式、(8.3.7)式得

$$Q=\frac{18\pi}{\sqrt{2\rho g}}\left[\frac{\eta l}{t\left(1+\frac{b}{pa}\right)}\right]^{\frac{3}{2}}\frac{d}{U} \tag{8.3.9}$$

式中 η、l、ρ、g、d 均为与实验条件、仪器有关的参量,均为已知量,只需测出平衡电

NOTE

压 U_n 和油滴匀速下落 l 所用时间 t 即可求出油滴带电荷量 Q。

将(8.3.4)式代入(8.3.9)式,并引入 k 和 k'后,计算式为

$$Q=\frac{k}{[t(1+k'\sqrt{t})]^{\frac{3}{2}}}\frac{1}{U} \tag{8.3.10}$$

式中

$$k=\frac{18\pi}{\sqrt{2\rho g}}(\eta l)^{\frac{3}{2}}d \tag{8.3.11}$$

和

$$k'=\frac{b}{p}\sqrt{\frac{2\rho g}{9\eta l}} \tag{8.3.12}$$

实验发现,对于同一油滴,如果我们改变它所带的电荷量,则能够使油滴达到平衡的电压 U,必须是某些特定的值 U_n,这表示与它相对应的电荷量 Q 是不连续的,即

$$Q_n=ne=mg\frac{d}{U_n} \tag{8.3.13}$$

式中,$n=\pm1,\pm2,\cdots$。

对于不同的油滴,可以发现有同样的规律,而且 e 值是 $Q_1,Q_2,\cdots,Q_n$ 的最大公约数,这就证明了电荷量的不连续性,并存在着最小的电荷单位,即元电荷 e。

3.2　动态法

当平行板间未加电压时,油滴受重力 mg 与黏性力 F_r 作用,作加速度逐渐减小的加速运动,最终两力平衡,开始匀速运动,此时速度为 v_g(称为收尾速度)。当平行板间加上升电压 U 时,油滴经加速然后开始匀速上升,速度为 v_e,此时油滴受重力 mg、黏性力 F_r、电场力 qE 三个力作用,如图 8.3.2 所示。

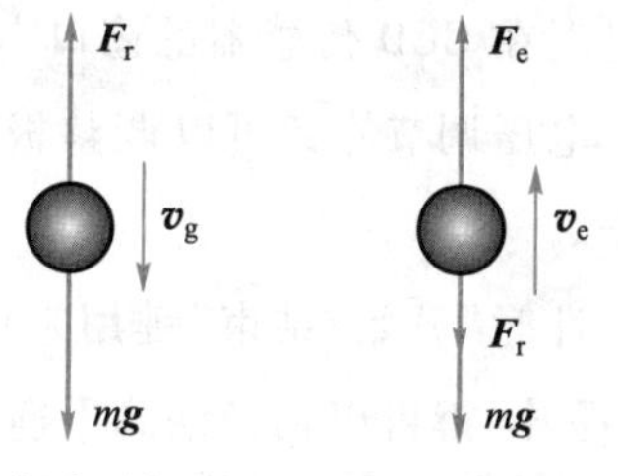

(a) 匀速下落过程　(b) 匀速上升过程

图 8.3.2　动态法中油滴受力分析图

在匀速下落时

$$mg=F_r=6\pi a\eta v_g \tag{8.3.14}$$

在匀速上升时

$$qE=mg+6\pi a\eta v_e \tag{8.3.15}$$

若上升距离与下落距离均为 l,测得下落时间 $t_g=l/v_g$;上升时间 $t_e=l/v_e$。由(8.3.4)式、(8.3.9)、(8.3.14)、(8.3.15)式并考虑空气黏度修正得

$$Q=\frac{18\pi}{\sqrt{2\rho g}}\frac{d}{U}\left(\frac{1}{t_e}+\frac{1}{t_g}\right)\left(\frac{1}{t_g}\right)^{\frac{1}{2}}\left[\frac{\eta l}{1+\frac{b}{pa}}\right]^{\frac{3}{2}} \tag{8.3.16}$$

NOTE

只要测得规定距离 l 内油滴匀速下落用时 t_g，和油滴在提升电压 U 的作用下匀速上升距离 l 所用时间 t_e，即可求出油滴所带的电荷量 Q。

4　实验仪器

4.1　ZKY-MLG-6 型 CCD 显微密立根油滴仪

ZKY-MLG-6 型 CCD 显微密立根油滴仪由主机、CCD 成像系统、油滴盒、监视器和喷雾器等部件组成，如图 8.3.3 所示。其中主机包括可控高压电源、计时装置、A/D 采样、视频处理等单元模块。CCD 成像系统包括 CCD 传感器、光学成像部件等。油滴盒包括高压电极、照明装置、防风罩等部件。监视器是视频信号输出设备。

图 8.3.3　ZKY-MLG-6 型 CCD 显微密立根油滴仪实验装置

CCD 模块及光学成像系统用来捕捉暗室中油滴的像，同时将图像信息传给主机的视频处理模块。实验过程中可以通过调焦旋钮来改变物距，使油滴的像清晰地呈现在 CCD 传感器的窗口内。

电压调节旋钮可以调整极板之间的电压大小，用来控制油滴的平衡、下落及提升。

计时“开始/结束”键用来计时、“0 V/工作”键用来切换仪器的工作状态、“平衡/提升”键可以切换油滴平衡或提升状态、“确认”键可以将测量数据显示在屏幕上，从而省去了每次测量完成后手工记录数据的过程，使操作者把更多的注意力集中到实验本质上来。

油滴盒是一个关键部件，具体构成如图 8.3.4 所示。

上、下极板之间通过胶木圆环支撑，三者之间的接触面经过机械精加工后可以将极板间的不平行度、间距误差控制在 0.01 mm 以下；这种结构基本上消除了极板间的“势垒效应”及“边缘效应”，较好地保证了油滴室处在匀强电场之中，从而有效地减小了实验误差。

胶木圆环上开有两个进光孔和一个观察孔，光源通过进光孔给油滴室提供照明，而成像系统则通过观察孔捕捉油滴的像。照明由带聚光的高亮发光二极管提供，其使用寿命长、不易损坏；油雾杯可以暂存油雾，使油雾不会过早地散逸；进油量开关可以控制落油量；防风罩可以避免外界空气流动对油滴的影响。

NOTE

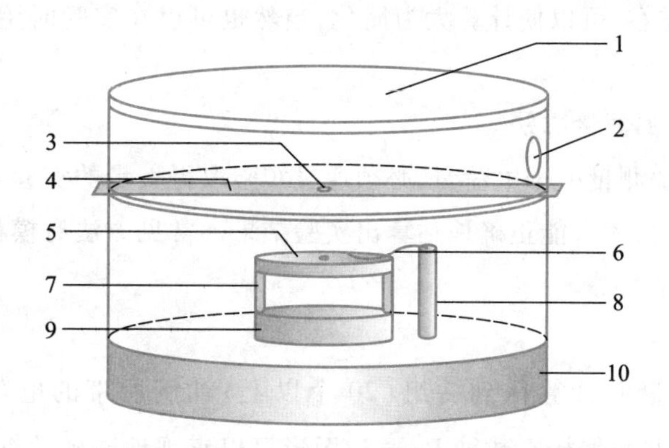

1. 上盖板；2. 喷雾口；3. 油雾孔；4. 进油量开关；5. 上极板；
6. 上极板压簧；7. 绝缘板；8. 固定柱；9. 下极板；10. 油滴盒基座

图 8.3.4 油滴盒装置示意图

实验参数如表 8.3.1 所示。

表 8.3.1 密立根油滴实验参数表

名称	参数
极板间距 d/m	5×10^{-3}
油滴匀速下落距离 l/m	1.6×10^{-3}
空气黏度 η/(kg · m^{-1} · s^{-1})	1.83×10^{-5}
20 ℃下钟表油密度 ρ_1/(kg · m^{-3})	981
标准状况下空气密度 ρ_2/(kg · m^{-3})	1.292 8
上海地区重力加速度 g/(m · s^{-2})	9.794
修正常量 b/(m · Pa)	8.22×10^{-3}
标准大气压强 p/Pa	$1.013\ 25\times10^{5}$

将以上参数代入(8.3.11)式和(8.3.2)式得

$$k=0.928\times10^{-14}\ \mathrm{kg\cdot m^2\cdot s^{-\frac{1}{2}}} \tag{8.3.17}$$

和

$$k'=0.022\ 6\ \mathrm{s^{-\frac{1}{2}}} \tag{8.3.18}$$

将 k 和 k' 代入(8.3.10)式得

$$Q=\frac{0.928\times10^{-14}}{[t(1+0.022\ 6\sqrt{t})]^{3/2}}\cdot\frac{1}{U_n} \tag{8.3.19}$$

NOTE

显然，由于油滴的密度 ρ、空气的黏度 η 都是温度的函数，大气压强 p 又随实验地点和条件的变化而变化。因此，上式的计算是近似的。一般情况下，由于它们引起的误差仅1%左右，可以使计算大为简化，当然也可以在实验时用实际参数代入公式进行计算。

4.2　元电荷的测量方法

密立根油滴法测量电子电荷量，必须通过实验取得大量的实验数据，综合地运用分析统计的方法，才可能正确地估算出实验结果。常见方法有模糊统计法、反向验证法和最小二乘法等。

1. 模糊统计法

假如通过测量并计算得到一组（20个以上）油滴所带的电荷量值 $Q_1, Q_2, Q_3, \cdots, Q_m$。把这些数据标在数轴上，通过图形可以直观地看到数据形成疏密有致一簇一簇的有序分布，如图8.3.5所示。其中间距较大的应该是基本电荷数 n 的差异，而间距较小的应该是测量随机误差形成的差异。对同一簇数据求平均，可得一组按不同基本电荷数排列的数据 $q_1, q_2, \cdots, q_n$。

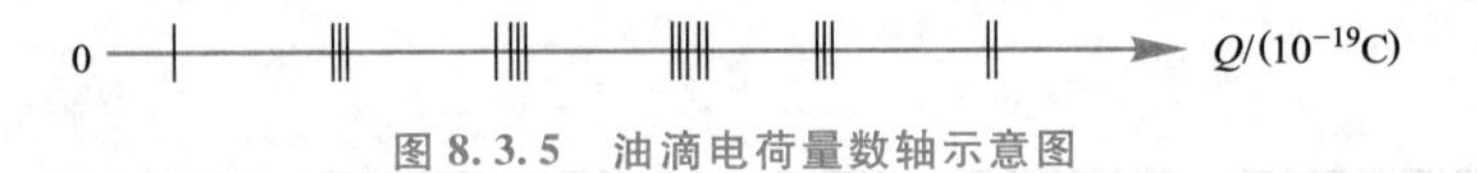

图8.3.5　油滴电荷量数轴示意图

对这些数据进行逐差处理，也即 $e_1=Q_2-Q_1, e_2=Q_3-Q_2, \cdots, e_n=Q_n-Q_{n-1}$。只要测量数据足够多，通过分析差值结果，可以得出结论，最小差值 e 的平均值是电子电荷量的最佳估计值。以上得到的结果仅是一个粗略的估计值。

2. 反向验证法

将油滴所带的电荷量值 $Q_i(i=1,2,\cdots,m)$ 分别除以公认的元电荷 $e_0=1.602\times10^{-19}$ C，把得到的商按修约规则取整数可得第 i 颗油滴所带的基本电荷数 n_i。

$$n_i=\frac{Q_i}{e_0}(\text{取整}) \tag{8.3.20}$$

再用 n_i 去除 Q_i 得到的值即为实验测量的电子电荷值 e_i。偏差为

$$\Delta e_i=e_i-e_0 \tag{8.3.21}$$

m 个油滴电子电荷平均值

$$\overline{e_i}=\frac{1}{m}\sum_{i=1}^{m}\frac{Q_i}{n_i} \tag{8.3.22}$$

不确定度

$$U_e=t\cdot\sqrt{\frac{\sum\limits_{i=1}^{m}(\Delta e_i)^2}{m(m-1)}} \tag{8.3.23}$$

NOTE

也可以通过绘制 $Q-n$ 关系图，求出直线的斜率 $\Delta Q/\Delta n$，即元电荷值。

3. 最小二乘法

设 $y_i=Q_i(i=1,2,\cdots,m)$，$\widehat{y_i}=en_i$，则

$$y_i-\widehat{y_i}=Q_i-en_i \tag{8.3.24}$$

(8.3.24)式等式两边求平方和，可得

$$S=\sum_{i=1}^{m}(y_i-\widehat{y_i})^2=\sum_{i=1}^{m}(Q_i-en_i)^2 \tag{8.3.25}$$

要使 S 为最小值，可以 e 作为变量，对方程左式求导，并令导数为 0，以期求得使 $\sum(Q_i-en_i)^2$ 为最小值的 e，也即元电荷实验值 e 的最优值，即

$$\frac{\mathrm{d}S}{\mathrm{d}e}=\frac{\mathrm{d}}{\mathrm{d}e}\sum_{i=1}^{m}(Q_i-en_i)^2=0 \tag{8.3.26}$$

求导数，得

$$\sum_{i=1}^{m}n_iQ_i-\sum_{i=1}^{m}en_i^2=0 \tag{8.3.27}$$

解方程得到电子电荷量最优值为

$$e=\frac{\sum_{i=1}^{m}n_iQ_i}{\sum_{i=1}^{m}n_i^2} \tag{8.3.28}$$

其不确定度为

$$U_{\mathrm{e}}=t\cdot\sqrt{\frac{\sum_{i=1}^{m}\left(\frac{Q_i}{n_i}-e\right)^2}{m(m-1)}} \tag{8.3.29}$$

5 实验内容

5.1 预备性实验：练习控制油滴

1. 仪器调节

调整实验仪主机的调平螺钉旋钮，直到水准泡正好处于中心。极板平面是否水平决定了油滴在下落或提升过程中是否发生左右的漂移。用视频线缆将主机与监视器连接。打开电源，按主机上任意键，监视器出现参数设置界面。首先设置实验方法，然后根据该地的环境适当设置重力加速度、油密度、大气压强、油滴下落距离。“←”表示左移键、“→”表示右移键、“+”表示数据设置键；按“确认”键后出现实验界面，计时“开始/结束”键设置为结束、“0 V/工作”键设置为 0 V、“平衡/提升”键设置为“平衡”。将喷雾器对准喷雾口，用手挤压气囊向油室内喷射油滴。调节 CCD 成像系统的聚焦旋钮，在显示屏可以观察到清晰可见的油滴。

2. 练习控制油滴

平行极板加上平衡电压（约 300 V，“+”或“-”均可），驱走不需要的油滴，直到

NOTE

剩下几滴为止。注视其中的一颗，仔细调节平衡电压，使这颗油滴静止，然后去掉平衡电压，让它匀速下降，下降一段距离后再加上平衡电压和升降电压，使油滴上升。如此反复练习，以掌握控制油滴的方法。

3. 练习选择油滴

很重要的一点是选择好被测量的油滴。油滴的体积既不能太大，太大则必须带很多电荷量才能取得平衡，结果不易测准；也不能太小，太小则由于热扰动和布朗运动，运动涨落很大，也不容易测准。一般，$U>300$ V 和 $t>20$ s 的油滴所带电荷数 n 较小。

4. 练习测量速度

任意选择几个下降速度快慢不同的油滴，测出它们下降一段距离所需要的时间，以掌握测量油滴速度的方法。

5.2　静态平衡法测量

1. 开启电源，进入实验界面将工作状态按键切换至“工作”，红色指示灯点亮；将“平衡/提升”键置于“平衡”。

2. 将平衡电压调整为 300 V 左右，通过喷雾口向油滴盒内喷入油雾，此时监视器上将出现大量运动的油滴。参考 5.1(3) 的方法，选取合适的油滴，仔细调整平衡电压 U，使其平衡在起始(最上面)格线上。

3. 将“0 V/工作”键切换至“0 V”，此时油滴开始下落，当油滴下落到有“0”标记的格线时，立即按下计时开始键，同时计时器启动，开始记录油滴的下落时间 t。

4. 当油滴下落至有距离标记的格线时(例如:1.6)，立即按下计时结束键，同时计时器停止计时，油滴立即静止，“0 V/工作”键自动切换至“工作”。通过“确认”键将这次测量的“平衡电压和匀速下落时间”结果同时记录在监视器屏幕上。

5. 将“平衡/提升”键置于“提升”，油滴将向上运动，当回到高于有“0”标记格线时，将“平衡/提升”键切换至平衡状态，油滴停止上升，重新调整平衡电压。如果此处的平衡电压发生了突变，该油滴得到或失去电子，则应重新找油滴测量。

6. 由于有涨落，对于同一颗油滴必须进行 5 次测量，同时还应该对不同的油滴(不少于 5 个)进行反复测量。这样才能验证不同油滴所携带的电荷量是否都是元电荷的整数倍。

5.3　动态法测量

1. 动态法测量需进行油滴下落和上升两个过程测量。油滴下落过程的测量过程同静态平衡法，测量完毕可以按下“确认”键保存这个步骤的测量结果，也可以删除后重新测量。

2. 此时下落的油滴处于距离标志格线以下，通过“0 V/工作”键、“平衡/提升”键配合使油滴下偏距离“1.6”标志格线一定距离。调节“电压调节”旋钮加大电

NOTE

压，使油滴上升，当油滴到达“1.6”标志格线时，立即按下“计时开始”键，此时计时器开始计时；当油滴上升到“0”标记格线时，再次按下“计时”键，停止计时，但油滴继续上升，再次调节“电压调节”旋钮使油滴平衡于“0”格线以上，按下“确认”键保存本次实验结果。

3. 重复以上步骤完成5次完整实验，然后按下“确认”键，出现实验结果画面，分别记录下落时间、提升时间及提升电压，并代入(8.3.16)式可求得油滴带电荷量。

6 注意事项

1. 注意仪器的防尘保护。实验前应对仪器油滴盒内部进行清洁，防止异物堵塞落油孔。

2. 用喷雾器喷油时，一般喷一到两次即可，以防止油太多堵塞落油孔。

3. 实验时应避免外界空气流动对油滴测量造成影响。

4. 仪器内有高压，在开机状态下禁止用手接触电极。

7 数据记录与处理

7.1 静态平衡法

1. 模糊统计法

选择合适的油滴，每颗油滴重复测量5组下降时间 t 和平衡电压 U，并计算油滴所带的电荷量 Q_i，填写入表8.3.2中。

表8.3.2 静态平衡法数据记录表

i		U/V	t_1/s	t_2/s	t_3/s	t_4/s	t_5/s	$\bar{t}$/s	$Q_i/10^{-19}$ C	n_i
1	1									
	2									
	3									
	4									
	5									
…										
m	1									
	2									
	3									
	4									
	5									

求其最大公约数，即为元电荷 e 值（需要足够的数据统计量），并与公认值比较计算百分差，请写出计算过程。

NOTE

2. 反向验证法

电子电荷量$\overline{e_i}=\frac{1}{m}\sum_{i=1}^{m}\frac{Q_i}{n_i}=$__________。

不确定度 $U_e=t\cdot\sqrt{\frac{\sum_{i=1}^{m}(\Delta e_i)^2}{m(m-1)}}=$__________。

3. 图解法

绘制 $Q-n$ 曲线，通过拟合直线方程可求得 e 值，并与公认值比较计算百分差。

4. 最小二乘法

电子电荷量 $e=\frac{\sum_{i=1}^{m}n_iQ_i}{\sum_{i=1}^{m}n_i^2}$__________。

不确定度 $U_e=t\cdot\sqrt{\frac{\sum_{i=1}^{m}\left(\frac{Q_i}{n_i}-e\right)^2}{m(m-1)}}$__________。

7.2 动态法

选择合适的油滴，每颗油滴重复测量 5 组下落时间 t_g、上升时间 t_e 和提升电压 U，计算油滴所带的电荷量 Q_i 和电荷数 n_i，表格自拟。利用以上几种数据处理方法计算电子电荷量以及不确定度。

8 思考题

1. 在空气黏性力与地球引力的合力作用下，油滴由静止开始下落，其速度与时间的函数关系为 $v=\frac{mg}{6\pi r\eta}(1-e^{-\frac{6\pi r\eta}{m}t})$，试估算油滴由静止加速到匀速速率的 95% 时，需多少时间？请写出计算过程，其中 $r=8.0\times10^{-6}$ m，$m=2.0\times10^{-15}$ kg。

2. 在用静态平衡法测量油滴电荷量的公式推导过程中，本实验作了哪些简化处理？试说明为什么要作这些简化处理？

3. 若考虑空气浮力对油滴的作用，分析对实验结果的影响。

4. 请分析油滴大小、带电荷量与平衡电压和下落时间的关系。

9 实验拓展

1. 试分析较小质量油滴在下落过程中所产生布朗运动以及对电子电荷量测量结果的影响。

2. 试设计一个实验研究粉尘或者液滴所带电荷量。

3. 试采用图像识别的方法实现油滴轨迹的自动分析，并测量油滴所带电荷量。

NOTE

8.4 核磁共振

1 引言

核磁共振是指磁矩不为零的原子核系统在外磁场中吸收特定频率电磁波的能量而在分裂后的能级之间产生共振跃迁的物理现象。核磁共振主要是由自旋运动引起的。1924年,泡利提出了核自旋的假设,六年后,埃斯特曼等人在实验上证实了该假设。这一原子核基态的重要特性表明原子核不是一个质点而有电荷分布,还有自旋角动量和磁矩。其中,核磁矩包含质子磁矩和中子磁矩,只有当质子数与中子数两者或者其中之一为奇数时,原子核才有非零磁矩,发生核磁共振现象。1939年,美国物理学家拉比创立了分子束共振法,他用这种方法首次实现了核磁共振这一物理思想,精确地测定了一些原子核的磁矩,从而获得了1944年度的诺贝尔物理学奖。1945年,美国科学家铂塞尔和布洛赫等人分别在石蜡和水中观测到稳态的核磁共振信号,彻底把拉比的核磁共振的理论付诸实践,并于1952年共同获得诺贝尔物理学奖。在改进核磁共振技术方面做出重要贡献的瑞士科学家恩斯特在1991年获得诺贝尔化学奖。

核磁共振的方法与技术作为分析物质的手段可深入物质内部而不破坏样品,因为原子核的线度极小($<10^{-15}$ m),只要很少的射频量子能量($<10^{-4}$ eV)就可探测到物质微观结构的信息,被看成自然界安排在物质内部的微小探针。此外,核磁共振技术还具有迅速、准确、分辨率高等优点。目前,核磁共振已从物理学渗透到化学、材料科学、生命科学等学科,并且在石油勘探、药物开发、新型材料、医疗诊断等领域得到了广泛应用。

本实验的重点是了解核磁共振原理,用磁场扫描法(扫场法)观察氢核的核磁共振现象,由共振条件直接测定氢核和氟核的朗德因子,测量并分析纯水和掺有顺磁离子的水的饱和特性,加深对核自旋的认识,初步接触量子力学和统计力学的基础概念。

2 实验目的

1. 掌握核磁共振的基本原理和实现方法。
2. 学习用磁场扫描法观察核磁共振现象。
3. 了解利用核磁共振精确测定磁场强度的方法。
4. 学会由共振条件直接测定氢核与氟核朗德因子的方法。
5. 掌握计算 $CuSO_4$ 水溶液的横向弛豫时间的方法。

3 实验原理

核磁共振现象是原子核磁矩在外加恒定磁场作用下,核磁矩绕此磁场作拉莫尔进动,若在垂直于外磁场的方向上加一交变电磁场,当此交变频率等于核磁矩绕

NOTE

外场作拉莫尔进动的频率时，原子核吸收射频场的能量，跃迁到高能级，即发生所谓的谐振现象。

3.1　核磁共振的量子力学描述

原子是由原子核和核外运动的电子组成的。原子核和原子一样都具有角动量，习惯上称其为原子核自旋，包括原子核的自旋和轨道角动量的矢量和，一般用 p 来表示：

$$p=\sqrt{I(I+1)}\hbar \quad I=0,1/2,1,3/2,\cdots \tag{8.4.1}$$

其中 $\hbar=h/2\pi$，h 为普朗克常量，I 为核自旋量子数，对氢核而言，$I=1/2$。

通常将原子核的总磁矩在其角动量 $\boldsymbol{p}$ 方向上的投影 $\boldsymbol{\mu}$ 称为核磁矩，它们的关系为

$$\boldsymbol{\mu}=\gamma\cdot\boldsymbol{p} \tag{8.4.2}$$

式中 $\gamma=g_{\mathrm{N}}\cdot(e/2m_{\mathrm{p}})$ 称为**旋磁比**，g_{N} 为**朗德因子**。在外加恒定磁场 $\boldsymbol{B}$ 作用下，原子核的角动量和磁矩在以坐标轴 z 方向为 $\boldsymbol{B}$ 的方向上的投影值为

$$p_B=m\cdot\hbar(m=I,I-1,\cdots,-I-1,-I) \tag{8.4.3}$$

$$\mu_{\mathrm{B}}=g_{\mathrm{N}}\frac{e}{2m_{\mathrm{p}}}p_B=g_{\mathrm{N}}\left(\frac{e\hbar}{2m_{\mathrm{p}}}\right)m=g_{\mathrm{N}}\mu_{\mathrm{N}}m \tag{8.4.4}$$

式中 m 称为**核磁量子数**，$\mu_{\mathrm{N}}=e\hbar/2m_{\mathrm{p}}=5.050\,783\,746\,1(15)\times10^{-27}$ J/T 称为**核磁子**。磁矩为 $\boldsymbol{\mu}$ 的原子核在磁场 $\boldsymbol{B}$ 中具有的势能为

$$E=-\boldsymbol{\mu}\cdot\boldsymbol{B}=-\mu_{\mathrm{B}}\cdot B=-g_{\mathrm{N}}\mu_{\mathrm{N}}mB \tag{8.4.5}$$

则任何两个能级之间的能量差为

$$\Delta E=E_{m1}-E_{m2}=-g_{\mathrm{N}}\mu_{\mathrm{N}}B(m_1-m_2) \tag{8.4.6}$$

对氢核而言，$m=\pm1/2$，$\Delta m=\pm1$，满足量子力学中的跃迁选择定则，所以两个跃迁能级之间的能量差为

$$\Delta E=g_{\mathrm{N}}\mu_{\mathrm{N}}B \tag{8.4.7}$$

显然，相邻两个能级之间的能量差 ΔE 与外加磁场 $\boldsymbol{B}$ 的大小成正比，磁场越强，两个能级分裂越大。图 8.4.1 给出的是氢核能级在磁场中的分裂示意图。

如果同时在恒定磁场 $\boldsymbol{B}$ 垂直的方向上加入一个频率为 ν 的交变磁场 $\boldsymbol{B}'$，并且当交变磁场的能量 $h\nu$ 恰好等于氢核两能级的能量差 ΔE 时，即

$$h\nu=\Delta E=g_{\mathrm{N}}\mu_{\mathrm{N}}B=\gamma\cdot\hbar B \tag{8.4.8}$$

则处于低能级的氢核会吸收交变磁场的能量由低能级（$m=+1/2$）跃迁到高能级（$m=-1/2$），这就是核磁共振吸收现象。由(8.4.8)式可得到发生核磁共振条件：

$$\nu=\gamma B/2\pi \quad 或 \quad \omega=\gamma\cdot B \tag{8.4.9}$$

其中 ν 为共振频率，ω 为其对应的圆频率，由(8.4.9)式可知，对于固定的原子核，旋磁比 γ 一定时，通过调节共振频率 ν 或者恒定磁场 B，或固定其中一个物理量调

NOTE

节另一个就能出现核磁共振现象。

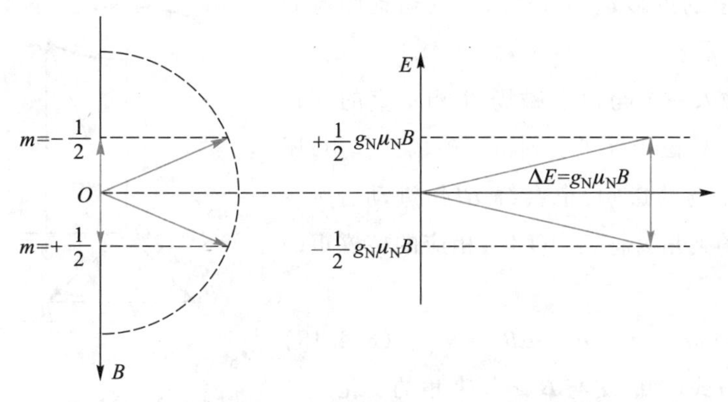

图 8.4.1 氢核能级在磁场中的分裂示意图

3.2 核磁共振的经典力学描述

根据经典电磁理论,原子核具有自旋和磁矩,所以存在核自旋角动量 $\boldsymbol{p}$ 和自旋磁矩 $\boldsymbol{\mu}$,原子核在外加磁场 $\boldsymbol{B}$ 中,磁矩与磁场间相互作用为

$$\frac{\mathrm{d}\boldsymbol{p}}{\mathrm{d}t}=\boldsymbol{\mu}\times\boldsymbol{B} \tag{8.4.10}$$

设坐标轴 z 方向为磁场方向,由 $B_x=B_y=0$,$B_z=B$,(8.4.10)式写作分量形式为

$$\frac{\mathrm{d}\mu_x}{\mathrm{d}t}=\gamma\mu_y B_z \tag{8.4.11}$$

$$\frac{\mathrm{d}\mu_y}{\mathrm{d}t}=-\gamma\mu_x B_z \tag{8.4.12}$$

$$\frac{\mathrm{d}\mu_z}{\mathrm{d}t}=0 \tag{8.4.13}$$

由此可见,磁矩分量 μ_z 是一个常量,即磁矩 $\boldsymbol{\mu}$ 在 $\boldsymbol{B}$ 方向上的投影将保持不变。将(8.4.11)式对时间求导,并代入到(8.4.12)式中,得

$$\frac{\mathrm{d}^2\mu_x}{\mathrm{d}t^2}=\gamma B_z\frac{\mathrm{d}\mu_y}{\mathrm{d}t}=-\gamma^2 B_z^2\mu_x \tag{8.4.14}$$

整理可得到一个简谐振动方程,其解为

$$\mu_x=A\sin(\omega t+\varphi) \tag{8.4.15}$$

其中 $\omega=\gamma B_z=\gamma B$,同理可得

$$\mu_y=A\cos(\omega t+\varphi) \tag{8.4.16}$$

则

$$\mu_L=\sqrt{(\mu_x+\mu_y)^2}=A=\text{常数} \tag{8.4.17}$$

由此可知,核磁矩 $\boldsymbol{\mu}$ 绕恒定磁场 $\boldsymbol{B}$ 作进动,角频率为 $\omega=\gamma\cdot B$,与 $\boldsymbol{\mu}$ 和 $\boldsymbol{B}$ 的夹角无

NOTE

关。核磁矩 $\boldsymbol{\mu}$ 在磁场方向上的投影 μ_z 为常量，在 xy 平面上的投影 μ_L 也是常量，其运动图像如图 8.4.2 所示。

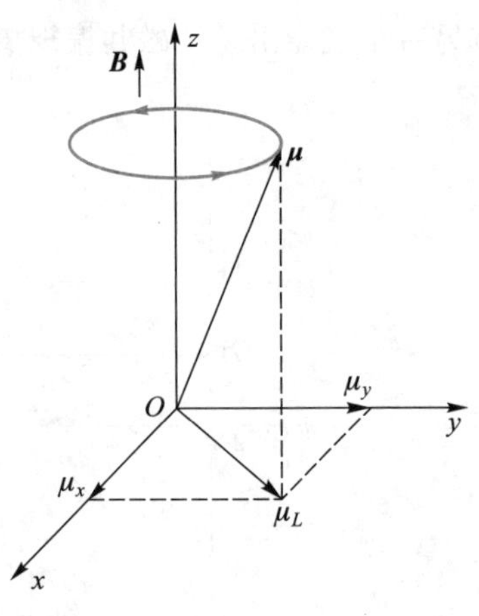

图 8.4.2　磁矩在磁场中的运动

现在加入一个与恒定磁场 $\boldsymbol{B}$ 相垂直的旋转弱磁场 $\boldsymbol{B}'$。核磁矩除了受到恒定磁场的作用，还受到旋转磁场的影响，也会绕 $\boldsymbol{B}'$ 作进动。则 $\boldsymbol{\mu}$ 与 $\boldsymbol{B}$ 之间的夹角 θ 将发生变化，相应的核磁矩的势能变为

$$E=-\boldsymbol{\mu}\cdot\boldsymbol{B}=-\mu B\cos\theta \tag{8.4.18}$$

由(8.4.18)式可知，$\boldsymbol{\mu}$ 与 $\boldsymbol{B}$ 之间夹角的变化意味着原子核能量的状态变化。当 θ 值增加时，原子核要从旋转磁场 $\boldsymbol{B}'$ 中吸收能量，这样就产生了核磁共振现象。如果旋转磁场 $\boldsymbol{B}'$ 的转动角频率 ω' 不等于 ω，平均来说夹角变化为零。由此可推出产生核磁共振的条件为

$$\omega'=\omega=\gamma B \tag{8.4.19}$$

这与量子力学描述得出的结论完全一致。

3.3　布洛赫方程

实际情况中的核磁共振远比单个核复杂。首先，样品是大量同类核的集合，其次核磁矩系统并不是孤立的，其与周围物质存在一定的相互作用。所以为了更好理解核磁共振理论，我们需要全面考虑这些问题。

定义单位体积内核磁矩 $\boldsymbol{\mu}$ 的矢量和为磁化强度矢量 $\boldsymbol{M}$，则有

$$\frac{\mathrm{d}\boldsymbol{M}}{\mathrm{d}t}=\gamma\cdot(\boldsymbol{M}\times\boldsymbol{B}) \tag{8.4.20}$$

磁化强度矢量 $\boldsymbol{M}$ 以角频率 $\omega=\gamma B$ 围绕着外磁场 $\boldsymbol{B}$ 作进动。在热平衡条件下，总磁矩 $\boldsymbol{M}$ 在实验室坐标系的三个方向上的分量分别为 $M_x=M_y=0, M_z=M_0$。若再加入一个垂直于恒定磁场 $\boldsymbol{B}$ 的偏振磁场 $\boldsymbol{B}'$，磁化强度矢量 $\boldsymbol{M}$ 将发生偏离，其分量变化为 $M_x\neq0, M_y\neq0, M_z<M_0$，相应的核磁矩系统偏离热平衡状态。我们称自旋系统从不平衡态向平衡态过渡的过程为**弛豫过程**。当原子核因为吸收了偏振磁场的能量而发生核磁共振时，由于自旋与晶格的相互作用，晶格将吸收核的能量，使原子核跃迁回低能态而向热平衡过渡，表示这个过渡的特征时间称为**纵向弛豫时间**，用 T_1 表示。它反映了磁化强度矢量 $\boldsymbol{M}$ 在 z 方向上的分量 M_z 恢复到平衡值 M_0 所需的时间。自旋与自旋之间也存在相互作用，$\boldsymbol{M}$ 的横向分量由非平衡态时的 M_x 和 M_y 向平衡态时的零值过渡，表示这个过渡的特征时间称为**横向弛豫时间**，用 T_2 表示。

NOTE

所以在核磁共振时,有两种过程同时起作用:一种是核磁矩系统吸收电磁波能量后,原子核从低能级跃迁到高能级,使系统偏离热平衡状态的受激吸收过程。另一种是核磁矩系统把能量传到晶格,使系统趋于热平衡的弛豫过程。当这两种过程同时存在时,描述核磁共振现象的基本运动方程为

$$\frac{\mathrm{d}\boldsymbol{M}}{\mathrm{d}t}=\gamma\cdot(\boldsymbol{M}\times\boldsymbol{B})-\frac{1}{T_2}(M_x\boldsymbol{i}+M_y\boldsymbol{j})-\frac{M_z-M_0}{T_1}\boldsymbol{k} \tag{8.4.21}$$

该方程称为**布洛赫方程**。式中 $\boldsymbol{i},\boldsymbol{j},\boldsymbol{k}$ 分别是 x,y,z 方向上的单位矢量。

假设恒定磁场 $\boldsymbol{B}$ 沿 z 方向,外加线偏振磁场 $\boldsymbol{B}'=2B'\cos(\omega t)\boldsymbol{e}$。它可以看作是左、右旋偏振磁场的叠加,在直角坐标系中的分量为

$$\begin{aligned}B_x'&=B'\cos(\omega t)\\B_y'&=\mp B'\sin(\omega t)\end{aligned} \tag{8.4.22}$$

对应于 γ 为正的系统,起作用的是左旋圆偏振场,则 $\boldsymbol{M}\times\boldsymbol{B}$ 的三个分量为

$$\begin{cases}(M_yB_z-M_zB_y)\boldsymbol{i}\\(M_zB_x-M_xB_z)\boldsymbol{j}\\(M_xB_y-M_yB_x)\boldsymbol{k}\end{cases} \tag{8.4.23}$$

这样,布洛赫方程可以改写成

$$\begin{cases}\dfrac{\mathrm{d}M_x}{\mathrm{d}t}=\gamma[M_yB+M_zB'\sin(\omega t)]-\dfrac{M_x}{T_2}\\\dfrac{\mathrm{d}M_y}{\mathrm{d}t}=\gamma[M_zB'\cos(\omega t)-M_xB]-\dfrac{M_y}{T_2}\\\dfrac{\mathrm{d}M_z}{\mathrm{d}t}=\gamma\left[-M_xB'\sin(\omega t)-M_yB'\cos(\omega t)-\dfrac{M_z-M_0}{T_1}\right]\end{cases} \tag{8.4.24}$$

在特定条件下求解上述方程,可以解释各种核磁共振现象。由于方程中含有高频振荡项,求解较为复杂,一般需要将其变换到旋转坐标系中,但要严格求解仍是相当困难,通常根据实验条件来进行简化。如果磁场或频率的变化十分缓慢,可得到稳态解:

$$\begin{cases}u=\dfrac{\gamma B'T_2^2(\omega-\omega')M_0}{1+T_2^2(\omega-\omega')^2+\gamma^2B'^2T_1T_2}\\\nu=\dfrac{\gamma B'M_0T_2}{1+T_2^2(\omega-\omega')^2+\gamma^2B'^2T_1T_2}\\M_z=\dfrac{[1+T_2^2(\omega-\omega')]M_0}{1+T_2^2(\omega-\omega')^2+\gamma^2B'^2T_1T_2}\end{cases} \tag{8.4.25}$$

实际的核磁共振吸收不是只发生在单一频率上,而是发生在一定的频率范围内。通常把吸收曲线半高宽所对应的频率间隔称为**共振线宽**,即

NOTE

$$\omega-\omega'=\frac{1}{T_2}(1+\gamma^2B'^2T_1T_2)^{1/2} \tag{8.4.26}$$

可见,线宽主要由 T_2 值决定,所以横向弛豫时间是影响线宽的主要参数。

4　实验仪器

核磁共振实验仪主要包括电磁铁及扫场线圈、探头与样品、边限振荡器、磁场扫描电源、频率计及示波器等,实验装置示意图如图 8.4.3 所示。该实验中常用的仪器和装置实物如图 8.4.4 所示,其中仪器(a)为数字示波器,(b)为电磁铁,(c)为模拟示波器,(d)为磁场扫描电源,(e)为边限振荡器,(f)为频率计,可根据实际情况选择数字示波器或模拟示波器中的任一种。

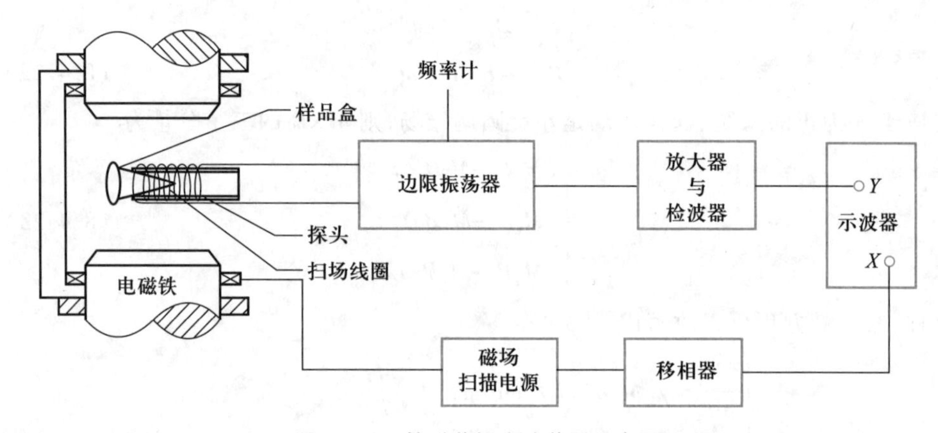

图 8.4.3　核磁共振实验装置示意图

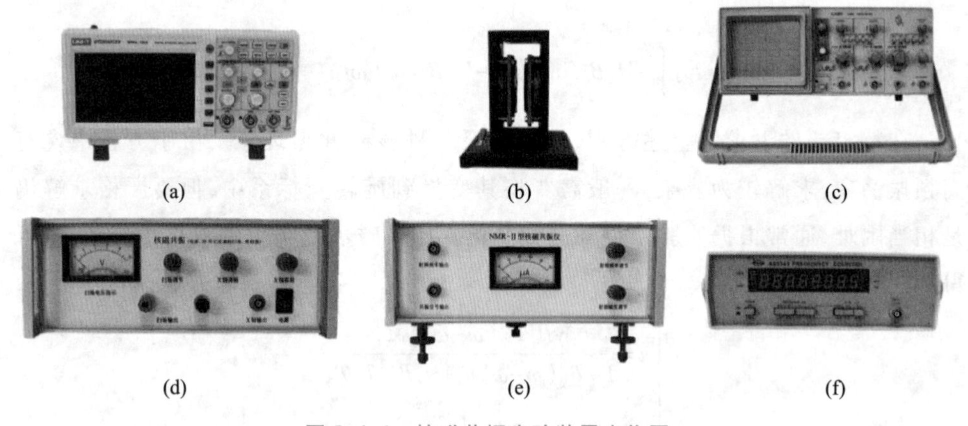

图 8.4.4　核磁共振实验装置实物图

4.1　磁铁

磁铁的作用是产生核自旋物质磁能级塞曼分裂所需要的恒定磁场 $\boldsymbol{B}$,它是核磁共振实验装置中最重要的部件。为了能更好地观察到核磁共振现象,要求磁铁能够产生非常稳定,高度均匀的强磁场。所用到的磁铁大致可分为三类:永磁铁、

NOTE

电磁铁和超导磁铁。

4.2 边限振荡器

一般常用边限振荡器提供线偏振磁场 $\boldsymbol{B}'$ 并接收共振信号。通常将其调节在恰好振荡又临近停振的边缘。实验时，将样品放置在边限振荡器的线圈中，振荡线圈放在恒定磁场 $\boldsymbol{B}$ 中，振荡器产生的偏振磁场垂直于恒定磁场。样品中少量的能量吸收就可以引起振荡器中振幅的较大变化，由此可以避免饱和效应，提高检测共振信号的灵敏度。

4.3 扫场单元

在实验中一般采用扫频法或扫场法使核磁共振现象连续交替出现，以便于在示波器中观察信号。扫频法是固定恒定磁场 $\boldsymbol{B}$，使得射频场 $\boldsymbol{B}'$ 的频率 ω 连续变化，在共振区域中，当 $\omega=\omega_0=\gamma B$ 时出现共振峰。扫场法是固定 $\boldsymbol{B}'$ 的频率 ω，在恒定磁场 $\boldsymbol{B}$ 上加入低频调制磁场 $\boldsymbol{B}_{\mathrm{m}}(B_{\mathrm{m}}\sin\omega_{\mathrm{m}}t)$，使其调制频率周期性变化。本实验中采用扫场法，即样品所在区域的实际磁场为 $B+B_{\mathrm{m}}\sin\omega_{\mathrm{m}}t$，相应的拉莫尔进动频率 ω 也发生周期性变化，即 $\omega=\gamma(B+B_{\mathrm{m}}\sin\omega_{\mathrm{m}}t)$。由于调制场的幅度 B_{m} 较小，总磁场的方向保持不变，只是磁场的幅值按调制频率发生周期性变化，其最大值为 $B+B_{\mathrm{m}}$，最小值为 $B-B_{\mathrm{m}}$。实验时只要保持射频场的角频率调在此变化范围之内，同时调制磁场扫过共振区域，即 $B-B_{\mathrm{m}}\leqslant B\leqslant B+B_{\mathrm{m}}$，则共振条件在调制场的一个周期内被满足两次，所以在示波器上观察到如图 8.4.5 右侧所示的共振吸收信号。此时若调节射频场的频率，则吸收曲线上的吸收峰将左右移动。当这些吸收峰间距相等时，如图 8.4.5 左侧所示，则说明在这个频率下的共振磁场为 B。

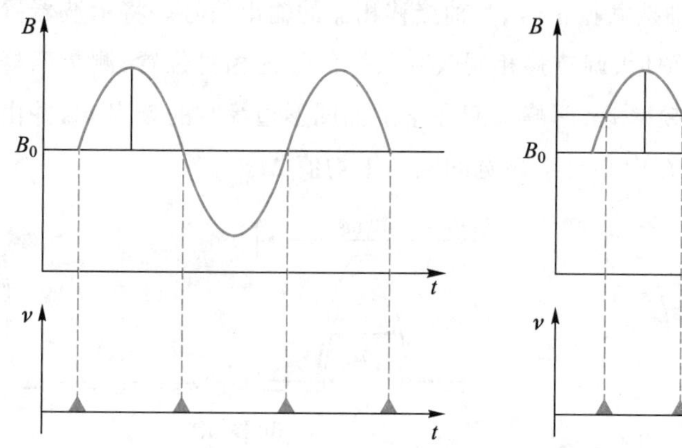

图 8.4.5 扫场法检测共振信号

在示波器中观察到的共振信号波形一般会带有"尾波"，这是由于扫场速度过快，通过共振区的时间比弛豫时间小，不能保证各个瞬时稳定平衡，而出现动态核磁共振现象。

NOTE

5 实验内容

5.1 测磁场

1. 用已知的磁场 $B=0.52\ \text{T}$ 或用高斯计测量磁场，根据公式初步估算共振频率 ν，也可以利用旋磁比估算出共振频率 ν。

2. 在振荡线圈中放入 $CuSO_4$ 水溶液样品，缓缓放入磁体的极隙中央，不要与磁铁相碰。打开频率计与示波器电源，启动电源箱上的电源开关和扫场电源开关。缓缓旋转"频率调节"旋钮，搜索共振信号最强，三峰等间距的共振信号。当共振信号等间距且至少有三个以上的峰时才可测定共振频率 ν。细调射频频率，观察什么情况下出现三峰等间距与两峰合一。调节射频电流大小，观察信号共振、停振、过饱和现象。

3. 估算磁场的不均匀性，移动线圈在磁场中心和前 1 cm、后 1 cm 的位置，观测信号的变化，用三峰等间隔法测量（B_0, B_1, B_2）共振信号。由公式 $h\nu=g_H\mu_N B$ 计算出磁场的大小 B_0, B_1, B_2 并分析磁场的均匀度，比较不同位置时共振信号强度和线宽的大小。（$\mu_N=5.050\,783\,746\,1(51)\times10^{-27}\ \text{J}\cdot\text{T}^{-1}$，$h=6.626\,070\,15\cdot10^{-34}\ \text{J}\cdot\text{s}$，$g_H=5.585\,69$。）

5.2 测量横向弛豫时间

1. 内扫描法：调节射频频率测量三峰等间隔时的频率 ν_1，两峰合一刚消失时的频率 ν_2，三峰等间隔时某一共振峰半高宽的时间间隔 Δt，可以利用数字示波器的光标功能，通过如图 8.4.6(a) 的比例求得。此处应注意静磁场的不均匀会使共振峰变宽，所以在测量 Δt 时必须使样品处于磁场最均匀的地方。

2. 移相法：示波器 Y 轴接共振信号，X 轴接移相器的输出信号。将示波器置于 X–Y 挡后可以看到李萨如图形，调节移相器改变共振信号的相对位置，测量两峰一起在李萨如图形中心时的频率 ν_1，两峰一起在李萨如图形边缘时的频率 ν_2，并由图 8.4.6(b) 的比例求得两峰在中心时半高宽间隔的平均值 Δt。

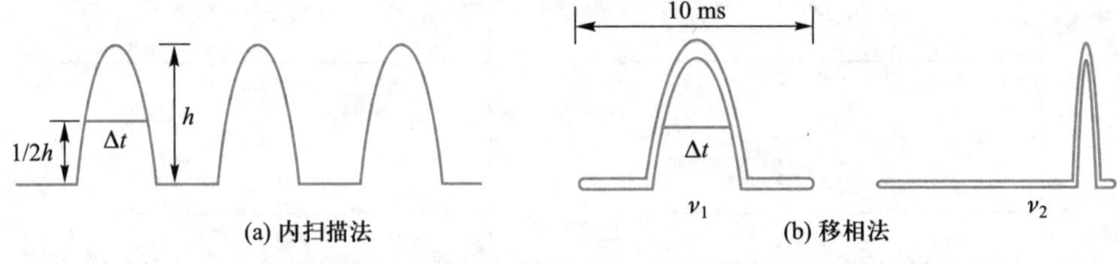

图 8.4.6 (a) 内扫描法测量横向弛豫时间 (b) 移相法测量横向弛豫时间

3. 利用公式 $T_2=\dfrac{2}{(\omega_1-\omega_2)\cdot\omega_{扫}\cdot\Delta t}$，其中 $\omega_{1,2}=2\pi\nu_{1,2}$，$\omega_{扫}=100\pi$，计算由上述两种方法测量得到的横向弛豫时间，并比较两者的大小，分析误差原因。

4. 比较纯水与加含有顺磁离子的 $CuSO_4$ 水溶液样品的共振信号，分别计算它

NOTE

们的横向弛豫时间 T_2，试分析它们的信号强度与弛豫时间互不相同的原因。

5.3　用 HF 溶液计算氟核的朗德因子

1. 找到 HF 溶液中氢的共振频率 ν_H。

2. 在 ν_H 基础上减少 1.4 MHz 左右寻找氟的共振频率 ν_F。

3. 根据公式 $g_H \nu_F = \nu_H g_F$，计算 g_F 并与标准值（$g_{F0} = 5.254\ 59$）比较，分析误差来源及实验的改进措施。

注意：氟的扫场电压比氢的大 1.2 V，射频电流小 2～4 μA。

6　注意事项

1. 为减少各类干扰，本电源插座必须有良好的接地措施，由于射频线圈既是发射线圈又是信号接收器，容易受到空间周围环境的影响，实验室周围应无明显的高频信号和无线电干扰源。

2. 放置样品时，要避免振荡线圈与磁铁相碰触。样品安置在磁场均匀区域内，信号会很明显。所以，样品在磁场中的位置尤为重要，必须认真仔细观测信号与样品位置上下、前后、左右的变化，力求取得最佳效果。

3. 为保证安全，扫场电压不宜超过 3 V。HF 样品略取大些。测定氢氟酸样品时，由于氟的共振信号较弱，需要仔细观察。

4. 边限电流取最大幅度后再减小 0.5～2 μA，如果边限电流过大（信号饱和现象）或太小（边限振荡器停振）都会导致没有信号。在观测样品中的 ^{1}H，^{19}F 信号，边限电流再小 2～5 μA，这样能观测到质量比较好的 ^{19}F、^{1}H 信号。

5. 边限电流调节会对频率产生影响。因此，每一次电流调节后，频率也必须调整，保持其测量一致性。

6. 样品制作：将纯水掺入 $CuSO_4$ 晶体，制作成 1%（mol）浓度的 $CuSO_4$ 水溶液，用注射器注入 5 ml 的样品管内即可使用，$FeCl_3$ 也可用上述方法制作。HF 溶液直接用注射器注入样品管内。

7. 样品管内的水溶液应每学期更换一次，时间久后，样品会产生抗磁性，影响信号幅度。样品浓度也会对信号产生（幅度）影响。如果学生有兴趣可以制备一些不同浓度的样品，用来比较信号幅度，还可制备其他样品，如：丙三醇、硫酸锰、甘油、氟碳。

7　数据记录和处理

7.1　测磁场

完成表 8.4.1 并分析磁场的均匀度。

表 8.4.1　测磁场数据记录表

位置/cm	共振频率：ν/MHz	磁感应强度 B/T
中心		

NOTE

续表

位置/cm	共振频率：ν/MHz	磁感应强度 B/T
前 1 cm		
后 1 cm		

7.2　测量横向弛豫时间

(1) 内扫描法

ν_1 =__________　　　　ν_2 =__________

Δt =__________

$$T_2=\frac{2}{(\omega_1-\omega_2)\cdot\omega_{扫}\cdot\Delta t}=\_\_\_\_\_\_\_\_\_\_$$

(2) 移相法

ν_1 =__________　　　　ν_2 =__________

Δt =__________

$$T_2=\frac{2}{(\omega_1-\omega_2)\cdot\omega_{扫}\cdot\Delta t}=\_\_\_\_\_\_\_\_\_\_$$

并比较两者的大小,分析误差原因。

(3) 比较纯水与加含有顺磁离子的 $CuSO_4$ 水溶液样品共振信号

纯水的横向弛豫时间 T_2 =__________,

含有顺磁离子的 $CuSO_4$ 水溶液的横向弛豫时间 T_2 =__________,

试分析它们的信号强度与弛豫时间互不相同的原因。

7.3　用 HF 溶液计算氟核的朗德因子

ν_H =__________　　　　ν_F =__________

根据公式 $g_H\nu_F=g_F\nu_H$ 得 g_F =__________

标准值为 g_{F0} = 5.254 59,百分差 $E=\frac{|g_F-g_{F0}|}{g_{F0}}\times100\%$ =__________

分析误差来源及实验的改进措施。

8　思考题

1. 为什么用核磁共振方法测磁场强度的精确度决定于共振频率的测量精度?

2. 在共振条件附近,微调磁场或射频频率,原重合于示波器中央的共振信号为何向两侧移动?在两侧边缘时对应于什么工作状态?

3. 不加入调制磁场能否观察到共振现象?

4. 实验所用水溶液样品中 $CuSO_4$ 晶体的作用是什么?

NOTE

8.5 验证快速电子的动能与动量的相对论关系实验

1 引言

狭义相对论和量子力学是近代物理学发展的两大支柱。爱因斯坦在1905年提出了狭义相对论之后，在1916年又创立了广义相对论。狭义相对论揭示了空间、时间、质量和物质运动之间的联系。狭义相对论建立后，不断受到实践的检验和证实。相对论是物理学理论的一场重大革命，它否定了牛顿的绝对时空观，揭示了时间和空间的内在联系和统一性；同时也改造了牛顿力学，揭示了质量与能量的内在联系，对引力提出了全新的解释，对现代物理学的发展起到了不可估量的作用。

由于相对论讨论的是物体高速运动的情况或微观粒子的运动规律，给出的一系列结论难以用简单常规的方法来加以观察和验证，这无疑给物理实验教学造成困难。针对这一情况，1986年起，同济大学物理系近代物理实验室经过艰苦努力，研制成功验证快速电子的动能与动量符合相对论关系的实验装置。

由于放射性射线看不见、摸不着，故让人对射线有一种神秘感和恐惧感。本实验介绍一种核辐射最常用的探测器，可探测γ射线的能量与强度。通过实验学习可以使学生对基本核物理探测技术有一个感性认识，且对单晶γ闪烁谱仪的性能和应用有所了解。

2 实验目的

1. 验证快速电子的动能和动量的相对论关系。

2. 了解β粒子与物质相互作用的类型，并比较β、γ射线与物质相互作用的机制。

3. 了解闪烁探测器的结构和原理，掌握NaI(Tl)单晶γ闪烁谱仪的多个性能指标和测试方法。

4. 了解核电子学仪器的数据采集、记录方法和数据处理原理。

3 实验原理

3.1 经典力学动量-动能关系

经典力学总结了低速物理运动的规律，它反映了牛顿的绝对时空观：认为时间和空间是两个独立的观念，彼此之间没有联系；同一物体在不同惯性参考系中观察到的运动学量（如坐标、速度）可通过伽利略变换而互相联系，一切力学规律在伽利略变换下是不变的。一个质量为 m、速度为 v 的物体的动量是 $p=mv$，动能为 $E_k=\frac{1}{2}mv^2$，所以其动能与动量的关系为

$$E_k=\frac{p^2}{2m} \tag{8.5.1}$$

NOTE

3.2　狭义相对论的动量-动能关系

19 世纪末至 20 世纪初，人们试图将伽利略变换和力学相对性原理推广到电磁学和光学时遇到了困难；实验证明对高速运动的物体，伽利略变换是不适用的，实验还证明在所有惯性参考系中，光在真空中的传播速度为同一常量。在此基础上，爱因斯坦于 1905 年提出了狭义相对论；并据此导出了从一个惯性系到另一个惯性系的变换方程，即“洛伦兹变换”。

从洛伦兹变换式，静质量为 m_0，速度为 v 的物体，狭义相对论定义的动量 p 为

$$p=\frac{m_0}{\sqrt{1-\beta^2}}v=mv \tag{8.5.2}$$

其中，$m=m_0/\sqrt{1-\beta^2}$，$\beta=v/c$。相对论的能量 E 为

$$E=mc^2 \tag{8.5.3}$$

这就是著名的质能关系方程。mc^2 是运动物体的总能量，当物体静止时（$v=0$），物体的能量为 $E_0=m_0c^2$，称为静能。两者之差为物体的动能 E_k，即

$$E_k=mc^2-m_0c^2 \tag{8.5.4}$$

由(8.5.1)、(8.5.2)、(8.5.3)和(8.5.4)式可得

$$E^2-c^2p^2=E_0^2 \tag{8.5.5}$$

由此，狭义相对论的动量与动能的关系式为

$$E_k=E-E_0=\sqrt{c^2p^2+m_0^2c^4}-m_0c^2 \tag{8.5.6}$$

(8.5.6)式也是本实验要验证的动能与动量的狭义相对论关系式。

本实验方法是让高速运动的电子（β 粒子）进入一磁场，如图 8.5.1 所示，该磁感应强度均匀、方向与电子速度方向垂直（$\boldsymbol{v}\perp\boldsymbol{B}$）。根据电磁理论，高速电子在磁场中受到洛伦兹力的作用而作半径为 R 的圆周运动。所以电子的动量是

$$p=eBR \tag{8.5.7}$$

(8.5.7)式中 $e=1.602\times10^{-19}$ C 为电子电荷量，B 为磁感应强度，R 为 β 粒子轨道的半径（$R=X/2$，即探测器距粒子源距离 X）。因此，动量 p 值可以根据(8.5.7)式求得。

同时，在磁场外且距 β 源为 X 处，放置一个 β 能量探测器，可接收并测得高速电子的动能值 E_k。

根据经典力学动量-动能(8.5.1)式与动能与动量的狭义相对论关系式(8.5.6)，可得图 8.5.2 中两者的动能与动量的理论曲线。图 8.5.2 中，横坐标为动量乘以光速 pc，用 MeV 作单位，纵坐标为动能值 E_k，“+”为实验测得的数据点。

由于电子的 $m_0c^2=0.511$ MeV，(8.5.1)式的经典力学动量-动能关系式可化为

$$E_k=\frac{1}{2}\frac{p^2c^2}{m_0c^2}=\frac{p^2c^2}{2\times0.511} \tag{8.5.8}$$

NOTE

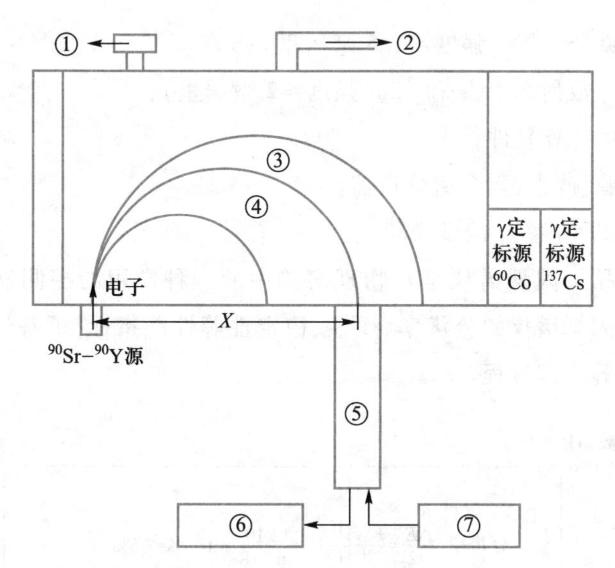

图 8.5.1　β 磁谱仪简图(① 真空表;② 真空泵;③ 真空盒;④ 均匀磁场;⑤ 闪烁探头;⑥ 多道分析器;⑦ 高压电源)

从图 8.5.2 中可见,对于高速的电子,由经典力学理论计算所得到的动量-动能关系与由相对论动量-动能的理论曲线有明显的差异,由实验测得动量-动能关系可以验证相对论关系图线的正确性。

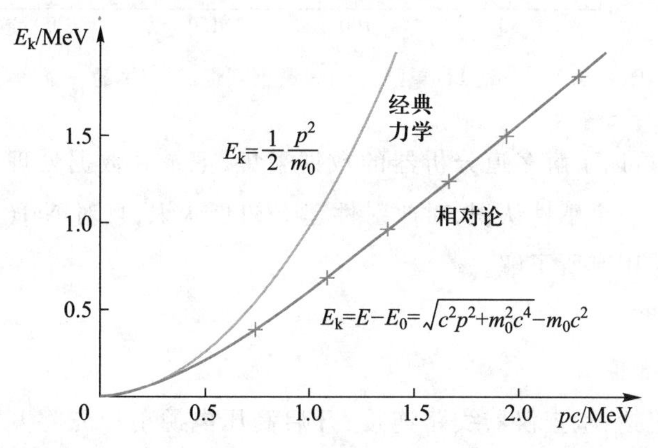

图 8.5.2　经典力学与狭义相对论的电子动量-动能关系("+"为实验数据点)

4　实验仪器

4.1　仪器结构

实验仪器结构如图 8.5.1 所示,包括:β 磁谱仪、多道分析器、计算机、真空泵等组成,以 β 源、γ 放射源作为工作物质。实验装置主要由以下部分组成:

- 真空、非真空半圆聚焦 β 磁谱仪;
- 200 μmAl 窗 NaI(Tl)闪烁探头;

NOTE

- β 放射源$^{90}Sr-^{90}Y$（强度≈1.5 毫居里）；
- 定标用 γ 放射源^{137}Cs 和^{60}Co（强度≈2 微居里）；
- 数据处理计算软件；
- 高压电源、放大器、多道分析器。

4.2　NaI(Tl)单晶 γ 闪烁谱仪

NaI(Tl)单晶 γ 闪烁谱仪是核物理实验中的一种常用的探测器，可用于测量 NaI(Tl)单晶 γ 闪烁谱仪的分辨率、线性、稳定性等性能指标，了解光电效应、康普顿散射、反散射等物理过程。

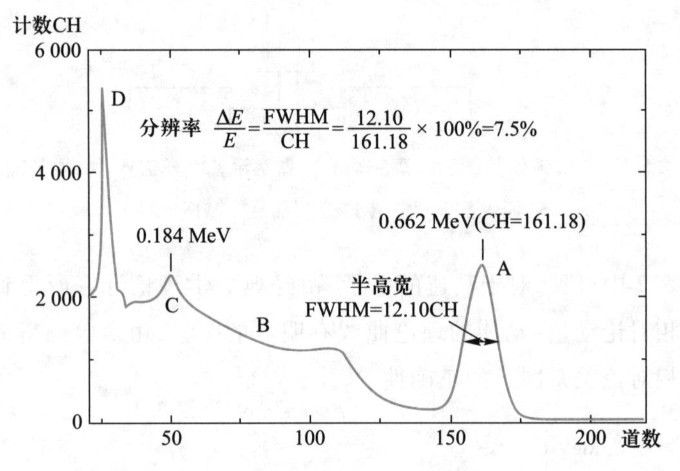

图 8.5.3　NaI(Tl)单晶 γ 闪烁谱仪测量的^{137}Cs 的 γ 能谱

通过实验，可以了解多道分析器的数据采集、记录和数据处理方法，对基本核物理探测技术有一个感性认识，对放射性建立初步认识，且对 NaI(Tl)单晶 γ 闪烁谱仪的性能和应用有所了解。

5　实验内容

5.1　实验准备

实验准备包括：检查仪器线路连接，开启高压电源前应先将其输出值置零；学习与熟悉计算机测量软件应用：打开测量软件，查看界面与菜单学习软件的基本功能与使用方法。

5.2　定标

定标实验是对闪烁计数器、计算机与多道分析器的 512 道（或 1 024 道）数进行能量标定，通过定标实验可得到

$$E=a+b\times N \tag{8.5.9}$$

即能量-道数关系式。其中，N 是道数，E 是与道数 N 相应的能量，E 与 N 为线性关系。

NOTE

实验时，应将^{60}Co和^{137}Cs两个γ放射源逐一地放到β磁谱仪的右侧小区中，打开γ放射源的盖子，让闪烁探测器对准γ放射源。

光电倍增管高压值测量范围一般在600～800 V。为保证测量高能电子（1.8～1.9 MeV）时不越出量程范围，又充分利用多道分析器的有效探测范围，调整高压和放大数值使1.33 MeV峰位在多道分析器总道数的60%左右，例如道数为512时，则令1.33 MeV峰位在300～330道。

5.2.1 测量^{60}Co的γ能谱

首先测量^{60}Co的γ能谱，为尽量减少统计涨落带来的误差，需等能量为1.33 MeV光电峰的峰顶记数达到1 000以上后，再对能谱进行数据分析，并记录1.17 MeV和1.33 MeV两个光电峰在多道分析器上对应的道数。

在软件界面上点击“开始测量”，观察测量过程中数据记录的动态过程，理解屏幕上每一个动态量与动态图形的物理意义。

测量完毕，移开探测器，关上^{60}Co的γ定标源的盖子。

5.2.2 测量^{137}Cs的γ能谱

保持高压和放大数值不变，然后打开^{137}Cs的γ定标源的盖子，移动闪烁探测器使其狭缝对准^{137}Cs源的出射孔，并开始记数测量，等0.661 MeV光电峰的峰顶记数达到1 000以上后，对能谱进行数据分析，记录0.184 MeV和0.661 MeV光电峰在多道分析器上对应的道数。测量后，关闭^{137}Cs的γ定标源盖子。

5.2.3 定标数据线性拟合

根据所测得^{60}Co和^{137}Cs两个放射源四个能量峰相对应的道数关系（填入定标数据表8.5.1），采用最小二乘法进行线性拟合，在相关系数较理想情况下，求出线性拟合公式（8.5.9）式中的截距a与斜率b，以及相关系数。

表8.5.1 定标数据表

放射源	E_k/MeV	道数 CH
^{60}Co	1.33	
	1.17	
^{137}Cs	0.662	
	0.184	

5.3 测量高速电子β粒子的动能与动量

将真空室放入磁场区域内，启动气泵抽真空，真空表达稳定的最高值后，可将真空泵电源关闭（一般机械泵正常运转2～3分钟即可停止工作）。在实验过程中，可以通过真空表示数来监控真空度的变化，而不需要让真空泵始终处于工作状态。

打开 β 源盖子,对准真空室放在支架上,盖上有机玻璃罩。探测器与 β 源的距离 ΔX 最近要小于 10 cm、最远要大于 20 cm,保证获得动能范围分布较广的单能电子。

选定探测器位置后,开始测量快速电子的动量和动能。测量单能电子能峰,记下峰位道数 CH 和相应的位置坐标 X,可运用软件中的寻峰功能,β 粒子的动能与动量测量软件界面如图 8.5.4 所示。移动探测器的位置,逐个测量选定位置处的 β 粒子能谱峰位所对应的道数,并记录相应的位置坐标(探测器与 β 源的间距为轨迹直径,即 $2R$)。

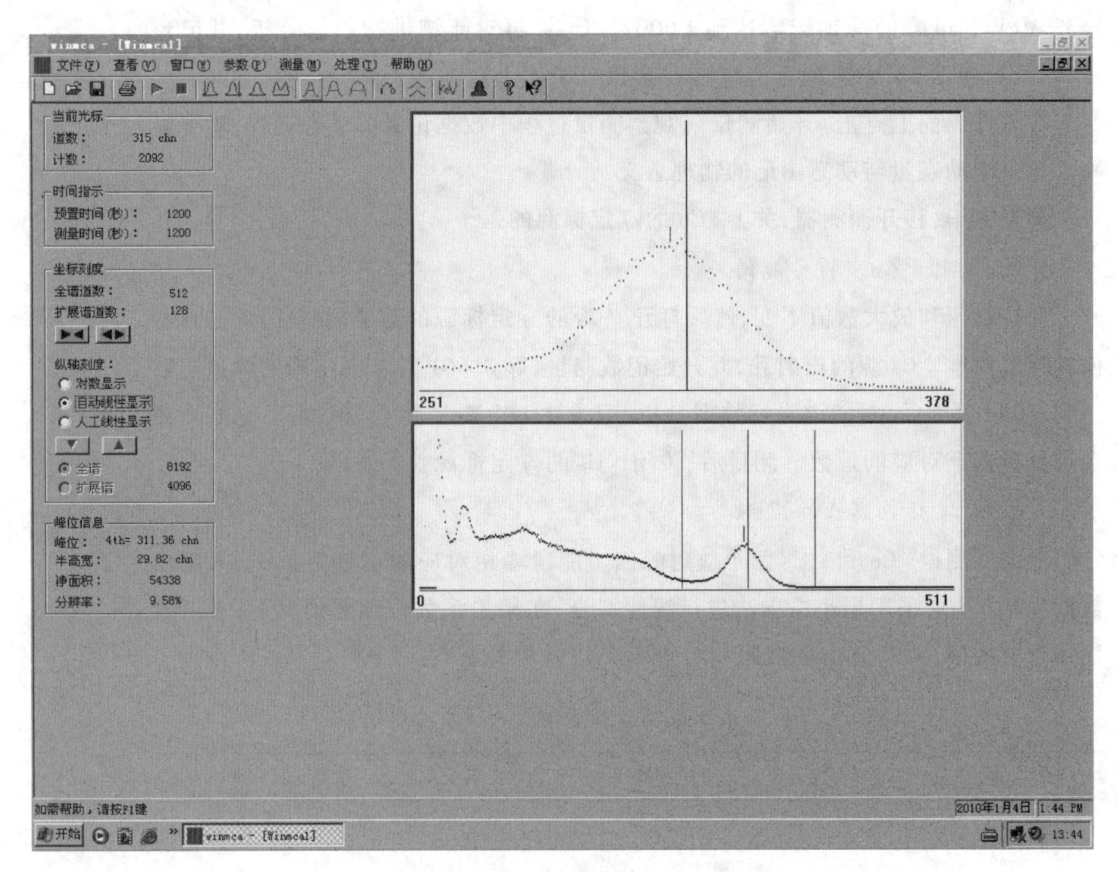

图 8.5.4　实验测量软件界面

测量时,注意闪烁计数器狭缝应与底板垂直,狭缝取约 3 mm;位置坐标 X_i 依次取真空室每个出射孔的中心位置,并从标尺上读出相应的坐标值 X_i。

全部数据测量完毕后关闭 β 源及仪器电源,进行数据处理和计算。表 8.5.2 为测量高速电子 β 粒子的动能与动量数据记录表。

由(8.5.7)式可知,pc 实验值为

$$pc = eBRc \tag{8.5.10}$$

NOTE

表 8.5.2 测量高速电子 β 粒子的动能与动量数据记录表

道数 CH	X_i/m	pc（实验值）/MeV	E_k/MeV	E_k'（补偿后）/MeV（软件中的数据）	pc（相对论理论值）/MeV（由补偿的能量数据计算所得）	pc（经典力学理论）/MeV（由补偿的能量数据计算所得）	E_0 /%

由定标结果和线性拟合公式（8.5.9）式，可求得 E_k；为消除系统误差的影响，需对 E_k 取值进行补偿修正。

根据补偿修正后的 E_k 取值，以及（8.5.6）式和（8.5.8）式两个公式，可分别计算 pc 相对论理论值和 pc 经典力学理论。

比较 pc 实验值和理论值，可计算百分差 E_0。

6 注意事项

1. 实验前，学习放射性实验安全须知。

2. 放射源随用随开，用完即盖上；实验中不要将 β 源与 γ 放射源同时开启；使用完放射源，请及时洗手。

3. 开启多道分析仪后，将光电倍增管高压源逐步增大，实验结束，应将输出电源关小后，再关电源。

4. 小心操作，不要划破真空室薄膜。

7 数据记录和处理

7.1 定标数据线性拟合

将定标数据用作图法或最小二乘法求出（8.5.9）式中的 a、b 以及相关系数 r^2。（可以用数据处理软件，参考图 8.5.5。）

7.2 高速电子 β 粒子的动能与动量数据作图

在动量（用 pc 表示，单位为 MeV）——动能（单位为 MeV）的同一张图上分别画出经典力学与相对论的理论关系曲线，并在图上标出实测数据点；分析实测点连线与哪一条理论曲线相符（参考图 8.5.6）。

8 系统误差修正

8.1 对于 β 粒子的动能损失修正

探测器中的 NaI(Tl) 晶体的缺点是容易潮解，因此在其表面用了 200 μm 的铝

NOTE

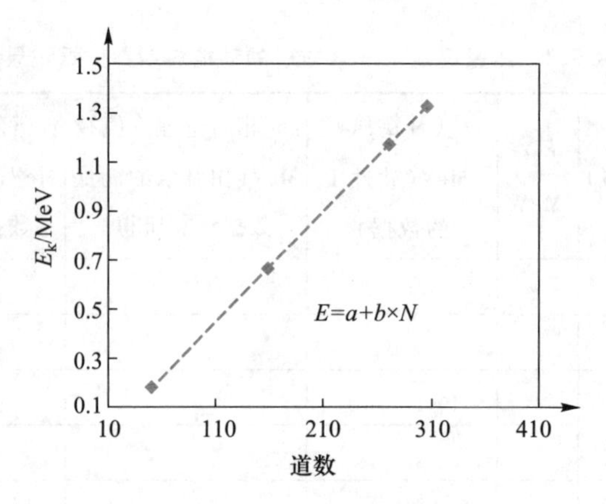

图 8.5.5　定标数据线性拟合

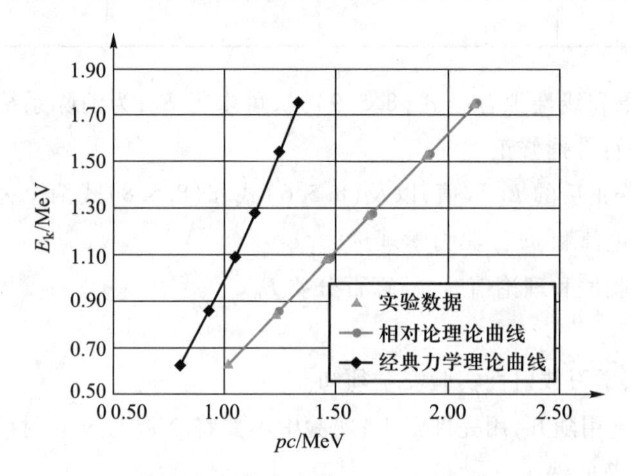

图 8.5.6　测量高速电子 β 粒子的动能与动量实验结果图

膜来密封，此外还有 20 μm 的铝膜反射层；这部分铝层对 γ 射线的能量没有影响，但却会衰减 β 射线的能量。因此，我们必须对多道分析仪测得的 β 射线的能量值给予修正。根据 β 粒子经过铝膜衰减公式可求出本实验中 β 粒子入射动能 E_0 与出射动能 E_k 的对应关系表（表 8.5.3），可根据此表采用线性插值法求出 β 粒子入射前的动能值。实验中，相应的数据处理计算软件已自动进行了数据修正。

表 8.5.3　β 粒子入射动能 E_0 与出射动能 E_k 的对应关系表

E_0/MeV	E_k/MeV	E_0/MeV	E_k/MeV	E_0/MeV	E_k/MeV
0.317	0.200	0.887	0.800	1.489	1.400
0.360	0.250	0.937	0.850	1.536	1.450
0.404	0.300	0.988	0.900	1.583	1.500
0.451	0.350	1.039	0.950	1.638	1.550
0.497	0.400	1.090	1.000	1.685	1.600

续表

NOTE

E_0/MeV	E_k/MeV	E_0/MeV	E_k/MeV	E_0/MeV	E_k/MeV
0.545	0.450	1.137	1.050	1.740	1.650
0.595	0.500	1.184	1.100	1.787	1.700
0.640	0.550	1.239	1.150	1.834	1.750
0.690	0.600	1.286	1.200	1.889	1.800
0.740	0.650	1.333	1.250	1.936	1.850
0.790	0.700	1.388	1.300	1.991	1.900
0.850	0.750	1.435	1.350	2.038	1.950

此外，实验表明封装真空室的有机塑料薄膜对 β 射线也存在一定的能量吸收。由于塑料薄膜的厚度与物质组分难以测量，实验测量了不同能量下 β 粒子入射动能 E_0 与出射动能 E_k 对应值（表 8.5.4），同样采用分段插值法可进行修正。实验中，相应的数据处理计算软件也已自动进行了数据修正。

表 8.5.4 封装真空室的有机塑料薄膜对 β 射线的能量吸收修正表

E_0/MeV	0.382	0.581	0.777	0.973	1.173	1.367	1.567	1.752
E_k/MeV	0.365	0.571	0.770	0.966	1.166	1.360	1.557	1.747

8.2 关于 p 动量数据处理

由于 β 放射线的准直性不严格，使同一初动量的 β 放射线有一方向上的分布。同时受到半圆磁谱仪的制造工艺水平限制，磁场的非均匀性（尤其是边缘部分）无法避免。按公式 $p=eBR$ 计算的动量值将产生一定的系统误差。

为了消除这些系统误差，动量 p 值的计算一般可采用三种方法：主径迹法、等效磁场法和平均磁场法。这三种方法中，主径迹法能比较精确地计算 β 粒子动量，但其原理与计算方式较复杂，实验给出的数据处理软件是按这种方法计算的。而实验者自己进行数据处理时，可将磁感应强度取磁谱仪上给出的平均磁场 $\overline{B}$ 来计算 $p=e\overline{B}R$。

9 思考题

1. 实验中可否先测量 β 源的动能-动量关系，再用 γ 放射源进行定标？有什么区别？

2. 本实验为什么要抽真空？在空气中做此实验可能会有什么问题？

3. 根据经典力学和相对论，分别计算动能为 2 keV 与 2 MeV 的电子的速度，并讨论之。

10　实验拓展

10.1　γ射线与物质的相互作用

γ射线与物质的三种相互作用,光电效应、康普顿效应以及电子对效应中的任何一种发生时,γ光子不是消失就是从原来的射线束中移去,因此表现为强度的减弱而非能量损失,学生可以从实验现象中直观地看到这一点。

γ射线穿过物质时强度按指数规律衰减,没有射程概念;可以测定某一能量γ光子在某种物质中的吸收系数。应用本装置中带有准直屏蔽的γ放射源和NaI(Tl)闪烁谱仪可以测得^{137}Cs和^{60}Co的γ射线能谱在物质(Pb、Al)中的吸收曲线(图8.5.7),并利用最小二乘法求吸收系数。

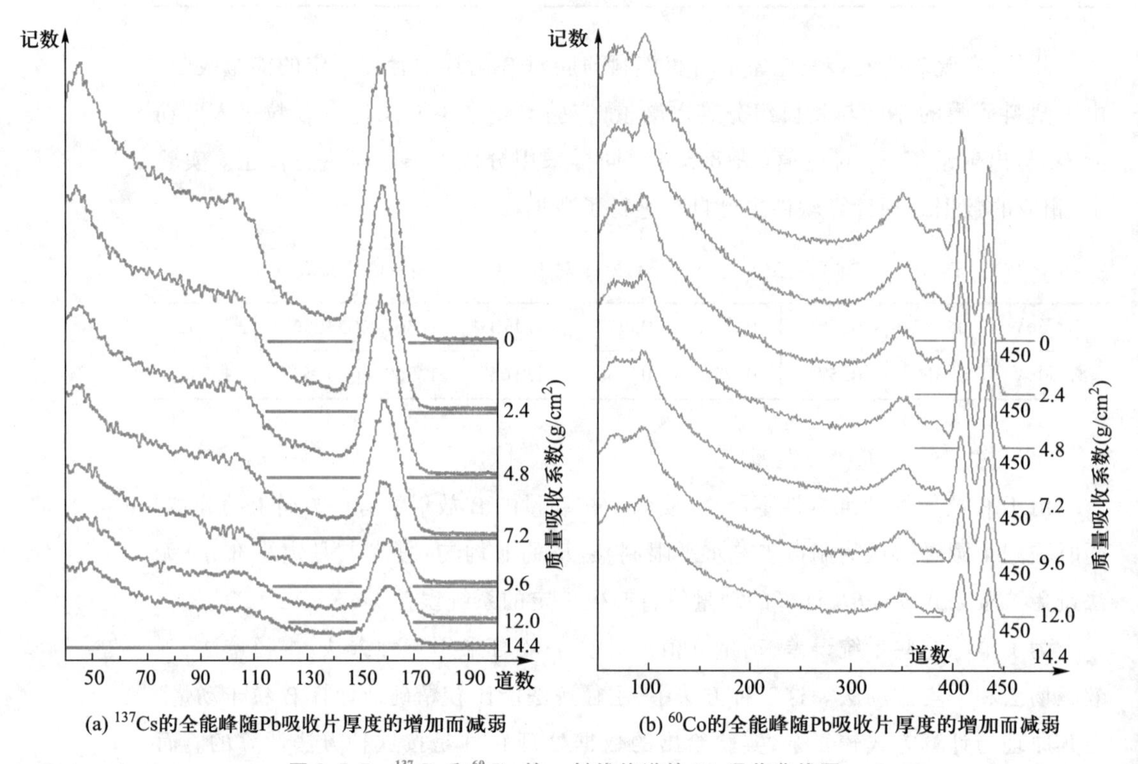

(a) ^{137}Cs的全能峰随Pb吸收片厚度的增加而减弱　(b) ^{60}Co的全能峰随Pb吸收片厚度的增加而减弱

图8.5.7　^{137}Cs和^{60}Co的γ射线能谱的Pb吸收曲线图

同样,我们也可以根据已知一定放射源对一定材料的吸收系数来测量该材料的厚度。

本实验中由于设计了源准直孔使γ射线垂直出射,更主要是用多道分析器可以起到去除γ射线与吸收片产生的康普顿散射的影响,所以与传统的用长准直和闪烁计数器的方法相比有轻巧直观的优点,而且只要用很弱的γ放射源(约2微居里)就可以测定Pb、Al对^{137}Cs、^{60}Co的窄束γ射线吸收系数。

^{137}Cs和^{60}Co放射源的主要特性包括:半衰期$T_{1/2}$,放出射线的种类如α、β、γ射

NOTE

线对应的能量分布,射线的放射强度(活度),如图 8.5.8 所示。

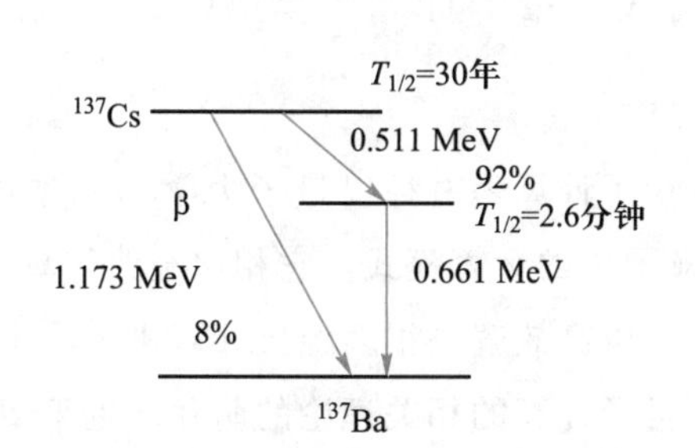

图 8.5.8 ^{137}Cs 和 ^{60}Co 放射源的主要特性

10.2 β 射线与物质相互作用的类型

β 射线与物质相互作用,主要引起电离能量损失、辐射能量损失和多次散射。其中电离能量损失是 β 射线在物质中损失能量的重要方式。它是由于电子通过靶物质时,与原子的核外电子发生非弹性碰撞,使物质原子电离或激发而损失能量所引起的。由于电子受物质原子核库仑场作用而被加速,根据电磁理论电子会发生电磁辐射,部分能量以 X 射线形式放出,称为辐射损失。电子的散射有弹性散射和反散射。

γ 射线与物质相互作用在单次事件中便能导致完全的吸收或散射,因而没有射程的概念;而 β 射线与物质相互作用时,能量和强度都逐渐减弱,直至 β 射线完全吸收。因此,β 射线与物质相互作用时有射程的概念。

NOTE

8.6　量子计算实验

1　引言

量子计算是一种以量子力学为基本原理来调控量子信息单元进行计算的新型、颠覆式的运算模式。它相比经典计算模式最具优越性的特性就是量子并行性，从而可以高效解决很多经典计算机无法实现的运算问题。

量子计算的相关理论的萌芽产生于20世纪70到80年代，先是80年代初，美国阿贡国家实验室的P. Benioff提出了量子计算的概念，几年后，牛津大学的D. Deutsch构建了量子计算机模型。此后，量子计算的发展进入编码算法时期，1994年，用于解决大数质因子分解问题的Shor量子算法被提出；1996年，用于解决数据库搜索问题的Grover算法被提出。21世纪以来，量子计算的发展进入了技术验证和原理样机研制的新阶段。2000年，D. P. DiVincenzo提出了在物理系统中建造量子计算机的判据。2007年，加拿大D-Wave公司制造了历史上第一台商用量子计算机，此后世界各国争相开始量子计算研究，抢占这一新兴技术的制高点。

我国也充分肯定了量子计算的战略地位并相继取得了一系列重大进展。2020年9月，我国首款超导量子计算云平台问世。2020年12月，中国科学技术大学的潘建伟等人成功研制出76个光子的量子计算原型机“九章”，其求解数学算法高斯玻色取样问题时的速度比当时世界上最快的超级计算机快一百万亿倍，这一突破确立了我国在国际量子计算研究中的第一方阵地位，使我国成了全球第二个实现“量子优越性”的国家。2021年5月，潘建伟等人又成功研制了当时国际上超导量子比特数量最多、包含62个比特的可编程超导量子计算原型机“祖冲之”。量子计算基于其超强的数据处理能力，应用范围遍布医疗、天气预测、金融服务、人工智能和信息安全等，其中在信息安全领域，量子计算既会对国家安全产生威胁，也同样存在潜在的战略优势。

本实验课程采用金刚石量子计算教学机讲授量子计算相关知识。实验内容包括任意序列实验、连续波实验、拉比振荡实验、回波实验和D-J算法实验。本实验把晦涩抽象的量子计算理论与实验相结合，用更形象、更清晰的方式展示量子计算相关知识和原理，以更开放、更灵活的方式培养学生动手能力和对量子计算相关问题的思考方式，形成开放式创新思维，为祖国培养下一代“量子技术”人才打下坚实的基础。

2　实验目的

1. 学习并理解量子计算相关的基本概念，包括量子比特、量子逻辑门、量子算法等。

2. 通过任意序列实验熟悉仪器不同模块的功能和信号控制，并学习脉冲序列

NOTE

的编写方法。

3. 通过连续波实验、拉比振荡实验和回波实验学习金刚石量子计算教学机的工作原理。

4. 通过D-J算法实验学习利用NV色心体系实现D-J算法的原理，并比较传统算法与量子算法的差异，理解量子算法的优势。

5. 了解量子计算实验技术以及量子计算研究的基本方法，培养分析和解决量子计算相关问题的能力。

3 实验原理

3.1 量子计算的基本概念

一、量子比特

比特是经典计算机的基本信息单元，它有两种可能的状态，常用0和1来表示。量子比特是量子计算机中的信息单元，由于量子叠加原理，量子比特除了0和1两种状态外，还可以连续并随机地存在0和1之间任意比例的叠加态上。如果用 $|0\rangle$ 和 $|1\rangle$ 表示量子比特对应的0和1状态，并记 $|0\rangle=\begin{pmatrix}1\\0\end{pmatrix}$，$|1\rangle=\begin{pmatrix}0\\1\end{pmatrix}$，量子比特的叠加态可表示为

$$|\Psi\rangle=\alpha|0\rangle+\beta|1\rangle \tag{8.6.1}$$

其中 α 和 β 是复数，且满足 $|\alpha|^2+|\beta|^2=1$。

二、量子逻辑门

在经典计算机中对比特进行操作的逻辑门有很多，通过多个逻辑门组合使用就可以实现各种复杂的逻辑运算。在量子计算机中，操作量子比特的是量子逻辑门，常见的量子逻辑门有泡利门系列、阿达马门和可控非门等，它们的符号以及矩阵表示如图8.6.1所示。

名称	符号	矩阵表示
阿达马门	—[H]—	$\frac{1}{\sqrt{2}}\begin{bmatrix}1 & 1\\1 & -1\end{bmatrix}$
泡利-X门	—[X]—	$\begin{bmatrix}0 & 1\\1 & 0\end{bmatrix}$
泡利-Y门	—[Y]—	$\begin{bmatrix}0 & -i\\i & 0\end{bmatrix}$
泡利-Z门	—[Z]—	$\begin{bmatrix}1 & 0\\0 & -1\end{bmatrix}$
可控非门	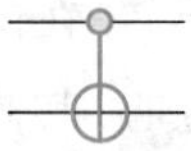 ●—⊕	$\begin{bmatrix}1 & 0 & 0 & 0\\0 & 1 & 0 & 0\\0 & 0 & 0 & 1\\0 & 0 & 1 & 0\end{bmatrix}$

图8.6.1 常见量子逻辑门符号以及矩阵表示

NOTE

三、量子算法

量子算法是利用量子力学原理来构建的一种新型算法,其融入了量子叠加性、纠缠性、并行性和波函数塌缩等特性,大大提升了计算效率。目前,最为典型的量子算法有:Deutsch 算法,Deutsch-Jozsa 算法(简称 D-J 算法),Shor 算法(质因数分解),QEA 算法(组合优化求解),Grover 算法(量子搜索算法)等。其中 D-J 算法是 1992 年由 David Deutsch 和 Richard Jozsa 提出的,他们对 1985 年 David Deutsch 提出的 Deustsh 算法进行了一般性推广。该算法可以高效解决如下问题:函数 $f(x)$ 的定义域为 $\{0,1\}^n$ 且满足 $f(x)\in\{0,1\}$,已知 $f(x)$ 为常函数和平衡函数中的一种,通过算法确定它是常函数还是平衡函数。如果采用经典计算的方式,需要挨个检查输出结果,要得到准确无误的判断,最坏的情况需要进行 $2^{n-1}+1$ 次计算。若采用 D-J 算法的方式,对于同样的问题,可以比经典计算方法的速度快指数级别。虽然 Deutsch-Jozsa 算法的应用范围没有 Shor 算法和 Grover 算法广,但是其作为首个体现指数级加速的量子算法具有里程碑式的重要意义。

3.2　量子计算的实验实现

一、DiVincenzo 判据和金刚石中的 NV 色心

什么样的物理系统能够构建出有效工作的量子计算机呢? 2000 年,DiVincenzo 提出了实现量子计算机的 7 条必要条件:

(1) 可扩展的具有良好特性的量子比特系统;

(2) 能够制备量子比特到某个基准态;

(3) 具有足够长的相干时间来完成量子逻辑门操作;

(4) 能够进行普适的量子逻辑门操作;

(5) 能够进行量子比特的测量;

(6) 飞行量子比特和静止量子比特之间可以互相转化;

(7) 能够使飞行量子比特准确地在两地之间传送。

目前量子计算机已经在多种系统中实现,例如金刚石中的 NV(氮空穴,Nitrogen-Vacancy)色心、离子阱、超导约瑟夫森结、腔量子电动力学、硅基半导体、量子点、液体核磁共振等。本实验中用到的量子计算机是在金刚石中的 NV 色心系统中实现的。

NV 色心是金刚石中的一种点缺陷。一个氮原子取代了金刚石晶格中的碳原子,并在附近形成空穴,这样就形成了一个 NV 色心,其晶体结构如图 8.6.2 所示。

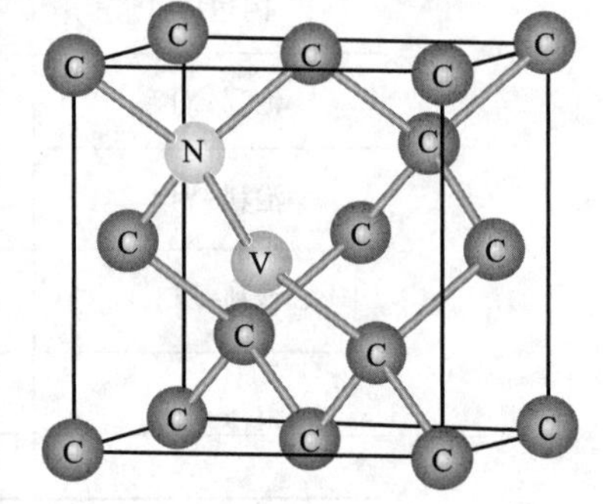

图 8.6.2　金刚石中的 NV 色心晶体结构

NOTE

二、自旋态初始化和读出

室温下金刚石 NV 色心的能级结构示意图，如图 8.6.3 所示。NV 色心的基态和激发态都是三重态结构，相应能级为 $|m_s=0\rangle$、$|m_s=1\rangle$ 和 $|m_s=-1\rangle$。无外加磁场时，基态 $|m_s=1\rangle$ 和 $|m_s=-1\rangle$ 是简并的，它们与基态 $|m_s=0\rangle$ 的能隙对应的微波频率为 2.87 GHz。三重态基态与激发态间跃迁相应的零声子线为 637 nm。

首先用 520 nm 的激光激发基态电子进行初态制备，由于跃迁前后的自旋是守恒的，所以基态 $|m_s=0\rangle$ 上的电子跃迁到 $|m_s=0\rangle$ 的声子边带，而基态 $|m_s=\pm1\rangle$ 电子跃迁到 $|m_s=\pm1\rangle$ 的声子边带。激发态的电子不稳定，它们会跃迁到基态并辐射荧光。其中激发态 $|m_s=0\rangle$ 的电子绝大多数都直接跃迁到基态辐射荧光，所以基态 $|m_s=0\rangle$ 为亮态。而激发态 $|m_s=\pm1\rangle$ 的电子则有一部分直接跃迁到基态辐射荧光，而另一部分则通过无辐射跃迁到单重态，然后再到基态 $|m_s=0\rangle$（见图 8.6.3 中的虚线路径）。经过长时间的激光照射，NV 色心的电子跃迁发生多个周期的上述循环，基态 $|m_s=\pm1\rangle$ 上的电子布居度会越少越少（暗态），而 $|m_s=0\rangle$ 上的布居度会越来越多（亮态）。因此，布居度从基态 $|m_s=\pm1\rangle$ 转移到了基态 $|m_s=0\rangle$，从而实现了自旋极化，初态制备完成。室温下 NV 色心电子自旋的极化率可达 95% 以上。基态 $|m_s=\pm1\rangle$ 和 $|m_s=0\rangle$ 可作为 NV 色心系统的量子比特，NV 色心的自旋极化就对应于将量子比特的初态极化到 $|0\rangle$ 态。

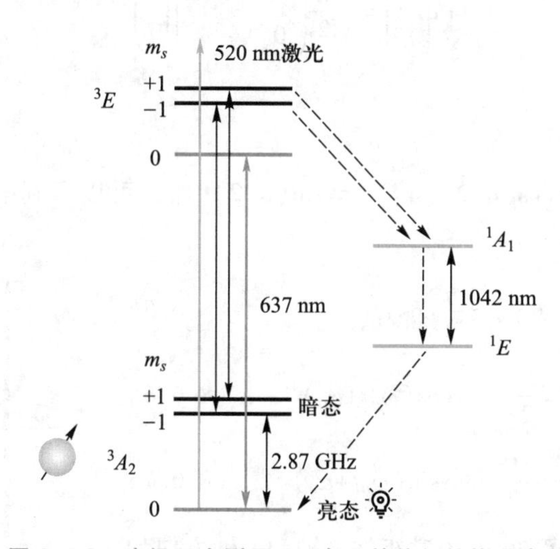

图 8.6.3　室温下金刚石 NV 色心的能级结构示意图

自旋态的读出也尤为关键，在每一次读取之前，NV 色心处于某种叠加态，其电子在基态 $|m_s=\pm1\rangle$ 和 $|m_s=0\rangle$ 均具有一定布居度。读取自旋态时使用激光照射，基态电子将按规律被激发到激发态。由于激发态 $|m_s=\pm1\rangle$ 有更大的概率通过无辐射跃迁，回到基态。所以基态 $|m_s=0\rangle$ 的荧光比基态 $|m_s=\pm1\rangle$ 的荧光强度大，实

NOTE

验上统计得出大20%～40%。因此,实验上可以采集基态$|m_s=0\rangle$的荧光强度的大小,得到基态$|m_s=0\rangle$上电子的布居度,就可以区分NV色心的自旋态,即实现对自旋量子比特状态的读出。由于单次实验得到的$|m_s=0\rangle$态和$|m_s=\pm1\rangle$态的荧光强度并不明显,室温下对NV色心电子自旋量子比特的测量一般为多次实验重复测量,测得的结果为某个观测量的平均值。

三、NV色心自旋态的操控

为了实现量子逻辑门,我们需要利用自旋磁共振技术对NV色心自旋的状态即量子比特进行操控。**自旋磁共振技术**是利用微波场与自旋的相互作用来调控自旋态的演化。电子在恒定磁场中其自旋磁矩会绕着外磁场方向转动,这个过程也叫拉莫尔进动。在量子力学中,电子自旋在恒定磁场中的运动状态随时间的演化,可用薛定谔方程来描述:

$$H\Psi(t)=\mathrm{i}\hbar\frac{\partial\Psi}{\partial t} \tag{8.6.2}$$

其中自旋态$\Psi(t)=a|0\rangle+b|1\rangle$会随时间演化,其自旋初态为$\Psi_0(t)=a_0|0\rangle+b_0|1\rangle$,且$|0\rangle=\begin{pmatrix}1\\0\end{pmatrix}$,$|1\rangle=\begin{pmatrix}0\\1\end{pmatrix}$。$H$是系统的哈密顿量,$H=-\frac{\hbar}{2}\begin{pmatrix}\omega_0 & 0\\0 & -\omega_0\end{pmatrix}$,将该哈密顿量代入薛定谔方程(8.6.2)可以得到

$$\mathrm{i}\hbar\begin{pmatrix}\dot{a}\\ \dot{b}\end{pmatrix}=-\frac{\hbar}{2}\begin{pmatrix}\omega_0 & 0\\0 & -\omega_0\end{pmatrix}\begin{pmatrix}a\\b\end{pmatrix} \tag{8.6.3}$$

该方程的解为

$$a=a_0\mathrm{e}^{\mathrm{i}\omega_0 t/2},b=b_0\mathrm{e}^{\mathrm{i}\omega_0 t/2} \tag{8.6.4}$$

如果记$|a_0|\equiv\cos(\alpha/2)$,$|b_0|\equiv\sin(\alpha/2)$,那么可以得到电子自旋$\boldsymbol{S}$在空间中的各个分量:

$$\langle S_z\rangle=\frac{\hbar}{2}\cos\alpha \tag{8.6.5}$$

$$\langle S_x\rangle=\frac{\hbar}{2}\sin\alpha\cos(\omega_0 t+\alpha_0) \tag{8.6.6}$$

$$\langle S_y\rangle=-\frac{\hbar}{2}\sin\alpha\sin(\omega_0 t+\alpha_0) \tag{8.6.7}$$

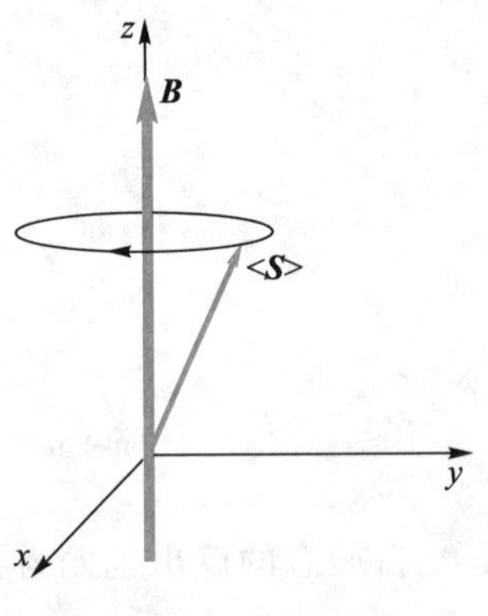

图8.6.4　磁矩绕着外磁场方向作拉莫尔进动

分析上述结果可知,电子磁矩在x轴和y轴方向均有分量,并且磁矩绕着外磁场方向沿z轴转动(如图8.6.4所示),转动频率为ω_0,也称作拉莫尔进动频率。

接下来我们在电子自旋的静磁场中施加一个xy平面内圆偏振的微波场B_1:

NOTE

$$B_x = B_1 \cos \omega t$$
$$B_y = B_1 \sin \omega t \tag{8.6.8}$$

记 $\omega_1 = \gamma B_1$，代入薛定谔方程(8.6.2)，可得

$$\mathrm{i}\hbar \begin{pmatrix} \dot{a} \\ \dot{b} \end{pmatrix} = -\frac{\hbar}{2} \begin{pmatrix} \omega_0 & \omega_1 \mathrm{e}^{\mathrm{i}\omega t} \\ \omega_1 \mathrm{e}^{-\mathrm{i}\omega t} & -\omega_0 \end{pmatrix} \begin{pmatrix} a \\ b \end{pmatrix} \tag{8.6.9}$$

假设 $t=0$ 时，电子占据的是自旋向下态，即 $\Psi(0)=\begin{pmatrix} 0 \\ 1 \end{pmatrix}$。当 $t>0$ 时，需要求解电子自旋在微波场的驱动下，电子占据自旋向上态的概率 $P_{\uparrow} = |a(t)|^2$，也可以理解为测量在 $|m_s=0\rangle$ 态上电子的布居度。

通过求解薛定谔方程，可以得到自旋向上态的概率为

$$P_{\uparrow} = |a(t)|^2 = \frac{\omega_1^2}{\omega_1^2 + (\omega_0 - \omega)^2} \sin^2 \delta t \tag{8.6.10}$$

其中 $\delta = \sqrt{\omega_1^2 + (\omega_0 - \omega)^2}$。当只有恒定磁场作用时，电子自旋绕着恒定磁场方向作拉莫尔进动(图 8.6.4)。当施加一个额外交变的微波场时，自旋受力矩作用从 z 轴向 $-z$ 轴方向翻转(图 8.6.5)。这个过程也叫自旋的拉比振荡，翻转频率也称为拉比频率。

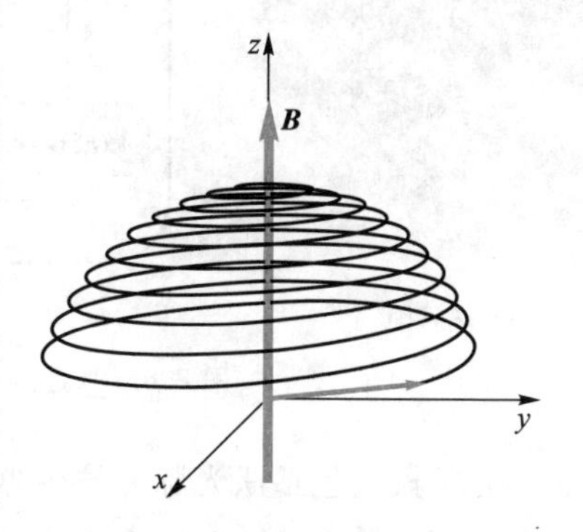

图 8.6.5 微波频率与拉莫尔进动频率一致时，磁矩绕着外磁场方向 z 轴作章动

拉比振荡曲线的示意图如 8.6.6 所示，该曲线说明了我们可以通过外加磁场以及微波场实现对 NV 色心自旋的相干操控。通过固定微波频率为共振频率，增加微波持续的时间，就可使得量子比特在 $|0\rangle$ 态和 $|1\rangle$ 态之间周期性翻转，从而形成量子计算所需的逻辑门。其中，在微波共振驱动的情况下，当 $\omega_1 t = \pi/2$ 时，我们得到 $|0\rangle$ 态和 $|1\rangle$ 态的叠加态，即 $|0\rangle \to (|0\rangle + \mathrm{i}|1\rangle)/\sqrt{2}$（阿达马门），对应的脉冲称为 $\pi/2$ 脉冲。当 $\omega_1 t = \pi$ 时，量子比特从 $|0\rangle$ 态转换到了 $|1\rangle$ 态，即实现了一个逻辑非门操作，这个脉冲也叫 π 脉冲。当 $\omega_1 t = 2\pi$ 时，量子比特又翻转回 $|0\rangle$ 态，这个脉冲也叫 2π 脉冲。

4 实验仪器

本实验所用的仪器为金刚石量子计算教学机，图 8.6.7(a)为其实物图，8.6.7(b)为其结构示意图。仪器装置由光路模块、微波模块、控制采集模块及电源模块构成，仪器中的各大模块可由运行在计算机上的 Diamond I Studio 软件来控制。

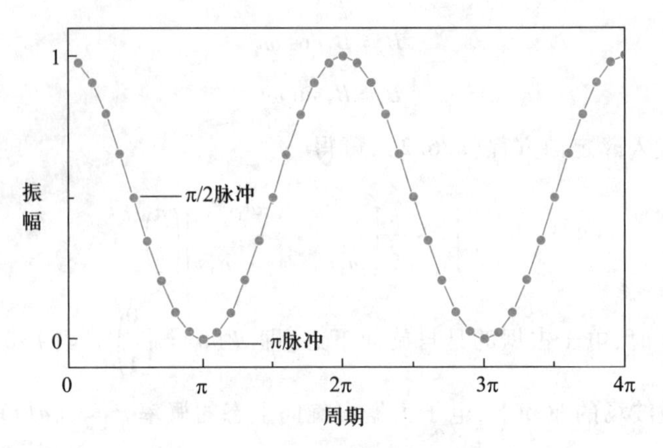

图 8.6.6　拉比振荡曲线示意图

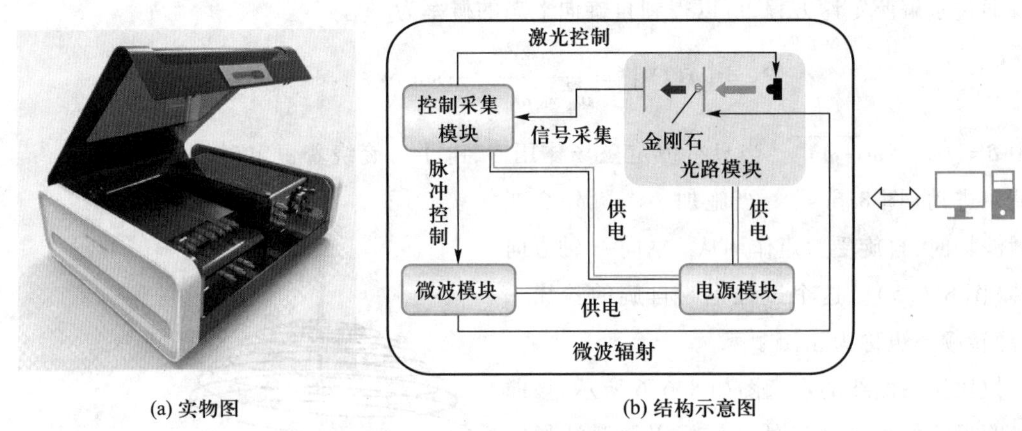

(a) 实物图　　(b) 结构示意图

图 8.6.7　金刚石量子计算教学机

NOTE

光学模块包括激光脉冲发生器、笼式光路、辐射结构、金刚石和光电探测器五部分(图 8.6.8)。激光脉冲发生器产生的是 520 nm 的绿色激光脉冲,用于对金刚石中 NV 色心状态进行初始化和读出。笼式光路可将绿色的激光聚焦到金刚石上,金刚石中的 NV 色心在绿色的激光照射下,会发出红色荧光。产生的红色荧光经过滤波片后被聚焦到光电探测器中,光电探测器将光信号转化成电信号,发送给控制采集模块。

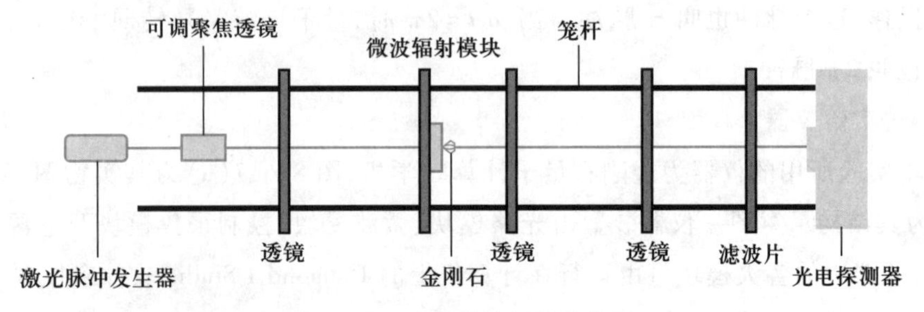

图 8.6.8　光学模块拓扑结构图

NOTE

在微波模块中,可通过施加微波脉冲实现对NV色心自旋态的操控,从而实现量子逻辑门。微波源能产生特定频率的微波信号,经过微波开关调制成脉冲形式,然后经过微波功率放大器,实现功率增强,最后进入微波辐射模块,辐射到金刚石上。微波模块拓扑结构如图8.6.9所示。

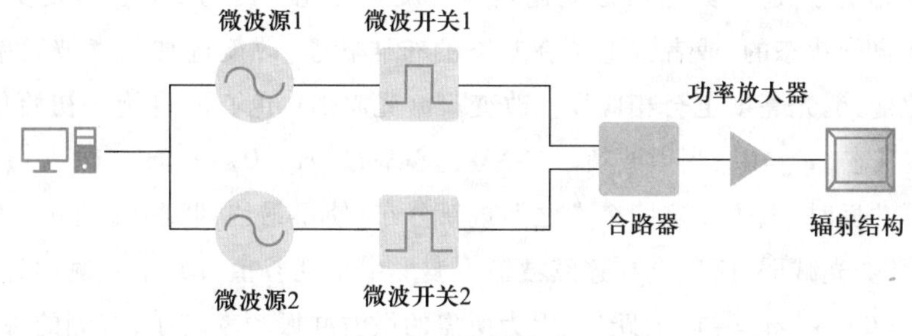

图8.6.9 微波模块拓扑结构图

控制采集模块主要由两部分组成,分别是脉冲控制部分以及信号采集处理部分。脉冲控制部分产生晶体管-晶体管逻辑电平(Transistor-Transistor Logic,TTL)信号,输送给激光脉冲发生器、微波模块和信号采集处理部分。光电探测器将收集到的红色荧光信号转化成电信号,信号采集处理部分负责将采集到的这部分电信号转换为数字信息,经过数据处理后展示出来。

电源模块为实验装置中所有部件提供所需要的电能,其工作电压为220 V,50 Hz交流电,待机电流约为0.6 A,工作电流不大于0.95 A,最大功率约200 W。实验可提供:+28 V,6 A直流电、+12 V,3 A直流电、±12 V,3 A直流电和+5 V,1 A直流电。

5 实验内容

5.1 任意序列实验

任意序列实验的主要目的是熟悉脉冲序列的基本编辑操作,并通过观察实际输出波形,判断脉冲序列编写是否正确。我们可根据脉冲序列编辑区域中每行绿色方框的不同状态及输入时间长度和步进来定义任意的脉冲序列。

首先将金刚石量子计算教学机背部的电源开关打开,观察仪器各模块指示灯是否亮起。在计算机中找到并打开控制软件Diamond I Studio。进入软件主界面后,点击"连接设备"按钮后,若显示"仪器已连接,请开始实验",表示仪器已经可以进行实验。如果显示"仪器连接失败,请重新连接";请再次点击"连接设备"按钮,直至仪器连接成功;接着,点击软件首页上方的仪器调节实验标签,打开脉冲序列编辑界面,并在软件中完成脉冲序列的编辑(具体编辑操作说明见附录)。点击"完成编辑"按钮,可将已编辑的脉冲序列下载到计算机中。在脉冲序列预览区域可以看到已编辑的序列,点击"开始实验"按钮,开始播放序列,观察输出波形与编

NOTE 辑序列特征是否一致。

5.2 连续波实验

连续波实验的主要目的是通过实验进一步理解 NV 色心作为量子比特的物理原理以及量子比特的初始化和读出原理。该实验主要测量 NV 色心连续波谱,收集的是荧光信号,通过荧光信号变化判断自旋态变化。因为 NV 色心的荧光亮度是依赖于自旋状态的,或者说电子在基态的布居状态,改变施加的微波频率,当自旋状态改变,荧光亮度也会相应发生改变。激光将 NV 色心的自旋态初始化后,电子布居在基态 $|m_s=0\rangle$,当微波频率与 NV 色心基态 $|m_s=0\rangle$ 和 $|m_s=1\rangle$ 或 $|m_s=-1\rangle$ 能级间隔共振时,电子在这两个态之间重新分布,使得最终回到基态 $|m_s=0\rangle$ 的电子数变少,荧光减弱,所以会在连续波输出波形中出现谷值。其中左侧的谷值对应的是 $|m_s=0\rangle\rightarrow|m_s=-1\rangle$ 的跃迁,因为所需的微波共振频率较小,右侧的谷值则对应的是 $|m_s=0\rangle\rightarrow|m_s=1\rangle$ 的跃迁。此外,根据塞曼效应,两个低谷对应的频率之差,正比于外磁场的大小。

连续波实验界面中,左侧为实验原理图的展示,右侧为连续波实验输出波形,底部为参数配置区域用于输入各实验参数。

参数一:微波频率起始值和结束值。可以直接输入或者输入微波频率中心值和频率宽度,微波频率起始值和结束值可确定频率扫描的范围,范围不要超过 2 500 ~ 3 000 MHz。

参数二:步进次数。步进次数作为实验曲线的点数与数据的采集间隔有关。实验点数越多,意味着相邻点之间的频率差越小,一般取值 50 次。

参数三:累加次数。累加次数是重复实验平均的次数,一般取值 100 ~ 300 次。

参数四:微波波源功率,范围不超过 −30 ~ −1 dBm。

选择自动保存路径作为实验数据保存路径。所有参数设置好后点击“开始实验”按钮。观察连续波实验输出波形的变化,实验完成后点击“停止实验”按钮,或等待执行完所设定循环次数,实验会自动终止。实验完成后,记录各实验参数值,并通过连续波实验输出波形直接读出并记录两个微波的共振频率值。也可以在自动保存路径中找到实验数据文件(CW+实验时间,其中 CW 表示连续波实验),数据第一列是微波频率,第二列是信号强度,读出并记录两个信号强度最低值对应的共振频率。

5.3 拉比振荡实验

拉比振荡实验的主要目的是理解和观察 NV 色心在微波驱动下的拉比振荡现象,确定量子逻辑门操作对应的微波脉冲宽度。该实验基于自旋磁共振原理,即利用微波场与自旋的相互作用来调控自旋态的演化。当微波频率与拉莫尔进动频率一致时,磁矩绕外磁场 z 轴作章动。改变微波持续时间,量子比特将在 $|0\rangle$ 态和 $|1\rangle$ 态之间周期性反转变化。

NOTE

拉比振荡实验界面左侧展示了本实验的原理(如图8.6.10所示)。我们需要根据实验原理来编辑脉冲序列。首先将系统静置100 ns左右,然后打开激光通道将NV色心自旋态初始化,初始化完成后关闭激光,一般激光持续作用25 000 ns。打开微波通道,设置微波脉冲的频率等于连续波实验中测得的共振频率。最后再次施加激光读出NV色心的自旋态。施加的微波持续时间不同,自旋演化的状态就不同。将微波持续时间与荧光计数对应起来,就可以得到拉比振荡曲线。本实验中需要用到连续波实验中记录的两个共振频率值,所以需要两个微波源(记为"MW1"和"MW2")或者两次实验来测定两个频率的拉比振荡周期。实验界面右侧为拉比振荡实验输出波形,横坐标为微波脉冲持续时间范围,纵坐标为相对荧光强度。实验操作无误时,我们将得到一条不断衰减振荡的曲线,即随着微波脉冲的持续时间增加,相对荧光强度发生周期性的振荡,这说明NV色心电子自旋态也在周期性地变化。所以,改变微波脉冲的持续时间就可以实现不同的量子逻辑门操作。当微波脉冲宽度为$\pi/2$脉冲时(即拉比振荡实验输出波形中相对荧光强度为0.5时对应的脉冲持续时间t),可实现阿达马门;当微波脉冲宽度为π脉冲时(即拉比振荡实验输出波形中相对荧光强度为0时对应的脉冲持续时间t),可实现逻辑非门;当微波脉冲宽度为2π脉冲时,量子比特翻转回初态,2π脉冲的宽度即拉比振荡实验输出波形中相对荧光强度最接近于1时对应的脉冲持续时间t(实验中由于阻尼的存在拉比振荡曲线相对于理论曲线有衰减)。

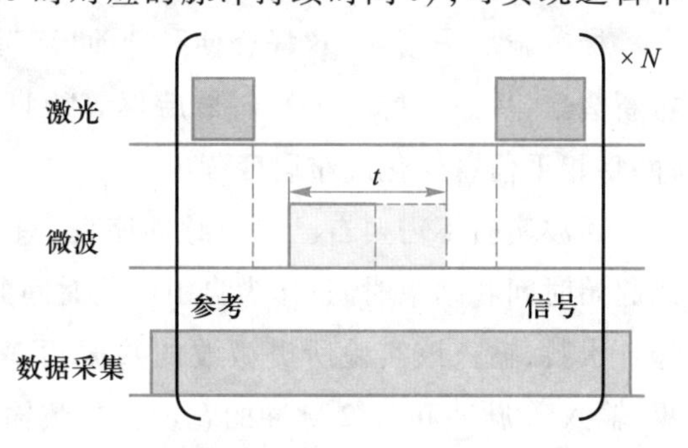

图8.6.10 拉比振荡实验脉冲序列

首先点击编辑脉冲标签,进入编辑脉冲页面。第1列通道对应激光,第3列通道对应采集,第5列通道对应微波波源。根据实验原理编辑区域中每行绿色方框的不同状态及输入时间长度和步进来定义任意的脉冲序列。脉冲序列编写完成后,点击完成并自动跳转至实验主页。在实验主页底部的参数配置区域用于输入实验参数。

参数一:开始时间,作为微波脉冲宽度的起始值;

参数二:步进长度,用于规定微波脉冲宽度步进;

参数三:步进次数,一般取50次,作为实验曲线的点数。实验点数越多,意味着相邻点之间的脉冲宽度之差越小;

参数四:微波频率,即通过连续波实验得到的微波共振频率;

参数五:微波功率,与连续波实验保持一致。

参数六:循环次数,作为实验平均的次数,一般取100~300次。

NOTE

接着点击“开始实验”按钮,实验开始执行。实验结束后点击“停止实验”按钮,或等待自动终止。实验完成后,记录各实验参数值,并通过拉比振荡实验输出波形直接读出并记录 $\pi/2$ 脉冲,π 脉冲和 2π 脉冲的持续时间;或者在自动保存路径中找到实验数据文件,通过拟合得到 $\pi/2$ 脉冲,π 脉冲和 2π 脉冲的宽度。

最后更换另一个微波的共振频率,完成另一组拉比振荡实验,并记录各实验参数值以及 $\pi/2$ 脉冲,π 脉冲和 2π 脉冲的宽度。

5.4　回波实验

回波实验的主要目的是理解退相干现象以及回波测量方法。在磁共振实验中,由于电子自旋的弛豫效应以及周围环境的影响,会使得不同的电子自旋以不同的速率进动,从而使得电子自旋信号发散,即发生**退相干现象**,量子比特退化会阻碍量子计算的实现。回波实验则能通过施加反向去耦合脉冲的方式让散开的自旋相干信号重聚。

回波实验界面左侧为实验原理。首先用激光照射 NV 色心制备初态,然后施加 $\pi/2$ 脉冲将自旋制备到 $|0\rangle$ 态和 $|1\rangle$ 态的叠加态。在静磁场中,自旋绕磁场方向进动,由于弛豫等效应,进动的相位会随着自由演化时间 $\tau=t_1$ 衰减,自旋信号发散。接着施加 π 脉冲,这样会使脉冲前后积累的相位相互抵消,让原来散开的相位重新会聚,从而保持相干性。最后再等待自由演化时间 $\tau=\mathrm{t}$,施加第二个 $\pi/2$ 脉冲,将相干信息转化成布居度读出。

回波实验不需要自己编写脉冲序列,只需输入各参数完成实验即可。首先输入起始时间和结束时间,作为自由演化时间的起始值和终止值;再输入步进次数与循环次数,输入该实验所需微波的共振频率和功率;接着根据拉比振荡实验的结果,输入 π 脉冲和 $\pi/2$ 脉冲的宽度。参数输入完毕后点击“开始实验”按钮,实验开始执行。实验完成后点击“停止实验”按钮,或等待实验自己终止。通过回波实验右侧波形观察回波信号,确定并记录最强回波信号对应的自由演化时间 t。

5.5　D-J 算法实验

Deutsch-Jozsa 算法是最经典的量子算法之一,解决的是判断函数类型的问题,证明量子计算在解决某些问题时相比经典算法具有指数级别的加速能力。本实验的主要目的是学习利用金刚石 NV 色心实现 Deutsch-Jozsa 算法的原理,理解量子计算的优越性。实现该量子算法时,需要将 $|0\rangle$ 和 $|-1\rangle$ 作为量子比特,$|1\rangle$ 作为辅助能级编码到电子自旋上。用激光将系统初始化到 $|0\rangle$ 后,输入态用 MW1 的 $\pi/2$ 脉冲作用在 $|0\rangle$ 上制备得到。控制门则通过 2π 脉冲的四种不同组合实现。当 MW2 的 2π 微波脉冲作用在辅助态 $|1\rangle$ 上时,会在 $|0\rangle$ 上产生 π 相位,等效于 $|0\rangle$ 和 $|-1\rangle$ 张成的子空间进行绕 z 轴的 π 旋转。常函数作用结束后,末态是 $\pm(|0\rangle+|1\rangle)/\sqrt{2}$,对应正向回波。平衡函数作用结束后,末态是 $\pm(|0\rangle-|1\rangle)/\sqrt{2}$,对应

NOTE

反向的回波。因此,我们就可以通过观察输出波形的回波方向来判断控制门操作对应的是常函数还是平衡函数。

D-J 算法实验主页左侧为各实验的脉冲序列图。点击实验序列下拉框可选择 DJ1 到 DJ4 实验,依次对应着 4 种控制门操作;接着输入开始时间和结束时间 t 以及输入回波时间 t_1、输入步进次数和循环次数;分别输入两个微波源所需的微波功率、微波的共振频率,以及相应的 π 脉冲,$\pi/2$ 和 2π 脉冲的宽度。依次完成 4 个实验,可在主页右侧看到各实验的输出波形,通过图中的回波方向就能够直观地判断函数类型是常函数还是平衡函数。

6 注意事项

1. 微波波源功率范围为-30 ~ -1 dBm,功率超出该范围会损伤仪器。

2. 因为仪器工作会发热,实验完毕后要及时关闭金刚石量子计算教学机背部的电源。

7 数据记录和处理

7.1 连续波实验(表 8.6.1)

表 8.6.1 连续波实验数据记录表

微波频率起始值/MHz	微波频率结束值/MHz	微波频率中心值/MHz	微波频率宽度/MHz	步进次数	循环次数	微波功率/dBm

微波的共振频率 1 =__________ MHz,对应于__________和__________之间的跃迁频率值。

微波的共振频率 2 =__________ MHz,对应于__________和__________之间的跃迁频率值。

7.2 拉比振荡实验

(1) MW1 微波源(表 8.6.2):

表 8.6.2 拉比振荡实验 MW1 微波源数据记录表

微波的共振频率/MHz	开始时间/ns	步进长度/ns	步进次数	累加次数	微波功率/dBm

$\pi/2$ 脉冲宽度 =______ ns,对应于量子比特处于______________态。

π 脉冲宽度 =______ ns,对应于量子比特处于______________态。

2π 脉冲宽度 =______ ns,对应于量子比特处于______________态。

NOTE

（2）MW2 微波源（表 8.6.3）：

表 8.6.3 拉比振荡实验 MW2 微波源数据记录表

微波的共振频率/MHz	开始时间/ns	步进长度/ns	步进次数	累加次数	微波功率/dBm

$\pi/2$ 脉冲宽度＝______ ns，对应于量子比特处于______态。

π 脉冲宽度＝______ ns，对应于量子比特处于______态。

2π 脉冲宽度＝______ ns，对应于量子比特处于______态。

7.3 回波实验（表 8.6.4）

表 8.6.4 回波实验数据记录表

微波源	微波的共振频率/MHz	微波功率/dBm	$\pi/2$ 脉冲宽度/ns	π 脉冲宽度/ns	开始时间/ns	结束时间/ns	t_1/ns	最强回波信号对应的时间 t/ns
MW1								
MW2								

7.4 D-J 算法实验

DJ1 实验输出波形为______（正向回波，反向回波），所以控制门的操作类型是______（常函数，平衡函数）；

DJ2 实验输出波形为______（正向回波，反向回波），所以控制门的操作类型是______（常函数，平衡函数）；

DJ3 实验输出波形为______（正向回波，反向回波），所以控制门的操作类型是______（常函数，平衡函数）；

DJ4 实验输出波形为______（正向回波，反向回波），所以控制门的操作类型是______（常函数，平衡函数）。

7.5 探究拉比振荡频率与微波功率的关系（实验拓展 9.2，填入表 8.6.5）

表 8.6.5 拉比振荡频率与微波功率数据记录表

微波功率/dBm	-1	-2	-3	-4	-5	-6
绝对功率/mW						
拉比振荡周期 T/ns						
拉比振荡频率/Hz						

探究发现拉比振荡频率与微波功率成______。

8 思考题

1. 如果实验中施加的微波频率 f 与共振频率 f_0 有偏差，即 $f=f_0+\delta f$，拉比振荡的频率会如何变化？

2. 怎样区分 NV 色心的自旋态？

3. 为什么要多次循环测量？

4. 在拉比振荡实验中，为什么输出波形曲线的幅度越来越小？

9 实验拓展

9.1 测量 NV 色心的退相干时间

这个实验常称为 T_2 实验，也叫自旋回波实验，在自旋回波实验中，我们了解到 NV 色心系统会与外界作用发生退相干现象，NV 色心的退相干时间可用 T_2 表示。实验中需要改变整体自由演化时间的长度，测量回波结果，随着自由演化时间的变长，回波信号将逐渐减弱，通过拟合函数 $f=A\cdot\exp(-(t/T_2)^2)+B$ 拟合自由演化时间以及信号强度的实验数据，得到 NV 色心的退相干时间 T_2。

9.2 探究拉比振荡频率与微波功率的关系

在拉比振荡实验中保持微波的共振频率不变，改变微波功率值，记录对应的拉比振荡频率，探究拉比振荡频率与微波功率的关系。

10 附录——脉冲序列编辑操作说明

首先打开仪器调节实验界面，如图 8.6.11 所示。

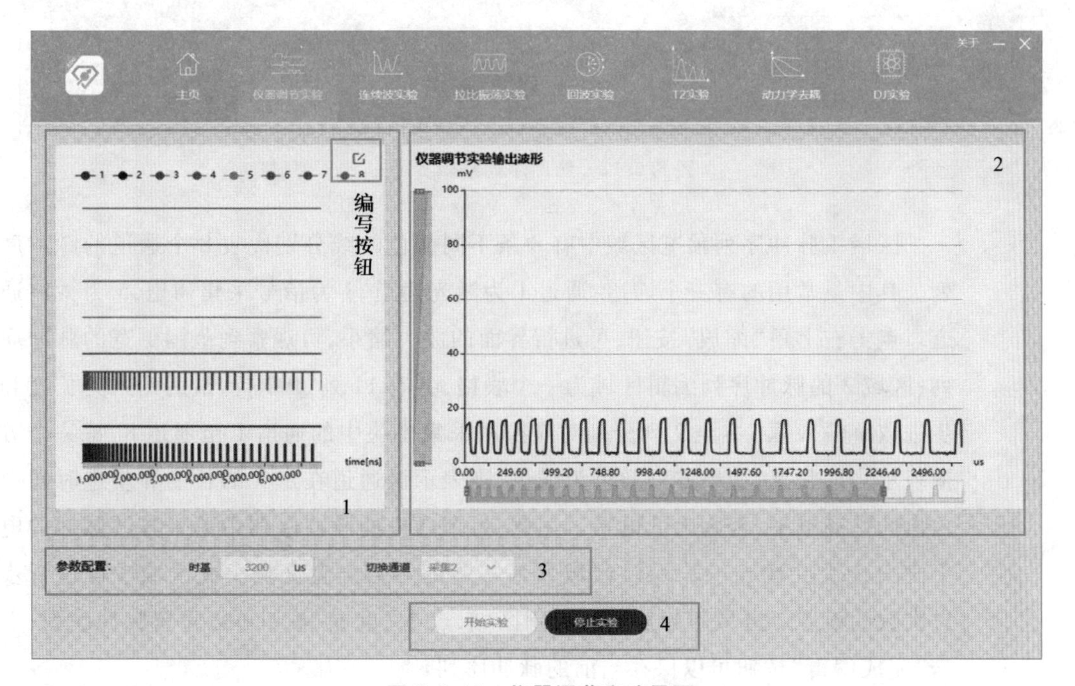

图 8.6.11 仪器调节实验界面

区域 1 为脉冲序列预览区域,点击右上角“编写”按钮,可进行脉冲序列编辑;区域 2 为仪器调节实验输出波形区域;区域 3 为实验的参数配置区域。此区域中可以设置时基,用来规定输出波形横坐标;设置采集通道,这里选择采集 2,对应纵坐标范围为 0~100 mV。区域 4 为实验的控制区域,点击“开始实验”按钮可以开始实验,点击“停止实验”按钮会停止实验。

点击“编写”按钮,进入脉冲序列编辑界面,如图 8.6.12 所示。

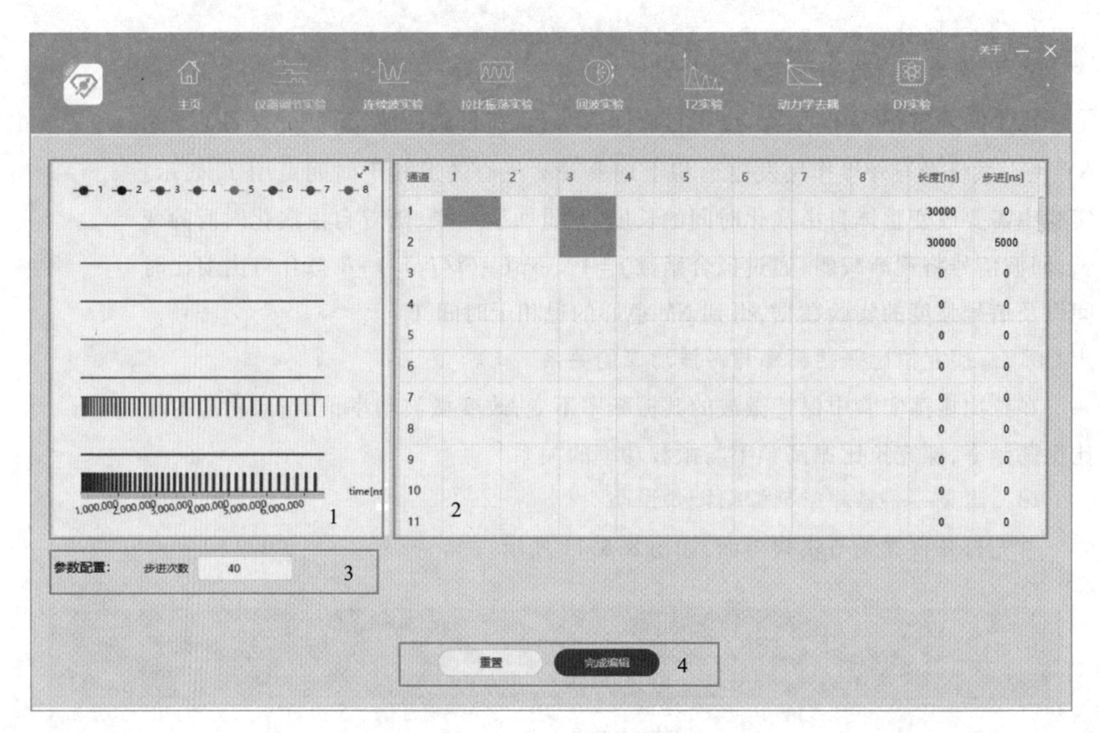

图 8.6.12　脉冲序列编辑界面

区域 1 脉冲序列预览区域中有 8 条不同颜色的线分别代表 8 个通道的脉冲序列。其中最常用的有三个通道:通道 1 为激光通道,3 为信号采集通道,5 为微波通道。点击右上角“缩放”按钮,可进行界面的放大缩小,可观察到范围更宽的脉冲序列;区域 2 的脉冲序列编辑区域为一个表格,共有 11 列、100 行,最后两列为长度和步进数字输入框。2 至 9 列分别对应控制采集模块中的通道 1 至通道 8,每一个方框表示当前状态,如果方框颜色为绿色,则表示该通道在定义的长度和步进时间内输出的是高电平,否则为低电平。注意:每个通道的脉冲序列中单个方波脉冲的电平时间必须在 10 ns~2.5 s。区域 3 为实验的参数配置区域。此区域中可进行步进次数的设置。区域 4 为实验的控制区域,点击“重置”按钮可以重置脉冲序列;点击“完成编辑”按钮可以保存当前的脉冲序列。

NOTE

8.7 ZEMAX 光学仿真实验

1 引言

ZEMAX 是一套综合性的光学设计仿真软件,它将实际光学系统的设计概念、优化、分析、公差以及报表整合在一起。ZEMAX 是用光线追迹的方法模拟折射、反射和衍射的序列及非序列光学系统的透镜设计程序;同时,它也是全功能的光学设计分析软件,具有直观、功能强大、灵活、快速、容易使用等优点。

ZEMAX 的界面设计得比较容易被使用,实验者稍加练习就能很快地进行交互设计。ZEMAX 的大部分功能都用选择弹出或下拉式菜单来实现。

2 实验目的

1. 掌握 ZEMAX 软件的安装、启动与退出的方法。

2. 熟悉 ZEMAX 软件界面的组成及基本使用方法。

3. 学会使用 ZEMAX 的帮助系统,执行简单光学最佳化。

4. 通过对设计单透镜与三片式物镜,掌握光学系统设计、光线追踪、像质评价、系统成型及仿真再现等基本应用方法。

3 实验原理

ZEMAX 主要采用光线追迹法(Ray Tracing)来分析光线在光学系统中的传输路径。通过光线追迹法可以确定系统的一些基本参数,如焦距、光阑、入射光瞳、出射光瞳、入射窗、出射窗等。ZEMAX 主要功能包括:

1. 光源及光学系统建模;

2. 像质分析和评价;

3. 优化设计与公差分析;

4. 结果数据、图形报表输出;

5. 软件自带多种数据库:玻璃库、镜头库、样板库;

6. 顺序追迹与非顺序光线追迹。

4 实验仪器

4.1 软件介绍

ZEMAX 软件界面如图 8.7.1 所示。图中软件界面的 5 个子界面依次为:Lens Data Editor(镜头数据编辑器)、Merit Function Editor(评价函数编辑器)、Multi-Confiuration Editor(多重结构编辑器)、Torlerance Data Editor(公差数据编辑器)、Extra Data Editor(扩展数据编辑器)。

菜单栏如图 8.7.2 所示,一共 10 个功能键,包括:File、Editors、System、Analysis、Tools、Report、Macros、Extensions、Window、Help。每个功能键的作用如表 8.7.1 所示。

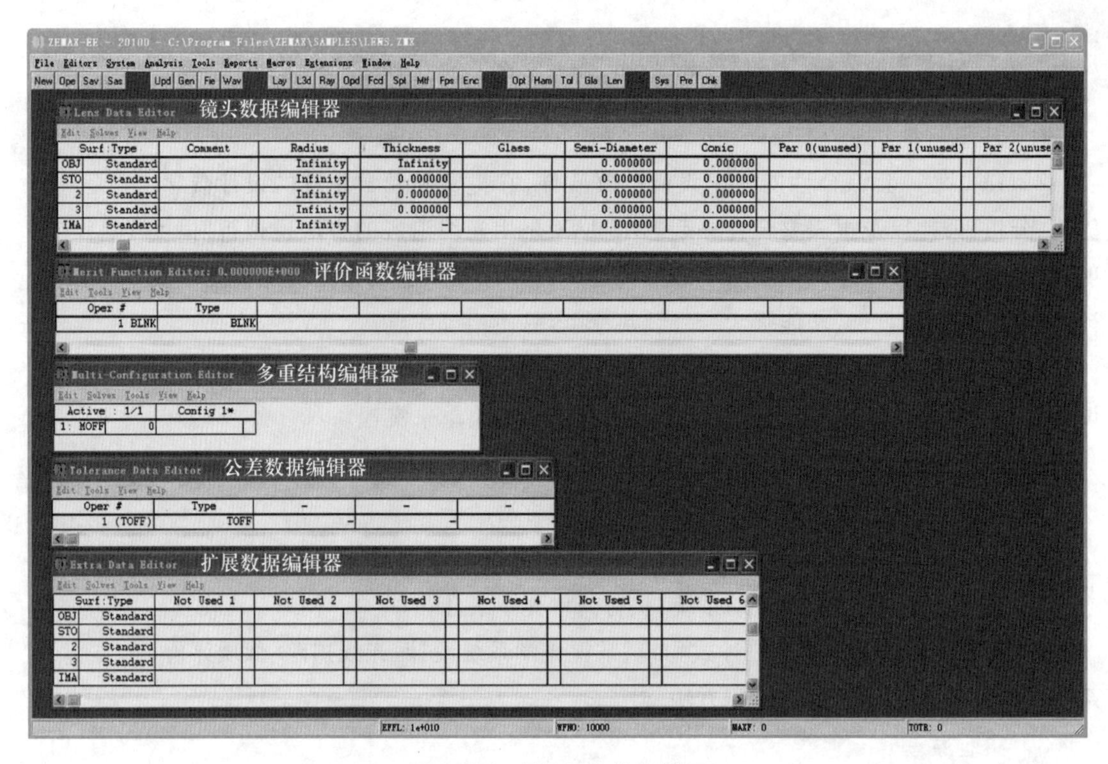

图 8.7.1　ZEMAX 软件界面

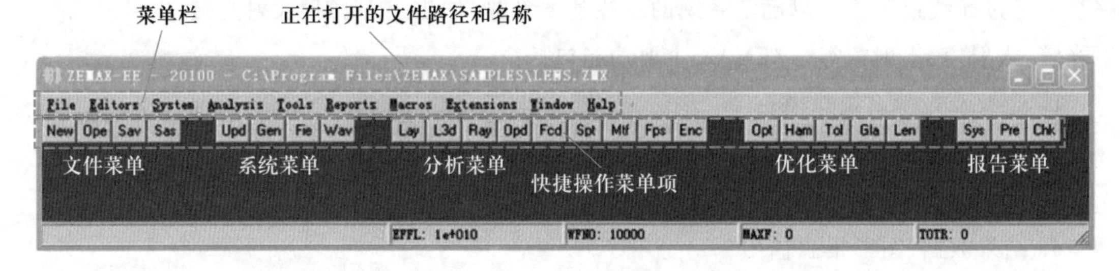

图 8.7.2　ZEMAX 软件菜单栏

表 8.7.1　菜单栏功能键

功能键	作用
File	主要是镜头文件的新建、打开、保存/另存为等功能，同时包含序列/非序列混合模式和非序列模式的选择、插入镜头组件和喜好设置等功能。
Editors	软件各子编辑器的放置处，使用过程中需要的编辑器都在此菜单中，初学时可以在此寻找并打开编辑器界面。
System	主要涉及光学镜头的系统参数设置，包括视场、波长、孔径光阑类型及值大小、系统的单位、玻璃库的选择、环境压力与温度等。
Analysis	提供在设计过程及设计完成后对光学系统的像质评价工具。涵盖几何光学到物理光学的评价方式。后面镜头像质评价功能主要在此菜单下的选项中。

续表

NOTE

功能键	作用
Tools	主要功能是优化功能、公差分析功能、套样板以及其他功能，其中杂项菜单中有很多功能很实用，可重点关注。 优化有三种方式：阻尼最小二乘法、全局算法、锤形算法三种。阻尼最小二乘法最常使用，全局算法和锤形算法属于宏观和微观上的全局优化算法，全局算法用于寻找更好的光学结构形式，锤形算法用在局部搜索，通过小步距寻找更佳性能的光学系统。
Report	提供对镜头文件参数的查看功能。
Macros	软件的宏语言与宏指令运行等功能。
Extensions	可以采用 C/C++等编写基于 ZEMAX 的二次开发软件，也可以将开发的程序加入 ZEMAX 中使用，便于扩展功能。
Window	显示当前打开的窗口。
Help	软件使用帮助功能。ZEMAX 软件使用的优化操作数、多重结构操作数等，可以点击 F1 快速查看。

4.2 软件使用方法

下面我们以单个透镜的设计与优化为例，介绍利用 ZEMAX 软件设计优化光学系统的步骤，从而掌握光学系统设计、光线追踪、像质评价、系统成型及仿真再现等基本应用方法。

单透镜设计要求如下：焦距：$f=100$ mm，$f/4$（表示入瞳直径为焦距的 1/4），半视场：5°，波长：632.8 nm，透镜材料：BK7 玻璃，物在无穷远。

1. 光学系统初步结构设计

(a) 首先运行 ZEMAX，将出现 ZEMAX 的主页。

(b) 输入入瞳直径即透镜的孔径大小。如图 8.7.3 所示。在主菜单的 System 下，选 General，Aperture Type 里选择 Entrance Pupil Diameter，在 Aperture Value 上键入 25，然后点击 OK。

(c) 然后输入波长，如图 8.7.4 所示。在主菜单的 System 下，点击光波长（Wavelengths），弹出波长数据对话框 Wavelength Data，键入你要的波长，在第一行输入 0.486，它是以 microns 为单位，在第二、三行键入 0.587 及 0.656，然后在 Primary（Wavelength）上点在 0.587 的位置，Primary（Wavelength）主要用来计算光学系统在近轴光学近似下的几个主要参数，如 Focal Length，Magnification，Pupil Sizes 等。

(d) 视场的设定，视场参数输入界面如图 8.7.5 所示。从图中可以看出，视场设置有 4 种类型：角度、物高、近轴像高、实际像高。四种类型根据光学系统的实际

NOTE

情况灵活选择，本例子中物体位于无穷远，所以采用角度的视场类型。根据要求半视场为 5 度，归一化的 0.7 视场为 3.5 度，输入视场设置如图 8.7.5 所示。

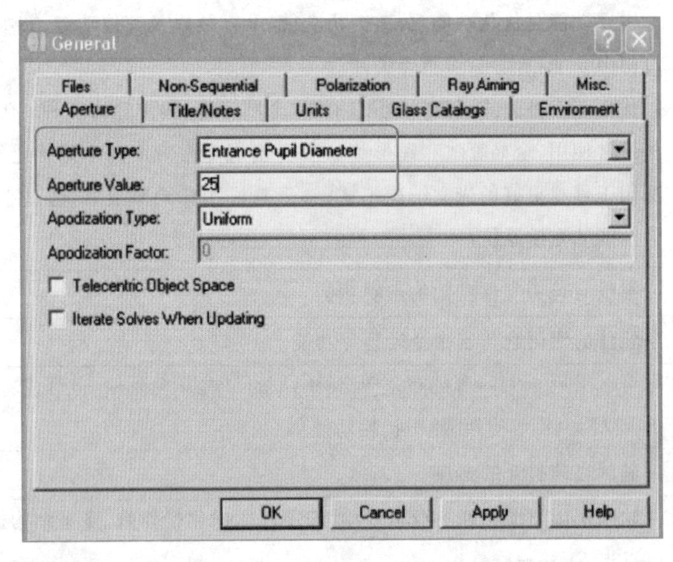

图 8.7.3 输入孔径大小

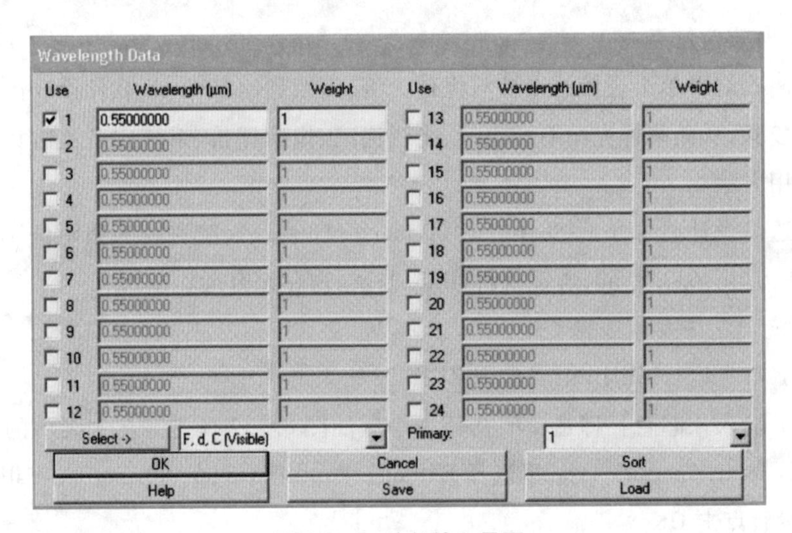

图 8.7.4 波长输入界面

(e) 点击 Lens Data Editor(LDE)，如图 8.7.6 所示。什么是 LDE 呢？它是工作场所，在 LDE 的扩展页上，可以输入选用的玻璃，镜片的 Radius、Thickness、大小、位置等。

(f) 由图 8.7.6 可以看到 Surf：Type 有 3 种，依序为 OBJ(物面或光源)，STO(孔径光阑)及 IMA(成像平面)。STO 不一定就是光照过来所遇到的第一个透镜，你在设计一组光学系统时，STO 可选在任一透镜上，通常选第一面镜为 STO，若不是如此，则可在 STO 这一栏上按鼠标，可前后加入你要的镜片，于是 STO 就不是落在第一个透镜上了。本实验设计的单个透镜，其前表面与 STO 重合，所以需要 4 个面（Surface），于是点击 IMA 栏，选取 Insert，就在 STO 后面再插入一个镜片，编号为 2，通常 OBJ 为 0，STO 为 1，而 IMA 为 3，如图 8.7.7 所示。

Field Data

Type: Angle (Deg) | Object Height | Parax. Image Height | Real Image Height

Field Normalization: Radial

Use	X-Field	Y-Field	Weight	VDX	VDY	VCX	VCY	VAN
☑ 1	0	0	1.0000	0.00000	0.00000	0.00000	0.00000	0.00000
☑ 2	0	3.5	1.0000	0.00000	0.00000	0.00000	0.00000	0.00000
☑ 3	0	5	1.0000	0.00000	0.00000	0.00000	0.00000	0.00000
☐ 4	0	0	1.0000	0.00000	0.00000	0.00000	0.00000	0.00000
☐ 5	0	0	1.0000	0.00000	0.00000	0.00000	0.00000	0.00000
☐ 6	0	0	1.0000	0.00000	0.00000	0.00000	0.00000	0.00000
☐ 7	0	0	1.0000	0.00000	0.00000	0.00000	0.00000	0.00000
☐ 8	0	0	1.0000	0.00000	0.00000	0.00000	0.00000	0.00000
☐ 9	0	0	1.0000	0.00000	0.00000	0.00000	0.00000	0.00000
☐ 10	0	0	1.0000	0.00000	0.00000	0.00000	0.00000	0.00000
☐ 11	0	0	1.0000	0.00000	0.00000	0.00000	0.00000	0.00000
☐ 12	0	0	1.0000	0.00000	0.00000	0.00000	0.00000	0.00000

OK | Cancel | Sort | Help
Set Vig | Clr Vig | Save | Load

图 8.7.5 视场参数设定

ZEMAX-EE - 2184 - C:\Program Files\ZEMAX\SAMPLES\LENS.ZMX

File Editors System Analysis Tools Reports Macros Extensions Window Help

New Ope Sav Sas Upd Gen Fie Wav Lay L3d Ray Opd Spt Mtf Enc Opt Gla Len

Lens Data Editor

Edit Solves Options Help

Surf:Type		Comment	Radius	Thickness	Glass	Semi-
OBJ	Standard		Infinity	Infinity		
STO	Standard		Infinity	0.000		
IMA	Standard		Infinity	-		

图 8.7.6 LDE 工作界面

Lens Data Editor

Edit Solves Options Help

Surf:Type		Comment	Radius	Thickness	Glass	Semi-
OBJ	Standard	OBJECT	Infinity	Infinity		
STO	Standard	LENS FRONT	Infinity	0.000		
2	Standard	LENS BACK	Infinity	0.000		
IMA	Standard	IMAGE	Infinity	-		

图 8.7.7 插入透镜后表面界面

（g）透镜参数的设定，在 Lens Data Editor 中输入以下透镜初始结构参数：

NOTE

A. 输入镜片的材质为 BK7。在 STO 列中的 Glass 栏上,直接键入 BK7 即可,这一列也为透镜前表面。

B. 输入镜片厚度,孔径的大小为 25 mm,则第一镜面合理的 Thickness 为 4,在 STO 列中的 Thickness 栏上直接键入 4。ZEMAX 的默认单位是 mm。

C. 输入镜片曲率半径确定第 1 及第 2 镜面的曲率半径,在此分别选为 100 及 -100,凡是圆心在镜面右边为正值,反之为负值。再令第 2 面镜的 Thickness 为 100。

2. 设计结果性能分析

(a) 选 Analysis 中的 Fans,然后选择其中的 Ray Aberration(射线像差),将会出现如图 8.7.8 所示的 TRANSVERSE RAY FAN PLOT。Fans 描述的是子午与弧矢两个截面内的像差曲线图。纵轴为 EY,即在 Y 方向的像差,称为 Tangential 或者 YZ plane。同理 X 方向的像差称为 XZ plane 或 Sagittal。由 Ray Aberration 可以看出几何像差存在时的综合弥散情况,还可以看出其他独立几何像差的大小,如由原点处曲线的斜率可以反映轴向像差,诸如球差、场曲、离焦的大小;由曲线边缘孔径(±1.0)处的 Y Aberration 之和,能够反映彗差的大小;如果工作波长是一光谱段,则非主波长的曲线与 EY 轴的交点之差反映了垂轴色差的大小,随着视场的变化,可以看出垂轴色差的变化。图 8.7.8 曲线在原点处的倾斜比较大,说明存在离焦(Defocus)。

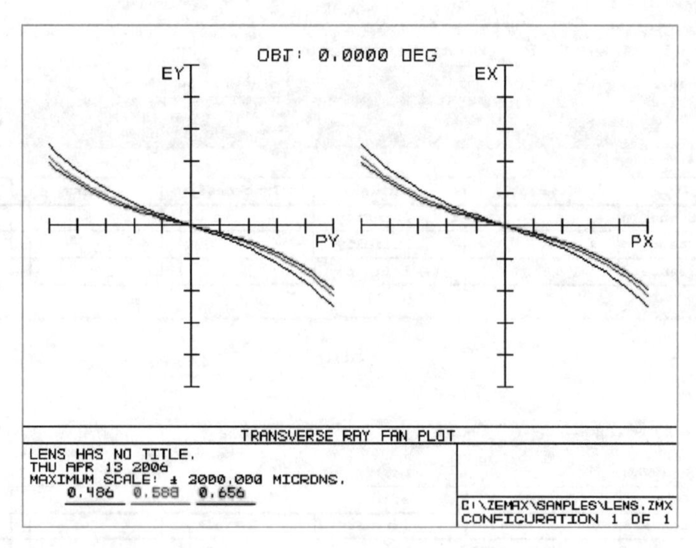

图 8.7.8　Ray Aberration

(b) 图 8.7.9 为场曲图,点击 Analysis 的 Field Curv/Dist 可得。

(c) 从 Analysis 中选点列图(Spot Diagram),然后选择 Standard,将会出现图 8.7.10 所示的结果。使用点列图评价像质,除了观看点列图形状外,通常还要使用两个指标，即 RMS Radius 与 GEO Radius，前者表示点列图中大多数点的分布范围，即集中的弥散半径，后者表示点列图弥散的实际几何半径。

NOTE

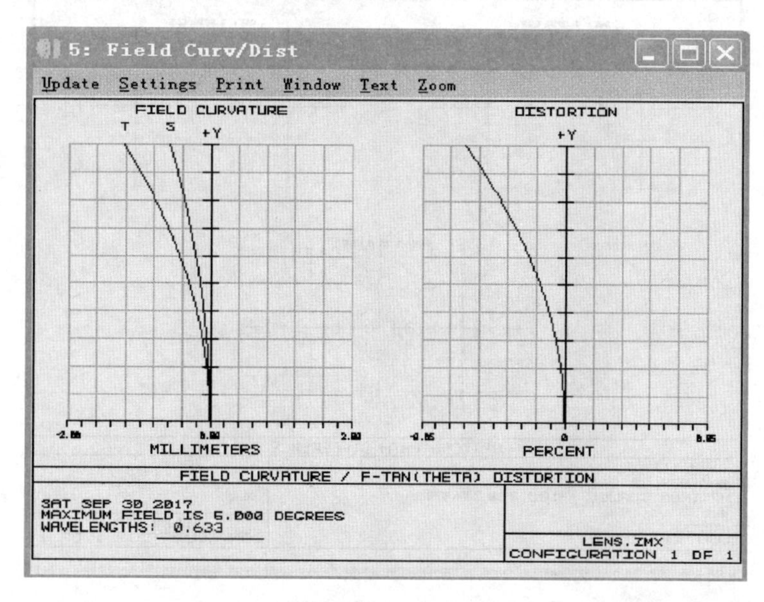

图 8.7.9 场曲

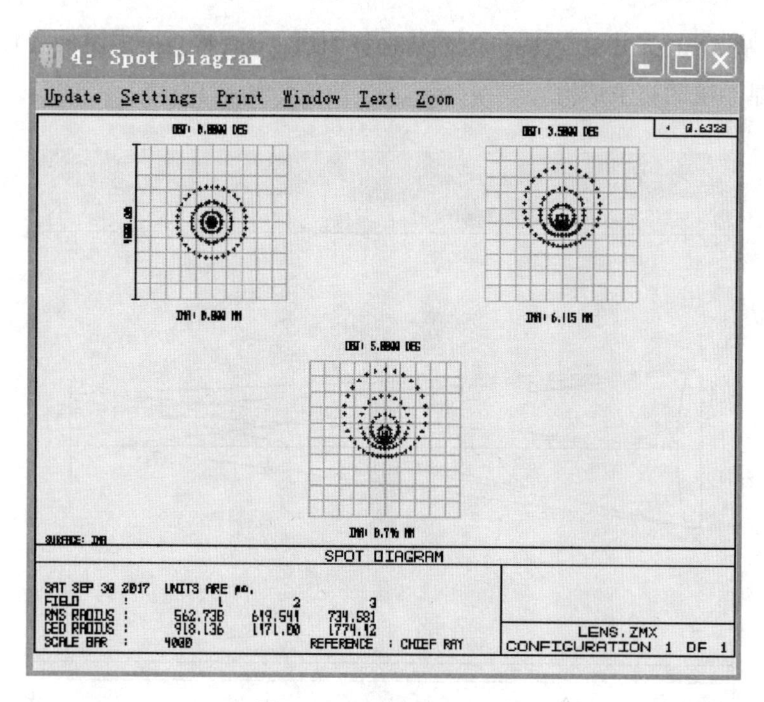

图 8.7.10 Spot Diagram

(d) 从 Analysis 中选 OPD Fan，然后选择 Optical Path Difference，将会出现图 8.7.11 所示的结果。

NOTE

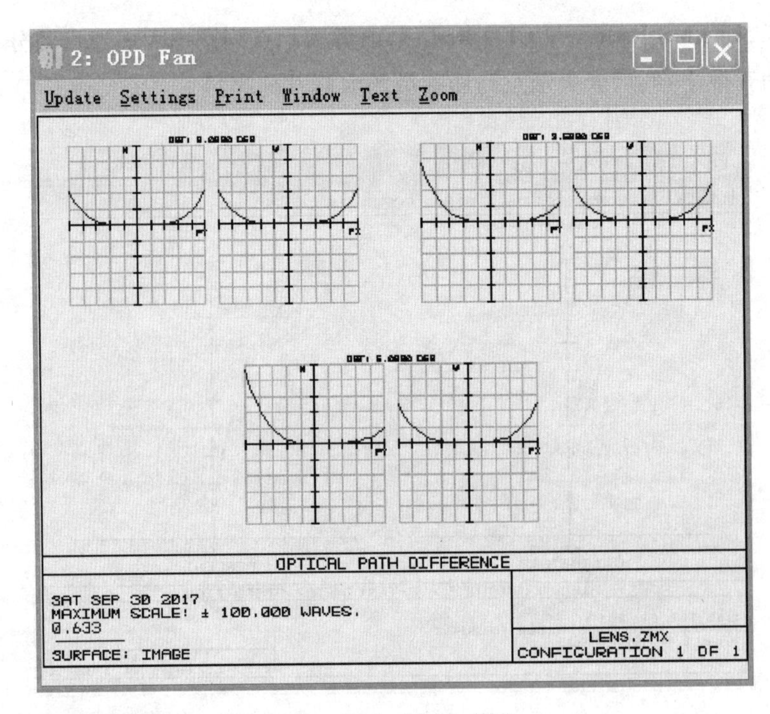

图 8.7.11　Optical Path Difference

(e) 从 Analysis 中选 1:Layout,然后选择 2D Layout,将会出现图 8.7.12 所示的结果,这是系统的初步结构。

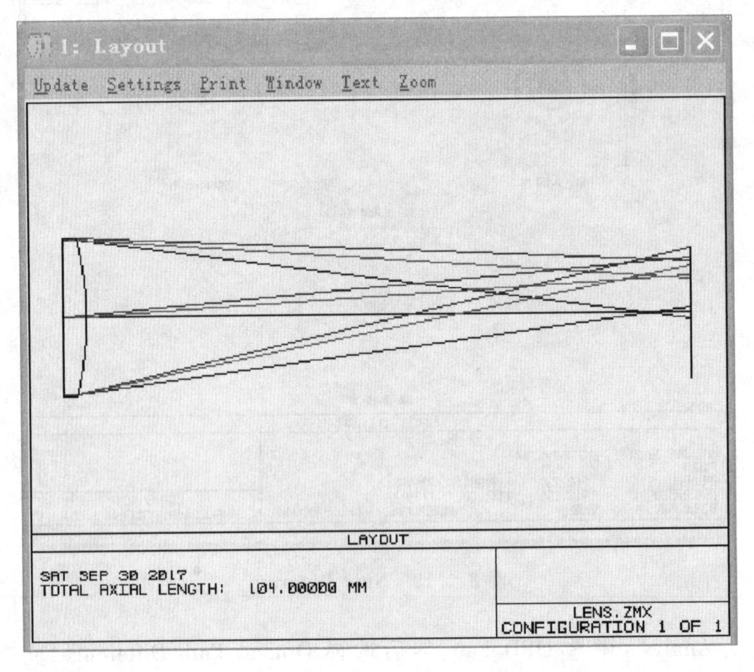

图 8.7.12　Layout

NOTE

3. 变量求解 Solves

用 Solves 矫正离焦 Defocus，在 surface 2 栏中的 Thickness 项上点两下，出现 Solve 对话框，把 Solve Type 从 Fixed 变成 Marginal Ray height，然后点击 OK。这项调整会把在透镜边缘的光在光轴上的 Height 设为 0，即 Paraxial Focus。此时 surface 2 的厚度自动调整为 96 mm。再次点击 Update，更新选项中的 Ray Fan，将出现图 8.7.13，此时 Defocus 不见了。

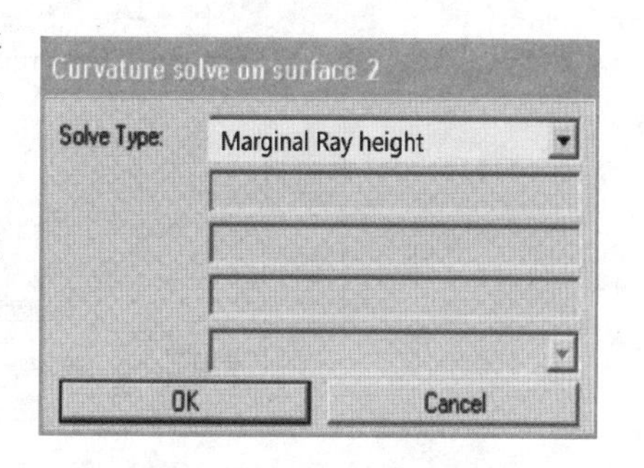

图 8.7.13 离焦校准

4. 优化

(a) 在 LDE 中，再次调整 surface 1 的 Radius 项从 Fixed 变成 Variable，依次把 surface 2 的 Radius 从 Fixed 变成 Variable，及 surface 2 中 Thickness 的 Marginal Ray height 也变成 Variable。

(b) 设置评价函数（Merit Function），在主菜单的 Editors 菜单下，点击 Merit Function 打开 Merit Function Editor 编辑窗口，如图 8.7.14 所示。第一行后插入一行，即显示出第 2 行，代表 surface 2，在此列中的 type 项上键入 EFFL（Effective Focal Length），并回车，在同列中的 Target 项键入 100，并回车，将 weight 项中定为 1，并回车。执行命令 Tools——Default Merit Function 选 Optimization 项，按 Automatic 键，完毕后跳出菜单，此时你已完成设计最佳化。重新检验 Ray Fan，将出现图 8.7.15，这时 Maximum Aberration 已降至 200 microns。

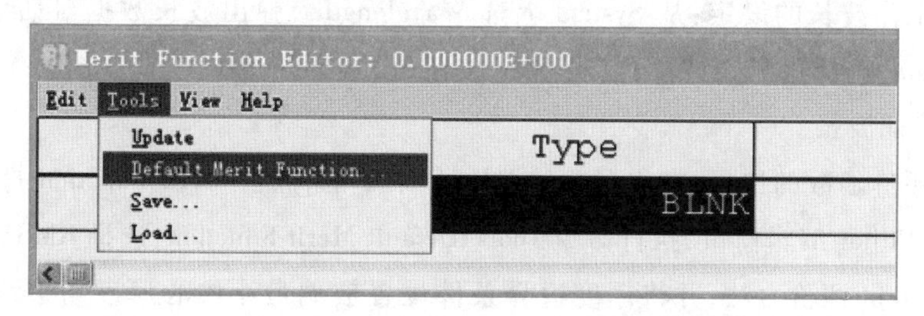

图 8.7.14 评价函数设置

5 实验内容

本次实验的主要目的是设计一个三片式物镜光学系统，并进行多次优化使之满足设计要求。

三片式物镜设计要求：35 mm 相机胶片，焦距 $f=50$ mm，$f/3.5$（表示入瞳直径为焦距的 1/4），玻璃最小中心厚度与边缘厚度为 4 mm，最大中心厚 18 mm，空气间隔最小为 2 mm，可见光波段，光阑位于中间透镜，各透镜所用材料为 SK4-F2-SK4。

NOTE

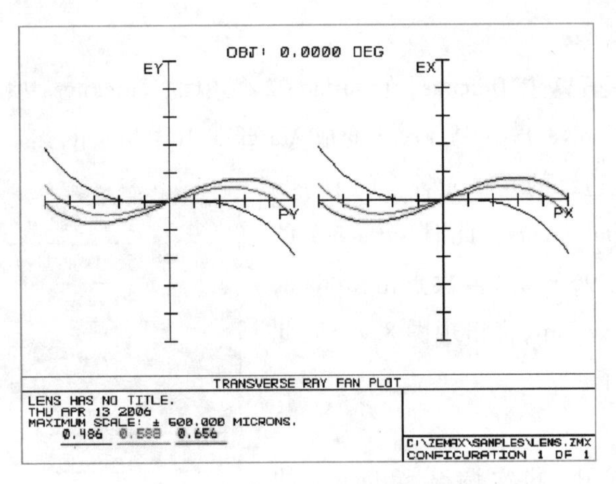

图 8.7.15 优化结果

5.1 初始结构设计

1. 入瞳直径的设定:从 System 上选 General Data,在 General(系统通用数据)对话框中设置孔径。在孔径类型中选择 Image Space F/#,并根据设计要求在 Aperture Value 中输入 3.5。(注:所谓的 F/#就是光由无限远入射所形成的 Effective Focal Length F 跟 Paraxial Entrance Pupil 的直径的比值。)

2. 视场的设定:由于使用 35 mm 相机胶片,其规格尺寸为 36 mm * 24 mm,ZEMAX 中一般使用圆形像面,因此该矩形像面的外接圆半径为 21.7 mm,0.707 像高的视场高度为 15.3 mm。从 System 上选 Fields,打开 Field Data 窗口,设置三个视场分别为 0 mm、15.3 mm、21.7 mm。

3. 工作波长的设定:从 System 上选 Wavelengths,弹出波长数据对话框 Wavelength Data,选择可见光波段,点击 Wav 按钮,设置 Select-F,d,C(Visible),自动输入三个特征波长。

4. 评价函数的选择:在主菜单的 Editors 菜单下,点击 Merit Function 打开 Merit Function Editor 编辑窗口,执行命令 Tools\Default Merit Function,选择 RMS\Spot Radius\Centroid 评价方法,并将厚度边界条件设置玻璃最小中心厚度与边缘厚度为 4 mm,最大中心厚 18 mm,空气间隔最小为 2 mm。

5. 系统的透镜参数设定,点击 Lens Data Editor(LDE),输入部分初始结构,设置中间透镜为光阑,设置各透镜所用玻璃材料类型,如图 8.7.16 所示。

5.2 初始结构性能计算

计算结果如图 8.7.17 所示,说明目前系统存在球差、彗差、色差、场曲等缺陷。图中最后一幅为 Modulation Transfer Function(调制传递函数,MTF),点击 Analysis 的 Modulation Transfer Function 可得,其他同单透镜。MTF 是目前使用比较普遍的一种像质评价指标。曲线横轴表示像面上的空间频率,单位为 11 p/mm,纵轴表示对这些线对分辨的调制度。低频部分反映物体轮廓传递情形;中频部分反映光学物体层次传递情况;高频部分反映物体细节传递情况。对于目视系统:MTF>0.05;对于摄录系统:MTF>0.15。

Lens Data Editor

Edit Solves Options Help

	Surf:Type	Comment	Radius	Thickness		Glass	Semi-Diameter	Conic	Par 0(unused)
OBJ	Standard		Infinity	Infinity			Infinity	0.000000	
1	Standard		15.520000	5.820000		SK4	8.926474	0.000000	
2	Standard		-269.660000	1.940000			7.415097	0.000000	
STO	Standard		Infinity	0.000000			5.680352	0.000000	
4	Standard		-41.710000	2.910000		F2	5.815333	0.000000	
5	Standard		13.580000	3.880000			6.034184	0.000000	
6	Standard		32.980000	5.820000		SK4	9.881062	0.000000	
7	Standard		-44.620000	34.920000	V		10.710382	0.000000	
IMA	Standard		Infinity	-			21.505031	0.000000	

图 8.7.16 透镜初始结构

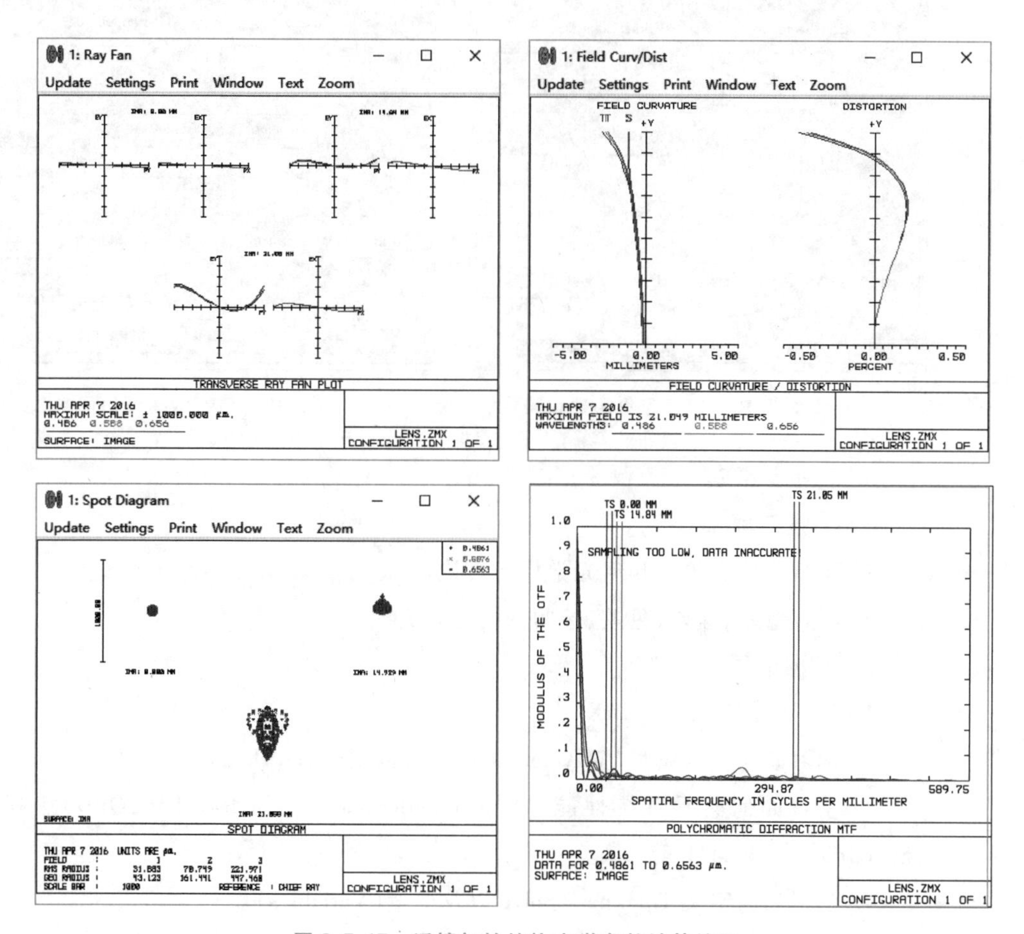

图 8.7.17 透镜初始结构光学参数计算结果

NOTE

5.3　参数优化

1. 构建 Merit Function(评价函数)，在主菜单的 Editors\Merit Function，然后选 Tools\Default Merit Function，设置如图 8.7.18 所示，点击 OK 可构建评价函数。

2. 把 LDE 菜单中的透镜数据包括(曲率半径与厚度)设为变量，在主菜单的 Tools 菜单下选择 Optimization\Optimization，直接在原始数据的基础上进行系统有效焦距矫正后进行全局优化。

3. 如果存在像差，这时要换另一种优化方式。

4. 重新构建评价函数(Merit Function)，选择主菜单的 Editors\Merit Function，然后选 Tools\Default Merit Function，进行波前优化，设置如图 8.7.19 所示，点击 OK。

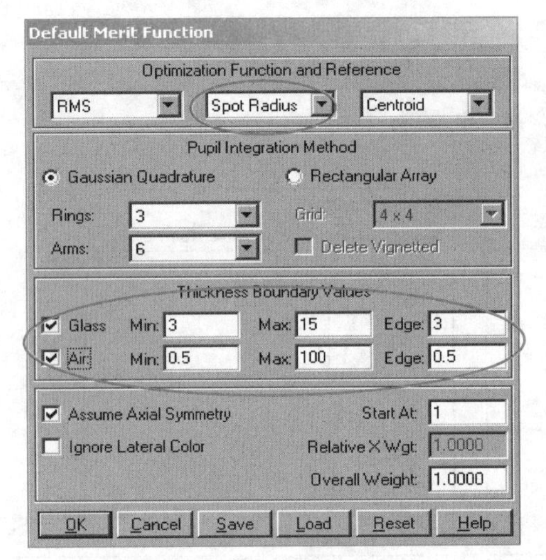

图 8.7.18　构建评价函数

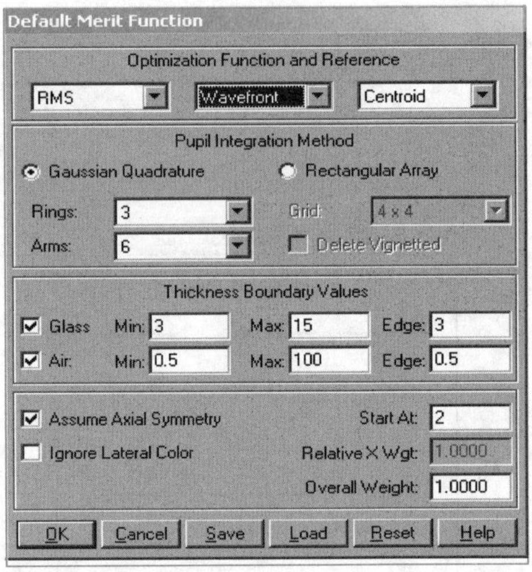

图 8.7.19　重新构建评价函数

5. 重复步骤 2。

6　注意事项

1. 实验前认真预习几何光学像差理论。

2. 了解像差、球差、色差、场曲的物理含义。

7　数据记录和处理

1. 学习如何启用 ZEMAX。

2. 学习如何输入波长(Wavelength)、镜头数据(Lens Data)。

3. 学习如何察看系统性能(Optical Performance)，如 Ray Fan，OPD，点列图(Spot Diagrams)，MTF 等。

4. 学习如何定义 Thickness Solve 以及变量(Variables)。

5. 学习如何进行优化设计(Optimization)。

NOTE

6. 学习如何画出 Layouts 和 Field Curvature Plots。

7. 学习如何定义 Edge Thickness Solves, Field Angles 等。

8 思考题

1. 简述像差及其成因。
2. 如何用 Solve 求解的方法，将设计的单透镜的焦距控制为 100 mm？

9 实验拓展

1. 设计并优化多普勒望远镜系统。
2. 设计并优化显微放大系统。

NOTE

8.8　测量放射性物质辐射强度的居里实验虚拟实验

1　引言

十九世纪末，经典物理学已经取得了辉煌成就，然而从1885年起，涌现一系列物理学的新发现：1895年，德国物理学家伦琴（W. C. Röntgen，1845—1923，1901年获得诺贝尔物理学奖）发现X射线；1896年，法国物理学家贝可勒尔（A. H. Becquerel，1852—1908，1903年与居里夫妇一同获得诺贝尔物理学奖）发现铀元素的天然放射性；1897年，英国物理学家J. J. 汤姆孙（J. J. Thomson，1856—1940，1906年获得诺贝尔物理学奖）发现了电子。这些新的发现彻底改变了原子是不可分的最基本的物质单位的旧观念，标志着物理学新时代的到来。

法国物理学家贝可勒尔是法国科学院院士，主要研究荧光和磷光等。1895年，伦琴的《一种新射线》论文和X射线照片激发了贝可勒尔的研究兴趣，他推想可见光和X射线的产生或许是出于同一机理，并开始测试荧光物质是否会产生X射线。

实验中，贝可勒尔发现，无论是否有光照射，铀盐都会发射可见光，并发出穿透力很强的射线能使底片感光，还能使靠近铀盐的气体电离致使验电器带电，这是与X射线有根本区别、穿透力也很强的另一种辐射。贝可勒尔认为这是铀盐自发的辐射，由此称为“铀辐射”。这种射线称为贝可勒尔射线。贝可勒尔发现铀辐射还能通过靠近铀盐的气体电离而使验电器带电，因此根据电离电荷量可以测量物质的放射性。

贝可勒尔还做了更多的实验来研究铀盐处于结晶或液体状态、温度、放电等因素对辐射的影响，发现辐射与荧光现象无关，并发现纯铀的辐射比铀化合物强好几倍，由此得知放射性来自原子自身的作用，只要有铀元素存在，就有贯穿辐射产生。

在研究了贝可勒尔的发现后，居里夫人（M. Curie）决定投身于这一处于起始阶段的科研领域，通过定量实验进行精确研究，并以此作为博士论文的研究课题。

1898年至1902年间，居里夫妇在位于巴黎高等物理化学学院校园中的一间临时搭建的称为“棚屋”的简陋实验室中，开展了物质放射性定量测量的实验。1903年，居里夫人提交了博士论文《放射性物质的研究》，重点论述了实验研究基础、实验原理、实验方法、实验数据和实验结果及其价值等。

基于贝可勒尔发现的根据电离电荷量可以测量物质的放射性，居里夫人在实验研究中采用先生皮埃尔·居里和其兄长雅克·居里（J. Curie）设计的高灵敏度的静电计，以及石英压电天平等仪器，对物质的放射性进行定量的测量研究。图8.8.1为居里夫妇与长期合作者M. Petit在巴黎高等物理化学学院的实验室中的合影。仔细观察照片可以发现，居里夫人右手持石英压电天平挂盘中的砝码，左手握着计时器。

NOTE

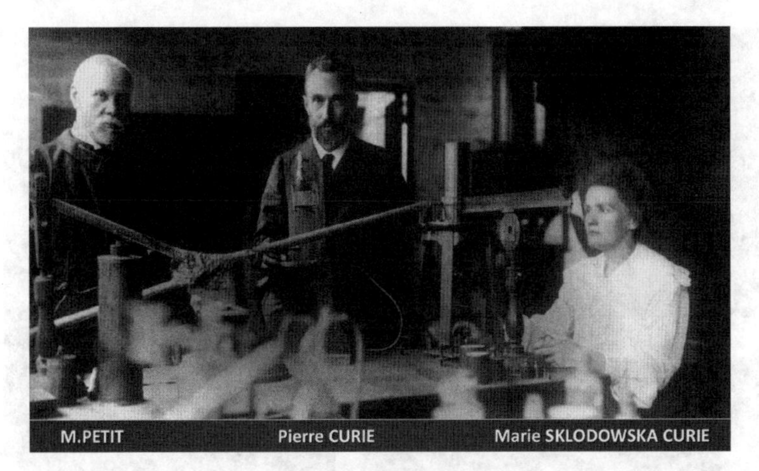

图 8.8.1 居里夫妇与 M. Petit 在巴黎高等物理化学学院的实验室中的合影

居里夫人首先检验了贝可勒尔的结论,证实新辐射的强度仅与化合物中铀的含量成正比,与化合物的组成无关,也不受光照、加热、通电等因素的影响。

1898 年,施密特(G. C. Schmidt)和居里夫人各自观察发现,钍也同样可以产生这种“铀辐射”,其辐射强度与铀不同。

居里夫人指出,天然沥青铀矿的放射性要比纯氧化铀更强,而天然的硫酸铜矿的放射性要比实验室制备的硫酸铜的放射性更强。由于放射性只与化合物中的铀和钍的含量成正比,而与其是化合物还是混合物的状态无关,因此放射性必然是一种属于原子的属性,放射性强度与其中所含的这两种金属的数量成正比。

由于不同元素的放射性辐射强度各异,此精确测量物质放射性的方法也可以用于新的元素的检测和鉴定。居里夫人发现从沥青铀矿中提炼出一种铋的硫化物,其放射性要比同量的铀的放射性大 400 倍,而纯粹的硫化铋是没有放射性的,因此有一种新的元素存在,这个元素被称为钋(**polonium**)。居里夫人进一步研究沥青铀矿的剩余物质发现,有一种放射性极强的含氯化钡等的沉淀物可以很快使照相底片感光,于是认定有一种与钡同时存在的新元素。这个元素称为镭(**radium**)。居里夫人通过艰苦的实验工作,提取出 0.09 g 氯化镭,测定镭的原子量为 226.2,从而以实验事实驳斥了对镭是否为新元素的质疑。

图 8.8.2 的(a)和(b)分别显示当年提炼样品和放置实验装置的实验室的外观和内景。由于新建教室和办公楼,实验室已于 1909 年被拆除了,人们现在于原址上竖起了一块纪念碑[图 8.8.2(c)]。从图 8.8.2(b)中可见,实验桌上放置的正是居里放射性测量实验装置。

1903 年的诺贝尔物理学奖一半授予法国物理学家贝可勒尔以表彰他发现了自发放射性;另一半授予法国物理学家皮埃尔·居里和居里夫人,以表彰他们对贝可勒尔发现的辐射现象研究所作的卓越贡献。

NOTE

(a) 当年实验室的外观

(b) 当年实验室的内景

(c) 原址纪念碑

图 8.8.2 实验室历史照片与纪念碑

1911 年,居里夫人因发现镭和钋元素、分离和提纯镭的方法以及对其性质和化合物的研究,被授予当年的诺贝尔化学奖。当时,她是唯一两次获得诺贝尔奖的科学家。

放射性物质辐射强度测量的最早期的应用之一是在医学领域。在第一次世界大战期间,居里夫人组织研究所的团队驾驶着安装有 X 射线设备的汽车,奔波于一所所战地医院,开设放射学速成课,教会医生检测人体中异物(如弹片等)位置的新方法,为放射性科学在医疗领域的应用开先河,并在战后写下了著作《放射学和战争》。

当前在生命科学领域,放射性重离子束研究有广泛的应用前景,特别是对肿瘤等疑难病有特殊疗效。随着科学技术的进步,未来放射性科学将在包括医学、工业和农业等领域有更广泛的应用。

2 实验目的

1. 本实验中,通过学习测量放射性物质辐射强度的实验原理和实验方法;掌握测量微小电荷量与饱和电流的实验方法,以及比较测量法等,加深对放射性物质辐射强度测量原理的理解,了解放射性物理实验的实验安全操作规程。

2. 通过虚拟实验项目的学习,掌握将信息技术与物理知识学习相结合的能力,并提高实验能力、科学观察和创新思维的能力。

3. 了解放射性物质辐射强度测量方法的科学发现历程,培养实事求是的科学作风、认真严谨的科学态度和勇于探索的科学精神,了解科学家的成就和贡献。

3 实验原理

3.1 科学问题的提出——气体受到贝可勒尔射线照射时显示电导特性

贝可勒尔发现靠近铀盐的气体电离致使验电器带电,因此根据电离电荷量可以测量物质的放射性。辐射在气体中每秒钟所产生的离子数目与气体所吸收的辐射能量成正比,可据此设计对物质辐射强度的实验测量方法。

3.2 实验装置的设计——测量辐射强度实验装置结构

测量辐射强度实验装置和器件主要包括电离室、石英压电天平(石英压电电子秤)、静电计、光源、标尺和计时器等。

图 8.8.3(a)为实验装置结构原理图,电离室内部为一个平板电容器 AB,放射性物质实验样品放置在电容器的下极板 B 上,使两块电极板之间的空气电离而成为电导体。为了测量空气的电导性,把电容器的下极板 B 连接到一个由多个小蓄电池组成的电池组的一个电极 P 上,使其有高电势;电池组的另一个电极接地。把电容器的上极板 A 通过导线 C 和 D 连接到电池的接地电极,闭合开关可使其接地,两块极板之间就会有电流流过。

放置于巴黎高等物理化学学院博物馆中的居里放射性测量实验装置的组成如图 8.8.3(b)所示。在图 8.8.1 当年三位科学家的合影中,清晰展示了仪器的结构等。

图 8.8.3(c)为虚拟实验的场景和仪器。为保证实验仪器结构和实验方法等的高仿真度,同济大学物理实验中心与巴黎高等物理化学学院共同研究,根据巴黎高等物理化学学院的博物馆中的仪器为设计原型,基本保证虚拟实验装置与 20 世纪初实验的实际仪器装置相一致。(当时居里实验的光源为钨丝灯,现在巴黎高等物理化学学院的博物馆仪器和本虚拟实验中,为了提高测量精度和演示效果将光源改为半导体激光器。)

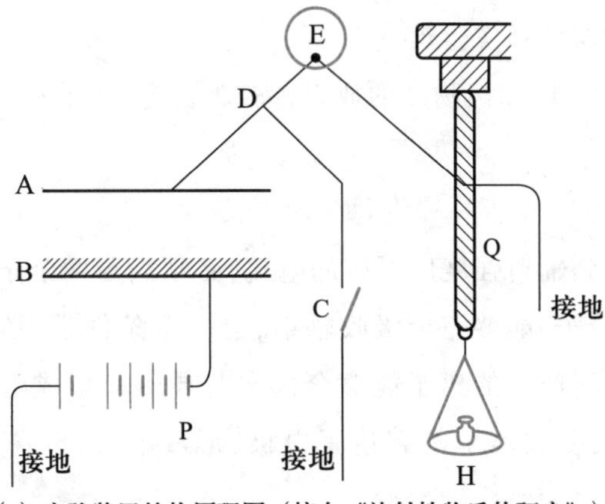

(a) 实验装置结构原理图(摘自《放射性物质的研究》)

NOTE

(b) 巴黎高等物理化学学院博物馆的实验装置

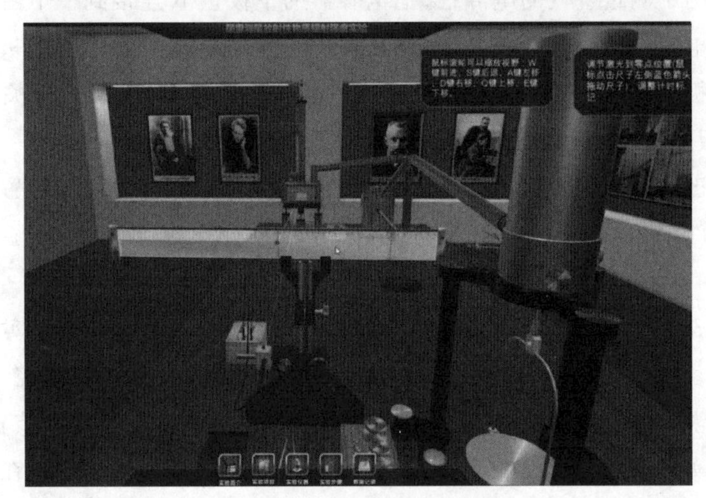

(c) 虚拟实验场景和仪器

图 8.8.3　居里放射性物质辐射强度测量实验装置

3.3　科学探索与发现实验难点

1. 实验现象观察与分析：物质的放射性较为稳定，几乎不受周围环境温度变化的影响。

2. 实验现象观察与分析——饱和电流特性。

在实验中，要得到辐射强度所对应的电流，必须满足两个条件：一个条件是，必须要有充足的气体分子，能够完全吸收辐射；另一个条件是，必须要有强度足够大的电场，以保证辐射所产生的离子能够全部参与导电而形成电流。只有电场足够强，才能够保证绝大多数离子都到达了电极，形成电流，电场强度同离子数量成正比。

NOTE

流过电容器的电流随着极板表面积而增加。对给定的电容器和放射性物质，电流则随着极板之间的电势差、电容器内部气体的压强以及两极板之间的距离（只要此距离与极板直径相比不是太大）而增加。继续增大电势差，电流都会达到一个为常量的极大值，即饱和电流，或称为极限电流。同样，当两块极板之间的距离增加到足够大之后，电流也几乎不再随着距离变化；因此，可以将饱和电流当作放射性的量度。

3. 发现实验难点——如何精确测量微弱电流和微小电荷量

在实验中，若选取参数为电容器极板直径约 8 cm，上、下极板间距为 3 cm，用铀化合物进行测量得到的饱和电流为 10^{-11} A 数量级，用钍化合物测量得到的饱和电流具有同样的数量级，由此可知铀和钍的氧化物的放射性相近。如何精确测量微弱电流和微小电荷量，是实验难点所在。

3.4　找到解决问题的方法——精确测量微小电荷量

由于饱和电流为 10^{-11} A 数量级，当时用一般的电流表无法进行测量。因此，实验引入静电计测量微小电荷量，并通过补偿法提高定量测量的精度。

方法一：用静电计测量微小电荷量

如图 8.8.3(a) 所示，上极板 A 与静电计 E 相连，其电势由静电计 E 记录。如果断开接地线 C，上极板 A 充电，其上的电荷量会引起静电计 E 的偏转。偏转量与电流大小成正比，可以据此来测量电流的大小，进而获得电荷量。

方法二：补偿法提高测量微小电荷量的实验精度

有一种精度更高的测量方法是补偿法，通过补偿极板 A 上的电荷量，设法使静电计保持不发生偏转（平衡状态）。因为被补偿的电荷量很小，用一个石英压电天平 Q 上由于压电效应而产生的电荷量就可以实现补偿。石英压电天平的一个电极连接上极板 A，另一个极板接地。在载物台 H 上放置砝码时，由于压电效应，石英片的两个面之间就会产生一个可以定量的电压值。

在实验过程中，通过逐步增加砝码使电压逐渐增加，从而逐渐达到一定的已知电荷量。实验过程中，需仔细进行实验操作，以保证在每一时刻通过电容器的电荷量都恰好被石英提供的符号相反的电荷量所补偿。以这种方式测量，在给定的时间内通过电容器的电荷量，即电流可以用绝对单位量测得。

用上述方法进行多次测量之后，可以发现物质的放射性是能以足够高的精度进行测量。

3.5　放射性实验样品制备与比较测量法

居里夫妇实验研究发现显示出放射性的那些矿物全都含有铀或钍。但是，某些矿物的辐射强度却高得出乎研究者意料。例如，测量发现，沥青铀矿的放射性是金属铀的 4 倍，铜铀云母的放射性是金属铀的 2 倍，钙铀云母的放射性同金属铀一

NOTE 样，而这些矿石原本不应该有与钍或铀一样强的放射性。

在深入研究中，居里夫人采用德布雷（Debray）的方法，利用纯净的人造铜铀云母，即将硝酸铀溶液和磷酸铜的磷酸溶液混合，然后加热到50 ℃至60 ℃，在混合溶液中获得铜铀云母结晶。此人造铜铀云母具有与其组分完全一致的正常的放射性，强度为铀的约$\frac{2}{5}$。对比人造样品与天然样品可知，沥青铀矿、铜铀云母和钙铀云母显示出强放射性，很可能是由于包含有很少量的另一种放射性更强的未知物质，并可以用常规的化学分析方法从这种矿石中分离出来。

通过对沥青铀矿的化学分析和辐射强度测量，居里夫妇发现了钋与镭。

3.6　极板上的电荷量 Q_x 与饱和电流 I 的计算

1. 已知石英晶体压电元件（居里片）压电系数为 $d_{11}=2.31\times10^{-12}$ C/N，如图8.8.4所示。

由（8.8.1）式可计算极板上的电荷量 Q_x。

$$Q_x=-d_{11}\cdot F_y\cdot\frac{l}{\nu} \tag{8.8.1}$$

其中 m：砝码质量，

F_y：y 轴方向所加应力：$F_y=mg$，

l：施加应力方向的石英晶片长度（100 mm），

ν：石英晶片厚度（0.5 mm）。

2. 由（8.8.2）式计算饱和电流 I。

$$I=\frac{Qx}{t} \tag{8.8.2}$$

其中，t 为放电时间。

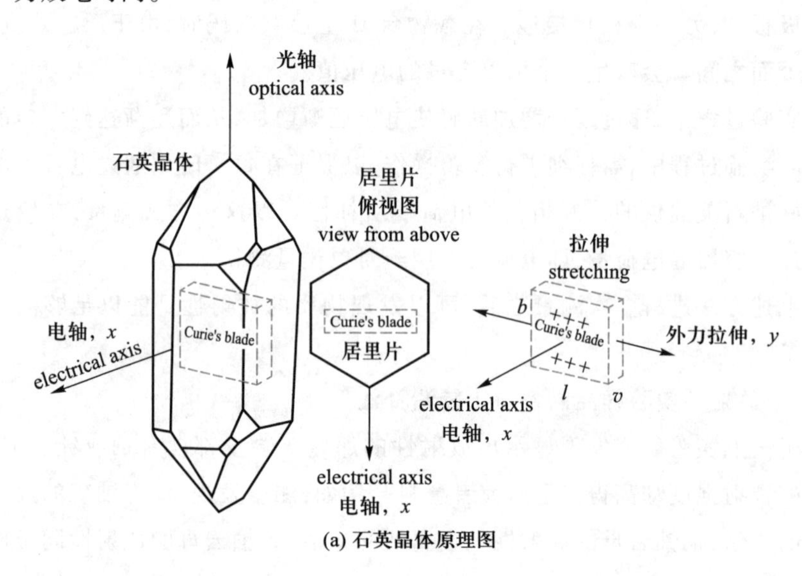

(a) 石英晶体原理图

NOTE

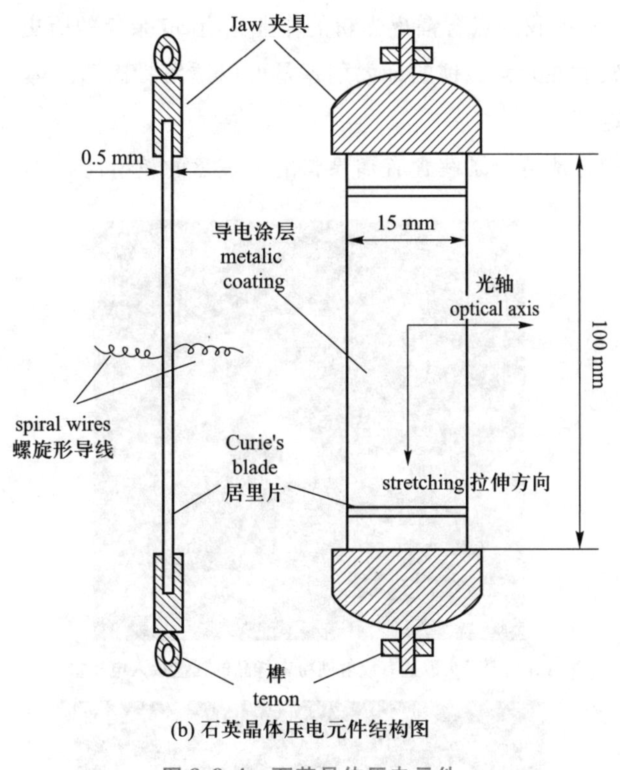

图 8.8.4　石英晶体压电元件

4　实验样品

样品一：含微量镭盐的放射性粉末样品

居里夫人在从奥地利矿场运来的沥青铀矿石中，提炼出钋和镭两种放射性元素，并对样品的放射性进行实验。她在《放射性物质的研究》中记载："钋、镭、锕，这三种新发现的放射性物质在沥青铀矿中都属于极微量物。为了得到它们的比较浓缩的状态，我们不得不处理成吨的铀矿废渣，先是在工厂作初步处理，然后再进行提纯和浓缩。我们处理了数吨的原料，终于从中得到了这每一种放射性物质的几分克浓缩物。它们与含有它们的原来的矿石相比，放射性远强得多。当然，提炼的过程既漫长辛苦，又十分昂贵。"

本虚拟实验，向学生介绍样品制备的实验方法。

本虚拟实验中，请实验者按照放射性实验安全要求操作，包括：用镊子夹取盛有放射性粉末样品的托盘放入电离室[图 8.8.5(a)]，实验测量结束后样品保存在铅盒中。

样品二：常见物品：旧表盘

一种常见的旧表盘上的涂料包含放射性物质[图 8.8.5(b)]。相关实验说明了在常见物品中也可能存在放射性物质。《夜光粉工人体内镭-226 含量的调查》

NOTE

(丛树樾,等)介绍:“我国点含镭夜光粉的作业约有30余年的历史。镭是一种极毒的亲骨性天然放射性元素。镭的最大危害是可以诱发骨肉瘤。体内镭含量是采用呼出氡法来测定。”

通过本实验方法可以了解含有镭涂料的旧表盘的放射性。

(a) 用镊子夹取盛有放射性粉末样品的托盘放入电离室

(b) 样品二——常见的旧表盘

图 8.8.5　实验样品

5　注意事项

1. 为避免沾染放射性物质,实验前应佩戴手套。

2. 实验中,存取放射性物质样品时应使用镊子夹取。实验测量结束后,样品应放置在铅制的容器中妥善保存。每次实验均需填写实验记录。

3. 避免激光直射入眼睛。

4. 因为潮湿环境导致石英晶体表面电阻率下降,会引起泄漏电流,因此电荷量会减少,光点会发生偏移,产生实验误差。

5. 钋样品制备过程中会使用化学试剂硫化氢,其为易燃危化品,并有剧毒。相关实验通常应在通风橱中进行,操作时做好个人防护措施,戴好防毒面具,提高自我防护意识。

6　实验仪器

虚拟实验仪器设备主要包括:放射源样品、电离室、静电计、石英压电天平、计

NOTE

时器、电源、激光光源和砝码等。

6.1　**测量辐射强度实验装置**

本实验利用辐射对空气电导性的影响测量了铀的辐射强度，属于比较测量法。这种方法的优点是测量速度快，而且提供的数据具有可比性。

电离室内部为一个平板电容器 AB[图 8.8.6(a)]，放射性物质实验样品放置在电容器的下极板 B 上，使两块电极板之间的空气电离而成为电导体。

为了测量空气的电导性，把电容器的下极板 B 连接到一个由多个小蓄电池组成的电池组的一个电极 P 上，使其有高电势；电池组的另一个电极接地。把电容器的上极板 A 通过导线 C 和 D 连接到电池的接地电极，闭合开关可使其接地(零电势)。这时，两块极板之间就会有电流流过。

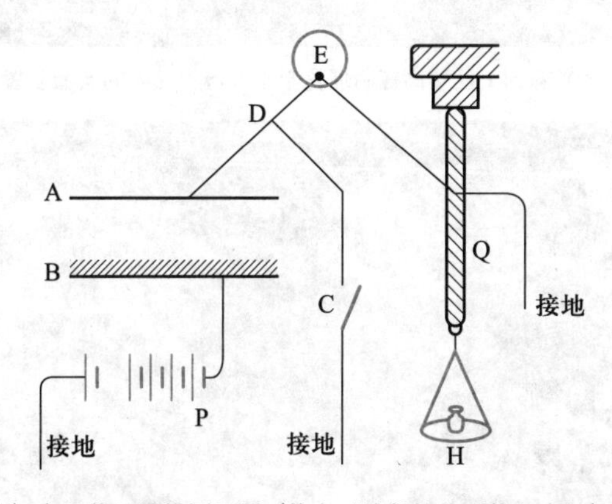

(a) 实验装置结构原理图（摘自《放射性物质的研究》）

(b) 陈列于巴黎居里博物馆内的实验装置

NOTE

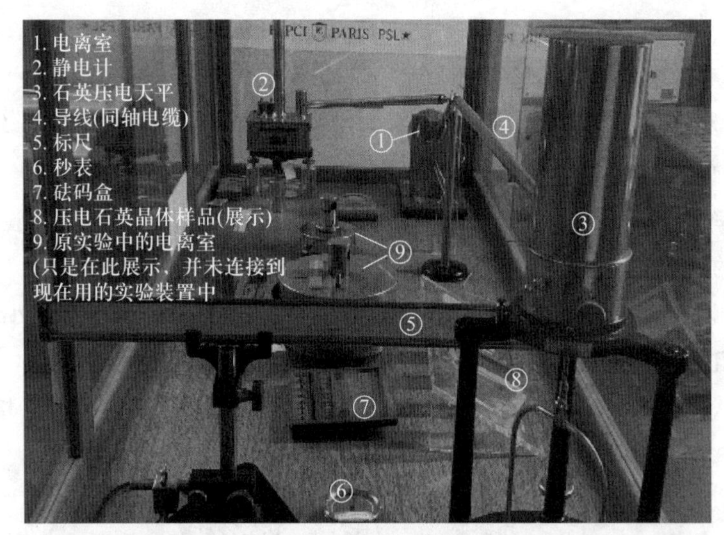

(c) 陈列于巴黎高等物理化学学院博物馆内的实验装置

(d) 陈列于巴黎高等物理化学学院博物馆内的居里夫妇用过的实验装置

图 8.8.6　居里放射性测量实验装置

居里放射性测量实验装置的组成如图 8.8.6(b)、(c)和(d)所示，主要包括电离室、静电计和石英压电天平等。当年使用过的实验装置，分别陈列于巴黎居里博物馆和巴黎高等物理化学学院的博物馆内。图 8.8.1 照片中也有本实验装置。

6.2　静电计(又称象限静电计、张丝静电计)

在十九世纪八十年代，皮埃尔・居里和雅克・居里兄弟合作设计了静电计-压电石英压电天平组合的测量系统，用于准确测量微弱电流值。该系统能精确检测电荷值，可以达到 10^{-12} C 的量级，测量电流的精度达到 10^{-13} A。

居里夫妇用于测量非常微弱电流值的静电计的结构如图 8.8.7 所示。

NOTE

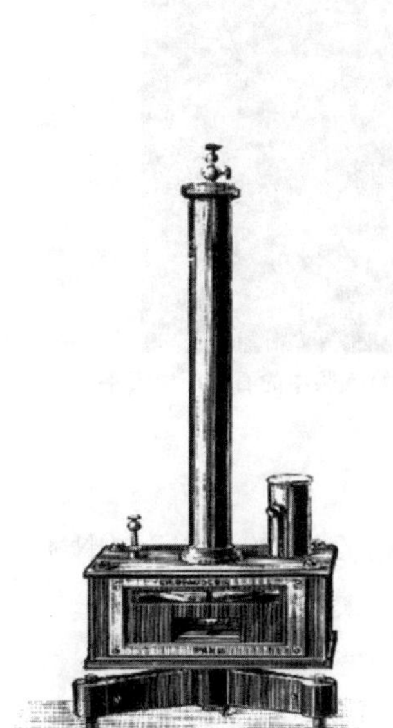

(a) 静电计主要结构

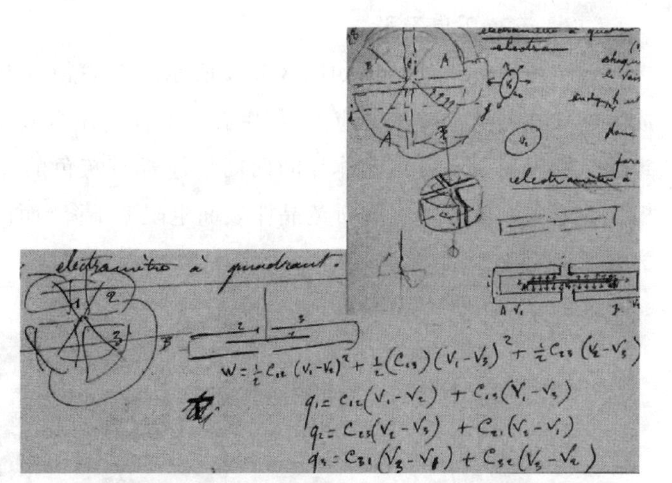

(b) 皮埃尔·居里的手稿

(c) 静电计仪器图

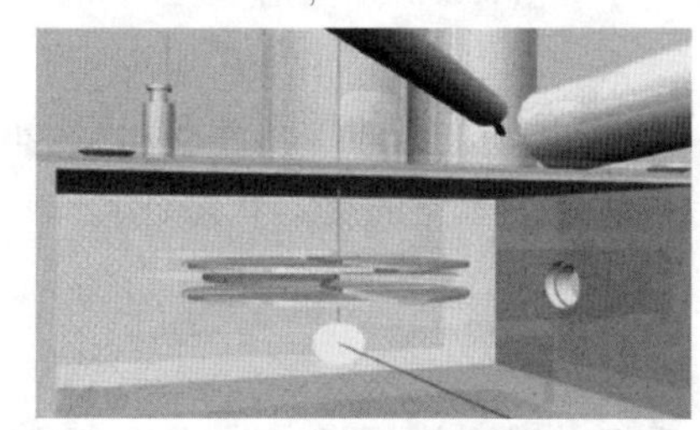

(d) 光路偏转示意图

(e) 虚拟仿真实验中的静电计

图 8.8.7　静电计

静电计的原理是利用电荷的同性相斥和异性相吸而产生偏转力矩，其包括金属制成的四块定片（定子）与一块蝴蝶形的动片（转子），一根悬挂动片的游丝（又称张丝），游丝下端连接一块小镜子。四块定片分为相对的两组，另有导线各自相连，使一组定片上的电势相同。静电计可以视为一个内阻很大的电压计。在充电或放电的过程中，它通过游丝带动的镜子转动，偏转力矩正比于电压的平方，镜子反射光点的偏转移动的速度表示电压的大小[图 8.8.7(d)]。

NOTE

6.3　石英压电天平

石英压电天平的结构如图 8.8.8 所示。在载物台上加砝码,砝码所受的重力成为施加在石英晶体上的应力,利用石英晶体的压电效应,在其两个侧面上产生一定数量的电荷量。石英晶体片的两面均涂都有灰色的导电层,并各连接了一个电极。为避免潮湿环境引起石英晶体表面电阻率下降,而产生泄漏电流,在其两侧各放置了一罐干燥剂。

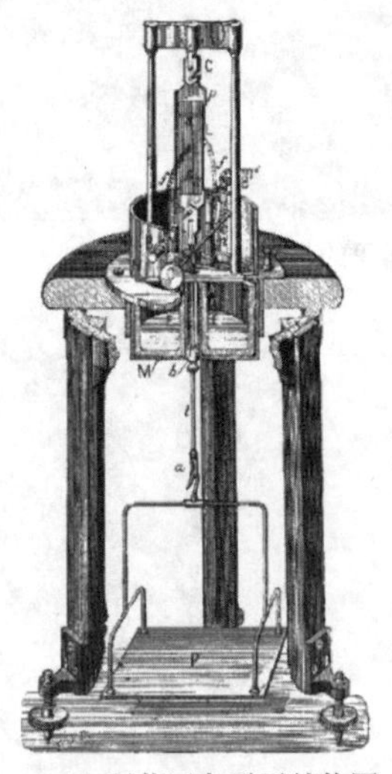

(a) 石英压电天平结构图

(b) 石英晶体与电极

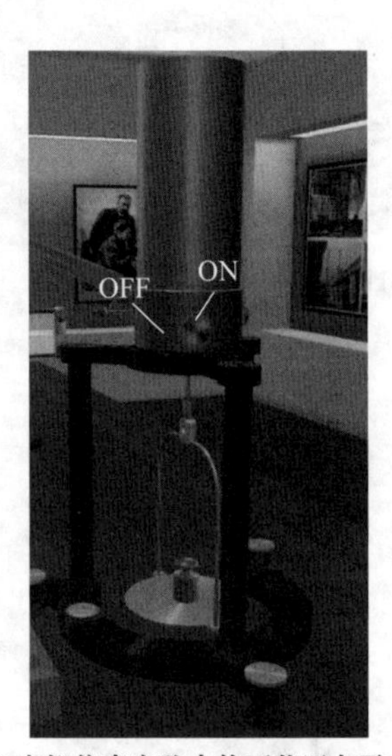

(c) 虚拟仿真实验中的石英压电天平

图 8.8.8　石英压电天平

虚拟仿真实验中的石英压电天平如图 8.8.8(c)所示。其上的开关有 ON 和 OFF 两个状态:ON 表示系统处于短路的接地状态;OFF 表示未接地的工作状态。

7　实验内容

1. 实验原理学习

学习测量放射性物质辐射强度的居里实验原理,阅读实验资料,观看视频等,并了解放射性实验安全要求。

2. 虚拟实验室参观学习

在线参观虚拟实验室,观看展板介绍等,了解科学研究的历程。

3. 自主实验预习

在线参观虚拟实验室中的实验系统,学生自主进行实验预习,了解仪器结构和系统组成等。

4. 预习测试

学生自主学习后,在线完成和提交实验课前预习测试。

NOTE

5. 放射性物质辐射强度测量实验系统的搭建

注意仪器摆放位置和同轴电缆连接等正确。θ角应保持较小的角度,静电计的张丝扭转角和镜面偏转角较小,满足小角度近似。

6. 连接测量电路

使用有屏蔽外层的同轴电缆连接电离室、静电计和石英压电天平,使测量电路不受外界干扰。

7. 静电计与石英压电天平的水平调节

8. 调节光路

本虚拟实验中所用的光源为半导体激光器,红色的激光束由光源发出后照射到静电计中,转子下方连接在游丝末端的镜子上,再由镜面将光点反射到标尺上。

9. 放置样品:学习放射性实验的安全知识,用镊子从铅盒中夹取有微量放射性的实验样品,放置在电离室中。

10. 调节电离室极板间距

11. 打开电源,在下极板上外加电压

在物质微弱放射性(α 粒子)作用下,放射源周围的空气被电离。在外加电场作用下电子向极板移动,形成电流。由于电离室中,极板间电压 U_B 确定,则极板电流很快达到饱和电流 I。在静电计上,实验系统的电容为一定值 C,且实验中极板电压 U 一定,带电体上的电荷正比于电压,则 $Q=U\cdot C$。

实验者可以通过观看动画演示视频,了解电荷移动,加深对实验原理的理解。静电计极板充电过程为:电路图中的开关(开关实际位于石英压电天平上)闭合时,在外加电场 U_B 的作用下,外电路中形成大小仅与放射性强度有关的电流,从电离室的极板流向静电计。由于电流十分微弱,无法用常用的电流表等仪器直接测量,因此实验中使用静电计和石英压电天平等设备。静电计的两个 A 电极接地,两个 B 电极连通且电势与电离室上极板相同。系统中形成回路。电离室极板和静电计中两个 B 电极上的电荷数量为一定值。静电式仪表的偏转力矩正比于 U^2。

12. 计算辐射强度

石英晶体的压电系数是确定的值,而饱和状态下的放电电流仅由样品的放射性决定。因此放电时间越短,表明放射性越强。这样,我们就将辐射强度的测量转换成了时间的测量。

8 思考题

1. 在本实验中,如何精确测量微弱电流和微小电荷量?采用了哪些实验方法提高实验测量的精度?

2. 请分析本实验系统的充、放电工作原理,分别回答在连接操作之后,光点的位置和现象,并分析原因。

NOTE

(1) 闭合开关至短路(OFF 状态)。

(2) 闭合开关至短路(OFF 状态),再轻轻放置一个砝码至石英压电天平载物台上。

(3) 闭合开关至短路(OFF 状态),再放置放射源样品至电离室。

(4) 闭合开关至短路(OFF 状态),再轻轻放置一个砝码至石英压电天平载物台上,将开关断路(ON 状态)。

NOTE

8.9　虚实结合的核物理实验

1　引言

诞生于20世纪初的核物理已被广泛应用于国民经济的各个领域,也在国家安全中占有重要位置。因此,积极开展核物理实验对于培养新一代核物理工程人才具有重要意义。然而,核物理实验在高校的开展却困难重重,首先由于需要长期保存放射源,给高校实验室管理带来了极大不便;此外,学生缺乏操作放射源及射线装置的经验和技能,对放射源的使用与管理也带来一定的风险和困难。而且多数开设核物理实验的高校,也面临学时较少,实验内容单一的困境,学生无法得到充分的训练。因此,使用不含放射源的虚实结合实验设备对于推进核物理实验教学具有重要意义。虚实结合的核物理综合实验系统就是将信息技术与实验教学进行深度融合,用放射源模拟器模拟产生真实的仿真核信号,并附带信号采集处理系统,将传统的实体实验与虚拟仿真实验有机结合,可以开展不受放射源和射线装置限制的近代物理教学实验,实现虚拟与现实的有机结合,而且还可以选取不同的实验方法对仪器进行虚实重构。该系统为普通高校开设核物理实验提供新的解决方案。

虚实结合的核物理综合实验系统可开设放射性测量的统计规律实验、闪烁体探测器与γ射线吸收实验、α粒子的能损实验、β射线吸收实验、X射线吸收和特征谱实验、中子活化元素半衰期测量实验、康普顿散射等十多个实验项目。本节内容主要学习放射性测量的统计规律实验、γ射线吸收实验和α粒子的能损实验。

2　实验目的

2.1　放射性探测的统计规律实验

1. 验证原子核衰变及放射性计数的统计规律。
2. 了解统计误差的意义,掌握计算统计误差的方法。
3. 掌握对测量精度的要求,合理选择测量时间的方法。

2.2　γ射线吸收实验

1. 验证γ射线通过物质时其强度减弱遵循指数规律。
2. 测量γ射线在不同物质中的吸收系数。

2.3　α粒子的能损实验

1. 了解α粒子通过物质时的能量损失及其规律。
2. 学习用能损测量求薄箔厚度的方法。

3　实验原理

3.1　放射性探测的统计规律实验

放射性核衰变是一种随机现象,原子核的衰变是彼此独立的、随机的、不可预

NOTE

测的。因此,在重复的放射性测量中,即使保持完全相同的实验条件,每次测量的结果也不完全相同,而是围绕着其平均值上下涨落,这种现象叫**放射性计数的统计性**,它是微观粒子运动过程中的一种规律性现象,是由放射性原子核衰变的随机性引起的。放射性计数的这种统计性反映了放射性原子核衰变本身固有的特性,与使用的测量仪器及技术无关。放射性测量就是在衰变的统计涨落影响下进行的,因此了解统计误差的规律,对评估测量结果的可靠性是很必要的。

3.1.1 核衰变的统计规律

放射性原子核衰变的统计分布可以根据数理统计分布的理论来推导。放射性原子核衰变是一个相互独立彼此无关的过程,即每一个原子核的衰变是完全独立的,与其他原子核是否衰变没有关系,原子核衰变的先后也不可预测,因此放射性原子核衰变可以看成是一种伯努利试验问题。

设在 $t=0$ 时,放射性原子核的总数是 N_0,在 t 时间内将有一部分核发生衰变。已知任何一个核在 t 时间内衰变的概率为 $W=1-e^{-\lambda t}$,不发生衰变的概率为 $q=1-W=e^{-\lambda t}$,λ 是该放射性原子核的衰变常量。由二项式分布可以得到原子核总数 N_0 在 t 时间内有 N 个核发生衰变的概率 $W(N)$ 为

$$W(N)=\frac{N_0!}{(N_0-N)!\ N!}(1-e^{-\lambda t})(e^{-\lambda t})^{N_0-N} \tag{8.9.1}$$

并且在 t 时间内,衰变掉的原子核平均数为

$$\overline{N}=N_0W=N_0(1-e^{-\lambda t}) \tag{8.9.2}$$

其相应的均方根差为

$$\sigma=\sqrt{N_0Wq}=(\overline{N}e^{-\lambda t})^{\frac{1}{2}} \tag{8.9.3}$$

假如 $\lambda t\ll 1$,即 t 时间远比半衰期小,这时 σ 可简化为

$$\sigma=\sqrt{\overline{N}} \tag{8.9.4}$$

在放射性衰变中,原子核总数 N_0 是一个很大的数目,而且如果满足 $\lambda t\ll 1$ 则(8.9.1)式中的二项式分布可以简化为泊松分布,此时概率分布可写成

$$W(N)=\frac{\overline{N}^N}{N!}e^{-N} \tag{8.9.5}$$

在如图 8.9.1(a)所示的泊松分布示意图中,N 的取值范围为所有的正整数(0,1,2,3,…),并且在 $N=\overline{N}$ 附近时,$W(N)$ 有一极大值。当 $\overline{N}$ 较小时,分布不对称;当 $\overline{N}$ 较大时,分布渐趋近于对称;当 $\overline{N}\geqslant 20$ 时,泊松分布一般就可用正态(高斯)分布来代替:

$$W(N)=\frac{1}{\sqrt{2\pi}\,\sigma}e^{\frac{-(N-\overline{N})^2}{2\sigma^2}} \tag{8.9.6}$$

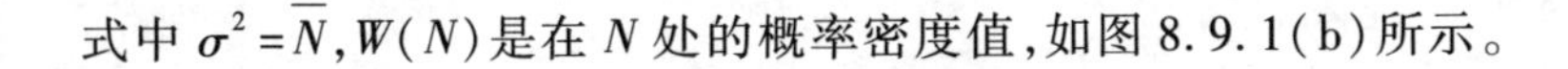
式中 $\sigma^2=\overline{N}$，$W(N)$是在 N 处的概率密度值，如图 8.9.1(b)所示。

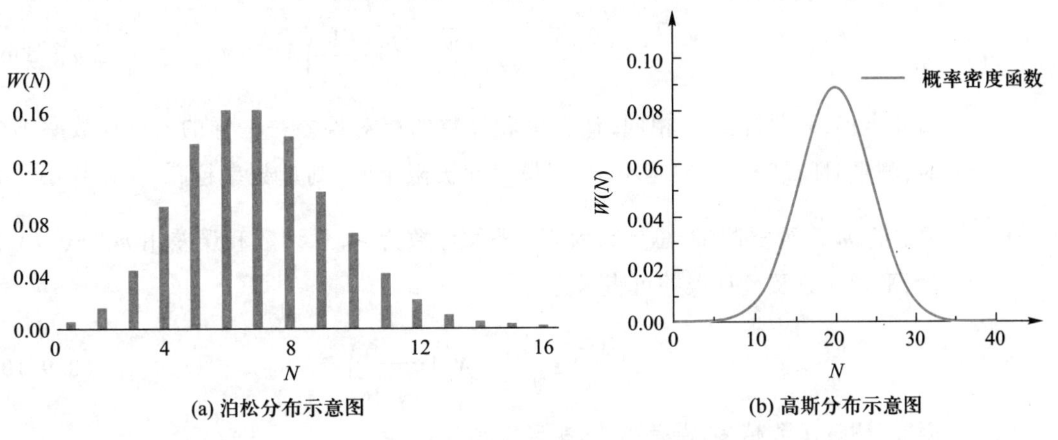

(a) 泊松分布示意图　(b) 高斯分布示意图

图 8.9.1　泊松分布和高斯分布

3.1.2　测量误差

当我们用探测器记录衰变粒子引起的脉冲数时，这个脉冲数与衰变原子核数是成正比的。通过观察大量的单个衰变事件，就可以得到在预定时间间隔内可能发生的衰变数。假设在时间间隔 t 内核衰变的平均数为 $\overline{N}$，则在此时间间隔 t 内衰变数为 N 的出现概率为 $W(N)$。一般情况下，当 $\overline{N}\geqslant 20$ 时，在同一测量装置上对同一放射源进行多次测量，并在坐标纸上画出每一次测量值出现的概率，就可以得到高斯分布曲线。

若以出现概率最大的测量值 $\overline{N}$ 为轴线，高斯分布曲线是对称的，它表示单次测量值偏离平均值(真值)的概率是正负对称的，偏离越大，出现的概率越小；出现概率较大的计数值与平均值的偏差较小。所以我们在实际测量中，当测量时间 t 小于放射性核的半衰期时，可以用一次测量结果 N 来代替平均值 $\overline{N}$，其统计误差为 $\sigma=\sqrt{N}$，测量结果可以写成

$$N\pm\sqrt{N} \tag{8.9.7}$$

它的物理意义表示在完全相同的条件下再进行一次测量，其测量值处于 $N-\sqrt{N}$ 到 $N+\sqrt{N}$ 范围内的概率为 68.3%。用数理统计的术语来说，我们把 68.3% 称为“置信度”或者“置信概率”，相应的置信区间为 $N\pm\sigma$。而当置信区间为 $N\pm2\sigma$ 和 $N\pm3\sigma$ 时，相应的置信度为 95.5% 和 99.7%，测量的相对误差为

$$\delta=\frac{\sigma}{N}=\frac{1}{\sqrt{N}} \tag{8.9.8}$$

δ 可以用来说明测量的精度，当 N 大时 δ 小，表示测量精度高。

NOTE

NOTE

3.1.3　测量时间的选择

测量放射性时,计数率 $n=N/t$ 的统计误差可表示为

$$\frac{N\pm\sqrt{N}}{t}=n\pm\sqrt{\frac{n}{t}}=n\left(1\pm\frac{1}{\sqrt{N}}\right) \tag{8.9.9}$$

由此可得,只要计数 N 相同,计数率和计数的相对误差是一样的。当计数率不变时,测量时间越长,误差越小;当测量时间被限定时,则计数率越高,误差越小。如果进行 m 次重复测量,总计数为 N_0,平均计数为 $\overline{N}$,总计数和误差用 $m\overline{N}\pm\sqrt{m\overline{N}}$ 表示,平均计数及统计误差可表示为

$$\overline{N}\pm\sqrt{\frac{\overline{N}}{m}}=\overline{N}\left(1\pm\frac{1}{\sqrt{N_0}}\right) \tag{8.9.10}$$

因此,测量次数越多,误差越小,精确度越高。

在测量较强的放射性时,必须对测量结果进行由于探测系统分辨时间不够小所引起的漏计数的校正。而在低水平测量中,必须考虑本底计数的统计涨落。所谓本底涨落是由于宇宙射线和测量装置周围有微量放射性物质的沾染等原因造成的。本底计数也服从统计规律。考虑本底的统计误差后,源的净计数率的数学表达式为

$$n\pm\sigma_{n}=(n_{s}-n_{b})\pm\sqrt{\frac{n_{s}}{t_{s}}+\frac{n_{b}}{t_{b}}} \tag{8.9.11}$$

而相对误差为

$$\delta=\sqrt{\frac{n_{s}}{t_{s}}+\frac{n_{b}}{t_{b}}}\Big/(n_{s}-n_{b}) \tag{8.9.12}$$

其中 n_s 为测量源加本底的总计数率,n_b 为没有放射源时的本底计数率,t_s 为有源时的测量时间,t_b 为本底测量时间。从上式可以看出:

(1) 本底计数率越大,测量相对误差越大,因此测量时应设法减小本底计数率;

(2) 为了减小 n 的统计误差应增加 t_s 和 t_b,但过长的测量时间对实验者不利。根据$\frac{d\sigma_n}{dt_s}=0$ 或$\frac{d\sigma_n}{dt_b}=0$,可以求出当$\frac{t_s}{t_b}=\sqrt{\frac{n_s}{n_b}}$时,统计误差最小。被测样品放射性越强,本底测量时间就越短,究竟选用多长的测量时间,由测量精度决定。联立(8.9.8)式和(8.9.9)式,可以导出在给定计数率相对误差 δ 时,样品的有源测量时间和本底测量时间分别为

$$t_{s}=\left[n_{s}+\sqrt{(n_{s}n_{b})}\right]/\left[(n_{s}-n_{b})^{2}\delta^{2}\right] \tag{8.9.13}$$

$$t_{b}=\left[n_{b}+\sqrt{(n_{s}n_{b})}\right]/\left[(n_{s}-n_{b})^{2}\delta^{2}\right] \tag{8.9.14}$$

NOTE

3.1.4　χ^2 检验法

放射性核衰变的测量计数是否符合正态分布或泊松分布或者其他的分布，是一个涉及对随机变量的概率密度函数的假设检验问题。放射性衰变是否符合于正态分布或泊松分布，可由一组数据的频率直方图与理论正态分布或泊松分布进行比较。而χ^2 检验法是从数理统计意义上给出了比较精确的判别准则，其基本思想是比较理论分布与实测数据分布之间的差异，然后根据概率意义上的反证法，即小概率事件在一次实验中不会发生的基本原理来判断这种差别是否显著，从而接受或拒绝理论分布。

设对某一放射源进行重复测量得到了 A 个数值，并对它们进行分组，序号用 i 来表示 $i=1,2,3,\cdots m$，令：

$$\chi^2=\sum_{i=1}^{m}\frac{(f_i-f'_i)^2}{f'_i}$$

其中 m 代表分组数，f_i 表示各组实际观测到的次数，f'_i为根据理论分布计算得到的各组理论次数。理论次数可以从正态分布概率积分表上查出各区间的正态面积再乘以总次数得到。

可以证明χ^2 统计量服从χ^2 分布，其自由度为 $m-l-1$，l 是在计算理论次数时所用的参数个数，对于具有正态分布的自由度为 $m-3$，泊松分布为 $m-2$。与此同时，χ^2 分布的期望值即为其自由度：$\langle\chi^2\rangle=\nu=m-l-1$。得到根据实测数据算出的统计量$\chi^2$ 后，比较的方法为先设定一个小概率 α，即显著水平，由χ^2 分布表查找拒绝域的临界值，若计算量χ^2 落入拒绝域即 $\chi^2\geqslant\chi^2_{1-\alpha}(m-l-1)$，则拒绝理论分布，反之则接受。

3.2　γ 射线吸收实验

γ 射线与物质的相互作用主要有以下三种方式：光电效应、康普顿散射和电子对效应，当上述相互作用发生时，原来为 E_γ 的光子就消失或散射后能量改变并偏离原来的入射方向。通常把通过物质的未经过相互作用的光子所组成的射线束称为**窄束 γ 射线**（也称为良好的几何条件下的射线束）。γ 射线通过物质时，其强度会逐渐减弱，这种现象称为 **γ 射线吸收**，单能窄束 γ 射线强度的衰减遵循指数规律，即

$$I=I_0\mathrm{e}^{-\sigma_\gamma Nx}=I_0\mathrm{e}^{-\mu x}\qquad(8.9.15)$$

其中 I_0、I 分别是 γ 射线通过物质前、后的强度，x 是 γ 射线通过物质的厚度（单位为 cm），σ_γ 是三种效应（光电效应、康普顿效应和电子对效应）截面之和，N 是吸收物质单位体积中的原子数，μ 是物质的线性吸收系数（$\mu=\sigma_\gamma N$）（单位为 cm^{-1}）。显然 μ 的大小反映了物质吸收 γ 射线能力的大小。由于在相同的实验条件下，某一

NOTE

时刻的计数率 n 总是与该时刻的 γ 射线强度 I 成正比,因此 I 与 x 的关系也可以用 n 与 x 的关系来代替。由此可以得到

$$n=n_0 e^{-\mu x} \tag{8.9.16}$$

$$\ln n=\ln n_0-\mu x \tag{8.9.17}$$

由(8.9.17)式可知,如果在半对数坐标图上绘制吸收曲线,那么这条曲线就是一条直线(如图 8.9.2 所示),该直线斜率的绝对值就是线性吸收系数 μ。

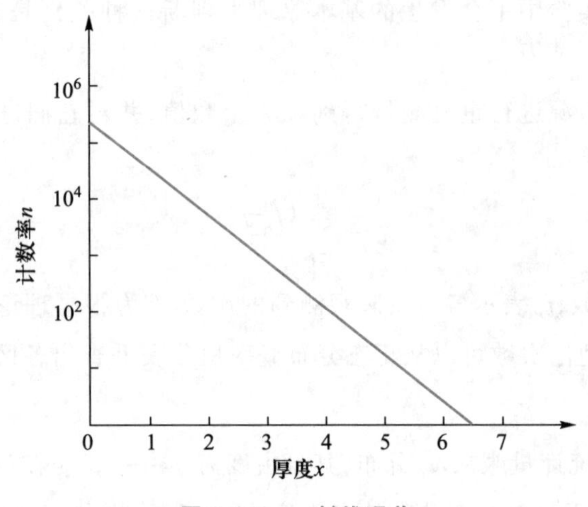

图 8.9.2 γ 射线吸收

如果所要测定的放射源包括多种能量的 γ 射线,在半对数坐标纸上的标绘将是一条曲线,随着 γ 射线通过物质厚度的增加,低能 γ 射线逐渐被过滤出去,当吸收物质超过一定的厚度以后,当厚度继续增加时,则吸收曲线将是一条直线,根据这条直线的斜率的绝对值,我们就可以得到最大能量 γ 射线的吸收系数;把这一直线延伸到 $x=0$,再以原来的吸收曲线减去这条直线相对应吸收厚度的计数率,就可以得到其他能量的 γ 射线的吸收曲线,从得到的曲线最后部分求斜率,即可得到能量仅次于最高能量 γ 射线的吸收系数;重复上述方法,就能依次得到其他 γ 射线的吸收系数。

为了得到准确的结果,最好是放射源只放出一种能量的射线或者是探测器能对各种能量的 γ 射线进行鉴别。吸收系数 μ 表示单位路程上 γ 射线与物质发生三种相互作用的总概率,若分别考虑每种效应,则有光电吸收系数 μ_{ph}、康普顿吸收系数 μ_e 和电子对吸收系数 μ_p。总的吸收系数 $\mu=\mu_{ph}+\mu_e+\mu_p$。由于三种效应的截面都是随入射 γ 射线能量 E_γ 和吸收物质的原子序数 Z 而变化,因而吸收系数 μ 也就随 E_γ 和 Z 而变化,$\mu_{ph}\propto Z^5$、$\mu_e\propto Z$、$\mu_p\propto Z^2$。因为 $N=(\rho/A)\cdot N_A$,A 为原子质量数,N_A 为阿伏伽德罗常量,所以 $\mu=\sigma_\gamma(\rho/A)N_A$,$\mu$ 与吸收物质的密度有关,用质量衰减系数来表示更为方便。令 $\mu_m=\mu/\rho$ 则(8.9.15)式可改为

NOTE

$$I=I_0 e^{-\mu_m x_m} \tag{8.9.18}$$

式中 $x_m=\rho x$,称为质量厚度,单位为 g/cm^2,μ_m 的单位为 cm^2/g,把 γ 射线强度减弱到 $I_0/2$ 所需的吸收层厚度,称为半吸收厚度,记 $d_{1/2}$,从而可以得出 $d_{1/2}$ 和 μ 的关系为

$$d_{1/2}=\ln 2/\mu \approx 0.693/\mu \tag{8.9.19}$$

以上两种方法都是用作图方法求得线性吸收系数的,其特点是直观、简单,但误差比较大。比较好的方法是用最小二乘法直接拟合来求得线性吸收系数。

3.3 α 粒子的能损实验

天然放射性物质放出的 α 粒子,能量范围是 3~8 MeV。在这个能区内,α 粒子的核反应截面很小,因此可以忽略。α 粒子与原子核之间虽然有可能产生卢瑟福散射,但概率较小。它与物质的相互作用主要是与核外电子的相互作用。α 粒子与电子碰撞,将使原子电离、激发而损失其能量。在一次碰撞中,具有质量为 m,能量为 E 的带电粒子,转移给电子(质量为 m_0)的最大能量约为 $4Em_0/m$,α 粒子的质量比电子大得多,所以每碰撞一次,只有一小部分能量转移给电子。当它通过吸收体时,经过多次碰撞后才会损失较多能量。每一次碰撞后,α 粒子的运动方向基本上不发生偏转,因而它通过物质的射程几乎接近直线。带电粒子在吸收体内单位路程上的能量损失,即能量损失率 $-dE/dx$ 称为线性阻止本领 S

$$S=-\frac{dE}{dx} \tag{8.9.20}$$

它的单位是 erg/cm,常换算成 keV/μm 或 eV/(μg · cm²)。把 S 除以吸收体单位体积内的原子数 N,称为阻止截面,用 Σ_e 表示,并常取 eV/(10^{15} atom · cm²)为单位。

$$\Sigma_e=-\frac{1}{N}\frac{dE}{dx} \tag{8.9.21}$$

对非相对论性 α 粒子($v \ll c$),线性阻止本领用下面式子表示

$$-\frac{dE}{dx}=\frac{4\pi z^2 e^4 NZ}{m_0 v^2}\ln\frac{2m_0 v^2}{I} \tag{8.9.22}$$

(8.9.22)式中的 Z 为入射粒子的电荷数,Z 为吸收体的原子序数,e 为电子的电荷量,v 为入射粒子的速度,N 为单位体积内的原子数,I 是吸收体中的原子的平均激发能。(8.9.22)式中,对数项随能量的变化是缓慢的,因此(8.9.22)式可近似表示为

$$\frac{dE}{dx}\propto -\frac{常量}{E} \tag{8.9.23}$$

当 α 粒子穿过厚度为 ΔX 的薄吸收体后,能量由 E_1 变为 E_2,可以写成

NOTE

$$\Delta E=E_1-E_2=-\left(\frac{\mathrm{d}E}{\mathrm{d}x}\right)_{平均}\Delta X \tag{8.9.24}$$

$(\mathrm{d}E/\mathrm{d}x)_{平均}$是平均能量$(E_1+E_2)/2$的能量损失率。这样测定了α粒子在通过薄箔后的能量损失ΔE,则利用(8.9.24)式,可以求薄箔的厚度,即

$$\Delta X=\frac{\Delta E}{-\left(\frac{\mathrm{d}E}{\mathrm{d}x}\right)_{平均}}\approx\frac{\Delta E}{-\left(\frac{\mathrm{d}E}{\mathrm{d}x}\right)_{E_1}} \tag{8.9.25}$$

当α粒子能量损失比较小时,(8.9.25)式中的线性阻止本领可用入射能量为E_1时的值;当箔比较厚时,α粒子的能量在通过箔后能量损失较大,(8.9.25)式就应表示为

$$\Delta X=\int_{E_2}^{E_1}\frac{\mathrm{d}E}{(-\mathrm{d}E/\mathrm{d}x)}\approx\sum_{E_1}^{E_2}\frac{\delta E}{-(\mathrm{d}E/\mathrm{d}x)_{E_1}} \tag{8.9.26}$$

(8.9.26)式中δE可取10 keV,在这范围内,将S看作常量。

一般来说,能量在1 keV ~ 10 keV之间的^{4}He离子在铝膜中的阻止截面,可由下列经验公式确定

$$\Sigma_{\mathrm{e}}=\frac{A_1E^{A_2}\left\{\frac{A_3}{E/1\,000}\ln\left[1+\frac{A_4}{E/1\,000}+\frac{A_5E}{1\,000}\right]\right\}}{A_1E^{A_2}+\frac{A_3}{E/1\,000}\ln\left[1+\frac{A_4}{E/1\,000}+\frac{A_5E}{1\,000}\right]} \tag{8.9.27}$$

式中的A_1、A_2、A_3、A_4、A_5为常数,见表8.9.1,^{4}He离子的能量以keV为单位,得到Σ_{e}以eV/(10^{15}atom · cm^2)为单位。对于化合物,它的线性阻止本领可由布拉格相加规则,将化合物的各组成成分的线性阻止本领$(\mathrm{d}E/\mathrm{d}x)_i$相加得到,即

$$(\mathrm{d}E/\mathrm{d}x)_E=\frac{1}{A_E}\sum Y_iA_i\left(\frac{\mathrm{d}E}{\mathrm{d}x}\right)_i\ (\mathrm{keV}/\mu\mathrm{g}\cdot\mathrm{cm}^{-2}) \tag{8.9.28}$$

其中,Y_i、A_i分别为化合物分子中的第i种原子的数目、原子量,$\sum Y_iA_i$是化合物的分子量。

表8.9.1　低能^{4}He离子的线性阻止本领的系数(固体)

靶	A_1	A_2	A_3	A_4	A_5
H[1]	0.966 1	0.412 6	6.92	8.831	2.582
C[6]	4.232	0.387 7	22.99	35	7.993
O[8]	1.776	0.526 1	37.11	15.24	2.804
Al[13]	2.5	0.625	45.7	0.1	4.359
Ni[28]	4.652	0.457 1	80.73	22	4.952
Cu[29]	3.114	0.523 6	76.67	7.62	6.385
Ag[47]	5.6	0.49	130	10	2.844
Au[79]	3.223	0.588 3	232.7	2.954	1.05

NOTE

利用已知的阻止截面，通过 α 粒子在薄箔中能损的测量，可以快速无损地测定薄箔的厚度，α 粒子的能量可用多道分析器测量，峰位可按最简单的重心法得到。

4 实验仪器

虚实结合的核物理综合实验系统采用虚拟放射源、可重构理念和技术，通过虚实结合设计放射源模拟器、教学通用型的多功能数字多道和实验控制系统，可对放射源及探测分析系统仪器及参量进行灵活的重构配置。利用该系统可完成放射性测量的统计规律实验、闪烁体探测器与 γ 射线吸收实验、α 粒子的能损实验、β 射线吸收实验、X 射线吸收和特征谱实验、中子活化元素半衰期测量实验、康普顿散射等 10 余个实验项目。

本节中介绍的三个实验项目包括放射性测量的统计规律实验、γ 射线吸收实验和 α 粒子的能损实验，这三个实验项目所需的实验装置有：计算机，路由器交换机集群、多功能数字多道、放射源模拟器以及实验控制系统软件。放射源模拟器与多功能数字多道装置如图 8.9.3 所示。放射源模拟器模拟输出的脉冲波形可任意调节，可合成任意放射源与探测器组合的信号；多功能数字多道模块采用数字化技术，利用高速模数转换器（AD）与现场可编程逻辑门阵列（FPGA），采用不同的工作固件，可以替代多种传统核信号处理设备。数字化多通道分析器与放射源模拟器之间通过 BNC 连接线（一种用于同轴电缆的连接器）进行信号传输；路由器交换机集群、数字化多通道分析器和放射源模拟器均通过网线网络互连。

(a) 放射源模拟器

(b) 多功能数字多道

图 8.9.3 放射源模拟器与多功能数字多道装置

放射性探测的统计规律实验中各实验装置连接示意图，如图 8.9.4（a）所示。γ 射线吸收实验和 α 粒子的能损实验系统的连接示意图是一样的，如图 8.9.4（b）所示。

5 实验内容

5.1 放射性探测的统计规律实验

本实验的主要内容包括：在相同条件下，对本底进行重复测量，画出本底计数的频率分布图（如图 8.9.5 所示），并与理论分布图作比较；根据实验精度要求选择测量时间；用 χ^2 检验法检验放射性计数的统计分布类型。具体步骤如下：

NOTE

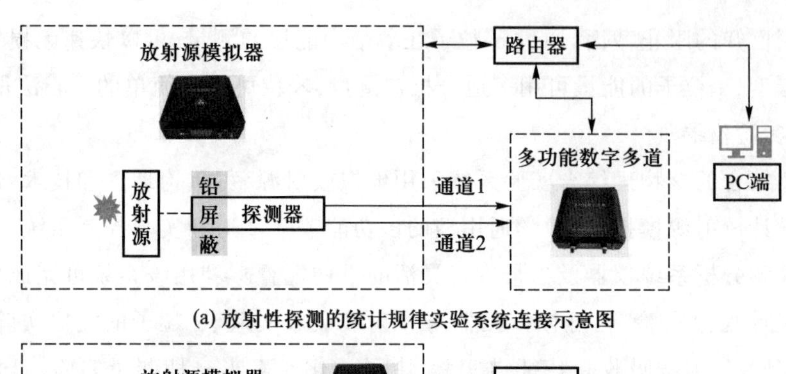

(a) 放射性探测的统计规律实验系统连接示意图

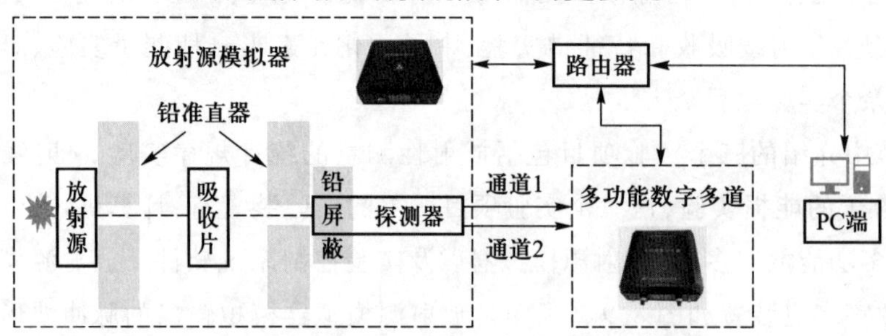

(b) γ射线吸收实验α粒子的能损实验系统连接示意图

图 8.9.4　实验系统连接示意图

1. 按照图 8.9.4(a)连接各仪器设备。

2. 打开应用,选择放射性统计误差实验,测量本底泊松分布,改变计数时长,要求测量次数在 500 次以上。记录计数发生次数并做好实验数据统计。

3. 测量本底高斯分布测量,改变计数时长,要求测量次数在 800 次以上。记录计数发生次数并做好实验数据统计。

4. 测量结果与理论分布图作比较。

5. 用 χ^2 检验法检验放射性计数的统计分布类型。

5.2　γ 射线吸收实验

本实验的主要内容是理解物质对 γ 射线吸收公式的物理意义,并学习测量物质对一定能量的 γ 射线的吸收本领,具体步骤如下:

1. 按照图 8.9.4(b)连接各仪器设备。

2. 在无吸收片时,对全能峰进行寻峰,记录峰位等信息,计算全能峰的计数率。

3. 在有吸收片时,设置吸收片种类为铁(Fe,1.0 cm),吸收片数量为 1,清除原有数据,测量能谱,使得感兴趣区总计数大于 20 万,观察此时的谱形及实时计数率。

4. 停止测量。不要改变感兴趣区的范围,对全能峰进行寻峰,记录峰位等信息,并计算全能峰的计数率。

5. 测量吸收片分别为 2 ~ 5 片时,全能峰范围的计数率。根据 γ 射线的吸收公式拟合，结合吸收片的密度，计算该吸收片对 662 keV 的 γ 射线的吸收本领和半吸收厚度。

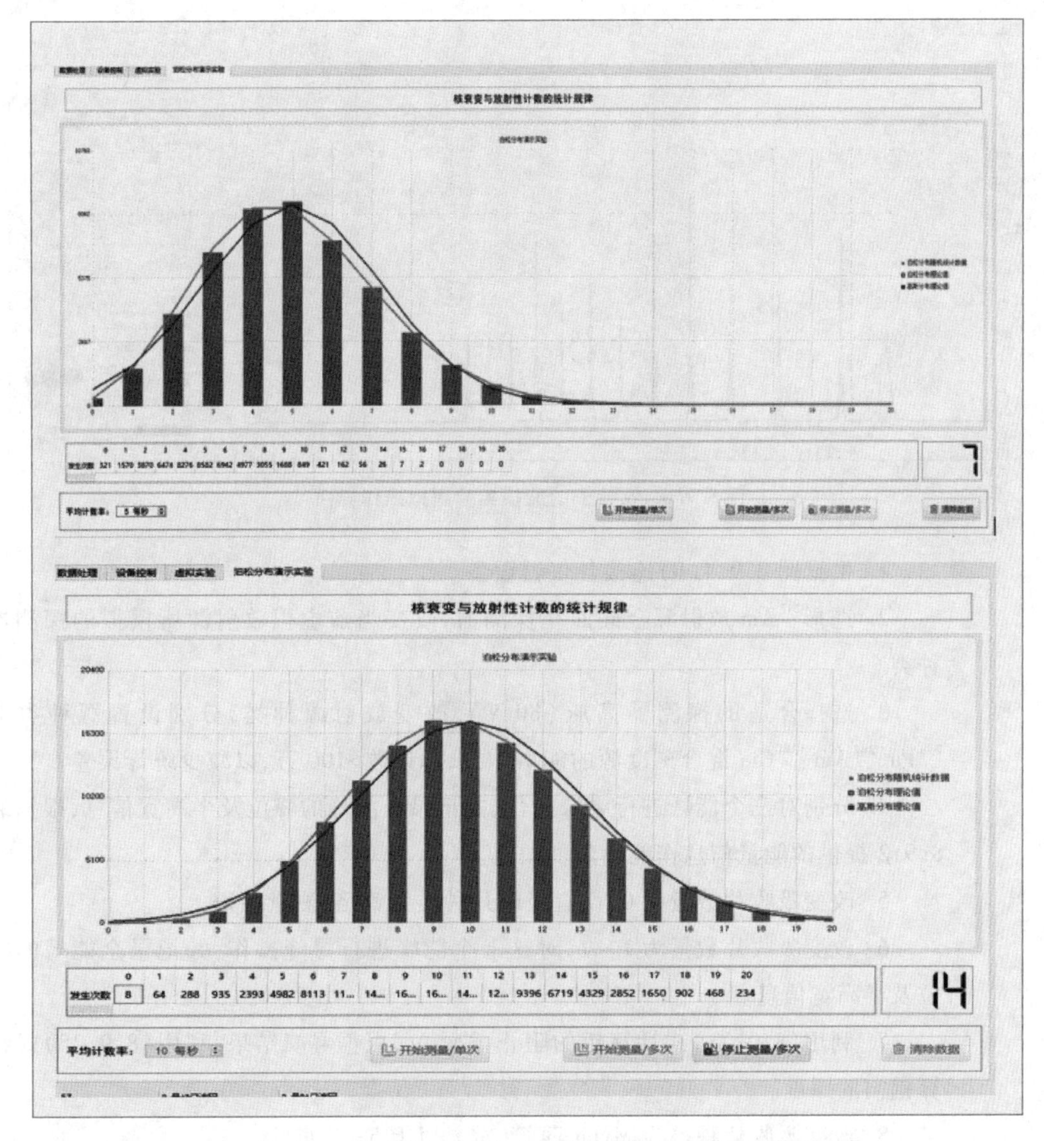

图 8.9.5　放射性探测的统计规律实验中的虚拟操作界面

6. 改变吸收片种类分别为铅、铜、铝，重复上述几步，计算不同吸收片对 662 keV 的 γ 射线的吸收本领和半吸收厚度。

5.3　α 粒子的能损实验

本实验的主要内容是测量 ^{241}Am 及 ^{239}Pu 的 α 粒子的能谱，做能量刻度，并测量 ^{241}Am 的 α 粒子通过铝箔及 Mylar 薄箔后的能谱。最后，从所测各条能谱中确定峰位、半宽度以及 α 粒子通过待测样品后的能量损失，计算线性阻止本领 $(\mathrm{d}E/\mathrm{d}x)_{\text{平均}}$ 及

薄箔的厚度(虚拟操作界面如图 8.9.6 所示)。具体步骤如下:

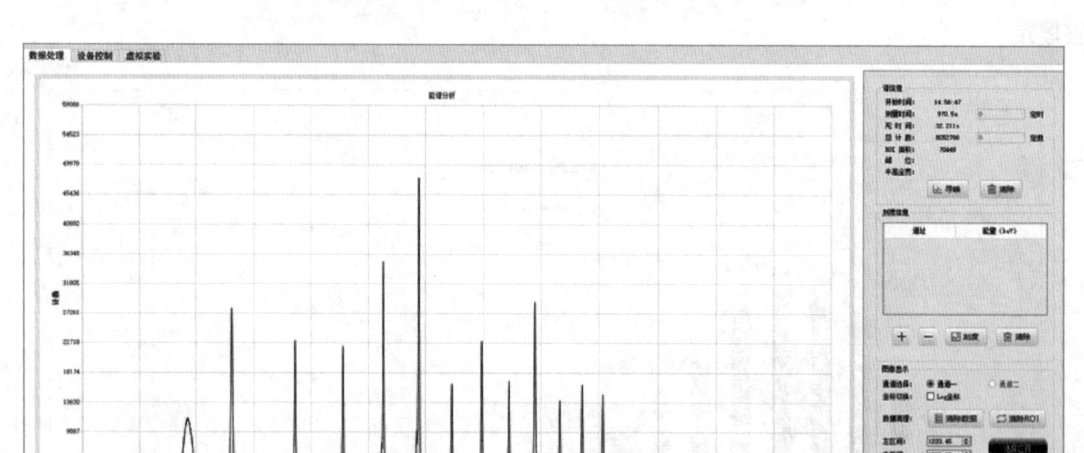

图 8.9.6　α 粒子的能损实验虚拟操作界面

1. 根据图 8.9.4(b)连接各仪器设备。

2. 选择 ^{241}Am 放射源金硅面垒探测器,改变当前虚拟放射源所模拟的探测器种类。

3. 选择合适的探测器高压(80 V),改变放射源种类,分别设置源种类为 ^{239}Pu、^{241}Am、^{244}Cm 混合刻度源的能谱,要求总计数>100 万,以减少统计误差。

4. 分别对三个能峰进行寻峰操作,并记录全能峰的峰位及半高宽信息,根据表 8.9.2 提供的能量信息作能量刻度曲线。

5. 改变吸收片数量为 0,设置吸收片种类为铝箔,测量能谱。

6. 改变吸收片数量为 1 ~ 7,对这七个能峰进行寻峰操作,并记录全能峰的峰位及半高宽信息。

7. 利用(8.9.27)式计算铝的阻止截面 Σ_e,根据寻峰结果,利用(8.9.25)式计算铝箔的厚度。

8. 改变吸收片种类为 Mylar 薄箔,重复以上 5—7 步骤。

表 8.9.2　常用 α 粒子放射性核素数据表

核素	α 粒子		核素	α 粒子	
	能量/keV	发射概率/%		能量/keV	发射概率/%
^{238}U	4 198	79	^{241}Am	5 388	1.6
	4 151	20.09		5 442.9	13
	4 038	0.078		5 485.6	84.5

NOTE

续表

核素	α 粒子		核素	α 粒子	
	能量/keV	发射概率/%		能量/keV	发射概率/%
^{210}Po	5 304	100	^{239}Pu	5 105	11.5
^{252}Cf	6 076	15		5 144.3	15.1
	6 118	82		5 156.59	73.3
		裂变(3.1)	^{244}Cm	5 763	24
				5 805	76

6 注意事项

放射源模拟器与多功能数字多道在使用时先关闭电源开关,将电源线连接设备,再将电源插头连接插线板,都连接完成后,最后再打开电源开关。

7 数据记录和处理

7.1 放射性探测的统计规律实验

1. 对泊松分布和高斯分布数据进行处理,完成表 8.9.3.

表 8.9.3 泊松分布和高斯分布数据记录表

泊松分布数据			高斯分布数据		
测量次数	计数时长/s	计数	测量次数	计数时长/s	计数
1			1		
2			2		
3			3		
4			4		
5			5		
6			6		
7			7		
8			8		
9			9		
10			10		
……			……		

2. 作出泊松分布和高斯分布的频率直方图。
3. 按公式计算理论曲线并与实验曲线进行比较。
4. 计算算术平均值的统计误差。

NOTE

5. 计算一次测量值的统计误差。

6. 计算测量数据落在 $\overline{N}\pm\sigma$, $\overline{N}\pm2\sigma$, $\overline{N}\pm3\sigma$ 范围内的频率。

7. 进行 χ^2 检验。

7.2　γ 射线吸收实验

1. 记录实验数据可参考表 8.9.4。

表 8.9.4　γ 射线吸收实验数据记录表

吸收片种类	吸收片片数(个)	峰位/keV	半高全宽/keV	测量时间/s	ROI 面积(个)	总计数(个)	全能峰计数率(个/s)
Fe	0						
	1						
	2						
	3						
	4						
	5						
Pb	0						
	1						
	2						
	3						
Cu	0						
	1						
	2						
	3						
	4						
	5						
Al	0						
	1						
	2						
	3						
	4						
	5						

2. 用最小二乘法原理拟合测量得到铁、铅、铜和铝的吸收曲线并分别求出 μ 值以及半吸收厚度。

NOTE

7.3 α 粒子的能损实验

1. 将测量的^{241}Amα 谱以多道的道数为横坐标，以计数为纵坐标描绘在坐标纸上，算出能量分辨率，确定最佳偏压。

2. 以放射源^{239}Pu、^{241}Am 等放射源的能量为横坐标，以全能峰道址为纵坐标在坐标纸上作能量和幅度校准曲线。

3. 计算铝箔对于^{241}Am 放射源 α 粒子的阻止能力$(\mathrm{d}E/\mathrm{d}x)_{平均}$及薄箔的厚度，并以铝箔层数为横坐标，厚度为纵坐标，进行线性拟合，计算铝箔的单片厚度。

4. 以同样的方法计算 Mylar 薄箔的单片厚度。

8 思考题

8.1 放射性探测的统计规律实验

1. 什么是放射性原子核衰变的统计性？它服从什么规律？在实验中如何判断你所做的是泊松分布还是高斯分布？

2. σ 的物理意义是什么？以单次测量值 N 如何表示放射性测量值？其物理意义是什么？

3. 测量一个放射源（如本底计数 $n_b=50$ 计数/分，$n_s=150$ 计数/分），若要求测量精度达到 1% 应如何选择 t_s 和 t_b？

8.2 γ 射线吸收实验

1. 什么叫 γ 射线被吸收了？为什么说 γ 射线通过物质时没有确定的射程？

2. 什么样的几何布置条件才是良好的几何条件？在图 8.9.4(b)所示的实验装置图中吸收片的位置应当放在靠近放射源还是靠近探测器的地方？

3. 试分析在不好的几何条件下，测出的半吸收厚度是偏大还是偏小？为什么？

8.3 α 粒子的能损实验

1. 试定性讨论 α 粒子穿过吸收体后，能谱展宽的原因。

2. 设阻止本领为 S，薄箔厚度为 ΔX，试计算 α 粒子倾斜入射，与表面法线交角为 4°和 6°时能量损失为多少？

3. 探测器金层厚 100 Å，试计算^{241}Am 的 α 粒子进入灵敏区时的能量。已知金的密度为 $19.31\ \mathrm{g\cdot cm^{-3}}$，线性阻止本领 $\mathrm{d}E/\mathrm{d}x=0.228\ \mathrm{keV/\mu g\cdot cm^{-2}}$。

4. 从所测到的铝箔的能损，若考虑 S 的变化，试用(8.9.26)式计算厚度。

附录　常用物理常量

物理量	符号	数值	单位	相对标准不确定度
真空中的光速	c	299 792 458	$m\cdot s^{-1}$	精确
普朗克常量	h	$6.626\ 070\ 15\times10^{-34}$	$J\cdot s$	精确
约化普朗克常量	$h/2\pi$	$1.054\ 571\ 817\cdots\times10^{-34}$	$J\cdot s$	精确
元电荷	e	$1.602\ 176\ 634\times10^{-19}$	C	精确
阿伏伽德罗常量	N_A	$6.022\ 140\ 76\times10^{23}$	mol^{-1}	精确
摩尔气体常量	R	$8.314\ 462\ 618\cdots$	$J\cdot mol^{-1}\cdot K^{-1}$	精确
玻耳兹曼常量	k	$1.380\ 649\times10^{-23}$	$J\cdot K^{-1}$	精确
理想气体的摩尔体积（标准状态下）	V_m	$22.413\ 969\ 54\cdots\times10^{-3}$	$m^3\cdot mol^{-1}$	精确
斯特藩-玻耳兹曼常量	σ	$5.670\ 374\ 419\cdots\times10^{-8}$	$W\cdot m^{-2}\cdot K^{-4}$	精确
维恩位移定律常量	b	$2.897\ 771\ 955\times10^{-3}$	$m\cdot K$	精确
引力常量	G	$6.674\ 30(15)\times10^{-11}$	$m^3\cdot kg^{-1}\cdot s^{-2}$	2.2×10^{-5}
真空磁导率	μ_0	$1.256\ 637\ 062\ 12(19)\times10^{-6}$	$N\cdot A^{-2}$	1.5×10^{-10}
真空电容率	ε_0	$8.854\ 187\ 812\ 8(13)\times10^{-12}$	$F\cdot m^{-1}$	1.5×10^{-10}
电子质量	m_e	$9.109\ 383\ 701\ 5(28)\times10^{-31}$	kg	3.0×10^{-10}
电子荷质比	$-e/m_e$	$-1.758\ 820\ 010\ 76(53)\times10^{11}$	$C\cdot kg^{-1}$	3.0×10^{-10}
质子质量	m_p	$1.672\ 621\ 923\ 69(51)\times10^{-27}$	kg	3.1×10^{-10}
中子质量	m_n	$1.674\ 927\ 498\ 04(95)\times10^{-27}$	kg	5.7×10^{-10}
里德伯常量	R_∞	$1.097\ 373\ 156\ 816\ 0(21)\times10^{7}$	m^{-1}	1.9×10^{-12}
精细结构常数	α	$7.297\ 352\ 569\ 3(11)\times10^{-3}$		1.5×10^{-10}
精细结构常数的倒数	α^{-1}	$137.035\ 999\ 084(21)$		1.5×10^{-10}
玻尔磁子	μ_B	$9.274\ 010\ 078\ 3(28)\times10^{-24}$	$J\cdot T^{-1}$	3.0×10^{-10}
核磁子	μ_N	$5.050\ 783\ 746\ 1(15)\times10^{-27}$	$J\cdot T^{-1}$	3.1×10^{-10}
玻尔半径	a_0	$5.291\ 772\ 109\ 03(80)\times10^{-11}$	m	1.5×10^{-10}
康普顿波长	λ_C	$2.426\ 310\ 238\ 67(73)\times10^{-12}$	m	3.0×10^{-10}
原子质量常量	m_u	$1.660\ 539\ 066\ 60(50)\times10^{-27}$	kg	3.0×10^{-10}

注：表中数据为国际科学理事会（ISC）国际数据委员会（CODATA）2018 年的国际推荐值.